住房城乡建设部土建类学科专业“十三五”规划教材

“十二五”普通高等教育本科国家级规划教材

高校建筑学专业指导委员会规划推荐教材

外国建筑史

（19世纪末叶以前）（第四版）

A HISTORY OF WORLD
ARCHITECTURE
(BEFORE THE END OF 19TH CENTURY)

清华大学　陈志华　著

中国建筑工业出版社

图书在版编目（CIP）数据

外国建筑史（19世纪末叶以前）/陈志华著. —4版.
北京：中国建筑工业出版社，2009（2024.6重印）
"十二五"普通高等教育本科国家级规划教材. 高校
建筑学专业指导委员会规划推荐教材
ISBN 978-7-112-11293-7

Ⅰ. 外… Ⅱ. 陈… Ⅲ. 建筑史-外国-高等学校-
教材 Ⅳ. TU-091

中国版本图书馆 CIP 数据核字（2009）第 169101 号

责任编辑：王 跃 陈 桦
责任设计：董建平
责任校对：王金珠 陈晶晶

为了更好地支持相应课程的教学，我们向采用本书作为教材的教师提供素材课件，
有需要者可与出版社联系。
建工书院：https://edu.cabplink.com/index
邮箱：jckj@cabp.com.cn 电话：01058337285

"十二五"普通高等教育本科国家级规划教材
高校建筑学专业指导委员会规划推荐教材

外国建筑史（19 世纪末叶以前）
（第四版）
清华大学 陈志华 著

*

中国建筑工业出版社出版、发行（北京海淀三里河路9号）
各地新华书店、建筑书店经销
北京嘉泰利德公司制版
北京圣夫亚美印刷有限公司印刷

*

开本：787×1092毫米 1/16 印张：25¾ 字数：642千字
2010年1月第四版 2024年6月第六十九次印刷
定价：**58.00**元（赠教师课件）
ISBN 978-7-112-11293-7
　　　　（33474）

第四版前言

　　这本教材第四版的改动，主要有两点：第一，文字整理更准确、更精练；第二，换了一批插图，更清晰一些，也有少量补充。

　　文字的基本精神没有变，力求保持着清晰的历史观和建筑价值观，保持着对建筑史这门课程的基本任务的认识，就是，它应该有助于培养年青人独立、自由的精神和思想，并以这种精神和思想去理解自己创作的时代任务，而不是技术性地提供一些资料，以便做设计的时候借鉴参考甚至搬用。

　　插图是个大难题，我不可能跑遍世界去摄影，更不用提去测绘了，它们都来自外国的资料。但这个困难并非我所独有，而是研究或介绍外国文化的著作普遍都有的，虽然这个困难出版界自有统一的措施，但我还是心中不安。

　　学术工作没有止境，只要还有可能，我会一遍又一遍地继续修正这本教材，所以，哪一位读者有批评或者建议，务请指教。编写教材，我的心理负担是很重的，它不像一般的学术著作，它直接面对年青人，面对我们的未来。草率不可以，满足也不可以。

2009 年 2 月

第三版前言

　　这本《外国建筑史（十九世纪末叶以前）》现在出第三版了，其实，这是第四版，因为早在1960年就出过第一版。那一版篇幅很大，有几个学校的老师建议压缩掉一半，以适应同学们的购买力。同时，统一的教学计划上外国建筑史的学时也减少了许多，当时写教材，规定是要按照课程的学时数计算篇幅的，建筑史的计算方法和物理、数学的教材一样。所以，大量压缩篇幅势在必行。这压缩后的教材，大约是因为出版在"文化大革命"后"新时期"之初，以致被定为第一版。书籍本来都可详可略，不过，对一位高等学校建筑学专业学生来说，外国建筑史的知识总要有一个底线，不能知之太少，也不能太不成系统，而这本新第一版却因压缩过多，刀斧痕迹毕露，内容的均衡性也受到了伤害。于是，在第二版里做了些补救，但因为仍然受限于篇幅，所以虽有改进而还是有不少缺陷。这次的第三版，主要是在亚洲国家和殖民时代以前的美洲国家的建筑方面做了些补充，中、南美洲的部分重新写了，并且成为独立的一篇，放在最后。以前的几版，因为过于固执地想把世界各国的历史纳入一个统一的社会发展史的阶段式框框里，所以把中、南美洲的古代建筑放进第一篇，总是不顺畅。但放到最后一篇，也是无奈的安排，好在它本来就是一个独立的体系，还说得过去。这类的问题还有几个，例如西班牙和印度的伊斯兰教建筑放在哪里讲更合理，俄罗斯建筑是不是应该从拜占庭时代一直到19世纪接续写成一章而不要分开成两段等等。看看别人写的世界建筑史，也都没有能妥善地解决这些问题，这是因为一部外国建筑史头绪多，历史事实错综复杂，而书却只能一笔一笔往下写，所以，所谓的统一地"妥善解决"恐怕并不可能。这就希望读这部教材的同学们在阅读的时候多注意一种文化和它前后左右的关系。

有一些建筑史学者不带褒贬地说，19 世纪末叶以前的外国建筑史就是一部"风格史"。有些学者则对这种样子的建筑"风格史"著作颇有批判。实际上，两种看法都不很确切。建筑史，是一种专业史，从根本上说，是一种历史科学。历史学要讲的是历史的运动，是各个领域的发展变化。要讲发展变化，就得着眼于一个时期的各种倾向。而要抓住各时期的倾向，就得找出对时代的各方面变化反应最灵敏、最有综合性的东西。这东西在建筑的发展历史中，通常就是建筑的"型制"和"风格"。建筑的"型制"和"风格"对历史的变化，从社会的、政治的、经济的、文化的大变化，到专业范围内的变化，如最有影响力的业主、居主导地位的建筑品类、结构和材料等，都有很灵敏、很综合性的反应。外国建筑史，尤其是文艺复兴时期以后，"风格"的变化格外抢眼，所以常常把它放在很重要的位置上，从风格的解剖下手，力求全面地、综合地写出建筑在各个时代的发展变化和变化的原因。这就是说，写建筑史，方法之一是从风格写倾向，通过倾向，探究历史运动变化，但不是以只写风格本身的演变为有限的目的。如果把发展变化的深层原因挖掘得不够，那么，19 世纪末叶以前的外国建筑史就会写成了风格史，这就片面而浅薄了。同时，并不是建筑史上所有的问题都可以从解剖风格下手去认识，而应该根据实际情况把建筑的某些方面着重当作一种社会现象或技术现象来研究更为合理。所以，一部建筑史实实在在并不是"风格史"所能包容得了的。但风格演变是建筑史中强度很大的显性因素，所以总是很抢眼，容易造成误解。

近年来，有一种说法比较流行，这就是要求建筑史的教学和市场经济"接轨"，要"学以致用"，把建筑史的教学直接跟建筑设计联系起来。和一些过去的极左思想现在忽然变成了"改革"的思想一样，这种立竿见影的学习思想过去也曾经很流行，当时的理论依据是被歪曲了的"理论联系实际"、"历史为现实服务"，是一种急功近利的实用主义思想。其实，学建筑史，是为了提高建筑系学生的素质，不必要求学了马上就能用于生产实践。不能把生产实践当作一场人生考试，而把大学教育当作"应试"教育来办。大学的任务不仅仅是把学生培养成专业的技术人员，更要把学生培养成人格健全、精神独立、思想自由、有创新的自觉性和能力的高层次人才，能够和全人类几千年的文明成就接轨。学习建筑史的根本目的是丰富知识、开扩眼界、活跃思想、提高品位，是培养历史使命感和社会责任心，这些都不会"没有用处"。这本教材就是按照这样的理念编写的。

还有一种意见说，这本教材初稿写于 20 世纪 50 年代之末，以后经过几次修改，到了现在这一版，对历史的基本观点还是没有改变，是不是不合时宜了。确实，近二十几年，中国发生了体制上的大改革，但是，对历史的基本观点是学术性的问题，学术观点是不必一定随着体制的改革而变化的。有人说，现在学术民主了，学者可以自由发表自己的观点了，因此 20 世纪下半叶的学术观点都可以抛弃了。其实这是因人因事而异的。如果有人在 20 世纪下半叶在学术上是违心写作的，那么现在他可以另有选择。如果在 20 世纪下半叶是认真地从事学术工作的，那么，现在不一定有什么原因要另起炉灶。当前世界上有许多种历史哲学和历史学的学派，各有主张和方法，但好像未必有哪种主张和方法比真正的、客观的而不是片面的、扭曲的历史唯物主义有更多的真理性。沿着真正的历史唯物主义的学术道路走，还有很宽广的远景。当然要警惕简单化、庸俗化、公式化，不过，这对任何一种学术流派都是一样的，不只历史唯物主义有这样的可能。我当然要时时注意历史哲学和历史学的发展，但我也不会轻易趋时，我认真而严肃地写我所知和所信。

2003 年 8 月

第二版前言

关于这本 19 世纪末叶以前的外国建筑史，有几个问题要说明一下：

（一）建筑史的研究对象，是建筑的发展过程，是人们创造建筑的过程。它的主要任务是讲述和阐释各时期建筑的产生、变化和衰亡，它虽然要以历史上的建筑物为构成要素，但主要着眼于它们的历史意义，并不着重介绍和分析它们的创作经验，那应该是另一门学科的任务，而建筑史是那门学科的基础。

学习建筑史的目的，是提高读者的文化修养，认识建筑的本质和它的系统结构，它在一定历史条件下的主要社会功能和它的演变规律，以利于进行有效的创造性探索，使建筑设计成为真正的建筑创作。建筑史帮助学习者了解古往今来建筑成就的丰富性；认识建筑几千年来生生不息的运动变化和它的机制；为思维开拓广阔的空间和时间领域；懂得尊崇创造性的劳动，既有默默无闻一点一滴的积累，更重要的是大智大勇的破格立新。

（二）外国建筑史的内容，应该是除中国以外各国建筑的历史，各国人民的创造史。包括已经消失了的国家和民族。但是，这本书是一本教材，它的篇幅必须与这门课程在教学计划中规定了的学时相适应。学时很少，篇幅也就很小，很难展开外国建筑历史的详细过程，反映外国建筑历史的丰富性。为了避免流于过分简略，不得不舍弃均衡性，而选择一些国家、一些时期作为重点，保证必要的深入程度，而压缩其他。但是，即使那些重点，还仍然是相当简略的。

欧洲建筑史在这本书里所占的篇幅最大。这是因为，欧洲作为一个整体，它的历史悠久，经历的阶段最多，每个阶段都发展得很充分，阶段性鲜明，因此，它的建筑的历史内容丰富多彩，有特殊的意义。欧洲建筑史的每个阶段都有它占主导地位的建筑类型、相应的建筑形制和风格，它们的形成和变化的脉络清晰可见；欧洲建筑在它的各个历史阶段中，类型最多，尤其值得重视的是公共建筑很发达，它的各种类型的建筑形制的适目的性、艺术手法的层出不穷和风格的成熟，都达到很高的水平；欧洲不但产生了许多富有创造性的建筑物，也产生了不少建筑著作，理论和思想很活跃；在欧洲孕育了现代派建筑，发动了建筑史上最伟大的革命，对全世界都有很大的影响。

为了使欧洲建筑的发展过程清晰地呈现出来，又不得不删削枝蔓而突出主要的脉络，以意大利和法国为重点而简化其他国家。

在亚洲，讲得比较详细的是日本的建筑史。

这种处理虽然是必须的，却不可避免地把复杂而丰富的历史简单化了。为了消除简单化的消极作用，需要读者理解这种简单化，注意到一切历史著作的有条件性。世间没有一本书，也不可能有一本书，能够反映历史的复杂性和丰富性于万一。任何一本历史书，离真实都是相差很远的，它们充其量只能满足于叙述和阐释历史进程的某些主要方面的大致轮廓而已。

（三）建筑是人类社会生活必要的物质条件，是社会生活的人为的物质环境。人类全部的物质生活和精神生活都离不开建筑。因此，建筑的大系统与社会生态的大系统相对应，它们的层次结构间的关系十分密切。

建筑固然有它自己内部的发展机制，但更重要的是，它与社会的发展息息相关，基本保持同步的发展。建筑发展的阶段性与社会发展的阶段性一致。每当社会发生实质性的变化，例如生产方式、国家形态和阶级关系的变化，建筑也一定发生变化。这种变化，首先是，哪个层次上的哪些类型的建筑受到了特别的重视，发达起来，占了主导地位。以欧洲为例，古希腊盛期为城邦保护神的建筑群，古罗马为纯消费性大型公共建筑，中世纪为宗教建筑，文艺复兴时期为贵族府邸，反宗教改革时期为天主教教堂，民族国家形成之后的中央集权制时代为宫殿，英国资产阶级革命后为银行、交易所，19 世纪为各国的政府大厦和为发展资本主义经济所需要的各种公共建筑等等。其次是，这些最重要的、甚至占主导地位的建筑，演化出了满足当时条件下的功能要求的新形制。再其次，它们形成了各自鲜明的时代风格。由社会变化引起的这三个方面的演变构成了建筑史的主要内容，此外还有建筑借以存在的材料和技术的演变所引起的形制和风格的演变以及建筑创作经验的进步等等。

（四）由社会变化引起的三个方面的演变中最根本的是什么层次上的什么类型的建筑占了主导地位。它反映社会的变化最敏锐。历史上各种成熟了的建筑的时代风格都附丽于一定的占主导地位的建筑类型。例如，罗马式的代表是修道院教堂，哥特式的代表是城市主教堂，巴洛克式主要是 17 世纪意大利的天主教教堂的风格，洛可可主要是 18 世纪法国贵族客厅的风格，而古典主义则以 17 世纪法国的大型宫殿为代表，等等。每一次时代风格的重大变化，前提都是占主导地位的建筑类型的变化。因此，并不存在单纯的时代风格的嬗变，不存在单纯的时代风格史。不能把风格问题孤立出来，单独构思一个演变过程和规律。

某些类型的建筑在某个时代占了主导地位，反映当时占统治地位的社会阶层的物质利益和精神利益，反映当时的经济形态、政权形态、社会形态和相应的意识形态。这些建筑类型的功能形制虽然也或多或少、或明或暗地反映社会的变化，不过它们所受的实际约束很多，反应不能很敏锐，比如，当罗马帝国晚期基督教堂的重要性渐渐上升的时候，它们所用的形制还是旧时的供公民集会用的巴西利卡。后来才慢慢由巴西利卡演化出中世纪的拉丁十字式的教堂来。建筑的时代风格的成熟，往往更加滞后。在欧洲，只有到了文艺复兴之后，建筑师的创造意识高扬，才加速了风格的演进。

（五）建筑的时代风格反映着时代的社会、政治和经济，反映着和它们相应的思想文化潮流。但建筑风格总是附丽于建筑的可见形象的，因此它不可避免地要适应建筑的材料、结构等技术条件，要适应建筑的功能和环境，这些是它存在的前提。作为一种实际存在，建筑风格是许多因素综合的结果。古希腊的建筑风格不但以庙宇为代表，而且只能产生于质地细腻的白大理石的梁柱结构上，产生于铁质工具普遍应用的时代；古罗马的建筑风格不但以大型公共建筑为代表，而且只能产生于天然火山灰水泥的混凝土券拱结构上；中亚的伊斯兰教建筑风格则鲜明地反映着土坯券拱建筑的特点；日本在各个历史时期的建筑风格都与木质梁架结构密不可分。凡建筑的材料与结构方式发生重大的变化，一定会发生建筑形制的变化，建筑的风格虽然有滞后现象，或迟或早也都会发生变化，直至与材料和结构的特性相合。古罗马的混凝土拱券技术就剧烈地改变了从古希腊传承下来的建筑形制和风格，也改变了城市的选址、规模和布局。所以，不能脱离材料和结构技术的特点去认识任何一种建筑的民族风格或时代风格。

一个成熟的建筑风格，必定具有独特性、稳定性和一贯性。独特性就是具有容易辨认的明确的特点；一贯性，就是从建筑群到个体建筑物的体形、布局、立面、局部、细节等都贯彻这个特点，构思完整统一；稳定性，就是在一个相当长的时期内，基本特点不变，并且产生一批代表作品。而独特性、稳定性和一贯性的获得，必定有赖于它们和影响着它们的主要因素，包括社会的、历史的、思想的、文化的、功能的、技术的、环境的等等基本处于和谐的状态。没有这种基本的和谐状态，风格就不会有一贯性和稳定性，通常就是处于历史的过渡时期，这时旧风格已经过时，新风格还不成熟。所以，一种成熟的风格有必然的客观意义。不顾客观条件而主观地制造风格，或者抄袭过去的风格，都一一失败了。

（六）一个时代占主导地位的建筑类型和相应的形制、风格，反映占主导地位的社会阶层的物质和精神的需要，属于主流文化。此外，也必定有非主流的建筑文化层次。例如，在封建的中世纪，既有贵族的府邸、寨堡，也有市民的住宅、店铺和农民的小屋。它们分别各有自己的文化内涵。通常所谓的高雅文化和通俗文化，其实就是不同社会阶层的文化，在建筑中也不例外。一般情况下，占统治地位的阶层能够使用专业的高水平建筑师和建筑工匠，使用优质的建筑材料和设备，综合其他门类的杰出人才，如画家和雕刻家，因而，宫殿、庙宇、教堂、陵墓、银行、议会和政府大厦等等，不但代表着主流文化，而且代表着一个时期建筑技术和艺术的最高成就。

主流建筑文化灵敏地反映着社会的各种变动和生产力的进步，经历了复杂的发展过程，因而成了建筑历史的主要内容。非主流建筑对社会变动和生产力进步的反映通常不可能很灵敏，长时期中变化不大，因此没有成为建筑历史的主要内容。

但主流建筑文化和非主流建筑文化并不是彼此隔绝的，相反，有千丝万缕的关系。它们毕竟是一个民族在一个时期内统一的建筑文化中的不同层次，属于同一个建筑系统。不过，主流文化一般是强势文化，而非主流文化则是弱势的，因此，更多的是主流文化对非主流文化发生影响，在民间的建筑里可以见到统治者意识形态的反映。然而，建筑是大型的物质产品，它的建筑需要大量的劳动力，正是这些劳动者掌握着很大一部分建造的智慧和经验。在占主导地位的建筑中，他们在材料、结构和设备方面，在功能形制方面以及艺术手法方面，都有重要的作用和贡献。非主流建筑文化对主流建筑文化的影响远比在非物质的文化领域中强。

建筑由于社会功能的差异，呈现出层次性结构，如宫殿、庙宇等国家性、纪念性的建筑物，别墅、亭榭等休闲性建筑物以及马厩、车库等实用性建筑物。在认识建筑的本质和特性的时期，决不能不考虑到这个层次结构的内部差别。这个层次结构与建筑大系统的社会性层次结构之间也是密切联系着的，相互渗透的。在某些方面，不过是观察的视角不同而已。

（七）世界各国的发展是不平衡的，有的早、有的迟；有的快，有的慢。在20世纪下半叶，还可以在一些非常孤立的部落里研究原始社会的建筑。每一个历史时期，在建筑方面具有典型意义的、成就比较高的、影响比较大的国家并不很多，往往只有少数几个国家代表着某一个大文化区内一个时期建筑发展的主流。而且，在建筑史的各个阶段，某一个大文化区内代表性的国家并不相同，它们的前期历史各有特点，因此，不可以简单地构想各个历史时期代表性建筑的继承和扬弃的关系，产生不符合实际的嫁接现象。例如，哥特式主教堂主要以法国为代表的，文艺复兴建筑则主要以意大利为代表。当意大利人文主义者斥责中世纪建筑为"野蛮的"，即"哥特式"的时候，他们所指的并不是法国的主教堂，而是意大利中世纪的成就不很高的非柱式建筑。法国主教堂是到了19世纪才与整个欧洲中世纪文化一起得名为"哥特式"的，那时这个名称已经没有"野蛮"的意思了。又如，巴洛克建筑的主要代表是意大利，洛可可建筑的代表则是法国，虽然后者对前者不无借鉴，却不是直接的传承关系。这两种艺术风格在本质上是很有差别的。

比较先进的国家的建筑处于强势，暂时落后的国家的建筑处于弱势，一般说来，强势的对弱势的产生比较大的影响。但是，弱势的也有自己的成就，也会对人类的建筑文化有所贡献。例如，小亚细亚和两河流域的建筑曾经对东罗马帝国，即拜占庭帝国的建筑有过重要的影响。又如小小的柬埔寨，也曾建造过很辉煌的大建筑群。世界的建筑文化是全人类共同创造的财富。

（八）在中世纪，宗教曾经对建筑起过特别重大的作用。建筑通常是植根于一定的社会和自然土壤之中的。但是，宗教力量能把相距数千公里、政治体制并不相同的国家和地区，纳入到一个建筑文化圈里。

在中世纪，主要的文明国家和地区大致分属几个宗教势力范围，一个是欧洲的基督教世界，一个是北非、中亚、西亚、印度和西班牙的伊斯兰教世界，一个是印度次大陆和东南亚的印度教—婆罗门教世界。其中，基督教世界又可分为东正教和天主教，后来又有新教的世界。宏观地说，这几个宗教势力范围也便是几个大的建筑文化圈，连西班牙的伊斯兰建筑都与印度的伊斯兰建筑有许多基本的共同点。西班牙在 16 世纪转回欧洲建筑文化圈，是在天主教徒推翻了信仰伊斯兰教的摩尔人的统治、恢复了天主教的信仰之后。另一端，穆斯林在印度一部分地区建立了统治，这地区便迅速脱离强有力的佛教—婆罗门教传统而转进了伊斯兰建筑文化圈。中国建筑向日本的传播，有很大的部分是依靠着佛教传播的。

在封建的中世纪，宗教是最重要的意识形态，是最高的权威。它不仅具有强大的信仰力量，而且具有强大的组织力量和经济力量。所以，宗教的力量一直伸延到世俗的生活中来，致使这几个大文化圈里的建筑具有了一贯的、稳定的特点。

当然，世俗的文化也会渗透到宗教建筑中去。世俗文化与宗教文化的相互影响，正像主流文化与非主流文化、先进文化与落后文化间的相互影响一样，一方面不是平等的，一方面是在矛盾甚至斗争中进行的。这种矛盾甚至斗争是建筑史很有意义的内容。

（九）学习建筑史的目的，并不在于学会多少建筑创作技巧，能采用多少现成的样式。但建筑史不能不适当地介绍一些技巧和样式，并不是为了立竿见影地在创作上产生效益，而是为了更具体、更生动、更充实地叙述和阐释建筑的发展。不讲解雅典卫城建筑群布局的艺术构思，不介绍帕提农神庙精致的细节处理，就不能说明古希腊建筑的成就和影响。同样道理，要比较细致地讲古罗马公共建筑和法国哥特式主教堂的具体成就，没有这些生动的内容，建筑史失之于空疏，缺乏说服力，也会削弱可读性。

于是，这本教材篇幅的限制就更加使人遗憾了。

遗憾的还有不得不删略造园艺术、壁画和建筑雕刻，这些只好请读者另外找书来看了。

（十）前面说到，建筑固然有它自己内部的发展机制，但它与社会的发展息息相关并保持同步的发展。所以，把握和理解建筑的历史不能脱离开社会政治、经济等等的变化。而经济、政治等等的变化又必定同时引起文化各个领域的变化，所以，建筑的历史又和文化的各个领域发生千丝万缕的关系。建筑史虽然是一门专门史，要研究和学习它，却必须具有对历史的总体意识和综合眼光，切不可试图孤立地去认识它。这是一个基本准则。因此，建筑史的研究不可避免地应该是跨学科的，不能只就建筑看建筑。研究者必须具备广博的知识。

在任何一个历史时期，要把千变万化的各种关系都缕析清楚是根本不可能的，所以，要善于找出最重要的关系。各个时期内影响建筑发展的各种关系并不一定属于同一种性质，所以，研究者需要具体地熟悉各个阶段的历史的总体，具体地分析它们。切不可根据一种抽象的观念和固定的方法从复杂的历史中简化出一些不变的公式。

历史的总体，也可以包括两个方面。一个是横断面，即一个时期内政治、经济、社会、文化的综合，一个是纵剖面，即一个长长的历史阶段。观察的历史段越长，越容易发现历史中比较稳定的内在变化机制和它的规律性。不要把建筑史看成历史上重大建筑事件、建筑物或建筑师活动的编年史。

（十一）建筑史可以有各种各样的写法，并不存在一个唯一正确的写法。这是由历史本身无比的复杂性决定的。但是，希望每一种写法都能培养读者的历史意识和历史感，都能使读者感悟到历史的雄伟和庄严。

历史意识，首先是思维的大尺度。历史是在空间和时间中展开的，所以历史的内容不仅是时间的，也是空间的。"究天人之际，通古今之变"，便是历史思维的时间尺度和空间尺度。其次是在万事万物的产生、发展和消亡过程中思维，正是这个过程构成了历史。一切美好的东西也都会无可奈何地消灭，所以，从某个角度看去，历史常常有悲剧色彩。再次是一种创造精神。人类要生存就得劳动，劳动的本质是创造。文明史，包括建筑史，是创造的历史。仰望古今，文明史的崇高性就在于永不停息地创造追求。

历史意识诉诸头脑的思考，是理性的；而用心灵去感受，将它转化为情感的，那便是历史感了。用心灵感受历史，需要博大的胸襟、深远的眼光、沉郁的感情，需要对一切创造者的尊敬和热爱以及对人类命运真切的关怀。建筑史是科学，科学需要冷静的理性思考，但是，没有激情也是研究不好历史的，创造历史的主角和历史著作的读者毕竟都是活生生的人。

※　※　※

这次再版，增补了一些在初版时按规定的篇幅限制而删除的重要内容（主要在奴隶制时期），并且增补和更换了一些图。

至于观点和基本写法并没有改变。

1997 年

第一版前言

关于 19 世纪末叶以前的建筑史，有几点要说清楚。

几千年阶级对立的社会中，建筑的发展是片面的。建筑的创造者，劳动人民，只有简陋破败的茅舍土屋，甚至一无所有。最大量建造着的城乡住宅，由于它们的功能十分简单，技术手段和艺术手段十分有限，因而不能代表一个时期建筑技术和艺术的最高成就。它们对社会变动和生产力进步通常不可能有灵敏的反应，长时期中变化不大。因此，它们没有成为左右建筑发展的主流。

贵族和帝王统治着物质世界，僧侣和教会统治着精神世界，他们勾结在一起，形成剥削阶级的政权和神权。因此，宫殿、府邸、庙宇、教堂甚至陵墓，垄断了当时最好的工匠和最好的材料，使用了当时最先进的技术，成了建筑成就的主要代表。它们灵敏地反映着社会的各种变动和生产力的进步，经历了复杂的发展过程，因而成了建筑历史的主要内容。

当然，建筑历史的真正内容，是劳动人民的创造史。不过，在阶级社会中，劳动人民的聪明才智被迫主要在宫殿、庙宇、教堂、陵墓之类的建筑物上表现罢了。就在这些建筑物中，劳动人民完善着材料、结构和设备，完善着形制和丰富多彩的艺术手法。任何残酷的压迫都不能完全阻碍劳动人民的进步和获得光辉灿烂的成就。

可是，这些建筑物不仅为剥削阶级的寄生生活服务，而且往往直接服务于他们的政治统治和精神统治，在它们上面，劳动人民的伟大创造能力并不能充分发挥，同时，剥削阶级的利益和观念，必不可免地表现在这些建筑物上。因此，阶级社会中，建筑物的本身和它们的发展，都反映着人民同剥削阶级之间的斗争。

所以，学习建筑史，必须分析各时代阶级斗争的形势，各阶级所处的发展阶段，他们的经济和政治利益、意识形态和生活方式等。否则就不能理解各时代的创作活动，也不能看清建筑遗产中的精华和糟粕。

建筑艺术总是要适应它所附丽的材料、结构等技术条件的，总是要适应建筑物的实际功能和自然环境的，但是，建筑艺术仍然有很大的独立活动的余地。它很敏锐地反映着阶级斗争的形势和相应的思想、文化潮流。在 19 世纪末叶以前的外国建筑史中，建筑艺术的发展变化远远比功能、技术等的发展变化丰富得多，因此占着比较触目的地位。而且，建筑艺术的水平并不和技术的高低、功能的繁简相一致。建筑创作的卓越成就，有许多主要是艺术上的。由于宫殿、庙宇、教堂、陵墓之类在建筑历史中占着重要的篇幅，更使这种情况突出。一直要到 19 世纪中叶之后，生产性建筑、大型公共建筑和大规模建造的城市住宅成了建筑创作的主要对象，这种情况才开始改变。

因此，学习建筑史，必须牢牢记住建筑发展在各个历史时期有它的特殊性，决不能以为建筑的艺术形象一成不变地是建筑创作的主要内容。

学习建筑史，要注意到世界各国的发展是不平衡的，有早有迟，有快有慢。他们的建筑通常不在一个水平上。每一个历史时期，具有典型意义的、成就比较高的、影响比较大的国家并不很多。往往只有少数几个国家代表着一个时期建筑发展的主流。

在建筑史的各个阶段，代表性的国家并不相同，它们的前期历史各有特点，因此，不要轻易构想各个历史时期的建筑的继承和否定关系，产生嫁接现象。

比较先进的国家的建筑对其他国家的建筑发生较大的影响。但是，暂时落后的，甚至被压迫的国家，也有自己的建筑成就，也会对先进国家的建筑有所贡献，也曾丰富世界的建筑文化。因此，世界建筑文化，是全人类共同创造的财富。只不过在建筑史教材有限的篇幅中，只能叙述发展的主线罢了。

1979 年

目　录

第 1 篇
古代埃及、两河流域和伊朗高原的建筑

Part 1
Architecture of Ancient Egypt, Mesopotamia and Iranian Plateau

尼罗河流域以及幼发拉底河和底格里斯河的两河流域，是人类四大文明发源地中的两个。在这两个地区，产生了最早的住宅、城市、陵墓、庙宇和其他类型的建筑，建筑技术达到了很高的水平，建筑艺术手法也有了很大的发展。尤其重要的是，在这两个地区建造了人类第一批巨大的纪念性建筑物。建筑的技术和艺术主要在这些纪念性建筑物中达到当时最高的水平。

大型纪念性建筑物的基本理念、形制、艺术形式以及它们的结构和施工技术，都是从很原始的状态中发展出来的。出发点是简陋的，先有作为生存的基本物质条件之一的住宅，从住宅形制引发出其他各种类型的建筑。这个从无到有的开创史，是这两个地区古代建筑史中最有意义的内容之一。

这时期，大型建筑纪念物都是国家性的，它们的产生和发展与国家制度以及相应的意识形态的产生和发展紧密联系在一起。人是社会的动物，个别的人是孱弱的，他只有在一定的社会组织中才能获得和发挥他的智慧和力量。在农业文明时代，人们必须拥有和保卫一定范围的土地，他们需要组织起来和自然灾害以及具有掠夺性的敌人斗争。于是，经过氏族、氏族联盟等等的发展阶段，终于形成了国家这样一种社会结构，同时，氏族和氏族联盟的管理者阶层也就逐渐异化成了国家的统治者阶层，从中产生了专制的君主或皇帝。统治者在管理和组织作为氏族公社成员的人民的时候，也会压迫甚至奴役他们，又把对邻国战争中俘获的兵士、平民作为奴隶。国家这种社会结构的建立和维持在很大程度上依靠暴力和信仰，于是，在原始拜物教基础上演变出来了对统治者、尤其是对君主或皇帝的崇拜。随后祭司阶层出现，一种崇拜皇帝的宗教形成了，这是暴力统治所必要的意识形态力量，现实的最高权威必须同时是精神的最高权威。在人们的知识还很低下的古代，这种权威必然会和一切自然界的力量结合起来，不仅震慑人心，而且往往也是人们希望的寄托。

尼罗河流域和两河流域大型国家性纪念建筑物的产生和演变，很清晰地反映着国家和它的最高统治者的产生和演变，尤其在尼罗河流域的古埃及国家。因为古埃及国家很稳定，而且古建筑保存得比较多。

古埃及和两河流域的国家是同时存在和发展的，互有征伐和占领，也有和平的交往，建筑上也不免相互交流借鉴。古埃及文明，包括建筑，经过爱琴海岛屿而对古希腊发生过影响。两河流域地处欧亚两大洲的交通要道上，为四通八达之地，不断地成为多种文明的舞台，它的文明以后对两大洲也都有重要的影响。

第1章　古代埃及的建筑

尼罗河流域最重要的国家是埃及，埃及是世界上最古老的国家之一，在这里产生了人类第一批巨大的纪念性建筑物。

埃及的领土包括上下埃及两部分。上埃及是尼罗河中游峡谷，下埃及是河口三角洲，人民主要从事农业。尼罗河上游居住着努比亚（Nubia）人，以游猎为生。尼罗河深刻地影响着古埃及的文化和建筑。它两岸富饶的灌溉农业使大量人口可以脱离直接生活资料的生产从事建筑劳动，河流提供了芦苇、纸草和泥土作为建筑材料，峡谷和三角洲的自然景观培育了古埃及人的审美经验和形象构思特点，芦苇和纸草又是建筑重要的装饰题材。古埃及人在一年一度泛滥的尼罗河大规模的水利建设中发展了几何学、测量学，创造了起重运输机械，学会了组织几万人的劳动协作。这些成就对建筑的发展起着重大的推动作用。古王国时期的金字塔，方位和水平的准确，几何形体的精确，都很惊人，误差几乎等于零。尼罗河也是运输石材的主要水道，所以大型建筑物都造在尼罗河两岸。

古埃及建筑史有四个主要时期：第一，古王国时期，公元前三千纪。大约在公元前3000年左右，埃及成了统一的奴隶制帝国。埃及的奴隶主直接从氏族贵族演化出来，氏族公社没有完全破坏，公社成员受奴隶主的奴役，地位同奴隶相差无几。因此国家机器特别横暴，形成了中央集权的皇帝专制制度。这时候，氏族公社的成员还是主要劳动力，作为皇帝陵墓的庞大的金字塔就是他们建造的。皇帝崇拜还没有脱离原始拜物教，纪念性建筑物是单纯而开阔的。第二，中王国时期，公元前21～18世纪。手工业和商业发展起来，出现了一些有经济意义的城市。皇帝崇拜逐渐从原始拜物教脱离出来，产生了祭司阶层。皇帝的纪念物也从借助自然景观以外部表现力为主的陵墓逐渐向以在内部举行神秘的宗教仪式为主的庙宇转化。第三，新王国时期，公元前16～11世纪。这是古埃及最强大的时期，频繁的远征掠夺来大量的财富和奴隶。奴隶成了建筑工程的主要劳动者。皇帝崇拜和太阳神崇拜结合，皇帝的纪念物也从陵墓完全转化为太阳神庙。它们力求神秘和威压的气氛。这时埃及与西亚关系密切，传来西亚建筑的影响。公元前525年，古埃及被波斯人征服。第四，后期、希腊化时期和罗马时期（公元前332年被马其顿王征服，公元前30年被罗马征服），建筑发生了很大变化，有了许多希腊、罗马因素，出现了新的类型、形制和样式。

1.1　石建筑的能工巧匠

尼罗河两岸缺少良好的建筑木材，古埃及劳动者使用棕榈木、芦苇、纸草、黏土和土坯建造房屋，结构方法是梁、柱和承重墙相结合。至迟在古王国时期，已经会烧制砖头，会用砖砌筑拱券。新王国时期，在底比斯有了跨度4m的筒形拱。大约因为难得燃料、难得木材来制作模架，所以砖和拱券结构没有发展起来。古埃及不朽的建筑纪念物都是用石头建造的。

石头是埃及主要的自然富源。古埃及人以异常精巧的手艺用石头制造生产工具、日用家具、器皿，甚至极其细致的装饰品。早在用石头做工具的时候，公元前四千纪，就会用光滑的大块花岗石板铺地面。公元前三千纪之初，为了追求永恒不朽，为了追求庄严的纪念性，皇帝的陵墓和神庙就用石材建造了。古王国时期大量极其巨大的纪念性建筑物，砌筑得严丝合缝，在没有风化的地方，例如金字塔内的走道里，至今连刀片都插不进缝里去。在库富（Khufu）金字塔里，大墓室的门口安置着一块50多吨重的巨大石块，哈弗拉皇帝（Khafra）的祀庙的入口处，有一块石材长达5.45m，重达42t。中王国时期，青铜工具还不多，却用整块石材制作了许多二三十米高的方尖碑，最高的竟达52m，细长比大致为1:10。新王国时期的神庙中，有些石梁的长度已经超过9m，重达几十吨，而柱子竟有高达21m左右的。

在坚硬的花岗石建筑构件上，古埃及的劳动者早在主要用石质工具的时期，就刻下了大量的凸浮雕，用巨大的雕像装饰纪念性建筑物。不仅在石材上雕琢出用木材或纸草做的柱子的模样，甚至逼真地刻出编织的苇箔的模样来。到中王国和新王国时期，使用了青铜工具之后，建筑的雕饰更丰富了。凹浮雕代替了凸浮雕，形象的尺度增大。柱子的式样多了，精致而且华丽（图1-1）。满墙面的大幅主题性浮雕的构图多样，但都是平面的，避免表现空间深度。人物形象也像在标本夹里压平的，但各部分都选择了各自最有表现力的视角。有些石构表面抹了灰再绘彩画，构图和表现方法多种多样，非常丰富。

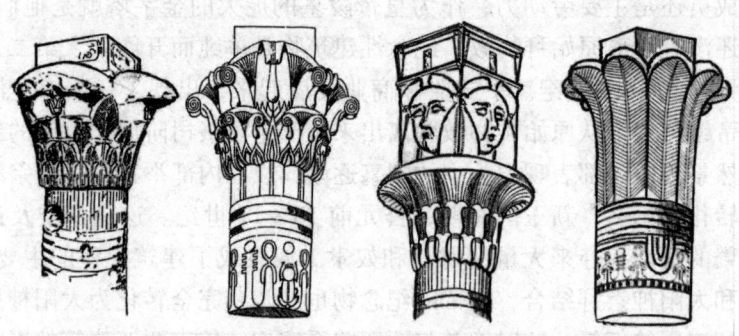

图1-1　柱头式样四种

早在公元前四千纪，古埃及人已经会用正投影绘制建筑物的立面和平面图。新王国时期有准确的建筑图样遗留下来，会用比例尺，会画总图和楼房的剖面图。在总图里，他们把建筑物的立面画在平面位置上。

到新王国时期，已经有了青铜的锯、斧、凿、锤和水平尺。

在长期的生产斗争中，埃及人积累起来的工程技术知识是很可观的。正因为有这些技术和工程能力，才给那些宏大的纪念性建筑物的诞生提供了现实的基础，任何一种建筑设想、构思总离不开实现它的客观可能性。

无论是建造皇帝的陵墓还是庙宇，神学的观念和需求都起着重要的作用，因此，祭司和皇帝要亲自参与这些纪念物的设计，由祭司先提出方案，再经皇帝批准。皇帝在祭司的帮助下主持这类建筑物的奠基、定向和划界的神圣仪式。

统治阶层和劳动阶层的分化，引发了脑力劳动和体力劳动的分化。这在社会发展的一定阶段内是有进步意义的，由于这种分化，产生了大型纪念性建筑的"工程主持人"，也可能兼任为"建筑师"。许多建筑的平、立、剖面图就是他们绘制的。古埃及历史上保留下来大量这类人物的名字和经历。公元前 3000 年左右，主持了一座早期金字塔工程的伊姆霍泰普（Imhotep），甚至留下了一本真正的关于建筑工程的著作。在他的石雕肖像上刻着他的职务："最高雕刻师，赫利奥波里斯（Heliopolis）的祭司、太子、一人之下万人之上者，下埃及皇帝的掌玺大臣。"其他人的名声没有这样显赫，一般称为"所有皇家工程的总管"。他们往往是皇帝的"朋友"。

社会分化的另一极是普通的劳动者。古王国时期，农村氏族公社的农民为建造金字塔受尽了苦难。据古希腊历史学家希罗多德记载，为了建造库富金字塔，从当时二三百万居民中强征了每批 10 万人的徭役，轮番地工作了 30 年之久。古希腊历史学家希罗多德（公元前 484～前 425 年）说，建造这 3 座大金字塔的皇帝们统治下的 106 年，被埃及人认为是水深火热的时期。"人民想起这两个国王时恨到这样的程度，以致他们很不愿意提起皇帝们的名字而用牧人皮里提斯的名字来称呼这些金字塔，因为这个牧人当时曾在这个地方牧放他的畜群"（《历史》，第二卷，127～128 节）。

新王国时期，建筑工地上已经大量使用奴隶，也有少数的工匠。在纸草卷上记载着底比斯陵墓工地上的贫苦工匠们暴发过起义，他们对官吏们控诉："我们饿了 18 天了"，"我们是被饥与渴赶到这里来的。我们没有衣服，没有油膏，没有鱼，没有青菜"。奴隶们的生活当然要更加悲惨得多。

然而，人类大规模的建筑活动是从奴隶制社会建立之后开始的。恩格斯写道，在古代，"采用奴隶制是一个巨大的进步"，"只有奴隶制才使农业和工业之间的更大规模的分工成为可能，从而为古代文化的繁荣……创造了条件"（《反杜林论》，178 页，人民出版社，1970 年）。奴隶制社会的建筑，比起原始公社的建筑来，发生了一个大飞跃，建筑从很原始的状态下脱颖而出，在很短的时间内达到了很高的水平。

1.2 府邸和宫殿

古埃及比较原始的住宅大致有两种。一种以木材为墙基，上面造木构架，以芦苇束编墙，外面抹泥或者不抹。屋顶也有用芦苇束密排而成的，微呈拱形。这一种在下埃及比较多。另一种在上埃及比较多，以卵石为墙基，用土坯砌墙，密排圆木成屋顶，再铺上一层泥土，外形像一座有侧脚的长方形土台。

贫穷人家的住宅，几千年都是这个样子。府邸和宫殿却是另一番景象。

府邸 中王国时期，贵族府邸的布局形制已经很发达。三角洲上的卡宏城

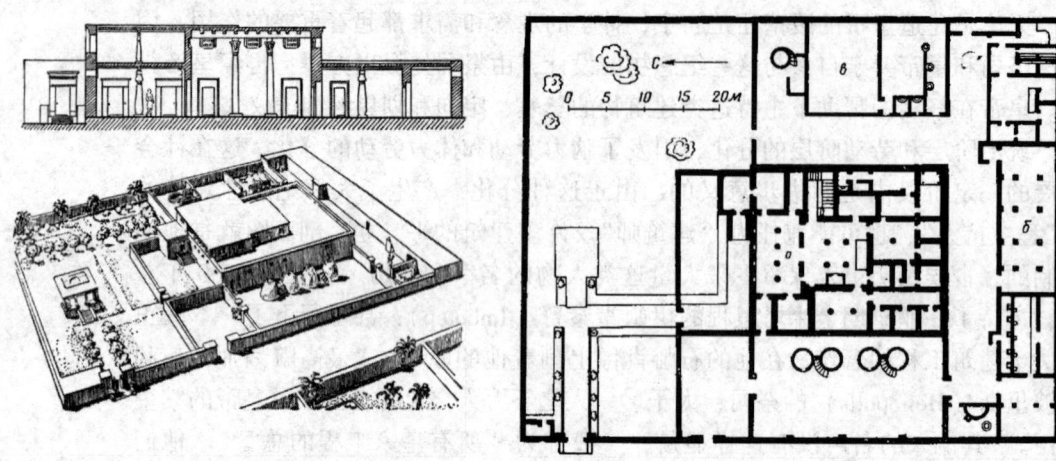

图 1-2　阿玛纳的富人住宅

（Kahune），可能是给建造大金字塔的作为公社成员的工匠们和一些管理工程的官员和贵族们居住的，那里的贵族府邸，有的占地达到 60m×45m，有几层院落，房间 70 多间。有的有楼层。当地气候炎热，住宅布局着重在遮阳和通风。采用内院式，主要房间朝北，前面有敞廊，以减弱阳光的辐射热。屋顶是平的，大小房间之间有高低差，利用这个高差开侧高窗通风。房间分男用、女用两组，朝院子开门窗，外墙基本不开窗，力求和街道隔离，私密性很强。主要房间和院子同在住宅的纵轴线上。

新王国时期，公元前 14 世纪，一位皇帝进行宗教改革，为摆脱当时已经很有势力的祭司阶层，一度迁都到阿玛纳（Tel-el-Amarna），那里兴建的贵族府邸一般占地 70m×70m，分三个部分，中央是主人居住部分，以一间内部有柱子的大厅为中心，其余房间围着它，向它开门。大厅北面是一间有柱子的大房间，通向院子；它南面是妇女和儿童的居室。更大一些的府邸里，大房间西面还有一间有柱子的大厅。主人居住部分的侧后方是家务奴隶的住房和畜棚、谷仓、浴室、厕所、厨房等勤杂房屋。它们的地面比主人居住部分低 1m 左右。第三部分是北边的大院子，种着瓜菜、果树，或者辟有鱼池（图 1-2）。

新王国时期还有 3 层楼的府邸。

这些府邸大抵都是木构架的，柱子富有雕饰，有把整根柱子雕成一茎纸草样子的。墙垣以土坯为主。平屋顶，上面日间作为晒台，夜间可纳凉。

宫殿　卡宏城里，宫殿和府邸相差不大。新王国初期，宫殿已经同太阳神庙相结合，但还没有严整的布局。

后来，在阿玛纳的几所宫殿中，有两所有了明确的纵轴线和纵深布局。其中一所，除了南北向的纵轴之外，左右还有一对对称的次轴，布局整饬。这所宫殿里有一间 130m×75m 的大殿，内部 30 列柱子，每列 17 根。显然是为重要的仪典用的。另一所占地 112m×142m，大致坐东朝西，纵轴指向第二进院子里东端正中皇帝的正殿。神庙在第一进院子的北侧，不大（图 1-3）。最大的部分是仓库、卫队宿舍和一些政权机构用房。

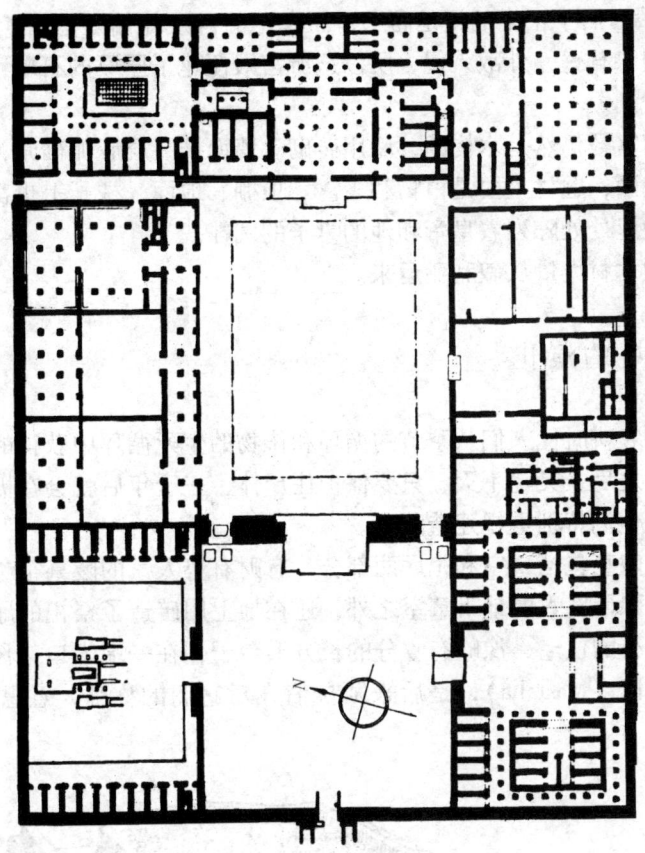

图 1-3　阿玛纳宫殿之一的平面

　　这两所宫殿说明，它们的形制终于从贵族府邸分化出来了。这个分化，反映着皇帝崇拜的演化。古王国时期，奴隶制刚从氏族社会脱胎出来，皇帝还是自然神，它的神性由金字塔来象征。后来，随着奴隶制的逐渐发达、中央集权帝国的逐渐巩固，皇帝也逐渐变为最高的、统治一切的众神之神的化身。有一整套的宗教仪典来崇敬他，为他建造庙宇，同时也就引起了宫殿建筑的变化，它追求庄严，要有气派，打算把皇帝打扮成神。但随着这个变化，祭司集团的力量强大起来，又威胁了皇帝的地位。新都阿玛纳城的建造，是皇帝为摆脱旧都底比斯祭司势力的一次斗争，反映在宫殿建筑上，便是神庙局促在前院的一侧。后来，皇帝的斗争失败，到公元前 13、12 世纪时，造在美迪乃特—哈布（Medinet-

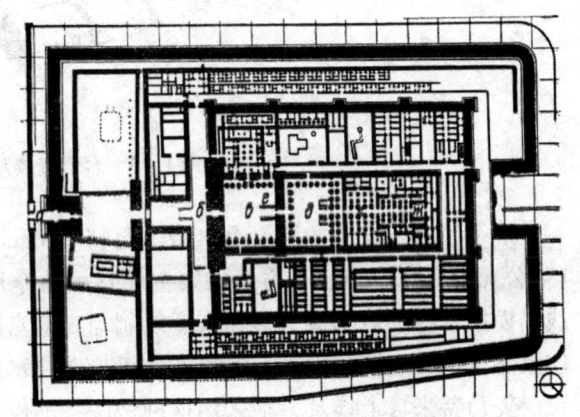

图 1-4　美迪乃特——哈布的宫殿
（公元前十三世纪之末—公元前十二世纪之初）

7

Habu）的宫殿，居于正中的便是庙宇，而真正的宫殿却偏处一侧了（图1-4）。同时，由于国势日蹙，外敌入侵，所以这所宫殿便建了厚厚的石墙，墙内侧设密排的驻防兵营。

阿玛纳的宫殿仍然是木构的，墙用砖砌。墙面抹一层胶泥砂浆，再抹一层石膏，然后绘壁画，题材主要是植物和飞禽。顶棚、地面、柱子上也都有彩画，非常华丽。宫殿里处处陈列着皇帝和他的妻子的圆雕。

宫殿用的木材大量从叙利亚运来。

1.3　金字塔的演化

反映着纯农耕时代人们从季节的循环和作物的生死循环中获得的意识，古埃及人迷信人死之后，灵魂不灭，只要保护住尸体，三千年后就会在极乐世界里复活永生，因此他们特别重视建造陵墓。

比较大的陵墓包括墓室和祀厅两部分。有财有势人家的陵墓很考究，早在公元前四千纪，除了宽大的地下墓室之外，还在地上用砖造了祭祀的厅堂，仿照在上埃及比较流行的住宅，像略有收分的长方形台子，在一端入口（图1-5）。这种墓叫玛斯塔巴（Mastaba），是后来阿拉伯人对它们的称呼，意思是"凳子"，因为外形很像。

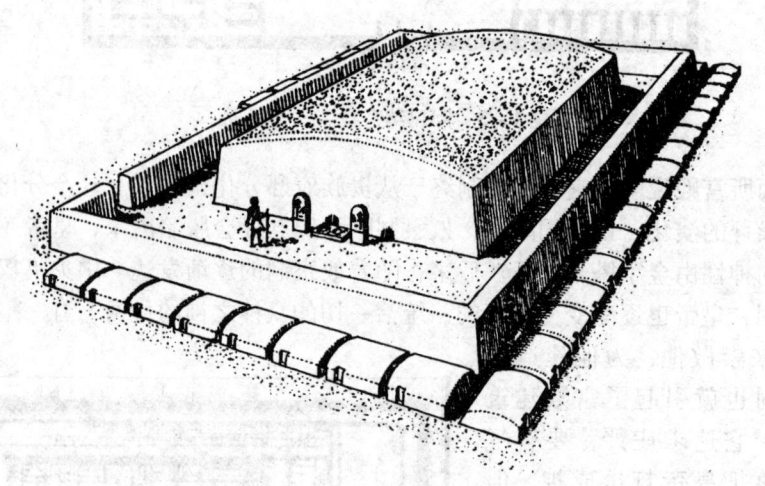

图1-5　台形贵族墓

统一了上下埃及的第一个皇帝美乃特（Menet）在内迦达（Negada）的陵墓（约公元前3200年），长方形的祭祀厅堂虽然全用砖造，却在外墙面砌出垂直棱线，模拟木柱和芦苇束，显然有意复制当时的宫殿（图1-6），这种做法是从下埃及流行的住宅演化而来。本来产生于构造技术的形式有了审美价值。

美乃特来自上埃及，他采用这种做法，不仅仅为了它轻快华丽，还是因为作为头戴上下埃及两顶皇冠的"上下埃及之王"，他必须在陵墓建筑上也把上下埃及的建筑文化统一起来。

陵墓模仿住宅和宫殿，是因为在初期，陵墓被当作人们死后的住所，一方面人们只能根据日常生活来设想死后的生活，另一方面，人们只能以最熟悉的建筑物为蓝本，探索其他各种建筑物的形制和形式。公元1世纪的希腊历史学家席库鲁斯（Diodorus Siculus）说，"古埃及人把住宅看作暂栖之所，而把坟墓看作长久的居住之所"。这说法大约就是因为坟墓的形式仿住宅却用永久性的石材建造的缘故。

图1-6　第五王朝（约公元前2700年）的石刻，显示仿植物的建筑处理

后来，皇帝的陵墓渐渐改变了形制。因为原始的宗教不能满足皇帝专制制度的需要，必须制造出对皇帝本人的崇拜来。这就必须把皇帝的陵墓发展为纪念性的建筑物，而不仅仅是死后的住所。于是，第一王朝皇帝乃伯特卡（Nebetka）在萨卡拉（Sakkara）的陵墓，就在祭祀厅堂之下造了9层砖砌的台基。向高处发展的集中式构图的纪念性被发现了。

到了古王国时期，随着中央集权国家的巩固和强盛，越来越刻意制造对皇帝的崇拜，用永久性的材料——石头，建造了一个又一个的陵墓。它们的形制在乃伯特卡陵墓的基础上，不断探索前进，最后形成了金字塔。

多层的金字塔　第一座石头的金字塔是萨卡拉的第三王朝（公元前2780～前2180）的建基皇帝昭赛尔（Zoser）的金字塔，大约建于公元前3000年。它的基底东西长126m，南北长106m，高约60m。它是阶台形的，分为6层。把墓室放在地下27m深处。和乃伯特卡陵墓比较，它的进步是：第一，把墓室仍然留在地下，把祭祀厅堂从高台基顶上移到塔前，而把多层的台基向上耸起，成为陵墓外观形象的主体，发展为形体单纯的纪念碑；第二，因此塔的本身排除了仿木构的痕迹，在形式和风格上同长方台式贵族坟墓相似。这种形式和风格，简练稳定，符合纪念性建筑物的艺术要求，也更适应石材的特性和加工条件（图1-7）。

但是，昭赛尔金字塔的祭祀厅堂、9m高的围墙和其他附属建筑物还没有摆脱

图1-7　萨卡拉的昭赛尔金字塔

传统的束缚，它们仍然模拟用木材和芦苇造的宫殿，用石材刻出那种宫殿建筑的种种细节，大片墙上凸出纤细的纸草式柱子，在地下室里有一个"假门"，门上用蓝绿色的砖做假门帘，仿芦苇编的帘子，细致入微地雕琢出细节来。这扇门是为死者的附体鬼魂出入用的。这做法也有一定的艺术效果：它们的垂直分划反衬着塔的水平分划，使它显得更稳定；它们较小的尺度衬托出塔身的大尺度，使它显得更崇高；它们的纤细华丽把金字塔映衬得更端重、单纯，纪念性更强。同时，在一个建筑群里，融合着上下埃及两种建筑传统，也反映着当时的政治需要。

昭赛尔金字塔建筑群的入口在围墙东南角，从这里进入一个狭长的、黑暗的甬道，甬道里的两排柱子使空间扑朔迷离。走出甬道，就是院子，明亮的天空和金字塔同时呈现在眼前。这个建筑处理的用意在造成从现世走到了冥界的假象。依据人们相信的神话，死去的皇帝仍然在冥界统治着。光线的明暗和空间的开阔的强烈的对比，同时震撼着人们的心，着力渲染皇帝的"神性"。沿人流线作纵深的、多层次的艺术布局手法已经被有意识地运用了。

昭赛尔金字塔的"工程主持人"传说是赫里奥波利斯的高级祭司伊姆霍泰普（Imhotep），后来被奉为神。

吉萨金字塔群　昭赛尔金字塔之后，金字塔的形制还在探索，有过3层的，有过分两段而上下段坡度不同的等等。

公元前三千纪中叶，当时的首都在尼罗河三角洲顶部的孟斐斯（Menphis），在离首都不远（开罗西南80km）的吉萨（Giza）造了第四王朝3位皇帝的3座相邻的大金字塔，形成一个完整的群体。它们是古埃及金字塔最成熟的代表（图1-8）。

它们都是精确的正方锥体，形式极其单纯，比昭赛尔金字塔提高了一大步。塔很高大：库富（Khufu）金字塔高146.6m，底边长230.35m；哈弗拉（Khafra）金字塔高143.5m，底边长215.25m；门卡乌拉（Menkaura）金字塔高66.4m，底边长108.04m。它们脚下的祭祀厅堂和其他附属建筑物却相对很小，塔的形体因此不受干扰地充分表现了出来，这也比昭赛尔金字塔进了一步。另一

图1-8　吉萨金字塔群

个进步是所有厅堂和围墙等等附属建筑物不再模仿木柱和芦苇的建筑形象，采用了完全适合石材特点的简洁的几何形，方正平直，交接简捷，同金字塔本身的风格完全统一。纪念性建筑物的典型风格形成了，艺术形式与材料、技术之间的矛盾也同时克服了。石建筑终于抛弃了对木建筑的模仿而有了自己的形式和风格。

建筑物的形式和风格总是要适应构成它的材料和结构方式的。但一种形式和风格在长期实践中定型、成熟之后，为人们所习惯，就具有惰性。当人们改用全然不同的材料或结构方式建造房屋时，还不熟悉新的可能性，起初总要借鉴甚至模仿习见的旧形式。这就在旧的形式和风格同新的材料和结构技术之间产生了矛盾。但这个矛盾是变化着的，只要新的材料和技术确乎是先进的，或者是合乎当时社会需要的，它就必定要逐渐抛弃旧的形式和风格，获得相应的新的形式和风格。这个过程在建筑发展史中一次又一次地出现。有时候，社会占统治地位的意识形态促进这个过程，有时候延缓它，但这个过程是客观必然的。

当然，建筑的形式和风格总是要反映人们的审美习惯的，纪念性建筑物则更有一定的艺术任务。但是，人们的审美习惯不是凭空而来的，它是时代文化思潮的一部分，关于建筑审美习惯又是在利用一定的材料和结构方法的条件下，经长期的建筑实践而形成的。建筑的实践，本质上是物质生产过程，它离不开物质生产的基本原则，要经济，要合理，要适用，要便于施工。因此，关于建筑的审美习惯，在长期的形成过程中，已经渗透了对建筑的理性判断，而不仅仅是形象判断。脱离理性判断的形象判断是初步的、低级状态的，它不可能形成为稳定的社会审美习惯。因此，当建筑的物质技术基础发生真正原则性的变化时，从事设计的人的任务，不是使新的物质技术条件去适合旧的审美习惯，而是勇于创新，在实践中目标明确地探索能够经济地、合理地充分发挥新材料、新结构潜力的新形式和新风格。有志者总是时时会感到抱残守阙的保守势力的阻碍，但是，登高望远，纵览历史的长河，则青山遮不断，毕竟东流去，前进、革新是人类文化发展的健康方向。

纪念性建筑有它的艺术任务，但把这任务交给木质构架，交给石质梁柱，交给券拱结构，它们就会以不同的形式和风格完成这个任务。艺术的主题，它的思想内容，会对风格提出要求，但它们本身不是风格，风格包含在表现它们的方式之中，而这方式，却不能不在很大程度上受物质技术手段的制约。

但是，每一种材料和结构方式，在造型上都有很大的潜力，很广阔的天地。在同样经济地、合理地使用一种材料和结构方式的情况下，可以创造出多种多样的形式和风格，决不可能用一种模式去限制它。因此，文化思潮、艺术任务、历史传统、地理环境、个人修养等等，就能对建筑物的形式和风格起重大的作用。建筑风格就这样被许多因素综合地决定。

因为历史上材料和结构方式重大的原则变化并不多，而文化思潮、艺术任务却经常不断地变化着，相应的建筑风格兴替交迭，缤纷夺目，于是，造成了一种假象，仿佛建筑风格与它的物质技术基础没有关系，仅仅是由人们的意志或者意识形态决定的。

由于每种材料和结构方式在造型上有灵活的适应性，所以，凡几种材料和结构方式同时流行，虽然它们的相应的建筑风格各有不同，却又能互相协调，并且汇合到更加广阔的时代风格里去。不过，每个时代必有同某种材料和结构方式相适应的建筑风格占主导的地位，成为时代风格的主要代表。金字塔的形成就是一个标本。

昭赛尔金字塔入口处理的构思，在吉萨大大发展了。祭祀厅堂在金字塔东面脚下，它们的门厅却远在东边几百米之外的尼罗河边。从门厅到厅堂，要通过石头砌成的、密闭的、黑暗的、仅可通过一个人的甬道。献祭的队伍，走过这长长的甬道，进入厅后的院子，猛然见灿烂的阳光中坐着皇帝的雕像，上面是摩天掠云的金字塔，自会产生把皇帝当作另一个永恒世界的神来崇拜的强烈情绪。

虽然刻意制造这种神秘境界，金字塔的艺术表现力主要在于外部形象。3 座金字塔在白云黄砂之间展开，气度恢宏。它们都是正方位的，但互以对角线相接，造成建筑群参差的轮廓。在哈弗拉金字塔祭祀厅堂的门厅旁边，有一座高约 20m，长约 73m 的狮身人首像，大部分就原地的岩石凿出。它浑圆的头颅和躯体，同远处方锥形金字塔的对比，它的写实性和金字塔的抽象性对比，使整个建筑群富有变化，也更完整了。金字塔的旁边还有一些皇族和贵族的小小的金字塔和长方形台式陵墓。

金字塔位于沙漠边缘，在高约 30m 的台地上。在广阔无垠而充满了神秘之感的沙漠之前，只有金字塔这样高大、稳定、沉重、简洁的形象才站得住，才有纪念性，它们的方锥形也只有在这样的环境里才有表现力。

金字塔的艺术构思反映着古埃及的自然和社会特色。这时古埃及人还保留着氏族制时代的原始拜物教，他们相信，高山、大漠、长河都是神圣的。早期的皇帝崇拜利用了原始拜物教，皇帝被宣扬为自然神。于是，通过审美，就把高山、大漠、长河的形象的典型特征赋予皇权的纪念碑。在埃及的自然环境里，这些特征就是宏大、单纯、稳定。这样的艺术思维是直觉的、原始的，金字塔就带着强烈的原始性，仿佛是人工堆垒的山岩，混沌未凿。它们因此和尼罗河三角洲的风光十分协调，大漠孤烟，长河落日，同其壮阔。

3 座金字塔都是用淡黄色石灰石砌的，外面贴一层磨光的灰白色石灰石板。所用的石块很大，有达到 6m 多长的。最大的库富金字塔，如果全部折合成 2.5t 重的石块，就要 250 多万块。它中心有墓室，可以从甬道进去，墓室顶上分层架着几块几十吨重的大石块（图 1-9）。

金字塔的基本矛盾是：它

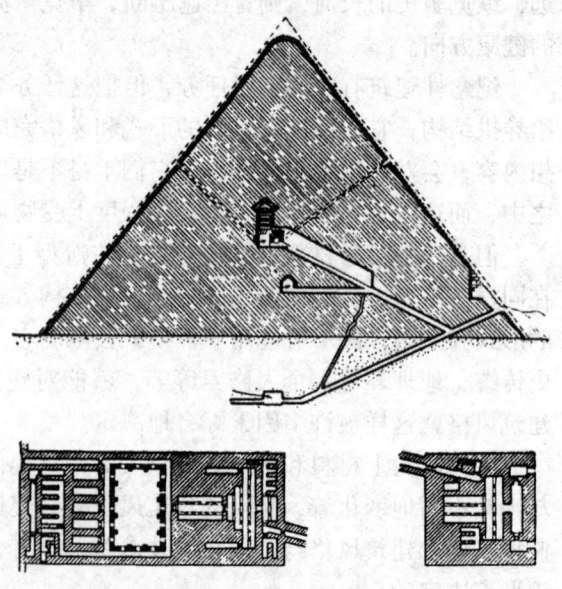

图 1-9　库富金字塔剖面与祀庙及其入口平面

体现着古埃及劳动人民卓越的起重运输和施工技术，对建筑艺术的深刻理解，以及他们利用和改造自然的雄健魄力；但是，这些建筑物却是皇权的象征，表现着皇帝的"神性"。在当时，后者是矛盾的主要方面。一旦皇帝专制制度被推翻之后，前者就要转化为矛盾的主要方面，金字塔就要作为劳动人民创造伟力的纪念碑而巍然屹立。

1.4　峡谷里的陵墓

中王国时期，首都迁到上埃及的底比斯（Thebes），峡谷窄狭，两侧悬崖峭壁。在这里，金字塔的艺术构思完全不适合了。皇帝们仿效当地贵族的传统，大多在山岩上凿石窟作为陵墓。于是，转而利用原始拜物教中的崞岩崇拜来神化皇帝。

这时结构技术又有进步：用梁柱结构建造了比较宽敞的内部空间，于是纪念性建筑物内部艺术的意义增强了。

在这种情况下，皇帝陵墓的新格局是：祭祀的厅堂成了陵墓建筑的主体，扩展为规模宏大的祀庙。它造在高大陡峭的悬崖之前，按纵深系列布局，最后一进是凿在悬崖里的石窟，作为圣堂。墓室开凿在更深的地方。整个悬崖被巧妙地组织到陵墓的外部形象中来，它们起着金字塔起过的作用。

曼都赫特普三世墓　大约公元前 2000 年，在戴尔－埃尔－巴哈利（Deir-el-Bahari）造的曼都赫特普三世的墓（Mausoleum of Mentu-Hotep Ⅲ），开创了新的形制。一进入墓区的大门，是一条两侧密排着狮身人首像的石板路，长约1200m。然后是一个大广场，它当中沿道路两侧排着皇帝的雕像。由长长的坡道登上一层坪台，坪台前缘的陡壁前镶着柱廊。这层坪台之上中央又有一层比较小的坪台，紧靠它正面和两侧造着柱廊。这第二层坪台之上正中造了一座不大的金字塔，作为中心。陵墓后面是一个院落，四面有柱廊环绕。再后面是一座有 80 根柱子的大厅，最后由大厅进入小小的凿在山岩里的圣堂（图 1－10）。

在这座陵墓里，内部空间和外部形象的作用势均力敌，前者的重要性已经大大增加，而后者还保持着作为主体的重要性。它的小小的金字塔是古王国传统的遗迹。金字塔打断了内部空间的序列，妨碍着强有力的内部空间艺术的发展。旧传统同新形制、新构思尖锐地矛盾着，它标志着一个过渡阶段。在建筑的历史中，新与旧的矛盾是多方面的，新的形制和新的构思的产生，同样要经历破旧立新的过程。

山崖壁立而高达 100m，顶部轮廓平平，形体也具有相当明确的几何性。陵墓的几层柱廊，同它发生着强烈的光影和虚实的对比，使它仿佛成了陵墓的一部分，大大增强了陵墓雄伟宏壮的力量；或者说使陵墓成了山崖的一部分，

图 1－10　曼都赫特普三世墓

13

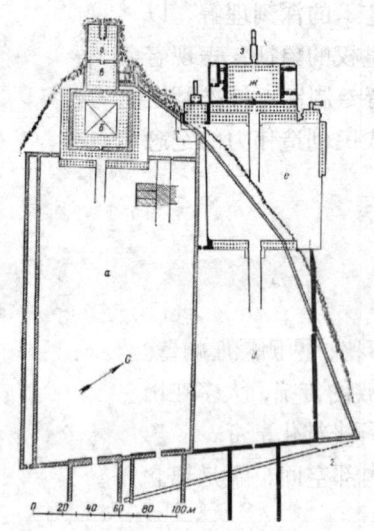

图 1-11　曼都赫特普三世墓
和哈特什帕苏墓平面图

图 1-12　哈特什帕苏墓

仿佛从太古以来，和山崖同时生成。为了加强这个对比效果，柱廊有两跨进深。柱子是方形的，光影变化更明确肯定。

充分利用自然环境，把它包含在建筑的艺术构思中，这是古埃及匠师们杰出的才能。

柱廊在中王国的建筑中广泛采用，不仅在陵墓中，也在城市的世俗建筑物中，而且比例轻快。这一方面显然受爱琴文化的影响，一方面也和商人、手工业者的地位加强有关。他们在城市里过着富裕的生活，他们私人的建筑物的重要性相对增加，这就引起了建筑风格的变化，追求开朗和华丽。因此，柱廊流行起来，建筑的装饰细部也精巧多了。

曼都赫特普三世的陵墓，建筑群有严正的纵轴线，对称构图的庄严性被认识到了；雕像和建筑物、院落和大厅作纵深序列布置。向运动着的人们按一定的预期效果用建筑处理反复地渲染气氛的手法进一步完善了。这些都是在贵族的府邸和陵墓中经过长期的探索的。比起古王国金字塔那种比较原始、比较直觉的处理来，对建筑艺术的理解无疑是加深了。但是，利用悬崖，则依稀可见金字塔的构思，它仍然是把皇帝的威力几乎当作自然力来表现，自有一种浑朴而粗犷的气度。但中王国时期，皇帝崇拜已经渐渐摆脱原始的拜物教，一种比较复杂的宗教已经大体形成，祀庙中神秘的仪典的重要性已经超过了皇帝威力的象征形象的重要性。向以后新王国神庙形制的转型已经酝酿着了。

哈特什帕苏墓　新王国时期，紧靠在曼都赫特普三世陵墓的北边建造了女皇哈特什帕苏（Hatshepsut，公元前 1525～前 1503 年，或说前 1479～前 1458 年）的墓，和她的神庙、圣堂。这个建筑群的布局和艺术构思同曼都赫特普的基本一致。但规模更大，正面更开阔，多了一层前沿有柱廊的平台。因此同悬崖的结合更紧密，哈特什帕苏陵墓比曼都赫特普的更加壮丽（图 1-11，图 1-12）。

彻底淘汰了金字塔是它的一个重要进展。它的建筑师珊缪（Senmut）说，金字塔"已经过时"。抛弃了这个传统的遗迹，新陵墓的轴线纵深布局就统一多了，新的艺术构思就完整了。

哈特什帕苏墓的柱廊比例和谐。方形的柱子，柱高在柱宽的 5 倍以上。柱间净空将近柱宽的 2 倍。柱廊庄严而不沉重。

这座陵墓很华丽，布满圆雕、浮雕和壁画，都着鲜艳的色彩。第二层坪台之上，柱廊的每根柱子前面有一尊女皇的立像，穿着彼岸之神奥西里斯（Osiris）的服装。这种柱子叫奥西里斯柱，是皇帝祀庙里特有的，但神的面容却是皇帝的，表示皇帝死后在彼岸为神（图 1 – 13）。

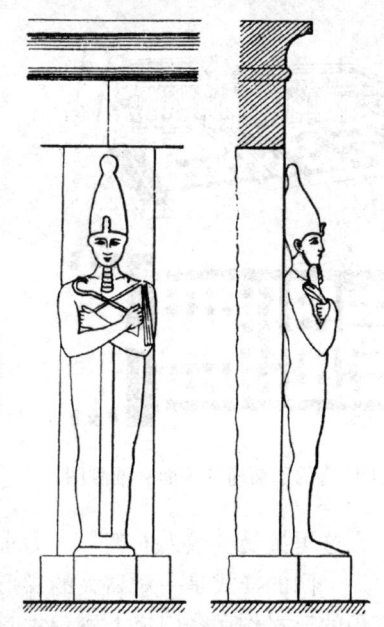

图 1 – 13　奥西里斯柱

1.5　太阳神庙

随着奴隶制的发展和氏族公社的进一步解体，皇帝专制制度强化了，相应地，中王国时期，太阳神在天上取得了统治地位，到新王国时期，适应专制制度的宗教终于形成了。设计了一整套神谱，皇帝同高于一切的太阳神结合起来，被称为太阳神的化身，皇帝崇拜彻底摆脱了自然神崇拜，从"伟大的神圣"变成了"统治着的太阳"。祭司们的势力迅速强大起来。

从此，太阳神庙就代替与原始拜物教联系的陵墓成为皇帝崇拜的纪念性建筑物，占了最重要的地位，在全国普遍建造。新王国时期，埃及的奴隶制经济发达，国力强盛，对外征战掠夺来大量财富和奴隶，奴隶劳动基本上取代了公社成员的劳动，劳动力更加廉价。因此，太阳神庙的规模也极其庞大。太阳神庙其实就是皇帝庙，雕像是皇帝，壁画上画的和刻的都是皇帝的事迹。臣民们向太阳神匍匐膜拜，就是匍匐在皇帝的脚下。有些神庙与宫殿结合。同时，由于起义人民多次把皇帝的僵尸从陵墓里挖出来砸烂，所以，新王国的皇帝就葬在秘密的石窟里，只有祀庙仍然作为独立的纪念物而建造着，形制同神庙相似。

庙宇形制　神庙的形制在中王国定型。先是有一些州贵族的祀庙，取法于贵族府邸的中央部分，加以发展，在一条纵轴线上依次排列高大的门、围柱式院落、大殿和一串密室。从柱廊经大殿到密室，屋顶逐层降低，地面逐层升高，侧墙逐层内收，空间因而逐层缩小。后来底比斯的地方神阿蒙（Amon）的庙采用了这个布局。太阳神成为主神之后，和作为新首都的底比斯的阿蒙神合而为一，于是太阳神庙也采用了这个形制，而在门前增加一两对作为太阳神的标志的方尖碑（图 1 – 14）。

庙宇有两个艺术重点：一个外部的，是大门，群众性的宗教仪式在它前面举行，力求富丽堂皇，和宗教仪式的戏剧性相适应。另一个内部的，是大殿，皇帝

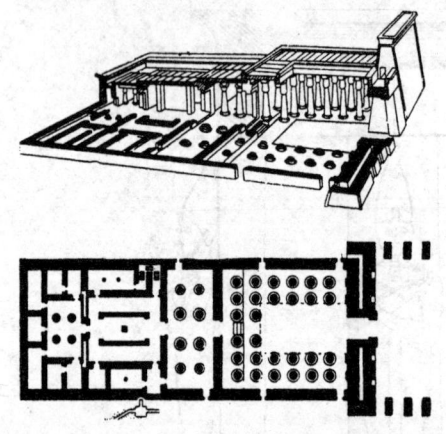

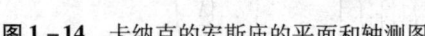

图1-14　卡纳克的宏斯庙的平面和轴测图

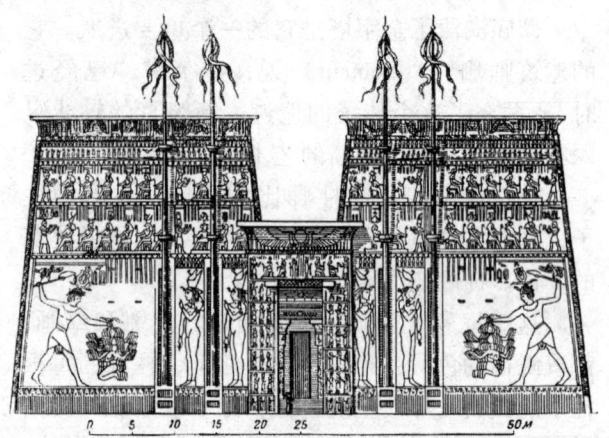

图1-15　埃德府（Edfu）神庙大门

在这里接受少数人的朝拜，力求幽暗而威压，和仪典的神秘性相适应。

门的样式是一对高大的梯形石墙夹着不大的门道。为了加强门道对石墙的体积的反衬作用，门道上檐部本身的高度比石墙上的大得多。

大门前有一两对皇帝的圆雕坐像，像前有一两对方尖碑。平平正正，阔大稳定的梯形石墙、浑圆的雕像和宽高比通常为1:10的方尖碑之间产生强烈的对比，各自的特点格外鲜明，形成丰富多变的构图。而石墙的突出的统率作用，使构图主次清楚，完整统一。瘦削的方尖碑不仅特别能反衬石墙的高大厚重，而且是门前大路两侧密密排列着的圣羊像或狮身人首像和石墙之间的构图和尺度的联系者。夹道的圣羊像行列，有连续达1km以上的。它们除了能酝酿宗教气氛外，还能夸大道路的长度以及方尖碑和石墙的高度。公羊是阿蒙神的表征，它与阿蒙神本来分别是底比斯地方部族的神和图腾。

石墙上满布着彩色的浮雕，墙前的圆雕也着彩色。方尖碑的锥形顶子上包着金箔。檐头彩旗猎猎。这大门的景象是喧嚣的、热烈的，皇帝在这里被一套套仪式崇奉为"泽被万物的恩主"（图1-15）。

进了大门，是一个三面被柱廊围着的院子。从正面穿过柱廊走进大殿。大殿里密排着柱子。高大粗壮的柱子处处遮断人的视线，仿佛每根柱子后面还有另一处曲折的空间，如此无穷地拓展出去。中央两排柱子特别高，以致当中三开间的顶高于左右的，形成侧高窗。从侧高窗进来的光线被窗棂撕碎，散落在柱子上和地面上，缓缓移动，更增强了大厅的神秘气氛。

正中三间的顶上画着飞翔的鹰隼，这是皇帝的表记。其余部分的顶上画的是暗蓝的天空和金色的星。中央柱子的柱头是盛开的纸草花，其余的是花蕾。柱厅就像浓密的纸草丛，在夜色中幽深莫测。

大殿里不论墙上还是柱子上，也都布满着深凹的浮雕，都着色。浮雕的题材大多歌颂皇帝的武功神力。皇帝像很大，高达2~3m，更使朝拜者自觉渺小无力。

在这个震慑人心的大殿中，皇帝扮演着操生死予夺之权的"万能者"的角色。

古埃及的大型纪念性建筑一般都有许多浮雕，在早期，使用的工具还只有石质的，因此浮雕都采用凸出的，很薄，便于用石质工具慢慢磨成。到了新王国时期，坚硬的青铜工具已经产生并普及，浮雕就采用凹入式的了，便于青铜工具的使用，刻得比较深。艺术作品的样式和风格，不但有主题、题材和材质等的影响，也不能不受所用工具性能的影响。艺术品的样式和风格是不能摆脱各种物质条件的制约的。

卡纳克和鲁克索（Luxor）的神庙　新王国时期，皇帝们经常把大量财富和奴隶送给神庙，祭司们成了最富有、最有势力的奴隶主贵族。各地的神庙占有全国 1/6 的耕地和大部分的手工作坊，拥有金矿和航海商队。巨大的神庙遍及全国，底比斯一带神庙络绎相望，其中规模最大的是卡纳克（Karnak）和鲁克索两处的阿蒙神庙。卡纳克的神庙在公元前 12 世纪初拥有 86486 名奴隶，100 万头牛，20km² 土地，占有 65 座城市和村镇，其中 9 座在叙利亚。此外还有大量金银。

卡纳克的阿蒙神庙是从中王国时期到托勒密时期（公元前 21 世纪到公元前 4 世纪）陆续建造起来的，总长 366m，宽 110m。前后一共造了 6 道大门，而以第一道为最高大，它高 43.5m，宽 113m（图 1-16）。庙的轴线朝向西北。每当仪典，皇帝走出牌楼式大门时，太阳正在第一道大门的两侧梯形石墙之间冉冉升起，皇帝和太阳神的"合一"用这种戏剧性的安排强烈表现出来了。

它的大殿内部净宽 103m，进深 52m，密排着 134 根柱子。中央两排 12 根柱子高 21m，直径 3.57m，上面架设着 9.21m 长的大梁，重达 65t。其余的柱子高 12.8m，直径 2.74m。早在古王国末期，有些石柱的细长比已经达到 1:7，柱间净空 2.5 个柱径。中王国的一些柱廊，比例更加轻快。但这座大殿里的柱子，细长比只有 1:4.66，柱间净空小于柱径，可见，用这样密集的、粗壮的柱子，是有意为了制造神秘的、压抑人的效果，使人产生崇拜的心理（图 1-16）。这些柱子上满布阴刻浮雕，上着彩色。柱梁之间的交接非常简洁，比例十分匀称。承重构件与被负荷构件之间的视觉上是均衡的，艺术上很成熟（图 1-17、图 1-18）。

每年一度，宗教仪式在卡纳克开始，把阿蒙神像抬到鲁克索结束，叫做阿蒙神回后宫。二者之间有一条 1km 多长（一说 3.5km）的石板大道，两侧密密排列着圣羊像，路面夹杂着一些包着金箔或银箔的石板，闪闪发光。

鲁克索的阿蒙神庙建于公元前大约 16 世纪到公元前 4 世纪，规模也很大，总长大约 260m。大门宽 65m，高 24m，它没有完成，在两进院子之间现存 7 对 20m 高的大柱子，是原设计的大殿的中央部分。其余一些比较小的柱子作纸草花束的形状，比卡纳克的更加精致一些（图 1-19），但柱子上没有浮雕。大门前竖立一对方尖碑（西边一个高 22.8m，1819 年被搬到法国巴黎去了，所幸东边一个 25m 高的还在原处）。

卡纳克和鲁克索的神庙，除了大门之外，建筑艺术已经全部从外部形象转到了内部空间，已经从金字塔和崖壁的阔大雄伟的概括的纪念性转到了庙宇的神秘和压抑。这是同皇帝崇拜由氏族社会的原始拜物教转到奴隶制社会的宗教相适应的。

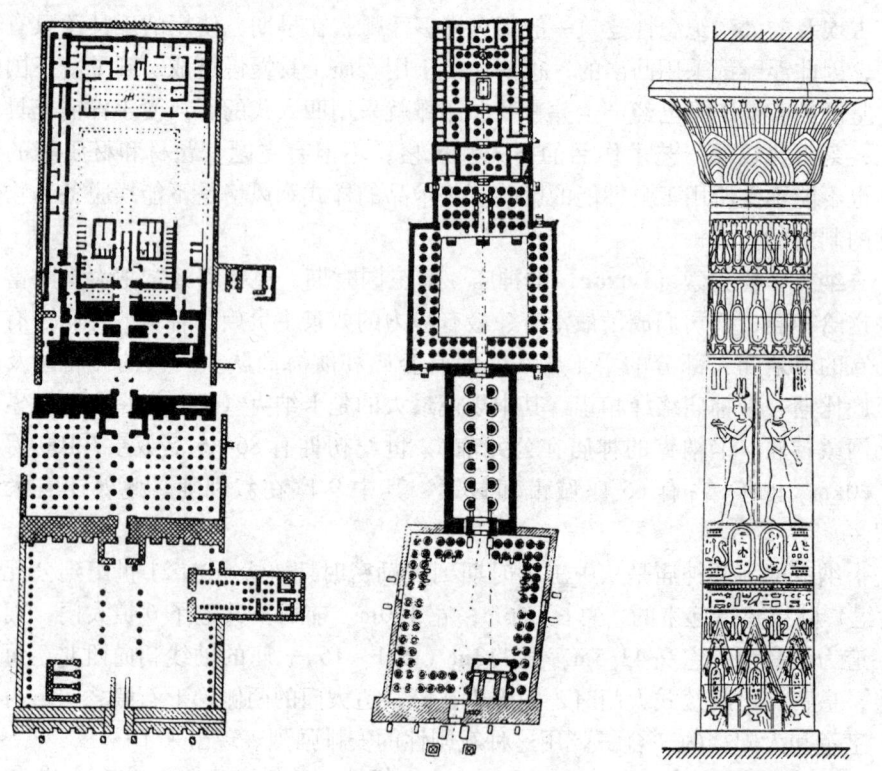

图 1 – 16　阿蒙神庙平面
左：卡纳克的；右：鲁克索的

图 1 – 17　卡纳克阿蒙神庙
的大纸草形柱

图 1 – 18　卡纳克阿蒙神庙大殿剖面

　　这两座庙都位于尼罗河东岸。过去，皇帝的祀庙刚刚从陵墓独立出来的时候，遵从陵墓都在西岸的传统，也造在西岸。皇帝崇拜与太阳神崇拜结合之后，彻底摆脱了祀庙的传统造到东岸来了。卡纳克的庙，轴线和 8km 外河西的哈特什帕苏墓的轴线相合，两者是同时起造的，而且有共同的庆典仪式。

　　阿布辛波　埃及皇帝向南征服了努比亚之后，在那里造了几个巨大的阿蒙神庙，其中最特殊的是阿布辛波（Abu-Simbel）的石窟庙（图 1 – 20）。建造者是新王国时最强大的拉姆西斯二世皇帝（U. Ramesses Ⅱ，公元前 1304 ~ 前 1237 年在

图 1 – 19　鲁克索阿蒙神庙

位），为的是庆祝他登位 34 周年。它开凿在尼罗河的一个转弯处的悬崖上，面向主航道，这石窟庙充分利用自然来强化它的表现力。它最杰出的、最动人心魄的正面完全从峭壁上凿出，高 30m，宽约 35m，呈梯形，外廊像神庙的大墙门。在这个正面上，凿出 4 座 20m 高的拉姆西斯二世的坐像，端庄稳定，十分雄伟。在它们的小腿边上，又雕着三尊小小的立像，是皇帝的妻子、儿子和

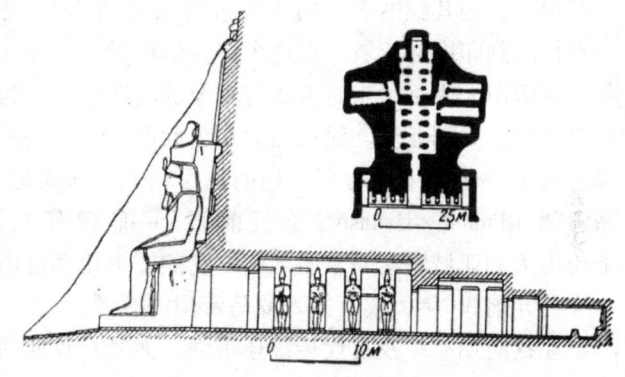

图 1 – 20　阿布辛波石窟庙平面、剖面

女儿，它们把大像反衬得无比高大庄严。在中央的入口两边，还有些匍匐着的小雕像，代表一些敌对的亚洲国家和努比亚人。入口正上方的龛里雕着太阳神和天神的合体神。

　　进门向石窟里走去，经过一个过道，便是前厅（16.4m×17.6m），厅里纵向排列四对方柱，每根柱子前立着一尊拉姆西斯二世的像，有 9m 高。再走过一道门便到了后厅（10.9m×7.0m），厅里有 4 个方柱。再后面便是圣堂，总进深 55m。圣堂正中端坐着皇帝的像，而古埃及神谱里的各位神的像则放在旁边。前厅两侧有六个狭长的侧厅。前厅、后厅、侧厅、圣堂，所有的墙面，和天花都布满彩色的浮雕和壁画，内容都以皇帝敬神的场面为主，柱面上还有些战功场面。皇帝在这座石窟庙的里里外外都超越了神灵。庙朝向正东，每年有两次（春分和

秋分），初升的太阳的第一道光线一直照射到圣堂正中的皇帝像上。它又一次证明古埃及建筑设计者多么善于利用自然现象。

（注：为了建造阿斯旺高坝，阿布辛波于 1964～1968 年迁移，后退 210m，提高 65m）

1.6　希腊化时期

从公元前 11 世纪起，埃及衰落了，被利比亚人、埃塞俄比亚人、亚述人和波斯人轮番地征服。虽然经济仍然有所进步，冶金术发展起来，铁器开始取代铜器和石器，并广泛应用，但石材加工工艺因此反而退化了，建筑的工艺随之衰退。

这时，埃及国家实际上是分裂的，几个王朝都没有真正统一整个埃及。大型的建筑活动都停止了，只有公元前 7 世纪的赛易斯王朝修复过几个大庙。

但埃及的文化这时对地中海西部、西亚和波斯发生了很大影响，波斯人从埃及掳走大量工匠去建造他们的宫殿。

公元前一千纪的中叶，古希腊的文化逐渐繁荣，对地中海东部沿岸地区发生了重大的影响。埃及的工艺品和美术品趋向模仿希腊的样式。有一些希腊的商人在尼罗河三角洲定居，建造住宅、旅馆之类，带来了希腊的建造传统。公元前 4 世纪中叶，马其顿的亚历山大大帝（公元前 365～前 323 年）崛起，席卷向东，一直征战到印度河流域。在这个广大的疆域里，他大力提倡希腊文化。公元 332 年，亚历山大驱逐了当时占领着埃及的波斯人，成为埃及的统治者，在地中海岸建设亚历山大利亚城。亚历山大在公元前 323 年去世之后，帝国分裂，地中海东部进入了“希腊化”时期。他的一个将军——希腊人托勒密在埃及建立了托勒密王朝（Ptolemy Dynasty，公元前 323～前 30 年），以亚历山大利亚城为首都。亚历山大利亚城完全是希腊式的，它的图书馆和灯塔都是古代重大的建筑成就。

公元前 30 年，埃及并入罗马帝国的版图。

在这时期，埃及古代传统还很强，尤其在神庙建筑里，如爱德府（Edfu）的霍鲁庙（Temple of Horus，初升太阳之神）、丹德拉（Dendra）的哈特尔庙（Temple of Hathor，爱之女神）。不过，它们也在希腊建筑影响下有了些新的因素，尤其是霍鲁庙的大殿，前檐不完全封闭，而造了一排圆柱，圆柱的下部之间砌不高的屏风式墙段，而上部则完全透空。古代神庙那种封闭、幽暗的特点没有了。

最重要的神庙建筑群在埃及南端与努比亚交界处的尼罗河中的菲列（Philae）岛上。这个岛长 400m，宽 150m，在公元前 4 世纪中叶才成为一个重要的圣地。陆陆续续建造起来的建筑群的中心是伊息丝（Isis）神庙（图 1-21）。伊息丝是彼岸之神奥里西斯（Orisis）的妻子，霍鲁的母亲，她是埃及的母亲神之一。庙的主体还是传统样式的，但在它第一道大门和第二道大门之间，东侧有个长长的敞廊，西侧有一座叫玛米西（Mammisi）的小庙，形制是希腊神庙的围廊式。

（注：1971 年建成了阿斯旺高坝之后，尼罗河水位上涨，菲列岛上的建筑群搬迁到了 Agilqiyyah 岛）

在丹德拉的霍鲁庙前面，也有一座罗马时期造的围廊式的玛米西，是罗马式的，前廊很深。霍鲁庙顶上和菲列岛东岸，都有一座小小的亭子，四面敞开，柱子之间有不高的屏风式短墙遮挡。据传它们是罗马皇帝阿德良（Adriano）造的。

希腊、罗马文化的人文主义因素渗透到了埃及神庙当中，使它们开敞起来，明朗起来，大大削弱了那种震慑人的恐怖力量。

埃及人对希腊人的回报可能是通过爱琴文化对希腊柱式的发展提供过一些构思。

图 1-21 伊息丝庙

第 2 章　两河流域和伊朗高原的建筑

两河流域的建筑大体可分为两个类型：幼发拉底河（Euphrates）和底格里斯河（Tigris）下游的和上游的。

两河下游的文化发展最早，与埃及的约略同时。公元前四千纪，在这里建立了许多小小的奴隶制国家。公元前 19 世纪之初，巴比伦王国统一了两河下游，甚至征服了上游。公元前 16 世纪初，巴比伦王国灭亡，然后，两河下游先后沦为埃及帝国和上游的亚述帝国的附庸。从公元前 7 世纪后半叶到 6 世纪后半叶，又建立了统一的后巴比伦王国，这是两河下游文化最灿烂的时期。后巴比伦被波斯帝国灭亡。

两河上游建立了亚述国家，公元前 8 世纪征服巴比伦、叙利亚、巴勒斯坦、腓尼基和小亚细亚，甚至征服阿拉伯半岛和埃及，建立了一个大帝国。公元前 7 世纪末被后巴比伦灭亡。

公元前 6 世纪中叶，在伊朗高原建立了波斯帝国，向西扩张，征服了整个西亚和埃及，向东到了中亚和印度河流域。为争夺小亚细亚同希腊发生战争，失败之后于公元前 4 世纪后半叶被马其顿帝国灭亡。

在这个区域内，世俗建筑占着主导地位。虽然皇帝们也被神化，但宗教基本上是原始拜物教，所以，这里没有发展古埃及那种神秘的、威压人的建筑形制和艺术风格。主要在世俗建筑物里，发展了多种建筑形制和丰富多彩的装饰手法，达到很高水平，对古代和中世纪的建筑文化作出了重大的贡献。两河下游的高台建筑，叙利亚和波斯的宫殿，尤其是壮丽的新巴比伦城，是这个区域里的代表性建筑成就。

这个地区不像埃及那样闭塞，同周围地区的文化交流比较频繁，它的建筑也常常汲取外来的影响，有时候甚至用外地的工匠或奴隶建造宫殿。

2.1　主要的建筑类型和形制

两河中下游是冲积平原，缺乏良好的木材和石材，人们用黏土和芦苇造房屋，有些用乱石垫基础。公元前四千纪起，大量使用土坯砌墙，在宫殿庙宇等重要的建筑物的土坯墙上，砌垂直的凸出体，方的或半圆的，模仿芦苇束编的墙。半圆体不适合土坯砌筑工艺，不久就淘汰掉了。方的凸出体却作为加强墙垣的措施而长期保留了下来，同古埃及早期内迦达的美乃特陵墓的墙垣十分相像，很可能有过相互间的影响。

早在公元前四千纪之末，就有了券拱技术，但因为缺乏燃料，砖的产量不大，所以券拱结构没有发展，只用于仓库、坟墓和水沟，住宅、宫殿和庙宇只在门洞上发券。

住宅和宫殿一般用土坯砌墙，墙体厚重。房顶的做法是在土坯墙头排树干，铺芦苇，再拍一层土。因为木质低劣，所以房间很窄而长向发展，内部空间不发达，加以气候炎热，不得不重视内院。

住宅是内院式的，房间从四面以长边对着院子。主要卧室朝北，因为当地夏季酷热而冬季温和。有一间或几间浴室，用砖铺地，设下水道（图 2-1）。

宫殿通常有串联的或并联的三个院子。一是行政部分，一是居住部分，另一个是服役部分。有些宫殿还有一个神堂院子。平面布局没有完整的构思，但是渐渐有追求对称和整齐并突出大殿和圣堂的趋势。公元前三千纪的基什（Kish）的宫殿和玛尔（Mar）的宫殿已

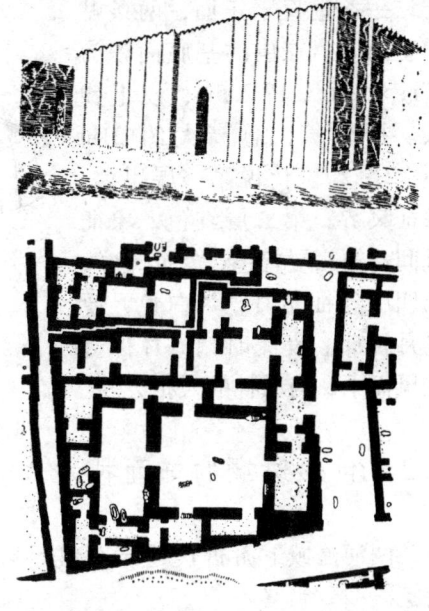

图 2-1 巴比伦城的民居
（公元前 6 世纪）

经是相当复杂的建筑群。直到公元前 6 世纪，巴比伦城的宫殿和庙宇也还是这样。

公元前三千纪起，宫殿和庙宇的大门的形制是：一对上面有雉堞的方形碉楼夹着拱门。拱门门道两侧有埋伏兵士的龛。这种门制为西亚大型建筑物普遍采用，并且传到古埃及。

山岳台 当地居民崇拜天体，但从东部山区来的居民带来了崇拜山岳的信仰，他们认为山岳支承着天地，神住在山里，山是人与神之间交通的道路，山里蕴藏着生命的源泉，雨从山里来，山水注满了河流。他们把庙宇叫做"山的住宅"，造在高高的台子上。随着生产力的发展和对集中式高耸构图的纪念性加深了认识，终于形成了叫做山岳台的宗教建筑物。两河下游是一望无际的冲积平原，在这样的自然环境中，高耸的塔格外使人感到庄严，甚至神圣。它们同时也可以成为聚落的标志，引导荒漠中的行旅。后来，当地居民的天体崇拜也采用了这种高台建筑物，它的形制同天体崇拜的宗教观念相合，人们在高台上，最接近日月星辰，可以在高台上向它们祈祷，和天体沟通。因此占星术士几乎都利用高台作法。

山岳台或星象台是一种用土坯砌筑或夯土而成的高台，一般为 7 层，自下而上逐层缩小，有坡道或者阶梯逐层通达台顶，顶上有一间不大的神堂。坡道或阶梯有正对着高台立面的，有沿正面左右分开上去的，也有螺旋式的。古埃及的台阶形金字塔或许同它有过渊源关系。

公元前三千纪，几乎每个城市的主要庙宇里都有一个或者几个山岳台或者天体台。残留至今的乌尔（Ur）的月神台，生土夯筑，外面贴一层砖，砌着薄薄的凸出体。第一层的基底面积为 65m×45m，高 9.75m。有三条大坡道登上第一

层，一条垂直于正面，两条贴着正面。第二层的基底面积为37m×23m，高2.5m，以上残毁。据估算，总高大约21m（图2-2）。传说第一层黑色，象征冥界；第二层红色，象征人间；第三层青色，象征天堂；第四层象征明月，为白色，便是月神庙。夜深时刻，月神会乘风而下，与敬神的人相会。

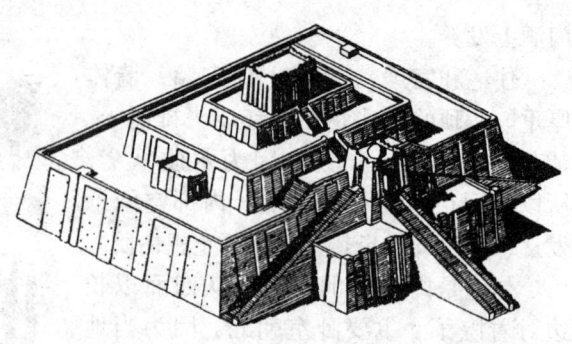

图2-2　乌尔的月神台

2.2　色彩斑斓的饰面技术

两河流域下游古代建筑对以后影响最大的是它的饰面技术和相应的艺术传统。

起源和演变　当地多暴雨，为了保护土坯墙免受侵蚀，公元前四千纪，一些重要建筑物的重要部位，趁土坯还潮软的时候，搠进长约12cm的圆锥形陶钉，以增加砌体的强度。陶钉密密挨在一起，底面形同镶嵌，于是将底面涂上红、白、黑三种颜色，组成图案。起初，图案是编织纹样，模仿日常使用的苇席。后来，陶钉底面做成多种式样，有花朵形的，有动物形的，摆脱了模仿，有了适合于自己工艺的特色（图2-3）。

当地盛产石油，公元前三千纪之后，多用沥青保护墙面，比陶钉更便于施工，更能防潮，因此陶钉渐渐被淘汰。为了防护沥青免受烈日的暴晒，又在它外面贴各色的石片和贝壳。它们构成斑斓的装饰图案，把用陶钉作大面积彩色饰面的传统保持了下来。

因为土坯墙的下部最易损坏，所以多在这部位用砖或石垒，重要的建筑更以石板贴面，做成墙裙。于是，在墙的基脚部分或墙裙上作横幅的浮雕就成了这一地区古代建筑的又一个特色。浮雕或者刻在石板上，或者用特制的型砖砌成。为了适合型砖宜于模压生产的特点，砖砌的浮雕重复有限的几个母题。

公元前三千纪中叶，在奥贝德（Tel-el-Obeid）的一座庙，综合了各种装饰手法和题材。墙脚上等距离地砌着薄薄的凸出体，表面由陶钉的玫瑰形底面组成红、白、黑三色的图案。墙脚之上有一排小小的浅龛，龛里安置着木

图2-3　乌鲁克（Uruk）的土墙饰面

胎的、外包铜皮的雄牛像。浅龛之上有三道横装饰带，下面一道嵌着铜质的牛像，上面两道在沥青底子上用贝壳贴成牛、鸟、人物和神像等。门廊有一对木柱和一对石柱，木柱外包一层铜皮，石柱上镶着红玉石和贝壳。门口左右一对狮子，木胎铜皮，眼珠用彩色石子镶嵌。这种装饰手法体现了两河下游居民在植被稀少、一片灰黄的自然环境中对色彩的热烈爱好，这个传统历经几千年之久而不稍衰。

琉璃砖　土坯墙的保护和建筑物的彩色饰面因为有了琉璃砖而大大提高了一步。

大约在公元前三千纪，两河下游在生产砖的过程中发明了琉璃。它的防水性能好，色泽美丽，又无需像石片和贝壳那样全靠在自然界采集，因此，逐渐成了这地区最重要的饰面材料，并且传布到上游地区和伊朗高原。

公元前 6 世纪前半叶建设起来的新巴比伦城，重要的建筑物大量使用琉璃砖贴面，以致横贯全城的仪典大道两侧色彩辉煌，非常华丽。琉璃装饰的水平已经很高，形成了整套的做法。

琉璃饰面上有浮雕，它们预先分成片断做在小块的琉璃砖上，在贴面时再拼合起来，题材大多是程式化的动物、植物或者其他花饰。大面积的底子是深蓝色的，浮雕是白色或金黄色的，轮廓分明，装饰性很强。

饰面的构图有两种，一种以整面墙为一幅画面，上下分几段处理，题材横向重复而上下各段不同。例如尼布甲尼撒（Nebuchadnezzar）王宫正殿里御座后的墙，墙裙上是一列狮子，墙面正中是四根柱子，各自托着两层重叠的花卷，再上面是一列草花。另一种构图是在大墙面上均匀地排列一两种动物像，简单地不断重复，例如巴比伦的主要城门，伊什达（Ishtar）门的装饰（图 2 - 4）。它们都是公元前 6 世纪的。

少数题材反复使用，构图图案化，不作写实的背景，不表现空间等等，完全符合琉璃砖大量模制的生产特点和小块拼镶的施工工艺。它们构图的平面感很强，适应于土坯墙的结构逻辑。

从陶钉到琉璃砖，饰面的技术和艺术手法都产生于土坯墙的实际需要，合于饰面材料本身的制作和施工特点，反映建筑的结构逻辑。同时，又富有所需要的艺术表现力。因此，这种饰面的生命力很强，形成了当地很稳定的传统。

在建筑物上施加装饰，或者是淳朴地为了美化生活，或者有主题思想需要表现。能表达人民对生活的爱或者满足一定的艺术要求的装饰手法是很多的，但人们并不能随心所欲地使用它们，尤其不能任意使一种手法

图 2 - 4　新巴比伦城的伊什达城门

长久流行，成为传统。一种装饰手法，只有当它适合于建筑物的和它本身的物质技术条件时才会有生命力，否则必然会在实践过程中被淘汰。历史上凡是纯正的建筑风格，它的装饰因素往往能同结构因素和构造因素结合，甚至为它们所必需，如两河下游的饰面技术。

2.3　萨艮二世王宫

公元前 9～7 世纪是底格里斯河上游的亚述的极盛时期。公元前 8 世纪，亚述统一了西亚、征服了埃及之后，到处掠夺财富和奴隶，同时大大发展了对外贸易，随之建立的君主专制制度，依靠宗教力量神化皇帝。几个皇帝在各处兴建都城，大造宫室和庙宇，建设规模大于以前西亚任何一个国家，有的山岳台高达 60m。它的建筑除了当地的石建筑传统之外，又大量汲取两河下游和埃及的经验。在亚述有一些古代的图画和浮雕流传下来，描绘着建筑工地上的奴隶。他们有许多带着锁链或脚镣，一些被铁索成串地系在一起。奴隶制实现了人类文明的第一次飞跃，造成这飞跃的，有惨于牛马的奴隶们的汗和血。最重要的建筑遗迹是萨艮二世王宫（The Palace of Sargon Ⅱ，公元前 722～前 705 年在位）。萨艮二世开拓疆土，文治武功臻于极盛。

王宫在都城夏鲁金（Dur Sharrukin）西北角的卫城里，高踞在 18m 高的大半由人工砌筑的土台上。除了步行的台阶外，还有一条长长的坡道可供车马上下（图 2-5）。

宫殿占地大约 17hm²，前半部在城内，后半部凸出在城外，大概是既要防御外来的敌人，也要防御城内的百姓。整个宫殿重重设防。它有 210 个房间围绕着30 个院落。从南面有碉楼夹峙的大门进入一个 92m 见方的大院子，这院子有如

图 2-5　萨艮二世王宫

甕城，四面都对它设防。它的东边是行政部分，西边是几座庙宇。皇帝的正殿和后宫在北边，它们的东面有第二座大院子。院子的西边是正殿的正门，形制和大门中央部分相似，防御性很强。王宫是一座城堡。

墙是土坯的，厚3～8m，有的大厅跨度达10m，房屋很可能以拱为顶。

墙的下部1.1m左右高的一段用石块砌，重要地方外侧再用石板贴墙裙，一般的贴砖和琉璃砖。石板墙裙是重点的装饰部位，多作浮雕。从第二道大门到正殿所经过的甬道和院子的墙裙上，刻着皇帝率领廷臣鱼贯走向正殿的浮雕。像高3m，动势不大，表情庄肃，体态稳重，它们造成了对皇帝无限敬畏的气氛。萨艮二世王宫的这些浮雕，从题材、构图、位置到风格，无论就艺术或技术方面看，都适合于所在的位置。

这种墙裙装饰，起源很早。公元前二千纪之初，小亚细亚的喜特人（Hittites）灭亡了巴比伦帝国，造成了两河下游几百年的混乱。喜特人带来了他们的建筑技术，便是在土坯墙下部砌厚厚的一段大石基墙。在这一段基墙上利用石材的性质作浮雕，构图多是人物形象一个接一个排成长长的行列。亚述人继承了这个做法，不过是用侧立的石板做墙裙，更加利于雕饰，构图还是喜特式的。

萨艮二世王宫的大门采用两河下游的典型式样而更加隆重，有4座方形碉楼夹着3个拱门。中央的拱门宽4.30m。墙上满贴琉璃。石板墙裙3m高，上作浮雕。在门洞口的两侧和碉楼的转角处，石板上雕人首翼牛像，由于它们所在的位置，它们有正、侧两个面，它们的正面表现为圆雕，侧面为浮雕，正面2条腿，侧面4条，转角1条在两面共用，一共5条腿。因为它们巧妙地符合观赏条件，所以并不显得荒诞。在第二道门也有这样的人首翼牛像。两处一共不下于28个。它们的构思体现了艺术家的独创精神，他们不受雕刻体裁的束缚，把圆雕和浮雕结合起来；他们不受自然物像的束缚，给人首翼牛像5条腿。周密地考虑在建筑物上具体的观赏条件，这是建筑装饰雕刻的重要原则（图2-6）。

人首翼牛像是亚述常用的装饰题材，象征睿智和健壮，可能和埃及的狮身人首像有渊源联系，通过喜特人和腓尼基人传来。

宫殿西部有庙宇和山岳台，反映着皇权和神权的合流。台是两河下游的式样，基底大约43m见方。共有4层，第一层刷黑色，代表阴间；第二层红色，代表人世；第三层蓝色，代表天堂；第四层代表太阳，刷成白色。顶上建神堂。

亚述文明对伊朗、外高加索、南俄罗斯和阿尔泰各民族都发生了很大的影响。

2.4　帕赛玻里斯

公元前8世纪中叶伊朗高原上一些民族强大起来，公元前612年

图2-6　萨艮二世王宫大门立面

灭亚述，公元前 550 年，伊朗民族之一波斯人又吞并了原亚述领地，建成了波斯帝国，然后陆续吞并小亚细亚、新巴比伦、叙利亚，公元前 525 年征服了埃及。公元前 330 年，波斯被马其顿的亚历山大占领。波斯皇帝掠夺和聚敛不择手段，也从国际贸易中取利，生活奢侈放荡。拥有了大量财富和权力，他们大兴土木，造了好几处宫殿，极其豪华壮丽。

波斯人信奉拜火教，露天设祭，没有庙宇，他们的建筑才华便集中到宫殿上。按照游牧部落的特有观念，皇帝的权威不是由宗教建立的，而是由他所拥有的财富建立的。他们的宫殿就以非常奢侈的方式炫耀财富而没有宗教气氛。

波斯帝国的建筑继承着它所征服的地区里的种种遗产，加以揉杂。它的宫殿往往由从希腊、埃及和叙利亚掳来的奴隶建造，杂色纷陈。但统一而强大的帝国毕竟促进了生产和技术的进步，激发了创造性，它的建筑获得了很高的成就。

几处宫殿中，最著名的是强大的大流士皇帝一世（Darius I，约公元前 521 ~ 前 486 年在位）起造而由他的继位人薛西斯一世（Xerxes I，公元前 486 ~ 前 465 年在位）基本完成的帕赛玻里斯（Persepolis，公元前 518 ~ 前 448 年）。大流士的行政首都在苏萨（Susa），帕赛玻里斯是仪典中心、帝国的象征，因此格外辉煌。它造在用精凿的方块石依山筑起的平台上，平台前沿高约 12m，面积大约 450m×300m。宫殿大体分成三区：北部是两个典仪性的大殿，东南是财库，西南是后宫。三者之间以一座"三门厅"作为联系的枢纽（图 2 - 7）。宫殿的总入口大宫门在西北角，面向西偏南。

两座仪典性的大殿都是正方的，形制来自米地亚（Media）人，可能最初得到埃及神庙的启发，大异于萨艮二世的王宫。前面一座是朝觐殿，62.5m 见方（或说 76m 见方），殿内 36 根石柱子，高 18.6m，柱径只有高度的 1/12，中心距纵横相等，都是 8.74m，结构面积只占 5%。后面一座叫"百柱殿"，地坪较前面的高出 3m，68.6m 见方，有石柱 100 根，高 11.3m，柱距 6.24m。在苏萨的另一所宫殿里，梁枋都是木质的，很轻，所以有的柱子细长比为 1:13，间距达到 10m。

朝觐殿四角有塔楼。塔楼之间是进深为两跨的柱廊，比大殿矮一半。大殿在它之上开侧高窗。朝觐殿的西柱廊是检阅台，俯瞰着平台下的旷原，那里在典礼时搭着前来朝贡的贵族、总督、外国使节和小国王们的帐篷。当时波斯有 35 个属国，23 个部族。

朝觐殿很华丽。墙体虽然是土坯的，厚达 5.6m，但墙面贴黑、白两色大理石和琉璃砖。琉璃砖上作彩色浮雕，题材爱用人物。有一些木柱子，外面抹一层石灰，再施红、蓝、白三色的图案。大殿的柱廊的柱子是深灰色大理石的，木枋和整个檐部包着金箔。百柱殿内部墙面布满了壁画。内部的柱子尤其精致，柱础是高高的覆钟形的，刻着花瓣。覆钟之上是半圆线脚。柱身有 40 ~ 48 个凹槽。柱头由仰覆莲、几对竖着的涡卷和一对背对背跪着的雄牛组成，雕刻很精巧。柱头高度几乎占整个柱子高度的 2/5。虽然艺术水平很高，但过于纤巧，不合结构逻辑，不算建筑的当行本色（图 2 - 8）。鲜艳亮丽的彩色琉璃砖装饰显然继承了巴比伦的技艺，而以背对背的一对公牛作柱头则是亚述人的创造。不过，波斯人

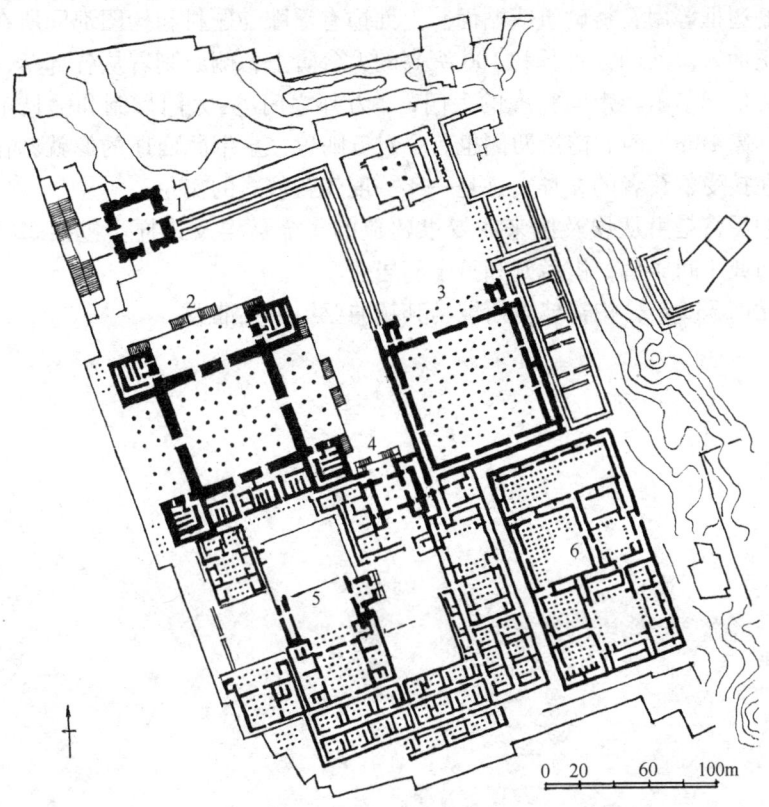

图2-7 帕赛玻里斯平面
1—大宫门；2—朝觐殿；3—百柱厅；4—三门厅；5—后宫；6—财库

把它们都大大推进了。

结构逻辑是反映在建筑物形象中的结构的脉络。包括整体的，也包括各个构件。它并不完全是真实的，但一定应该是合理的。它要求建筑物构件和它们的相互关系在外观形式上符合结构的原则，反映它们在荷载传导体系中的作用。结构逻辑保证建筑物形象的易明性和条理性，保证它的理性。它是关于建筑艺术的形象判断和理性判断的结合点之一。

这两个大殿里没有神秘、压抑的气息。皇帝的至高无上的地位，全靠描金绣红的侍卫、繁缛的仪仗、豪华的舞乐，甚至魔术式的机械装置来表现。因为这时候波斯人刚刚以游牧部落使用大量战俘当奴隶，他们还没有来得及形成相应的宗教。游牧部落的宗教观念比农业的要淡薄得多。

帕赛玻里斯宫殿的墙裙、台基、台阶、门窗

图2-8 帕赛玻里斯大殿柱头

29

和壁龛的边框等用石材砌筑或贴面。上面饰有浮雕，题材和构图都同所在部位很贴切。正面入口前的大台基和106级高的大台阶上，侧面刻着从各部落来朝的人的行列，他们恭敬地走向宫殿的大门，"万邦之门"。大门形制和萨艮王宫的大门相似，高18m，门洞前沿两侧也有一对五腿兽，皇帝薛西斯的像就刻在门洞内侧，正在接受朝觐者的礼拜。这是一年一度朝觐仪式的实录。

它的后宫是由从埃及掳来的奴隶建造的，全是埃及式样。包括22套房子，每套2间或3间居室，供后妃和孩子们居住。

公元前330年，帕赛玻里斯被马其顿的亚历山大摧毁。

第 2 篇
欧洲"古典时代"的建筑

Part 2
Architecture of European "Classicist Age"

欧洲人把古希腊和古罗马称作"古典时代"。古希腊和古罗马的文明辉煌灿烂，在许多方面都达到很高水平。虽然欧洲的文明并不只有古希腊一个起源，但古希腊文明的成就最高，远远超过了其他的早期文明，所以欧洲以后两千多年在文化的许多领域里都可以追溯到古希腊，以致古希腊文明几乎成了欧洲文明唯一的源泉。古罗马是古希腊文明主要的继承者，并且在许多方面都有重大的新发展。古希腊文明正是经过古罗马人的发展才能深深地影响到全欧洲的，在建筑方面尤其如此。所以，"古典"这个词的含义也有"经典"的意思。

自由民民主制城邦是古希腊文化的先进代表，它们留给欧洲的遗产主要是民主精神和相应的人文主义，科学精神和相应的现实主义。在建筑方面，是凝聚了人文主义和现实主义的柱式（Order）、多种建筑的布局形制以及城市的规划。虽然古罗马文化的高峰期在它的帝制时代，也就是它残酷的奴隶制的极盛时期，但早在罗马士兵的长矛刺穿阿基米德的胸膛之前，古罗马的文化已经希腊化了。凭借着空前强大的物质力量和发达的社会生活，古罗马人对建筑作出了伟大的贡献，这主要是拱券结构和它的施工技术并发展了多种多样的住宅和公共建筑形制。罗马人也以他们严谨的精神，初步建立了建筑的理论系统。

古罗马帝国晚期崛起的基督教，反对古典文化中的人文精神，在古罗马灭亡后，势力强大，有意破坏古典文化，包括建筑文化。一千多年之后，在原古罗马帝国的中心意大利掀起了文艺复兴运动，重新恢复了古典的人文精神和科学精神，同时也就再生并发展了古典的建筑传统。到19世纪，欧洲甚至发生过"古典复兴"建筑的潮流，包括希腊复兴和罗马复兴。

古希腊和古罗马文化对全人类的影响是深远而巨大的，它们的建筑成就，同样也是古典文明最重要的遗产，古典建筑影响的广泛和深刻，主要就在于它是为现实人生服务的。除了留下大量辉煌的建筑实物之外，古罗马还留下了一部建筑学的教科书——《建筑十书》。这本书所提出来的建筑的"三原则"：适用、安全和美观，就是人文精神和科学精神在建筑创作中的概括，它具有长远的生命力。

第3章 爱琴文化的建筑

古希腊文化的前期有一个爱琴文化。

希腊半岛和小亚细亚之间，南面以克里特岛为界，这块海域叫爱琴海（Aegean Sea）。爱琴海沿岸地区和岛屿上，在公元前三千纪时曾经有过发达的经济和文化，它的中心先后在克里特岛（I. Crete，公元前二千纪上半叶）和巴尔干半岛上的迈锡尼（Mycenae，公元前二千纪后半叶）。爱琴文化的建筑同中王国和新王国的埃及互有影响。它的一些建筑技术、建筑物形制、装饰题材和建筑细部，由希腊建筑继承了去，通过这个关系，古埃及建筑对希腊建筑发生过影响。后来希腊的一些城邦直接在爱琴文化时代的城邦原址发展，爱奥尼人和多立克人建立希腊文化的时候，在很大程度上继承了爱琴文化。所以，爱琴文化也被一些人称为希腊早期文化。在希腊文化的极盛时期，爱琴海和小亚细亚的城市有过重要的贡献。但是，在爱琴文化和希腊文化之间曾有一个中断时期，两者各有很不相同的特点。

克里特 大约在公元前二千纪中叶，克里特岛上的国家统治爱琴世界达数百年之久。这国家是个早期奴隶制的国家，手工业和对欧、亚、非三洲之间的航海业很发达，也从事海盗活动。它当时很富有，城市发达，传说克里特岛上有 90～100 座城，其中最重要的是克诺索斯城（Knossos），号称"众城之城"。它的统治者既是军事领袖又是祭司，文化中宗教因素很少，克里特岛的建筑，全都是世俗性的，没有神庙。主要的建筑类型有住宅、宫殿、别墅、旅舍、公共浴室和作坊等等。遗址中比较重要的有克诺索斯和费斯特（Phaestus）的宫殿，占地各在 1.5hm² 左右，都是爱琴世界最强大的米诺王（King Minos）的宫殿。

克诺索斯的宫殿（约公元前二千纪）位于一个不大的丘阜上，平面布局杂乱，以一个 60m×29m 的长方形院子为中心，另外还有许多采光通风的小天井，一般是每个小天井和它周围的房间自成一组。由于丘阜高差大，各组房子顺地势错落，成一层至四层不等，内部遍设楼梯和台阶。底层大约有 100 多间房间。

天井与天井在不同层次上穿通，或者可从某个层次的天井走出到山坡上。宫殿内部空间极其复杂，古希腊人叫它迷宫（图 3-1）。

当地气候很温和，所以房屋开敞。室内外之间常常只用几根柱子划分，房间之间也是这样。一部分房间在冬季可以封闭，生火炉取暖。每一组围着采光天井的房间中，有一间主要的房间，称为"正厅"（Megaron），它是长方形的，以比较狭的一边向前，正中设门，门前有一对柱子，形成前廊。这种正厅的形制也在小亚细亚的爱琴海岸流行，例如特洛伊（Troy）的遗址里就有。它也曾是最早的庙宇的形制。

克诺索斯宫殿大院子的西侧是仪典性部分。二层的正中有一个大厅，它前面

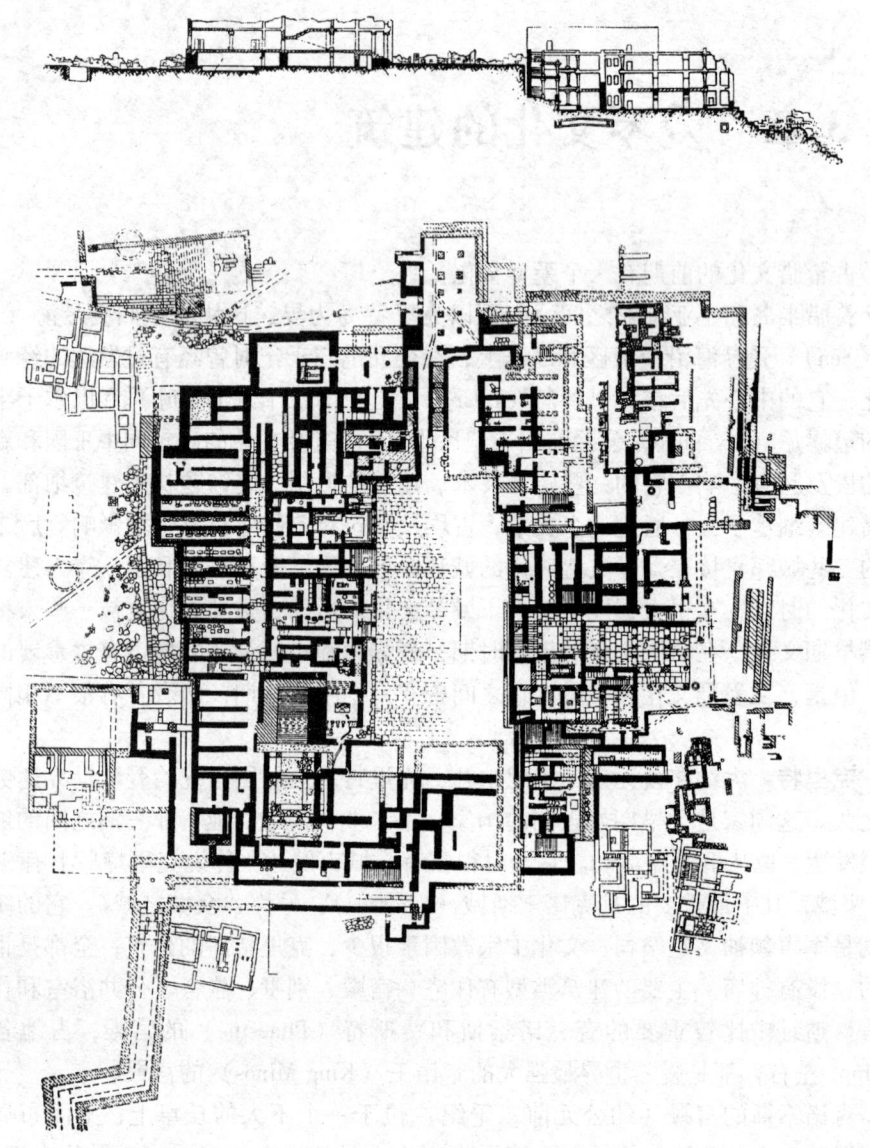

图 3 - 1　克诺索斯宫殿平面及剖面

是轴线严正的内部空间序列，通过楼梯，轴线下到底层，经门厅出去，对着宫殿的大门。大院子的东侧大多是生活用房，没有轴线。可见当时已经很理解沿轴线的纵深布局的特殊的艺术意义。宫殿的大门在西南方的坡下，有曲折的柱廊登山，通向宫殿。

　　宫殿大门的平面像横向的工字形，在中央的横墙上开门洞，大一点也重要一点的在前面设一对柱子，夹在两侧短墙头之间。这种大门形制是爱琴文化各地通用的，后来被古希腊建筑汲收。

　　克诺索斯宫殿西部边缘有一排仓库，房间长而狭窄，依地形而成 3 层。宫殿的西北方向有一座独立的露天剧场，长方形的，几排观众席逐排升起，大约可容几百人。这是最早的露天剧场遗迹。

费斯特的宫殿大体相仿。

克诺索斯王宫所用的建筑技术与爱琴文化地区一般建筑近似，也与亚述和叙利亚的近似。墙的下部用乱石砌，以上用土坯。土坯墙里加木骨架。墙面抹泥或石灰，露出木骨架，涂成深红色。构架露明，房屋显得轻快。公元前二千纪中叶之后，重要的建筑物用比较方正的石块砌筑，但仍保留木骨架，作为单纯的装饰品，用它划定门窗和壁画的位置。屋顶是平的，铺木板，盖黏土。

克诺索斯和费斯特的两所宫殿，内部空间既不大也不高，尺度亲切，风格平易，形式玲珑轻巧，变化突兀。宫殿内部富有装饰，石膏的台度以上作红、蓝、黄三色的粉刷。重要的房间有大幅壁画和框边纹样。纹样以植物花叶为主要题材。壁画题材多样，有海豚和妇女等，风格很装饰化，也有点诡异，和当地手工艺品等的艺术趣味一致。克诺索斯宫里正殿宝座后墙上画着一头灵兽，非常典雅秀美。

宫殿里广泛使用小巧的木质圆柱。柱头大多是厚实的圆盘，它之上有一块方石板，之下有一圈凹圆的刻着花瓣的线脚。柱础是很薄的圆形石板。有些柱子的柱身有凹槽或者凸棱。柱子的最大特点是上粗下细，仿佛不是自下而上的支承构件，而是屋顶向下伸出的腿，有如家具。细长比大约是 $1:(5\sim6)$。这种柱子流行于爱琴海各地，也影响到早期的希腊建筑，除了上粗下细这个特点之外（图 3-2）。

迈锡尼和泰仑 大约公元前 1500 年左右，克里特岛上的古城，包括克诺索斯和费斯特，被外敌夷为平地。这外敌很可能是迈锡尼人。迈锡尼是继克里特之后爱琴世界最强大的统治者，它在希腊的巴尔干半岛上，傍东地中海到希腊内地的要道。它和它附近城市的主要建筑物是城市核心的卫城。迈锡尼的卫城（公元前 14 世纪）坐落在高于四周 40~50m 的高地上，卫城里有宫殿、贵族住宅、仓库、陵墓

图 3-2 克诺索斯宫殿内院

等等，外面围一道大约 1km 长的石墙，有几米厚，石块很大，多有 5~6t 重，得名为大力神式（独眼巨人式）砌筑。

宫殿的中心是正厅，形制同克里特的一样。正厅当中有不熄的火塘，是氏族的祖先崇拜的象征。不过迈锡尼卫城的正厅是独立的一栋，四周拥挤着杂乱的建筑物。迈锡尼南边港口要塞泰仑卫城（Tiryns，公元前 14~前 12 世纪）的房屋比较整齐，正厅在院落的正面，9.75m×11.75m，有前室。两侧毗连着其他房屋。

泰仑卫城设防严密，非常险固，用巨石垒墙。它的内外两进大门也是横向的工字形平面，前后都有一对柱子（图 3-3）。

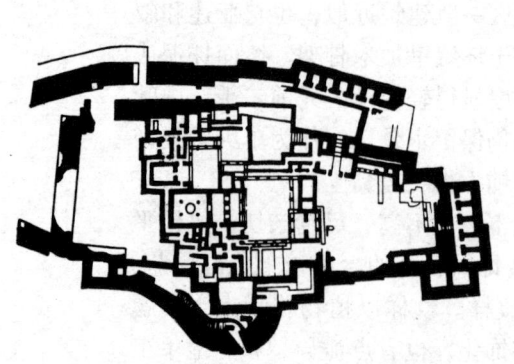

图3-3　泰仑卫城平面和鸟瞰

迈锡尼卫城城墙有个3.5m宽、3.5m高的"狮子门"，门上的过梁中央厚约90cm，两端渐薄，结构上很合理。它上面发了一个叠涩券，大致呈正三角形，使过梁不必承重。券里填一块石板，浮雕着一对相向而立的狮子，保护着中央一根象征宫殿的柱子，也是上粗下细的（图3-4）。这块高3.5m的正三角形的浮雕石板最薄处只有大约5.1cm厚，工艺很精湛。

图3-4　迈锡尼狮子门

迈锡尼卫城附近有一座墓（公元前14世纪），被称为传说中的迈锡尼国王阿特鲁斯（Atreus）的墓。墓室前有长达35m的羡道。圆形的墓室，直径14.5m，用叠涩的穹顶覆盖。顶点高也是14.5m，轮廓是双圆心的，曲线从地坪开始。这种圆形墓在当地很普遍。但它内壁全面贴铜皮，节点上用黄金的团花装饰，则又是王者独有的气象。

虽然迈锡尼的建筑风格大异于克里特，一个粗犷雄健，一个纤秀华丽；一个有极强的防御性，一个毫不设防，但二者也有不少共同点：如以正室为核心的宫殿建筑群布局，以分散的院落通风采光，布局不规则、没有轴线，工字形平面的大门，上粗下细的石柱等，这些共同点影响到以后的希腊建筑。

克里特—迈锡尼文化曾经遭到彻底破坏，嘎然中止。

第4章　古代希腊的建筑

公元前 8 世纪起，在巴尔干半岛、小亚细亚西岸和爱琴海的岛屿上建立了很多小小的奴隶制城邦国家。它们向外移民，又在意大利、西西里和黑海沿岸建立了许多国家。这些国家之间的政治、经济、文化关系十分密切，虽然从来没有统一，但总称为古代希腊。

古希腊是欧洲文化的摇篮。恩格斯说："……我们在哲学中以及在其他许多领域中常常不得不回到这个小民族的成就方面来……，他们的无所不包的才能与活动，给他们保证了在人类发展史上为其他任何民族所不能企求的地位。……"（《马克思恩格斯选集》，三卷，468 页，人民出版社，1972 年）。

古希腊的建筑同样也是欧洲建筑的开拓者之一。它的一些建筑物的形制，石质梁柱结构构件及其组合的特定的艺术形式，建筑物和建筑群设计的一些基本原则和艺术经验，深深地影响着欧洲二千多年的建筑史。古希腊建筑的主要成就是纪念性建筑和建筑群的艺术形式的完美，正如马克思评论希腊艺术和史诗时说的，它们"……仍然能够给我们以艺术享受，而且就某方面说还是一种规范和高不可及的范本。"（《马克思恩格斯选集》，二卷，114 页，人民出版社，1972 年）。

但古希腊建筑毕竟还处在"萌芽和胚胎"的时代。它们的类型还少，形制简单，结构比较幼稚，发展的速度也很缓慢。它的艺术的完美同这一点有很大关系。在几个世纪的长时期中，在形制和形式大致相同的建筑物上，反复推敲，反复琢磨，终于达到了精细入微的境地。马克思说："……在艺术本身的领域内，某些有重大意义的艺术形式只有在艺术发展的不发达阶段上才是可能的。"（同上，113 页）这句话也适用于希腊建筑。

古希腊的建筑史分为四个时期：荷马时期（英雄时期），公元前 12 ~ 前 8 世纪；古风时期（大移民时期），公元前 7 ~ 前 6 世纪；古典时期，公元前 5 ~ 前 4 世纪；希腊化时期，公元前 4 世纪末至公元前 2 世纪。

荷马时期，氏族社会开始解体，氏族贵族已经成为特殊人物，占有少量的奴隶。可能由于公元前一千纪之初部落大迁徙的缘故，这时期的希腊文化水平低于爱琴文化，但在许多方面继承了爱琴文化，包括在建筑方面。长方形的"正室"成了住宅的基本形制。由于跨度不敢做得大一点，所以平面很狭长，有的加一道横墙划分前后间。氏族领袖的住宅兼作敬神的场所，因此早期的神庙采用了与住宅相同的正室形制。有些神庙在中央纵向加一排柱子，增大宽度，有一些神庙有前室或前、后室，也添了前廊。神庙的形制基本定了下来。这时的主要建筑材料还是木头和生土。

古风时期，手工业和商业发达起来，新的城市产生。城市和它周围的农业地区一起形成了小小的城邦国家。同时，随着氏族公社的瓦解，许多人出海移民，在意大利、西西里、地中海西部和黑海沿岸建立了一批城邦国家。各城邦之间经济和文化的联系十分密切。城邦国家大多是贵族专制的政体，也有少数城邦实行平民共和政体。前者多在农业地区，如伯罗奔尼撒、意大利和西西里，后者多在商业和手工业城邦中，如阿提加（Attica）和小亚细亚地区。

这时期古希腊的宗教定型了，英雄—守护神崇拜从泛神崇拜中凸现出来，产生了一些有全希腊意义的圣地。在这些圣地里，形成了希腊圣地的代表性布局。神庙改用石头建造了，并且形成了一定的形制。同时，"柱式"也基本定型了。

古典时期是希腊文化的极盛时期。这时期，有一些商业手工业发达的城邦。如雅典、米利都（Miletus）等，自由民的民主制度达到很高的地步。公元前500～前449年，实行专制制度的波斯帝国入侵并破坏了实行民主制度的小亚细亚的希腊城市，攻击希腊本土。许多希腊城邦团结起来，奋勇抵抗，终于打败了侵略者。这是一场保卫自由和民主的斗争，雅典起着领袖的作用。胜利之后，雅典成了全希腊各城邦的盟主，财富和人才纷纷向雅典集中，雅典的经济和文化空前高涨。这时候，圣地建筑群和神庙建筑完全成熟，建造了古希腊圣地建筑群艺术的最高代表——雅典卫城；建造了古希腊神庙艺术的最高代表——雅典卫城中的帕提农（Parthenon）庙。柱式也在这些建筑中成就了最完美的代表作品。古希腊文化在欧洲光辉的地位就是这时期奠定的。

公元前431～前404年，爆发了伯罗奔尼撒战争，以贵族专制政体的斯巴达为首的城邦集团，打败了以自由民民主制的雅典为首的城邦集团。自由民民主制度受到致命的打击。雅典之所以失败，是因为这时候它的自由民内部发生了剧烈的分化，社会斗争尖锐。自由民民主制度的基础发生动摇。伯罗奔尼撒战争之后，情况更加恶化，奴隶制进一步发展，自由手工业者大量破产。但是，公元前338年，马其顿王统一了全希腊，随后亚历山大大帝建立了横跨欧、亚、非三洲的大帝国，并且大力倡导希腊文化。亚历山大大帝去世之后，帝国分裂为一些小国家，但继续保持着希腊文化的强大影响，并继续促进了地中海各地和西亚、北非的经济、文化的大交流、大融合，导致了经济和文化的新高涨。科学、技术也因而繁荣起来。公共生活空前发达，在这种情况下，建筑，尤其是世俗的公共建筑，类型增加，功能专化，艺术手段丰富多了。正是这个被称为"希腊化"的时期，为古罗马文化和建筑的发达准备了前期条件。

4.1 圣地和庙宇的演进

公元前8～前6世纪，是初期奴隶制形成时期，也是希腊人向外大移民的时期，这过程中形成了两种类型的城邦国家。

在西西里、意大利和伯罗奔尼撒半岛的城邦，以农业为主，奴隶制建立后，氏族部落没有破坏，氏族贵族享受着世袭的特权，建立起寡头政治。这些城邦的文化落后而且保守。

在小亚细亚、爱琴海和阿提加地区，许多平民从事手工业、商业和航海业，他们同氏族的关系削弱了，增强了对抗氏族贵族的力量。平民同贵族斗争的结果，得到了重大的胜利，地域部落代替了氏族部落，氏族贵族失去了世袭的特权，平民在由地域部落组成的城邦国家中获得比较多的政治权利，建立了共和政体。在这些国家里，制订了有利于平民的法律，例如，在雅典规定不许沦雅典人为奴隶。这些共和制城邦是古希腊最先进的城邦，经济繁荣，文化发达而且包含着许多进步的因素，它们在全希腊占着主导地位。

以平民同氏族贵族的政治斗争为背景，平民的进步文化同贵族的保守文化之间进行着多种形式的斗争。古希腊的建筑就在这个过程中草创形成，它反映着平民文化的胜利。

这个时期里，建筑历史的主要内容是：圣地建筑群和庙宇形制的演进，木建筑向石建筑的过渡和柱式的诞生。

圣地建筑群的演进 在氏族制时代，部落的政治、军事和宗教中心是卫城。部落首领的宫殿里，正室中央设着祭祀祖先的火塘，它是维系全氏族的宗教的象征。爱琴文化时期的克里特和迈锡尼的宫殿就是这样的。

在平民取得胜利的共和制城邦里，氏族部落被地域部落取代，民间的守护神崇拜就代替了祖先崇拜，守护神的祭坛代替了贵族正室里的火塘。氏族贵族的寡头们退出了卫城，卫城转变成了守护神的圣地。同时，守护神的老家，民间的自然神圣地，也发达起来，有一些圣地的重要性超过了旧的卫城。

这些守护神或自然神的圣地，完全不同于戒备森严的氏族贵族的卫城。在有些圣地里，定期举行节庆，人们从各个城邦汇集拢来，举行体育、戏剧、诗歌、演说等等的比赛。比赛的获奖者乘车游行，被认为是城邦的光荣。同时商贩云集。因此，圣地周围陆续造起了竞技场、旅舍、会堂、摊贩敞廊等等公共建筑物。而在圣地最突出的地方，建造起整个建筑群的中心：守护神庙。这样的建筑群，当然要突破旧式卫城的格局；这样的庙宇，当然不能再维持旧式卫城里正厅的形制。它们是公众欢聚的场所，是公众鉴赏的对象。例如奥林比亚（Olympia）的宙斯神圣地（公元前 5 世纪）。

各个圣地彼此争胜，力求招徕香客和游客，以有利于本城邦的手工业和商业。因此，它们的建筑物在很大程度上是在平民们普遍关切之下建造起来的，更有利于建筑艺术中进步的、健康的因素的发展。

"希腊是泛神论的国土。它所有的风景都嵌入……和谐的框格里。……每个地方都要求在它的美丽的环境里有自己的神；……希腊人的宗教就是这样形成的"（《马克思恩格斯全集》，俄文版，二卷，55 页）。这就形成了圣地建筑群布局的优秀传统。这些建筑群追求同自然环境的协调。它不求平整对称，乐于顺应和利用各种复杂的地形，构成活泼多变的建筑景色，而由庙宇统率全局。它们既照顾到远处观赏的外部形象，又照顾到内部各个位置的观赏。往往在进入圣地的道路上，第一眼就能看到庙宇的最佳角度，并同时呈现它的长度、宽度和高度。德尔斐（Delphi）的阿波罗（Acpllo）圣地（公元前 5 世纪）就是这类圣地的代表。它位于一个狭窄幽深而陡峭的山谷里，最大宽度不足 140m，两侧是 250～300m 高的壁立的悬崖，前面横过一道很深的河谷，环境极其险峻。圣地里修建了曲折的道路, 沿路布置了许多小小的祭品库之类的建筑物, 组成一幅幅富有变化的、然而各各完整的画面(图 4-1), 以高台上的阿波罗庙居于主导地位, 庙后是个半圆形剧场。景观非常奇险壮丽。奥林比亚的宙斯圣地和埃比道鲁斯(Epidaurus)的医药神艾斯克里比奥斯(Esclepios)的圣地, 世俗建筑比较多。

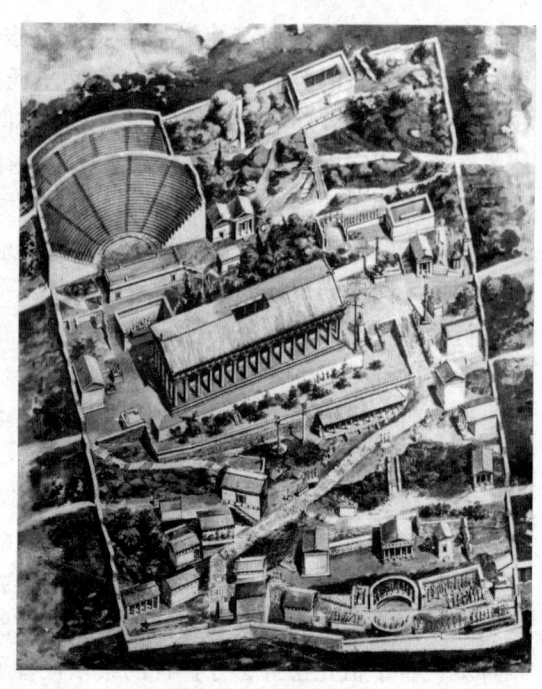

图 4-1 德尔斐的阿波罗圣地

相反, 在意大利、西西里等地贵族寡头专政的城邦, 卫城还是氏族贵族的居住地。它们防卫森严, 和平民群众没有亲密的联系。虽然也在卫城里建造了巨大的守护神庙群, 但墨守正面朝东的规定, 一律平行排列, 不分主次, 同自然环境格格不入, 气氛很沉重。西西里的赛林奴特(Selinut)和意大利中部的拜斯顿(Paestum)两处的卫城是这类建筑群的代表。

这两种建筑群布局原则的对立, 反映着贵族文化和平民文化的对立。由于手工业和商业发达的共和制城邦比农业的、氏族贵族专制的城邦进步, 人民更富有进取精神, 在日后的发展中, 建筑群的布局以自由的、与自然环境和谐相处的原则为主流, 终于创造了公元前 5 世纪中叶的伟大的雅典卫城建筑群。

庙宇形制的演进 最初建造的庙宇只有一间圣堂, 形制脱胎于爱琴文化时期氏族贵族府邸里的正室, 如克里特和迈锡尼所见。即使后来正室式庙宇独立成一幢, 也被贵族的住宅包围着, 只展示出它们的正面。

但是, 在民间自然神的圣地里, 祭祀不再在贵族住宅内进行, 庙宇作为公共纪念物, 占据建筑群的高处, 向四面八方展现, 这就引起了它以后的各种变化。

初期的庙宇, 继承正室中已经形成的宗教仪式, 以狭端为正面。起先, 另一端常常是半圆形的, 使用了陶瓦之后, 屋顶两坡起脊, 平面以取整齐的长方形为宜, 并且在两端构成了三角形的山墙。

这些早期庙宇用木构架和土坯建造, 为了保护墙面, 常沿边搭一圈棚子遮雨, 形成了柱廊。因为圣地里的各种活动都在露天进行, 庙宇处在活动的中心, 所以它的外观很重要。在长期的实践过程中, 庙宇外一圈柱廊的艺术作用被认识到了: 它使庙宇四个立面连续统一, 符合庙宇在建筑群中的位置的要求; 它造成了丰富的光影和虚实的变化, 消除了封闭的墙面的沉闷之感; 它使庙宇同自然互相渗透, 关系和谐; 它的形象适合于民间自然神的宗教观念, 适合圣地上的世俗的节庆活动。这些都同旧氏族贵族对卫城宫殿的形象要求完全不同, 那里的祭祀活动在室内进行，有浓厚的神秘色彩。而民间的圣地祭祀在庙前举行，庙宇的内部空间并不重要。于是，圣地的神庙便沿着外廊式方向发展。公元前 6 世纪以后，重要的民间圣地庙宇普遍采用了围廊式的形制，不过这时它们已经是用石头造的了（图 4 - 2）。

小型的庙宇则只在前端或前后两端设柱廊。最小的只有两根柱子，夹在正室侧墙突出的前端之间。

公元前 8 ~ 前 6 世纪，小亚细亚的城邦的经济、文化和技术在古希腊都居于领先地位，城市建设水平很高，它还有更华丽、更开朗的两进围廊式和假两进围廊式的庙宇。前者有内外两圈柱子，后者虽然只有一圈，但廊子深度相当于两圈的。例如，公元前 6 世纪的以弗所的第一个猎神阿丹密斯庙（Temple of Artemis，Ephesus）和萨摩斯的第三个天后赫拉庙（Temple of Hera，Samos），都是两进围廊式的。前者的台基面尺寸是 55.10m×109.20m，后者的是 54.58m×110.5m，是古希腊最大的庙宇（图 4 - 3）。

围廊式庙宇流行之后，贵族寡头专政的城邦里也采用了它，如赛林奴特的和拜斯顿卫城里的，但庙宇紧密地平行排列着，柱廊的特色没有表现出来。而在民间自然神的圣地里，庙宇在海岬冈阜之上，山林水泽之间，充分展示了围廊式建筑的完整和明朗。例如从海面拔起 65m 的苏尼翁地角（Cape Sounion）上的海神波赛顿庙（Temple of Poseidon，公元前 444 年）。围廊式庙宇的最高艺术成就，在守护神和自然神的圣地里获得。

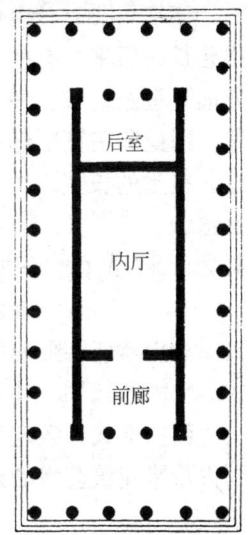

图 4 - 2　典型的 6 柱围廊式庙宇平面

图 4 - 3　以弗所的阿丹密斯庙

庙宇只要有一个供奉神像的正殿就够了。荷马时期,由于结构跨度小,庙宇很狭长,后来,有些地方在庙宇正中加一排柱子,宽度大了,但内部不便。到公元前 6 世纪之末,惯例是在圣堂内部设两排柱子,形成了中央空间,便于设置神像。因此庙宇宽度继续增加。到公元前 5 世纪,最常见的围廊式庙宇是 6 柱×13 柱,圣堂的长宽之比为 2:1。

4.2 柱式的演进

和探索庙宇形制同时,公元前 8~前 6 世纪,也探索着庙宇各部分的艺术形式。从木建筑到石建筑的过渡,对古希腊纪念性建筑的形式的演化有很重要的意义,而在形式大致定型之后,还有一个漫长的、点点滴滴的切磋琢磨过程,才达到古希腊建筑艺术的最高峰。在这个过程中,同样贯串着平民文化同贵族文化的消长。

木建筑向石建筑的过渡 希腊早期的庙宇和其他建筑物一样,是木构架的,易于腐朽和失火(图 4-4)。古希腊的制陶业发展很早,技术很高,于是就想到利用陶器来保护木构架。

从公元前 7 世纪起,使用了陶瓦。接着,在柱廊的额枋以上部分——檐部——用陶片贴面。陶片在成坯过程中便于用刮削法做出长条形装饰线脚,从而把线脚引进了建筑。它也把日用陶器中的彩绘引进了建筑,使檐部覆满了色彩鲜艳的装饰。同时,为了适应木构件的位置和形状,制造了多种多样的贴面陶片,因此,木结构的外形清晰地转移到这些陶片上,经过不断的改进,使它们完全适应陶片制作的工艺。陶片是预制的,成批地用模具成型,要求它减少规格和形式。这样,使用陶片又反过来促进了建筑构件形式的定型化和规格化。到公元前 7 世纪中叶,陶片贴面的檐部的形式已经很稳定了。额枋、檐壁、檐口三部分大致定型,并且具有了一定的模数关系。同时,瓦当和山墙尖端上的纯装饰性构件也产生了。

后来,石材代替木材成为神庙的主要材料,陶片贴面所形成的稳定的檐部形式,很容易转换到石质建筑上。直到公元前 6 世纪初,西西里还有一些石造的庙宇,仍然在檐部用陶片贴面,这是因为当

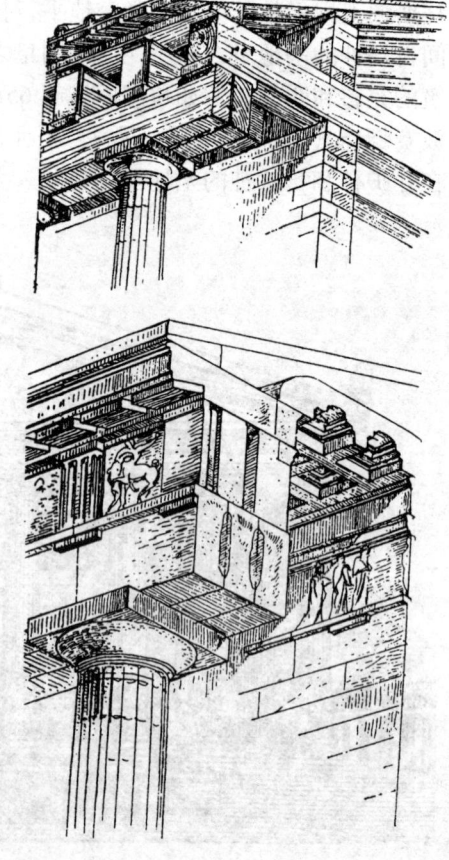

图 4-4 多立克柱式由木构到石构的过渡

地石质粗糙，不易加工和着色，所以用陶片作装饰。经过陶片贴面的传递，以后的石质庙宇也就保留了木结构的明显痕迹。

石材先用来做柱子，这比较容易。起初是整块石头的，后来分成许多段砌筑，每段的中心有一个梢子。在檐部，先把石材用于充填部位，后来才用于额枋，这在技术上是最难的。到公元前 7 世纪之末，有些庙宇，除了屋架之外，已经全用石材建造了。

木构件和陶片上常用的平面性的彩绘因为不适合于石质的建筑物，被淘汰了。先代之以陶塑，后来用石头的雕刻，但仍按传统敷以浓烈的彩色。敷彩的办法是：粗质的石材上，先涂薄薄的一层白大理石粉，然后着色；白大理石上则烫熔有颜料的蜡。

两种柱式　石造的大型庙宇的典型形制是围廊式，因此，柱子、额枋和檐部的艺术处理以及它们之间的关系基本上决定了庙宇的面貌。长时期里，希腊建筑艺术的种种改进，都集中在这些构件的形式、比例、细节和相互组合上。公元前 6 世纪，它们已经相当稳定，有了成套的做法，这套做法以后被罗马人称为"柱式"（Ordo）。

有两种柱式同时在演进。一种是流行于小亚细亚经济比较先进的共和制城邦里的爱奥尼式（Ionic），因为那里主要住着爱奥尼族人。另一种是意大利、西西里一带寡头制城邦里的多立克式（Doric），因为那里主要住着多立克人。爱奥尼式比较秀美华丽，比例轻快，开间宽阔，反映着从事手工业和商业的平民们的艺术趣味。例如，以弗所的第一个阿丹密斯庙（公元前 6 世纪中叶），柱子细长比为 1∶8，柱身下部 1/3 全作浮雕。正面中央开间中线跨距为 8.54m，净空达 3.68 个柱底径（图 4–5）。西西里一带的多立克柱式沉重、粗笨，反映着农业地区寡头贵族的艺术趣味。例如，叙拉古斯卫城里的阿波罗庙（公元前 6 世纪上半叶），额枋的高度相当于柱高的 22%，柱子的细长比是 1∶3.92～3.96，柱间净空只有 0.707 个柱底径。

但是，伯罗奔尼撒的民间神灵的圣地里，庙宇虽然也用多立克柱式，风格却同西西里的大不一样。它们的石质柱子一开始仿照木柱，非常细巧，收分十分显著。可是，不合结构和材料的特性，所以不得不改得粗壮。起初又太粗了一些，但它们坚持追求刚劲、质朴、和谐的风格，在公元前 6 世纪里，它的变化是：檐部的高度相对地逐渐缩小到与柱子相适应，承重构件与被负荷构件趋向平衡；柱子的细长比逐渐增大，柱身的收分愈来愈少，柱子显得刚劲；柱头逐渐加厚而

图 4–5　以弗所阿丹密斯庙柱头

挑出则减少, 轮廓也由曲度很大的弧线渐趋挺直, 克服了初期的柔弱。为了摆脱僵硬枯燥, 追求有生命的弹性和丰盈, 先在柱身上做卷杀, 后来, 又把台基上沿做成略微隆起的弧线。缩小了角开间, 加粗了角柱, 使立面更加强劲稳重。同时, 确定了各部分的一定的做法和它们之间的搭配关系, 并形成了大致的模数制。

这些艺术上的探索, 精心地、顽强地进行着, 体现出希腊艺术追求完美的一般特点, 世世代代的匠师门, 呕心沥血, 一点点、一滴滴地积累着经验, 并且也汲取克里特和传入克里特的埃及人的经验。到公元前 6 世纪下半叶, 柱式接近成熟。公元前 540 年兴建的共和城邦科林斯 (Corinth) 的阿波罗庙, 是比较早的一个接近成熟的多立克式庙宇。它的柱子的细长比增加到 1: (4.2~4.4), 柱头挑出缩小到大约 0.36 个底径, 柱间距净空大于一个柱底径, 角柱加粗, 角开间比较小, 正面台基上沿的弧线在中央隆起 2cm, 等等。它已经相当和谐、雄浑。

在多立克柱式演变的时期, 因为波斯帝国对希腊多次发动侵略, 摧毁了以弗所、米列特这些小亚细亚爱琴海沿岸繁荣发达的共和制城邦, 从而阻滞了爱奥尼柱式的发展, 以致它成熟得晚一些。

直到公元前 5 世纪中叶, 两种柱式都还没有完全成熟。多立克柱式的檐部稍觉沉重, 柱头不够坚挺有力, 柱身收分太大, 卷杀过软, 角柱、角开间和相应的檐壁末端三陇板的处理都不完善。爱奥尼柱式的各部分的做法还没有定型, 例如有些不做檐壁; 柱头的涡卷过于肥大松坠; 盾剑花饰刻得太深; 柱身凹槽过多, 而且相交成尖棱, 风格不统一; 有些柱子下部作浮雕, 破坏了柱子的完整性, 等等。两种柱式的山墙面的柱廊, 都有中央开间比较大、柱子比较粗, 且向两侧过分递减开间和加大柱径的做法, 削弱了立面的统一。

人体的美与数的和谐　古希腊的神话是古希腊艺术的土壤。民间的神话 "……是用想像和借助想像以征服自然力, 支配自然力, 把自然力加以形象化; ……" (《马克思恩格斯选集》, 二卷, 113 页, 人民出版社, 1972 年), 它饱含着征服自然的英雄主义, 赞颂人的强壮和智慧、坚毅和勇敢。

古希腊神话所反映的平民的人本主义世界观, 深深影响着柱式的发展。这种世界观的一个重要的美学观点是: 人体是最美的东西。古典时代的雕刻家费地 (Pheidias, 公元前五世纪前半叶) 说: "再没有比人类形体更完美的了, 因此我们把人的形体赋予我们的神灵。" 古罗马建筑师维特鲁威 (Polio Vitruvius, 公元前 1 世纪后半叶) 记载一则希腊故事说, 多立克柱式是仿男体的, 爱奥尼柱式是仿女体的 (《建筑十书》, 第四篇, 第一章)。在希腊建筑中, 确实有以男子雕像代多立克式柱子, 以女子雕像代爱奥尼式柱子的。这种艺术追求贯彻在柱式风格的推敲中, 多立克刚毅雄伟而爱奥尼柔和端丽 (图 4-6), 反映出对人的美、对人的气质和品格的理解和尊重。

古希腊的美学观念也受到初步发展起来的自然科学和相应的理性思维的影响。哲学家毕达哥拉斯 (Pythagoras, 公元前 580~前 500 年) 认为 "数为万物的本质, 一般说来, 宇宙的组织在其规定中是数及其关系的和谐的体系"。哲学家柏拉图 (Plato, 公元前 427~前 347) 认为可以用直尺和圆规画出来的简单的几

何形是一切形的基本。他在他办的学院
大门上镌字道："不懂几何学的莫进
来。"哲学家亚里士多德（Aristotle，公
元前 384～322 年）虽不是这样的理性
主义者，却也说："任何美的东西，无
论是动物或任何其他的由许多不同的部
分所组成的东西，都不仅需要那些部分
按一定的方式安排，同时还必须有一定
的度量；因为美是由度量和秩序所组成
的。"建筑物各部分间的度量关系就是
比例。柏拉图批评他同时期的艺术家们
说："今日之艺术家毫不关心真实，他
们赋予他们的形象的不是真正美丽的比
例，而是仿佛如此。"他很重视比例的
美。这类美学观点是维特鲁威总结希腊
柱式的一部分依据。它们很明确地体现
在希腊柱式中，尤其在多立克柱式中，

图 4-6　德尔斐圣地西夫诺人宝库

例如，一个开间被三陇板划分为 2，被钉板划分为 4，最后被瓦当划分为 8，从而
自下而上形成了 1:2:4:8 简洁的等比关系。又例如奥林比亚的多立克式的宙斯庙
（Temple of Zeus，Olympia，公元前 468～460 年），如以三陇板的宽度为 1，则陇
间板的宽度为 $1\frac{1}{2}$，柱底径为 $2\frac{1}{2}$，柱高为 10，柱中线距为 5（角开间为 $4\frac{1}{2}$），
檐部的总高（不计天沟边缘）为 4，台基面长为 61，宽为 26，等等，都是简单
的倍数（图 4-7）。

在柱式各部分之间建立了相当严密的模数关系，便于同贴面陶片的生产工艺
相适应。

这种严谨的数字比例关系和对人体的模仿并不矛盾。毕达哥拉斯认为，人体
的美也由和谐的数的原则统辖着。当客体的和谐同人体的和谐相契合时，人就会
觉得这客体是美的。因此，柱式中的度量关系，就模仿人体的度量关系。维特鲁
威转述古希腊人的理论说，"建筑物……必须按照人体各部分的式样制定严格的
比例"（《建筑十书》，第三篇，第一章）。

因此，古典时代成熟的柱式既严谨地体现着一丝不苟的理性精神，追求一般
的、理想的美，又体现着对健康的人体的锐敏的审美感受，有活力，有性格，仿
佛是充溢着生命的肌体。

风格的成熟　一个成熟的风格，总要具备三点：第一，独特性，就是它有易
于辨识的鲜明的特色，与众不同；第二，一贯性，就是它的特色贯穿它的整体和
局部，直至细枝末节，很少芜杂的、格格不入的部分；第三，稳定性，就是它的
特色不只是表现在几个建筑物上，而是表现在一个时期内的一批建筑物上，尽管
它们的类型和形制不同。

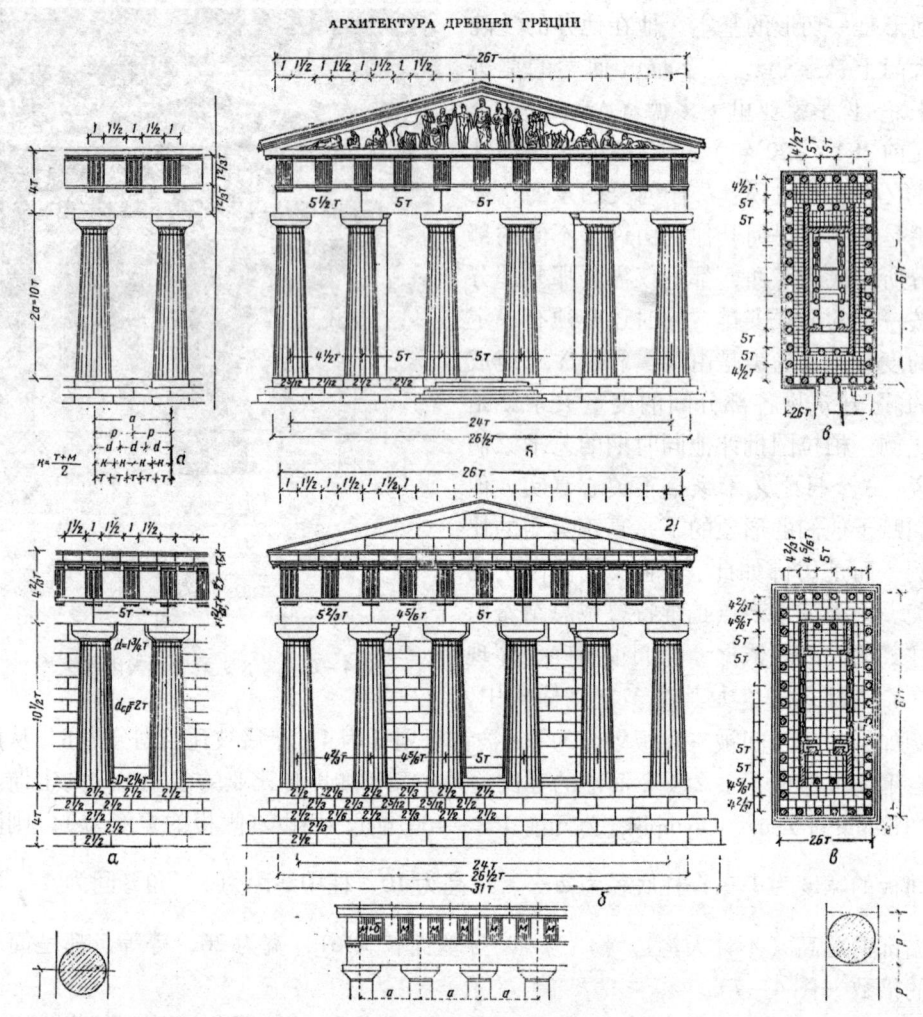

图 4 – 7 奥林比亚的宙斯庙 (公元前 488 ~ 前 460 年)

古典时代的多立克和爱奥尼柱式具备了这三点 (图 4 – 8、图 4 – 9)。

两种柱式各有自己强烈的特色。它们之间, 整体、局部和细节都不相同, 从开间比例到一条线脚, 都分别表现着刚劲雄健和清秀柔美两种鲜明的性格。多立克柱子比例粗壮 (1:5.5 ~ 5.75), 开间比较小 (1.2 ~ 1.5 柱底径), 爱奥尼柱子比例修长 (1:9 ~ 10), 开间比较宽 (2 个柱底径左右); 多立克式的檐部比较重 (高约为柱高的 1/3), 爱奥尼式的比较轻 (柱高的 1/4 以下); 多立克柱头是简单而刚挺的倒立的圆锥台, 外廓上举, 爱奥尼式的是精巧柔和的涡卷, 外廓下垂; 多立克柱身凹槽相交成锋利的棱角 (20 个), 爱奥尼的棱上还有一小段圆面 (24 个); 多立克柱式没有柱础, 雄强的柱身从台基面上拔地而起, 轻倩的爱奥尼式的却有复杂的、看上去富有弹性的柱础; 粗壮的多立克式柱子收分和卷杀都比较明显, 而纤巧的爱奥尼式的却不很显著; 多立克式极少线脚, 偶或有之, 也是方线脚, 而爱奥尼式的却使用多种复合的曲面的线脚, 线脚上串着雕饰, 最典型的母题是盾剑、桂叶和忍冬草叶; 多立克式的台基是三层朴素的台阶, 而且四

46

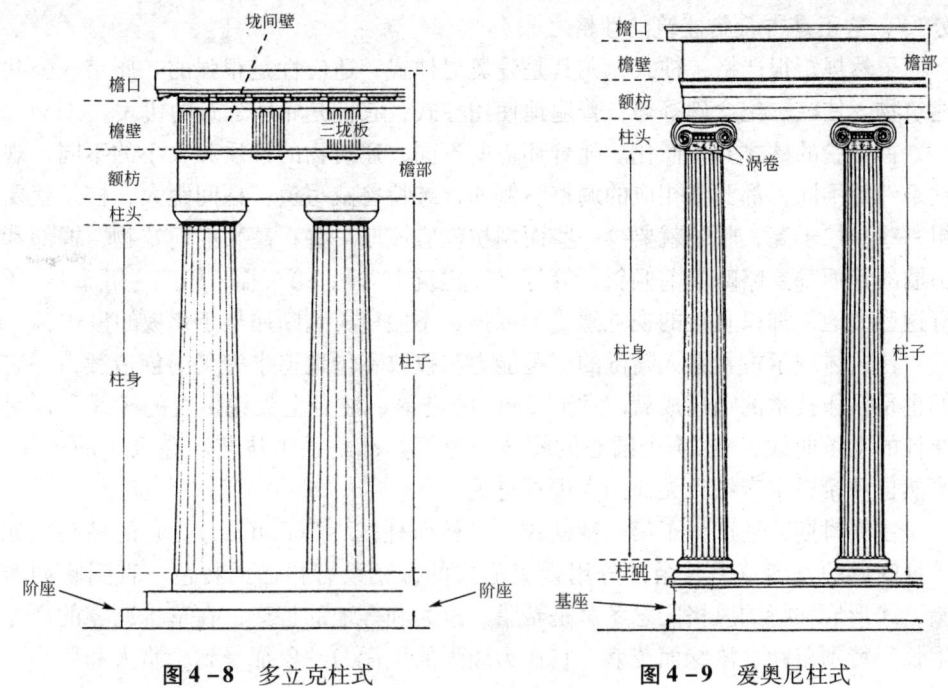

图4-8 多立克柱式　　　　　图4-9 爱奥尼柱式

角低，中央高，微有弧形隆起，爱奥尼式的台基侧面壁立，上下都有线脚，没有隆起；它们的装饰雕刻也不一样，多立克式的是高浮雕，甚至圆雕，强调体积，爱奥尼式的是薄浮雕，强调线条。

这两种柱式，确实可以说是分别典型地概括了男性和女性的体态与性格，不仅仅是像维特鲁威所说的那样简单地模仿男体和女体的比例。

两种柱式都生机蓬勃而不枯燥僵硬。它们下粗上细、下重上轻，下部质朴、分划少而上部华丽、分划多，这使它们表现出植物向上生长的势态。多立克柱身的卷杀以及台基面和额枋的弧形隆起，造成了动物肌体一般的弹性形象。

柱式体现着严谨的构造逻辑，条理井然。每一种构件的形式完整，适合它的作用。承重构件和被负荷构件可以识别而且互相均衡。垂直构件作垂直线脚或凹槽，而水平构件作水平线脚；承重构件质素无华，而把装饰雕刻集中在充填部分或被负荷构件上，连所着颜色也刻意把承重构件和被负荷构件区分开来，所以，柱式内涵的受力体系在外形上表现得脉络分明。

柱头是垂直构件和水平构件的交接点，长方形构件和圆柱形构件的交接点，处理得尤其精心。多立克式柱头：倒圆锥台外张，是垂直构件同水平构件之间的过渡；正方形的顶板是长方的额枋同圆柱之间的过渡。它们都兼备两种构件的形式特点。顶板同倒圆锥台相切，使方的圆的、横的竖的两个构件在交接点上彼此渗透。爱奥尼柱头也是通过两种因素的渗透而完成交接任务的：两对涡卷，平面投影是正方的，却以圆形螺线为母题，它们上有正方形的顶板，下与柱身上端一圈盾剑饰相切。

成熟的柱式，在装饰上是很有节制的，精美而不堆砌繁冗。阿波罗神的圣地德尔斐有一座小庙，在铭文上说："一切都不过度。"（或可译"一切都恰如其

47

分"），这正是古希腊建筑的性格之一。

虽然规矩很严格，柱式，尤其是爱奥尼柱式，适应性是很强的。庙宇、公共建筑物、住宅、纪念碑等等，普遍地使用柱式，它们是希腊建筑的代表。

古希腊的柱式并不僵化。随着环境的不同，建筑物的性质和大小的不同，观赏条件的不同，都要作相应的调整。例如，维特鲁威写道：柱间距大，柱子就要粗一些；柱子高，收分就要少一些而额枋就应该厚一些；高大的建筑物，檐部和山墙的正面都要略略向前倾斜，等等（《建筑十书》，第三篇，第三、五章）。所有这些变通，都以直接的视觉感受为依据，不使审美判断屈从于死板的呈式。

柱式体现了古希腊人精微的审美能力和孜孜不倦地追求完美的创造毅力。它们也是石作技术的很高成就。薄到 3mm 的进退，柱身上尖锐挺直的棱线和以毫厘计的卷杀曲线，有 24 个圆心的螺线，等等，都是手工技艺巧夺天工的杰作。当然也和希腊丰产细致无比的大理石有关。

古典时期，还产生了第三种柱式，科林斯柱式（Corinthian）。它的柱头宛如一棵旺盛的忍冬草。其余部分用爱奥尼式的，还没有自己的特色。直到晚期希腊，才形成独特的风格。忍冬草是希腊、意大利等地的特产，在草木凋零的严冬生长得特别苗壮，浓绿而茂盛。它作为顽强的生命力的象征受到希腊人和罗马人特殊的喜爱，成为建筑的重要装饰题材。

古希腊的柱式后来被罗马人继承，随罗马建筑而影响全世界的建筑。

4.3 雅典卫城

公元前 5 世纪，在一些经济发达的希腊城邦里，从平民中产生了工商奴隶主。他们代表着当时先进的生产方式。他们联合了以小农和小手工业者为主体的平民群众，进一步战胜了经营农业的贵族奴隶主，建立了城邦范围内的自由民民主制度。这时候奴隶制还没有普及到生产的多数领域，小自耕农经济与独立手工业是古典社会全盛时期的经济基础。小农和小手工业者在这些城邦里获得更加多的政治权利。

自由民民主制度促进了经济的大繁荣与平民文化中健康、积极因素的进一步发展。公元前 5 世纪上半叶，希腊人以高昂的英雄主义精神在一场生死攸关的艰险战争中（公元前 500～前 449 年）打败了实行专制制度的波斯的侵略，进入了古典时期。民主政治、经济和文化都达到了光辉的高峰。希腊建筑也在这时结出了最完美的果实。恩格斯说："希腊建筑表现了明朗和愉快的情绪……，希腊的建筑如灿烂的、阳光照耀的白昼，……"（《马克思恩格斯全集》。1931 年，俄文版，二卷，63 页）这就是古典时期希腊建筑最好的写照。

雅典的成就在这时期居于全希腊的首位。因为第一，波希战争之后，小亚细亚的希腊城邦重新繁荣起来，雅典位于地中海几条航道的交叉点，手工业、商业和航海业都很发达。第二，它是打败波斯侵略者的主力，在两次取得决定性胜利的马拉松战役（公元前 490 年）和萨拉米斯海战（公元前 480 年）中，作出了巨大的牺牲。战后自然成了希腊各城邦的领袖，全国上下的爱国主义和英雄主义热情高涨。第三，它的最高执政官、将军伯利克里（Pericles，公元前443～前429年在位）的上邦政策控制了它的盟邦，从它们收取大量财富，并招揽了全希腊优秀的工匠和知识分子，使它得以继承全希腊的文化成就，熔铸多立克文化和爱奥尼文化于一炉。第四，氏族制破坏得最彻底。波希战争之前，经过激烈的反复斗争，它的自由民比在其他城邦里获得更多民主权利，是波希战争中和战后称霸时主要的军事力量，战后，在伯利克里领导下，建成了古代最彻底的自由民民主制度。雅典的国歌里唱着："世间有许多奇迹，人比所有的奇迹更神奇。"伯利克里在一次演讲中说："人是第一重要的，其他一切都是人的劳动果实。"（修昔底特：《伯罗奔尼撒战争史》103页，商务印书馆，1960年）。民主制度和相应的先进观念大有利于促进文化中人本主义的新高涨。

作为全希腊的盟主（雅典城邦在古典盛期领土面积约1600km²，有25万人口。同时的科林斯有9万人口，阿各斯（Argos）约45000人，有些城邦只有5000人或更少），雅典在战后进行了大规模的建设。建筑类型丰富了许多，造起了元老院、议事厅、剧场、俱乐部、画廊、旅馆、商场、作坊、船埠、体育场等等公共建筑物，建设的重点是卫城，建设的主要目的是：第一，赞美雅典，纪念反侵略战争的伟大胜利和炫耀它的霸主地位；第二，把卫城建成全希腊最重要的圣地，宗教和文化中心，吸引各地的人前来，以繁荣雅典；第三，给各行业的自由民工匠以就业的机会，建设中限定使用奴隶的数量不得超过工人总数的25%；第四、感谢守护神雅典娜保佑雅典在艰苦卓绝的反波斯入侵战争中赢得了辉煌的胜利。在这种情况下，自由工匠的积极性很高。古罗马的历史学家普鲁塔克（Pluttarch，约46～120年）写到卫城建设时说："大厦巍然耸立，宏伟卓越，轮廓秀丽，无与伦比，因为匠师各尽其技，各逞其能，彼此竞赛，不甘落后。"（《伯利克里传》）雅典卫城达到了古希腊圣地建筑群、庙宇、柱式和雕刻的最高水平。

卫城布局 卫城在雅典城中央一个不大的孤立的山冈上，山顶石灰岩裸露，大致平坦，高于四周平地70～80m。东西长约280m，南北最宽处约130m（图4－10）。山势陡峭，只有西端一个孔道可以攀登。

卫城上本来也盘踞着贵族寡头。民主政体确立之后，逐出了他们，把卫城只当作城邦守护神雅典娜的圣地来建设。这就使它能够继承几百年来在民间神灵圣地建设中积累起来的最好经验，在新的政治、经济条件下更有所创造，有所前进。卫城建筑群短期内屡有变迁，尤其是公元前480年波斯侵略军毁坏了全部建筑物，包括造在正中的一座雅典娜庙。公元前449年打败了波斯入侵者之后，雅典卫城立刻彻底新建。

新的卫城建筑群的一个重要革新是，雅典作为全希腊的盟主，突破小小城邦国

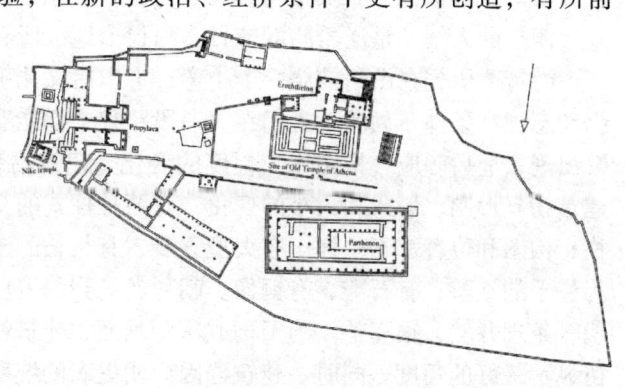

图4－10 雅典卫城平面

家和地域的局限性，综合了原来分别流行于大希腊和小亚细亚的多立克艺术和爱奥尼艺术。这是和雅典当时作为全希腊的政治、文化中心的地位相适应的。两种柱式的建筑物共处，丰富了建筑群。它们又能够统一，因为它们本来具有柱式的共性，基本格局是一致的。爱奥尼柱式更多地反映着经济发达的、共和政体的城邦里手工业者和商人们的审美趣味，在雅典当时的历史条件下，卫城上的多立克柱式向爱奥尼式靠拢：开间比前期的宽一些，柱子稍稍修长一些，富有装饰和色彩，采用一些爱奥尼柱式的片段，甚至在多立克式建筑物中安置爱奥尼式柱子。因此二者更容易协调。但多立克式建筑仍不失自身强烈的特色。所有的建筑物都用白大理石砌筑，也有利于统一。

雅典作为最民主的城邦国家，卫城发展了民间自然神圣地自由活泼的布局方式，建筑物的安排顺应地势。为了同时照顾山上山下的观赏，主要建筑物贴近西、北、南三个边沿。供奉雅典娜的大庙帕提农（Parthenon）从前在山顶中央，重建时移到南边，人工垫高了它的地坪。

每年在雅典娜的诞辰祭祀一次雅典娜，每四年举行一次大型的祭祀庆典，历时数日。每逢祭祀盛典，先在帕提农前的祭坛上点燃圣火，游行的队伍清晨从位于卫城西北方的陶匠区广场出发，穿过市场广场，向南经卫城西侧，绕过西南角，开始登山。这时右边矗立起一堵 8.6m 高的石灰石砌的基墙。墙的北面挂满了波希战争中的战利品，墙头上屹立着胜利神的庙宇。它点明了卫城真正的世俗主题。为了强化主题，胜利神庙特意突出于山顶的边缘之外，为它造了基墙。

沿基墙转弯，抬头见雄踞于陡坡之上的山门。一进山门，照面是雅典的守护神雅典娜的镀金铜像。她身披戎装，手执长矛，立于基座之上。像高 11m，是建筑群内部构图的中心，收拢了沿边布置的几座建筑物。它的垂直的体形同庙宇水平展开的柱廊对比，活跃了建筑群的景色。

走过雕像，右前方，雅典娜的庙宇帕提农呈现着它宏伟端庄的列柱、山花上庄严的雕刻和檐部的浮雕。再向左偏转，伊瑞克提翁庙（Erechtheon）的秀丽的女郎柱廊在明亮的白墙衬托下接引着队伍。队伍经过帕提农的北面，来到它东端的正门前，祭司进庙给雅典娜像正位，披上新袍。随后宰杀上百头牛羊作牺牲，举行盛大的典礼。礼毕，人们分享余胙，随后在山城上载歌载舞，欢度节日（图4-11）。节日期间，雅典举行赛马、竞技、音乐、诗歌、戏剧等的比赛。

四年的大祭，是泛希腊的节日，阿提卡地区所有城邦都派代表来参加。

游行队伍先在山门前绕一个小弯，上山后又几乎穿过卫城全部。建筑群是根据动态观赏条件布局的，人们在每一段路程中都能看到优美的建筑景观，它们相继出现，前后呼应，构图作大幅度的变化。建筑物和雕刻交替成为画面的中心。建筑物有形制、形式和大小的变化，有两种柱式的交替。雕刻的材料、体裁、风格、构图和位置都不一样。有大型立雕、有长长的连续浮雕、有单幅浮雕，有作为柱子的立雕；有石雕、有铜像。朝拜者见到的卫城景观画面不对称，但主次分明，条理井然，很完整。为了构成这些画面，建筑物的朝向不死板，而向游行队伍显示最好的角度。同时，建筑群因为帕提农的统率作用而成为整体。它位置最高、体积最大、形制最庄严、雕刻最丰富、色彩最华丽、风格最雄伟。其他的建

图 4 – 11 雅典卫城西面

筑物，装饰性强于纪念性，起着陪衬烘托的作用。建筑群的布局体现了对立统一的构图原则。

雅典卫城继承了优秀的文化传统，勇于创新，欢唱人民在保卫独立、争取民主和征服自然的斗争中的英风豪气。由于它的特别重要的纪念意义，雅典卫城上没有重建古风时期圣地中曾有的世俗建筑如商业敞廊和旅馆之类。但山上有城邦的财宝库，南山坡上有剧场和市场敞廊。

雅典人以卫城的建筑群自豪。公元前 4 世纪，当马其顿大军威胁着雅典的独立时，政治家狄摩斯提尼（Demosthenes，公元前 384 ~ 前 322 年）鼓舞雅典人的爱国心说："雅典仍然有永恒的财富：一方面，是对开拓伟业的纪念，另一方面，是往日那些美丽的建筑物，山门、帕提农、商场柱廊和船坞。"雅典卫城集中体现了希腊艺术的精神：高贵的纯朴和壮穆的宏伟。

卫城建筑群建设的总负责人是雕刻家费地（Phidias，公元前五世纪上半叶）。

卫城山门　山门建于公元前 437 ~ 432 年，建筑师穆尼西克里（Mnesicles）。

山门位于卫城唯一的入口，陡峭的西端。为了对山下显得形象更完整，更有气势，它突出于山顶西端。且地面不取平，而使西半比东半低 1.43m。屋顶也同样断开，这样就保持了前后两个立面各自的合宜的比例。山门的北翼是绘画陈列馆，南翼是个敞廊，它们掩蔽了山门的侧面，所以山门屋顶的两段错落在外面不易被看出来（图 4 – 12）。

高低两部分之间在内部用墙隔开，墙上开 5 个门洞，与立面柱廊的五开间相应，基本形制是从爱琴文化宫殿建筑群大门的工字形平面变化来的。中央门洞前设坡道，以便通过马匹和车辆，其余门洞前设踏步。

山门是多立克式的，前后柱廊各有 6 棵柱子。东面的高 8.53 ~ 8.57m，西面的高 8.81m，底径都是 1.56m，它们的比例已经完全摆脱了前一时期多立克柱式的沉重之感。额枋微呈弧形，中央隆起 4cm。柱身卷杀也已经减弱，显得刚挺。

为了通过献祭的车辆和牺牲，中央开间特别大，中线距是5.43m，净空3.85m。上面的石梁重达11t，显示出当时已经具有很高的起重能力。加大中央开间，也能更好地表现这座建筑物的性质，它是大门。

门的西半，内部沿中央道路的两侧，各有3棵爱奥尼式柱子。在多立克式建筑物里采用爱奥尼式柱子，是雅典卫城上首创的。采用的原因大概是因为这些柱子比立面上的高（10.25m），如果用多立克式的就会比立面上的柱子更粗（按立面上的比例推算得直径为1.8m），不美观，而用爱奥尼式的就细得多（直径为1.035m）。而且爱奥尼式柱子柔和雅

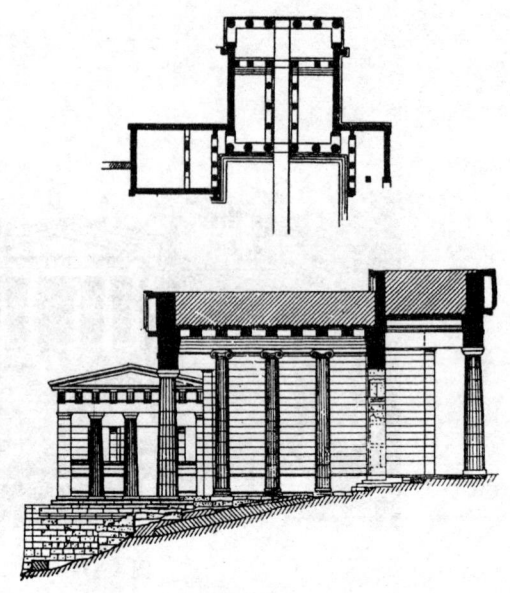

图4-12 雅典卫城山门平面及剖面

致，比多立克式的更适合于用在内部。由于多立克柱式处于强有力的优势地位，爱奥尼柱式只在内部，所以，二者合用，没有显著的不协调。

站在山门西柱廊前，可以望见11km外的海洋。在东柱廊前，则可以望见建筑群后十几公里外的潘特里克山（Mt. Pentelikon），卫城建筑群就是用那里又白又细的大理石造的。

雅典卫城的山门是当时人认为最美的建筑物，雅典人以它为骄傲。忒拜将军埃巴米农达（Epaminondas of Thebes，死于公元前362年）说：使雅典人谦虚的最有效的办法是："把他们的山门搬走，搬到你自己家去。"

胜利神庙 山门两侧的地形和建筑均不对称，由南边的胜利神庙（公元前449~前421年）向前突出而取得均衡。庙是爱奥尼式的，很小，台基面积5.38m×8.15m，前后各4根柱子。大约为了适合于它所奉的神灵，也为了同多立克式的山门调和，柱子比较粗壮（1:7.68），是爱奥尼式中少有的。檐壁上一圈全长26m、高43cm的浮雕和基墙上沿1m高的女儿墙外侧的浮雕，题材都取自反波斯侵略战争的场面。下面基墙上则悬挂着那场战争缴获的旗帜、盾和兵器等战利品。胜利神庙是波希战争后第一个着手设计的建筑物，它的命意、它的选址、它的构图、它的装饰，都是为了点明卫城庆祝卫国战争胜利的主题，把这胜利的纪念永恒地保存下去。

胜利神庙的朝向略略偏一点，同山门呼应，使卫城西面的构图很完整。
庙的设计人是卡里克拉特（Callicrat）。

帕提农庙 帕提农原意为"圣女宫"，是守护神雅典娜的庙，卫城的主题建筑物。始建于公元前447年，公元前438年完工并完成圣堂中的雅典娜像。公元前431年完成山花雕刻。主要设计人是伊克底努（Iktinus），卡里克拉特参加了设计，雕刻由费地和他的弟子创作。

作为建筑群的中心，从几个方面去突出它。第一，把它放在卫城上最高处，距山门 80m 左右，一进山门，有很好的观赏距离。第二，它是希腊本土最大的多立克式庙宇，8 柱 × 17 柱，台基面 30.89m × 69.54m，柱高 10.43m，底径 1.905m。第三，它是卫城上唯一的围廊式庙宇，形制最隆重。第四，它是卫城上最华丽的建筑物，全用白大理石砌成，铜门镀金，山墙尖上的装饰物是金的，陇间板、山花和圣堂墙垣的外檐壁上满是雕刻。它们是古典希腊最伟大的雕刻杰作的一部分。瓦珰、柱头和整个檐部，包括雕刻在内，都

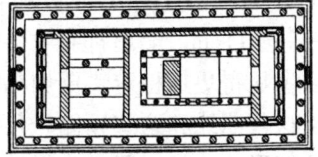

图 4-13　帕提农庙立面及平面

有着浓重的色彩，以红蓝为主，点缀着金箔。帕提农是肃穆而又欢乐的，它定下了建筑群的基调（图 4-13、图 4-14）。

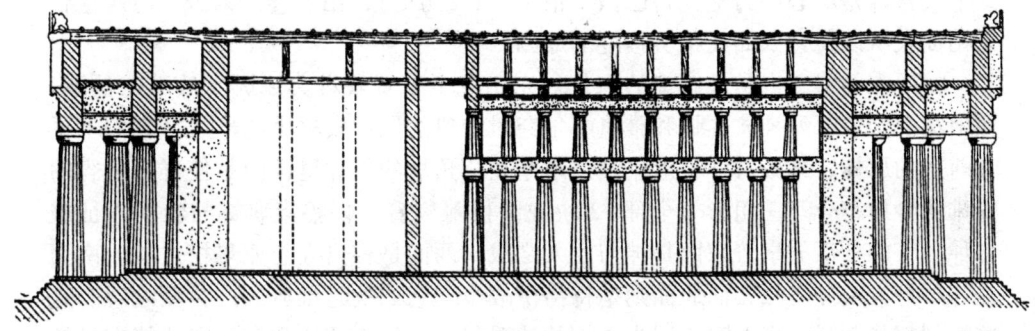

图 4-14　帕提农庙剖面

它的内部分成两半。朝东的一半是圣堂。圣堂内部的南、北、西三面都有列柱，是多立克式的。为了使它们细一些，尺度小一些，以反衬出神像的高大和内部的宽阔，这些列柱做成上下两层，重叠起来。如果用通高的柱子，高度会超过神像和外立面上的柱子，柱径很粗，内部将拥挤不堪，而且尺度过大，神像也就受到压制了。神像是用象牙和黄金制成的，高约 12m，是费地最光辉的作品。

朝西的一半是存放国家财物和档案的方厅，里面 4 根柱子用爱奥尼式，构思大约同山门的一样，也是为了要细一点，要柔和一点。

帕提农代表着古希腊多立克柱式建筑的最高成就。它的比例匀称，风格高贵典雅、刚劲雄健而全然没有丝毫的重拙之感。它可能存在着一个重复使用的比数：4:9。台基的宽比长，柱子的底径比柱中线距，正面水平檐口的高比正面的宽，大体都是 4:9，从而使它的构图有条不紊。檐部比较薄（高 3.29m，与柱高

之比为 1:3.17），柱间净空比较宽（正面的 2.40m，约 1.26 个柱径），柱子比较修长（1:5.48），不像它以前的多立克柱式那么沉重，而易于同爱奥尼柱式协调。柱头外廓近于 45°斜线，坚挺有力。它的处理十分精巧细致：为了使建筑物显得更庄重，除了加粗角柱（底径 1.944m），缩小角开间（净空 1.78m）外，所有柱子都略向后倾大约 7cm，同时它们又向各个立面的中央微有倾侧，愈靠外的倾侧愈多，角柱向对角线方向后倾大约 10cm（据推算，所有的柱子的延长线大约在 3.2km 的上空汇交）。柱子有卷杀而不很显著，柱高 2/5 处，外廓凸出于上下直径两端所连直线最多，也不过 1.7cm 左右，柱子因此既有弹性而又硬朗。整个台基是一个极细微的弧面。额枋和台基上沿都呈中央隆起的曲线，在短边隆起 7cm，在长边 11cm。墙垣都有收分，内壁垂直而外壁微向后倾。这些精致细微的处理使庙宇显得更加稳定，更加丰满有生气。

由于这些曲线和这些倾侧，几乎每根柱子的每块石头都不一样，而且都不是简单的几何形，然而工程完成得精细完美，无懈可击。这不仅要求很熟练的石作技巧，而且要求很严谨的作风和对工作的高昂热情。古希腊的自由民工匠们在建造卫城的建筑物时，"力图以精湛之技艺征服顽石，而最最惊人的是完成得其快无比"（普鲁塔克：《伯利克里传》）。当时的历史学家希罗多德说，当雅典人在独裁者统治之下时，并不比他们的任何邻人高明，"但是当他们被解放之后，每一个人就都是尽心竭力地为自己做事情了"（《历史》，第五卷，第 78 节）。这就是帕提农所以能达到如此精美程度的原因。

帕提农的雕刻也是最辉煌的杰作。东山花上安置着雅典娜诞生故事的群雕，西山花上安置着海神波赛顿和雅典娜争夺对雅典的保护权故事的群雕。它们不再像前期的那样，刻板对称，形象勉强地塞在三角形的外廓里，而是使群雕内容的安排巧妙地符合于三角形。全部 92 块陇间板雕刻着一幅幅雅典娜与雅典人征服各种敌人的神话故事。东面是神与巨人之战，西面是雅典人与亚玛松之战，南面是与羊身人头怪之战，而北面则是特洛伊战争。它们唤起雅典人的自豪之感。这些雕刻都是圆雕或高浮雕，因为它们的位置很高，只有圆雕和高浮雕才能有足够强烈的光影，使远处的人能看清，而且与多立克风格协调。

围廊之内，圣堂墙垣外侧的檐壁是爱奥尼式的，为的是要在这里作连续的长幅浮雕。因为爱奥尼式的檐壁是完整的带状的，而多立克式的檐壁则被三陇板切割成段落。长浮雕总长 160cm，刻着节日向雅典娜献祭游行和仪式的真实图景。雅典娜的像在东面正中，队伍的起点在西南角，分两路，一沿南边，一经西边、北边，走到雅典娜身边。这样的布局，使从西面走近帕提农并从它西北角掠过的真正的游行者始终看到浮雕上的队伍同自己并肩前进，构思很周到。浮雕也是爱奥尼式的，很薄，重视线条。浮雕所选的题材是雅典民主制度最辉煌的场景，所有的人都那样欢乐，男的英俊，女的美丽，直接欢乐地歌颂了雅典人民本身。

伊瑞克提翁庙　伊瑞克提翁是为纪念传说中的雅典人的始祖而建的。他的这座庙是爱奥尼式的，建于公元前 421～前 406 年，建筑师皮忒欧斯（Pytheos）。它在帕提农之北将近 40m，基址本是一块神迹地，有南北向和东西向的断坎相交成直角，断坎之下有相传雅典娜手植的橄榄林，有波赛顿和雅典娜争夺对雅典的保护权时怒不可遏，用三叉戟顿地而成的井，有传说中的雅典人始祖开刻洛普斯（Cecropus）的墓。断坎落差很大，在这儿造庙，匠师们表现了极大的勇于创新的精神和绵密的构图能力。

它选择了最恰当的位置：长方形的圣堂横跨在南北向的断坎上，南墙正在东西向断坎的边沿。东部圣堂是主要的雅典娜正殿，前面6根柱子。西部是波赛顿和伊瑞克提翁的圣堂并有开刻洛普斯的墓，比东部低3.206m。它的南面完全展现在游行队伍之前，为了保持形象的简练完整，保持主体足够的大小，它不能像山门那样把东西两部错落成两段。所以，在西立面造了4.80m高的基座墙，而于上面立柱廊。于是，西部的正门只能朝北。在北门前造了面阔三间的柱廊，为了照顾山下的观瞻，北柱廊进深两间，向前突出到离山顶边缘只有11m。这样，又恰好覆盖了波赛顿的井和古老的宙斯祭坛。从东、西两端看也更匀称。

南立面整个是一大片封闭的石墙。为了接引从帕提农西北角过来的仪典队伍，在这片墙的西端造了一个小小的女郎柱廊，也是面阔3间，进深2间，用6个2.10m高的端丽娴雅的女郎雕像做柱子。它使落在断坎下的西部圣堂与断坎上沿搭接，巧妙地克服了西立面和南立面因断坎而造成的构图上的脱节。它与大片石墙之间的光影和形体强烈对比，使石墙不再沉闷枯燥，也使女郎雕像得到明确的衬托（图4-15）。女郎的秀美充分表现了爱奥尼柱式的性格。

伊瑞克提翁庙的各个立面变化很大，体形复杂，但却构图完整均衡，而且各立面之间互相呼应，交接妥善，圆转统一。在整个古典时代，它的体形都是最奇特的，前无古人。在这样困难的课题上，作这样大幅度的创新，作品如此独特、完美，风格秀丽清雅，设计的艺术水平十分卓越。

伊瑞克提翁是古典盛期爱奥尼柱式的代表。它东面的柱廊的柱子高6.583m，底径0.692m，细长比为1:9.5。开间净空2.05个底径。柱头高度缩小为0.613个底径，涡卷坚实有力。角柱柱头在正面和侧面各有一对涡卷，转角上的涡卷则斜向45°伸出，使正、侧面连续。

伊瑞克提翁同帕提农在各方面都鲜明地对比着。它用爱奥尼柱式同帕提农的多立克柱式在风格上对比；它用不对称的、复合的形体同帕提农对称的、单纯的长方体对比；它的活泼

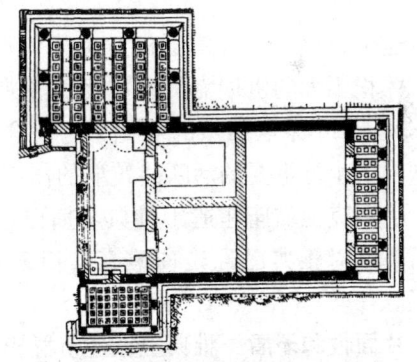

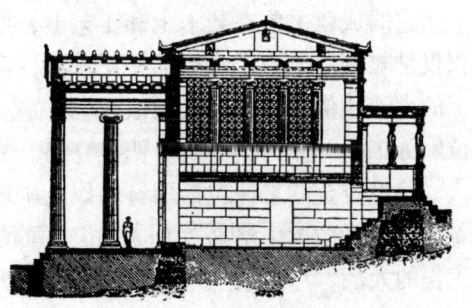

图4-15　伊瑞克提翁庙平面和西立面

轻巧对比着帕提农的凝重端庄；它的装饰虽然繁富，但本色淡雅，正好对比出帕提农的金碧辉煌；它以朝南的白大理石墙对比帕提农朝北的柱廊。南墙上的石块甚至经过磨光，也许有意用它把阳光反射给帕提农的北廊（图 4 – 16）。

图 4 – 16　伊瑞克提翁西面

这个对比的处理，不仅避免了体形和样式的重复，使建筑群丰富生动，而且，体积不大的伊瑞克提翁（圣堂基底 11.63m×23.5m）离高大的帕提农只有40m，如果不采取强烈的对比，它就会被压倒，显得像个侏儒。而在对比之下，它却起了十分重要的活跃建筑群的作用。

伊瑞克提翁庙建造于雅典与斯巴达的伯罗奔尼撒战争（Pcloponnesian War）之后。这时雅典已经走向衰落。伊瑞克提翁庙是希腊古典盛期的最后一个作品了。

片面性和矛盾　雅典卫城建筑群毕竟是在生产力相当低的奴隶制社会里建造的，打着时代的鲜明烙印。

它的成就主要在艺术上和工艺上，而在功能和结构上十分幼稚，建筑物几乎仅仅是雕刻品。为了建造那些纪念物，经济上几乎没有限制。伊瑞克提翁庙檐壁上的小浮雕像，每一个大约值 60 德拉克玛（Drachmas，古希腊币名），而当时一位熟练工人一天的工资是 1 德拉克玛。

建设资金的来源包括国有的奴隶矿场和作坊的收益，以及同盟国的岁贡，古希腊的学者戴奥多洛斯（Diodorus Cronus，公元前 4 世纪）说："那些在矿山里工作的人们，那些给主人以难以置信的大量利润的人们，因为昼夜在矿坑中劳动而日渐憔悴，其中有许多积劳而死。他们的工作是没有尽头的，也没有休息。"卫城就用这些人的血汗造成。

仅仅为了造一个卫城山门，就用了 2012 塔兰同金子（一塔兰同约为 26.2kg），而这时期雅典同盟全年交纳的岁款不过 460 塔兰同金子。岁款本来说是为建设同盟的海军用的，却被雅典吞没。盟国有敢违抗的，立即会遭到征伐，劫掠之余，还要"把居民变卖为奴"。

所以，即使雅典卫城建筑群反映着自由民民主制度，表现了平民世界观中先进的、积极健康的因素，它们仍然体现着阶级社会中建筑发展的片面性和矛盾。

伯利克里时代一句谚语说："假如你没有见过雅典，你是一个笨蛋；假如你见到雅典而不欣喜若狂，你是一头蠢驴；假如你自愿离开雅典，你就是一匹骆驼。"雅典是有它诱人的地方，但是，另一位同时代的人说：雅典城"满是尘土而且十分缺水，由于古老而乱七八糟，大多数房子破破烂烂，只有少数好的"（古典盛期作家 Dicaearchus）。这样两端的尖锐对立，才是奴隶制时代城市的真实写照。

4.4　开拓新领域

公元前 4 世纪，由于奴隶制进一步发展，大多数小农和小手工业者破产而沦为奴隶，于是，城邦的自由民民主制度普遍瓦解，新的工商业奴隶主和旧奴隶主贵族勾结，纷纷建立起寡头政体，甚至君主政体。公元前 4 世纪后半，奴隶制经济的发展突破了城邦的狭隘性，马其顿的腓力于公元前 338 年统一了希腊，随后他的儿子亚历山大大帝建立了版图包括希腊、小亚细亚、埃及、叙利亚、两河流域和波斯的大帝国。公元前 323 年亚历山大死后帝国又分裂成几个中央集权的君主国，直到公元前 31 年罗马人统一地中海地区，这个时期，叫做希腊化时期或希腊晚期。

在这个广大的区域里，由于东西方经济文化的大交流，手工业和商业达到空前水平。东方古国的文化同希腊文化融汇在一起，内容和形式都丰富多了。自然科学和工程技术有很大的发展。

建筑发生了相应的变化。主要的是，由于经济和文化的新高涨，建筑创作的领域扩大了，公共建筑物类型随着增多。会堂、剧场、市场、浴室、旅馆、俱乐部等的形制到这时期逐渐有了稳定的功能特点，还建造了图书馆、灯塔、码头和测录气象的"风塔"等等，（图 4-17）。其中一些功能性建筑形成了相应的很成熟的形制，如剧场、浴室等。私人住宅的水平也普遍提高。

结构和施工技术都有进步，起重运输机械改进了，有了木质的真正桁架，砖和面砖的生产技术从东方传了过来，也传来了券拱技术，不过在旧希腊地区没有流行。

随着建筑类型的增多和结构的进步，艺术手法也丰富了。广泛使用了叠柱式和壁柱，科林斯柱式形成了自己的特点（图 4-18）。构图有多方面的创造，纪念性建筑物中流行起集中式的构图形制。马赛克艺术达到很高水平。

在建筑活动繁荣的情况下，产生了专门的著作。有个别建筑物的建造经验，

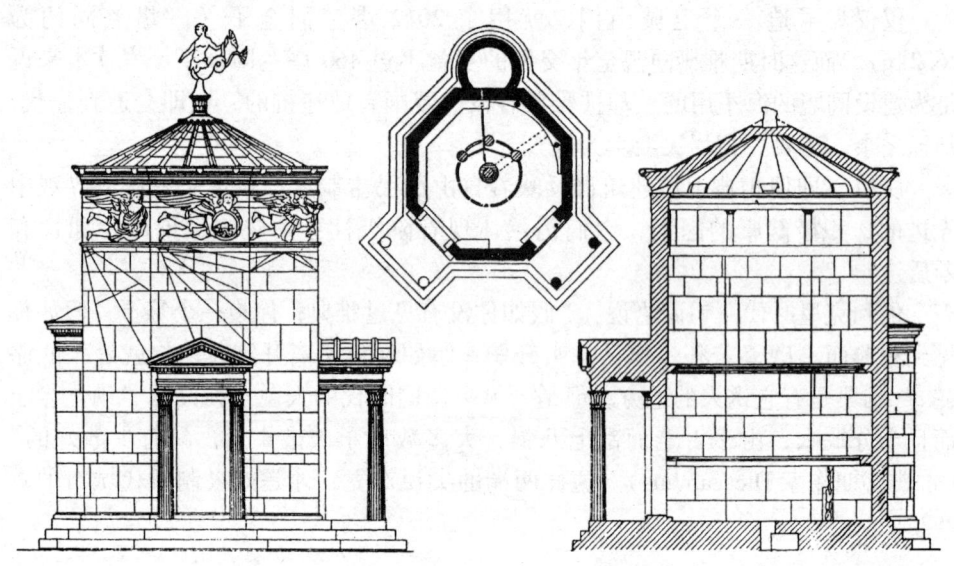

图 4 - 17 雅典风塔平、立、剖面

有关于构图法则的，关于施工机械的，也有全面论述建筑学的，例如，公元前 3 世纪到公元前 2 世纪在小亚细亚工作的希腊建筑师赫尔莫根（Hermogene），假双层围廊式形制的创造者，就写过一本关于建筑柱式的书。可惜都失传了。

　　另一方面，自由民发生剧烈的阶级分化，民主制度瓦解，导致文化中积极因素的衰退。过去，圣地建筑群和守护神神庙，是整个城邦的象征，广大的自由民亲切地关怀着它们，他们是主要的订货人和鉴赏者。这时，这些建筑物衰退了，特殊人物个人的纪念物逐渐发展起来，在一些寡头或君主专政的国家里，宫殿、陵墓成了重要的建筑物。于是，奴隶主上层和君主成了大型建筑物的主要订货人和鉴赏者，这就导致建筑艺术品味个人化、风格庸俗化。尤其是，这时劳动已经被社会当作卑贱耻辱的事，工匠甚至建筑师，已经有被当作奴隶在市场上买卖的了。自由民工匠们在雅典卫城上 "尽心竭力地为自己做事情" 的场面一去不复返了，因此，古典盛期建筑的那种既堂皇壮丽又明朗和谐的建筑形象不可能再现了。建筑趋向纤巧，一味追求光鲜花色、新颖别致，不再像古典盛期那样向往理想的美和概括人的英雄气概。多立克柱式的刚强坚毅精神同这时代尤其格格不入，遭到严重的歪曲，完全失去了原来纯正的风格。爱奥尼柱式以其华贵，受到偏爱，成了主要的柱式。

　　但古典盛期工匠们卓越的技艺和他们创作成就的影响毕竟不可能很快湮灭，在它们明亮的余晖映照之下，公元前 4～3 世纪的建筑还保持着很高的水平。

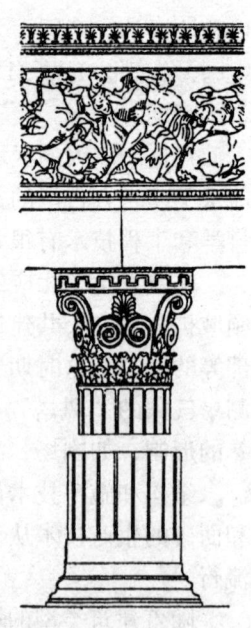

图 4 - 18 巴斯的阿波罗庙的科林斯柱式，约公元前 430 年

不过，希腊化时期，占主要地位的，对以后建筑的发展有重大意义的，是建筑在各方面的进步和丰富。新领域的开拓、新形制的创造、新手法的形成，是这时期建筑极重要的贡献，其中包括柱式的通俗化。古典盛期的神庙和多立克柱式，确乎是很完美的，但它们毕竟太特化了，对新要求的适应能力不强。当新的建筑类型在建筑创作中占了主要地位之后，神庙和多立克柱式的风格就不得不被扬弃，不论它们曾经有过多么辉煌的成就。一切在历史中产生的东西，都要在历史中消灭，变化是永恒的，只要这种变化在主流上是进步的，就值得欢迎，不能因为一些次要方面的衰退而依恋过去。

剧场和会堂　在公共建筑的形制方面，这时期最大的成就是露天剧场和室内会堂。

露天剧场起源很早，克里特岛的米诺王宫里已经有了，古典时期造了一些大型作品。那时，比较成熟的形制是：观众席作半圆形，利用山坡建造，逐排升高，以放射形的纵过道为主，顺圆弧的横过道为辅，出入方便，而不很妨碍观众视线。视线和交通都处理得很合理。在自由民民主制的城邦里，剧场是公民大会的会场。每个席位都是平等的，除了酒神的宝座外，没有特权的位子。公元前 4 ~ 3 世纪，剧场建设盛行，而且质量提高，观众席一般用石头砌筑台阶和坐席等等。后来反映着自由民的分化，前排往往设特殊考究的荣誉席，在一些专制王国里，剧场有国王包厢，这在古典时期是没有的。

表演区本来是一块圆形平地，供合唱队使用，在剧场的中心，后面有一所小屋，里面是化装室和道具室等等。公元前 4 ~ 前 3 世纪，随着戏剧本身的变化，演员的数量增多，他们的重要性超过了合唱队，小屋扩大，并且开始使用舞台，台面高度与后面小屋的第二层取齐，小屋的外墙面就是舞台背景。原来的圆形表演区被切去了一部分，改成了伴奏乐队的乐池（图 4 - 19）。以后，小屋两端向

图 4 - 19　剧场和会堂

前凸出，形成了舞台的初具雏形的台口。

这时期最著名的半圆剧场是埃比道鲁斯（Epidorus）的医药神艾斯克里比奥斯（Asclepios）圣地里的一座。它大约初建于公元前350年，经过扩建，共有55排座位，能容12000人。圆形表演区直径20.3m，这时已成为乐池。有22m长、3.17m宽的舞台，架在约3m高的矮墙上。它的音质极佳，在观众席最后一排能听到表演区演员粗声的喘气。另一座著名的剧场在雅典卫城南麓的东端，叫酒神（Dionysos）剧场，从卫城山麓凿山而成，在公元前342～前326年间改建为全部石质的，希腊著名的悲剧家和喜剧家的作品都在这剧场里首演。泛雅典娜节日在这里举行歌唱比赛，并颁发三脚杯奖。它位于雅典城的中心，位于希腊文化的中心。

在民主制的城邦里，为了开全体公民大会，有些剧场的规模很大，往往能容纳几万人。如公元前350年麦迦洛波里斯（Megalopolis，在Acadia平原，早年曾是一处阿波罗的圣地）的剧场，直径竟达140m（图4-20）。因为剧场是开公民大会的场所，常常和卫城在一起，作为城市的中心。城市的选址因此受到它们的影响。

据维特鲁威记载，观众席里每隔一定距离安一个铜瓮，起共鸣作用，可改善音质。

在麦迦洛波里斯剧场舞台后化装室小屋的后面，造了一个大会堂（约公元前370～360年），平面是矩形的，66m×52m，大约能容纳1万人。座位沿三面排列，逐排升起。最巧妙的是室内的柱子都按以讲台为中心的放射线排列，避免遮挡讲台的视线。公元前3世纪在普利耶纳（Priene）造的会堂，形制相仿，规模比较小，但屋顶跨度也有15m。

从剧场和会堂看，这时期的公共建筑物在功能方面推敲已经比较深入，对建筑声学也有了初步的认识，会堂的内部空间比较发达，这些都是很有意义的进步。

宗教建筑的新形制 城邦瓦解之后，守护神的庙宇失去了政治意义。随着经济的发展，市场代替庙宇成了城市的中心，阿索斯（Assos）城的中心市场上（图4-24），庙宇立在市场的一端，因而产生了两个后果：其一是，由于观赏角度比较固定，围廊式庙宇少了，往往只在前面设柱廊和台阶；其二是，庙宇同市场的敞廊发生了联系，为

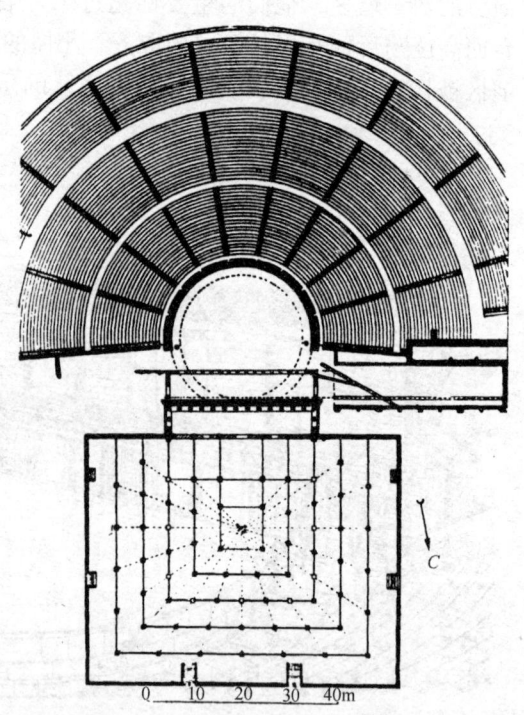

图4-20 麦迦洛波里斯剧场及会堂

新形制的产生作了准备。这时，随着社会矛盾的激化，天真的民间神话渐渐被淘汰，寡头和君主的专制，使宗教趋向神秘。为了在庙宇前举行种种秘仪，就用一圈廊子把庙宇包围在中央，从而形成了新的形制。

祭坛也在这时发展为独立的建筑物。小亚细亚的帕迦玛（Pergamus）卫城上的宙斯祭坛（公元前 197～159 年）是当时最大、最华丽的。它形制全新，完全没有内部空间，造在 70m×77m 的台基上。基座高 5.34m，宽 36.6m，深 34.2m，正面中央嵌着 20m 宽的台阶。基座上沿边造一圈爱奥尼式柱廊，平面呈"口"字形而有两翼前伸，祭台就在口字形的中央。柱廊高度 3m 多一点，比基座略矮，比例不当，主从不清楚。基座壁面上 120m 长的一圈雕刻，雕刻的主题是奥林匹克诸神打败巨人和阴间众魔。四面雕刻着与方位有关的神，几乎早年所有的神都刻在这里了。但它们都是高浮雕，近于圆雕，而且构图松散，动态过大，破坏了基座应该有的稳定沉厚的性格（图 4-21）。

图 4-21 帕迦玛的宙斯祭坛

帕迦玛卫城建筑群在一个地形复杂的高地上，高于城市 270m 之多。宙斯祭坛右前方不远便是陡坡，很险要。坡上造了酒神剧场和酒神庙。剧场可以容一万观众，有大理石的国王包厢。剧场之下是 250m 长的敞廊。廊内开店铺。山上还有雅典娜庙、敞廊和图书馆，图书馆曾藏书 20 万册。

集中式纪念性建筑物 集中式建筑物是新的形制，它们的代表是雅典的奖杯亭（公元前 335～334 年）和小亚细亚哈利克纳苏的莫索列姆陵墓（The Mausoleum，Halicarnassos，约公元前 553 年）。这两座建筑物分别是纪念富翁的荣誉和君主的权威的。

奖杯亭在雅典卫城东面不远，是早期科林斯柱式的代表作。圆形的亭子高 3.86m，立在 4.77m 高的方形基座上。圆锥形顶子之上是卷草组成的架子，放置音乐赛会的奖杯。亭子是实心的，周围有 6 棵科林斯式的倚柱。它的构图手法是：第一，基座和亭子各有完整的台基和檐部，构图独立，然后再求二者的协调统一。这是多层的建筑组合普遍遵守的法则。第二，圆亭和方基座相切，这是圆形和方形体积间常用的交接法。第三，下部简洁厚重，越往上越轻快华丽，分划越细。下部用深色粗石灰石，表面处理比较粗糙，砌缝清晰；上部用白大理石，表面光滑，不露砌缝。这种处理，使它显得稳重而有树木般的向上生长的态势。这是包括叠柱式、塔等等在内的多层建筑物竖向构图的一般手法，无论是古代的、中世纪的，西方的、东方的（图4-22）。

莫索列姆陵墓的布局也是创新的（图4-23）。它把围廊式的方方的灵堂放在高高的基座上，顶上再加一个金字塔，塔顶又立着奔马驾车的铜像。陵墓总高43.55m，在高地上，前面大台阶的两侧排着卧狮像。这种形制，是小亚细亚传统的集中式陵墓，加上埃及的手法和母题。

图4-22 奖杯亭

集中式向上发展的多层构图，是纪念性建筑物的很有效果的构图。它容易造成一种卓然逸群的气概，冲天干霄，引起人的景仰崇敬。世界各地的纪念性建筑物都常用这种构图。这种构图并不是先验地产生的，它是对现实世界的概括。全世界几乎所有的民族都对山岳有某种崇拜，或者把它当作登天的台阶，或者把它当作神的住所，或者把它当作崇高的象征，所谓"高山仰止"。这是因为，它比一切寻常的东西高大，比一切寻常的东西深邃，难于攀登又不容人轻易征服。除了这些品质之外，它又具有完整的形象，不像旷野那样，虽然雄伟，却漫无边际。因此，人们渐渐形成了对高山的审美认识，并且把它的形象特征提炼概括，赋予纪念性建筑物，这就产生了集中式的高耸构图。在专制的埃及和西亚，这种构图很早从直接模仿山岳开始。在希腊，它很晚才被采用，这时，君主专制已经取代了民主制。由此可见，人们对构图的审美认识还有一定的社会性，不仅仅是对客观形象的反

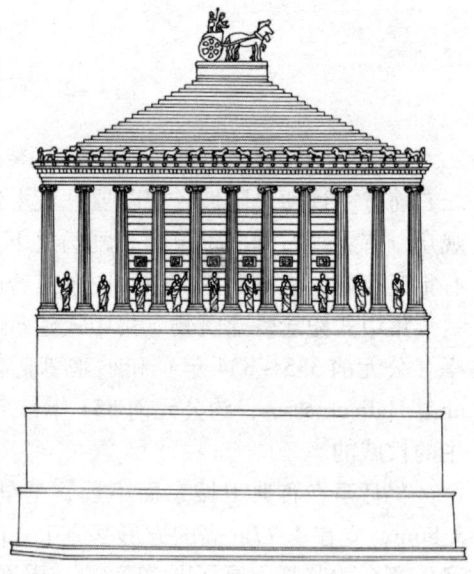

图4-23 莫索列姆陵墓

映。当然，它一旦形成，就有继承性，无需每个人再从头去瞻望高山或者崇拜君主。

莫索列姆陵墓是专制国王的个人纪念物，风格虚夸，完全没有古典盛期民主城邦公共建筑物的开朗和明丽。

市场敞廊和叠柱式　早在古典时期，城市市场上除了庙宇、平准所、旅舍等等之外，边沿多有敞廊。以长条形的居多，偶然有两端凸出的。雅典市中心广场（Agora）上，有一个敞廊，总面阔46.55m，进深两间，18m，两端向前凸出。这是公布法令的地方。

晚期，市场普遍建设敞廊，并且扩大了规模，沿市场的一面或几面，开间一致，形象完整。例如阿索斯城（Assos）的市场，两侧有柱廊，互不平行，市场因而成梯形，而于较宽的一端造神庙（图4-24）。在一些经过规划的、军事的或移民的方格形城市里，市场在干道的一侧，地段方正，周围柱廊连续。如雅典附近的普列耶和小亚细亚的米列都（Miletus）。这些敞廊用于商业活动。商业兴旺的地方，敞廊进深大，中央用一排柱子把它隔为两进，后进设单间的小铺。有一些敞廊规模很大，例如雅典市场上的敞廊（公元前2世纪），长达111.90m，面阔23间，进深20m，分为两进，全用白大理石建造。古典时期的市场或广场上，像圣地建筑群一样，各种建筑物都是独立的，希腊普化时期，随着敞廊的重要性大大提高，市场和广场的建筑有统一的倾向，各个建筑物的独立性逐渐削弱了。圣地建筑群也发生了类似的变化。

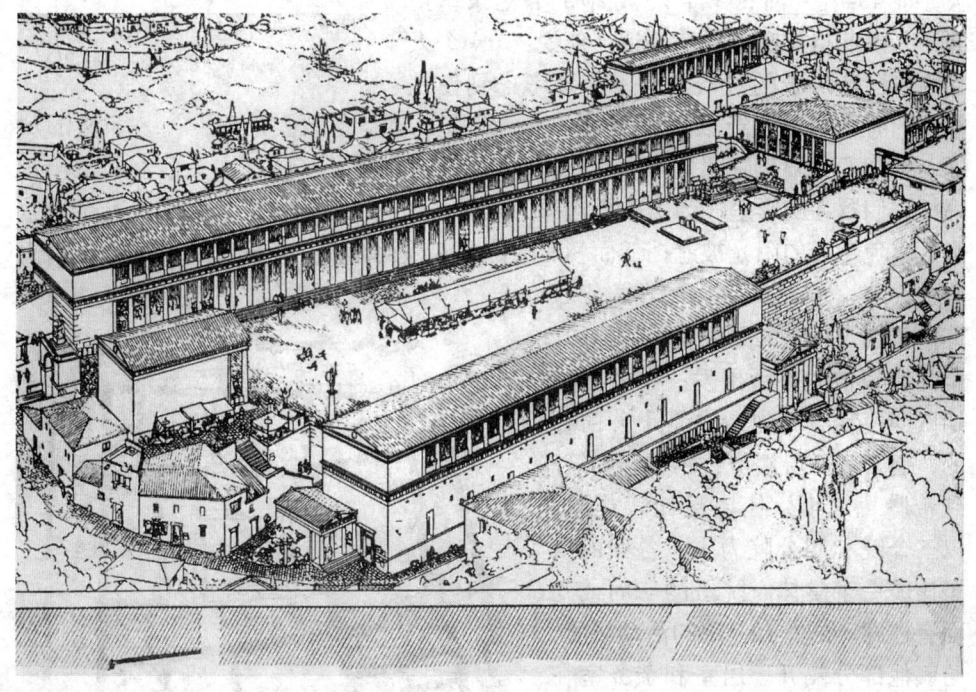

图4-24　阿索斯中心广场

有许多敞廊是两层的。两层高的敞廊，采用叠柱式，即下层用比较粗壮质朴的多立克柱式，上层用比较颀修华丽的爱奥尼柱式。上层的柱子的底径等于或稍小于下层柱子的上径。上下层的柱式都具备完整的三部分，不因叠置而省略或简化（图4-25）。

街坊和住宅　由于经济的迅速发展，有一些城市，特别是小亚细亚的，进行了城市规划工作。

早在公元前 5 世纪中叶的古典时期就曾经有过以方格形道路网为基础的规划，为的是给公民以平等的居住条件。如奥林斯（Olynth）的街坊中，住宅的大小和格局都是一样的。晚期，公元前 4~3 世纪的城市虽然广泛采用了方格网的布局，却明显地分出了奴隶主和商人居住的市中心和贫民们的边缘区。

一般的街坊的面积比较接近，例如，普列耶（Priene）的约为 35m×47m，米列都 Miletus 的约为 30m×36m，克尼特（Knid）的为 32m×48m。每个街坊约有 4~6 所住宅。它们紧靠在一起，外表像包括整个街坊的一座大建筑物。而有些富人的大府邸则占据半个甚至整个街坊。

雅典的历史学家兼将军色诺芬（Xenophon，公元前 434？~前 355 年），在他的回忆录里记载了一段苏格拉底论住宅的话，他说："一个人在为自己造房子的时候难道不应该考虑到住在

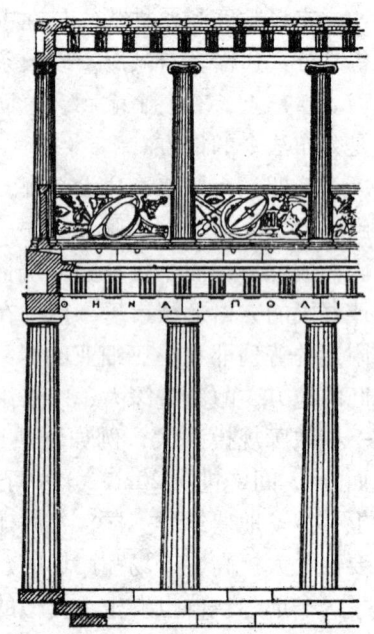

图 4-25 叠柱式一例（帕迦玛的雅典娜庙，约公元前 290 年）

里面的时候尽量地舒服和方便吗？……舒服不就是冬暖夏凉吗？……朝南的房子，冬天的太阳正好照到廊子（pastades）里，在夏天，高悬在头顶上的太阳正好把它们罩在阴影里。为了取得这样的效果，那么，朝南的部分必须比其余部分高，以免冬天的阳光被遮挡，而朝北的部分必须比较低，这样冬天的风就不致直吹进去。"（《回忆录》，三卷八节）。

苏格拉底对住宅的要求是很实际的，全都从平常的生活出发。在古典盛期，即使雅典的住宅也是十分简朴的，通常为两层楼房，用土坯砌筑。到希腊化时期，住宅已比较规整，以三合院和四合院为主，各面的房子连成一个整体。院子的一面或几面有柱廊。妇女有专用的活动场所，与其他部分隔开。居室和杂务室在一起。向阳的北屋是主要的，有时有两层，尽量利用好朝向。男子餐室是最豪华的房间，四周有土台，供奴隶主们倚在上面进餐。地面铺镶彩色马赛克。向街没有窗子，住宅外观封闭、沉闷，只在大门口两侧有壁柱，晚些，才有一个小小的门廊。

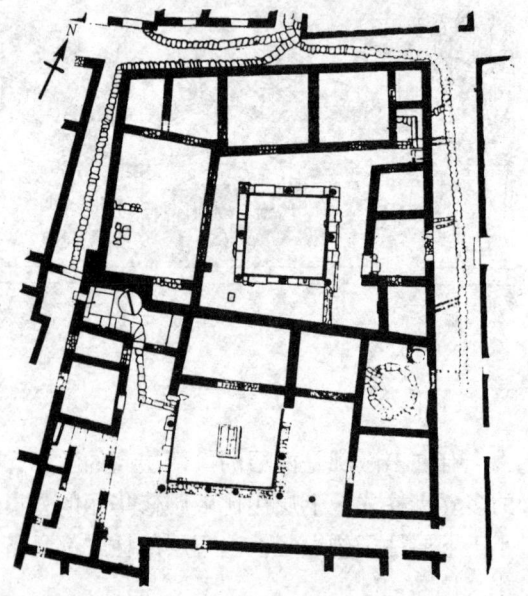

图 4-26 提洛斯岛住宅平面

也有一些明厅（Atrium）式的住宅，内向的，以一个天井为中心，四周布置柱廊和生活用房。提洛斯岛（I、Delos）上公元前 2 世纪的住宅是这类的代表。但它们的平面形制并不拘守一格，比较自由（图 4 - 26）。有的有一个比较大的后花园，花园的一面或几面有柱廊，花园里设水池、喷泉。庞贝（Pompeii）是希腊人在意大利建立的移民城市，那里的住宅可以作为希腊晚期住宅的实例。

古希腊晚期的建筑成就由古罗马直接继承，并把它向前大大推进，达到了世界奴隶制时代建筑的最高峰。

第5章　古罗马的建筑

罗马本是意大利半岛中部西岸的一个小城邦国家，公元前5世纪起实行自由民的共和政体。公元前3世纪，罗马统一了全意大利，包括北面的伊达拉里亚人和南面的希腊殖民城邦。接着向外扩张，到公元前1世纪末，统治了东起小亚细亚和叙利亚，西到西班牙和不列颠的广阔地区。北面包括高卢（相当现在的法国、瑞士的大部以及德国和比利时的一部分），南面包括埃及和北非。公元前30年起，罗马建立了军事强权的专政，成了帝国，国力空前强大，在文化上，成了这个地区所有古代文明成就的继承者，在经济上，它掌握着这个地区丰盈的财富。有大量的奴隶为罗马帝国的发达服役。但是，两百年的和平减少了奴隶的来源，而且比较宽松的佃奴制显示出比赤裸裸的奴隶制更有利，所以公元3世纪，佃奴制逐渐代替了奴隶制，意大利的经济趋向自然经济，基督教开始传播。公元4世纪，罗马分裂为东西两部分。西罗马在5世纪中叶被一些经济文化都很落后的民族灭亡，东罗马则发展为封建制的拜占庭帝国，直到15世纪中叶。

公元1~3世纪是古罗马帝国最强大的时期，也是建筑最繁荣的时期。重大的建筑活动遍及帝国各地，不列颠、高卢、巴尔干、小亚细亚、西亚、西班牙、北非，都有水平很高的大量的城市建设和大型建筑，尤其是它的一些驻防军的营垒城市。最重要的建筑成就集中在罗马本城。古罗马建筑规模之大，质量之高，数量之多，分布之广，类型之丰富，形制之成熟以及艺术形式和手法之多样，旷古未有。古罗马诗人贺拉斯（Horace，公元前65~前8年）骄傲地写道："滋荣万物的太阳啊，……你未必见到过什么东西比罗马城更伟大。"

继承和创造　古罗马建筑繁荣的第一个原因是，它统一了地中海沿岸最先进、富饶的地区。这地区里本来就有一些文化和建筑发达的国家，尤其是希腊和分布于意大利半岛南部、小亚细亚、叙利亚、埃及等地的各个希腊化国家以及古老的伊达拉里亚。这个广大的地区统一于罗马之后，它们的文化和建筑交流融合，促进了新的高涨。古罗马建筑的伟大成就，是这个地区人民共同的成果，其中最重要的是希腊的建筑形制和造型，其次是伊达拉里亚人（Etruria）的工程技术。例如，罗马本城的大规模建筑活动，就有大量希腊人和伊达拉里亚人参加，其中有些是身为奴隶的有很高技艺的工匠，甚至建筑师。

第二个原因是，从公元前2世纪到公元2世纪，是这个区域里奴隶制度的极盛时期，生产力达到古代世界的最高水平，古罗马建筑的成就凭借着强大的生产力，特别是凭借着古代世界最光辉的建筑技术，券拱结构。由于券拱结构的发展，使古罗马建筑与古代任何其他国家的建筑，包括各希腊化国家的建筑，都大不相同，它们内部空间发达，可以满足复杂的要求，适应性很强，并且因此发展了建筑的内部空间艺术，也完善了柱式和拱券相结合的艺术手法。

第三个原因是，古罗马建筑，包括公共建筑，都是为现实的世俗生活服务的，古罗马现实的世俗生活很发达，因此罗马建筑创作领域广阔，建筑类型多，大量的实践开拓了人们的思路，建筑的形制推敲得很深入、特化而成熟。因此罗马建筑的功能适应性很强。

由于古罗马公共建筑物类型多，形制比较成熟，样式和手法很丰富，结构水平高，而且初步建立了建筑的科学理论，所以对后世欧洲的建筑，甚至全世界的建筑，产生了巨大的影响。

古罗马是最富有创造力的时代之一。欧洲人有谚语："光荣归于希腊，伟大归于罗马。"

5.1　光辉的券拱技术

券拱技术，尤其是混凝土的券拱技术，是罗马建筑最大的特色、最大的成就，是它对欧洲建筑最大的贡献，影响之大，无与伦比。罗马建筑典型的布局方法、空间组合、艺术形式和风格以及某些建筑的功能和规模等等都同券拱结构有关。正是出色的券拱结构技术才使罗马宏伟壮丽的建筑有了实现的可能，使罗马建筑那种空前大胆的创造精神有了物质的根据。甚至，罗马的城市的选址、人口规模、格局和大型公共建筑的分布等也都与混凝土的券拱结构技术密切不可分。罗马人大量继承了希腊的建筑遗产，但这些遗产都经过拱券技术的改造，改变了建筑的形制、形式和风格。希腊的柱式，也在和拱券技术结合之后扩充了它的艺术手法，拓宽了它的适应性，从而增强了生命力。券拱技术保证罗马人不会成为简单的模仿者。

罗马城邦的北邻伊达拉里亚人建筑工程水平很高，早就用石头砌筑叠涩假券。罗马人从伊达拉里亚人继承了许多工程技术和建筑经验。公元前 4 世纪，罗马城的下水道就有了真正的发券。公元前 2 世纪，假券被淘汰，在陵墓、桥梁、城门、输水道等工程上广泛应用真的拱券，而且技术已经很高。例如公元前 144 年建造的向罗马城输水的马尔采输水道（Aqueduct Marcia），有 10km 长的一段架在一系列的发券上，跨度 5.55m，最高处达 15m。公元前 62 年造的罗马城内法勃里契桥（Fabricius bridge），跨度已经达到 24.5m。公元前 1 世纪末，那不勒斯附近巴伊埃（Baiae）一所浴场里有直径 21.55m 的穹顶。

混凝土　大大促进古罗马券拱结构发展的是良好的天然混凝土。它的主要成分是一种活性火山灰，加上石灰和碎石之后，凝结力强、坚固、不透水。起初用它来填充石砌的基础、台基和墙垣砌体里的空隙，后来，大约公元前 2 世纪，开始成为独立的建筑材料。到公元前 1 世纪中叶，天然混凝土在券拱结构中几乎完全排斥了石块，从墙脚到拱顶是天然混凝土的整体。

混凝土迅速发展的条件是：一，它的原料的开采和运输都比石材廉价、方便；二，它可以用碎石作骨料，节约石材，用浮石或者其他轻质石材作骨料，减轻结构的重量；三，除了少数熟练工匠外，它可以大量使用没有技术的奴隶，而用石块砌筑券拱，需要专门工匠。

公元 2~3 世纪，混凝土的拱和穹顶的跨度就很可观了。这时候，在技术上采取了一项重要的革新：在浇筑混凝土筒形拱前，每隔 60cm 左右，先用砖砌券，两券之间用若干砖带连接，于是把拱顶划分成许多小格，混凝土浇进小格里，同砖券等凝结成一个整体。这样做的好处是：一，混凝土在浇筑过程中不致在拱的两侧向下流动；二，混凝土分了块，收缩均匀，不致产生裂缝；三，可以分段浇筑，便于施工；四，砖券分段承重，可以使用较薄的模板，节约木材。混凝土券拱结构从此发展到了新的水平。罗马城里巴拉丁山（Palatine）皇宫里有一座大殿，面积是 29.3m×35.4m，用一个筒形拱覆盖。罗马城里的万神庙（Pantheon）的穹顶，直径达到 43.3m。它们不仅都是整个古代世界里最大的，而且一直保持着最高世界记录。

节约模板的另一项措施是使用一系列不大的 4 瓣穹顶来代替简单的筒形拱。它们可以逐间浇筑。4 瓣穹顶覆盖的是方形平面的空间，它导致了建筑平面的模数化。公元前 80 年罗马市中心广场旁边的行政大厦（Tabularium）就采用了这种结构。

摆脱承重墙　筒形拱和穹顶虽然有许多优点，但是它们很重，而且是整体的、连续的，需要连续的承重墙来负荷它们。这就使它们所覆盖的空间封闭而单一，给建筑物以极大的束缚。

人们建造房屋，就是要建造一个外壳，抵御风霜雨雪、狼虫虎豹，获得一个可以利用的内部空间。建造外壳的主要问题是造屋顶。有史以来，绝大多数的建筑结构方式，无非是如何造屋顶和如何支承屋顶。屋顶的跨度和它的支承方式，决定着它覆盖下的空间的使用价值。每当建筑的功能有新的发展而要求更开阔的空间时，首先就同旧的屋顶和它的支承的结构发生矛盾。而历史上建筑结构的每一次重大进展，主要的也就在于暂时解决了这个矛盾。摆脱承重墙，解放内部空间，始终是建筑发展最重要的课题之一。

为了突破承重墙的限制，提出了几个新的方案。最有效的方案，是公元 1 世纪中叶开始使用的十字拱。十字拱覆盖在方形的间上，只需要四角有支柱，而不必要连续的承重墙，建筑内部空间得到解放，这是券拱技术的极有意义的重大进步。和 4 瓣拱一样，它也促进了建筑平面的模数化。

十字拱又便于开侧窗，大有利于大型建筑物内部的采光。

公元 2 世纪，在梯伏里的阿德良皇帝的宫殿里（Palace of Hadrian，Tivoli，公元 2 世纪上半叶），有穹顶支承在排成一圈的 8 个圆券上，圆券由柱子负荷。这也是摆脱连续承重墙的一个方法，不过在罗马没有广泛流行。

拱顶体系　摆脱了承重墙，架在 4 个支柱之上，十字拱需要新的方法来平衡它的侧推力。2~3 世纪时，最常用的方法是：一列十字拱串连互相平衡纵向的侧推力，而横向的则由两侧的几个横向筒形拱抵住，筒形拱的纵轴同这一列十字拱的纵轴相垂直，它们本身的横推力互相抵消，只在最外侧才需要厚重的墙体。拱顶组合成系统，这是古罗马又一个极有意义的创造，正是在这一套复杂的拱顶系统之下，3 世纪的罗马浴场获得了宏敞开阔、流转贯通的内部空间，初步形成了有轴线的内部空间序列。罗马市中心有一座玛克辛提乌斯巴西利卡（Basilica of Maxentius，307~312年），中央一串3间十字拱，横跨度25.3m，高40m，左右各有3个横向筒形拱，高24.5m，长17.5m。后来，又在横向筒形拱的承重墙上以大跨度的发券开洞口，使室内空间更加通畅而且复杂（图5-1，图5-2）。

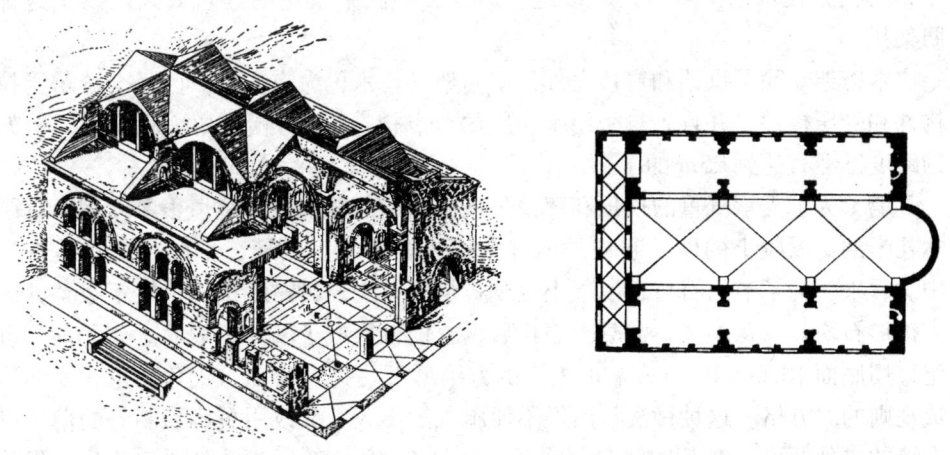

图5-1　玛克辛提乌斯巴西利卡平面及轴测图

图5-2　玛克辛提乌斯巴西利卡室内透视图

肋架拱　4世纪后，奴隶制已临末期，奴隶数目急剧减少，普通工匠大量替代了奴隶。工匠的劳动力比奴隶的贵得多，而技术水平和积极性则比奴隶高得多，于是，需要大量粗笨劳动力的天然混凝土不用了，转而希望用更高明的技术来减轻结构，节约石材和模架，获得经济效益。券拱结构在新的生产关系的推动下，又有新的进展。例如，尼姆城（Nimes，在今法国南部）的一个建筑物的拱顶的做法是，先筑一系列发券，然后在它们之上架设石板。这是早期的肋架拱，它的基本原理是把一个拱顶区分为承重部分和围护部分，从而大大减轻拱顶，并且把荷载集中到券上以摆脱连续的承重墙。这种结构方法也能节约模架。这一项新创造有很大的意义，但当时罗马已经很没落，建设规模很小，这类新技术来不及推广和改进。后来，欧洲中世纪的建筑大大发扬了这种肋架拱。

木桁架　除了拱顶和穹顶之外，木桁架的技术也大有发展。已经会分辨受拉构件和受压构件，并且各自采用了相应的节点构造方法和形式。2 世纪时，桁架的跨度已经有达到 25m 的了。

墙　为了支承沉重的拱顶和穹顶，抵御它们的侧推力，墙垣很厚，甚至有厚达几米的。混凝土的墙，起初是内外两面先各砌一道石墙，把混凝土浇筑在当中。后来，为了节约石材，混凝土用模板浇筑，浇筑时贴膜板排一层不很整齐的方锥形石块，尖角朝里，混凝土固化后，它们就形成了墙体的表面。公元前 1 世纪，用底面 10cm × 10cm 左右的整齐的方锥形石块排满表面，尖角朝里，底面形成规则的斜方格。这种做法显然很不便施工。不久，又改用更容易制备的薄砖砌在墙的内外两面，在其间浇筑混凝土。砖厚 2.4 ~ 4.5cm，呈等腰三角形，仍然是尖角朝里。以尖角朝里，也有利于混凝土和这些石、砖的结合。

在石和砖的表面之外，再作装饰面层。早期是抹火山灰，灰里掺大理石碴，可以磨光。公元前 1 世纪之末，渐渐流行用大理石板贴在墙面的做法。先用铜钩子把大理石板同墙体连接，然后在缝隙内灌砂浆。起初，大块的大理石板厚到 10 ~ 20cm，到公元 2 ~ 3 世纪，厚度竟可以小于 2.5cm，工艺水平很高。但是，在混凝土墙前面砌一道厚石墙的做法始终没有完全淘汰，可能是因为还有大量奴隶劳动的缘故。在室外，它们对罗马建筑的艺术效果也是必不可少的。

由于建设规模大，市场发达，石材也商品化了，兴起了使用奴隶的大规模采石场。因此，石材也标准化了。公元前 1 世纪之末，常用的规格是 60cm × 60cm × 120cm。到 2 ~ 3 世纪，罗马城的建筑，通过市场，使用了叙利亚、埃及、高卢等地的优质花岗石和希腊的大理石，更加丰富多彩。罗马建筑之所以能达到辉煌的高度，始终是和不断扩大同各国间的经济、文化、技术和人才的交流分不开的。

石材的使用很讲究。很早就善于根据它们的强度、耐风化能力、加工特性、色泽纹理和价格等等分别使用在恰当的部位。甚至作混凝土骨料的碎石也随部位不同而变换品种，墙垣上部用轻而稍弱的，如浮石；下部，用重而强的，如凝灰岩，等等。

由于大理石只做成板材贴面，不像希腊人那样整块地砌筑，所以一些产量不大而色泽纹理都很美观的大理石也可以用得上了，并且可以组成图案，富有装饰性。

结构上区别承重的和围护的，受拉的和受压的；材料上区别结构的和装饰的，轻而弱的和重而强的，等等，这是分析的方法。分析的方法是科学的方法。有了分析，就必然有综合。分析越深入，综合方法就越进步。建筑创造是分析和综合的过程，罗马的建筑比希腊的进步得多了。

　　至晚在公元 1 世纪，宫殿、豪华的府邸和公共建筑里，窗子上已经用了面积不小的透明纯净的平板玻璃，厚度只有几毫米。

　　施工能力　古罗马人创造了许多建筑施工上的奇迹。他们建造了直径和高度都达到 43.3m 的穹顶，他们建造了庞大的拱顶和穹顶的复杂的组合。在叙利亚的巴尔贝克（Baalbeck）的太阳神庙（约 131～161 年），周围柱廊的 54 根柱子，每根高 19.8m，底径

图 5-3　戞合输水道

2.13m，都是用单块花岗石做的（一说为三段柱身）。庙的后墙上离地 8m 高有 3 块长 19.5m，断面 3.3m×4.0m 的石头，每块大约有 500t 重。尼姆城的输水道（2 世纪），跨过戞合（Gard）河谷，有 275m 长的一段架在 3 层叠起来的连续券上，最高处有 49m，最大的券跨度达 24.5m。为了节约木材，从券的 1/4 高度以上才设模架，而于这位置挑出几块石头支承它（图 5-3）。建筑物施工的速度也很快，可以容纳 5～8 万观众的大角斗场（1 世纪），全用石头砌筑，只花了 5～6 年时间。

　　古罗马人使用了简单的起重运输装置，主要的是动滑轮组和装了绞磨的活动臂起重架。

　　大约纪元前后，罗马出现一本叫《空气动力学》的书，里面有一则讲"自动启闭门"，用于庙宇："祭司从祭台上引来火，烧开下面的一个锅炉，产生蒸汽。蒸汽把水输过一条虹吸管，装满一只挂在绳子上的容器。绳子受拉后转动一根圆轴，它通过一只齿轮把庙宇的门打开。"古罗马也已经有了用长流水冲走秽物的公共厕所。

5.2　柱式的发展与定型

　　罗马人继承了希腊的柱式，根据新的条件把它加以发展。

　　早在公元前 4 世纪，受在意大利境内的希腊城邦的影响，罗马人已经使用柱式，并且创造了一种最简单的柱式，即塔斯干柱式（Toscan Ordre）。公元前 2 世纪，罗马文化希腊化了之后，柱式广泛流行。以后，匠师们为了解决柱式同罗马建筑的矛盾，发展了柱式。

　　第一个要解决的是柱式同券拱结构的矛盾。柱式是石头的梁柱结构的表现形式，罗马大型公共建筑多用券拱结构，这两者之间存在着矛盾。支承券拱的墙和墩子又大又厚，必须装饰，同时，又必须使它们能和仍然流行着的梁柱结构的艺术风格协调。最好的办法是用柱式去装饰拱券结构。长期实践的结果，产生了后来被称为券柱式的组合。这就是在墙上或墩子上贴装饰性的柱式，从柱础到檐口，一一具备，把券洞套在柱式的开间里。券脚和券面都用柱式的线脚装饰，取

得细节的一致，以协调风格。柱子和檐部等等保持原有的比例，但开间放大。柱子凸出于墙面大约 3/4 个柱径。

这种券柱式的构图很成功。方的墙墩同圆柱对比着，方的开间同圆券对比着，富有变化。但它们构图契合：圆券同梁柱相切，有龙门石和券脚线脚加强联系，加以一致的装饰细节，所以很统一。但柱式成了单纯的装饰品，有损于结构逻辑的明确性。柱子倚在墙墩上，它轮廓的重要性降低了，导致它们降低了希腊柱子那种精致的品位。

另一种券拱和柱式的结合方法是把券脚直接落在柱式柱子上，中间垫一小段檐部。这种办法称为连续券，只适用于很轻的结构，所以虽然在共和末期已经产生，一直到帝国末期都还不很流行。

第二个要解决的是柱式和多层建筑物的矛盾。最常用的办法是把希腊晚期出现的叠柱式向前推进一步，底层用塔斯干柱式或新的罗马式多立克柱式，二层用爱奥尼柱式，三层用科林斯柱式，如果还有第四层，则用科林斯的壁柱。新的法则是，上层柱子的轴线比下层的略向后退，比较稳定。而且，为了稳定，极少有纯柱式的叠加，几乎都是券柱式的叠加（图5-4）。

叠柱式的构图尺度比较准确，但立面局限于水平分划，变化少，不易突出重点。因此，有了另一种做法，就是一个柱式贯穿两层，名为巨柱式。这种做法能突破水平分划的限制，同叠柱式合用，可以突出重点。缺点是尺度失真。巴尔贝克（Baalbek）的太阳神庙内部使用了这种巨柱式。它在古罗马时期流行不广。

第三个要解决的是柱式和罗马建筑巨大体积之间的矛盾。罗马建筑远比希腊的高大，而柱式却不宜于简单地等比例放大，否则，会显得笨拙、空疏，而且失去尺度。所以就必须使柱式更富有细节，用一组线脚来代替一个线脚，用复合线脚来代替简单线脚，并用雕饰来丰富它们。因此，科林斯柱式受到重用，还流行一种新的复合柱式，就是在科林斯式柱头之上再加一对爱奥尼式的涡卷。塔斯干式和新的多立克式柱式基本不在庙宇和公共建筑中单独使用，大多用于叠柱式的下层（图5-5）。

柱式的趋向华丽、细密又是和

图5-4 券柱式的叠加

罗马奴隶主漫无节制地追求豪华浮艳的审美趣味相关的，因此，柱式往往装饰过分，甚至有把额枋都布满浮雕以致损及结构逻辑的。罗马柱式一般失去了希腊柱式的典雅和端庄。希腊多立克柱式由于完全不合罗马奴隶主的口味，被淘汰了。

柱式到了罗马时代，多数已经不是结构构件，也不再是建筑风格的赋予者，而仅仅是一种装饰品，比希腊柱式退步了。罗马柱式的规范化程度已经很高。柱式被当作建筑艺术的最基本要素进行了深入的研究，厘定了详尽的规则。维特鲁威的《建筑十书》就用很大的篇幅研究了柱式，导向公式化。而公元1世纪的希腊理论家海立多鲁（Heliodorus of Larisa）写到建筑师的任务时却说："建筑师的任务是使他的作品看上去比例良好，并采取措施，尽可能地防止视觉的幻象，目的在于使量度和比例虽未必真的相等但看上去相等。"

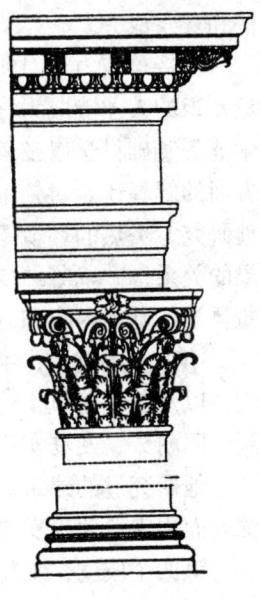

图5-5 科林斯柱式

5.3 维特鲁威与《建筑十书》

由于建筑事业很发达，建筑学的著作应运而生，可惜流传下来的只有奥古斯都的军事工程师维特鲁威（Marius Vitravii Pollinis，公元前84~前14年）写的《建筑十书》（De Architectura Libri Decem，公元前1世纪）。维特鲁威早年先后在恺撒和屋大维（公元前31年执政，公元前27年称奥克斯都，公元14年去世）麾下从军，在直属军事工程单位中工作，受到屋大维的眷顾和支持。维特鲁威又是一位"希腊学"的学者。公元前33年，他退休后着手写作《建筑十书》，公元前20年完稿。写作中，他曾读到一些古希腊的著作。

书分十卷，主要有：建筑师的修养和教育，建筑构图的一般法则，柱式，城市规划原理，市政设施，庙宇、公共建筑物和住宅的设计原理，建筑材料的性质、生产和使用，建筑构造做法，施工和操作，装修，水文和供水，施工机械和设备，等等，内容十分完备。《建筑十书》的第一个成就就是它奠定了欧洲建筑科学的基本体系。这个体系很全面，两千年来，尽管建筑科学有重大的进步，内容丰富多了，深入多了，它的体系却依然有效。

《建筑十书》的第二个成就是，它十分系统地总结了希腊和早期罗马建筑的实践经验。维特鲁威的态度是科学的、求实的。例如，关于建筑物的选址，他探讨了建筑物的性质、它同城市的关系、地段四周的现状、道路、地形、朝向、风向、阳光、水质、污染等等。关于经济，他探讨了建筑物平面的组成与布局，结构方式，材料的选择、制备和运输，直到业主的社会地位和财力。维特鲁威是深入掌握生产知识的，他在讲解抹灰时，不但详细叙述了从熟化生石灰，制砂浆，打底子直到刷最后一道罩面的颜色浆的全部工序和操作方法，而且说明了为什么灰浆中不能有未消化的生石灰颗粒，还提出了在潮湿的地方保证抹灰层耐久的办法和灰浆成分。

维特鲁威力求对实践经验作出理论的解释。他提出，只有兼备实践知识和理论知识的人才能成为称职的建筑师。他详细阐明了几何学、物理学、声学、气象学等等基础科学以及哲学、历史学等对建筑创作的重要意义。无论是对工程技术方面的解释还是对艺术法则的解释，书中都基本上没有玄学或神学气息。例如，他研究了炎热的环境不利于人的健康的原因，剧场里观众席的安排方式同音响效果的关系，砂浆凝结变硬的原理，秋材为什么比春材好，等等。他初步建立了建筑科学的基本内容和方法。

第三个成就是，维特鲁威相当全面地建立了城市规划和建筑设计的基本原理，以及各类建筑物的设计原理。他指出，"一切建筑物都应当恰如其分地考虑到坚固耐久、便利实用、美丽悦目"，并把这个主张贯彻到全书的各个方面去。

他研究过的建筑类型很广泛。他对于住宅、剧场等建筑的设计原理的探讨，深入而周密。他确实追求把设计原理当成一门科学。

第四个成就，维特鲁威按照古希腊的传统，把理性原则和直观感受结合起来，把理想化的美和现实生活中的美结合起来，论述了一些基本的建筑艺术原理。

维特鲁威特别强调建筑物整体、局部以及各个局部之间和局部与整体之间的比例关系，强调它们必须有一个共同的量度单位。以这一点为主，维特鲁威详尽地总结了希腊晚期和罗马共和时期的柱式的经验，而在阐发这一点时，总是把以数的和谐为基础的毕达哥拉斯学派的理性主义同以人体美为依据的希腊人文主义思想统一起来。他说：最和谐的比例存在于人体，人体是最美的，因此建筑应该仿照人体各部分的比例关系。他根据男女人体的比例，阐明了多立克柱式和爱奥尼柱式的不同的艺术风格，对后世影响很大。

他对建筑美的研究，始终联系着建筑物的性质、位置、环境、大小、观赏条件以及实用、经济等等，并注意根据各种情况而修正规则，并不教条式地死守规则。

《建筑十书》虽然在中世纪仍然有许多抄本传世，但影响不大。1482 年印刷出版之后，《建筑十书》才成了欧洲建筑师的基本教材，文艺复兴时期的许多建筑学著作都是模仿它的。它在全世界的建筑学术史上的地位独一无二。

《建筑十书》的缺点，除了科学本身发展水平的历史局限之外，主要是：第一，为迎合奥古斯都皇帝的复古政策，有意忽视共和末期以来券拱技术和天然火山灰混凝土的重大成就，不公正地贬低它们的质量；第二，对柱式和一般的比例规则，作了过于苛细的量的规定；第三，文字有点晦涩，有些地方语焉不详，以致后来有些人钻空子随意加以解释。

5.4 古罗马建筑的矛盾

古罗马建筑的类型很多，尤其是为现实生活服务的建筑类型多。各种公共建筑物的形制的特化水平很高，这是个大进步。但它们按作用说主要分两类：第一

类，为军事帝国的侵略服务的。第二类，为奴隶主最腐朽、最野蛮的生活服务
的。由于古罗马社会把侵略和腐化都发展到极致，所以他们在古罗马建筑中造成
的矛盾特别尖锐。

为侵略战争服务的　公元 1 世纪的罗马作家佩特洛尼乌斯（Gaius Petron-
ius，? ~66 年）写道："整个世界在战无不胜的罗马人的掌中。他们占有陆地、
海洋和天空，但并不满足。他们的船满载沉重的货物，破浪航行。如果有僻远隐
蔽的海湾，有不为人知的大陆，胆敢运出金子，那么，它就是敌人，命运就会给
它布下一场为夺取财富而进行的屠杀"。这就是罗马帝国的大致形象。

为了镇压和掠夺被征服地区，在许多殖民地里建造了驻屯军队的营垒城市。
这些城市的规划布局大体一致。矩形的，街道如棋盘。两条主要干道成丁字形，
相交处是中心广场，它四面有庙宇、剧场、浴场、巴西利卡等大型公共建筑物。
虽然是营垒城市，却很豪华壮丽，例如北非的替姆迦特城（Timgad），在主要干
道的起迄点和交叉口都有雄壮的凯旋门。用长长的两列柱子把它们互相连接起
来，列柱之间是车行道，外侧是人行道，街景十分宏伟。有些城市，人行道上有
屋顶，则列柱成了柱廊。叙利亚的巴尔米拉城（Palmyra）里 1600m 长的列柱和
高架输水道的残迹，至今还在雄辩地论证着罗马帝国强大的威力。

凯旋门是为了炫耀侵略战争的胜利的，在许多城市里建造起来。它的典型形
制是：方方的立面，高高的基座和女儿墙，单开间或 3 开间的券柱式，中央 1 间
采用通常的比例，券洞高大宽阔，两侧的开间比较小，券洞矮，上面设浮雕。女
儿墙上刻铭文，女儿墙头，有象征胜利和光荣的青铜铸的马车。门洞里面侧墙上
刻主题性浮雕。罗马城里的替度斯凯旋门（Arch of Titus，81 年），是为纪念攻占
耶路撒冷而建的，只有 1 个券洞，不过两侧用间距比较宽的双柱。三开间的代表
性作品是罗马城里的赛维鲁斯凯旋门（Arch of Septimius Severus，204 年，为纪念
对 Parthia 人的胜利）和君士坦丁凯旋门（Arch of Constantine，312 年，为纪念战
胜 Maxentius）（图 5-6）。这两座凯旋门，形体高大，进深厚，前者高 20.8m，
宽 23.3m，后者高 20.6m，宽 25.0m。比例优美，装饰富赡华丽，它们的形式以
后在欧洲的各种建筑物上屡屡被模仿。

其他如纪功柱、广场、庙宇等等的建造，也大都借着某一个战役的胜利，它
们分布在罗马城各处。

为腐朽生活服务的　发达的
奴隶制把大量自由民从生产中排
挤出来，成了无业的游民。但他
们是罗马的全权公民，一支重要
的政治力量。在奴隶们频频起义
的背景下，在奴隶主内部激烈的
夺权斗争中，他们举足轻重。执
政官和皇帝不仅要用国家的或私
人的钱财养活他们，还要用各种
热闹的、粗野的甚至血腥的"娱

图 5-6　君士坦丁凯旋门

乐" 取悦他们。罗马的公共建筑物,除了供奴隶主上层和骑士们使用之外,也要照顾这些游氓。而他们,在共和末期,仅罗马一城,就达 30 万人。所以,罗马的公共建筑物,不仅数量多,而且容量大。一个赛车场,长 610m,宽 198m,看台全用石拱架起来,能容纳观众 25 万人。一个大角斗场,能容纳 5 ~ 8 万观众。公共浴场,实际是一种俱乐部,除了入浴之外,可以在里面会朋友、看演出、搞体育、谈买卖,整天不必出来。公元 4 世纪时,在罗马本城有公共浴场 1000 所左右。到帝国时期,这类公共建筑遍布于广大领域之内,不仅意大利半岛上有,边远的不列颠、高卢、两河流域、西班牙、北非、约旦等地都有,规模虽然不及罗马城的,但形制大体不差。

尖锐的矛盾　这些建筑物是古罗马建筑主要的代表,在它们身上体现着奴隶制军事帝国建筑固有的尖锐矛盾。

奴隶制社会生产关系和生产力的矛盾,表现之一是奴隶主把奴隶们创造的全部财富完全用在非生产性的消费上,其中主要的一项就是大规模的营造活动。尼禄皇帝(Nero,公元 54 ~ 68 年在位)为了造新房子,甚至放火烧掉罗马城。无数壮丽的建筑物,吸干了社会的膏血。奴隶主们不仅不用一点财富于扩大再生产,甚至连简单再生产都置之不顾,不少奴隶在饥寒中折磨而死,于是,随着奴隶制生产关系占领绝大多数生产领域,社会就耗尽了它的生产力。

罗马帝国的第一位皇帝奥古斯都(Augustus,公元前 27 ~ 公元 14 年在位)说,"我得到的是砖头的罗马,我留下来的是大理石的罗马",夸耀自己的功绩。后来的皇帝们个个都争着建造壮丽的建筑来歌颂他们的丰功伟业,或者用一个比一个大的广场来神化自己,或者用宏壮的大角斗场来象征军事帝国的 "永恒",或者在殖民地广建纪念性建筑物,显示罗马的 "威力"。但是,罗马皇帝身上显赫的光环,罗马帝国的 "永恒" 和 "威力",都是当时最强大的生产力的反映,罗马建筑的宏伟壮丽,就成了劳动者创造胆略的形象表现。那些在建筑物上留下了汗水、鲜血和聪明才智的千千万万的体力和脑力劳动者们,赢得了永恒的纪念碑。

但是,多数劳动者是在奴役下建造这些建筑物的,他们很少可能使用锐利的工具,也没有机会成为熟练的工匠,他们没有希腊古典盛期的工匠们那样的劳动热情。因此,古罗马的建筑物往往不很精致,到帝国时期更加显著。

此外,奴隶主们把他们的心理和趣味反映到建筑上来,使它们往往带有浮夸的傲岸和无节制的艳丽,这些东西同罗马建筑的阔大雄浑刺眼地矛盾着。

5.5　广场的演变

罗马的城市里,一般都有中心广场(Forum)。从共和时期到帝国时期,罗马本城在巴拉丁山(Palatine)、卡比托利山(Capitole)和基里纳尔山(Quirinal)之间的低地里,先后造了许多广场。这个广场群是最壮丽的,它们的演变鲜明地表现出建筑形制同政治形势的密切关系,表现出从共和制向帝制向神化皇帝的变化过程。

共和时期的广场　罗马共和时期(公元前 509 ~ 前 30 年)的广场继承古希

腊晚期的传统，是城市的社会、政治和经济活动中心，有时也用作角斗场。它们周围散布着庙宇、政府大厦、演讲台、平准所、商场、牲口市、作坊和小店，以及作为法庭和会议厅的巴西利卡（Basilica）。它们零乱地建造起来，没有统一的规划，每幢建筑都是独立的，有自己的面貌。稍晚一点的庞贝城（Pompeii）的广场，在周围造了一圈两层的柱廊，使广场的面貌完整一些。广场上举行角斗的时候，柱廊上层就成了观众席。

罗马城中心，巴拉丁山和卡比托利山山脚下的罗曼努姆广场（Forum Romanum）就是在共和时期陆续零散地建成的，大体呈梯形，长约115m，宽约57m。它完全开放，城市干道从它穿过。在它周围有元老院、有罗马最重要的巴西利卡如艾米利巴西利卡（Basilica Aemilia，公元前179年）和珊普洛尼亚巴西利卡（Basilica Sempronia，公元前170年），前者大厅面积70m×29m，由柱列划分为中厅（Nave）和侧厅（aisle），以后屡经改变。后者在帝国时期改建为尤利亚巴西利卡（Basilica Julia），面积101m×49m，有6排柱子。又有庙宇，如卡斯托和波鲁克斯庙（Temple of Castor and Pollux，始建于公元前484年），柱高12.5m。还有经济活动的房屋，政府大厦也离它不远。它的构成和布局鲜明地反映出罗马共和制度的特色。

帝国时期的广场

古罗马从共和制转向帝制，这个历史变化清晰地表现为广场从公共活动场所变为皇帝个人的纪念物，从开放的变为封闭的，从自由布局的变为轴线对称的，并且以皇帝的庙宇作为整个构图的中心。

恺撒广场　共和末期，恺撒擅权之后，在罗曼努姆广场边上造了一个恺撒广场（Forum of Caesar，公元前54～前46年）。这是一个封闭的、按完整的规划建造的广场。小店和小作坊没有了，只保留了高利贷者的钱庄和雄辩学家讲演的敞廊，在广场两侧。广场的总面积是160m×75m，立在它后半部的围廊式维纳斯庙（Temple of Venus），前廊有8根柱子，进深3跨，广场成了庙宇的前院。维纳斯是恺撒家族的保护神，因此，广场隐然是恺撒个人的纪念物。广场中间立着恺撒的骑马青铜像，镀金。恺撒广场头一个定下了封闭的、轴线对称的、以一个庙宇为主体的广场的新形制（图5-7）。

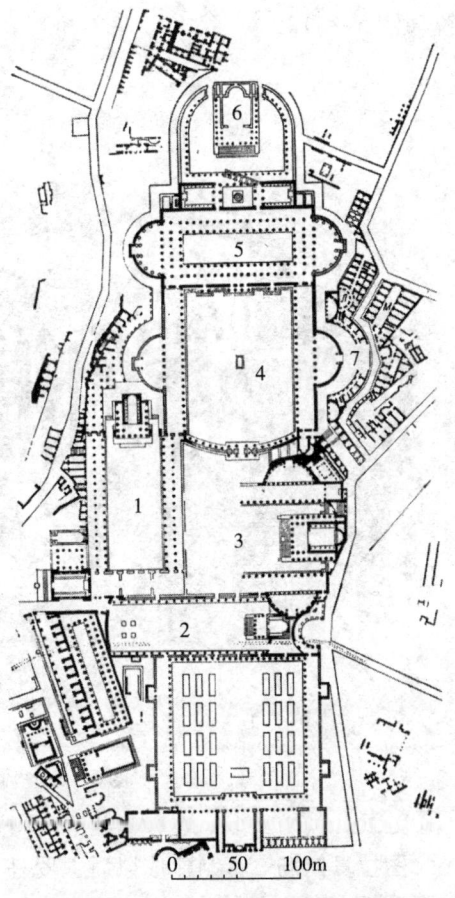

图 5-7　罗马帝国广场群平面
1—恺撒广场；2—穿堂广场；3—奥古斯都广场；
4—图拉真广场；5—乌尔比巴西利卡；
6—图拉真庙；7—图拉真市场

这形制显然借鉴了古希腊晚期的庙宇。广场上各个建筑物失去了独立性，被统一在一个构图形式之中。这个广场宣告了罗马共和制的结束和帝国时代的来临。

奥古斯都广场 恺撒的继承人奥古斯都最终地击败了共和派的反抗，建立了个人的独裁，并成了古罗马的第一位皇帝。他在恺撒广场旁边又造了一个奥古斯都广场（Forum of Augustus，公元前42～2年）。它比恺撒广场更进一步，纯为歌功颂德，连钱庄也没有立足之地了，只在两侧各造了一个半圆形的讲堂给雄辩家用，还有一点共和时代的残余。庙宇是献给奥古斯都的本神——战神的，也用围廊式，面阔35m，8根柱子。柱子高17.7m，底径1.75m，立在3.55m高的台基上，完全控制了广场。广场总面积大约120m×83m，沿边有一圈单层的柱廊，把庙宇衬托得很高峻。广场艺术地记录了罗马帝国终于建立这样一个重大的历史事件。

这广场周边的围墙全用大块花岗石砌筑，厚1.8m，高度竟达36m，把它同城市完全隔绝。可能是为了防火。它全长450m，工程量十分浩大。墙外是贫民窟，墙里是大理石的建筑物，布满了金光闪闪的雕刻，社会的对立反映得十分尖锐（图5-8）。

图5-8 奥古斯都广场示意

图拉真广场 帝制建成以后，罗马皇帝渐渐汲取东方君主国的习俗，建立起一整套繁文缛节来崇奉皇帝。最强有力的皇帝之一，真正统一了罗马全境的图拉真，竟至几乎要把皇帝崇拜宗教化了。这时，在奥古斯都广场旁边建造了罗马最宏大的广场，图拉真广场（Forum of Trajan，109～113年）。广场的形制参照了东方君主国建筑的特点，不仅轴线对称，而且作多层纵深布局。在将近300m的深度里，布置了几进建筑物。室内室外的空间交替；空间的纵横、大小、开阔、明暗交替；雕刻和建筑物交替。有意识地利用这一系列的交替酝酿建筑艺术高潮的到来，而建筑艺术的高潮，也就是皇帝崇拜的高潮。为了这个目的，还采用了一些使人感到意外的手法。在运动中展开和深入，这是建筑艺术的一个重要的特点，不论是沿轴线的，还是绕弯子的，像古希腊的圣地那样。

图拉真广场正门是三跨的凯旋门。进门是 120m×90m 的广场，两侧敞廊在中央各有一个直径45m 的半圆厅，形成广场的横轴线，它使这个宽阔的广场免除了单调之感。在纵横轴线的交点上，立着图拉真的镀金的骑马青铜像。轴线给铜像以确定的、不可游移的位置。

这个广场的底部横放着图拉真家族的乌尔比亚巴西利卡（Basilica of Ulpia，120m×60m），这是古罗马最大的巴西利卡之一。它内部有 4 列 10.65m 高的柱子，当中两列用灰色花岗石做柱身，白大理石做柱头，外侧两列柱子是浅绿色的。4 列柱子把巴西利卡分为 5 跨，中央 1 跨达 25m，它的木桁架是古罗马最大的。巴西利卡的两端有半圆形的龛，强调了它的轴线，也就是强调了它和广场的垂直关系。屋顶上覆盖着镀金的铜瓦。

巴西利卡之后是一个 24m×16m 的小院子，中央立着一棵连基座总高达 35.27m 的纪功柱。柱子是罗马多立克式的，高 29.55m，底径 3.70m。柱身全由白大理石砌成，分 18 段，里面是空的，循 185 级石级盘旋而登，可达柱头之上。有全长 200m 以上的浮雕带，绕柱 23 匝，刻着图拉真两次远征达奇亚（Dacia）的史迹。柱头上立着图拉真的全身像（1588 年改为圣彼得的像）。纪功柱的构思是：其一，院子小，柱高，尺度和体积的对比都异常地强烈。巨大的柱子从小小的院落傲然而出，使人油然萌生对皇帝的崇拜之忱；其二，为了进一步夸张柱子的高度，浮雕带渐上渐窄，下面宽 1.25m，上面只有 0.89m；其三，院子左右是图书馆，有楼梯登上它们的屋顶，可以在那里观看上部的浮雕。以后欧洲就流行以单根的柱子做纪念柱。

穿过这个小院子，又是一个围廊式的大院子，中央是台基高高的庙宇，围廊式的，规模很大，正面也是 8 根柱子。这是崇奉图拉真本人的庙宇，非常豪华，是整个广场的艺术高潮所在（图 5-9）。

图拉真广场的建筑师是叙利亚人阿波洛道鲁斯（Apollodorus of Damascus，活动于 97～130 年间）。这种纵深多层次布局本是叙利亚的传统。

也有人认为，最后的图拉真庙是公

图 5-9　图拉真广场内景复原

元138年由热爱建筑的皇帝阿德良
（117～138年在位）造的。

从罗曼努姆广场到图拉真广场，形
制的演变，清晰地反映着从共和制过渡
到帝制，然后皇权一步步加强直到神化
的过程。在这个过程中，发展了轴线对
称的多层次布局，认识了它的艺术特质
和力量，同时，也掌握了建筑和室外院
落空间统一构图的技巧，用它们为巩固
帝制、为神化皇权服务。

同时值得注意的是，在庄严的图拉
真广场的一侧建造了一个市场（图5-
10）。

5.6 剧场和斗兽场

剧场 像希腊一样，罗马城市里一
般都有剧场，因为不开公民大会，规模

图5-10 图拉真广场边的市场

比希腊的小。罗马的剧场，形制从希腊而来，但早在共和时代，它们大多已不再
依山势建造，而用一系列放射形排列的筒形拱把观众席一层层架起来。古希腊的
剧场都因山就势而造前低后高的观众席，因此城市的选址和布局受到自然条件的
制约，古罗马用拱券把观众席架起来之后，便不必借用山坡。券拱技术为建筑和
城市布局争得了主动权，剧场的位置摆脱自然地形的限制而自由了，多造在城市
中央，因此城市的选址也少了一种限制。

观众席的形制同希腊晚期的基本一样。不过，舞台后面的化妆室扩大，成为
一幢庞大的多层建筑物。它两端向前伸出，同半圆形的多层观众席连接成整体，
檐口连接交圈。舞台夹在化妆室伸出的两翼之间，早期台前的表演区只剩下半圆
形一片，作为乐池。化妆室的墙面作为舞台的背景，用倚柱、壁龛、雕像等装饰
得非常华丽。

架起来的观众席下面空间有两三层，布置楼梯和环形廊。底层有两道环形
廊，里面一道集散前排观众，外面一道在出入口和楼梯之间，集散需要上楼梯的
后排观众。第二层和第三层沿外墙还有环廊为后排观众集散之用。观众席里以纵
过道为主。

支承观众席的拱作放射形排列，它们一头大一头小，一头高一头低，施工很
复杂。这些拱在剧场的外立面上开口，形成连续的券洞，有两层或三层。底层的
券洞都是出入口，上层的是环形廊的窗口，处理成券柱式的叠加，各开间重复同
样的构图，不作重点处理，符合于人流集散的实际情况。券洞有编号，便于观众
寻找席位。

从维特鲁威的《建筑十书》看，剧场有细致的声学处理，座位下有作共振

用的铜质空瓮。

剧场的功能、结构和艺术形式的相互关系很自然。它们的形制已经很特化，推敲得很深入，说明罗马的建筑学已经达到很高的水平。

比较著名的有罗马城里的马采鲁斯剧场（Theatre of Marcellus，公元前 44～前 13 年），现在法国南部的奥朗治剧场（Theatre in Orange，50 年）和小亚细亚的阿斯潘达剧场（Theatre in Aspenda，2 世纪）等等。马采鲁斯剧场观众席最大直径

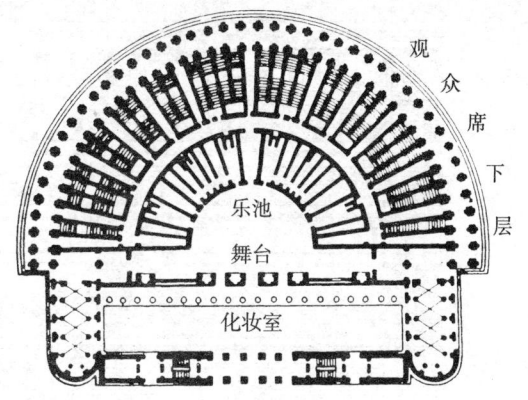

图 5-11　马采鲁斯剧场平面

为 130m，可以容纳 10000～14000 人。舞台面阔 80～90m，两侧有大厅。奥朗治剧场直径 104m，可容观众 7000 人左右，它造在山坡上，观众席一半利用地形，一半构造起来。舞台面阔 62m，深 13.7m。它的化妆室等后台建筑物的背立面，长 98.8m，高 35.4m，十分雄壮。马采鲁斯剧场建造时正逢皇帝奥古斯都提倡复兴希腊文化，立面比较严谨，简洁，柱式典雅。开间为层高的一半，约当 4 个柱径，还保持着梁柱结构的比例，很匀称（图 5-11）。

角斗场　角斗场起于共和末期，也遍布各城市。平面是长圆形的，相当于两个剧场的观众席相对合一。它们专为野蛮的奴隶主和游民们看角斗而造。

从功能、规模、技术和艺术风格各方面来看，罗马城里的大角斗场（Colosseum，72～80 年）是古罗马建筑的代表作之一。它的施工速度之快也是一个奇迹。

大角斗场长轴 188m，短轴 156m，中央的"表演区"长轴 86m，短轴 54m。观众席大约有 60 排座位，逐排升起，分为五区。前面一区是荣誉席，最后两区是下层群众的席位，中间是骑士等地位比较高的公民坐的。荣誉席比"表演区"高 5m 多，下层群众席位和骑士席位之间也有 6m 多的高差，社会上层的安全措施很严密。最上一层观众席背靠着外立面的墙，没有用拱券支承，而是用木构，为的是怕拱券沉重的侧推力挤垮了外墙。观众席总的升起坡度接近 62%，观览条件很好。

为了架起这一圈观众席，它的结构是真正的杰作。底层有 7 圈灰华石的墩子，每圈 80 个。外面 3 圈墩子之间是两道环廊，用环形的筒形拱覆盖。由外而内，第四和第五、第六和第七圈墩子之间也是环廊，而第三和第四、第四和第六圈墩子之间砌石墙，墙上架混凝土的拱，呈放射形排列。第二层，靠外墙有两道环廊，第三层有一道。整个庞大的观众席就架在这些环形拱和放射形拱上。这一整套拱，空间关系很复杂，但处理得井井有条，整齐简洁。底层平面上，结构面积只占 1/6，在当时是很大的成就（图 5-12）。

材料的使用经济合理。基础的混凝土用坚硬的火山石为骨料，墙用凝灰岩和灰华石，拱顶混凝土的骨料则用浮石。墩子和外墙面衬砌一层灰华石，柱子、楼梯、座位等用大理石饰面。

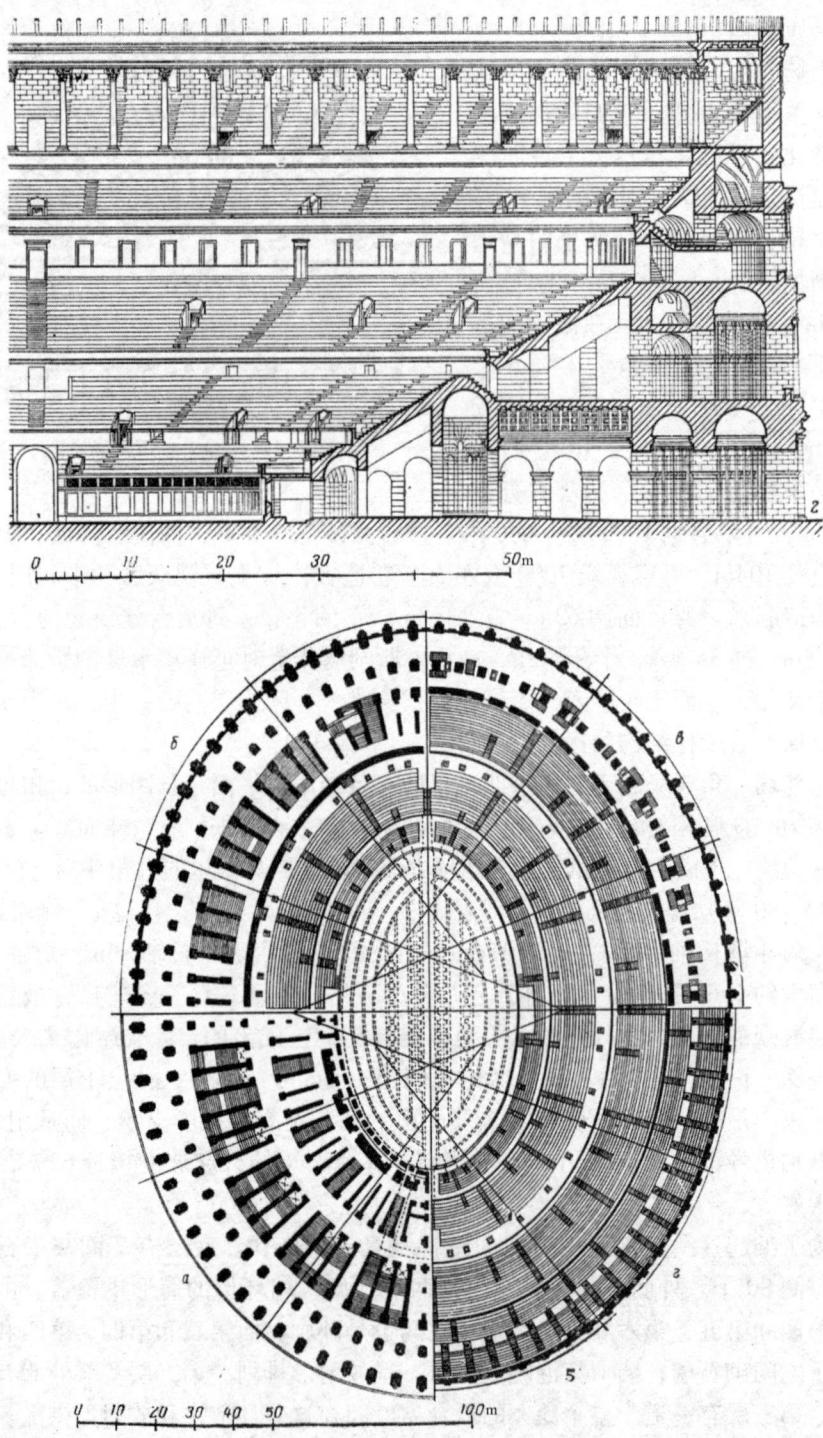

图 5 – 12　大角斗场平面与剖面局部

这样一个容纳 5~8 万人的大角斗场，观众的聚散安排得很妥帖。外圈环廊供后排观众交通和休息之用，内圈环廊供前排观众使用。楼梯在放射形的墙垣之间，分别通达观众席各层各区，人流不相混杂。出入口和楼梯都有编号，观众按座位号找到相关的入口和楼梯，便很容易找到座位区和座位。兽槛和角斗士室在地下，有周密的排水设施。角斗士和兽的入场口在底层。每逢"表演"的时候，野兽和角斗士被从地下室吊上来。"表演区"上满铺砂子，为的是人或兽流血的时候可借砂子层吸收，不致鲜血横流于地面。

大角斗场的立面高 48.5m，分为 4 层。下 3 层各 80 间券柱式，第四层是实墙。立面上不分主次，适合于人流均匀分散的实际情况。由于券柱式的虚实、明暗、方圆的对比很丰富，角斗场本身又是长圆形的，光影富有变化，所以虽然周圈一律，却并不单调。相反，这样的处理保持并充分展现了它几何形体的单纯性，浑然而无始终，更显得宏伟、完整、其大无比。叠柱式的水平分划更强化了这效果和它的整体感（图 5－13）。

图 5－13　大角斗场

开间大约 6.8m，而柱子间净空在 6 个底径左右，券洞宽阔，所以很开朗明快。装饰比较有节制。二、三层的每个券洞口都有一尊白大理石的立像，在券洞的衬托下，轮廓明确，很生动。可惜细节略嫌粗糙。

大角斗场的位置原是尼禄皇宫内花园的人工湖，填平后，基础底下比较软。但两千年来，大角斗场没有发生基础的沉降问题，可见工程的水平很高。

这座建筑物的结构、功能和形式三者和谐统一。它的形制完善，在体育建筑中一直沿用到现在，并没有原则的变化。它雄辩地证明着古罗马建筑所达到的高度。古罗马人曾经用大角斗场象征永恒，说："只要角斗场在，罗马就在。"它是当之无愧的。

5.7　庙　宇

罗马人基本上继承了希腊的宗教，同时也继承了古希腊的庙宇形制，但罗马人不在风光旖旎的大自然中建造圣地，而像希腊化时期那样，把庙宇造在城里，市场边。公元 2、3 世纪，罗马奴隶社会出现危机，基督教开始悄悄地在帝国境内流传。最初，它是奴隶与被压迫者的宗教，带有反抗的色彩，采取秘密的帮会形式。后来，随着社会矛盾的尖锐化和普遍的萧条，消极的情绪在上层阶级心中滋长，他们也渐渐信仰起基督教来，为了压制这种情况，皇帝尝试建立官方的宗教力量，建造了大量庙宇。庙宇形制照希腊传统，以矩形的为主，但由于处在城市建筑群中，必然强调正面，大多不用围廊式而用前廊式（图5－14）。参照伊达拉里亚的传统，前廊特别深，有达3间的。也有少数被围在一个由柱廊形成的院落当中，如罗马城内维涅尔和罗马庙（Temple of Vener and Rome, 123～135年）是围廊式的。这座庙在4世纪初改造成筒形拱的，又在中央被隔开而有相背的两个神堂，一个供罗马神，一个供维涅尔神。神像安坐在隔墙形成的大龛里，上面是个半圆穹窿。原来装饰很华丽。连周围一圈柱廊在内，台基尺寸为145m×100m。

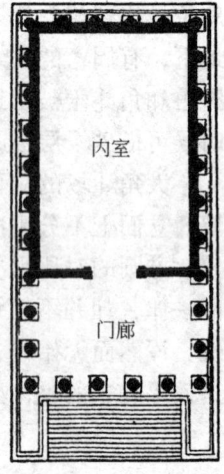

图5－14　罗马前廊式神庙平面

东方最大的矩形庙宇是叙利亚的巴尔贝克（Baalbek）的大庙。这个庙宇建筑群建于公元1～3世纪间，包括大庙、小庙（朱比特庙）和圆庙（维纳斯庙）。大庙前依次有106m×106m的方形院子、59m直径的6角形院子和12根柱子的门廊，它们和大庙形成有轴线的纵深布局，具有东方宗教建筑的神秘色彩，显然通过腓尼基人受到过埃及建筑的影响。大庙为双层围柱式，外层10×19柱，柱高19.8m，底径2.13m，用独石制成。这3座庙宇的装饰非常华丽，形式有西亚传统的因素（图5－15）。

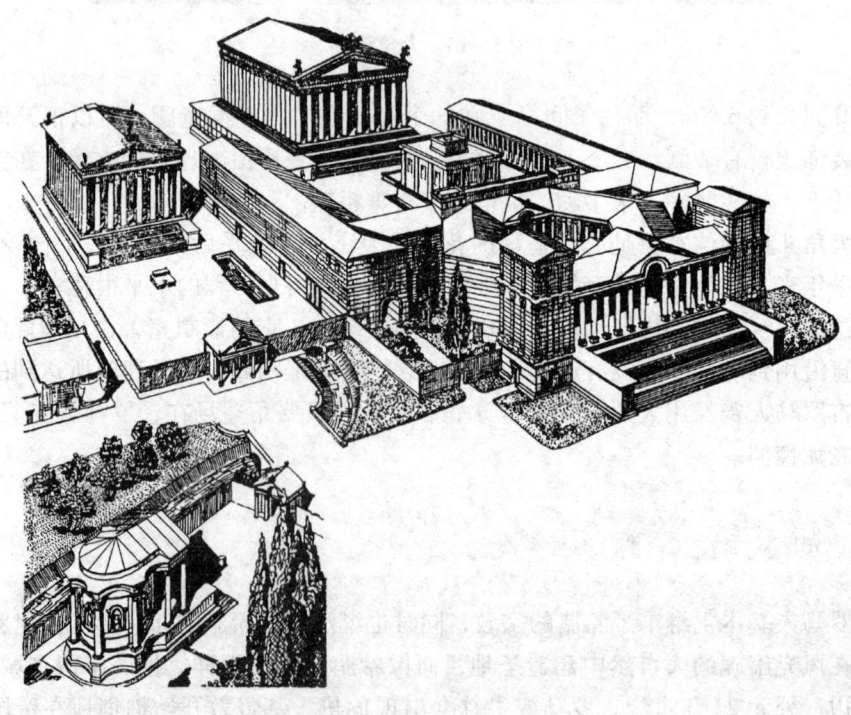

图5－15　巴尔贝克大庙建筑群

万神庙　公元前 27 年，为纪念早年的奥古斯都（屋大维）打败安东尼和克里奥帕特拉，由他的副手阿格里巴（Marcus Agrippa，公元前 63～12 年）主持，在罗马城内建造了一座庙（公元前 27～25 年），献给"所有的神"，因而叫"万神庙"（Pantheon）。这是一幢传统的长方形庙宇，有深深的前廊，公元 80 年被焚毁。后来，最喜欢做建筑设计的阿德良皇帝（117～138 年在位）把它重建（120～124 年）。重建时，采用了穹顶覆盖的集中式形制。新万神庙是单一空间、集中式构图的建筑物的代表，它也是罗马穹顶技术的最高代表（图 5-16）。万神庙平面是圆形的，穹顶直径达 43.3m，顶端高度也是 43.3m。按照当时的观念，穹顶象征天宇。它中央开一个直径 8.9m 的圆洞，可能寓意神的世界和人的世界的某种联系。从圆洞进来柔和的漫射光，照亮空阔的内部，有一种宗教的宁谧气息。穹顶的外面覆一层镀金铜瓦。铜瓦于公元 655 年被拜占庭皇帝康斯坦士二世（ConstansⅡ）抢去，公元 8 世纪时，教皇格里高利三世（GregoryⅢ）用铅瓦把它覆盖。

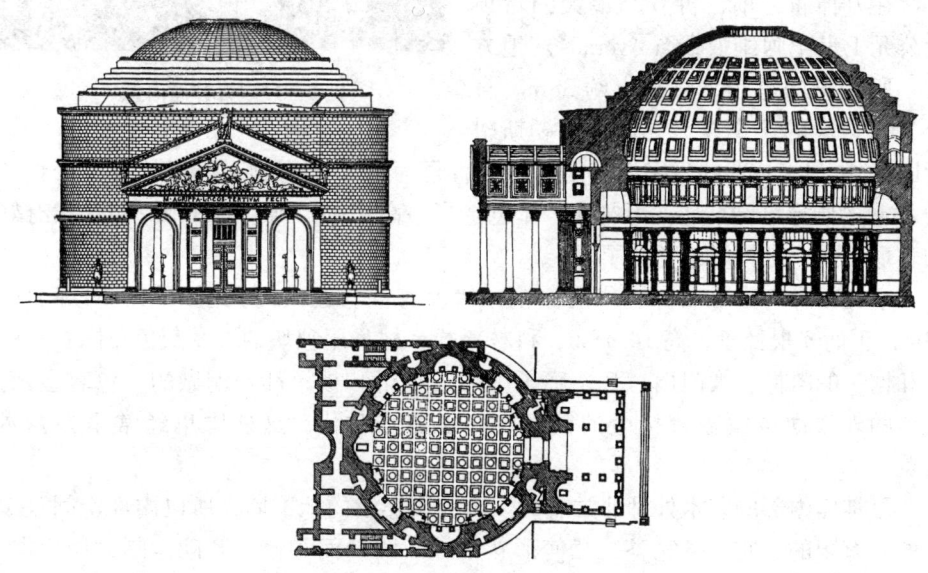

图 5-16　万神庙平面、立面、剖面

穹顶的材料有混凝土，有砖。大概是先用砖沿球面砌几个大发券，然后才浇筑混凝土的。这些发券的作用是，可以使混凝土分段浇筑，还能防止混凝土在凝结前下滑，并避免混凝土收缩时出现裂缝。为了减轻重量，穹顶越往上越薄，下部厚 5.9m，上部厚只有 1.5m。并且在穹顶内面做五圈深深的凹格，每圈 28 个。混凝土用浮石做骨料。

万神庙墙厚 6.2m，也是混凝土的。每浇筑到 1m 左右高度，就砌 1 层大块的砖。墙体内沿圆周发 8 个大券，其中 7 个做壁龛，一个做大门。龛和大门也减轻了基础的负担。基础深 4.5m，底厚 7.30m。基础和墙的混凝土用凝灰岩和灰华石做骨料（图 5-17）。

外墙面划分为 3 层，下层贴白大理石，上两层抹灰，第三层可能有薄壁柱作装饰。下两层是墙体，第三层包住穹顶的下部，所以穹顶没有完整地表现出来。这大概是为了：第一，减少穹顶侧推力的影响；第二，把墙加高，体形比较匀称；第三，当时还没有处理饱满的穹顶的艺术经验，也没有这样的审美习惯。

审美习惯是长期实践中积累形成的，决不是先验的。一种新的结构，新的材料，新的建筑处理，尽管有巨大的艺术造型上的潜力，但是，在初期，人们往往不能认识它，不知道如何利用它。这时候，传统就会发挥巨大的保守性，给新事物穿上陈旧的外套。

在万神庙之前，古罗马最大的穹顶是公元 1 世纪阿维奴斯（Avernus）地方的一所浴场的穹顶，直径大约 38m。直径 20m 以上的还寥寥无几。那不勒斯附

图 5 – 17　万神庙内景

近巴依阿（Baiae）的皇家浴场里有一个直径为 22m 的穹顶，浴场外有一个直径为 26m 的圆形维纳斯庙。万神庙一举创造了最高纪录，则它的外形一时还没有好的表现形式，是势所难免的了。

它的门廊高大雄壮，也华丽浮艳，代表着罗马建筑的典型风格。门廊面阔 33m，正面 8 根柱子，高 14.18m，科林斯式，柱身用独块的埃及灰色花岗石。山花和檐头的雕像，大门扇、瓦、廊子里的天花梁和板，都是铜做的，包着金箔。穹顶的外表面也覆盖着包金的铜板。在古罗马时代，这柱廊里经常举办艺术展览。

万神庙内部的艺术处理非常成功。因为用连续的承重墙，所以内部空间是单一的、有限的。它十分完整，几何形状单纯、明确而和谐，开朗、阔大而庄严。诗人雪莱说它是"宇宙的模型"。穹顶上的凹格划分了半球面，使它的尺度和墙面统一。凹格越往上越小，在穹顶中央大孔洞射进来的光线作用下，鲜明地呈现出穹顶饱满的半球形状。凹格的划分形成水平的环，很安定。四周的构图连续，不分前后主次，加强了空间的整体感，浑成统一。内部的墙面贴 15cm 厚的大理石板，穹顶抹灰，每个凹格中央点缀一朵镀金铜花。墙面的分划、装饰的壁柱和壁龛，都是尺度正常，色调沉稳，所以建筑虽大，却不使人感到受压抑。地面铺彩色大理石板，中央略凸，向边缘逐渐低下，形成一个弧面，像肌体一样饱满有生命感，而且在人们的视觉中略略夸大了地面的面积，也便夸大了庙宇空间的体积。从穹顶中央圆洞漫射进来的天光，很柔和地照亮了万神庙的内部，多少有一点朦胧，恰好渲染出一种人神之间的距离感。

虽然万神庙是献给所有的天神的，它也曾供奉过古罗马最伟大的两位英雄的铜像，即恺撒和奥古斯都。皇帝们也曾经在庙里举行过一些政治性的公共活动。

5.8　公共浴场

　　3 世纪时，十字拱和拱券平衡体系的成熟，把罗马建筑又推进了一步。代表作是罗马城里的卡拉卡拉浴场（Thermae of Caracalla，211～217 年）和戴克利提乌姆浴场（Thermae of Diocletium，305～306 年）。

　　早在共和时期，罗马大小城市里都仿晚期希腊的榜样，建造公共浴场，满足居民多种多样的需求。后来，又把运动场、图书馆、音乐厅、演讲厅、交谊室、商店等等组织在浴场里，形成一个多用途的建筑群，帝国时期，为了笼络退伍老兵等等无业游民，壮大自己的政治力量，公元 2～3 世纪几乎每个皇帝都在各地建造公共浴场。仅在罗马城里，3 世纪时就有可容纳千人以上活动的大型浴场 11 个，小的竟达 800 个左右。公元 4 世纪初，罗马城有大小浴场 1000 座之多。浴场成了很重要的公共建筑物，质量迅速提高，终于产生了足以代表当时建筑最高成就的作品。

　　共和时期，浴场各种房间大致按功能需要安排，所以总是不对称的。到帝国时期，由于拱券技术成熟，浴场把各种辅助房间都设在地下室中，拱券能防火，所以连锅炉房都放到地下去了。因此，主要房间的平面布置容易多了，逐渐趋向对称，并且形成了轴线上严谨的空间序列。

　　浴场有采暖措施，墙体和屋顶都贴着表面砌一层方形空心砖，形成管道，从地下的锅炉房输入热烟。为此它较早地抛弃了木屋架，成为公共建筑中最先使用拱顶的建筑物。地面用砖垛架空，下面通热烟。由于墙、屋顶和地面都散热，所以内部温度很均匀。

　　最早的大型公共浴场是罗马城里的阿格里巴浴场（Thermae of Agrippa，公元前 21 年）。阿格里巴是奥古斯都的副手，主管城市建设。

　　卡拉卡拉浴场和戴克利提乌姆浴场都是庞大的建筑群。前者占地 575m×363m，周边为建筑物，位于前沿和两侧的前部，是一色的店面，因为院子里外有高差，临街 2 层，对内 1 层。接在两侧店面之后的是演讲厅和图书馆。地段后部是运动场，它的看台之后是水库，能储水 33000m³。水由高架输水道送来。看台的左右还有演讲厅。

　　戴克利提乌姆浴场前面没有商店，后面是个半圆剧场。浴场的主体建筑物。在地段的中央，中轴上一串排着冷水浴、温水浴和热水浴三个大厅，两侧完全对称地布置着一套更衣室、洗濯室、按摩室、蒸汽室和散步的小院子。每侧一个出入口。辅助杂用房间在地下室（图 5-18）。

　　主体建筑物很宏大，卡拉卡拉的长 216m，宽 122m；戴克利提乌姆的大约是 240m×148m。它们的主要成就是：

　　第一个成就是，结构十分出色。它们的核心，温水浴大厅，是横向 3 间十字拱，卡拉卡拉的面积是 55.8m×24.1m，戴克利提乌姆的是 61.0m×24.4m，高 27.5m。十字拱的重量集中在 8 个墩子上，墩子外侧有一道横墙以加强抵御拱顶的侧推力，横墙之间跨上筒形拱，既增强了整体性，又扩大了大厅。戴克利提乌姆浴场里，还在两侧横墙上发大券洞，再使它们左右的空间相通。温水浴大厅后面是热水浴大厅，都作圆形，用穹顶。卡拉卡拉的，穹顶直径 35m，在罗马也不

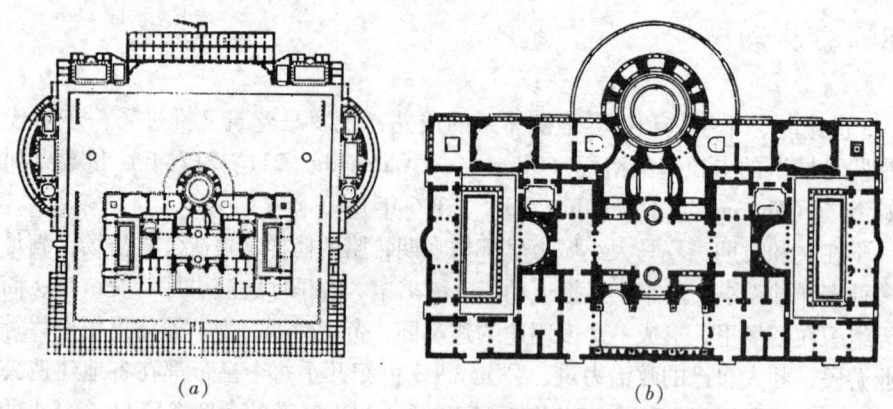

图5-18　卡拉卡拉浴场总平面及主体建筑平面

(a)总平面；(b)主体建筑平面

多见。在戴克利提乌姆浴场，次要的大厅也用十字拱覆盖，只有墩子承重，内部空间很通畅。复杂多样的拱券体系构成一个有机的整体。

第二个成就是，功能很完善。由于结构体系先进，全部活动可以在室内进行，各种用途的大厅联系紧凑。由于有小天井或者利用高差造成侧高窗，所有重要的大厅都有直接的天然采光。温水浴大厅借十字拱开很大的侧高窗。浴场有集中供暖。热水浴大厅的穹顶在底部开一周圈窗子，以排出雾气。锅炉房和奴隶居所等造在地下室里。还有图书室、演讲室、健身房、运动场和商店等，能满足多方面的需要。这些大型浴场，一般可容3000～5000人同时活动。

第三个成就是，内部空间组织得简洁而又多变，开创了内部空间序列的艺术手法。冷水浴、温水浴和热水浴三个大厅串联在中央轴线上，而以热水浴大厅的集中式空间结束它。两侧的更衣室等等组成横轴线和次要的纵轴线。主要的纵横轴线相交在最大的温水浴大厅中，使它成为最开敞的空间。轴线上，空间的大小、纵横、高矮、开阔交替地变化着。不同的拱顶和穹顶又造成空间形状的变化。浴场的内部空间的流转贯通和变化丰富。这主要是形成了各种拱顶之间的平衡体系，摆脱了承重墙的结果。把浴场同万神庙比较，可以看到结构的进步彻底改变了建筑的空间艺术，从单一空间到复合空间，空间在建筑艺术中的作用大大提高了。

浴场的内部装饰十分富丽。地面和墙面贴着大理石板，镶着马赛克，绘着壁画。壁龛里和靠墙的装饰性柱子的柱头上陈设着雕像。不大的柱廊隐隐分划不同的空间，显示着尺度，在它们的檐头上也有雕像（图5-19）。

图5-19　戴克利提乌姆浴场内景

大型公共浴场是古罗马建筑空前的成就，对 18 世纪以后欧洲的大型公共建筑的内部空间组织有很大的影响。

5.9　住宅与宫殿

罗马的城市居住建筑大体分两类，一类是沿袭希腊晚期的天井式的或称明厅式的独院住宅（domus），但平面变得对称而整齐了，高度也定式化了，这是有异于希腊传统的。另一类是公寓式的集合住宅（insula）。4 世纪时，罗马城里大约有独院平房住宅 1797 所，而集合住宅却有 46602 所。经罗马城而过的台伯河（Tiber River）入海口上的奥斯蒂亚城（Ostia），是一座典型的 1~2 世纪的海港城，有大量 3~4 层的公寓，约略同时而主要由希腊人建造的庞贝城则都是单层的住宅。

天井式住宅　庞贝城的天井式住宅的中心其实是一间矩形的大厅，不过屋顶中央有一个露明的天井口。雨水下注，在地上相应有一个池子。这间大厅是家庭生活的中心，在这里做饭、料理家务、接待宾客、祭祀家神，等等。它后面是 3 间正屋，中央一间特别宽敞华美。天井一侧有一间餐厅，地面铺马赛克，有些画面很复杂多彩。它三面是供坐卧的固定台子，进餐时就偃卧在台子上。卧室一般在侧面楼上。此外有书房、藏书室和卫生间等。

有一些大一点的住宅，模仿晚期希腊的住宅，在后面还有一进宽大的内围廊式院子。院里有花木和喷泉、水池，主要房间在它周围，原来的天井四围改成了杂务处，正屋成了穿堂。住宅有了纵轴线上的层次，由天井到穿堂再到后院，产生了光线明暗的戏剧性变化。如庞贝城的银婚府邸（图 5-20）。大型府邸虽然有各种变体，但基本布局都是这样的，典型的例子是庞贝城的潘萨府邸（House of Pansa，公元前 2 世纪末），它规模较大，竟占据了市中心附近整整一个街坊（图 5-21）。

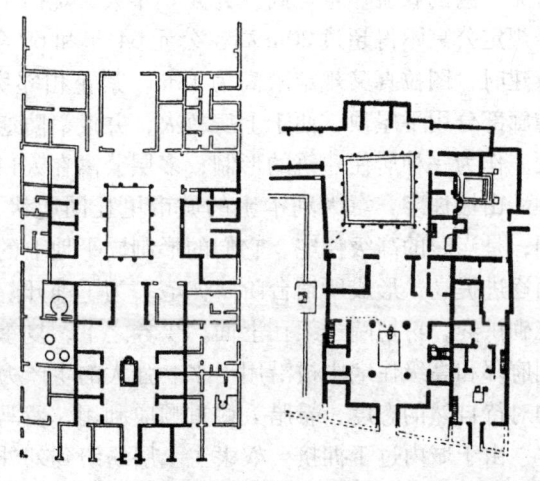

图 5-20　庞贝银婚府邸天井

图 5-21　庞贝住宅平面
左：潘萨府邸；右：银婚府邸

住宅中常有鲜艳的壁画，陈设着三脚架和花盆，甚至还有雕像。庞贝城的住宅，有些房间不开窗子，而用壁画造成宽阔的空间的幻觉。例如，把墙面涂成深色，画极纤细的花环、葡萄藤，在墙角上画一个小小的天使，展翅飞翔。又例如，在墙上画透视深远的建筑物，或者辽阔明亮的自然景色。

公寓　一般的城市居民大多住在公寓里，这是一种集合型出租的房屋，以楼房居多。公寓兴起于共和时期，到帝国时期，如罗马和奥斯蒂亚等城市，公寓决定了城市大部地区的面貌。

公寓是一种集合型的房子，因质量和标准分为几类。少数比较高级的，底层整层住一家，还有院落，上面几层分户租出。质量差的，底层开小铺，作坊在后院，上面是住户。最差的，每户沿进深方向布置几间房间，通风采光都很不好（图 5 – 22）。

图 5 – 22　奥斯蒂亚的公寓一种

公寓大抵采用标准单元，大批建造，因而出现了房地产投资商。由于房租高昂，所以甚至出现了二房东、三房东。

共和时期，公寓只有 3~4 层，到 2 世纪，已经有 5~6 层的，4 世纪时甚至出现了当时的 "摩天楼"。这是因为城市人口激增，引起地价暴涨的缘故。投资商偷工减料，以致公寓经常倒塌，尤其害怕火灾。每逢火灾，便有投资商趁机低价收购地皮，甚至在火场附近收购尚未烧及的公寓，进行风险极大的投资，由此可见公寓的收益非常之高。公元 6 年大火烧掉了罗马城的 1/4 之后，奥古斯都曾经规定公寓不得超过 20m 高，公元 64 年和 69 年两场大火，几乎把罗马城烧光，重建时，图拉真又规定限高为 18m，禁止相邻房屋共用墙垣，以砖石代替木料，柱廊部分用平屋顶，便于上房救火，并设消防通道和防火隔离带。可惜都没有实现。作为一种居住建筑的形制，多层公寓在人口稠密的大城市里依旧流行。

山坡住宅　意大利本土的城市里丘冈起伏，依山坡造了一些住宅，背风向阳，是当时的高级住宅。它们的形制同平地上的相差无几，只是把几进院子的地面逐进提高，形成所谓台阶式住宅。为了铺开院子，有时甚至在地势低洼的地方先砌拱券，再把院子架在上面。拱券之下，夏季阴凉，被称为夏室，后来在意大利府邸和高级住宅中被沿用下来。强大的生产力，使罗马人采取了与希腊人不同的对待自然的态度，希腊人侧重顺应利用，罗马人则不惮着力改造。

由于城内过于拥挤，奴隶主上层纷纷到郊外建造别墅，大抵采用这种台阶式的布局，逐渐形成了意大利园林别墅的基本特色：沿山坡修筑几层平台，台上对称地布置建筑物和花圃，在最高一层是主体建筑物。几何形是花园的构图基础，有轴线而不太强。流水顺坡而下，在台阶处跌落成小瀑布。

巴拉丁山宫殿　罗马皇帝的宫殿大多集中在巴拉丁山（The Palatine）。山在罗马城中心罗曼努姆广场南侧，高于广场40m，周圈1740m，它是罗马城最古老的核心，到帝国初期，山上是上流社会的住宅区。从奥古斯都开始，第比留（Tiberius，14～37年在位）、卡里古拉（Caligula，37～41年在位）、韦伯香（Vespasian，69～79年在位）第度（Titus，79～81年在位）等皇帝陆续在山上建造宫殿，驱走了住宅区。规模最大的一次是杜米善（Domitian，81～96年在位）建造了朝殿、寝殿和大运动场。建筑师拉比里乌斯（C. Rabirius）拆毁了大量以前造的宫殿和住宅区，填平了整个山头。后来陆续造了奥古斯都庙和输水道。皇帝赛维路斯（Septimius Severus，193～211年在位）在山顶南侧用一系列拱券架起地面，扩大了山顶面积，造了可以俯视南麓跑马场里竞技的包厢。以后又添了庙宇、浴场、图书馆等许多建筑。山上屡毁屡建，重叠错乱，而以杜米善皇帝的宫殿布局最完整谨严，各部分分别有轴线，中央部分前后多进，最后的朝殿十分宏敞，但所用结构方式不明。朝殿右侧是皇族宗庙，左侧是法庭，它们和朝殿一起构成了皇权的象征。

有一些皇帝的宫殿并不建在巴拉丁山上，如尼禄（Nero，54～68年在位）、阿德良（Adrian，117～138年在位）和塞维路斯等。塞维路斯在大斗兽场对面造了1幢7层楼的宫殿（Septizonium），下面用拱券承载了基座。它盖住了阿德良宫的局部。大斗兽场的地址本是尼禄的皇宫"金屋"（Domus Aurea）的花园中的水池。金屋被图拉真浴场（Bath of Trajan，图拉真于98～117年在位）压在了底下。16世纪时部分地挖掘了金屋，发现它的厅堂、卧室、起居室等等的空间和装饰极为复杂，对当时及17世纪的意大利建筑产生了很大的影响。

阿德良离宫　距离罗马城24km的替伏里的阿德良离宫（Villa of Hadrian，Tivoli，114～138年）是一个庞大的建筑群。它位于两条河流的交汇点上，地势复杂，修成几个平面以安置各组建筑群。相互关系错杂，约略有几条轴线。

阿德良皇帝有比较高的文化修养，尤其热爱建筑并爱好设计建筑。他巡狩帝国各地，见有喜欢的建筑，就在离宫中仿造，但又好自出新意，制为别裁。离宫中有宫殿、庙宇、浴场、图书馆、剧场、敞廊、亭榭、鱼池等等。个体很精致，但堆砌装饰，极为奢华。由于是陆陆续续建造，总布局很零乱。

离宫的园林建筑物，甚至正殿，屡屡使用集中式平面，圆的、多瓣的等等，大都由各种曲线组成。因此，穹顶的式样很多，显现出很高的技术水平。特别是用拱券的多种组合方式，减轻柱和墩所受的侧推力，很成功。但它们过于玩弄新异的形式，力求尖巧，造成了结构逻辑的混乱。例如，用弧形的额枋和檐部，完全不顾建筑和结构的合理性。不过在构图手法上，它们有很大的突破，创造了一些十分新颖别致的形式，丰富了建筑文化。

戴克利提乌姆宫　4世纪初，罗马帝国原中心意大利的经济已经很衰落，而帝国东方各省却繁荣起来，于是，政治中心东移，皇帝戴克利提乌姆在东西方的连接点上，亚得里亚海（Adriatic Sea）东岸的斯普利特（Sprit），建造了一所离宫。

它的布局极像罗马的军事营垒，四面有高墙和碉楼。十字形的道路把它分成四部分，分别是陵墓、庙宇、寝宫和朝政机构。皇帝的正宫在朝政部分南部的正中，殿宇宏大，中央大殿大约有 30m 深，25m 宽。两侧还各有一间面积近似的大厅和许多小的厅堂。它南面是长达 150 多米的柱廊，突入海面。这座离宫的占地面积是东西大约 174m，南北大约 213m（图 5 - 23）。

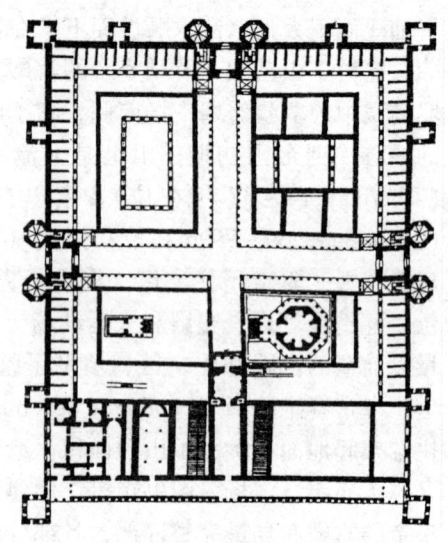

图 5 - 23　戴克利提乌姆离宫平面

它的建筑物的结构比较轻。沿路和沿内院的敞廊使用了立在柱子上的连续券。这样的连续券廊也被用来装饰墙的上部，柱子立在牛腿上。连续券廊使建筑物看上去很明快。

和巴尔贝克的太阳神庙一样，在这所宫殿中也多次把建筑物正面柱廊的中央开间改为发券，以突出构图中心。这做法和连续券廊大约都是叙利亚建筑的传统。

第 3 篇
欧洲中世纪建筑

Part 3
Architecture of Medieval Europe

欧洲的封建制度是在古罗马帝国的废墟上建立起来的。公元395年，古罗马帝国分裂为东西两个。大体上是意大利和它的以西的部分为西罗马，首都在罗马城，以东的部分为东罗马，建都在黑海口上的君士坦丁堡（Constantinople），后来得名为拜占庭帝国（Bузantine）。西罗马以拉丁语系为主，东罗马以希腊语系为主。公元479年，西罗马帝国被一些当时比较落后的民族灭亡，西欧一团混乱，经过一个漫长的混战时期，西欧形成了封建制度，分裂为许多独立的小国。东罗马从4世纪开始封建化，5、6世纪是它政治、经济、文化的极盛时期，带动了东欧、小亚细亚和西亚的发展。7世纪后逐渐衰落，直到公元1453年被土耳其人灭亡。

从西罗马灭亡到14～15世纪资本主义制度萌芽，这个欧洲的封建时期被称为中世纪。10世纪之前，自然经济的农业占着统治地位，自给自足，生产的范围很狭窄。在这个经济基础之上，西欧四分五裂，领主们在封地里割据，所有的国家都徒有虚名，没有集中统一的政权。东欧则在初期还有强大的拜占庭帝国，到7世纪之后，连拜占庭帝国也分裂出一些小国，中央政权衰退。古罗马光辉的文化和卓越的技术成就，在战火焚劫之余，又由于不能为狭窄的自然经济容纳，大多被遗忘了。

欧洲封建制度主要的意识形态上层建筑是基督教。基督教早在古罗马帝国晚期，公元4世纪，就已经盛行，在中世纪分为两大宗，西欧是天主教，东欧是正教。在世俗政权陷于分裂状态时，它们却分别建立了集中统一的教会，天主教的首都在罗马，正教的在君士坦丁堡。教会不仅统治着人们的精神生活，甚至控制着人们生活的一切方面，如生死、嫁娶、老病、教育、诉讼等等。宗教世界观统治一切，《圣经》成了最高的权威。教会劝导人民听天由命，宣扬世俗生活是罪恶的、人欲是万恶之源。它压制科学和理性思维，用宗教迷信愚弄人民，因此，教会仇视希腊和罗马的饱含着现实主义和科学理性的古典文化，有意识地销毁古代的著作和艺术品。恩格斯说："中世纪是从粗野的原始状态发展而来的。它把古代文明、古代哲学、政治和法律一扫而光，以便一切都从头做起。"（《马克思恩格斯全集》，七卷，400页，人民出版社，1959年）。不过，拜占庭帝国一直保存着古希腊古罗马的古典文化的余绪，不断反馈到西欧，特别是意大利。

封建分裂状态和教会的统治，对欧洲中世纪的建筑发展产生了深深的影响。宗教建筑在这时期成了唯一的纪念性建筑，成了建筑成就的最高代表。

西欧和东欧的中世纪历史很不一样。它们的代表性建筑物，天主教堂和东正教堂，在形制上、结构上和艺术上也都不一样，分别为两个建筑体系。在古罗马晚期，4世纪时，早期的基督教取得合法地位后，仿照古罗马时期的巴西利卡的形制建造教堂，巴西利卡本来是一种集会性的建筑，内部空间大，结构简洁，很适合基督教在室内聚众举行仪式的需要。这些早期的巴西利卡式教堂在建筑史上被称为"早期基督教堂"，流行到罗马帝国的全境，影响很大。但后期，东欧的东正教教堂汲收小亚细亚等当地的建筑经验，大大发展了古罗马的穹顶结构和相应的集中式形制，西欧的天主教教堂则大大发展了古罗马的筒形拱顶结构并继续发展巴西利卡形制。不过，由于地区性封建分裂状态，由于各个教派都要在教堂建筑上表现自己的理念，各地和各教派的教堂都有自己的特色。

　　10 世纪之后，城市经济逐渐恢复，人口大量增加，市民阶层壮大起来，市民意识逐渐觉醒。世俗文化也重新发展起来。古罗马的大型公共建筑和宗教建筑，从叙利亚到西班牙，从高卢到北非，风格都是一致的，而中世纪后期的欧洲却形成了丰富多彩、特色鲜明的地方建筑风格，不论是宗教建筑还是居住建筑。尤其是民间居住建筑，它们活泼自由地适应了各地千变万化的自然和人文环境。

第6章　拜占庭的建筑

公元 4 世纪，罗马帝国已如强弩之末，西欧经济严重衰退。330 年，君士坦丁皇帝迁都到依然繁荣的东部的中心，纽结欧亚、贯通地中海和黑海的拜占庭，并把它改名为君士坦丁堡。395 年，罗马正式分裂为东西两部，东罗马以君士坦丁堡为首都，后人就叫它拜占庭帝国。公元 5 ~ 6 世纪，西罗马解体灭亡之时，却是拜占庭帝国最强盛的时期。它的版图包括巴尔干、小亚细亚、叙利亚、巴勒斯坦、埃及、北非和意大利，还有一些地中海的岛屿，手工业和商业比较发达，东方贸易一直达到波斯、亚美尼亚、印度和中国。

在这时期，皇权强大，东正教教会是皇帝的奴仆。拜占庭文化适应着皇室、贵族和经济发达的城市的要求，世俗性很强。因此，大量的古代希腊和罗马的文化被保存和继承下来。由于地理位置关系，它也汲取了波斯、两河流域、叙利亚和亚美尼亚等地的文化成就。它的建筑在罗马遗产和东方丰厚的经验的基础上形成了独特的体系。

罗马皇帝君士坦丁早在东西罗马正式分裂之前就已经动用了全国的力量大事建设君士坦丁堡。君士坦丁堡扼里海的出入口，地位冲要，易守难攻，又是几条重要的陆路和海路的交会点。东西物产汇聚，文化融通。君士坦丁是第一个皈依基督教的罗马皇帝，他说他是"为了执行上帝的意旨"来建设新城，专门培养了好几批建筑师。建造了城墙、道路、地下水窖、宫殿、大跑马场、公共浴场、角斗场、巴西利卡和基督教堂，公元 450 年左右，已经有了 5 处皇宫，1 座元老院、1 个公共广场、8 座公共浴场、4 个大蓄水池、6 处宫女别宫，4388 座大府邸，322 条街道，100 处游乐场。到了公元 500 年，君士坦丁堡有 100 万人口，和极盛时期的罗马城相埒。6 世纪中叶，拜占庭的查士丁尼大帝（Justinian，527 ~ 565 在位）占领了意大利，几乎统一了旧罗马帝国的版图，在这个极盛时期，帝国各地也造了一些庞大的纪念性建筑物。它们无论在型制上还是艺术风格上都还是和罗马帝国盛期一致的。

7 世纪之后，由于封建分裂状态的发展，拜占庭帝国瓦解，日渐没落，只剩下巴尔干和小亚细亚，后来又几次遭受西欧十字军的蹂躏，气息奄奄，终于在 1453 年被土耳其人灭亡。随着帝国的衰败，建筑也渐渐式微，但巴尔干和小亚细亚的建筑形制和风格却趋向统一，在波斯和西亚的结构技术基础上，形成了拜占庭建筑的基本特色。同时，亚美尼亚、格鲁吉亚、俄罗斯、保加利亚和塞尔维亚，建筑日益兴盛，在拜占庭建筑深深的影响下形成了各自的特点，但仍归拢在拜占庭建筑的大体系中。

拜占庭的建筑曾经汲取过这些地区的成就，它又反过来大大提高了这些地区的建筑，更影响到后来的阿拉伯伊斯兰建筑。10 世纪之后，拜占庭文化和西欧文化的交流重新频繁密切，15世纪中叶拜占庭灭亡的时候，正逢西欧展开文艺复兴运动，热心向古典文化学习，拜占庭所保存的古典文化典籍和一批人文学者起了很大的推动作用。

6.1　穹顶和集中式形制

拜占庭建筑的代表是东正教教堂，它的主要成就是创造了把穹顶支承在4个或者更多的独立支柱上的结构方法和相应的集中式建筑形制。这种形制主要在教堂建筑中发展成熟。

在罗马帝国末期，东罗马和西罗马一样，流行巴西利卡式的基督教堂，另外，按照当地传统，为一些宗教圣徒建筑集中式的纪念物，大多用穹顶，规模不大。

但是，5~6世纪时，东正教不像天主教那样重视圣坛上的神秘仪式，而宣扬信徒之间的亲密一致，集中式形制的教堂由于内部空间的向心性和圣坛与信众的接近，适合于东正教的要求，因而逐渐增多。这时期，拜占庭帝国的文化中古典因素还很强，很快发现了集中式建筑物的宏伟的纪念性。强大的帝国需要纪念性建筑物，于是，建造了壮丽的集中式正教教堂。以后，在整个流行正教的东欧，教堂的基本形制都是集中式的，只有西亚的叙利亚，还流行巴西利卡式教堂。在意大利的拉温那（Ravenna），也有新旧两个阿波利纳尔（Appolinaire，6世纪）正教教堂是巴西利卡式的。

穹顶与帆拱　集中式教堂的决定性结构因素是穹顶。拜占庭的穹顶技术和集中式形制是在波斯和西亚的经验上发展起来的。

萨珊王朝的波斯（Sassanide Persia，3~7世纪）在古代两河流域拱券技术的基础上发展了穹顶。遍布波斯各地的火神庙，大都是一个正方形的间，上面戴一个穹顶，形成了集中式形制（图6-1）。

在方形平面的墙体上盖穹顶，要解决两种几何形状之间的承接过渡问题。起初，在波斯和亚美尼亚一带，用横放的喇叭形拱在四角把方形变成8边形，在上面砌穹顶。叙利亚和小亚细亚一带则用大石板层层抹角，成16边或32边形之后，再承托穹顶。可是这些方法不能用来造大跨度的穹顶，而且内部形象也很零乱。

拜占庭建筑借鉴了巴勒斯坦的传统，有重大的创造，彻底解决了在方形平面上使用穹顶的结构和建筑形式问题，这才使集中形制的建筑能够大大发展。

它的做法是，在4个柱墩上，沿方形平面的4边发券，在4个券之间砌筑

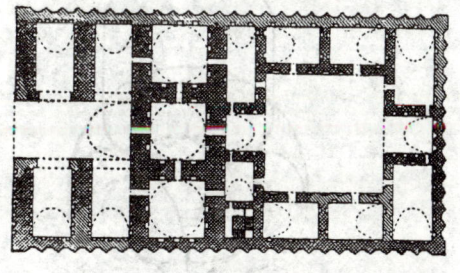

图6-1　斐鲁扎巴德（Feruzabad）的宫殿
（公元3世纪）

以方形平面对角线为直径的穹顶,这个穹顶仿佛一个完整的穹顶在 4 边被发券切割之后所余下的部分。它的重量完全由 4 个券下面的柱墩承担。

这个结构方案不仅使穹顶和方形平面的承接过渡在形式上自然简洁,同时,把荷载集中到 4 角的支柱上,完全不需要连续的承重墙,这就使穹顶之下的空间大大自由了。相仿,也可以用这方法把穹顶架在 8 个或者 10 个支柱上,因此,就可能在各种正多边形平面上使用穹顶。比起古罗马的穹顶来,这是一个有重大意义的进步。古罗马的穹顶技术虽然有光辉的成就,但是始终没有摆脱承重墙,因而只能有圆形的平面,只能有封闭的空间,像万神庙那样。使用十字拱,虽然能摆脱承重墙,但在内部和外部都得不到完整的集中式构图。而拜占庭的匠师们终于创造了在方形的空间上,或者说在 4 个独立支柱上,覆盖穹顶的最合理方案,从而可能创造穹顶统率之下的灵活多变的集中式形制,对欧洲纪念性建筑的发展作出巨大的贡献。

后来,为了进一步完善集中式形制的外部形象。又在方形平面 4 边的 4 个券的顶点的高程上作水平切口,在这切口之上再砌半圆穹顶。更晚一步,则先在水平切口上砌一段圆筒形的鼓座,穹顶砌在鼓座上端。这样,穹顶在外形构图上的统率作用大大突出,明确而肯定,主要的结构因素获得了相应的艺术表现。古罗马匠师没有解决的问题终于被解决了,这对欧洲纪念性建筑的发展影响很大(图 6 - 2)。

水平切口和 4 个发券之间所余下的 4 个角上的球面三角形部分,称为帆拱(Pendentive)。因为当时的海船多用三角帆。

帆拱、鼓座、穹顶,这一套拜占庭的结构方式和艺术形式,以后在欧洲广泛流行。

穹顶的平衡　穹顶向各个方向都有侧推力。为了抵抗它们,也曾经作过多种探索。阿尔美尼亚人早期在四面各做半个穹顶扣在 4 个发券上,相应形成了四瓣式的平面。在阿尔美尼亚和叙利亚常用架在 8 根或者 16 根柱子上的穹顶。它的侧推力通过一圈环形的筒形拱传到外面的承重墙上,于是形成了带环廊的集中式教堂。例如意大利拉温那的圣维达莱教堂(St. Vitale, Ravenna, 526 ~ 547 年,图 6 - 3)。这些做法比古罗马完全由一道极厚的墙来承担穹顶的侧推力,是有进步的,但仍然不能使建筑物的外墙摆脱沉重的负担,建筑物的立面和内部空间仍然受到很大的束缚。

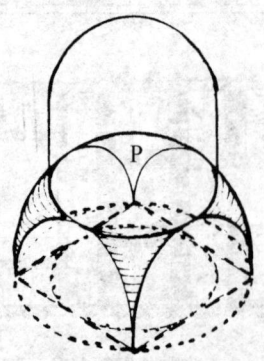

图 6 - 2　帆拱示意图

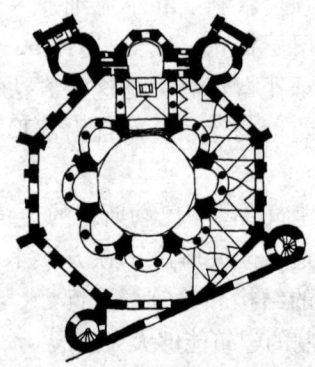

图 6 - 3　圣维达来教堂平面

拜占庭的匠师们在这方面又有重大的创造。他们在四面对着帆拱下的大发券砌筒形拱来抵挡穹顶的推力。筒形拱支承在下面两侧的发券上，靠里面一端的券脚就落在承架中央穹顶的柱墩上。这样，外墙完全不必承受侧推力，内部也只有支承穹顶的 4 个柱墩。无论内部空间还是立面处理，都更自由灵活得多了。教堂的外廓是方的，被 4 个长度相等的筒形拱所形成的等臂十字形划分为 5 块空间，也有的在 4 个角上用更低的穹顶或者拱顶覆盖，再抵消 4 个拱顶的侧推力，整个教堂的结构联系成一个整体。它的内部空间一共被分为 9 块，但是相互流转贯通。

希腊十字式　这种教堂，中央的穹顶和它四面的筒形拱成等臂的十字，得名为希腊十字式。它内部空间的中心在穹顶之下，但东面有 3 间华丽的圣堂，要求成为建筑艺术的焦点。因此，教堂的纪念性形制同宗教仪式的神秘性，不完全契合。

还有一种结构做法，即在中央穹顶四面用 4 个小穹顶代替筒形拱来平衡中央穹顶的侧推力，例如君士坦丁堡的阿波斯多尔教堂（公元 6 世纪）和以弗所的圣约翰教堂（图 6-4），不过它们的小穹顶并不突出而成为外观的因素。但作为拜占庭正教教堂的代表的，是中央大穹顶和四面 4 个小穹顶，都用鼓座高举，以中央的为最大最高，在外观上显现出一簇 5 个穹顶。这种形制在东欧广泛流行。意大利的威尼斯也建造了这样的一座主教堂，即圣马可教堂（St. Marco, Venice, 1042 ~ 71 年）。法国南部和威尼斯，在整个中世纪都同拜占庭有密切的关系。

以穹顶覆盖的方形空间也常常用来作为组合的单元。叙利亚的一些巴西利卡式教堂，就是划分为许多方形的间而以穹顶逐个覆盖的。它们也可以串联起来覆盖整条街道。

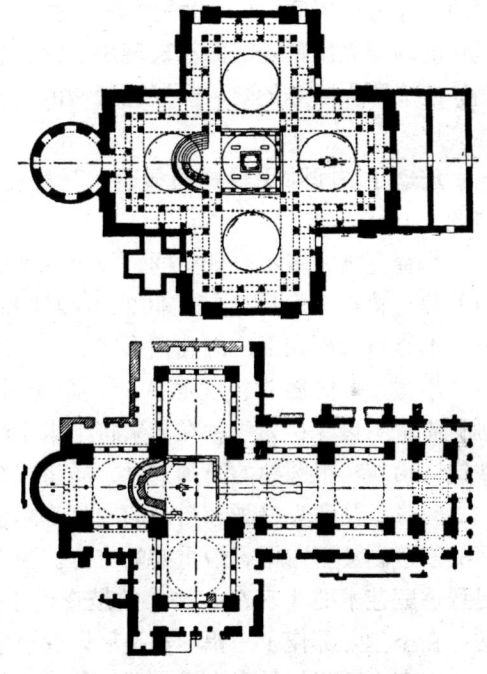

图 6-4　穹顶覆盖的拜占庭式教堂平面
上：君士坦丁堡的阿波斯多尔教堂，6 世纪；
下：以弗所的圣约翰教堂

在拜占庭正教堂集中式形制的发展中，可以明显地看到，结构的进步起着决定性的作用。集中式垂直构图的纪念性形象是依附于特定的结构技术的。没有这样的结构方法，就没有这样的建筑形象，风格更无从谈起。历史上，建筑的根本性大变化，常是以结构和材料的大变化为条件的。一个成熟的建筑体系，总是把艺术风格同结构技术协调起来，这种协调往往就是体系健康成熟的主要标志之一。

6.2　装饰艺术

拜占庭建筑的装饰也是和材料技术等因素密切关联的。拜占庭中心地区的主要建筑材料是砖头，砌在厚厚的灰浆层上。有些墙用罗马混凝土。为了减轻重量，常常烧制空陶罐形的小件来砌筑拱顶或穹顶。因此，无论内部或外部，穹顶或墙垣，都需要大面积的表面装饰，这就形成了拜占庭建筑装饰的基本特点。

玻璃马赛克和粉画　内部的装饰是，平整的墙面上贴彩色大理石板，拱券和穹顶的弧形表面不便于贴大理石板，就用马赛克或者粉画。

马赛克壁画在古希腊的晚期曾经在地中海东部广泛流行，拜占庭的马赛克就参照了埃及北海岸希腊化的亚历山大里亚城（Alexandria）的作品。马赛克壁画是用半透明的小块彩色玻璃镶成的。为了保持大面积画面色调的统一，在拱顶和穹顶上先铺一层底色。6世纪之前，底色大多是蓝的，6世纪之后，有些重要建筑物的马赛克用贴金箔的小玻璃块拼镶，它们的表面有意略作各种不同方向的倾斜，造成明灭闪烁的效果。彩色斑斓的马赛克壁画统一在金黄的色调中，格外明亮辉煌。

玻璃小块间隙比较宽而显著，马赛克壁画的砌筑感因而很强，同建筑十分协调。

马赛克画大多不表现空间，没有深度层次，人物的动态很小，比较能适合建筑的静态特点，保持建筑空间的明确性和结构逻辑。但它们的构图往往不很严谨，不能符合所在部位的几何形状。

不很重要的教堂，墙面抹灰，作粉画。粉画有两种：一种伺灰浆干了之后画，质量不很好；另一种在灰浆将干未干时画，比较能持久，而且由于必须挥洒快捷，由技巧很圆熟的匠师来画，质量很高。

教堂里马赛克壁画和粉画的题材都是宗教性的。但在重要的皇家教堂里，皇帝的事迹画甚至占据着最重要的位置。拉温那的圣维达莱教堂的马赛克彩色镶嵌是拜占庭艺术的代表作。这教堂是查士丁尼大帝为纪念"光复"拉温那而建造的，在圣堂上部作了一幅他和皇后以及满朝文武的像。

由于大面积的马赛克和粉画，拜占庭教堂内部色彩非常富丽。

拜占庭的马赛克艺术作品，大量被后来信仰伊斯兰教的土耳其人破坏，幸而在意大利境内的拜占庭帝国陪都拉温那保留了不少杰作，如圣维达莱教堂、迦拉·普拉奇帝亚墓（Mausoleum of Gala Placidia，420年）和新旧阿保里纳教堂等都有拜占庭马赛克的代表作。

石雕　发券、拱脚、穹顶底脚、柱头、檐口和其他承重或转折的部位用石头砌筑，利用这些石头的特点，在它们上面做雕刻装饰，题材以几何图案或程式化的植物为主。

雕饰手法的特点是：保持构件原来的几何形状，而用镂空和三角形截面的凹槽来形成图案。这种做法来自阿尔美尼亚。

早期的拜占庭教堂里用古罗马的柱式，由于拜占庭教堂中的柱子大多直接负荷发券，所以，柱头后来渐渐变形，6 世纪后，产生了拜占庭特有的柱头样式，目的在于完成从厚厚的券底脚到细细的圆柱的过渡。或者在柱头上加一块倒方锥台形的垫石，或者把柱头本身做成倒方锥台形。还有一种柱头，是一个立方体，由上而下渐渐抹去棱角，从方的渐变为圆的，从而由券底脚过渡到圆柱。

柱头的装饰题材大多是忍冬草叶。6 世纪之后，有了花篮式的、多瓣式的等等复杂的柱头，装饰题材自由多了，甚至有动物形象。有些柱头在表面镂刻出一层透雕的图案，虽然精美，但是在吃力的地方作这种装饰，看上去太脆弱，破坏了建筑的结构逻辑。

同内部的富丽精致相反，教堂的外观很朴素。大多是红砖的，有一些用两种颜色的砖砌成交替的水平条纹，掺一些简单的石质线脚。在亚美尼亚的影响下，有一些小雕饰。11 世纪后，传来了伊斯兰建筑的影响，外墙面上的砌工和装饰才精致了一些。

6.3　圣索菲亚大教堂

拜占庭建筑最光辉的代表是首都君士坦丁堡的圣索菲亚大教堂（Santa Sophia，532~537 年，建筑师 Anthemius of Tralles，Isidore of Miletus，均为小亚细亚人）。4 世纪的神学家称耶稣基督为索菲亚，意思是"圣聪"。这座教堂是东正教的中心教堂，是皇帝举行重要仪典的场所。它离海岸很近，四方来的船只远远就能望见它，是拜占庭帝国极盛时代的纪念碑。和罗马万神庙一样，它也是造在一座古老的巴西利卡式教堂的基址上的。老教堂造于 4 世纪中叶，查士丁尼大帝就是在那座教堂里加冕的。公元 520~532 年间平民暴动，毁掉了老圣索菲亚教堂。作为宫廷教堂，作为皇权的标志，作为正与天主教争正统的东正教的祖堂，查士丁尼在平民暴动平定之后才 40 天就着手重建。

圣索菲亚大教堂是集中式的，内殿东西长 77.0m，南北宽 71.7m。前面有两跨进深的廊子，供望道者用。连廊子一起总长 100m。廊子前面原来有一个院子，周围环着柱廊，中央是施洗的水池（图 6-5）。

结构　新的圣索菲亚大教堂的第一个成就是它的结构体系。教堂正中是直径 32.6m，高 15m 的穹顶，有 40 个肋，通过帆拱架在 4 个 7.6m 宽的墩子上。中央穹顶的侧推力在东西两面各由半个穹顶扣在大券上抵挡，它们的侧推力又各由斜角上两个更小的半穹顶和东、西两端的各两个墩子抵挡。这两个小半穹顶

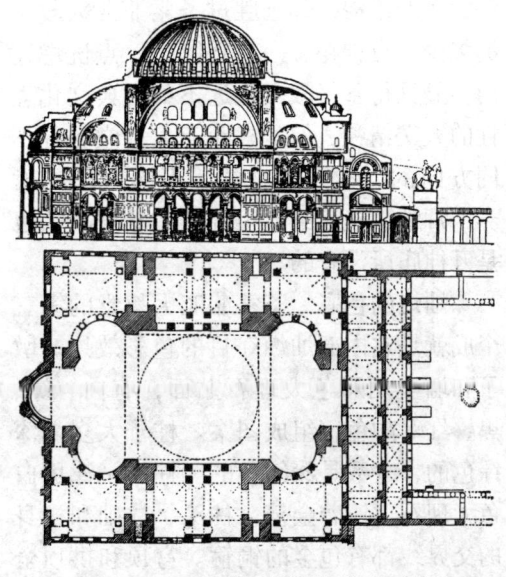

图 6-5　圣索菲亚大教堂平面及剖面

的力又传到两侧更矮的拱顶上去。中央穹顶的南北方向则以 18.3m 深的四片墙抵住墩子上传来的侧推力。这套结构的关系明确，层次井然，显见得匠师们对结构所受的力已经有相当准确的分析能力。

但是，由于施工过于匆忙，质量不好，穹顶两度因地震而倾圮，修复后，增加了扶壁。

内部空间　圣索菲亚大教堂的第二个成就是它的既集中统一又曲折多变的内部空间。通常拜占庭的希腊十字式教堂，四臂的空间和中央穹顶下的空间既不明确分开，也不完全统一。圣索菲亚大教堂中央穹顶下的空间同南北两侧是明确隔开的，而同东西两侧半穹顶下的空间则是完全连续的，这部分的平面纵深 68.6m，宽 32.6m，穹顶的中心高 55m，比古罗马万神庙的更高敞宽阔。空间增大了纵深，比较适合宗教仪式的需要。

东西两侧逐个缩小的半穹顶造成了步步扩大的空间层次，但又有明确的向心性，层层涌起，突出中央穹顶的统率地位，集中统一。南北两侧的空间透过柱廊同中央部分相通，它们内部又有柱廊作划分。层次多了，引起空间漫无际涯的幻觉。

穹顶底脚，每两个肋之间都有窗子，一共 40 个，它们是照明内部的唯一光源。窗子上都用彩色玻璃，在普遍的幽暗朦胧之中，这圈窗子使穹顶宛如不借依托，飘浮在空中。

南北两侧有楼层，是为女信士用的，它们的柱列的尺度比底层的小得多，起了夸大教堂高度的作用（图 6-6）。

圣索菲亚大教堂的延展的、复合的空间，比起古罗马万神庙单一的、封闭的空间来，是结构上重大的进步，跟着便引发建筑空间组合的重大进步，对世界都有贡献。但万神庙内部的单纯完整、明确简练、庄严肃穆，却远胜过圣索菲亚大教堂的多少一点神秘、一占昏冥、一点恍惚迷离。显见得基督教文化远不如古典文化理性的人文精神。但圣索菲亚大教堂各种不同方向的、不同大小的、不同层次的发券，常常一簇簇组成很优美的景观，这也是万神庙所没有的。

灿烂的色彩　圣索菲亚大教堂的第三个成就是它内部灿烂夺目的色彩效果。墩子和墙全用彩色大理石贴面，有白、绿、黑、红等颜色，组成图案。柱子大多是深绿色的，少数是深红色的。柱头一律用白色大理石，镶着金箔。柱头、柱础和柱身的交界线都有包金的铜箍。穹顶和拱顶全用玻璃马赛克装饰，大部分是金色底子

图 6-6　圣索菲亚大教堂内景

的，少量是蓝色底子的。地面也用马赛克铺装。穹顶中央用马赛克画着耶稣基督的像。巨大的铜烛架由穹顶直垂而下，悬在低空。烛光摇曳，青烟缭绕，更增添了幽远的宗教气息。

当时的拜占庭历史学家普洛可比乌斯（Procopieus，约 490～562 年），描述走进教堂时的印象道："人们觉得自己好像来到了一个可爱的百花盛开的草地，可以欣赏紫色的花、绿色的花；有些是艳红的，有些闪着白光。大自然像画家一样把其余的染成斑驳的色彩。一个人到这里来祈祷的时候，立即会相信，并非人力，并非艺术，而是只有上帝的恩泽才能使教堂成为这样，他的心飞向上帝，飘飘荡荡，觉得离上帝不远……"

普洛可比乌斯虽然颂赞上帝，但他描述的美无疑是世俗的、感性的美，现实的美，这是大教堂真正引起的直觉感受。而这动人的美，恰恰是由于人力，由于艺术才造成的。这生动地说明了，上帝的恩泽不是别的，而是人的本质力量的异化。所以，尽管宗教宣扬一切感官的享受都是罪恶，但是，宗教建筑物，既然出于世俗工匠之手，就会在一定程度上反映创造者的思想感情和审美趣味。通过创造，他们有能力赋予宗教建筑以世俗的美。

大教堂的墙和穹顶都是砖砌的，穹顶外面覆盖着铅皮。外墙面刷灰浆，交替着红白两色的水平条纹。它的外形直接反映内部空间，穹顶没有得到充分的表现。外形没有独立的艺术处理，比较杂乱臃肿。这是早期拜占庭教堂的一般特点。1453 年信奉伊斯兰教的土耳其人攻占君士坦丁堡后，把它改为清真寺，在四角造了高高的伊斯兰教授时塔，改善了它的外观。16 世纪，由于宗教的原因，在内部把原来的装饰全部用抹灰盖住。穹顶中的耶稣基督像在 19 世纪被《古兰经》文代替了。同时也把 4 个帆拱上的四翼天使像的脸用金箔盖上了。

圣索菲亚大教堂的建造动用了一万名工匠，耗资 14.5 万公斤黄金，耗竭了国库。多才多艺又热爱建筑学的查士丁尼大帝经常往工地上跑，工程进度很快，只用了 5 年 10 个月就竣工了。

6.4　东欧的小教堂

圣索菲亚大教堂之后，拜占庭没有重大的建筑活动。13 世纪东欧形成了封建分裂局面，各地教堂的规模都很小，穹顶直径最大的也不超过 6m。但东正教教会还有统一的组织，因此教堂建筑也有一些共同的特色。

这些平面为九宫格式（3×3）的小教堂的外形有改进。穹顶逐渐饱满起来，举起在鼓座之上，统率整体而成为中心，真正形成了垂直轴线，完成了集中式的构图。这体形远比早期的舒展、匀称而多变化。有些教堂，还在四角的那一间上面升起小一点的带鼓座的穹顶，形成五个穹顶为一簇的形体。外墙面的处理也精心多了，用壁柱、券、有雕刻的线脚和图案等作装饰。

在俄罗斯、乌克兰、罗马尼亚、保加利亚和塞尔维亚等信奉正教的国家，都流行这种教堂。它们的内部空间呈等臂十字形，叫"希腊十字"式。

早在俄罗斯国家正式诞生之前，公元 10 世纪，拜占庭文化和建筑已经经由基辅—罗斯传给了东欧斯拉夫人，基辅的索菲亚教堂（Собор Софии，1017～1037 年）是最早的大型纪念物。12 世纪，基辅—罗斯分裂成许多小小的公国，在这些小公国里，俄罗斯形成了民族的建筑特点。它的教堂穹顶外面用木构架支起一层铅的或铜的外壳，格外浑圆饱满，很有生气，得名为战盔式穹顶。教堂的外形很单纯，主体近乎简单的 6 面体，好像穹顶和鼓座的基座。山墙头袒露出拱顶的尽端，9 间（3×3）的教堂，每面有 3 个半圆形的尽端，使檐口像波浪般起伏。典型的例子是诺夫哥罗德的圣索菲亚主教堂（Собор Софии в Новгороде，1045～1052 年，图 6－7）和附近的斯巴斯—涅列基扎教堂（Церковь Спас-нередица，1198～1199 年），它的山墙特别飘逸流动，活泼舒展，同它整体的敦实朴厚相结合，体形舒展，质中寓巧（图 6－8）。尼尔河畔的波克洛伐教堂（Церковь Покрова на Нерли，1165～1166 年），比例轻盈挺秀，白石的墙，镀金的穹顶，立在河畔青青的草地上，影落水中，风姿率真而平易。外墙装饰比较丰富一些。这两个教堂都是民间工匠的卓越作品，大凡民间工匠创作的小教堂，特别在远离教会势力中心的地方，一般都具有淳厚亲切的性格。

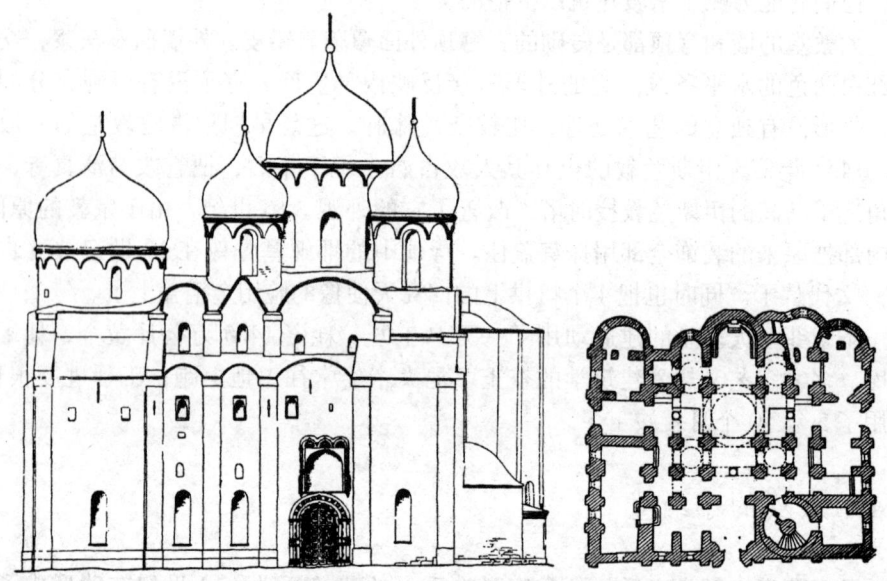

图 6－7　诺夫哥罗德的圣索菲亚主教堂（1045～1052 年）

在符拉基米尔造了乌斯平斯基主教堂（Успенский Собор во Владимире，1158～1189 年），这是符拉基米尔—苏士达尔公国的宫廷教堂，大公加冕的地方，大公企图使它成为全俄罗斯正教的中心。经过扩建，它一共 25 间（5×5），有 5 个穹顶。中央穹顶最高点高达 40m 左右，很雄伟。檐下和腰线下的浮雕式连续券装饰带，是东欧以及外高加索正教教堂的典型细节。

南斯拉夫的教堂，内部的空间，从中央穹顶到等臂十字到四角，层层降低，而且如实表现在外部形体上，所以形体比较富有变化。同样爱用半圆的山花，更使形体华丽。窗口周围有一层层的线脚。墙面常常使用花式砌筑。代表性的例子是格拉查尼茨的教堂（Церковь в Грачанице，1321 年，图 6－9）。

图6-8　斯巴斯—涅列基扎教堂

图6-9　格拉查尼茨的教堂

在南斯拉夫也有一些西欧式的教堂。

* * * *

拜占庭建筑，继承了古希腊和古罗马的遗产，又汲取了亚美尼亚、波斯、叙利亚、巴勒斯坦、阿拉伯等等国家和民族的经验，在短时间内，创造了卓越的建筑体系。这个成就的取得，一方面说明，即使当时比较落后的地区，比较弱小的民族，也能作出有意义的贡献；另一方面说明，即使像拜占庭这样强大而又发达的大国，也不拒绝向别人学习哪怕是点点滴滴的长处。历史上，大凡一支比较发达的文明，都不是一个国家，一个民族，关起门来所能成就的。古希腊和古罗马的文明也是广阔地域里许多民族共同创造的成果。

第7章 西欧中世纪建筑

早在罗马帝国的末期，西欧的经济已经十分破败衰落。5世纪，大举涌来的落后民族，于479年灭亡了西罗马帝国，蹄声得得，踏遍了西欧各地，在一片荒芜之中，形成了封建制度。人民深深的苦难，使宣传禁欲主义、博爱和自律的基督教发展起来。

因此，5~10世纪，西欧的建筑极不发达。在小小的、闭关自守的封建领地里，古罗马的那种大型的公共建筑物或者宗教建筑物，都是不需要的，相应的结构技术和艺术经验随着也都失传了。封建主的庄园寨堡也很粗糙，只有教堂和修道院是当时唯一质量比较好的建筑物。

可是，在这个时期里，欧洲文明的范围扩大了，古罗马时代僻远的地区逐渐发展起来，过去落后的民族追了上来，对欧洲文化作出了贡献。在自然经济的局限下，文化的地方性很强烈，教会内部又有不少教派，反映在建筑上，同样也有特别鲜明的地方和教派色彩。8世纪下半叶到9世纪下半叶，加洛林王朝时掀起了一场文化高潮，但主旨是向古罗马复归，对建筑的推动不大。

10世纪后，在小农和农奴们辛勤劳动的基础之上，西欧各地，主要在大的交通路线上，重新产生了洋溢着作坊和市廛的喧嚣声的城市，自然经济被突破了。从此，为了争取城市的独立解放，以手工业工匠和商人为主体的市民们展开了对封建领主的斗争。同时，也展开了世俗的市民文化对天主教神学教条的冲击。

建筑也进入了新的阶段。建筑活动的规模大了。商店、行业公会、仓库、码头、港口，陆续建设起来。技术迅速发展，在极短时期内创造了可以同古罗马比美的结构和施工技术成就。城市的自由工匠们掌握了娴熟的手工技艺，建筑工程中人力物力的经济性远比古罗马的高。虽然天主教主教堂是城市中最重要的纪念性建筑物，代表着当时建筑成就的最高水平，但是，各种类型的城市公共建筑物多了起来，逐渐增加着重要性。12世纪，城市市民为城市的独立或自治而对封建主的斗争，以及市民文化对宗教神学的冲击，也在建筑中鲜明地表现出来，尤其突出地表现在教堂建筑中。同时地区间交往的增加，逐渐削弱了建筑的地方色彩。到15世纪，欧洲主要国家的天主教堂的形制和风格就大体一致了。天主教教堂建筑经历了从10~12世纪以修道院教堂为主到12世纪及以后以城市主教堂为主的过程。这过程反映着城市的经济、政治和文化地位的提高和技术的大进步。拜占庭文化和阿拉伯文化通过贸易和战争对西欧一直发生着影响，11世纪末开始的长达200年的十字军东征运动，把拜占庭的和阿拉伯的文化带回到了西欧，对西欧的建筑产生了更大的影响。

西欧中世纪的文明史，包括建筑史在内，从西罗马帝国末年到10世纪，史称早期基督教时期（Early Christian Period）。以后，大致以 12 世纪为界，前后分为两个大时期。12 世纪之前，史称罗曼时期（Romanesque），下延可到 12 世纪。之后称哥特时期（Gothic），在个别国家下延可到 15 世纪。

法国的封建制度在西欧最典型，它的中世纪建筑史也是最典型的，其余各国深受法国的影响。意大利和尼德兰的建筑各有独特的道路。西班牙在中世纪被信奉伊斯兰教的摩尔人占领，建筑基本上是同伊斯兰世界一致的，到 15 世纪驱逐了摩尔人之后还在追补哥特建筑。

7.1　从修道院教堂到城市教堂

虽然由于封建分裂状态和教会内部教派林立，中世纪早期，西欧各地教堂的形制不尽相同，但基本上都是继承了古罗马末年的初期基督教教堂的形制，即古罗马的巴西利卡形制。

拉丁十字式巴西利卡　古罗马晚期，4 世纪，基督教公开以后，信众和教会依照传统的巴西利卡的样子建造教堂。巴西利卡是长方形的大厅，纵向的几排柱子把它分为几长条空间，中央的比较宽，是中厅，两侧的窄一点，是侧廊。中厅比侧廊高很多，可以利用高差在两侧开高窗。大多数的巴西利卡结构简单，用木屋架，屋盖轻，所以支柱比较细，一般用的是柱式柱子。这种建筑物内部疏朗，便于群众聚会，所以被重视群众性仪式的天主教会选中。

根据教会规定，在举行仪式的时候，信徒要面对耶路撒冷的圣墓，所以西欧的教堂的圣坛必须在东端。大门因而朝西。随着信徒的增多，在巴西利卡之前造了一所内柱廊式的院子，中央有洗礼池。巴西利卡面前的柱廊特别宽，给半信半疑的望道者使用。

圣坛是半圆形的，用半个穹顶或半个伞形屋顶覆盖。圣坛之前是祭坛，祭坛之前又是唱诗班的席位，叫歌坛。

由于宗教仪式日趋复杂，圣品人增多，后来就在祭坛前增建一道横向的空间，给圣品人专用，大一点的也分中厅和侧廊，高度和宽度都同正厅的对应相等。于是，纵横两个中厅高出，就形成了一个十字形的平面，从上面俯视，更像一个平放的十字架，竖道比横道长得多，信徒们所在的大厅比圣坛、祭坛又长得多，叫做拉丁十字式。主要用于西欧的天主教堂，与东欧正教的希腊十字式相对，各自与天主教和正教的教义和仪式相适应。

这种拉丁十字式教堂，圣坛上用马赛克镶着圣像，或着用壁画画着圣像、挂着耶稣基督受难的雕像，色彩很华丽。几排柱子向圣坛集中，信徒们在中厅或侧廊里，面对着圣坛，教士们在祭坛前主持着仪式。建筑的处理同宗教活动是适应的，同时，十字形又被认为是耶稣基督殉难的十字架的象征，具有神圣的含义。因此天主教会一直把拉丁十字式当作最正统的教堂形制，流行于整个中世纪的西欧。早期典型的例子是罗马城里的圣约翰教堂（St. Giovanni in Laterano，313年）。另一个例子是罗马城外的圣保罗教堂（San Paolo fuori le Mura，386 年，图7-1）。

在意大利，如拉温那，也造过一些拜占庭东正教的希腊十字式教堂，但由于集中式空间不适合天主教仪式要保持祭坛神秘性而并不重视神父的布道是否能为信众听清楚的特点，后来只被用来造洗礼堂，放在教堂前面。

图7-1 罗马城外的圣保罗教堂

修道院和它们的教堂 基督教世界在中世纪盛行修道院制度，修道院一般远离城市。10世纪之后，法国经济复苏，最先受惠的是工于聚敛的天主教会。聚敛的诡计之一是煽动"圣骸"和"圣物"的崇拜，激起朝圣的狂热。信徒们成群结队，徒步数百里甚至上千里到收藏着这类东西的教堂去朝圣。沿着朝圣的大道，教会建设了教堂和修道院，除了给僧侣们修行之外，还供香客们食宿和举行宗教仪式。于是，这类教堂和修道院就能突破地区限制，在更大的范围里敛取财富，而且它们的建筑规模也远远大过于当地和本修道院的需要（图7-2）。这些教堂和修道院大多在从法国各地到西班牙的圣康伯斯代拉主教堂（Santiago de Compostela，1078年起

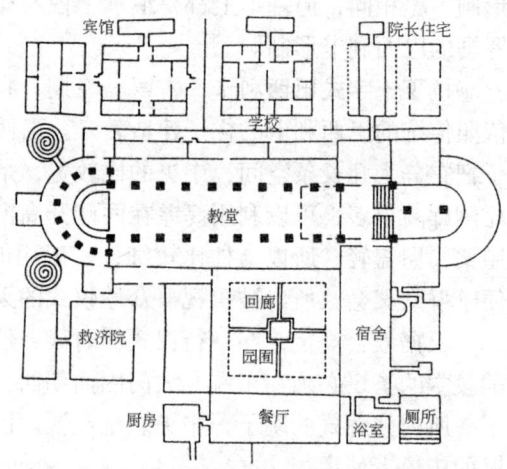

图7-2 瑞士圣迦尔（St. Gall）修道院
修道院残留平面图（约820年）：
本笃会教派的典型修道院配置

造）去朝圣的路上，例如，克吕尼修道院的第三次重建的教堂（l'Eglise Abbatial de Cluny，1088～1108年），长127m，宽40m，中厅高30m。土鲁斯的圣塞南教堂（Saint-Sernin de Toulouse，1075～12世纪），长115m（图7-3）。前者是欧洲除罗马的圣彼得大教堂外最大的教堂，在19世纪被毁。

因为修道士众多，修道院的教堂里，供修士们使用的横厅比较发达，有些教派的修道院教堂并列两个横厅。莱茵河流域的日耳曼的教堂，通常在东西两端各设一个横厅和祭坛，大门开在侧面中央。

为了收藏"圣物"或者"圣骸"，在圣坛的外侧，按放射形建造了几个凸出的小礼拜室，又为了避免大量外来的香客妨碍教堂内修道士的日常宗教活动，用一道半圆形的环廊把这些小礼拜室同圣坛隔开，教堂的东端因此复杂多了。也有的教派把小礼拜室造在横厅的东侧，和圣坛平行。

向居民授时和为召唤信徒礼拜，教堂常有钟塔。在封建战争频繁时期，有些修道院和教堂兼作堡垒，这些钟塔就兼作瞭望之用。起初，塔独立在教堂旁边。

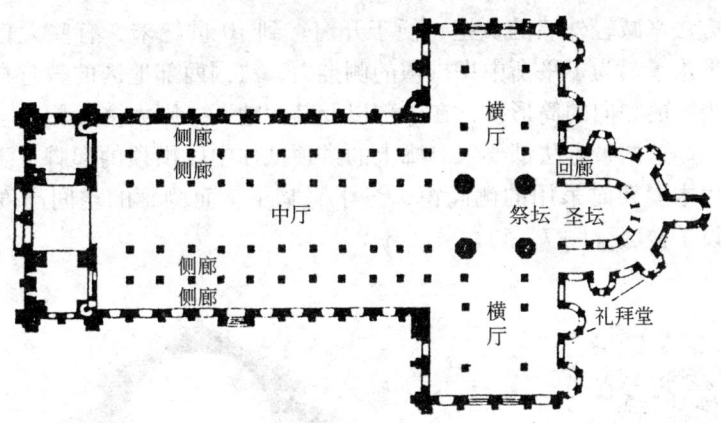

图7-3　圣塞南主教堂平面

在拉丁十字式教堂纵横两个中厅交叉点的上方，屋顶上有一个采光塔，照明了祭坛，使它成为幽暗的教堂里最亮的一点。加上摇曳的烛光，缭绕的香烟，祭坛被渲染得超凡入圣，使信徒们油然而生崇拜之忱。

这些修道院教堂的主要建造者是修道士。修道院强调生活简朴，不脱离劳动，所以修道士们大多有一种手艺。有些著名的修道院，如克吕尼（Cluny）教派的修道院，修道士们特别长于建筑，到各地去包工承造教堂。

专业工匠推动教堂结构的发展　法国的城市兴起，逐步展开向封建领主争取独立的斗争之后，市民们产生了用宏伟的建筑物来荣耀自己城市的愿望。在当时，他们能想得到的纪念性建筑物只能是教堂。从11世纪开始，城市教堂的重要性增长了，逐渐同修道院并驾齐驱，很快，在一些重要的工商业城市里的教堂终于成了当时建筑成就的主要代表。

同时，专业的建筑工匠从农民分离出来，他们不仅是城市教堂的主要建造者，而且越来越多地参与了大型修道院教堂的建造。工匠们不同于农民和大多数修道士，他们在整个西欧四处流动，到各地参加工程。这更加有利于经验的交流、积累和传布。

僧侣们建造修道院的教堂，严格遵守宗教的观念，比较保守，教派信仰和礼仪的特点突出，交流大多限于同一条朝圣大路上，多为同一个教派的教堂。而世俗的专业工匠们，思想束缚比较轻，流动性大，创造性就活跃得多，城市教堂因此很快在许多方面有很大的进步，首先，结构技术迅速提高了。

中世纪之初，除了意大利北部小小一个地区之外，西欧各地普遍失去了券拱技术，教堂都用木屋架。因为木屋架太容易失火了，10世纪起，券拱技术从意大利北部传到莱茵河流域先进的城市里，进而传遍西欧。教堂开始采用券拱结构。券拱技术在古罗马时代最发达，长期失传之后重新使用，人们便把10世纪之后的建筑称为罗曼建筑（Romanesque Architecture），即"罗马式"的意思。

起初，由于技术不熟练，拱顶只敢用在狭而低的侧廊上，外墙因而加厚，引起开窗困难。于是，在意大利北部又首先使用了起源于古罗马时代的十字拱，然后传到各处（图7-4）。在法国东部还有一些教堂逐间覆盖横向的筒形短拱。用这些结构方法来减轻外墙的负担，便于开窗。到10世纪末，有些大教堂在中厅也使用筒形拱了。为了平衡中央拱顶的侧推力，法国西部地区的教堂在侧廊上建造与中厅平行的顺向的筒形拱，在中部以及其他地区，则大多在侧廊上造顺向的半个筒形拱。这两种方法都要求侧廊上的拱顶抵住中厅拱顶的起脚。于是，中厅失去了使用木屋架时采用的侧高窗，过于阴暗了。而侧廊的空间高度却大大增加，因而设了楼层（图7-5）。

图7-4　拱顶
上：筒形拱；下：十字拱

图7-5　法国克勒芒—费杭（Clermont-Ferrand）圣母教堂剖面（1145年）

为了争取中厅有直接的天然照明，也曾有过多种探索。一种是在中厅也用一排横向的短拱，如法国中部的一些教堂。但它们削弱了内部空间向祭坛集中的方向性。另一种是降低侧廊上拱顶的高度，例如法国伯艮地（Burgandy）的一些教堂。但这种做法在结构上是错误的，因而塌坏的很多。可是，伯艮地的有些教堂，例如奥登的主教堂（Cathedral d'Autun，1090～1132年）等，由于中厅使用了双圆心的尖拱，减少了侧推力，因而没有倒塌。这个经验对教堂结构的发展很有影响。

到11世纪下半叶，在莱茵河流域、意大利的仑巴底和法国诺曼地的城市教堂里，终于在中厅上采用了技术比较困难，却最有利的十字拱。不过，由于知识不够，依旧在侧廊上覆盖顺向半筒形拱来平衡中厅十字拱的侧推力，没有充分发挥十字拱的优点。侧廊两层间的楼板也常用十字拱支承，但外墙仍然是连续的承重墙，只在十字拱拱脚处加了扶壁。

自从拱顶代替了木屋架，荷载大了，柱式的柱子就不用了，而以墙墩为支柱，比较粗重。中厅和侧廊使用了十字拱之后，自然采用正方形的间，而且中厅的宽度为侧廊的整两倍。于是，中厅和侧廊之间的一排支柱，就粗细大小相间，中厅的侧立面，也是一个大开间套着侧廊的两个小开间，形式有点乱，打断了聚向祭坛的运动感。

拱顶使用不久，骨架券也使用了，首先是筒形拱被骨架券横分成段落。这种做法在古罗马晚期已经有了，这时又被重新使用。起初，它们的主要意义在于：构图上把拱顶和墙墩联系起来，并使拱顶和其余部分有共同的尺度；表现拱顶半圆形的几何形状，看上去饱满有张力。后来才利用它们作为结构构件，使拱顶的砌筑得以分段进行，节省了大量的模架。

从 11 世纪末或者 12 世纪初期起，仑巴底、莱茵河流域、法国北部和英国的一些教堂，先后在十字拱上也使用了骨架券。除了与筒形拱上的骨架券同样的作用外，它还有自己的特殊意义：十字拱因为施工很难精确，以致两个方向的拱顶的交线往往歪歪扭扭，而对角的骨架券在外形上可以校正这个缺憾。可是，由于对角线的券的半径大于纵向和横向的券的半径，所以，虽然有些教堂把它们的起脚点降低，或者把它砌成椭圆形，拱顶仍然会在每间中央隆起，如米兰的圣安布洛乔教堂（S. Ambrogio, Milan, 约 1077~1140 年），内部音响效果很坏，空间不够简洁，也削弱了聚向祭坛的动势。而且降低券脚也会造成构图紊乱。

直到 12 世纪中叶，教堂的结构技术虽然有了相当大的进步，但还很不成熟，还比较沉重。由拱顶带来的一些艺术形式上的问题还没有解决。但创造性的摸索在不断进行着。

早在中世纪初，已经有了正投影的建筑设计图、哥特时期建筑制图更加详密。德国的科隆主教堂（Cathedral Cologn, 1248 年始建，1880 年完工）于 1300 年建造西端部分，有羊皮纸设计图总厚达 4m。

两种风格的对立 10~12 世纪，各地教堂的形式和风格的差别很大，一方面由于自然经济造成的地区的封闭性一时尚未完全克服，一方面由于教会内部教派林立，各有顽固的门户之见。

但是，随着经济的发展，各地教堂建筑风格也有渐渐接近的趋势。主要的原因是：首先，石材的生产商品化了，石材在采石场里加工成半成品，甚至成品，因此建筑物的部件规格化了，竟以各别的大采石场为中心形成了建筑流派；其次，摆脱了封建束缚的自由的工匠越来越多，他们四处应募，促进了各地区建筑风格的交流；第三，在各教派内部，力求教堂建筑风格一致，而教派是跨地区的，于是他们的建筑风格也就跨越了地区的界限。

这时期教堂建筑风格的变化，鲜明地反映着教会和城市市民的意识形态的对立。

在基督教的禁欲主义和经济普遍衰败的双重作用下，以教士为主要工匠的早期罗曼式修道院教堂的体形比较简单，墙垣和支柱十分厚重，砌筑很粗糙。石材不整齐，灰缝很厚。以本笃会为大宗的天主教会，否定现实生活，认为追求感性美是一种罪孽，教堂不事装饰，也不讲求比例的和谐。由于反对偶像崇拜，连耶稣基督的像都没有。这时候的封建统治者，眼界是狭隘的，心智是鲁钝的，沉湎于口腹之欲，粗野而目不识丁。因此，被包围在封建领地里的修道院教堂，沉重封闭，毫无生气。它们同封建领主的庄园寨堡在形式上和风格上完全一致。9~10 世纪，修道院教堂只有圣坛装饰得很华丽，在粗陋的教堂里，它彩色缤纷，象征着彼岸世界。建造教堂，都由圣坛所在的东端开始，有了圣坛便可以做礼拜，然后再建大厅。

但是，10世纪之后世俗工匠的数量和重要性大增，他们为城市建造的教堂，却表现出追求感性美的强烈愿望。后来大型修道院教堂也不得不雇用技术比修道士高得多的专业工匠参加建造，所以，它们的面貌也逐渐改变了。

城市教堂由"向彼岸"转向"向现世"，教堂面向城市的"西立面"的重要性增加了。法国和德国的，在西面造一对钟塔，大约是从叙利亚带来的形制。莱茵河流域的城市教堂，两端都有一对塔，有些甚至在横厅和正厅间的阴角也有塔。教堂的体形逐渐趋向丰富多变化。

工匠们努力削弱教堂封闭重拙的性格。除了钟塔、采光塔、圣坛和它外面的小礼拜室等等形成活泼的轮廓外，外墙上还露出扶壁，从仑巴底传布开一种用浮雕式的连续小券装饰檐下和腰线的手法；仑巴底和莱茵河流域的一些城市教堂，甚至用小小的空券廊装饰墙垣的上部；由于墙垣很厚，以致门窗洞很深，所以，洞口向外抹成八字，排上一层层的线脚，借以减轻在门窗洞上暴露出来的墙垣的笨重，并增加采光量。用连续小券做装饰带，门窗口抹成八字，而且在斜面上密排线脚，成了罗曼式建筑风格的特征因素。

工匠们突破了教会的戒律，教堂里装饰逐渐增多。在门窗口斜面的线脚上先是刻几何纹样或者简单的植物形象，后来则雕刻一串一串的圣者的像。有的教堂在大门发券之内、横枋之上刻耶稣基督像，或者"众王之王"耶稣基督主持"最后审判"的场景，连反偶像崇拜的教条也冲破了。更加突出的是，柱头等处的雕饰甚至有异教题材，如双身怪兽，吃人妖魔等等，这就蔑视了教会最严峻的戒律。教堂东端的圣坛象征基督的王国，教堂的正门则象征凯旋门，表现基督教的胜利。正门因此很富有装饰。厚厚的门洞两侧抹成八字形的墙前排着小柱子，每棵柱子前雕一个圣徒像。左右相对的柱子之上跨着发券，一层套着一层。发券上刻着成串的圣徒像。最重要的，成就最高的是镶在正门券洞上部半圆形内的一块主题性大浮雕，正中都是基督像，两侧为圣徒们，表现一场宗教故事的情节，如耶稣基督的"复活升天"、"最后审判"等。最杰出的作品在法国的圣塞南主教堂（St. Sernin Cathedral，1080～1096）和维兹雷的圣抹大拉教堂（St. Madeleine，Vezeley，1089～1206年）。

城市教堂的整体和局部的匀称和谐等也大有进步。外观逐步趋向轻快。砌工精致多了。

城市教堂内部追求构图的完整统一。12世纪的一些城市教堂，柱头逐渐退化，中厅和侧廊的拱顶的骨架券作为造型因素一直延伸下来，仿佛贴在柱墩的四面，形成了集束柱。教堂内部的垂直因素加强，削弱了沉重之感。

教堂建筑的这些变化，反映着以手工工匠为代表的萌芽状态的市民文化同宗教神学的矛盾。工匠们在为争取城市的独立而同封建主作斗争时，为炫耀城市的兴旺发达而建造大教堂，这是他们独立意识的标志，他们无意于恪守神学的教条。工匠们把他们对现实生活的爱一点一滴地渗透到教堂建筑中去，否定着教会对现实生活的否定。

同时，教会以市民为布道对象，他们的教理必然会被市民意识突破。例如，耶稣基督和先知们的雕像和一些福音故事画，不仅是为了便于向不识字的人们宣传圣经，也是为了迎合市民们厌恶抽象的哲理、倾向于具体而现实的体验的心理。雕像和壁画一旦出现，就成了美化建筑物的装饰品，落入到对世俗美的追求中去了。

在一些通都大邑的城市教堂上，市民文化的因素有显著的增长。例如莱茵河畔窝牧斯的主教堂（Worms Cathedral，11 ～ 13 世纪），科隆的使徒教堂（Church of the Apostles，Cologne，1190 ～ ），美因兹的主教堂（Mainz Cathedral，11 世纪），诺曼地的卡昂城（Caen）城里的几个教堂等等。这些教堂轮廓活泼轻快，装饰增加，砌筑工艺精细，用各种手法减轻墙体的沉重感，它们同修道院教堂在艺术风格上的对立是很鲜明的（图 7 – 6）。

图 7 – 6　美因兹主教堂东端

但是，即使在这些城市教堂中，市民文化也不过仅仅是有所表现，不断增长着罢了。这时市民还处在初生的阶段，市民文化还处在萌芽状态，远不足以和宗教的意识形态相匹敌。市民们笃信宗教，尽管已经进行了独立斗争，还没有能摆脱领主和主教的封建压迫。他们生活在艰辛之中，用受苦人的眼光看着"同情苦人"的耶稣基督。因此，即使这时期晚期的教堂，也仍然由浓重的宗教气氛统治着。沉重的墙、墩子和拱顶，狭而高的中厅和侧廊，深而远的祭坛，压抑人的尺度，都引起信徒忧郁和内省的情绪。就连那些圣徒们的雕像，也是面目愁苦，身躯枯槁，被衣衫拉得长长的，象念珠一样束缚在一圈圈的线脚上，一动不动。

然而，新生的市民文化毕竟一天天生长着，孕育着教堂建筑的新的历史阶段。

7.2　以法国为中心的哥特式教堂

罗曼建筑的进一步发展，就是 12 ～ 15 世纪西欧主要以法国的城市主教堂为代表的哥特式建筑（Gothic Architecture）。

12 世纪，西欧先进地区的城市发展到了新的阶段。手工业和商业的行会普遍建立起来，城市为摆脱封建领主的统治而进行的解放运动如火如荼。同时，法国的中央王权也逐渐加强，同封建分裂状态进行斗争。削弱大封建主是城市和王权的共同利益，它们在一定程度上互相支持。经过斗争，有些城市获得独立，王室领地也逐步扩大。王室给领地内的城市一定限度的自治权，给领地周围的城市比较完全的自治权。在这场斗争中，教会是分裂的，有的支持王权，有的支持大封建主。

113

城市的解放和王权的加强是进步的历史运动。在这样的历史条件下，法国和西欧的建筑发生了重大的变化，进入了一个极富创造性的、获得光辉成就的新时期。这时期的代表性建筑是哥特式教堂。

哥特式教堂，以结构方式为标志，初成于巴黎北区王室的圣德尼教堂（St. Denis，1132～1144 年），在夏特尔主教堂（Charter Cathedral，12 世纪中叶，图 7-7）配套成型，成熟的代表是巴黎圣母院（Nôtre Dame，1166 年），最繁荣时期的作品有韩斯主教堂（Reims Cathedral，1179～1311 年，图 7-8）、亚眠主教堂（Amiens Cathedral，1225～1269 年）等，到 15 世纪，各地、甚至西欧各国的哥特式教堂趋于一致，而且都被繁冗的装饰、花巧的结构和构造淹没。

图 7-7　夏特尔主教堂

图 7-8　韩斯主教堂

教堂与社会文化变迁　12～15 世纪，在以巴黎为中心的法国王室领地和它的周围，城市的主教教堂终于取代了修道院的教堂而成了占主导地位的建筑物。全法国造了 60 所左右的城市主教堂，它们是城市解放和富强的纪念碑。琅城的主教堂（Cathedral de Laon，1160～1225 年）就是在城市公社反对它的封建领主大主教的起义期间建造的。

12～15 世纪，是手工业行会鼎盛时期，市民内部的社会分化逐渐显现，城市内实行着一定程度的民主政体，人们在为城市的独立自治而反封建领主的斗争中万众一心，并以极高的热情踊跃捐输，建造主教堂赞美自己的城市，在教堂建筑上相互争胜。法国北方大城市的主教堂有许多都经过全国的设计竞赛。

正在这时形成的市民文化因此更多地渗透到教堂建筑中去。市民文化也已经改变了对基督教的信仰。市民们从信仰救世主转向信仰圣母。耶稣基督是严厉的最后裁判者，使人望而生畏，而圣母是大慈大悲救苦救难的，使人满怀得赦的希望。基督教成了"无情世界的感情"。城市主教堂极大多数是献给圣母的，市民们当然要求主教堂体现他们的新感情、新信仰。这时教堂已经不再是纯粹的宗教建筑物，也不再是军事堡垒，它们成了城市公共生活的中心，除了宗教仪典，它们兼作市民大会堂、公共礼堂、市场和剧场，市民们在里面举办婚丧大事，教堂世俗化了。他们希望主教堂是美丽的，是欢乐的，是生气勃勃的。

教会本身也在新的历史条件下发生变化，它日益贪求世俗的权力和财富。宗教节日成了热闹的赛会，宗教仪式奢侈豪华，甚至引进了商业广告、戏剧和魔术。这时候，权威的神学家之一，阿奎那（Thomas Aquinas，1227～1274 年）的美学观点，已经和早期天主教的教父之一的圣奥古斯丁（Aurelius Augustinus，354～430 年）的大相径庭了。奥古斯丁认为，事物本身引人喜爱的美是低级的，沉溺于这种美是"罪孽"，最崇高的美是"上帝的理念"。而阿奎那虽然也妄信最高的美是上帝的美，但也为感性的美辩护。他说："在被感知时令人得到满足的东西就是美。"他认为感性的美包含三个条件："完整性，或完善性，因此有缺陷的东西就是丑的；其次是应有的比例，或和谐；最后是鲜明性，或明显性，因此我们把涂上鲜艳色彩的东西称为美丽的东西，……"

教会中许多有势力的人认为，世俗的、感性的美在教堂建筑中已经是必要的了。这一派人的代表者是法国国王的权臣、"法国王权的复兴者"、长老许杰（abbot Suger，1081～1154 年）。他主持建造的在巴黎北区的王室圣德尼教堂（St. Denis，1132～1144 年）的东部，是新的建筑——哥特式建筑的第一个代表作品。它的结构方法和西正立面的构图是哥特式主教堂最初的范例。虽然许杰长老对圣德尼教堂的明亮和色彩鲜丽作了宗教的解释，但那种解释却说明了宗教观念本身的世俗化。许杰长老在圣德尼教堂西正立面的大门的镀金青铜门扉上刻了一段铭文，说："阴暗的心灵通过物质接近真理，而且，在看见光亮时，阴暗的心灵就从过去的沉沦中复活。"

但是，在这期间，教会对世俗文化多次发动反扑。在 13 世纪利用经院哲学掀起过一阵"神学复兴"。教会大树神学的正统，霸占重要的大学，培养一批"理论家"，散布谎言和诡辩，设立异端裁判所，用火刑柱残酷迫害一切敢于追求真理的人。

当时最权威的圣徒克莱弗的圣伯纳（Saint Bernard de Clairvaux，1091～1153 年），顽固地站在大封建主一边，反对法国国王建立统一的政权，同时就反对市民文化之渗入教堂建筑。他禁止在他主持的最有势力的西斯丁教派的修道院教堂里使用装饰雕刻、彩色玻璃窗和地面的镶嵌图案，也不许造钟塔。

由此可见，12～15 世纪新的建筑风格的建立，反映着在城市经济趋向繁荣、王室渐渐强大的时期，以城市和王室为一方和以大封建领主为另一方的政治斗争和思想文化斗争。

继法国之后，英国很快兴起了哥特式主教堂，并且达到很高水平，然后德国、西班牙也建造了大量哥特式教堂，各有特色。

哥特式教堂的结构　10～12 世纪的罗曼式教堂，虽然在结构上和艺术上已经有了不小的进步，但是，拱顶的平衡没有明确可靠的方案。拱顶很厚重，一般厚度在 60cm 以上，不仅浪费石材，而且连带着墙垣也很厚重，窗子小，内部昏暗而外观封闭；内部空间也比较狭隘，中厅宽度一般小于 10m，高度小于 20m。

然而，城市建造它们的主教堂时，多数采石场还在封建主的领地里，或者石材要通过封建领地才能运输到位，不得不付出高额的过境税费，因此必须节约石材。城市把教堂当作节庆和其他公共活动的场所，希望它宽敞、明亮。而且罗曼式教堂的堡垒般的粗笨外形，也远远不能满足市民们越来越强的把教堂当作独立斗争的纪念碑来装饰和赞美城市的愿望。

罗曼式教堂还因为结构方法不完善而带来了其他的缺点。例如：中厅两侧的支柱大小相间，开间发券大小套叠，形式不够单纯；用了骨架券后，每个间的十字拱顶因对角直径较大的券高于四边直径较小的券而中央隆起，空间不够简洁；东端圣坛和它后面的环廊、礼拜室，由于形状复杂，不易用筒形拱或十字拱覆盖，等等。

到 12 世纪下半叶，这些问题都被一整套富有创造性的结构体系解决了。这个新结构体系是中世纪工匠的伟大成就，可以与古罗马的比美。

获得这个成就的主要原因是：第一，随着城市经济的发展，这时候，建筑工匠进一步专业化，石匠、木匠、铁匠、焊接匠、抹灰匠、彩画匠、玻璃匠等等分工很细，术业因而很精。他们使用量度外圆、内圆、方角、直线等的各种规和尺，也使用复杂的样板。工程中非技术性的粗笨劳动大为减少，省工省料。第二，从工匠中，主要是石匠中产生了类似专业的建筑师和工程师，但他们仍然和工匠保持着密切的关系。除了组织施工外，他们还绘制平面、立面、剖面和细部的大致图样，做模型，研习历史经验，熟悉几何的和数学的构图规则，等等。专业建筑师的产生，对建筑水平的提高起着重要的作用，他们突破了小生产者的狭隘眼界和单凭"尝试、改错"得来的经验。

新的结构体系是在法国王室领地、英国、莱茵河流域等地的城市教堂里大致同时产生的，因为前一阶段罗曼式建筑的发展，已经使它近于瓜熟蒂落、水到渠成的地步。不过，影响最大、最典型的还要数法国的教堂。当时法国的人口占欧洲的 1/3，法国王室领地的经济和文化在欧洲正处于领先地位，法国的国际声威很高，同神圣罗马帝国争胜。

新结构体系称为哥特式结构，它集中了散见各地后期罗曼式教堂的十字拱、骨架券、两圆心尖拱、尖券等做法和利用扶壁抵挡拱顶的侧推力的尝试，加以发展，成龙配套，并且给它们以完善的艺术上的处理，形成成熟的风格。

哥特式教堂结构的特点是：

第一，使用骨架券作为拱顶的承重构件，十字拱成了框架式的，其余的填充围护部分就减薄到 25～30cm 左右，材料省了，拱顶大为减轻，侧推力也小多了，连带着垂直承重的墩子也就细了一点。骨架券使各种形状复杂的平面都可以用拱顶覆盖，祭坛外圈环廊和小礼拜室的拱顶的技术困难迎刃而解。巴黎的圣德尼教堂第一个用骨架券造成了这一部分，轰动一时，它的工匠被各处争相延聘，对新结构的推广起了重大的作用（图 7-9）。

第二，骨架券把拱顶荷载集中到每间十字拱的 4 角，因而可以用独立的飞券在两侧凌空越过侧廊上方，在中厅每间十字拱4角的起脚抵住它的侧推力。飞券落脚在侧廊外侧一片片横向的墙垛上。从此，侧廊的拱顶不必负担中厅拱顶的侧推力，可以大大降低高度，使中厅可以开很大的侧高窗，侧廊外墙也因为卸去了荷载而窗子大开。因而，结构进一步减轻，材料进一步节省。飞券较早使用在巴黎的圣母院，它和骨架券一起使整个教堂的结构近于框架式的（图7-10）。

图7-9　圣德尼教堂圣坛外圈礼拜室的
肋架券仰视平面

图7-10　哥特主教堂剖面图
左：韩斯主教堂剖面；右：巴黎圣母院剖面

支承飞券的墙垛突出在侧廊之外很宽，13世纪后，把它们之间装修成了小礼拜室，为供奉圣物、听忏悔或为权势者专用。因此，教堂的横厅在两侧伸出就很少了，教堂的拉丁十字形就主要靠高起的中厅表现。

为了最大限度地扩大中厅的侧高窗，也因为教堂规模扩大而无须在楼层上容纳信众，侧廊上的楼层起初退化为狭小的走廊，后来完全取消。

第三，全部使用两圆心的尖券和尖拱。尖券和尖拱的侧推力比较小，有利于减轻结构。而且不同跨度的两圆心券和拱的顶部可以一样高，因此，十字拱顶的对角线骨架券不必高于4边的，成排连续的十字拱不致逐间隆起。甚至，十字拱的间也不必是正方形的了。12世纪时，中厅还沿用正方形的间，每间中用骨架券横分一下，与侧廊拱顶的骨架券呼应，中厅与侧廊之间的柱墩因而大小相间。到13世纪，中厅的间就采用同侧廊的一样进深，不再横分，于是，中厅两侧大小柱墩交替和大小开间套叠的现象完全消失了。内部空间的形象因此整齐、单纯、统一（图7-11）。

不仅在结构上，而且在装饰、华盖、壁龛等等一切地方，一切细部，尖券都代替了半圆券，教堂建筑的风格完全统一，哥特式教堂的风格历两百年的发展终于成熟。

哥特式教堂的结构技术是非常光辉的成就。它的施工水平也非常高。它创造了许多崭新的纪录。例如，中厅的高度，巴黎圣母院的高32.5m，夏特尔主教堂的高36.5m，韩斯主教堂的是38.1m，亚眠主教堂的是42m，而波末主教堂（Beauvais，1225～1568年）和德国的科隆主教堂（Cologne，1248～19世纪）的竟高达48m。又如，西面的钟塔，夏特尔主教堂的南塔高107m，韩斯主教堂的不计尖顶高101m，莱茵河畔

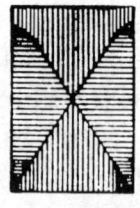
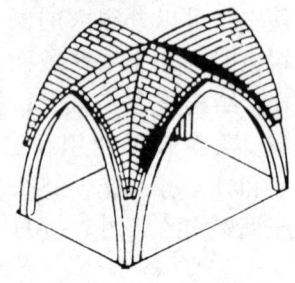

图7-11 尖十字拱

法国的斯特拉斯堡主教堂（Strassburg Cathedral，12世纪末～15世纪末）的高142m，而德国乌尔姆主教堂（Ulm Cathedral，1337年～16世纪）的竟高达161m。西立面正中圆形的玫瑰窗，韩斯的直径是11.5m，斯特拉斯堡的是12.8m。

到这时期之末，哥特建筑的结构已经有了初步的理论基础，有专门的行会或衙司把结构理论和计算方法记录下来。

哥特式主教堂的形制 哥特式主教堂的形制基本是拉丁十字式的。在法国，东端的小礼拜室比较多，自从解决了结构困难之后，布局更加复杂，外轮廓是半圆的。西端有一对大塔（图7-12）。横厅的两个尽端都开门，有小塔做装饰。

英国的主教堂，正厅很长，通常有两个横厅，钟塔只有一个，在偏东的纵横两个中厅的交点之上。西面如有双塔，也比中央的小，处于次要的地位。侧廊的楼层虽然也没有了，但保留着一条小小的走廊，它向中厅的一面，每间用一套轻巧的三联券敞开。东端很简单，大多是方的。例如林肯主教堂（Lincoln Cathedral，1185～1196年）和索尔兹伯雷的主教堂

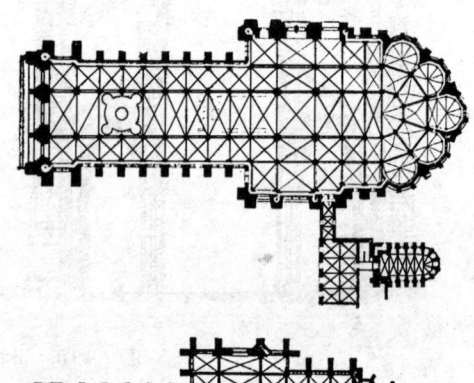
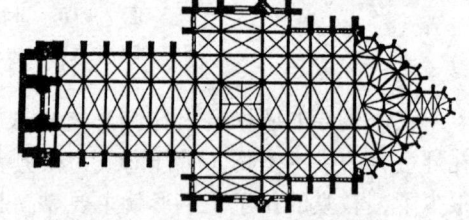
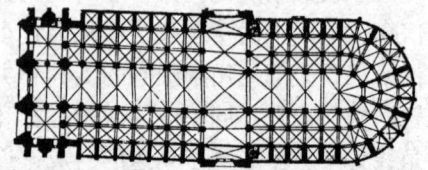

图7-12 哥特主教堂平面图
上：亚眠主教堂平面；中：韩斯主教堂平面；
下：巴黎圣母院平面

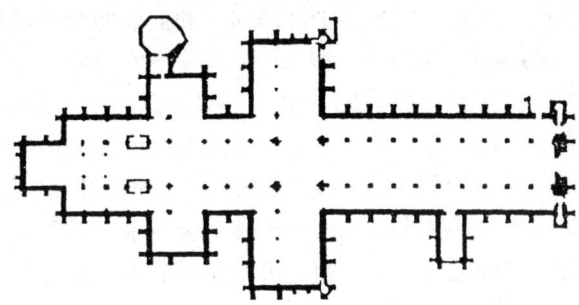

图 7 - 13　英国的索尔兹伯雷主教堂平面

（Salisbury Cathedral，13 世纪，图 7 - 13）。

　　德国有一些主教堂在西端只有一个塔，例如乌尔姆主教堂（图 7 - 14）。有一些教堂侧廊同中厅一样高，形成广厅式的巴西利卡形制，如马尔堡的圣伊丽莎白教堂（St. Elizabeth，Marburg，13 世纪）。

　　意大利北部仑巴底的哥特式主教堂，侧廊的高度接近于中厅的，也是广厅式。结构方法比较保守，常用木桁架，如佛罗伦萨的圣克罗茨教堂（Santa Croce，1294 ~ 14 世纪）。最大的米兰主教堂（Milan Cathedral，1386 ~ 1485 年），内部总长大约 150m，宽 59m，高达 45m，有 4 道侧廊，因而有 4 排柱子。

　　哥特教堂的内部处理　新的结构方式直接为教堂的艺术风格带来了一些新因素，教会力求把它们同神学教条结合起来，工匠们则力求把它们同自己现实的审美理想结合起来。二者的矛盾冲突远比 10 ~ 12 世纪罗曼式教堂里的尖锐得多了。

　　中厅一般不宽，巴黎圣母院的只有 12.5m，韩斯主教堂的 14.65m，夏特尔主教堂的比较宽，也只有 16.4m。但它们很长，巴黎圣母院的为 127m，韩斯市的为 138.5m，夏特尔的长 130.2m。两侧支柱的间距不大，巴黎圣母院和韩斯主教堂的分别约为 6m 和 7.2m。因此，教堂内部导向祭坛的节奏紧凑，动势很强。圣坛上铺金锈银，摇曳的烛光照着受难的耶稣基督，僧侣们借此造成强烈的宗教情绪。但是，由于技术的进步，中厅越来越高，12 世纪下半叶之后，一般都在 30m 以上。拱券尖尖，骨架券从柱墩上散射出来，有很强的升腾的动势。从 13 世纪起，柱头渐渐消退，支柱与骨架券之间的界线很弱，甚至消失，仿佛骨架券是支柱向上的延伸，垂直线统治着所有的部位。于是，看上去不是拱顶覆盖着内部空间，不是支柱负荷着拱顶，而是整个结构都从地下生长出来，

图 7 - 14　乌尔姆主教堂西面

枝干挺拔，向上发散。于是，发生了中厅内向上和向前两个动势的矛盾，削弱了祭坛作为艺术中心的地位。向上的动势，与其说是体现着对"天国"的向往，不如说是表现着工匠们对精湛技艺的自豪。有些教堂，由于技术原因，造了倒，倒了再造，市民和工匠们就是尺寸不让，决不降低高度，而终于成功。

主教堂内部也反映着市民文化与宗教的矛盾。那里裸露着近似框架式的结构，窗子占满了支柱之间的整个面积，而支柱又全由垂直线组成，筋骨嶙峋，几乎没有墙面。雕刻、壁画之类无所附丽，极其峻峭清冷，体现着教会否定物质世界，宣扬"纯洁的"精神生活的说教。琅城的主教堂是这种效果最早的例子之一，而在德国的一些教堂达到极致，例如科隆主教堂（图7-15）。但是，教堂的结构体系条理井然，各个构件分明表现着严谨的荷载传导关系，表现着对客观规律的明确的认识和科学的理性精神，它们同教会所追求的神秘性和彼岸性又是针锋相对的（图7-16）。

图7-15　科隆主教堂内景

图7-16　波未主教堂内部

到14世纪，英国的哥特教堂内部渐渐爱好装饰，把拱顶上的骨架券复杂化，编织成复杂的图案。窗棂也多变化。窗口上部有用四圆心券的了。如西敏寺（Westminster Abbey）东修道院的3个开间，林肯主教堂（图7-17）的东端歌坛等。

同时，祭坛、歌台以及把它们同平教徒隔开的屏风，都是精雕细琢，一身珠光宝气。每逢节日，教堂里挂满了鲜艳的帷幕，甚至把柱子都用绣花绸布装裹起来。市民的意识已经渗透到教会中去，动摇着天主教的正统教义，连教士们自己也已经耐不住"圣洁的"禁欲主义了（图7-18）。

巨大的窗子射进了阳光。神学家们说，阳光灿烂的、明朗的教堂更像天堂。或者说，这阳光从天上射来，象征着"神启"进入信徒的心灵。但是，暖融融的光线适足以冲淡幽秘和恍惚，使一切都易于辨识，易于理解，因此冲淡了压抑

图 7-17 英国林肯主教堂（1233 年封顶）

图 7-18 英国坎特伯雷主教堂歌坛屏风细部

忧郁之感所引起的内省情绪（图 7-19）。西门正中门梁上的雕刻虽然依旧如罗曼式教堂以"最后审判"的题材居多，以引起信徒们紧张的恐惧之心，但它的下面，门洞正中，常常立着和蔼慈祥的圣母像。信徒们在圣母关切的微笑下走进灿烂的大厅，那才是市民们的天堂。教堂祝圣礼拜的赞美诗把教堂叫做"上帝之家和天堂之门"。

　　当然，在哥特教堂内部，占主导地位的仍然是宗教气氛。市民文化只不过对它进行着有力的冲击而已。所以，恩格斯说哥特教堂体现了"神圣的忘我，……象是朝霞"（《马克思恩格斯全集》二卷，63页，俄文版，1931 年）。

图 7-19 巴黎宫廷小礼拜堂大窗

　　彩色玻璃窗 哥特式教堂几乎没有墙面，而窗子很人，占满整个开间，是最适宜于装饰的地方。当时还不能生产纯净的透明玻璃，却能生产含有各种杂质的彩色玻璃。受到拜占庭教堂的玻璃马赛克的启发，心灵手巧的工匠们用彩色玻璃在整个窗子上镶嵌一幅幅的图画。这些画都以《新约》故事为内容，作为"不识字的人的圣经"。但是，它们同样也经历着宗教神学和市民文化的争夺。11 世纪时，彩色玻璃窗以蓝色为主调，有 9 种颜色，都是浓重黝暗的。以后，逐渐转变为以深红色为主，再转变为以紫色为主，然后又转变为更富丽而明亮的色调。到12世纪，玻璃的颜色有21种之多，阳光照耀时，把教堂内部渲染得五彩缤纷，眩目夺神。教士们解释，这正是上帝居处的景象。长老许杰说，注视物质的美丽能导致对神的理解，可以利用尘世的光辉，用贵金属、宝石、马赛克、彩色玻璃等的光彩引导信徒接受神的启示。可是，冲破神学玄秘的迷雾，把彼岸世界搬到可以直接感知的现实中来，正是工匠们的世界观的特点，更何况较晚的彩色玻璃窗，万紫千红闪烁，分明洋溢着尘世欢乐的情绪。

彩色玻璃窗的做法是，先用铁棂把窗子分成不大的格子，再用工字形截面的铅条在格子里盘成图画，彩色玻璃就镶在铅条之间。铅条柔软，便于把玻璃片嵌进工字形截面中去。13世纪中叶以前，由于只会生产小块玻璃，所以分格小，每格里的图画是情节性的，内容复杂，形象多，因而整个大窗子色彩特别浑厚丰富，并且便于色调的统一。13世纪之末，彩色玻璃窗发生了变化。能够生产大块玻璃了，窗上分格趋向疏阔，因而图画内容简略，以个别圣像代替了故事，且用着色弥补彩色玻璃的不足，大面积的色调统一就难维持了，同时也就削弱了装饰性，削弱了同建筑的协调。14世纪，玻璃的色彩更多样，也更透明，因此窗上图画就失去了浓重之感。由于常用几层不同颜色的玻璃重叠，色调的变化更多，统一性就难维持了。到15世纪，玻璃片更大了，也更透明了，于是不再用作镶嵌，而在玻璃上绘画，装饰性就更差了。

由小块到大片，由深色到透明，这是玻璃生产技术的进步，但玻璃窗却为此而损失了它的建筑性。一种建筑艺术手法，总是同一定的物质技术手段紧密地联系着。不论占统治地位的意识形态需要什么古老的艺术手法，物质技术手段总是按照生产本身发展的规律进步着，决不会为了某种艺术要求而停滞下来。于是，物质技术手段发展到一定程度，旧的艺术手法就不能适应，就必须抛弃，不论它过去有过多么高的成就，而必须寻求新的、同新性质的或者新水平的物质技术手段相适应的艺术手法。

在法国教堂中，以夏特尔、韩斯和亚眠主教堂横厅上的彩色玻璃窗最为杰出。巴黎的法国王家宫廷小礼拜堂（St. Chapelle，1243～1246年），由于玻璃窗面积大，简直像大型的圣物箱一样玲珑辉煌。

哥特教堂的外部处理　法国哥特式教堂的外貌往往不及内部完整。由于工期常常长达几十年，甚至一二百年，有些教堂各部分属于不同时期，形式和风格很不一致，如夏特尔的主教堂，两个钟塔的形式差别很大。还有一些教堂，始终没有最后完成，斯特拉斯堡的主教堂只造起了一个塔（图7-20）。西面的典型构图是，一对塔夹着中厅的

图7-20　法国斯特拉斯堡主教堂

山墙，垂直地分为三部分。山墙檐头上的栏杆、大门洞上一长列安置着犹太和以色列诸王的雕像的龛，把三部分横向联系起来。中央、栏杆和龛之间，是圆形的玫瑰窗，象征圣母的纯洁。3 座门洞，都有周圈的几层线脚，线脚上刻着成串的圣像。塔上有很高的尖顶，不过有些没有造成，有些倒塌了（图 7 - 21）。

图 7 - 21　巴黎圣母院

哥特教堂的外部也同样具有鲜明的矛盾性，工匠们世俗的审美理想表现得比内部更强烈一些。

为了适应宗教仪式的需要，为了象征耶稣基督的受难，教会偏好拉丁十字式的平面，教堂的体型很长。但市民们把教堂当作城市繁荣和独立的纪念碑，怀着热烈的感情把西面的钟塔造得一个比一个高。因此，垂直高耸的形体和水平横陈的形体之间主次难分，教堂的外形不够统一。琅城、韩斯和夏特尔等的主教堂，原设计甚至在横翼的两端都要建造双塔。

但哥特教堂的艺术毕竟以统一占着主导地位。与内部一样，教堂外表的向上动势也很强：轻灵的垂直线条统治着全身；扶壁、墙垣和塔都是越往上分划越细，越多装饰，越玲珑，而且顶上都有锋利的、直刺苍穹的小尖顶；所有的券都是尖的，门上的山花、龛上的华盖、扶壁的脊；总之，所有建筑局部和细节的上端都是尖的。因此，整个教堂处处充满着向上的冲劲。凌空的飞券腾越侧廊的屋顶，托住中厅，似乎要把教堂弹射出去。而西面的钟塔，集中了整个建筑物的冲劲，完成了向天的一跃。

为了使这种升腾之势更加自在，教堂的外观力求削弱重量感。斯特拉斯堡主教堂，整个西立面好像蒙着一层精巧的、纤细的石质的网（图 7 - 22）。法国的一些主教堂，如鲁昂（Ruen Cathedral, 13 世纪）的，和德国的一些教堂，例如弗莱堡的（Freiburg Minster, 1350 年），整座高塔连同尖顶像一个透空的编织的笼子。夏特尔、亚眠等主教堂的飞券也都是空灵得很的（图 7 - 23）。一切局部和细节都和总的创作意图相应：线脚截面小、凹凸大；栏杆、窗棂等等的截面以一个尖角向前；大的墙垛上，都设置雕镂细巧的龛，上面戴一个尖尖的顶子。这些都使教堂显得轻盈。所以，尽管在内部和外部都有水平和垂直之间的矛盾，哥特式教堂的风格是很成熟的，从整体到细部，都贯彻着稳定的、鲜明的性格。这种性格一直贯彻到哥特建筑在城市环境中的形象，它高高矗立在满城低矮的房屋上空，成为整个城市的垂直轴线，赋予整个城市以升腾的动态。主教堂建筑也因此成了教会庇佑、安抚市民心灵的象征。

图7－22　斯特拉斯堡主教堂细部西面　　　图7－23　法国，亚眠主教堂飞券

教会把教堂向上的动势看作弃绝尘寰的宗教情绪的体现。但工匠们却使高高低低、错错落落向上迸跳的尖塔和雕像之类造成热热闹闹、欢欢喜喜的气氛。意大利北部米兰的主教堂，外部有135个小尖塔，个个顶着一尊雕像，景象蓬蓬勃勃。

教堂的外部富有装饰。12世纪的还比较简朴，到13世纪，华丽的山花、龛、华盖、小尖塔等等堆满全身，同清冷素约的内部形成强烈的对照。大门和它的周围布满了雕刻，刻的是圣徒像或者《新约》故事，作为"不识字人的圣经"，向人们宣传教义。但工匠们却趁机会刻下了他们对宗教的讽刺，也就是对封建制度的抗议：有在羔羊面前做弥撒的狼，有身穿法衣对鸡和鸭讲道的狐狸，有长着驴子耳朵的神父等等；也刻下了农民收庄稼、教师上课等日常生活场景和其他民间故事题材。

法国哥特建筑是多彩色的。巴黎圣母院西立面上的雕像本来涂着各种鲜艳的颜色，而底子则是金色的。

作为装饰和赞美城市的纪念碑，哥特建筑外部更多地体现着以工匠和小商人为主体的市民们对现实生活的热爱，炫耀着工匠们的卓越的技艺和城市的富足、独立。

德国的哥特式教堂立面上水平线很弱，几乎没有，垂直线很密而且突出，显得比较森冷峻急（图7-24）。而英国的则水平分划很突出，比较舒缓安详。常常只在西面造一座钟塔。

但英国的哥特式教堂，到15世纪，叫垂直式时期，变得几乎没有什么细节打断各处可能有的垂直线。墩子表面也做垂直棱线，巨大的窗子只有垂直的细棂。代表性的例子是温且斯特主教堂（Winchester Cathedral，1079~）和格罗赛斯特主教堂（Gloucester Cathedral，1329~）。

西班牙在8世纪被伊斯兰教徒占领。10世纪后，信奉天主教的西班牙人从北而南逐步赶走伊斯兰教徒，同时就建造天主教堂。教堂的形制布局完全采用法国的哥特式，但是，西班牙人当时不得不用技术水平比他们高得多的穆斯林匠人，于是，大量伊斯兰建筑手法掺入到哥特建筑中去，形成了特殊的风格，叫做穆达迦风格（Müdajar style），它的特点是用马蹄形券、镂空的石窗棂、

图7-24　乌尔姆主教堂

大面积的几何图案或其他花纹（图7-25）。西班牙主要的哥特式教堂是伯各斯主教堂（Burgos Cathedral，1220~1500年），督莱多主教堂（Toledo Cathedral，1227~1493年）等等。

无论是法国的还是西班牙的哥特式教堂，古典建筑的因素和手法基本上是没有的。这一方面是由于它们完全不能适应哥特式的结构体系和艺术追求，在实践过程中逐渐被淘汰了，一方面是因为哥特建筑兴起和流行的地区，在古罗马时代都还是僻远的省份，古代的文化和建筑遗产都比较少，传统的力量很弱。

在哥特式主教堂中产生、成熟的形式和方法，逐渐传布到一般的教堂建筑中，直到乡村小教堂，也耸立起尖尖的钟塔。它同样也渗入到市民的世俗建筑中去。

哥特式教堂和市民建筑　10~12世纪的罗曼式修道院教堂的风格，同封建主们的寨堡一致。12~15世纪哥特城市教堂的风格则同市民的住宅、商店和公共建筑一致。市民建筑的艺术经验曾经影响过哥特式教堂风格的形成。

市民们的住宅、商店和公共建筑物，按照日耳曼民族从北方带来的传统，大多采用木构架。梁、柱、墙龙骨以及为加强构架的刚性而设的一些构件，完全露明，涂成蓝色、赭色、黑色或其他暗色。它们之间用砖头填充，有的再抹白灰。由于木构件和填充部分显著区别，色彩对比明朗，窗子很大，所以，房子表现出了框架建筑轻快的性格（图7-26）。

图7-25 西班牙瓦拉道立德圣
格里高利礼拜堂正面（1488年）

图7-26 英国诺顿·圣菲立普，
乔治旅馆（1397年）

因为城市拥挤，房屋大多是楼层向前挑出。屋顶高耸，里面设阁楼。平面自由地根据实际需要布置，门窗随宜安排，不强求一律和整齐对称。经过工匠们的巧妙设计，木构件组成优美和谐的图形。房屋的体形和立面活泼而又匀称。露明楼梯、阳台、花架、戴着尖顶的凸窗等，更点缀得生趣盎然（图7-27）。

城市住宅的底层通常是店铺或作坊。面阔小而进深大，两坡的屋顶以山墙临街。市政厅的底层也往往是商店或者商场，上层有一间大会议厅，它向市中心广场设一个阳台，作市民集会时的主席台。市政厅上兴奋地挺起剑一样的尖顶，流露出城市自治的喜悦。

这些建筑物反映出市民们求实的性格和美化生活的愿望，它们的风格是淳朴而愉快、平易而亲切的。它们洋溢着人情的美，人性的美。

比较晚一些，城市的公共建筑物有用砖石造的了，它们常常引用哥特教堂中的建筑形式和部件：尖券的门窗、小尖塔、华盖，甚至彩色玻璃窗。这种情况雄辩地证明了哥特教堂一些建筑处理的世俗性。这类建筑物

图7-27 法国，昂日斯亚当府邸
（15世纪）

中最杰出的作品有贡比埃涅市政厅（Hôtel de Ville，Compiègne，15世纪末）和鲁昂的法院（Palais de Justice，Rouen，1493～1508年，图7-28）等，都在法国。

图7-28　法国，鲁昂，法院

15世纪，随着资产阶级从市民中分化出来，城市上层的府邸也从木构架的市民建筑分化出来，用石头建造。内院式的，自由布局而不强求对称。楼梯还是螺旋式的居多。这时期，资产阶级还很软弱，倾慕封建贵族，他们的府邸模仿贵族的寨堡，造一些雉堞、碉楼之类的东西当作装饰品，虽然毫无实际意义。但这些府邸毕竟不同于罗曼建筑时期的贵族寨堡，门窗比较大，讲求体形的和谐和均衡，细节精致，没有沉重封闭的军事堡垒的欺人性格。偶然点缀一两件小尖塔、华盖或者尖券的彩色玻璃窗，更显得活泼生动。楼梯在内部看是隐藏在角落里的，但楼梯间在外部却表现为一个垂直的凸出体，成了外形上重要的部分，上面有尖锥形的顶子，使房屋体形丰富。这类府邸的著名例子有部什市的葛合府邸（Hôtel de Jacques Coeur，Bourges，1443～1450年）和巴黎的克吕尼府邸（Hôtel de Cluny，1485年）等。

在德国，有斯当达尔城的恩格林杰门（Ünglinger Tor，Stendal，1400年之后），在比利时，有布鲁塞尔市政厅（1402年）和布鲁日市政厅（13世纪末），都是城市公共建筑的卓越代表。后者有一个85m多高的大塔，作为城市的垂直轴线（图7-29），

图7-29　比利时，布鲁日市政厅

它标明，在经济发达的尼德兰，市政建筑和行会大楼的重要性已经超过了教堂。

封建主的大寨堡也发生了变化。14世纪下半叶，热兵器大量应用之后，厚重的防御工事渐渐淘汰，碉楼之类的象征作用大于实际的意义，个别也有用尖顶装饰的了，寨堡在原野中有了审美价值。著名的如法国的喀尔卡松堡（Carcasson，初建于13世纪）。

哥特式教堂建筑的衰落　哥特式教堂的历史同市民的独立斗争和城市的民主政体相始终。到15世纪，市民内部已经发生了明显的阶级分化，法国、英国等的王权已经统一全国，哥特式教堂的发展便到了尽头。

新兴的资产阶级同教会神学教条的矛盾更进了一步，在教堂建筑中，他们已

经不能满足于隐晦曲折地表达一些对世俗生活的爱，而更多的世俗化，已经不能为哥特式教堂建筑所容纳，势必要完全突破它的框框才成。哥特式教堂内部教会文化与世俗文化矛盾的激化以及世俗文化向矛盾主要方面的转化，终将导致统一体的瓦解。同时，随着王权的强大，形成了宫廷文化，并且很快占据了主导地位，哥特式教堂大量接受了宫廷文化的影响，逐渐走向繁琐，丧失了它许多健康的理性原则。

15 世纪之后，在英国，发展了垂直式哥特建筑，在法国，发展了"辉煌的"哥特式建筑。它们都是晚期的哥特式建筑。

曾经是明晰地体现着理性精神的骨架券，在新的历史条件下转化到了它们自身的反面。在英国垂直式哥特建筑中，它们在拱顶上弯曲盘绕，交织成综错的网。图案纵然优美，工艺纵然精绝，确实是建筑遗产中弥足珍贵的片断，但是，可惜它们并非建筑本色，不仅没有结构作用，反倒成了结构的累赘。有些骨架肋甚至是从石板上雕刻出来的虚假的结构形式。这种拱顶的重要例子有克鲁赛斯特主教堂（Cloucester Cathedral，1351 ~ 1377 年）的环廊和剑桥的国王学院礼拜堂（King's College Chapel，1446 ~ 1515 年）。伦敦西敏寺亨利七世礼拜堂（Henry Ⅶ's Chapel，约 1500 年）的拱顶，更是华美之极，却已经完全不是建筑的当行手法（图 7 - 30）。

法国"辉煌式"的哥特教堂，垂直线条被各种装饰物缓和了，亚眠主教堂的西立面，装饰已经堆砌过多。

"辉煌式"和垂直式的教堂，尖券比较平缓，甚至使用 4 圆心券和火焰式券。连窗棂也使用复合的曲线。于是，哥特教堂风格的一贯性被破坏了。法国"辉煌式"哥特教堂的典型作品是旺多姆的三位一体教堂（St. Trinitē，Vandôme，约 1500 年）。"辉煌式"教堂在形制上和结构上没有新的创造，只是堆砌繁复的装饰，被批评为"疯狂的"。但对繁复装饰的爱好，正是一种新的世界观，新的文化心理的表现。

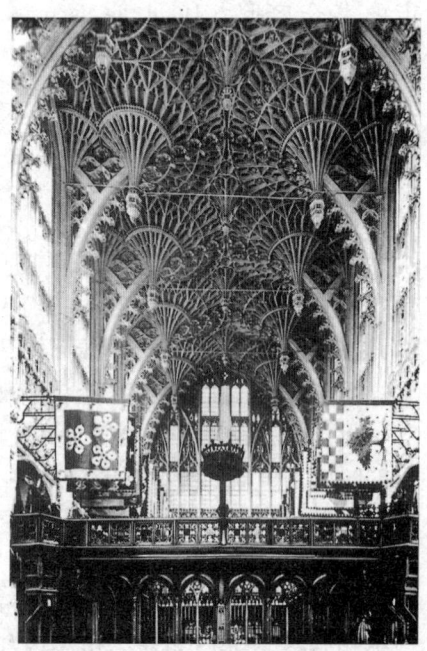

哥特式的雕像，本来作为建筑的装饰或者附庸，没有动态，没有体魄，完全融和在建筑构件里，象夏特尔主教堂里那样。但是，后来渐渐活动起来，姿态表情都强了，几乎成了独立的艺术品。就雕刻来说，有了进步，但它们不再同建筑相协调，损害了教堂建筑艺术的统一。彩色玻璃窗也是这样。

一种新的，能够容纳更多的世俗意识的教堂建筑和相应的手法，被召唤着了。

就在"辉煌式"的 15 世纪，意大利已经开始了它的文艺复兴。那是一个欧洲新时代的开始，不久就要波及并改造整个欧洲。"辉煌式"的人文历史蕴涵，其实也就是向

图 7 - 30　伦敦，西敏寺，亨利七世
礼拜堂内景

文艺复兴的过渡，不过一时还没有找到它的形式。

文化的复杂性与矛盾性　任何一个社会，它的文化都不是单一的，而是包含着不同的成分。这些成分一般反映着不同的利益集团或阶层的物质的和精神的需要，反映他们的社会地位和教养。这些集团或阶层之间的关系是动态的，所以这些不同文化成分之间的关系也是动态的，有斗争，有渗透、有消长、有转化。人民大众的文化也不免于含有统治者的意识，反过来，人民的意识也常常能突破统治者的阵地。法国国王的权臣许杰长老的建筑观点和实践活动，就在一定程度上反映了市民的审美要求。连最顽固的圣伯纳（St. Bernard），也不得不同意城市的教堂要有绘画、雕刻和彩色玻璃窗，虽然目的是为了向市民灌输"真理"。更有意思的是，圣伯纳本人主持过的西斯丁派修道院，以圣洁为标榜的，日后也渐趋浮华，因为他们以提倡苦工而养羊，竟由此而成了欧洲最富的牧场主。

在建筑中，人民大众的文化阵地比在文学、艺术中要广大得多。因为在文学、艺术中，一般地说，它们的创作技巧手段主要掌握在少数知识人手中，而在建筑中，却是由设计和建造它们的脑力和体力劳动者完全地掌握着它们。创作技巧，正是建筑文化的重要组成部分。同时，竹木砖瓦、梁柱拱券、藻饰彩画，无一不出自劳动者之手。劳动者在创作建筑物时，总是要把它当作自己体力和智力的表现来看待。在大多数情况下，人民大众的意识，他们的建筑文化，都可能在统治阶级所占有、所利用的建筑物上或多或少地有所表现，特别是他们对客观的结构规律和艺术规律的深刻认识。

这种情况，多种文化的共处，包含着它们的矛盾。建筑中，各种文化因素的多少，反映着各方力量的消长，这个消长，反映着一定历史时期的社会经济情况和政治形势。古希腊平民同奴隶主贵族的斗争，西欧中世纪城市市民同封建领主和教会的斗争，都鲜明地表现在建筑文化之中，劳动者的意识在其中历历可见。当然，统治阶级的文化，总是社会中占统治地位的文化，哥特式教堂中，也是宗教情绪占着统治地位，但它却逐渐受到市民文化越来越强的冲击。

以法国和英国的主教堂为代表的哥特式建筑，毫无疑问是世界建筑史上最峻拔的高峰之一。但是，在下一个历史时期，即文艺复兴时期，人们重新崇尚人文主义的古典文化，它却在那一场文化大变革中作为黑暗的中世纪的象征而被厌弃。它被称为"哥特式"，这名称借自灭亡了西罗马帝国、摧毁了古典文化的"野蛮民族"哥特人。意大利文艺复兴大师拉斐尔在 1519 年一封致教皇利奥十世的信里，把"哥特人统治时代"的建筑说成是"毫无典雅和风致"可言的。他批评中世纪的尖拱："除其本身有较多弱点（力学上的）之外，也没有能引起我们注意的优美之处，因为我们的眼睛习惯于欣赏圆形的东西，大自然几乎从来不追求别的形式。"不过，应该注意，意大利在哥特人统治时代的建筑，并不是哥特式建筑，至少不是典型的。

7.3　意大利的中世纪建筑

除了北部仑巴底地区参与了西欧中世纪哥特建筑的发展进程之外，意大利的中世纪建筑是独立发展的，水平很高。

意大利在这时期不统一。威尼斯、热那亚、比萨、路加、佛罗伦萨等是当时欧洲经济最先进的城市，最早战胜了封建主而建立了城市自治共和国。在这些城市里，市政厅、商场、豪商们的府邸等占据着突出的主导地位。教堂几乎都为纪念历史事件而建。在一些北方的落后城市里，血统贵族还有权势，由于封建战争频繁以及教皇派和反教皇的世俗君主们的长期战争，造了许多用于军事的石质高塔，而在先进的、市民掌握了政权的城市里，却禁止建造防御性的塔。

意大利中世纪建筑地方特色因此而增强了。意大利是古罗马的中心，古代遗迹遍地，所以建筑中古代的传统因素很强，常常用古典柱式，虽然不很严谨，但稳定、平展、简洁等古典建筑的性格却一直保留着，起了削弱地方特色的作用。城市共和国主要从事地中海的贸易，同西欧的联系少，而且，教会的势力一度在意大利很弱，所以没有普遍流行教会提倡的法国式的哥特式建筑（图7－31）。但由于中世纪城市的分化，地方特色有所增强，而且意大利城市这时又基本独立，所以南部受伊斯兰文化的影响比较多，东北部受拜占庭的影响多（图7－32）。

比萨主教堂建筑群　11世纪时，比萨是海上贸易和军事强国。比萨主教堂，它的钟塔和洗礼堂，是意大利中世纪最重要的建筑群之一。它是为纪念1062年打败阿拉伯人、攻占西西里首府巴勒摩（Palermo）而造的。

主教堂（1063～1092年）是拉丁十字式的，全长95m，4排柱子，有4条侧廊。中厅屋顶用木桁架，侧廊用十字拱。正立面暴露山墙两坡，高约32m，有4层空券廊作装饰，是意大利罗曼风格的典型手法。大门右边的墙上安放着建筑师的石棺（图7－33）。

图7－31　Ovieto 主教堂，1310年始建

图7－32　拉温耶（Ravenna）的 Galla Placidia 墓内部，见拜占庭的装饰风味

钟塔（1174 年）在主教堂圣坛东南 20 多米，圆形，直径大约 16m，高 55m，分为 8 层。中间 6 层围着罗曼式的空券廊，底层只在墙上作浮雕式的连续券，顶上 1 层收缩，是结束部（图 7 - 34）。楼梯藏在厚厚的墙砌体里。它在建造时便有倾斜，工匠们曾企图用砌体本身校正，但没有成功。

比萨主教堂前面大约 60m 处是洗礼堂（1153 ~ 1278 年），也是圆形的，直径 35.4m。顶子本来是锥形的，总高 54m。立面分 3 层，上两层围着空券廊。后来经过改造，添加了一些哥特式的细部，顶子套上一个用木构架造成的穹窿。

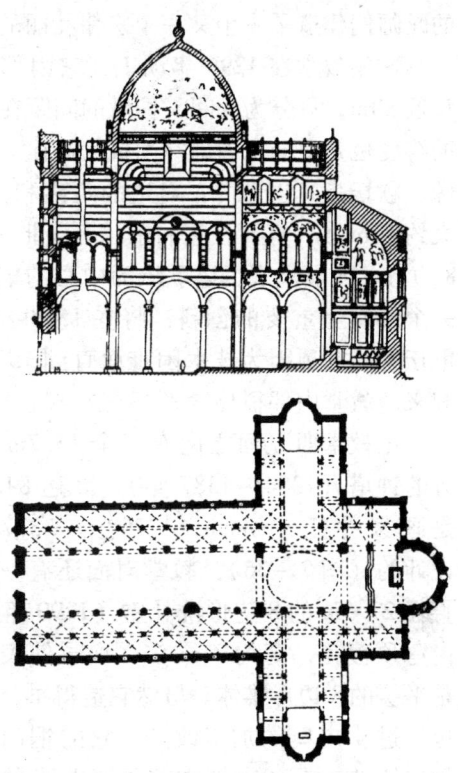

图 7 - 33　比萨主教堂平面和剖面

这一组建筑群摆脱了主教堂位于城市中心的常例，而造在城市的西北角，紧靠城墙和墙根的公墓墓堂，大致连成一线，以完整的侧面朝向城市。3 座建筑物的形体各异，对比很强，造成丰富的变化。但它们构图母题一致，都用空券廊装饰，风格统一，从城市这边望去，又被城墙和公墓联系起来，形成和谐的整体。空券廊造成的强烈的光影和虚实对比，使建筑物显得很轻快爽朗。3 座建筑物都由白色和暗红色大理石相间砌成，衬着碧绿的草地，色彩十分明亮。草地上点缀着一些不大的白色儿童雕像，更显得亲切生动。它们既不追求神秘的宗教气氛，也不

图 7 - 34　比萨主教堂及钟塔

追求威严的震慑力量，作为城市战胜强敌的历史纪念物，它们是端庄的、和谐的、宁静的（图 7 - 35）。

佛罗伦萨主教堂和旧宫　佛罗伦萨在 13 世纪是意大利最富庶的城市共和国之一，工商业发达，行会力量强大。

1293 年，行会联盟起义，把贵族完全摈斥在政权之外。为了纪念这场平民斗争的胜利，市政当局决定兴建和"市民的财富……相称"的主教堂。在给建筑师坎皮奥（Arnolfo di Cambio，? ~1302 年）的委托书里写着："您将建立人类技艺所能想像的最宏伟、最壮丽的大厦，您要把它塑造得无愧于这颗结合了万众一心的公民精神而显得极其伟大的心灵。"正是这样的"心灵"，激励着中世纪

的匠师们建造了一个又一个宏伟壮丽的城市教堂。

这座教堂在1296年动工，它内部空阔敞朗。大厅长近80m，只分为4间，柱墩的间距在20m左右，中厅的跨度也是20m，内部空间极为高敞。东部的平面很特殊。歌坛是8边形的，对边的距离和大厅的宽度相等，大约42m多一点。在它的东、南、北三面各凸出大半个8边形，明显呈现了以歌坛为中心的集中式平面。这是一个形制上重要的创新，将在15世纪之后得到发展。歌坛上的穹顶因为技术困难而直到15世纪上半叶才造起来。教堂内部很朴素。

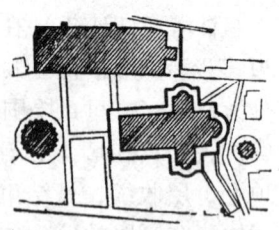

图7-35　比萨主教堂、洗礼堂和斜塔总平面图（上方为墓堂）

主教堂西立面之南有一个13.7m见方的钟塔（1384～1387年），高达84m，是画家乔托（Giotto, 1276？～1337？）设计的（图7-36）。教堂对面还有一个直径27.5m的8边形洗礼堂（1290年），由穹顶覆盖，高约31m多，顶子外表则是平缓的8边形锥体。虽然它造得早，但也经过坎皮奥的加工改造。它的铜门的创作铸造，是意大利文艺复兴艺术的里程碑式作品。与比萨的一样，这个建筑群也包括主教堂、洗礼堂和钟塔3座独立建筑物。这是意大利城市主教堂的一般模式。按照惯例，它们造在城市中心。

主教堂的正面、洗礼堂和钟塔都以各色大理石贴面，在不大的市中心广场上，由对比着的形体构成丰富多变而又和谐统一的景色，这是中世纪意大利城

图7-36　佛罗伦萨主教堂西面及塔

市中心广场中最壮丽的。主教堂歌坛上的穹顶，在完成之后与钟塔一起形成城市外轮廓线的制高点。

离主教堂不远，坎皮奥设计建造了市政厅，后来叫"旧宫"（Palazzo Vecchio, 1299～1314年），它是一所3层的四合院，有一座94m高的钟塔。外墙全用大块毛石砌筑，十分刚健，檐头设防御用的挑廊和雉堞。旧宫侧面的议会广场是佛罗伦萨最重要的政治活动场所，后来安置了喷泉和一些杰出的雕像。1376～1382年间又在广场上造了著名的朗奇敞廊（Loggia dei Lanzi, 1376年）。

威尼斯的总督府　威尼斯总督府（Palazzo Ducale, 1309～1424年）是欧洲中世纪最美丽的建筑物之一。威尼斯当时是海上强国，地中海贸易之王。总督府是威尼斯打败劲敌热那亚（1352年）和土耳其（1416年）的重大胜利的纪念物。

总督府曾经几度改建，原来是一座拜占庭式的建筑，现状主要是14世纪时

重建的。建筑师为齐阿尼（Sebastian Ziani），总督为格拉德尼哥（Pietro Gradeni-go）。它的平面是四合院式的，南面临海，长约74.4m，西面朝广场，长约85m，东面是一条狭窄的河。主要的房间在南边，一字排开。大会议厅在第二层，面积54m×25m，高15m。非常空阔宽敞，装饰极为华丽，有大幅的壁画和天顶画。

总督府的主要特色在南立面和西立面的构图。立面高约25m，分为三层，外加一个只开了一排小圆窗的顶层。第一层是券廊，圆柱粗壮有力。最上层的高度占整个高度的大约1/2，除了相距很远的几个窗子之外，全是实墙。墙面用小块的白色和玫瑰色大理石片贴成斜方格的席纹图案，由于没有砌筑感，从而消除了重量感。除了窄窄的窗框和细细的墙角壁柱，没有线脚和雕饰。大理石光泽闪烁，墙面犹如一幅绸缎。这一层高高的实墙看上去并没有给下面的券廊过重的负担，它的处理显然受到伊斯兰建筑的影响。当时威尼斯和地中海东部的伊斯兰国家有很密切的贸易和文化往来，有大量的阿拉伯人定居在威尼斯，甚至担任官职。而且，作为一个强大的、开放的国家，威尼斯人的文化心态也是很宽容的。

第二层券廊担当了上下两层间的过渡任务。它比底层多1倍柱子，开间小，比较封闭一些，而它上面的一列圆形小窗的透空度又更小一些，是券廊和实墙之间很好的联系者。所有的券是尖的或者火焰式的，也有明显的伊斯兰建筑的风味。圆窗内做哥特式的十字花，它们同券廊的火焰形券一起组成了十分华丽的装饰带（图7-37）。

南立面第三层东端两个窗子的位置略略低了一点，这是因为它们所在的大会议厅是后来扩展的。大厅长54m，宽25m，高15m，是中世纪几座最大的大厅之一。这大厅和其他的大厅里，布满了文艺复兴时期最杰出的大师们的壁画。

图7-37　威尼斯总督府

　　这两个立面的构图极富有独创性，奇光异彩，几乎没有可以类比的例子。它们好像是盛装浓饰的，却又天真淳朴；它们好像是端庄凝重的，却又快活轻俏，似乎时时在变化着它的性格和表情。19 世纪英国著名的文艺理论家、建筑史家拉斯金（John Ruskin，1819～1900 年）说："总督府是威尼斯的帕提农，而格拉德尼哥是威尼斯的伯里克利。"（见《威尼斯之石》第一卷）。他认为，总督府把威尼斯哥特建筑分为前后两期，在它之后，所有的哥特式府邸都多多少少摹仿它。他说，总督府最有哥特式建筑的画意，历来有无数的画家画总督府，却没有一个画家画大运河上的文艺复兴时代的府邸。

图 7-38　威尼斯大运河上的黄金府邸

　　总督府北面与圣马可主教堂毗邻（主教堂本是拜占庭式的，15 世纪时经过扩大、改建和装饰了立面），它的方正的轮廓和稳定的水平分划反衬着主教堂的穹顶、尖塔、山花之类造成的复杂的形体和蓬勃的向上动势。在总督府院内，东、西、南三面的柱廊与北面主教堂的侧翼之间也存在着同样鲜明的对比。总督府与主教堂又以券廊和富丽的色彩作为共同的特点，取得协调。总督府的檐头设置着一排透剔的装饰，同圣马可主教堂略略呼应。

　　稍晚几年，威尼斯最美的哥特式府邸之一，康塔里尼（Contarini）家的黄金府邸（Palazzo Ca d'Oro，1427～1437 年，建筑师 Giovanni and Bartolomeo Buon，一说为 Matteo Raverti）的立面是模仿总督府的，不过第三层也做了券廊，而在一侧设比较封闭的墙面，构图更活泼（图 7-38）。它面临大运河的墙垣是白色石灰石砌的，因为装饰细部全都贴金而得名为"黄金府邸"。

7.4　西班牙中世纪的伊斯兰建筑

　　8 世纪初，信奉伊斯兰教的摩尔人占领比利尼斯半岛后，建立了倭马亚王朝（Omayads，8～11 世纪），促进了东西方文化的交流，西班牙成为西方文化最高的地区之一。摩尔人从西亚一带带来了建筑物的类型、形制和手法，比利尼斯的建筑同整个伊斯兰世界的基本一致，强大的宗教力量在很大程度上克服了千山万水的地理阻隔。不过西班牙的伊斯兰建筑还是有自己的地方特色。

　　10 世纪后，比利尼斯的伊斯兰国家分裂，被西班牙天主教徒逐个消灭。13 世纪，就只剩下了小小一块地方。1492 年，摩尔人撤离了最后一个城市，格兰纳达（Granada）。

天主教徒所到之处有意扫除伊斯兰文化。但伊斯兰的建筑，由于水平高于当时西班牙天主教地区的，所以还对西班牙建筑保持着很强的影响。

哥多瓦大清真寺　从 8 世纪末到 11 世纪初，哥多瓦（Cordoba）城是统治了大部分比利尼斯半岛的倭马亚王朝的首都，非常富足，文化高、生活奢华。全城 50 万人口，拥有 3000 座清真寺、300 所公共浴场。哥多瓦的大清真寺（The Great Mosque，786~988 年）是伊斯兰世界最大的清真寺之一。它的形制是广厅式的，来自叙利亚，用许多平行的单向联系的连续券做承重结构。不过大殿进深大于一般清真寺，前面的院子则比较小。大门朝北偏西。它初建于 785~793 年，正是倭马亚王朝的极盛时期，以后经过多次的扩建和改建（图 7−39）。

扩建和改建之后的大殿东西宽 126m，南北深 112m。18 排柱子，每排 36 根。东侧的 7 排柱子和外墙是 987 年完成的，同时，把圣龛（Mirab）向东移了 3 间，以致圣龛和大门二者并不正对。柱列由西北走向东南。柱间距不到 3m，柱子密集，互相掩映，几乎见不到边涯。柱子是罗马古典式的，用红、黑、棕、黄等大理石砌成，高只有 3m，木顶棚高 9.80m，在柱头和顶棚之间，重叠着两层发券，它们在大厅上部的微光里像不尽的连环，无边无际。因此，清真寺内部回荡着一种迷离惝恍的宗教气息。恩格斯说："伊斯兰教建筑是忧郁的，……伊斯兰教建筑如星光闪烁的黄昏。"（《马克思恩格斯全集》，二卷，63 页，俄文版，1931 年），可为这座清真寺大殿的写照。

哥多瓦清真寺大殿两层的发券，上层的略小于半圆，下层的是马蹄形的，都用白色石头和红砖交替砌成，是埃及和北非的典型做法（图 7−40）。圣龛前面国王做礼拜的地方，发券特别复杂，花瓣形的券重叠几层，互相交错，非常华丽，装饰性很强。除了半圆券和马蹄券，还有火焰形券、三叶草券、梅花券等等，而且往往重叠或交差组织成更复杂的花样。它们真挚地流露出工匠们对技艺的热爱和赞美。圣龛的穹顶是用 8 个肋架券交叉地架成的，很轻巧。这种做法流行于西班牙和西西里岛，17 世纪时在意大利也有仿制这种做法的。

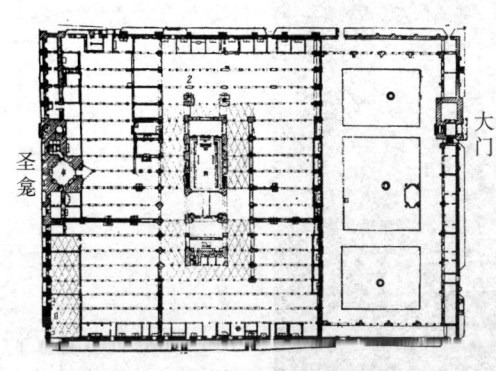

图 7−39　哥多瓦大清真寺平面

图 7−40　哥多瓦大清真寺内部

前院的西北墙原有光塔，1593 年清真寺改为天主教堂后，光塔被改建成为天主教堂的钟塔，高达 93m。

吉拉尔达塔　清真寺都有塔，用来报时和召唤信徒做礼拜。西班牙的塔大多是方形的，最著名的是赛维尔的吉拉尔达塔（The Giiralda, Saville）。赛维尔是一座几乎可以与哥多瓦匹敌的城市，有 30 万人口，是文化学术中心。吉拉尔达塔（风信塔）本是清真寺塔，1184 年初建，用石筑，方形，每边宽 16.5m，到 56.4m 高程后，续建者改用砖筑。1248 年赛维尔重新被天主教徒占领之后于 1568 年用了当时的文艺复兴的样式把它建成，并设了风标，总高达到 94m 多（图 7-41、图 7-42）。

吉拉尔达塔虽然高大，但门窗尺度正常，用马蹄券或花瓣券，配着小巧的阳台，墙面上砌着薄薄的凸出的阿拉伯式几何花纹，很细密，因此，整个塔在简朴浑厚之中不失精致，而且上部分划比下部细，尺度比下部小，装饰比下部多，也远远比下部空灵，造成了像植物一样向上生长的势态。这种手法，在世界建筑史中是经常见

图 7-41 吉拉尔达塔

到的，古希腊的柱式是这样，哥特式教堂也是这样，以后的向高处发展的建筑也都是这样。它是一种有普遍意义的手法，因为向上生长的势态蕴含着蓬勃的生命

图 7-42 西班牙塞维利亚主教堂（1402~1519 年）。欧洲中世纪最大的教堂，前面就是吉拉尔达塔

力，而生命是美的。

树木花草，凡是生长着的东西，无一不是下粗上细，下重上轻，下质厚而上透漏的。人们熟悉了这种生机勃发的势态，形成了一种审美意识。同时在千百次的建筑创作实践中，把自己的审美意识转化在建筑物上，推敲磨砺，终于形成了富有生长动势的建筑形象和相应的手法。正因为人们的审美意识是客观规律性的反映，所以，在世界各地不约而同地产生了类似的建筑艺术手法。而一般的鉴赏者也因为在客观世界中和在早年的建筑物中熟悉了这种势态，能产生相应的审美感受。

西班牙的塔对欧洲各国文艺复兴时期一些塔的形式很有影响。

阿尔罕布拉宫　西班牙格兰纳达的阿尔罕布拉宫（Alhambra，13～14 世纪）是伊斯兰世界中保存得比较好的一所宫殿。格兰纳达在哥多瓦的倭玛亚王朝灭亡后才渐渐发展起来，1272 年成为一个小王国的首都。这时西班牙的天主教徒已经逐步恢复他们的领土，各地的伊斯兰教徒逃亡到格兰纳达来，使它在经济和文化上达到一个高峰。15 世纪末它被天主教徒占领，摩尔人失去了在西班牙的最后一片土地。在灭亡之前，格兰纳达的摩尔人小朝廷沉浸在纤弱忧郁而且萎靡的气氛之中，但又不失优雅和精致。这种气氛反映在建筑上，代表作是阿尔罕布拉宫。阿尔罕布拉宫意思是"红宫"，因为它位于一个地势险要的小山上，有一圈3500m 长的红石围墙蜿蜒于浓荫之中，沿墙耸立起十几座高高低低的方塔。围墙的大门在南边，君主在这里公开审理诉讼，所以叫公正门，宫殿于 1368 年建成，偏于北面，它以两个互相垂直的长方形院子为中心。南北向的叫柘榴院（36m×32m），以举行朝觐仪式为主，比较肃穆。东西向的叫狮子院（28m×16m），是后妃们住的地方（图 7－43），比较奢华。

柘榴院两侧是不高的墙，表面平洁。南北两端各有七间纤细的券廊。北端券廊的后面就是正殿。正殿连墙厚在内大约 18m 见方，高也是 18m，沉重地耸立在纤细的券廊背后，更突出了券廊的轻快。廊子里和正殿里，墙面满覆着图案，是画在抹灰层上的，以蓝色为主，间杂着金色、黄色和红色，模仿伊朗的琉璃贴面。它们在简朴的院墙映衬之下，并非富丽，并非堂皇，而是飘散着淡淡的忧郁。院子中央一长条水池，晶莹澄澈，倒影如画，使院子更柔和明亮一些，也活泼一些（图 7－44）。柘榴院之西有清真寺，之东有浴室。

狮子院有一圈柱廊，124 根纤细的柱子或一个、或成双、或三个一组地排列着，挤挤攘攘不很规则。柱子上支承着精巧华丽的马蹄形券。柱廊在东西两端各形成一个凸出的厦子。装饰纤细的、精巧的券廊给狮子院以娇媚的性格，它们造成的不安定的、强烈的光影变化，使狮子院洋溢着摇曳迷离的气氛。院子的北侧是后妃卧室，后面有一个小花园。从山上引来的泉水分成几路，潺潺流经各个卧室，降低炎夏的蒸热。院子的纵横两条轴线上都有水渠，相交处辟圆形水池，池周雕着 12 头雄狮（约 1362～1391 年间建造），院子由此得名（图 7－45）。水池四面的 4 段水渠，分别象征水河、乳河、酒河、蜜河。这 4 条河是《古兰经》里应许给虔诚的信徒们的天堂里最诱人的"生命之源"。它们被广泛地用象征手法

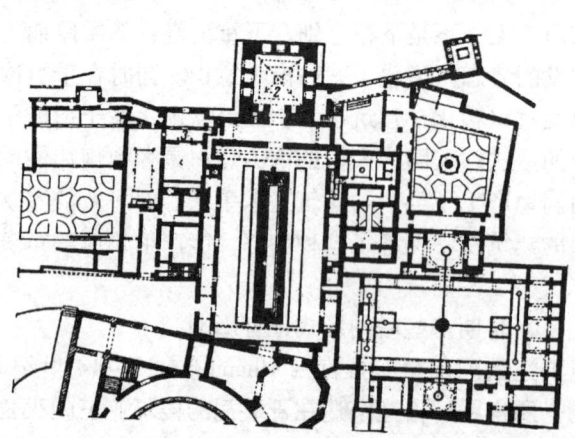

图 7 – 43　阿尔罕布拉宫平面　　　　　　　图 7 – 44　柘榴院

图 7 – 45　狮子院

造在穆斯林的花园里，常用的手法便是在院子中央设十字形的水渠，而于正中设池子分开。

阿尔罕布拉宫绝大部分是平房，用木框架和夯土墙筑成。两个主要院子的柱子是大理石的，它们上面的发券却用木头做，只不过是东方伊斯兰拱券建筑的虚假的仿品。券之上的壁面镶着用石膏块制的装饰，题材也是几何纹样和阿拉伯文字，都着彩色。凡石膏块的拼接处都涂深蓝色，以遮掩缝隙。表面涂一层蛋清，作为防水剂。

建造阿尔罕布拉宫的时候，西班牙的伊斯兰教国家已经十分窘蹙。格兰纳达王国臣服于西班牙天主教君主，屈辱求存。二百年左右的封建小国，宫廷安逸的生活中追求的是颓唐的享乐，而不是庄严豪华的排场。面临着不可挽回的没落，一种无可奈何的哀愁笼罩着宫廷。但这时候它的农业和手工业却很繁荣，格兰纳达城有人口 40 万之多，宫廷还能以奢侈而工巧的手艺来装点他们最后的日月。这就造成了阿尔罕布拉宫的艺术风格：精致而柔靡，绚丽而忧郁，亲切而惝恍。

阿尔罕布拉宫建成之后，光彩四射，贵胄们纷纷仿效，格兰纳达到处建起了纤巧优美的府邸，装饰精致，色彩轻艳，花木扶疏，泉声清泠。一位穆斯林作家写道：那时的格兰纳达，"就像一只银质的花瓶，插满了翡翠和宝石的花朵"。

第 4 篇
欧洲资本主义萌芽和绝对君权时期的建筑

Part 4
European Architecture in Capitalist Embryonic Stage and in Period of Absolute Monarchical Power

14 世纪从意大利开始了资本主义因素的萌芽，15 世纪以后遍及西欧大多数地区。资本主义关系一经产生，就大大发展了中世纪晚期以来的市民阶层同封建制度在宗教、政治、思想文化各个领域的斗争。这时期主要的历史进程是：生产技术和自然科学的重大进步；以意大利为中心的思想文化领域里的人文主义运动，因为它以复兴古典文化为重要方式，被称为"文艺复兴"运动（Renaissance）；在法国、英国、西班牙等国家，国王联合新生的资产阶级，挫败了大封建领主，建立了中央集权的民族国家；在德国发生了宗教改革运动，然后蔓延到全欧。

这些由资本主义萌芽所造成的种种社会变革，促生了欧洲历史的大转折，恩格斯称文艺复兴运动为"人类从来没有经历过的最伟大的、进步的变革"（《马克思恩格斯选集》，第三卷，445 页，人民出版社，1972 年）。这个变革激发了文化和科学的普遍高涨，建筑也随着进入了一个崭新的阶段，众星灿烂，繁花如锦。建筑逐渐摆脱了教会和封建制度狭隘的束缚，面向新时代的现实生活，既有提高，又有普及，终于改变了欧洲大批城镇的面目。15～16 世纪，意大利的文艺复兴建筑成就最高，在西欧占主导地位，其他各国都从风而偃。

但是，由于意大利的城市经济在 16 世纪中叶退潮，旧的封建势力又重新掌权，打败了新兴而尚未稳定的资本主义萌芽。教皇乘机联合整个西欧的反动力量，狂热地、残酷地镇压早期的进步运动，西欧进入了一个黑暗时期。历史发生了反复，转向一个天主教反改革运动的时期，产生了 17 世纪的巴洛克（Baroque）文化，其中也包括建筑，传播到各天主教国家。法国专制集权制度下的宫廷文化也于此时形成。17 世纪，法国的绝对君权如日之方中，它的宫廷文化领袖全欧，为君权服务的古典主义文化和建筑俨然成了欧洲新教国家文化和建筑的"正宗"。但它始终与巴洛克文化和建筑在互相影响中发展，以致有些人把古典主义文化和建筑归入到巴洛克文化和建筑之中，这种归并忽略了它们历史意义的差异。

英国这时候进行了农业的资本主义化，农庄府邸领导了建筑潮流。

18 世纪，法国资产阶级革命的启蒙运动又开辟了文化和建筑的新时期，同样也产生了全欧洲的影响。

第8章 意大利文艺复兴建筑

意大利在中世纪就建立了一批独立的、经济繁荣的城市共和国。到14、15世纪，在佛罗伦萨、热那亚、路加、西耶纳、威尼斯等城市里，资本主义制度萌芽了，产生了早期的资产阶级。

新兴的资产阶级，为巩固和发展资本主义生产关系，展开了建立新的思想文化上层建筑的潮流。新思想的核心是肯定人生，焕发对生活的热情，争取个人在现实世界中的全面发展，被后人称为人文主义。人文主义学者皮科（Pico della Mirandola，1463～1494年）在"论人的尊严"的演讲中假借上帝对亚当说："我们给了你自由，不受任何限制，你可以为你自己决定你的天性。……我把你造成为一个既不是天上的也不是地上的，既不是与草木同腐的也不是永远不朽的生物，为的是使你能够自由地发展你自己和战胜你自己。"上帝创造了人，使人有能力懂得大自然的规律，爱它的美丽，赞赏它的伟大。这便是人文主义的核心内容。它的锋芒所向，不能不直击封建主义的思想文化上层建筑的核心：否定人生、否定现实的宗教神学。《圣经》里说，"不要爱世界和世界上的事"（《新约》·约翰一书），"血肉之体，不能承受上帝的国。必朽坏的，不能承受不朽坏的"（《新约》·哥林多前书）。这种神学教条遭到了怀疑甚至否定。

宗教神学的力量根深蒂固，同它进行斗争，需有很高的权威，很锐利的武器。新兴资产阶级知识分子找到了所需要的权威和武器，这主要是古希腊和古罗马的思想文化。古典文化是面向现实人生的，饱含着人文精神，因而被封建主义的最主要支柱，基督教会，斥为异端，禁锢了千年之久。虽然遭到野蛮的摧残破坏，但断金碎玉，光辉不减。在新世界观的推动下，新的人文主义知识分子终于重新认识了它的价值，掀起了搜求、学习和研究古典文化遗物的热潮。14世纪的诗人彼得拉克（Francesco Petrarch，1304～1374年）说："在我感兴趣的事物中，我总是特别钟情于古典，因为我总是难以忍受当今的世态。"他们看到了教会神学的愚昧。正好在这时候，1453年，土耳其人攻陷了君士坦丁堡，灭亡了拜占庭帝国。拜占庭在中世纪保存了许多古典文化，有许多古典文化学者，在拜占庭灭亡之际，学者们纷纷带着典籍逃亡到意大利。恩格斯说："拜占庭灭亡时抢救出来的手抄本，罗马废墟中发掘出来的古代雕像，在惊讶的西方面前展示了一个新世界——希腊的古代；在它的光辉的形象面前，中世纪的幽灵消逝了；意大利出现了前所未见的艺术繁荣，这种艺术繁荣好像是古典古代的反照，以后就再也不曾达到了。"（《马克思恩格斯选集》，第三卷，444页，人民出版社，1972年）。这一场借重古典形象的文化艺术繁荣，就叫做"文艺复兴"。

新的文化当然会遭到中世纪传统的反击。14世纪时，多数学者还把人文主义看作万恶之源。红衣主教，帕德瓦（Padua）大学教授多米尼奇（G·Dominici）批评佛罗伦萨的人文主义者道："这些人是用来瓦解政治、宗教和教育的工具。热爱古典文化和热爱自然是他们的罪过。"即便是彼特拉克也发现很难把自己对美、对植物和花朵的爱与对基督教的深信不移的信仰调和起来。因此，这时期的文化中充满了解放和禁锢、求索和迷信、文明和愚昧的斗争。

但是，资产阶级的诞生，意味着城市市民的阶级分化。所以，资产阶级的新文化，一方面同封建文化对立，一方面也脱离了市民大众。学者们用拉丁文写作，卖弄典故，崇尚高雅，普通市民根本看不懂。因此，人文学者大多聚集在几个贵族和教皇的宫廷里，新文化还不足以触动封建统治和教会专制的根本利益，有些贵族和教皇成了新文化的保护者。所以，当意大利经济一度衰退的时候，新文化便失去锋芒，到 16 世纪末，文艺复兴运动终于结束了。

建筑也是这样。新的建筑文化从中世纪市民建筑文化中分化出来，积极地向古罗马的建筑学习。严谨的古典柱式重新成了控制建筑布局和构图的基本因素，虽然形式完美，细节精致，但比较刻板，风格矜持高傲，逐渐趋向学院气，同中世纪比较平易祥和、生活气息浓厚、地方色彩鲜明的市民建筑大异其趣。高层次的建筑离不开对教廷和权贵者的依附，很快被宫廷和教会利用，建造了大批府邸和教堂。但是，新的建筑潮流毕竟反映着新时期的思想文化，和新生的科学家、诗人、画家、雕刻家同时，诞生了真正的建筑师，他们在作品中追求鲜明的个性，创造了新的建筑形制，新的空间组合，新的艺术形式和手法，在结构和施工上都有很大的进步，造成了西欧建筑史的新高峰，并且为以后几个世纪的建筑发展开辟了广阔的道路。

新思想、新文化的早期代表是手工业工匠，从他们中间产生了文艺复兴运动最初几批艺术家、技师、科学家和建筑师。在新的一代知识分子形成之后，文艺复兴运动的思想深度大大增加，新文化的眼界更加扩大了。

8.1　春讯——佛罗伦萨主教堂的穹顶

意大利文艺复兴建筑史开始的标志，是佛罗伦萨主教堂的穹顶。它的设计和建造过程、技术成就和艺术特色，都体现着新时代的进取精神。

主教堂是 13 世纪末佛罗伦萨的商业和手工业行会从贵族手中夺取了政权后，作为共和政体的纪念碑而建造的。为它所选定的地段本是污秽不堪的垃圾场，充满了自豪感的市民们于 1296 年通过议会的委托书，要求建筑师坎皮奥（Arnolfo di Cambio）把它造成"人类技艺所能想像的最宏伟、最壮丽的大厦"，"从而使现在破败不堪难以入目的地方成为游人喜闻乐见之地"。坎皮奥在答辞中说，这座主教堂应该赞美"佛罗伦萨人民以及共和国的荣誉"。他们都没有提到宗教的热情。坎皮奥设计的主教堂的形制很有独创性，虽然大体还是拉丁十字式的，但是突破了中世纪教会的禁制，把东部歌坛设计成近似集中式的。这个 8 边形的歌坛，对边相距 42.2m，预计用穹顶覆盖（图 8-1）。

1296 年动工，1366 年造成了主教堂的大部分之后，要建造这个穹顶，技术十分困难，不仅跨度大，而且墙高已经超过了 50m，连脚手架和模架都是很艰巨

的工程。在当时，万一工程失
败，工匠们不但要被判罚款，
而且还要受到宗教的诅咒，真
是"罪孽深重"。但是，勇敢的
工匠们百折不回，坚决不放弃
建造大穹顶的愿望，从 1367 年
起，集体研讨，做出了一个又
一个模型。这期间，乔托（Gio-
tto，1226~1337 年）在主教堂

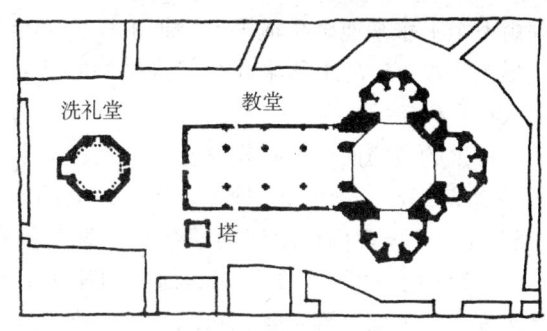

图 8-1　佛罗伦萨主教堂平面

左前侧，一个中世纪旧塔的基础上，设计了一座大约 84m 高的钟塔，1334 年动
工，1387 年完成。

15 世纪初，伯鲁乃列斯基（Fillipo Brunelleschi，1379~1446 年）着手设计
这个穹顶。他出身于行会工匠，精通机械、铸工，是杰出的雕刻家、画家、工艺
家和学者，在透视学和数学等方面都有过建树，也设计过一些建筑物。他正是文
艺复兴时代所特有的那种多才多艺的巨人。

为了设计穹顶，在当时向古典文化学习的潮流中，他到罗马逗留几年，废寝
忘食，潜心钻研古代的拱券技术，测绘古代遗迹，连一个安置铁插楔的凹槽都不
放过。回到佛罗伦萨后，作了穹顶和脚手架的模型，制定了大穹顶详细的结构和
施工方案，还设计了几种垂直运输机械。他不仅考虑了穹顶的排除雨水、采光和
设置小楼梯等问题，还考虑到风力、暴风雨和地震，提出了相应的措施。

终于，1420 年，在佛罗伦萨政府当局召集的有法国、英国、西班牙和日耳
曼建筑师参加的竞标中，伯鲁乃列斯基获得了这项工程的委任，同年动工兴建。
他亲身领导了整个施工过程。1431 年，完成了穹顶，接着建造顶上的采光亭，
于接近完工时逝世。1470 年采光亭完成（图 8-2）。伯鲁乃列斯基的墓被恭敬地
建在主教堂的地下墓室里。

结构　为了突出穹顶，砌了 12m 高的一段鼓座。把这样大的穹顶放在鼓座
上，这是空前未有的。虽然鼓座的墙厚到
4.9m，还是必须采取有效的措施减小穹
顶的侧推力，减小它的重量。伯鲁乃列斯
基的主要办法是：第一，穹顶轮廓采用矢
形的，大致是双圆心的；第二，用骨架券
结构，穹顶分里外两层，中间是空的。伯
鲁乃列斯基虽然长期深入地直接研究古罗
马的建筑经验，但这个穹顶更多借鉴了哥
特式的结构经验，甚至阿拉伯的经验，而
较少古罗马的色彩。可以说，它是全新的
创造。

在 8 边形的 8 个角上升起 8 个主券，
8 个边上又各有两道次券。每两道主券之

图 8-2　佛罗伦萨主教堂

间由下至上水平地砌 9 道平券，把主券、次券连成整体。大小券在顶上由一个 8 边形的环收束。环上压采光亭。这样就形成了一个很稳定的骨架结构。这些券都由大理石砌筑。

穹顶的大蹼面就依托在这套骨架上，下半是石头砌的，上半是砖砌的。它的里层厚 2.13m，外层下部厚 78.6cm，上部厚 61cm。两层之间的空隙宽 1.2～1.5m 左右，空隙内设阶梯供攀登。有两圈水平的环形走廊，各在穹顶高度大约 1/3 和 2/3 的位置。它们同时也能起加强两层穹顶间联系的作用，加强穹顶的整体刚度。从上面一圈走廊，可以循内层穹顶外皮上的踏步走到采光亭去。穹顶正中压一个采光亭，不仅有造型的作用，也有结构的作用，它是一个新创造，不见于古罗马的。

在穹顶的底部有一道铁链，在将近 1/3 高度的地方有一道木箍，都为了抵抗穹顶的侧推力。石块之间，在适当的地方有铁扒钉、榫卯、插销等等。

佛罗伦萨主教堂的穹顶是世界最大的穹顶之一。它的结构和构造的精致远远超过了古罗马的和拜占庭的。它是西欧第一个造在鼓座上的大型穹顶。穹顶平均厚度和直径之比为 1:21，而古罗马万神庙的则为 1:11。结构的规模更远远超过了中世纪的。当时的人文主义学者、建筑学家阿尔伯蒂（Leone Battista Alberti，1404～1472 年）说到佛罗伦萨主教堂：它"能将托斯卡纳（Toscane）所有的人民都庇护在它的影子之下"。它是结构技术空前的成就（图 8-3）。

施工　这个穹顶的施工也是一项伟大的成就。它的起脚高于室内地平 55m，顶端底面高 91m（或说 88m）。这样的高空作业，据瓦萨里（Giorgio Vasari，1511～1574 年，意大利画家、建筑师、传记作家）记载，脚手架搭得十分简洁，很省木材，然而又很适用。为了节约工人们上下的时间，甚至在上面设了小吃部，供应食物和酒。

又据说穹顶下部高 17.5m（或说 13.5m）的一段没有用模架，而上面一半的也很简便，可能是悬挂式的。

伯鲁乃列斯基创造了一种垂直运输机械，利用了平衡锤和滑轮组，以致用一头牛就可以做一般要 6 对牛才能做的功。

因为这项工程的困难程度显而易见，所以当伯鲁乃列斯基提出他设计的施工方案时，曾经被人认为发了疯，竟至被撵出会场。工程开始后，又有人以为 100 年也造不成，但只用了十几年就造成了，过程中并没有发生意外的事。

意义　这座穹顶的历史意义是：第一，天主教会把集中式平面和穹顶看作异教庙宇的形制，严加排斥，而工匠们

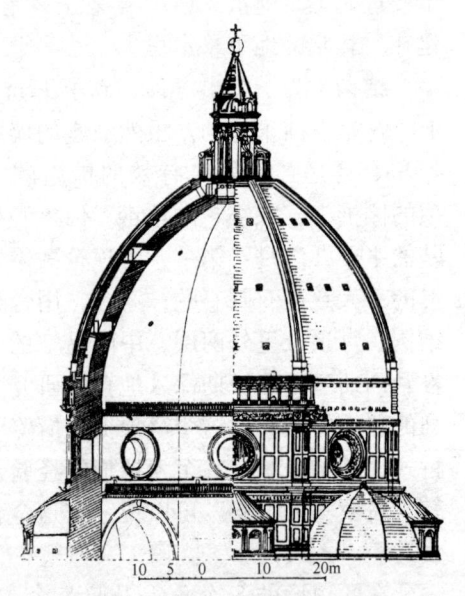

图 8-3　佛罗伦萨主教堂穹顶

竟置教会的戒律于不顾。虽然当时天主教会的势力在佛罗伦萨很薄弱，但仍需要很大的勇气，很高的觉醒，才能这样做。因此，它是在建筑中突破教会的精神专制的标志。第二，古罗马的穹顶和拜占庭的大型穹顶，在外观上是半露半掩的，还不会把它作为重要的造型手段。但佛罗伦萨的这一座，借鉴拜占庭小型教堂的手法，使用了鼓座，把穹顶全部表现出来，连采光亭在内，总高107m，成了整个城市轮廓线的中心。这在西欧是前无古人的，因此，它是文艺复兴时期独创精神的标志。第三，无论在结构上还是在施工上，这座穹顶的首创性的幅度是很大的，这标志着文艺复兴时期科学技术的普遍进步。

瓦萨里热情地说，这个穹顶同四郊的山峰一样高，老天爷看了嫉妒，一次又一次地用疾雷闪电轰击它，但它屹立无恙。

佛罗伦萨主教堂的穹顶被公正地认为是意大利文艺复兴建筑的第一个作品，新时代的第一朵报春花。

8.2　曲折的历程

在整个文艺复兴时期，意大利各地的发展不平衡，资产阶级同封建主阶级之间的进步与倒退，革新与复辟的斗争也十分错综复杂，其间又有劳动平民同这两个阶级的斗争，所以，建筑的发展也是波澜起伏，回环九折。

开创者

14 世纪和 15 世纪初，意大利文艺复兴运动早期的主力军还是行会工匠，建筑师也还是行会的工艺匠师。他们在反对中世纪的宗教教条的斗争中表现了生动的创造性。

这时期，随着城市生活和人文主义思想的发展，一些中部和北部经济繁荣的城市里，市政厅、学校、市场、育婴堂之类的公共建筑物发达起来，成为城市中心广场上的主要建筑物。它们的形制和风格也具有了市民文化的新特点。市政厅底层有券廊，供市民集会用；等候办事的市民可以在这里休息；每逢集市，商人们和小手工业者在这里摆设摊子。这类建筑物明朗轻快，和易亲切。虽然已经重新采用柱式，但还不很严谨，构图活泼。它们保留着中世纪市民建筑的一些特色，只强调一个沿街立面。

14 世纪下半叶和 15 世纪头 20 年，由于一批权贵家族之间的长年混战，罗马城沦为战场，教皇被挟持到法国的阿维农（Avignon），滞留了 72 年。罗马城一片荒芜，古建筑残损不堪。教廷和罗马城都没有能成为文艺复兴早期的中心。而意大利北部和中部的一些城市经济繁荣，尤其是佛罗伦萨，这时候商业、手工业、海外贸易和金融业迅速崛起，当时全城 11 万人口中有 3 万人以毛纺织业为生。佛罗伦萨成为地中海最富庶的城市，在金融家美第奇家族领导下，人文荟萃，文学艺术欣欣向荣。佛罗伦萨成了早期文艺复兴运动的中心。

育婴院　1419 年，伯鲁乃列斯基设计的佛罗伦萨的育婴院是一座四合院，正面向安农齐阿广场（Piazza Annunziata）的一侧展开长长的券廊。券廊开间宽阔，连续券直接架在科林斯式的柱子上，非常轻快、明朗。

第二层虽然窗子小、墙面大，但线脚细巧，墙面平洁，檐口薄薄的，轻轻的，所以同连续券风格很协调，而虚实对比又很强。立面的构图明确简洁，比例匀称，尺度宜人。

廊子的结构是拜占庭式的，逐间用穹顶覆盖，下面以帆拱承接（图8-4）。

广场的另一侧也是一条敞开的券廊。广场的正面是安农齐阿

图8-4　育婴院正面

教堂，以阿尔伯蒂设计的券廊面对广场，它对面有街通向不远的主教堂。广场中央有骑马铜像。这种有轴线的、方整对称的、统一完整的广场不同于中世纪随宜而建的广场。房屋的正立面就是广场的某一个立面，券廊使广场和房屋互相渗透。在功能上，券廊既是房屋的出入空间，又是广场上各种活动的空间的一部分。育婴院采用这种做法，强调了1434年起实际上统治着佛罗伦萨的金融家美狄奇家的科西莫（Cosimo de Medici，1389～1464年）向佛罗伦萨捐赠这所育婴院的公共意义。

巴齐礼拜堂　伯鲁乃列斯基设计的佛罗伦萨的巴齐礼拜堂（Pazzi Chapel，1420年）也是15世纪前半叶早期文艺复兴很有代表性的建筑物。无论结构、空间组合、外部体形和风格，都是大幅度创新之作。它的形制借鉴了拜占庭的。正中一个直径10.9m的帆拱式穹顶，左右各有一段筒形拱，同大穹顶一起覆盖一间长方形的大厅（18.2m×10.9m）。后面一个小穹顶，覆盖着圣坛（4.8m×4.8m）；前面一个小穹顶，在门前柱廊正中开间上。廊子进深5.3m。

它的内部和外部形式都由柱式控制。它们虽然比中世纪的纯正，还相当自由。正面柱廊5开间，中央一间5.3m宽，发一个大券，把柱廊分为两半。这种突出中央的做法，在古典建筑中只见于古罗马有专制政体传统的东部行省，而在文艺复兴建筑中则比较流行（图8-5）。

无论内外，都力求风格的轻快和雅洁、简练和明晰。柱廊上4.34m高的一段墙面，用很薄的壁柱和檐部线脚划成方格，消除了沉重的砌筑感，手法略似于育婴堂。内部墙面是白色的，但壁柱、檐部、券面等都用深色，突出疏朗的构架。穹顶则由12根骨架券组成。构架和骨架券使大厅显得格外轻盈。尺度也亲切。穹顶顶点高20.8m，筒形拱顶高15.4m，形成了以穹顶为中心的颇有变化的内部空间。柱廊里雕饰华丽，水平很高。

巴齐礼拜堂同环境很和谐。它在圣克洛且教堂（S. Croce，1294～14世纪下半叶，坎皮奥设计）的修道院的院子里，正对着修道院大门。檐口高7.83m，同院子四周的大体一致而略高，柱廊尺度也与修道院的近似，只微微向前突出，小礼拜堂融合在修道院建筑中。又因为它的形体包含多种几何形，对比鲜明，包括伞形的屋顶、圆柱形的采光亭和鼓座、方形的立面，立面上又有圆券和柱廊方形开间

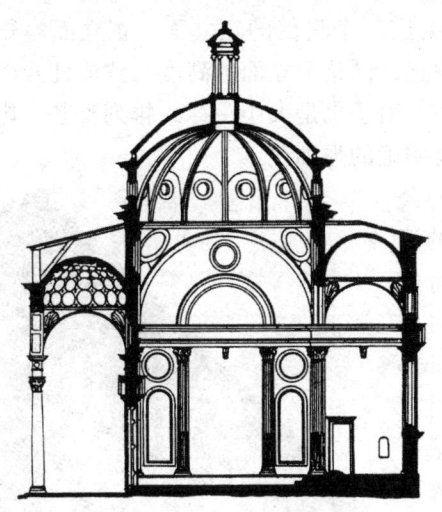 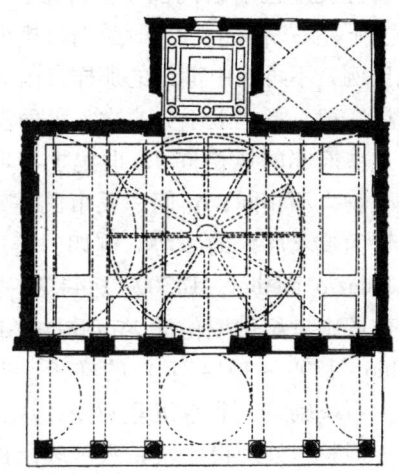

图8-5 巴齐礼拜堂平面与剖面

的对比，虚与实的对比，平面与立体的对比，所以它体积虽不大，而形象却很丰富。同时，各部分、各因素之间关系和谐、又有统率全局的中心，所以形象独立完整，因而从周围修道院的连续券廊衬托下凸现出来。它的风格与育婴堂的廊子相似，它们明朗平易的风格代表着早期的文艺复兴建筑（图8-6）。

图8-6 巴齐礼拜堂

19世纪造起了教堂的钟塔之后，它在构图上出色地担当了修道院院子同教堂尖塔之间呼应联系者的角色。它们三者构成了变化突兀却又协调统一的画面。

佛罗伦萨的早期文艺复兴建筑不仅复兴了古典建筑，也放手引进了拜占庭建筑的技术和样式，这两者的结合，对以后文艺复兴建筑乃至整个欧洲建筑都起了很好的作用。

转向宫廷

15世纪30年代，佛罗伦萨的行会共和制实际上被推翻，银行家美狄奇家族建立了独裁政权。1453年，土耳其人攻陷君士坦丁堡之后，断绝了东方的贸易，佛罗伦萨的经济开始衰落，市民阶层也就衰落了。于是，意大利的文艺复兴文化转向书斋和宫廷，染上了贵族色彩，而与市民文化明显分离开来了。

由于经济衰落导致资产阶级将资本转向土地和房屋，一时刺激了佛罗伦萨的建筑活动，15世纪下半叶，大量的豪华府邸迅速建设起来，但为市民们公众享用的建筑物却相对地降低了地位。

府邸 这些府邸大多是四合院，3层，临街建造。平面趋向紧凑、整齐，不像中世纪寨堡那样由几个独立的部分组合在一起。中世纪寨堡的雉堞、角楼之类的防御性设施也渐渐淘汰了。外形上只突出一个临街的正立面。正立面是矩形的，上下左右斩截干净，冠戴檐口挑出深远，同整个立面的高度大致成柱式的程式化比例，不再像中世纪的那样自由活泼。窗子也是大小一律，排列整齐。内院则四周一律，形式上不分主次。平面没有明确的强轴线。

这些府邸的风格同 15 世纪上半叶的公共建筑物大不相同，它们一反市民建筑的清新明快而追求欺人的威势。例如，美狄奇府邸（Palazzo Medici，1430~1444 年）的墙垣，仿照中世纪佛罗伦萨老市政厅（Palazzo Vecchio，1299~1314 年）的样子，全用粗糙的大石块砌筑，非常沉重封闭，风格威严高傲。但是，处理得比较精致：底层的大石块只略经粗凿，表面起伏达 20cm，砌缝很宽；二层的石块虽然平整，但砌缝仍有 8cm宽；三层光滑而不留砌缝。为了求得壮观的形式，沿街立面是屏风式的，高将近 27m，檐口挑出 1.85m，同内部房间的实用需要很不协调。底层的窗台很高，勒脚前有一道凸台，给守卫的亲兵们坐，反映着城市内部尖锐的斗争（图 8-7）。

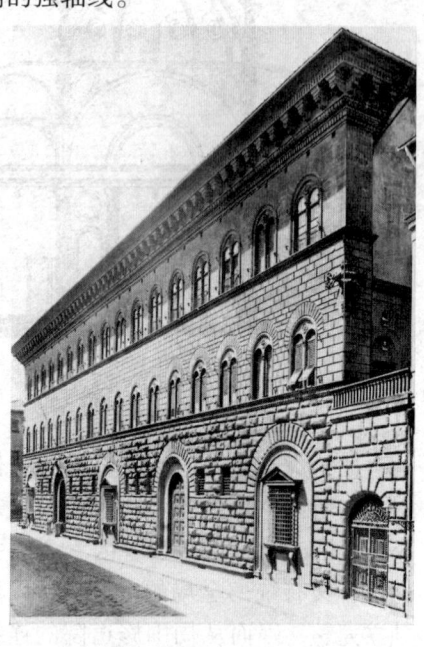

图 8-7 美狄奇府邸

它的内院底层的四周都是 3 开间的宽大的连续券廊，比较轻快，但柱子粗壮，以求与外立面呼应。院内正面柱廊前立着雕刻家唐纳泰罗做的尤迪斯像（图8-8）。

与美狄奇府邸类似的，有佛罗伦萨的斯特洛茨府邸（Palazzo Strozzi，1489~1507年，设计人前后为 da Majano 和 Cronaca）和庇第府邸（Palazzo Pitti，1435~），都是大贵族、大富豪家的，后者的规模在全意大利仅次于梵蒂冈教皇宫，曾一度为意大利王宫。

建筑师 美狄奇府邸的设计人已经不是工匠，而是新的知识分子建筑师，美狄奇家的座上客，弥开罗卓（Michelozzo Michelozzi，1397~1473 年）。这些知识分子建筑师致力于研究古代的建筑遗迹和著作，精通古典文化知识，多才多艺，用拉丁文写作。他们是典型的人文主义学者。贵族出身的建筑师阿尔伯蒂傲慢地说："建筑无疑是一门非常高贵的科学，并不是任何人都宜于从事的。"（《论建筑》，卷Ⅸ，第十节）。他著书立说，制定原则和规范。在创作中，做了多方面的探讨，尝试把古罗马的建筑范例和手法，直接用到当时的府邸和教堂中来，例如佛罗伦萨的鲁且兰府邸（Palazzo Rucellai，1446~1457 年）的正面，罗马城的威尼斯府邸（Palazzo Venezia，1455~）的内院立面，以及曼德瓦（Mantua）的圣安德烈教堂（Sant'Andrea，1472~1495 年）。他设计的莱米尼城的圣弗朗采斯哥教堂（S. Francesco，Rimini，1447 年），平面是拉丁十字式的，正立面巧妙地采用当地一座古罗马凯旋门的式样（图 8-9）。在这种探索中，阿尔伯蒂是很有

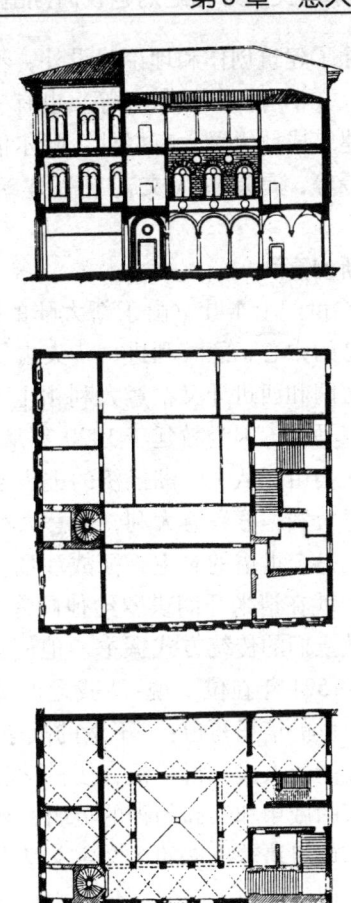

图8-8　美狄奇府邸平面及立面局部

创造性的。但他运用柱式也比较拘泥于古典格律。

新的建筑师在创作中突出个性，许多人建立了自己鲜明的个人风格，有别于中世纪的行会工匠。其中有一些杰出人物，眼界开阔，胸襟高远，有很强的历史意识，在创作中勇于追求。他们对建筑的发展作出了贡献。

这些知识分子建筑师给新建筑潮流以理论的说明；并且借鉴古人著作，总结实践经验，对建筑学本身进行了系统的深入研究，探讨了各种构图的规律，制定了柱式及其组合的量化法则，对建筑的发展起着重大的作用。文艺复兴的意大利出现了建筑学术著作的高潮。

图8-9　圣弗朗采斯哥教堂

除了建筑创作和理论建设外，不少建筑师多才多艺，身兼雕刻家、画家、诗人、人文学者、数学家等等。也有一些仍是技艺精娴的手工工人。这种情况对他们的建筑成就无疑大有好处。阿尔伯蒂、达·芬奇、米开朗琪罗、拉斐尔、帕拉第奥等等，是新一代文艺复兴建筑师的代表。他们开创了意大利文艺复兴的盛期。

新的高涨

16 世纪上半叶，由于新大陆的拓殖和新航路的开辟，地中海不再是欧洲对外贸易的中心，意大利进一步失去了它的经济地位，工商业城市大多衰落了。同时，法国和西班牙又在意大利领土上进行了长期的战争，使它遭到严重的蹂躏。独有罗马城，因为教廷于 1420 年从长期寄居的法国阿维农迁回，恢复了政治地位，教会由于从全欧洲经济的进步增加了收益，反而繁荣起来。这时期，有可能统一意大利，振兴意大利，使意大利摆脱外国蹂躏的现实力量，只有教皇。教皇基本上是个世俗的君主，征战沙场。教皇尤利亚二世（Julius Ⅱ，1503 ~ 1513 年在位）就在请米开朗琪罗给他画像时说，"我是战士，不是学者"，左手握剑而不按教皇们的传统方式握书。他们罗致学者和艺术家，教皇利奥十世（Leo Ⅹ，1513 ~ 1521 年在位）说："我爱护文艺，如同爱护我自身。"拉斐尔于 1519 年给利奥十世的信里写道："不幸的战争使所有科学和艺术遭到破坏和衰落。和平和安宁才能使人民获得幸福，使科学和艺术极度完美。因此我们大家都希望凭借您老人家的威望和崇高的神的英明，在本世纪达到艺术的顶峰。"于是，15 世纪各先进城市里培养出来的人文主义学者、艺术家、建筑师纷纷向罗马集中，为教廷服务。罗马城成了新的文化中心，文艺复兴运动达到了盛期。

由于长期荒废，罗马屋宇残败，为建筑业提供了大量的机会，而教廷和教会贵族大兴土木，更促进了建筑业的繁荣。

这时期，意大利人民一方面受到西班牙和法国侵略者的摧残，一方面眼见封建贵族气焰嚣张，反抗的情绪十分高昂。一些知识分子对古罗马文化的爱好，除了人文主义复苏的动因之外，又掺入了强烈的爱国主义因素，回忆古代的光荣伟大，激励眼前的斗争。于是，在建筑领域，大大增长了测绘研究古代遗迹的热情；维特鲁威的著作，1486 年用拉丁文在罗马出版过的，1521 年又译成意大利文出版；罗马柱式被更广泛、更严格地应用；建筑追求雄伟、刚强、纪念碑式的风格；轴线构图、集中式构图，经常被用来塑造庄严肃穆的建筑形象。建筑设计水平大有提高，在运用柱式、推敲平面、构思形成等方面都很有创造性。

盛期文艺复兴与早期文艺复兴的重要区别之一是：早期的艺术家和市民保持着直接的联系，盛期的艺术家主要是在教皇的庇护下，在罗马，建筑创作不得不依附于教廷和教会贵族，主要的大作品是教堂、梵蒂冈宫、枢密院、教廷贵族的府邸等等。它们体量大，尺度超人，风格高傲，不再有早期文艺复兴建筑的平和亲切之感。在这些建筑上，市民的社会理想经常同教会发生冲突。意大利文艺复兴时期最伟大的建筑物，教廷的圣彼得大教堂（St. Peter，1506 ~ 1612 年），就是在激烈的斗争中建造的。但所幸的是这时期的教皇有几位是出色的人文主义学者，他们懂得尊重各个文化艺术领域中的"巨人"，支持他们的创作。曼德瓦城

（Mantova）的摄政王、主教贡萨格（Hercule Gonзague）说：建筑师罗马诺（Giulio Romano，1492～1546年）是"国家真正的领袖，应当在城市的每一个路口为他立一尊像，因为是他使得这座城市变得如此伟大、坚固和美丽"。当时罗马人口虽然还不到15万，而文化艺术确有真正的盛期气象。

坦比哀多　盛期文艺复兴建筑的纪念性风格的典型代表是罗马的坦比哀多（Tempietto，1502～1510年），设计人伯拉孟特（Donato Bramante，1444～1514年）。

这是一座集中式的圆形建筑物，神堂外墙面直径6.10m，周围一圈多立克式的柱廊，16棵柱子，高3.6m，连穹顶上的十字架在内，总高为14.70m，有地下墓室（图8－10）。

集中式的形体、饱满的穹顶、圆柱形的神堂和鼓座，外加一圈柱廊，使它的体积感很强，完全不同于15世纪上半叶佛罗伦萨偏重于一个立面的建筑。建筑物虽小，但有层次，有几种几何体的变化，有虚实的映衬，形象很丰富。环廊上的柱子，经过鼓座上壁柱的接应，同穹顶的肋相首尾，从下而上，一气呵成。它的体积感、完整性和它的多立克柱式，使它显得十分雄健刚劲（图8－11）。

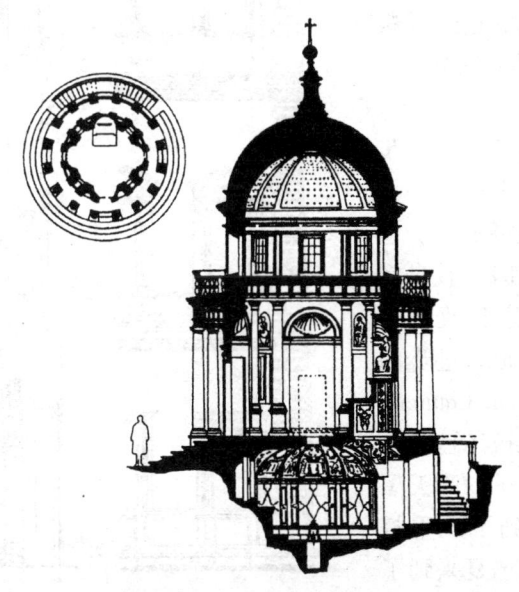

图8－10　坦比哀多平面与剖面

图8－11　坦比哀多

这座建筑物的形式，特别是以高踞于鼓座之上的穹顶统率整体的集中式形制，在西欧是大幅度的创新，当时就赢得了很高的声誉，被称为"经典"的作品，对后世有很大的影响，从欧洲到北美，几乎处处有它的仿制品，大多高耸在大型公共建筑的中央，构成城市的轮廓线。

坦比哀多造在甲尼可洛山（Gianicolo）腰部的一座圣彼得教堂（San Pietro in Montorio，15世纪重建）的侧院里，传说耶稣基督的门徒圣彼得被钉上十字架的地方。院子很小，刚刚够放下坦比哀多，显得很饱满。

法尔尼斯府邸 府邸建筑也追求雄伟的纪念性，最典型的是小桑迦洛（Antonio da San Gallo, the Younger, 1485～1546 年）设计的罗马的法尔尼斯府邸（Palazzo Farnese, 1520～1580 年）。它也是封闭的四合院，3 层，但是，有了很强的纵轴线和次要的横轴线。纵轴线的起点是门厅，它竟采用了巴西利卡的形制，宽 12m，深 14m，有两排多立克式柱子，每排 6 根，上面的拱顶满覆着华丽的雕饰（图 8-12～图 8-14）。

内院 24.7m 见方，四周立面是 3 层重叠的券柱式，像古罗马大角斗场立面的构图，形式很壮观。

不过它的外面仿拉斐尔设计的在佛罗棱斯的潘道菲尼府邸（Palazzo Pandolfini, 1516～1520 年），墙面抹灰，门窗有石质的装饰边框，墙角有链式隅石，形式细腻而柔和，轴线也不突出，和内部大异其趣。立面的尺度很大，在门前广场上看去，一层的高度相当于邻屋的 3 层，所以很有盛期的特色。

和法尔尼斯府邸约略同时建造的教廷枢密院大厦（Palazzo Cancerlleria, 1486～1498 年），内院立面采用 3 层轻快明朗的连续券敞廊，典雅优美。外立面用壁柱，稍觉沉闷。

衰退

随着意大利经济的衰退，封建势力进一步巩固，从 16 世纪中叶起，贵族纷纷在一些城市里复辟，所有的城市共和国都被颠覆了。宫廷着力恢复中世纪的种种制度。同时，教皇在全欧洲疯狂地镇压发端于德国的宗教改革运动，利用耶稣会煽起宗教的狂热，迫害进步的思想和科学。特伦特宗教会议（Trent Council, 1545～1563 年）发动了全面反宗教改革运动之后，天主教的"反改革"时期来到了，弥天黑云翻滚，文艺复兴的文化终于受到了严重打击。16 世纪下半叶，江河日下，文艺复兴到了晚期。

这时的艺术家和建筑师，既不是初期那样的工匠，也不是盛期那样的人文主义学者和爱国者，而是教廷和封建宫廷的恭顺臣仆，设立了专门的学院来培养他们。

两种倾向 在这种情况下，建筑中出现了形式主义的潮流。一种倾向是泥古不化，教条主义地崇拜古代。建筑师赛利奥（Sebastiano Serlio, 1475～1554 年）说："就像在一切技艺

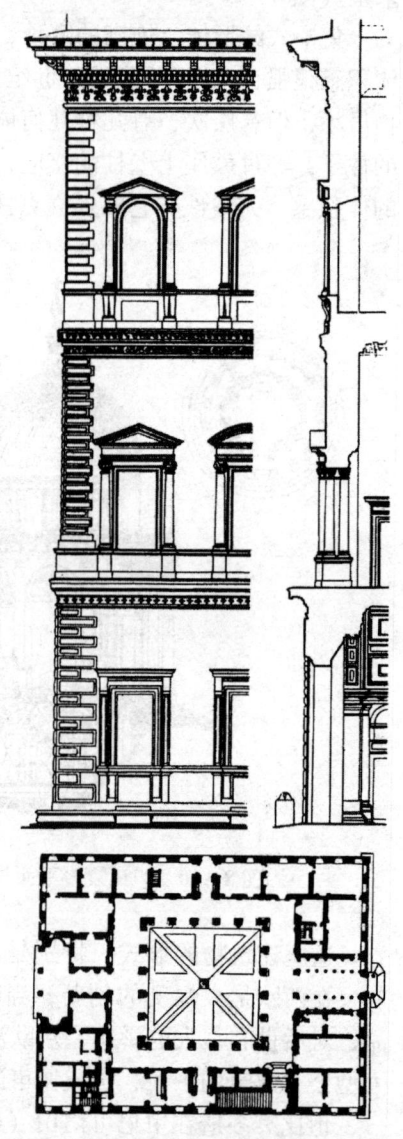

图 8-12 法尔尼斯府邸平面及立面局部

中都有一个最有教养的人掌握着权威、他的话被充分承认和毫不怀疑地信服那样，谁能否认维特鲁威在建筑中是至高无上的？"一些人为柱式制定又烦琐、又死板的规则。在引用维特鲁威记述的柱式的数学规则时，竟有人说这是"上帝的意志"，完全背弃了古代进步的世界观，把柱式纳入宗教神学的框框。柱式规范被僵化成一套不顾地点、环境、建筑物的思想意义和使用要求的公式，赛利奥甚至称违反这些公式为"犯罪"。

图 8 – 13　法尔尼斯府邸正面

1585 年，卡拉奇（Annibal Car-rache）兄弟在波洛尼亚（Bologne）成立卡拉奇学院，倾向于追随严格的古典，后来对法国的古典主义建筑和艺术的诞生起了不小的作用。

这种倾向的代表作品是罗马不大的圣安德烈教堂（St. Andrea，1550 年）。它的设计人是以后欧洲最流行的一套柱式规范的制定者，维尼奥拉（Giacomo da Vignola，1507~1573 年）。这教堂的平面是长方形的，穹顶的平面因而是椭圆形的。它的柱式很严谨，但是冷淡而没有表情。

同时，客观上说，经过 200 年活跃的探索，柱式建筑的艺术潜力确实

图 8 – 14　法尔尼斯府邸门厅

已经不大了，在这个框框里创新的余地已经很小。于是，一些不甘于在教条中枯萎的建筑师，只得向柱式严谨而完整的规则挑战，企图突破它的束缚。但是在建筑结构、材料没有本质性的进步时，这种挑战便沦为另一种形式主义。

形式主义的另一个倾向是追求新颖尖巧。堆砌壁龛、雕塑、涡卷等，玩弄诡谲的光影、不安定的体形和不合结构逻辑的起伏断裂或错位。用毫无意义的壁柱、盲窗、线脚等在立面上作虚假的图案，檐部和山墙几经曲折，券顶龙门石意外地向下滑动，弧形的和三角形的山墙套叠在一起，等等。这种倾向，由于爱好新异的手法被称为"手法主义"（mannerism）。等而下之的，把建筑物造得像一只琴，一口棺材，等等。

手法主义的代表是罗马梵蒂冈宫花园里的教皇庇护四世别墅（Villa Pia，1560 年）和罗马的美狄奇别墅（Villa Medici，1590 年）等。

这两种形式主义的倾向似乎是相反的，其实却同出一源：进步思想被扼杀

了，建筑艺术失去了积极的意义，形式就仿佛成了独立的东西，而创造新风格的客观条件确实还没有。作为宫廷的臣仆，建筑师不得不迎合贵族和教皇的趣味，而教皇这时候已经不再是盛期时那样的人文主义者，趣味不免被巨大的财富歪曲得庸俗。因此，甚至同一个建筑师会兼有这两种倾向，维尼奥拉就是这样。

形制复旧 封建势力的复辟还表现在建筑物形制上。在教堂建筑中，教会强行恢复中世纪通用的拉丁十字式，维尼奥拉设计的罗马耶稣会教堂（Il Gesù，1568~1575 年）被尊为典范。在贵族府邸中，又产生了对中世纪贵族寨堡的兴趣，罗马郊区卡普拉洛拉的法尔尼斯别墅（Villa Farnese，Caprarola，1547 年），就是一个有护壕、吊桥、角楼等等的五边形堡垒式建筑物，虽然那些防御设施毫无实际意义。别墅的平面由帕鲁齐（Baldassare Peruzzi，1481~1536 年）设计，而由维尼奥拉主持完成（图 8-15）。

进展 但是，建筑毕竟不是造型艺术。在艺术思想衰落的情况下，它仍然可能在其他方面有重要进展。何况，经过两个世纪的繁荣，已经积累起大量的经验。因此，文艺复兴晚期，建筑的平面安排、空间组织都比过去深入，构图手法和风格也更多样化，园林艺术和城市规划都有新的高涨。即使在柱式组合上，也是有所创造的。

新的进展主要在北部的城市里，如威尼斯、维罗纳、帕德瓦等。教廷的反动使大量优秀的人才离开罗马，流向刚刚胜利地抗击了法国入侵的北部。胜利的、复兴的北部也产生了自己杰出的人才。这时期，北部城市里公共建筑、广场建筑群和府邸的建设十分繁荣。

意大利文艺复兴晚期追求新颖尖巧的手法主义，在 17 世纪被反动的天主教会利用，发展成为"巴洛克"（Baroque）式建筑；教条主义的柱式则在 17 世纪被学院派的古典主义建筑吸收，为君主专制政体所利用。

威尼斯共和制度下的建筑

北方城市的建筑走着自己独特的道路。

威尼斯早在中世纪就是一个商人共和国，这儿封建制度和天主教会的统治历来薄弱，文化很鲜明地反映着资产阶级尽情享受现实生活的心理。而且商旅往还，侨民杂处，东西方各种文化纷然并陈，人民眼界宽，思想不很拘束。

在共和政体下，公共建筑物的类型比较多，商业和集会的敞廊，市政厅、钟塔、图书馆、博物馆、学校、

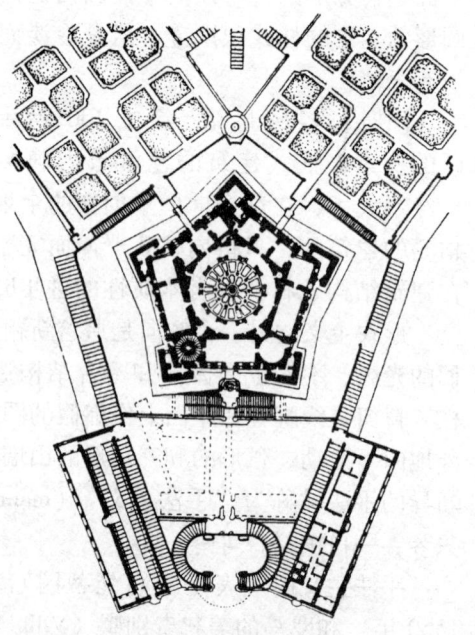

图 8-15 法尔尼斯别墅平面

铸币厂等和商人们的府邸构成了威尼斯的建筑面貌。教堂并不占最突出的地位。

活泼的性格　中世纪的威尼斯工匠们在建筑上追求开朗愉快的风格，构图自由活泼，色彩鲜明，尺度宜人，洋溢着平和的家常生活气息，而且由于发达的海上贸易，由于大量接纳外来移民，由于和东方的频繁接触，思想开放，对哥特的、拜占庭的甚至阿拉伯的建筑手法，不抱门户之见。15 世纪后半叶，古典柱式也开始流行于威尼斯。不过，工匠们不拘于格律，而把柱式同当地传统的开朗愉快的风格和自由活泼的构图结合起来，甚至毫不在意地把哥特的、阿拉伯的和拜占庭的细部加到柱式上，建造了许多富有独创性的建筑物。例如大运河岸边的斯平乃利府邸（Palazzo Spinelli，1480 年）和达利奥府邸（Palazzo Dario，约 1487 年）。前者节奏自如，不以法度自缚，后者构图俏皮，和易近人。不过，到了 15 世纪末和 16 世纪上半叶，大家族新建的府邸就渐渐变得盛气凌人而脱离中世纪的传统了。

起初，威尼斯在建筑艺术上比较重视立面的构图，不大重视体积。16 世纪之后开始重视体积的表现。

市政厅　威尼斯附近的一些城市，在政治上、经济上都从属于威尼斯。它们的建筑也同威尼斯的相似。维罗纳（Verona）和帕德瓦（Padua）的市政建筑是很有代表性的建筑物。维罗纳的一座市政建筑（1476 年，设计人 Fra Giocondo，1435～1515 年），底层是敞廊，供警察休息用，8 开间，用科林斯式的连续券，比例宽阔。二层是 4 开间，用小山花组织精巧的双联窗。大片的墙面，满布着灰塑图案和刮粉画，很精致，色彩丰富。帕德瓦的一座市政建筑（1496 年，设计人 Giagio Rosseti）7 开间，非常清新平易。二层为三开间，窗子组合很活泼，正中为三联窗，左右各一个双联窗，节奏明快。墙面全贴大理石（图 8 - 16）。这房子是供官员会见市民用的，民主的制度，决定它的市政建筑不追求雄伟壮丽。

在威尼斯，这时候的教堂不过是世俗生活的点缀，规模不大，一般只有一个大厅。追求赏心悦目，而不着意于宗教气氛。代表性的是圣玛丽亚·密勒可里教堂（S. Maria dei Miracoli，1481～1489 年，设计人 Pietro Lombardo，约 1435～1515 年），里里外外，全用各色大理石贴面，组成装饰图案，犹如锦缎，华美愉悦，而于构图上仿佛漫不经心，很稚气。在浅色墙上作深色的纯装饰性的壁柱、券面、檐部，构成轻快的框架的假象。内部宽敞，祭坛高起，台

图 8 - 16　帕德瓦市政建筑

阶华丽，空间略有变化。

到 16 世纪中叶，在意大利盛期文艺复兴建筑潮流中，威尼斯的建筑受到影响，也发生了很大的变化，变得雄伟刚劲，强调体积和光影，严谨的柱式控制了内外的构图。这种新风格的代表人物是珊索维诺（Jacopo Sansovino，1486 ~ 1570 年）和珊密盖勒（Michele Sanmicheli，1484 ~ 1559 年）。作品有圣马可图书馆和一些府邸。

17 世纪之后，威尼斯的建筑随着经济的衰落而衰落了。相反，天主教势力却随着反宗教改革的逆流而空前上涨，威尼斯最后的一座重要建筑物就是 17 世纪意大利最大的教堂，圣玛丽亚·莎留特教堂（S. Maria della Salute，1631 ~ 1682 年，设计人 Baldassare Longhena，1598 ~ 1682 年，图 8 - 17）。它的风格，

图 8 - 17　圣玛丽亚·莎留特教堂

已经属于反宗教改革的产物——巴洛克式的了。

8.3　众星灿烂

资产阶级建立思想文化上层建筑的过程，充满了复杂的反覆的斗争。在这场斗争中，需要有一些战士，他们有历史的远见，有破旧立新的胆略，有开创新时代的自觉。恩格斯赞美文艺复兴时代"是一个需要巨人而且产生了巨人——在思维能力、热情和性格方面，在多才多艺和学识渊博方面的巨人的时代。给现代资产阶级统治打下基础的人物，决不受资产阶级的局限"（《马克思恩格斯选集》，第三卷，445 页，人民出版社，1972 年）。

在建筑界，同样也出现了一些巨人。这些人的创作活动披荆斩棘，焕发出创造新的建筑文化的热情。当然，文艺复兴文化，包括建筑文化在内，是社会历史潮流的反映，但新文化的产生，毕竟要通过人们坚定的、自觉的探索，而并非天外飞来，自然生长。全部历史正是由那些积极的活动家的个人行动构成的。建筑的历史也是如此。

这些人的教养和性格，都鲜明地反映在他们的创作上，在总的时代风格之下，又各有自己独特的个人风格。创作个性的发展，是新的生产关系突破了中世纪行会的束缚和因循守旧的习气，开拓了人们的眼界，提高了人们的主体意识，更好地调动了人们的潜力的进步现象。文艺复兴建筑的繁荣，在很大程度上得力于这种个人风格的千姿百态。当然，任何个人的风格，都不是由个人的主观癖好形成的，而是他和他所服务的人们之间交互影响、交互制约的共同活动的产物。

正是在这个过程中，杰出人物成了某种社会力量的代表，他们的创作风格成了时代风格的代表。

伯鲁乃列斯基和伯拉孟特

意大利早期文艺复兴建筑的奠基人伯鲁乃列斯基和盛期文艺复兴建筑的奠基人伯拉孟特，都是多才多艺、学识广博的巨人。他们都有强烈的时代感情，有创造新事物的自觉性。

伯鲁乃列斯基出身于手工业工匠。他在同教会的教条和城市统治集团的愚蠢作斗争时，也同行会工匠惯有的墨守陈规、固步自封的狭隘性作了斗争。他钻研了当时的先进科学技术，特别是机械学；他掌握了古罗马、拜占庭和哥特式的建筑结构；他在雕刻和工艺美术上有很深的造诣；经过刻苦的努力，他熟悉了古典建筑。

瓦萨里说：伯鲁乃列斯基是值得赞扬的，因为"在他那个年代，全意大利都倾慕哥特风格，在无数建筑物里，老辈艺术家都照着做。他重新启用了古典的檐口，并且照本来的样子恢复了塔斯干、科林斯、多立克和爱奥尼柱式"。但他的历史功绩并不仅仅在于把古典文化重新引进到建筑界，而是推陈出新，创造了全新的建筑形象，如佛罗伦萨的主教堂的穹顶、育婴堂、巴齐礼拜堂等，为一个生气勃勃的时代开辟了道路。

伯鲁乃列斯基的创作始终同市民文化保持着密切的联系。文艺复兴时期艺术的伟大与美，实得力于艺术家在物质上和精神上都与人民接近。伯鲁乃列斯基是民众爱戴的人物而不是附庸风雅的贵族们的奴才。行会工匠们为了表彰他主持佛罗伦萨主教堂穹顶工程的功绩，把他选为 1423 年度佛罗伦萨的两位执政官之一。

他也是第一个完全的集中式穹顶建筑物的设计者。设计的是佛罗伦萨的圣玛丽亚布道所（Oratory of St. Maria delle Angeli，1434 年），可惜没有完全建成。

伯拉孟特出身平民，本是个画家，早期在米兰从事过建筑工作，和百科全书式的巨星达·芬奇相稔，风格平和秀丽。1499 年到罗马之后，很快就受到 16 世纪初年新思想的鼓舞，力求把高亢的爱国热情表现在建筑物上，建立时代的纪念碑。他刻苦向古罗马遗迹学习，足迹踏遍罗马城和周围地区，从此风格大变。作为教廷的御用建筑师，在爱国主义精神的鼓舞下，他追求庄严宏伟、刚健有力。小小的坦比哀多，成了文艺复兴盛期建筑的第一个代表。在教廷的圣彼得大教堂的设计中，他满怀豪情地以超过古罗马的建筑成就为目标。他所做的方案奠定了大教堂仪典部分的基础。

伯拉孟特的另一项重要作品是梵蒂冈宫的改建。为了把新宫、旧宫等几处建筑物联系起来，伯拉孟特设计了一个长达 300m 的大院子。它的纵轴是南北向的，因地形关系，中央被一个大台阶切为两半，南部建筑物 2 层，北部 1 层，院子因此得名为大台阶院。后来，在这个大台阶的位置造了图书馆（1585～1590 年），遮住了地形的高差。院子的南端是个半圆剧场，北端是一个高大的龛，陈列古代雕刻，以半个穹顶覆盖，向院子完全敞开（图 8-18）。

这种形制在西欧绝无仅有，表现了进步的时代赋予伯拉孟特的创作魄力。可惜这些建筑物没有完全照原设计建造。

米开朗琪罗在 1555 年致建筑师阿孟纳蒂（Batolomeo Ammanati）信里说："不容否认，伯拉孟特是一位技艺出众的建筑师，足与自古至今的任何一位建筑师媲美。"

米开朗琪罗和拉斐尔

意大利文艺复兴盛期的伟大的雕刻家和画家米开朗琪罗（Michelangelo Buonarroti，1475～1564 年）和伟大的画家拉斐尔（Raphael Santi，1483～1520 年），也都是重要的建筑师。

米开朗琪罗当过石匠，曾经亲身参加佛罗伦萨人民保卫共和制的武装起义，担任城防工程总监。他被称为"市民之子"。在他的雕刻和绘画中，充满着激越的热情，强大的力量和夸张的动态。

图 8－18　梵蒂冈宫大台阶院北端

拉斐尔出身于画家家庭，青少年时期在地方小贵族的宫廷里生活，性格温顺，驯从地服务于教廷，成为建筑总监。他的画风秀美典雅，宁静和谐。

他们的建筑创作也同样表现出这两种艺术性格的对立。

雕刻家刚健的建筑　米开朗琪罗倾向于把建筑当雕刻看待，利用强有力的体积和光影对比，赋予建筑刚健挺拔的精神。爱用深深的壁龛、凸出很多的线脚和小山花，贴墙做 3/4 圆柱或半圆柱。喜好雄伟的巨柱式，多用圆雕作装饰。强调的是体积感。

他不严格地遵守建筑的结构逻辑。佛罗伦萨的美狄奇家庙（Medici Chapel，1520～1534 年）和劳仑齐阿纳图书馆（Biblioteca Laurenziana，1523～1526 年）两处都是室内建筑，却用了建筑外立面的处理法，壁柱、龛、山花、线脚等起伏很大，突出垂直分划。强烈的光影和体积变化，使它们具有紧张的力量和动态。家庙里大小壁柱自由组合，图书馆前厅里的壁柱嵌到墙里面去，并且支承在涡卷上，都是不顾结构逻辑的。他用建筑像雕刻一样表现他不安的激情，而不肯被建筑的固有规律所束缚，因此后来的手法主义者把米开朗琪罗当作他们的榜样，虽有创新，毕竟不是建筑的本色。

劳仑齐阿纳图书馆前厅 9.5m×10.5m，正中设一个大理石的阶梯，形体富于变化，很华丽，装饰性很强。在中世纪，楼梯被封闭在黑暗的角落里，到文艺复兴之后，它的装饰效果才渐渐被认识。劳仑齐阿纳图书馆的这个阶梯，是比较早的被当作建筑艺术部件的一个，设计得很成功。在米开朗琪罗死后由瓦萨里主持完成（图 8－19）。

罗马卡比多山市政广场（The Capitol，1540～1644 年）的布局以及两侧的博物馆和档案馆雄伟壮健的正面，也是米开朗琪罗的作品。它们以巨柱式柱子和宽阔的檐口为构图的骨架，再以底层开间的小柱子和精致的窗框对比反衬。虽是一个横向的简单矩形立面，但体积感很强，富于光影变化。

卡比多广场的布局很有创造性，它正中的市政厅本是古罗马的一幢档案馆，面向古罗马的旧市中心。米开朗琪罗把它的背面改为正面，作为卡比多广场的主体建筑，使卡比多广场以背面朝向古罗马的旧市中心，成为新的市中心，从而改变了整个罗马城日后发展的方向。这个改变对罗马城具有极大的意义，既保护了古代无价的建筑遗产，又给新市区以广阔的发展空间。

图8-19　劳仑齐阿纳图书馆门厅

米开朗琪罗最伟大的代表作是罗马的圣彼得大教堂的穹顶。

瓦萨里在米开朗琪罗传里写道："我们已经看到，至高无上的教皇朱利亚二世、利奥十世、克里门斯七世、保罗三世、朱利亚三世和庇护五世，都想把他引到身边。同样，土耳其苏丹苏里曼、法国国王弗朗茨·瓦卢亚、卡尔五世皇帝、威尼斯元老院、美第奇家科西莫大公都申请向他提供荣誉津贴，原因不外乎企求分享他的艺术光辉。"

画家温馨的建筑　拉斐尔设计的建筑物，和他的绘画一样，比较温柔雅秀。体积起伏小，爱用薄壁柱，外墙面上抹灰，多用纤细的灰塑作装饰，强调水平分划。典型的例子是佛罗伦萨的潘道菲尼府邸（Palazzo Pandolfini，1516～1520年）。它有两个院落，主要的院落的建筑为2层，外院的建筑为1层。在沿街立面上，二层部分用大檐口结束，一层部分的檐部和女儿墙是二层部分的分层线脚和窗下墙的延续，两部分的主次清楚，联系却很好。墙面是抹灰的，没有用壁柱。窗框精致，同简洁的墙面对比，清晰肯定。墙角和大门周边的重块石，更衬托了墙面的细致柔和。由于水平分划强，窗下墙和分层线脚上都有同窗子相应的定位处理，建筑物显得很安稳（图8-20）。

罗马近郊的玛丹别墅（Villa Madama，1516～1520年）的北部，1间敞厅，3个券门，开间宽阔、壁柱薄、檐口细、作大面积的精巧的灰塑图案，很鲜明地体现着拉斐尔的恬静细腻的风格。

不过，在盛期文艺复兴整体风格影响之下，拉斐尔在建筑设计上创作风格还有些不稳定，玛丹别墅的主轴线过于壮观。他设计的罗马的维道尼·卡发瑞里府邸（Palazzo Vidoni Caffarelli，1515

图8-20　潘道菲尼府邸

年）也失于虚夸的雄伟。

　　1517年，拉斐尔被教皇利奥十世任命为罗马文物古迹总监，他制定了一项全面恢复古城遗迹的计划，主持测绘了所存古罗马建筑的平面图和剖面图。他恪尽职守，以极大的热情从事文物建筑保护工作。他在1519年致利奥十世的一封信里写道："您首先要考虑的应是关心那些不多的古建筑如何得以保全，它们是古代祖国和伟大意大利的光荣……它们至今仍在唤醒灵魂对美德的追求。"

龙巴都和珊索维诺

　　15世纪后半叶，威尼斯建筑的代表者是彼得·龙巴都（Pietro Lombardo，1435～1515年）和他的家族、门人。16世纪中叶则以珊索维诺为代表（Jacopo Sansovino，1486～1570年）。龙巴都家族是行会工匠，他们不像人文主义者那样热衷于古典文化的纯正，也不对中世纪文化怀着敌意，所以，他们相当随便地运用古典的和中世纪的手法（图8-21）。晚于龙巴都半个世纪的珊索维诺本来在罗马工作，是个雕刻家，1527年西班牙军队劫掠罗马后，来到威尼斯，后来，教皇和一些大公用重金礼聘他，他表示，决不愿离开一个共和制的政府去为专制君主服务，终生留在威尼斯。龙巴都和珊索维诺奠定了威尼斯城的基本风格。

　　在商业经济繁荣促成了市民分化之后，威尼斯造了大量大型的商人府邸。威尼斯市是由100多个小岛组成的，以河为街。由于地段局促，府邸平面一般不大整齐，内院很狭隘。但它们面对大运河的外观则是富商大贾们彼此炫耀争胜的所在，不吝豪华。立面方正、窗子宽大、阳台轻灵，因为商人对内无需像贵族那样摆出欺人的威势，而且舰队强大，对外无需强固的防御。特别是大运河两岸的府邸，更乐于向清波绿漪敞开襟怀。

　　这些府邸虽然构图严谨，细部精致，工艺属于上乘，但用灰白色石头建造，与大运河两岸中世纪暗红色的府邸不很协调，尺度远比中世纪的市民住宅大，仍不免于矜持，而且风格炫耀，显出新的大资产者从中世纪市民分化出来后的傲气。这也是文艺复兴时代建筑的一般趋向。

　　文特拉米尼府邸　彼得·龙巴都设计的文特拉米尼府邸（Palazzo Venderami-ni，1481年）是15世纪末叶府邸的代表。它和一般府邸一样，立面也是方方的，3层，高23.4m，宽27.4m。它用柱式组织了整个立面，柱式的部件规范严谨，标志着文艺复兴建筑的一般特点。但是，开间有活泼的节奏变化，窗子用小柱子分为两半，上端用券和小圆窗组成图案，又有中世纪哥特式建筑的特色。

　　文特拉米尼府邸的立面用的是3/4柱，梁柱框架很突出。加以开间相当宽，被窗子占满，阳台又长，所以立面又轻快，又开朗。

图8-21　文特拉米尼府邸

它的比例和谐，构图既丰富又明快，色彩亮丽，风格典雅。但尺度远远大于大运河沿岸的早期建筑，不免夸张。

考乃尔府邸和庞贝府邸　珊索维诺设计的考乃尔府邸（Palazzo Cor-ner della Ca'Grande，1532年）则是16世纪中叶府邸的代表，他追求庄严伟岸。立面本来有4层，但把第一和第二层用重块石砌成统一的基座层，仍保持传统的三层立面。第三、四两层有券柱式，柱子是成对的。开间整齐，柱式严谨，风格雄健而略显沉重。

底层用重块石做成基座层，上一两层用柱式，这是文艺复兴盛期产生的立面构图。罗马的维道尼·卡发瑞里府邸是比较早的例子，不过考乃尔府邸更完整。珊密盖勒（Michele Sanmicheli，1484~1559年）在维罗纳建造的庞贝府邸（Palazzo Pompeii，Verona，1530年）也是这样的构图，第二层的券柱式，细节简练，很单纯，很明朗，只是稍嫌矮了一些。

圣马可学校　在公共建筑物方面，龙巴都家族和珊索维诺也同样代表着两种风格。龙巴都父子和贡都奇（Moro Conducci）设计的圣马可学校（Scuola di S. Marco，1485~1495年），墙面虽然用柱式的壁柱分划，但构图自由自在。一共6个开间，分两组处理，分主次各自对称，在自己的中轴上开门。檐头和大门上用半圆的山花，明显地有拜占庭的影响。一些装饰题材同圣玛丽亚·密勒可里教堂正面的一样。最特别的是在两个门的左右两个开间里，墙上画透视很深远的壁画，以建筑物为题材，有一头雄狮从里面将走出来。看来好像很稚拙，却有一种天真的生气（图8-22）。

圣马可图书馆　珊索维诺在威尼斯总督府对面圣马可小广场南侧造了圣马可图书馆（Libreria S. Marco，1536~1553年），同总督府近于平行，东侧立面对着大运河口。它长83.8m，两层下层有敞廊，供广场的公共活动使用，二层有一个大厅，11.3m×27m，是阅览室。其余的房间零乱狭小，没有形成公共图书馆的特有形制。

为了同总督府调和，也为了同威尼斯城市风格调和，图书馆的立面整个是上下两层21间连续的券柱式，开间3.68m，很敞朗，也很壮丽。第二层的券柱式，在券脚垫石下还有独立的小柱子，构图比较丰富有变化。

冠戴檐部的高度适应整个立面的高度，因而达到上层柱子高度的1/3。为了避免过于沉重，在檐壁上开了横窗，作了突出的高浮雕（图8-23）。

檐口之上的花栏杆、栏杆上的雕像和小方尖碑，使建筑物的轮廓与天空虚实交错，形成华丽的过渡带。这丰富复杂的天际线使图书馆和圣马可主教堂有共同的形象特点，以利于呼应而取得协调统一。

在圣马可广场上，图书馆、总督府和主教堂，三者的风格截然不同，再加上大钟塔和它的廊子，构图既有鲜明的对比，也有互相契合的呼应，很好地体现了建筑群中的对立统一原则。

作为一个杰出的雕刻家，珊索维诺在他设计的公共建筑物上大量使用雕刻装饰。

图书馆的体形简洁单纯而体积感很强，同圣马可学校的体形多变活泼而平面感很强，恰成对照。

图 8－22　圣马可学校　　　　　　　　图 8－23　圣马可图书馆

维尼奥拉和帕拉第奥

维尼奥拉（Giacomo Barozzi da Vignola，1507～1573 年）和帕拉第奥（Andrea Palladio，1508～1580 年）是意大利晚期文艺复兴的主要建筑师，对后世欧洲各国都有很大的影响。他们都曾经长时期地、深入地钻研古罗马的建筑。1554年，帕拉第奥出版了他的古建筑测绘图集，1570 年，又出版了他的主要著作《建筑四书》（Il Quattro Libri dell'Architectura），其中包括关于五种柱式的研究和他自己的建筑设计。维尼奥拉也在 1562 年发表了他的《五种柱式规范》（Regola delle Cinque Ordini）。他们的著作后来成了欧洲建筑师的教科书，以后欧洲的柱式建筑，大多根据他们定下的规范。帕拉第奥对英国建筑的影响比较大，维尼奥拉的影响主要在欧洲大陆。

维尼奥拉和帕拉第奥通常被认为是欧洲学院派古典主义建筑的肇始人，但是，他们自己的创作却是五花八门，包含着各种矛盾的趋向。他们制订的严格的柱式规则，后人奉为金科玉律，于他们自己却较少束缚。他们的创作风格变化幅度之大，在文艺复兴时期是很突出的，一些作品甚至被当作巴洛克风格的滥觞。

维晋寨的巴西利卡　维晋寨（Vicenza）是帕拉第奥的故乡，占市政广场整整一个东南面的巴西利卡是他的重要作品之一。早在 1444 年，它中央的大厅（52.7m×20.7m）就已经建成，1549 年，帕拉第奥受委托改造它，增建了楼层，并在上下层都加了一圈外廊。这座建筑是给城市贵族开会并充当法庭用的。

外廊开间宽 7.77m，底层高 8.66m，是原有的大厅已经决定了的。结构是十字拱，因此每间都可有一个券。但开间比例不适合古典的券柱式的传统构图。帕拉第奥大胆创新，在每间中央按适当比例发一个券，而把券脚落在两棵独立的小柱子上。小柱子距大柱子 1m 多，上面架着小额枋。于是，每个开间里有了 3 个小开间，两个方的夹着一个发券的，而以发券的为主。为了在视觉上使负荷者同被负荷者平衡，在小额枋之上、券的两侧各开一个圆洞。这个构图，"虚实互生，有无相成"，实部和虚部均衡，彼此穿插，各自形象完整，而以虚部为主；方的、圆的，对比丰富，整体上以方开间为主，开间里以圆券为主，有层次、有变化；小柱子和大柱子也形成了尺度的对比，映照着立面的雄伟。因为小柱子在进深方向成双，所以能同大柱子均衡，而以大柱子为主。由于构思明确，两套尺度并不

引起紊乱。这种构图是柱式构图的重
要创造，圣马可图书馆的二楼立面和
巴齐礼拜堂内部侧墙，也都采用过，
但比例及细部做法以这个巴西利卡的
为最成熟，以致得名为"帕拉第奥母
题"（Palladian motive），以后常常被引
用，不过它的适应性比较小。

大柱子上的檐部转折凸出，同女
儿墙上的雕像相应，形成垂直划分，
略略打破占主导地位的水平划分，使
建筑物活泼一些（图 8－24）。

图 8－24　维晋寨巴西利卡及钟塔

巴西利卡的体形横向展开，用叠柱式而水平分划突出，它同北面市政厅旁瘦
削的 12 世纪的高塔交相映衬，使市政广场的景色很生动。这也许是帕拉第奥不
在巴西利卡使用巨柱式的原因，虽然他在巴西利卡对面的一幢 3 开间的小府邸
（Loggia del Capitaniato，1571 年）的立面上使用了尺度非常夸张的巨柱式。

巴西利卡的木质拱形顶跨度 20.7m，在当时也是比较大的。它覆盖下的大厅
是北意大利最宏大的大厅之一。

庄园府邸　意大利的资本主义经济发展在 16 世纪中叶受到挫折之后，资
产阶级向土地贵族转化，庄园府邸的建设大为盛行。帕拉第奥曾经设计过大量
的中型府邸，集中在维晋寨和它的附近地区，以后对欧洲的府邸建筑有很大的
影响。

这些府邸的主要特点是：第一，平面大多是长方的或者正方的。按照传统，
以第二层为主，底层为杂务用房。稍大一点的，将杂务用房设在离开主体的两个
或者 4 个附属房屋里，对称布局，用廊子同主体连接。第二，主要的第二层划分
为左、右、中三部分。中央部分前后划分为大厅和客厅。左右部分为卧室和其他
起居房间。楼梯在三部分的间隙里。大致对称安排。第三，外形为简洁的几何
体。主次分明：底层处理成基座层，顶层处理成女儿墙式的，或者像不高的阁
楼。主要的第二层最高，正门设在这一层，门前有大台阶。窗子大，略有装饰。
比较大一些的府邸，立面中央用巨柱式的壁柱或者冠戴着山花的列柱装饰，这也
是立面构图的新手法。

把建筑物立面依上下和左右划分几段，以中央一段为主，予以突出，这是文
艺复兴建筑同古典建筑的重要区别之一。帕拉第奥常用这种构图，并且第一个在
理论上加以强调，17 世纪以后成了古典主义建筑构图的一个原则。

帕拉第奥设计的庄园府邸中最著名的是圆厅别墅（Villa Rotonda，1552 年）。
它在维晋寨郊外一个庄园中央的高地上。平面正方，四面一式。第二层正中是一
个直径为 12.2m 的圆厅，它的穹顶内部装饰得很华丽。四周房间依纵横两个轴线
对称布置。室外大台阶直达第二层，内部只有简陋的小楼梯。台阶上，立面的正
中，是 6 根柱子戴着山花。列柱和大台阶加强了第二层在构图上的重要性，使它
居于主导地位（图 8－25、图 8－26）。

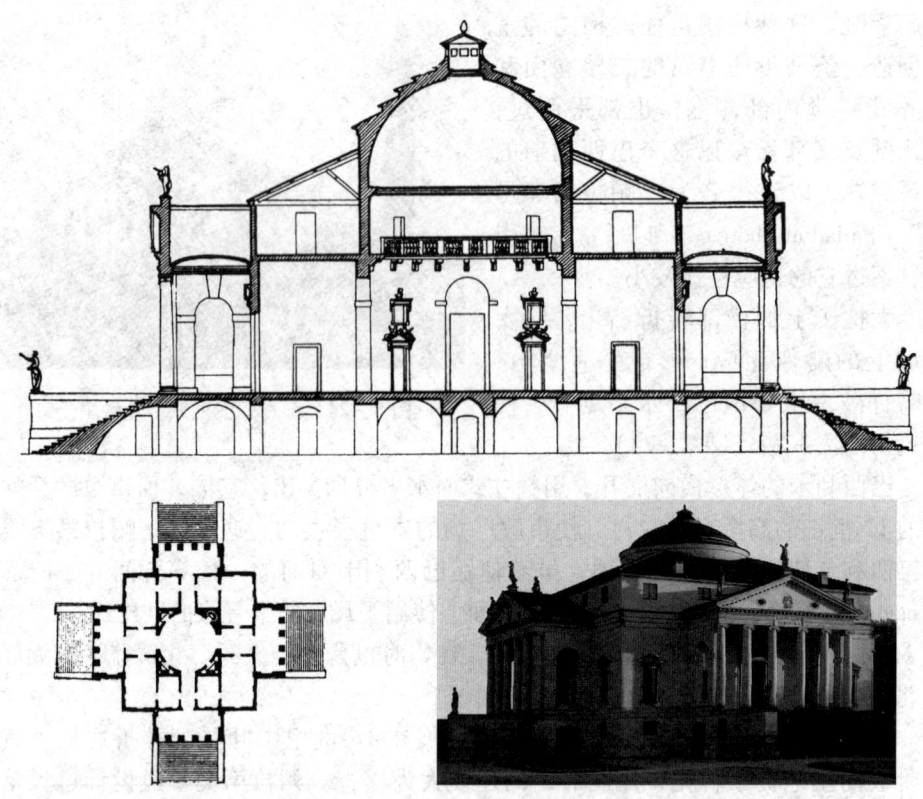

图 8-25　圆厅别墅平面与剖面　　　　图 8-26　圆厅别墅

圆厅别墅的外形由明确而单纯的几何体组成，显得十分凝练。方方的主体、鼓座、圆锥形的顶子、三角形的山花、圆柱等等多种几何体互相对比着，变化很丰富。同时，主次十分清楚，垂直轴线也明确显著，各部分构图联系密切，位置肯定，所以形体统一、完整。四面的柱廊进深很大，不仅增加了层次，强化了光影，而且使建筑物同周围广阔的郊野产生了虚实的渗透，因而冲淡了它的过分矜持和冷漠。不过，圆厅别墅毕竟还是太孤傲了，虽然它的比例很和谐，构图很严谨。孤傲是后来学院派古典主义建筑的一般性格，这是贵族的性格。同这时大多数府邸一样，圆厅别墅的内部功能在很大程度上屈从于外部形式。

奥林比克剧场　由帕拉第奥设计，在他死后由学生兼同乡斯卡莫齐（Vincenzo Scamozzi，1552～1616 年）主持完成的维晋寨的奥林比克剧场（Teatro Olimpico，1580～1584 年），在剧场的发展史中有重要的意义。它是为演出古希腊悲剧用的，是一个学术团体——奥林比克学院——的建筑物的一部分。这是一个室内剧场，但形制却根据维特鲁威记述的古罗马露天剧场，只是把观众席做成半个椭圆形的，以代替半圆。观众席逐排升起，坡度很陡，架在木桁架上。乐池在舞台之前，低于观众席第一排座位 1.5m。舞台背景是固定的，处理成建筑立面，华丽而且雄伟。

这个剧场的意义在于它第一个把露天剧场转化为室内剧场，为剧场形制的进一步发展开辟了道路（图 8-27）。

它的舞台背景上，正面有 3 个门洞，两侧还各有 1 个，穿过它们，可以看到一段布景的"街景"，中央门洞之内是三条"街"的交会点。这些"街景"运用透视法制作，近处宽一些，远处窄一些，所以显得特别深远。

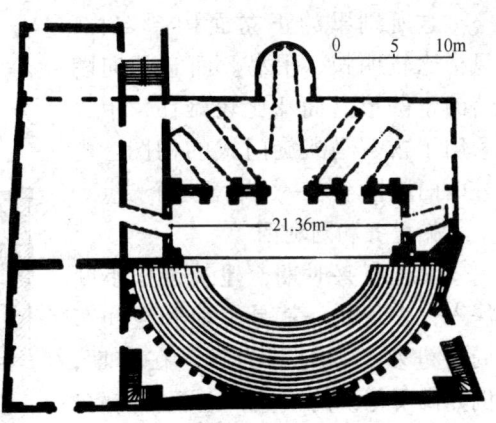

图 8-27　奥林比克剧场平面

透视法是文艺复兴时期艺术家和建筑师最感兴趣的科目之一。经过几代人的勤苦钻研，于这时成熟，因此常常被建筑师拿来炫耀新奇，并且对建筑造型产生了影响。

剧场的音质很好，演员在台上歌唱，甚至在"街"的深处歌唱，观众席上都能听得很清晰。

尤利亚三世别墅　维尼奥拉设计的罗马近郊的教皇尤利亚三世别墅（Villa di Papa Giulio，1550～1555 年），也深深受到透视法的影响。它抛弃了文艺复兴时期府邸的传统四合院形制，建筑物和院落间隔着排列在大约 120m 长的纵轴线上，通过一系列的券门和柱廊，可以看到一层一层的远景，最后是尽端围墙上的一副装饰性的柱式组合。从第一座主体建筑物到最后的柱式组合，体积和尺度都逐个缩小，夸张虚幻的深远景象。第一进院落两侧照壁式的墙上砌出建筑列柱的样子。别墅的地段本来很狭窄，经过这样的处理，仿佛扩大了它的纵深。

尤利亚三世别墅的第二个特点是，它力求开敞，削弱室内外的界线。这是 16 世纪以来，郊外的府邸和别墅的一般趋向。尤利亚别墅的主体建筑物以半圆的体形拥抱第一进 27.5m 宽的马蹄形院落，它的底层是进深 5m 多的半环形敞廊，同院落相渗透。宽阔的敞厅，也是当时郊外府邸和别墅中常有的。

尤利亚三世别墅的第三个特点是把地形的高差引进到建筑中来。第二进建筑物地面比第一进院子高一些，中间是 3 开间向第二进院落敞开的大厅，两侧是在高墙荫蔽之下的凉室。从敞厅左右伸出长长的台阶下到第二进院落里去，它们又形成一个半圆，拥抱院落，同第一进相呼应，却不重复。院落中央有一个深深的地坑池子，从坑壁可以进入人工的岩洞，拱顶的，在院落地面之下。洞内有小楼梯可登上地面。第三进建筑物的中央部分是 3 开间小小的过厅，在它的两翼，有螺旋楼梯下到后面正方形的花园里（图 8-28），最后是贴在照壁上的浮雕式柱式组合。

在郊外的冈阜上，依地势布置几进台阶式的院落，是古罗马别墅中常用的格局，这时又重新流行。朱利亚三世别墅的建筑艺术构思很严谨，很完整，富于变化，反映出 16 世纪建筑在布局上的进步。

这所别墅的正立面构图匀称，风格比较明快、平易。而它朝向院落的半圆形立面却比较雄伟，中央采用了古罗马凯旋门式的构图。内外两面风格不统一，毕竟是个缺点。

帕鲁齐和阿利西

文艺复兴时期，建筑创作不断深入，表现之一就是平面和空间布局的进步。以府邸为例，在初期，例如佛罗伦萨的一些，立面、内院、主要厅堂，分别推敲，互不联系。到了盛期，注意到了它们的相互联系和过渡，平面比较严谨。例如，罗马的法尔尼斯府邸，从大门经过门厅到内院，有统一的构思。不过，大多还限于局部，而且没有同功能的改善结合起来。帕鲁齐（Baldassar Peruzzi，1481～1536 年）设计的罗马的麦西米府邸（Palazzi Massimi，1535 年），异彩独放，把整个府邸的平面、空间和艺术形式紧密联系在一起，作了完整的、细致的处理，同时在功能上有所突破。16世纪下半叶，热那亚建筑师阿利西（Galeazzo Alessi，1500～1572 年）和他的学生，更把府邸的设计提高到了意大利文节复兴的最高水平。

麦西米府邸　麦西米府邸位于罗马市中心一个很不规则的、狭窄的三角形地段里，正面随街有一段弧形的转弯。它包括麦西米兄弟两家的住宅，把地段大致平均地分为两半之后，每家的地段都很狭长，

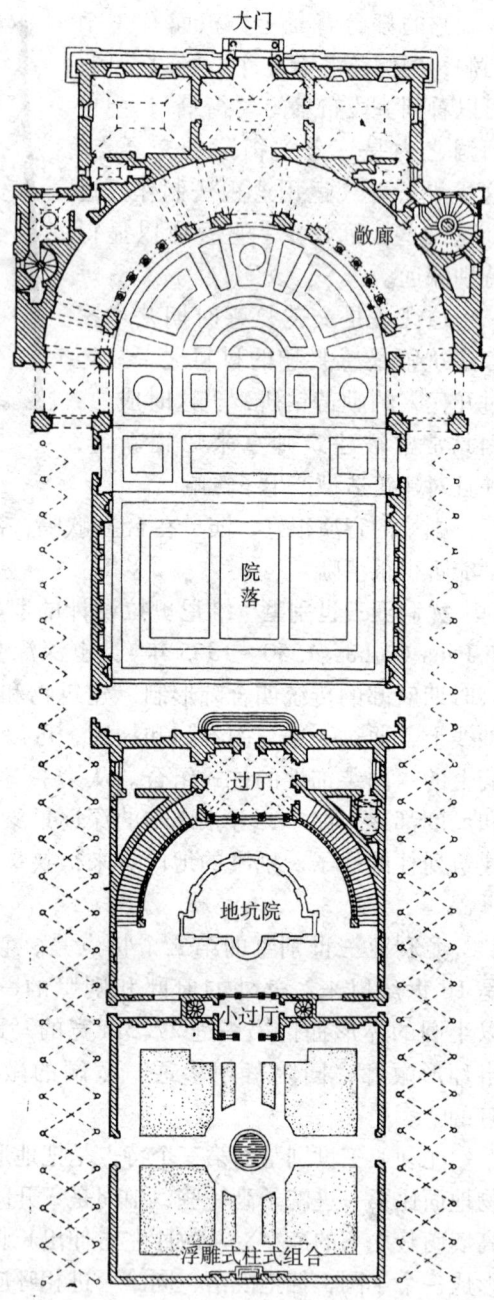

图 8-28　尤利亚三世别墅平面

平面的轮廓又十分复杂，很难按照传统的方式去利用它们。帕鲁齐巧妙地给每家安排了一个内院和一个杂务院，杂务院在后面，占用轮廓最复杂的部分，另有后门出入（图 8-29），从而充分有效地利用了地段。

长期以来，意大利的府邸不区分杂务院和内院，而房屋的底层都是些杂务用房，所以内院十分嘈杂。帕鲁齐把杂务院分出去，使内院安静而且清洁，是很有意义的创新。这样，就可以从底层起布置尽可能多的起居房间，克服了地段狭窄

的困难，同时可以提高内院四周的建筑艺术质量。

麦西米府邸的内院是方正的。明确地分清房间的主次，保证主要房间的形状整齐，有自然采光和通风，而把不规则的、黑暗的部分用作楼梯间和储藏室等等。在一些重要位置，不规则的部分被壁龛之类掩饰起来。尽管十分局促，还是在院子的前后都设了敞廊，这样不仅减少了套间，改善了内部联系，而且使小小的院子显得不十分局促。在极困难的条件下，建筑艺术处理得很精细，各方面力求完整，力求丰富（图 8 - 30）。

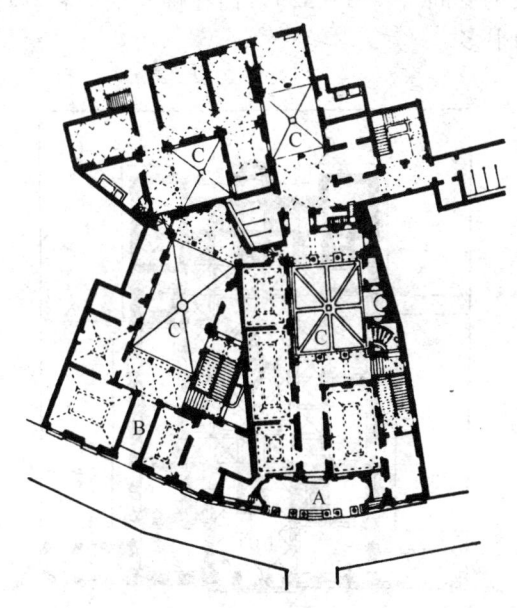

图 8 - 29　麦西米府邸平面　　　　　　　　　图 8 - 30　麦西米府邸内院
A. 有柱廊的一家入口；B. 很朴素的另一家入口；C. 后院

虽然是两家，正立面上只做一个柱廊，恰在街道的转弯处，因为这儿隔街对着通向法尔尼斯府邸的路口。柱廊很华丽，两端都有壁龛放置雕像。另一家的门很简单。因此立面是统一的。

道利亚府邸和其他　阿利西在热那亚工作。16 世纪下半叶，海港热那亚在意大利的普遍萧条中却繁荣了起来，因为这时西班牙在新大陆的殖民事业中暴富，而它同中欧的贸易都要通过海港热那亚。热那亚的建筑活动因此而兴盛。热那亚南面临海，建筑物顺山坡而上，顺应地形。作为商人的府邸，他们不追求贵族的威严，比较开敞，风格也比较和易、明快。阿利西和他的学生们在这里创作了一些杰出的建筑物。

道利亚府邸（Palazzo Doria，1564 ~ ，设计人 Rocco Lurago，? ~ 1590 年）是这时期热那亚府邸的代表作。它是四合院式的，内院 10.8m × 18.6m，周围房子两层，纵轴明确。它的主要特点是：第一，有严格的正方形的结构格网，开间和进深都服从它们，布局简洁整齐。这是早期和盛期的府邸都没有的。第二，顺应地形。前后分几个高程，在门厅里设大台阶，登上台阶方才是院子前沿的廊子。

院子后面，轴线的末端设一个双跑对分的大楼梯，它的休息平台上有门，向后通花园（图 8-31）。罗马的别墅，不同的高程表现为几个台地，而道利亚府邸却把它们放在建筑物里面，显见得设计能力有所提高。第三，开敞。把处理高程变化的大台阶、大楼梯堂堂正正放在中央，充分利用它们固有的形体和高度变化，作为重要的建筑构图要素。由于不做封闭的楼梯间，通过台阶和楼梯，上下层的空间交流穿插，层次又丰富多了。这是一个重大的创新，开端于米开朗琪罗设计的劳仑齐阿纳图书馆的门厅，而在这里获得更大的成功。第四，楼上楼下，沿内院都有一圈外廊，基本上没有不方便的套间（图 8-32）。而在佛罗伦萨和罗马的府邸里，既无外廊又无内廊，套间很多。

图 8-31　道利亚府邸楼梯

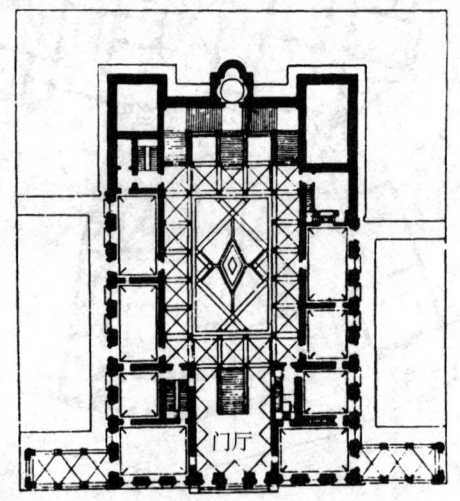

图 8-32　道利亚府邸平面

　　道利亚府邸的这些特点，同早期和盛期的府邸相比，都是建筑设计上的重大进步。文艺复兴时期是创造精神大发扬的时期，拿道利亚府邸和美狄奇府邸比较，100 年多一点，建筑设计的进步是很显著的。

　　同道利亚府邸相似的，还有玛尔采罗—都拉佐府邸（Palazzo Marcello-Durazzo，1556 年，设计人 Bartolomeo Bianco，1590~1657 年）和热那亚大学校舍（Palazzo dell'Universita，1623 年，设计人同上）。它们门厅里的大台阶很高，配上雕刻，装饰性更强（图 8-33）。玛尔采罗—都拉佐府邸的门厅里大台阶有 3 开间宽，台阶下一对柱子，为了同台阶上的一对取齐，下面有高高的基座，基座前放了女性立像，构图很贴切。

　　府邸不仅内部空间开敞融通，

图 8-33　热那亚大学门厅

有些作品对外边同样开敞融通。最杰出的例子是罗马诺设计的曼德瓦的德尔·丹府邸（Palazzo del Te，1525 年后），它底层宽阔的后厅，直接向花园完全敞开（图 8 - 34）。

图 8 - 34　曼德瓦城的德尔·丹府邸（1525 ~ ），设计人：罗马诺

8.4　广场建筑群

　　意大利的城市里，从古罗马时代起，便多有广场，有纪念性的，有政治性的，也有集市性的。中世纪，作为市民重要的公共活动场所，意大利城市里一般有三个广场，一个在市政厅前，一个在主教堂前，一个是市场。它们通常比邻而建。有的城市，在这三个广场之间有很美的建筑联系，不是券门便是小街。但大多数城市里，三个广场之间没有整体的设计，相互的关系很偶然。到了文艺复兴时期，建筑物逐渐摆脱了孤立的单个设计和相互间的偶然凑合，而逐渐注意到建筑群的完整性。这也克服了中世纪的混乱，恢复了古典的传统，对后世有开创性的意义。

　　安农齐阿广场　佛罗伦萨的安农齐阿广场（Piazza Annunziata）是早期的，最完整的广场。它是矩形的，在长轴的一端是初建于 13 世纪的一座安农齐阿教堂（Santissima Annunziata）。它的左侧，是伯鲁乃列斯基设计的育婴院，轻快的券廊形成了广场的立面。后来，阿尔伯蒂改造了教堂的立面（1470 ~ 1477 年），给它 7 开间的券廊，同育婴院的立面一致。1518 年左右，广场的右侧造了一所修道院，立面大致和育婴院的相似。于是，安农齐阿广场的三面都是券廊，建筑面貌就很单纯完整。教堂不高，主导地位不很突出，由于广场中央加了一对喷泉和一座斐迪南大公（Grand Duke Ferdinando I）的骑马铜像，强调了纵轴线，才使它的地位有所加强。广场前一条将近 10m 宽的街道，入口处斜对着伯鲁乃列斯基设计的佛罗伦萨主教堂的穹顶，把广场同全城的制高中心联系了起来。

　　安农齐阿广场宽大约 60m，长大约 73m，三面是开阔的券廊，它们尺度宜人，风格平易，因此广场显得很亲切。汩汩的喷泉，更增添了几分欢悦。骑马铜像的大小完全适应教堂的发券开间，从广场的入口处观赏，教堂给了它很好的衬托（图 8 - 35）。

　　罗马市政广场　罗马市政广场在古罗马和中世纪的传统市政广场地点卡比多山（The Capitol）上。山在古罗马市中心罗曼努姆广场的西北侧，因为当时旧城区处处是古罗马的遗迹，为了保护它们，米开朗琪罗把市政广场面向西北，背对旧区，把城市的发展引向还有余地的新区。把古城的新发展区和文物古迹保护区分开，这是后来欧洲历史文化古城保护有效的通用办法。

　　广场的正面是古罗马时代的元老院（后来的市政厅），是早就有的建筑物，历经改建。米开朗琪罗把它的正面改为背面，把它的背面作为正面，在前面加了大台阶，并用雕像和水池把它装饰起来。它右侧原有一座档案馆，也很古老，二者不互相垂直，夹角小于90°。1450年，重建档案馆于原址，1564年，照米开朗琪罗的设计改造了它的立面（图8-36）。1644~1655年间，照改造后的档案馆的式样并与它对称在左面造了一座博物馆。因此广场的平面呈梯形。意大利中世纪的城市广场是不对称的，罗马卡比多山市政广场是文艺复兴时期比较早的按轴线对称配置的广场之一（图8-37）。

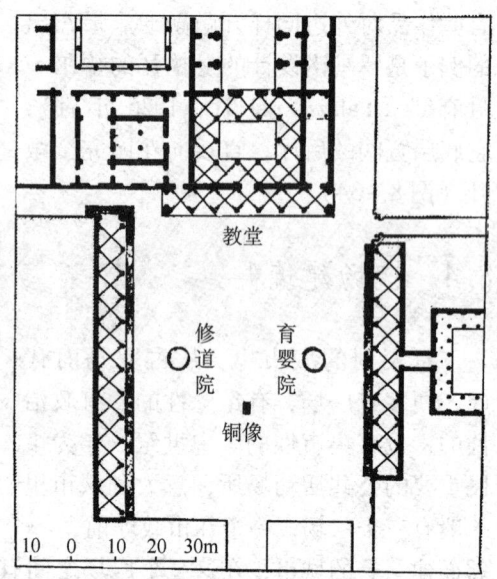

图8-35 安农齐阿广场平面

3座建筑物虽然不造在同时，但因为在建造博物馆时考虑到原有的两座，并且按米开朗琪罗的设计改造过元老院的正面，所以形式完全统一。

元老院高27m，广场两侧的房屋高20m，相差不大。为了突出元老院，把它的底层做成基座层，前面设一对大台阶，上两层用巨柱式，二、三层之间不做水平分划；而广场两侧的建筑物，巨柱式立在平地，一、二层之间用阳台作明显的水平分划。构图的对比，使元老院显得比实际的更高一些。元老院大台阶前一对尼罗河神和泰伯河神的雕像，半偃卧式，同台阶在构图上很协调。元老院的钟塔是1582年造的。

这广场的一个新特点是它的前面，梯形的比较短的底边，完全敞开，对着山下大片的绿地。一道大台阶笔直地奔上山来，前景是广场前沿挡土墙上的栏杆和它上面的三对古罗

图8-36 罗马卡比多广场档案馆

马时代的雕刻品，都是从别处移来的。这三对雕刻品，越靠近中央的越大、越高、越复杂，使构图集中、轴线突出。最外侧的原来是古代的路标，最靠里的是双子星座卡斯托和波鲁克斯（Castor, Pollux）的牵马像。中间则是一对信奉基督教的古罗马皇帝像。它们都不过是装饰品，并没有纪念意义。广场正中，立一尊搬来的古罗马皇帝马古斯·奥莱里乌斯（Marcus Aurelius, ? ~166年）的骑马铜像，使广场有一个艺术中心，并且丰富了广场的层次。广场地面铺砌了整幅图

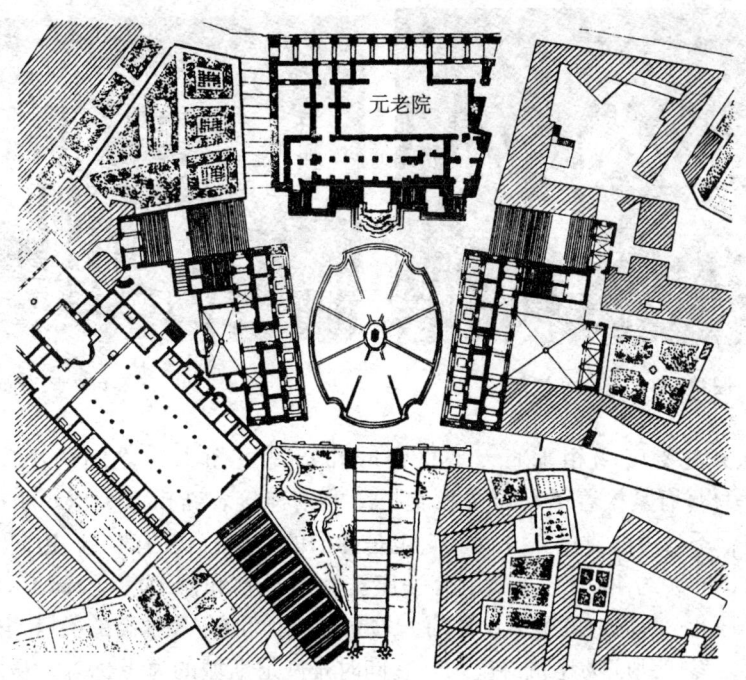

图 8－37 罗马卡比多山市政广场平面

案，椭圆形的，把骑马像放在图案的正中，使它和周围建筑发生明确的构图关系，给它一个特定的不可改易的位置。市政广场上，包括元老院正面，雕刻和建筑的配合是很成功的。

广场深 79m，前面宽 40m，后面宽 60m，尺度很适宜。

圣马可广场 世界上最卓越的建筑群之一，威尼斯的圣马可广场（圣马可是威尼斯的守护使者），基本上是在文艺复兴时期完成的。

圣马可广场是威尼斯的中心广场。包括大广场和小广场两部分。大广场东西向，位置偏北，小广场南北向，连接大广场和大运河口。大广场的东端是 11 世纪造的拜占庭式的圣马可主教堂（当时是使徒圣马可的墓葬教堂），立面经过多次改造，在 15 世纪时完成了它华丽多彩、轮廓丰富的面貌（图 8－38）。大广场的北侧是旧市政大厦（Procuratie Vecchie，1496～1517 年），主要由彼得·龙巴都（Pietro Lombardo，? ～1515 年）设计，是 3 层的，它决定了广场的长度。大广场南侧，由珊索维诺整顿改造，向南加宽，后来，1584 年，斯卡莫齐（Vincenzo Scammozzi）设计了这一侧的新市政大厦（Procuratie Nuove），下面两层照圣马可图书馆的样子，再加了第三层，同旧市政大厦相配称。

大广场西端，本是造于 12 世纪下半叶的圣席密尼阿诺教堂（San Zimignano），经过珊索维诺的修整，1807 年被拆掉，代之以一个两层的建筑物（Atrio，1810 年。设计人 G. M. Solis），把新旧两个市政大厦连接起来。这个建筑物也采用圣马可图书馆的样式，上面加了一段女儿墙，装饰着雕像。

大广场是梯形的，东西长 175m，东边宽 90m，西边宽 56m，面积 1.28hm²（图 8－39）。

图 8 - 38　圣马可教堂

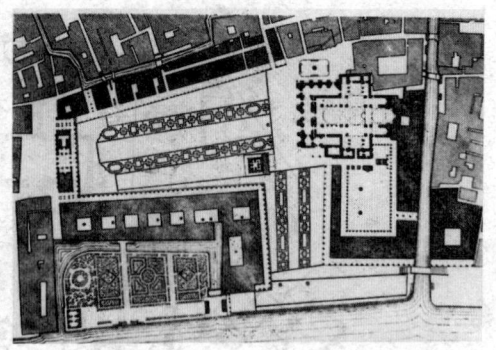

图 8 - 39　圣马可广场平面

　　同这个主要广场相垂直，是总督府和圣马可图书馆之间的小广场（Pi-azzetta）。总督府紧挨着圣马可主教堂，图书馆连接着新市政大厦。小广场的中线大致重合圣马可教堂的正立面。它也是梯形的，比较狭的南端底边向大运河口敞开。河口外大约 400m，小岛上有一座圣乔治教堂和修道院（San Giorgio Maggiore，1565 年），是帕拉第奥设计的，耸立着穹顶和 60 多米高的尖塔，成为小广场的对景，参加到广场建筑群里来。它同时是威尼斯城的海上标志，从海外来的船，远远就能望见它。

　　小广场和大广场相交的地方，图书馆和新市政厅之间的拐角上，斜对着主教堂，有一座方形的红砖砌筑的高塔（Campanile），大约始建于 10 世纪初，12 世纪下半叶，由圣席密尼阿诺教堂的同一个建筑师改建为 60m 高的塔（图 8 - 40）。16 世纪初，加上了最上一层和方锥形的顶子后，高度达到 100m。它是广场的垂直轴线，外部的标志。珊索维诺向南加宽大广场后，这座塔独立出来，离圣马可图书馆北端大约 10m。1540 年，珊索维诺在它下面，朝东，造了一个 3 开间的券廊，装饰得很华丽，使塔和周围主要的建筑物有了共同的构图因素，从而协调统一。券廊是节日庆会时的贵族席。

　　广场上还有其他一些次要的建筑物，如旧市政大厦东端的钟楼和小广场南口的一对从君士坦丁堡搬来的柱子。后者高 17m，东边的一棵，上面立一尊代表使徒圣马可的带翅膀的狮子像，西边的一根，上面立着一尊共和国保护者的像。

　　圣马可广场除了举行节日庆会之外，只供交谊和散步，完全与城市交通无关。意大利人习惯于在广场上约会亲友，所以把广场叫做露天的客厅。圣马可广场华美壮丽，却又洋溢着浓郁的亲切气氛。

　　圣马可广场的空间变化很丰富。从城市各处，要经过曲折的、幽暗的小街陋巷才能来到广场。一走进大广场西端不大的券门或者旧市政大厦东端的钟楼下的券门，突然置身宽阔的空间，多大

图 8 - 40　圣马可广场上圣马可图书馆与钟塔

的天，多高的塔，多美的教堂。大广场是半封闭的，但是，钟塔和它的敞廊仿佛掩映着另一处胜境。绕过它们，便是开敞的小广场，两侧连绵的券廊把视线导向远方，远方是小岛如髻。只有一对柱子，标志着小广场的南界，它们也丰富着景色的层次。向前来到运河口岸边，千顷碧海，白鸥自由出没。作为对景，小岛上帕拉提奥设计的圣乔治修道院教堂的尖塔和圆顶，完成了最后一幅图画。

小广场的北边是圣马可主教堂前部的侧面和钟塔的侧面。教堂和钟塔，都把前部探出在小广场边线的内侧，它们向小广场展现了最好的面貌，从而既是两个广场的分隔者，又是它们的联系者，是它们之间的穿心轴。

总督府、图书馆、新旧市政大厦和它们之间的连接体，都以发券为基本母题，都作水平分划，都有崭齐的天际线，都长长地横向展开。它们连连续续，形成了单纯安定的背景。在这幅背景之前，教堂和钟塔，像一对主角，在舞台上扮演着性格完全不同、却又互相依恋的角色。

1574 年，一场大火，烧得总督府只剩下外壳。大议会开会讨论，准备推倒重建，当时最有权威的建筑师帕拉第奥也主张重建，而珊索维诺等一些人力倡恢复，终于说服了大多数，得以保存了这座杰作，同时也保存了难以超越的圣马可广场。

8.5　活跃的理论

建筑创作繁荣，建筑思想斗争激烈，建筑理论跟着活跃起来。

1415 年，根据在瑞士圣高尔（St. Gaul）修道院所藏的手抄本，完成了维特鲁威《建筑十书》的校订本，1487 年正式出版。这个校订本在未出版之前就产生了很大的影响，激活了文艺复兴时期的许多作家。

1485 年出版的阿尔伯蒂的《论建筑》（De Re Aedificatoria，1485）是意大利文艺复兴时期最重要的理论著作，出版早，体系完备，成就相当高，因而影响很大。

此后，科隆（Francesco Colona）、乔其奥（Francesco di Giorgio Martini，1439～1501/2 年）、弗拉瑞特（Antonio Averlino，"Filarete"，1400～1469 年）、赛利奥（Sebastiano Serlio，1475～1554 年）、帕拉第奥和斯卡莫齐等人陆续发表了一些理论著作。帕拉第奥的著作《建筑四书》（Il Quattro Libri dell'Architectura，1570）的重要性仅次于阿尔伯蒂的著作。阿尔伯蒂、科隆和弗拉瑞特代表盛期的建筑思想，赛利奥、帕拉第奥、斯卡莫齐则代表晚期。两类的主要差别是：盛期的著作比较有创造性，比较全面，人文主义思想重一些，着重于探讨基本理论。晚期的则趋向于唯理论和教条化，偏重柱式构图和柱式各部分直至细小的局部的量化，以很多篇幅推荐样品。制定规范往往是一种艺术成熟的标志，这是历史上常见的现象。维尼奥拉在制定《五种柱式规范》时写道，他的目的是使"每一个人，甚至是一些平庸的人，只要不是完全没有艺术修养的人，都可以不十分困难地掌握它们，合理地使用它们"。规范一方面总结了成功的经验，一方面又会使经验僵化，束缚"平庸的人"，因此，从艺术的高峰向前再走便是下坡。

这些理论著作都在维特鲁威的强烈影响之下，尽管补充了古罗马帝国的和作者自己的经验，但并没有超出维特鲁威著作的体系。基本理论大体复述维特鲁威。盛期的作者虽然比较重视古罗马帝国的成就，但对维特鲁威也有所驳难，晚期的则把维特鲁威奉为不可怀疑的权威。

这些著作在哲学上往往并不首尾一贯，它们受到毕达哥拉斯、亚里斯多德和柏拉图的深深影响，追求柏拉图式的理想美，研究抽象的唯理主义的美学，把美的客观性用几何和数的比例关系固定下来，但是也沾上了基督教神学的气息。

阿尔伯蒂的著作《论建筑》有意追随维特鲁威，模仿他的体例，也分 10 章，因此也被叫做《建筑十书》。书里有研究建筑材料、施工、结构、构造、经济、规划、水文等的章节，也专门研究过园林和各类建筑物的设计原理。他重视实际的经验，例如，他经过大量调查，全面比较了砌体的石块间的连接用铁扒钉、铜扒钉和木扒钉的利弊。他记载的估测地基承载力的方法之一，是在地基上放一碗水，然后投一块重物在它旁边，看碗里的水的波动程度有多大，等等。更有意义的是，阿尔伯蒂阐述了维特鲁威的人本主义思想，也阐述维特鲁威以几何和数为基础对造型美的客观规律性的探讨。

实用·经济·美观　唯物主义和科学思维的发展，维特鲁威著作的发现和出版，以及作者的亲自参加实际工程，都对理论著作起了有利的作用。作者们对建筑创作的基本任务，有清醒的全面理解。

阿尔伯蒂说："所有的建筑物，如果你们认为它很好的话，都产生于'需要'（Necessity），受'适用'（Convenience）的调养，被'功效'（Use）润色；'赏心悦目'（Pleasure）在最后考虑。那些没有节制的东西是从来不会真正地使人赏心悦目的。"（卷 I，第九节）。他又说："我希望，在任何时候，任何场合，建筑师都表现出把实用和节俭放到第一位的愿望。甚至在做装饰的时候，也应该把它们做得像是首先为实用而做的。"（卷 X，第十节）。

但是，他们并不把"赏心悦目"看作可有可无的，人文主义者一贯认为人有权享受现实的美。阿尔伯蒂说"你的全部心思、努力和付出都应该用于使你建造的无论什么东西都不仅有用和方便，而且还要打扮得漂亮，这就是说，看起来快活"（卷 VI，第二节）。

美是客观的　从经验论出发，他们相信美客观地存在于建筑物的本身，而赏心悦目是人们感知了美的结果。阿尔伯蒂说："我们从任何一个建筑物上所感觉到的赏心悦目，都是美和装饰引起来的，……如果说任何事物都需要美，那么，建筑物尤其需要。建筑物决不能没有它，……"（卷 VI，第二节）。

但是，建筑的美有别于装饰。阿尔伯蒂说："美是内在的……，装饰是一种后加的或附带的东西。"（卷 VI，第二节）。在他看来，美是更本质的，更高一级的东西。

美就是和谐与完整　古代，亚里斯多德、毕达哥拉斯和维特鲁威，都把和谐当作美的最基本含义，文艺复兴时期的理论家们仍然崇奉这个观点。阿尔伯蒂说："我认为美就是各部分的和谐，不论是什么主题，这些部分都应该按一定的比例和关系协调起来，以致既不能再增加什么，也不能减少或更动什么，除非有意破坏它。"（卷Ⅵ，第二节）。

帕拉第奥则说："美产生于形式，产生于整体和各个部分之间的协调，部分之间的协调，以及，又是部分和整体之间的协调；建筑因而像个完整的、完全的躯体，它的每一个器官都和旁的相适应，而且对于你所要求的来说，都是必需的。"（卷Ⅰ，第一节）。

帕拉第奥所说的协调和整体的完整，本来是维特鲁威反复论述过的。阿尔伯蒂说："卓越的建筑物需要卓越的局部。"（卷Ⅰ，第九节）但所有的局部必须统一，他说："有一个由各个部分的结合和联系所引起并给予整体以美和优雅的东西，这就是一致性（Congruity），我们可以把它看作一切优雅的和漂亮的事物的根本。一致性的作用是把本质各不相同的部分组成一个美丽的整体。"（卷Ⅸ，第五节）。

帕拉第奥认为，为了使由各部分组成的建筑物完整，必须要有一个占主导地位的部分。他说："为此我曾经在所有的府邸立面做了山墙，在城市上我也做了，这就是城门；这些门头山墙标志了房屋的大门，并且使建筑物增添了不少光彩和气派，……建筑物的前部因此显得比其他部分漂亮。"（卷Ⅱ，第 16 节）。他主张建筑物各部要分清主体的和辅助的，他说："门廊要有山墙，山墙使建筑物增光不少，它使建筑物中央比两旁高，便于安放标志。"（卷Ⅱ，第 17 节）。

美有规律　从毕达哥拉斯和维特鲁威以来，都相信客观地存在着的美是有规律的。阿尔伯蒂也说，建筑物的各部分"无疑地应该受艺术和比例的一些确切的规则的制约，无论什么人忽视了这些规则，一定会使自己狼狈不堪。有些人无论如何不能同意这一点，他们说人们在评论美和建筑物时有种种不同的见解，因此，构图的形式应该按照人的特殊口味和想像而千变万化，决不可以受艺术的任何规则的束缚。这种说法就像白痴蔑视他们所不理解的东西一样"（卷Ⅵ，第二节）。

这些规则，在毕达哥拉斯和维特鲁威看来，就是几何和数的和谐。而且，这些规则是存在于整个宇宙的。文艺复兴时期的理论家，也相信世界是统一的，世间万物存在着普遍的和谐。科隆主张，建筑物不仅要自我完整，而且同时应该是整个世界的和谐的一部分，服从于世界整体。他们认为，建筑美的内在规律是和统摄着世界的规律一致的。这个规律，就是数的规律。

阿尔伯蒂说："宇宙永恒地运动着，在它的一切动作中贯串着不变的类似。那些使声音组织得悦耳的数字，也就是使我们的眼睛和头脑舒服的数字。我们应该从音乐家那里借用和谐的关系的一切规则。"（卷Ⅸ，第五节）。他又说："美要符合于和谐所要求的严格数字，这些数字限制和调整各构成部分间的某种调和与呼应，这是自然的绝对而又首要的原则。"（卷Ⅸ，第五节）。乔其奥说："没有任何一种人类的艺术可以离开算术和几何而获得成就。"

简明的数量和几何关系，无疑是取得和谐的比例的手段之一。但是，它不是唯一的规则，甚至不是必要的规则。文艺复兴的理论家们，同他们的先辈们一样，在这一点上表现出了形而上学的世界观。

文艺复兴最卓越的理论家们在规则的本源问题上产生了哲学的混乱。他们常常陷入先验论，把决定建筑形式美的规则看成是某些人头脑中固有的。阿尔伯蒂说："我们能够在思维和想像中完全脱离实际地构思建筑物的完美的形式，只要把线条和转角的位置、关系按照一定的秩序调整安排就行了。我们可以把设计称为头脑中线条和转角的确定而优雅的先行安排（Preordering），这是由一位天才的艺术家思谋出来的。"（卷Ⅰ，第一节）。当他写到他认为对雅致和美有根本意义的"一致性"时，说，"……它的真正的位置在头脑中，在理智中"（卷Ⅸ，第五节）。

在新柏拉图主义的客观唯心主义的影响下，他们把数的规则看作绝对公理，它一旦被发现，就是普遍的、万能的、有永恒的价值，可以不顾具体内容、时代和对象。他们用数的规则来确定房间的长、宽和高的比例。到文艺复兴晚期，赛利奥（Sebastiano Serlio）、帕拉第奥，尤其是维尼奥拉，完全脱离具体的条件，为柱式制定了琐碎的数的规定，抛弃了古罗马维特鲁威根据建筑物的用途、主题、大小、位置等等而作种种修正的原理。因而柱式和由柱式规定的建筑构图被僵化了。

有一些人甚至说数的关系是上帝安排的关系，竟退到神学中去了。

人文主义　从文艺复兴时期的人文主义出发，一些理论家继承了维特鲁威以人体作为"匀称"（Symmetry）的完美典范的观念。达·芬奇（Leonardo da Vinci，1452～1519 年）从数百个人体的分析中总结出最典型、最美好的比例和几何形状，以此来论证建筑的美。阿尔伯蒂和他的后继者也用人体的比例来解释古典柱式，实践了古希腊哲人普洛塔高勒斯（Protagoras，公元前 481～前 411 年）的箴言："人是权衡万物的标准。"弗拉瑞特（Ant. Averlino Filarete，1440～1469 年）在致米兰王公斯福札（Sforza）的信里写道："我赋予您的建筑以人的形象。"发现人，发现人的价值，他的意志、智慧、权利、力量，更发现人本身的美，意大利文艺复兴时代的人文主义者汲取了希腊、罗马古典文化的精髓后在新历史时期的这些重新发现，对欧洲的现代文明起了极其重要的推动作用。但是，也有一些人受形而上学世界观的影响，走到了极端。例如，乔其奥甚至把同人文主义格格不入的拉丁十字式教堂平面和人体类比。他也把柱式檐部和人面的侧影类比，牵强附会，失去了人文主义的积极意义。

有些理论家，如阿尔伯蒂，按照古典传统，用宇宙的统一性把人体的比例同数的和谐统一起来。但是，也有人却引用宗教神学，说人是上帝按照他自己的形象创造的，因此体现了宇宙的和谐的普遍规律。巴奇奥里（Luca Pacioli，1445～1514 年，数学家）说："……所有的度量和它们的名称都来自人体，而且在人体中可以找到上帝揭示自然最深邃的奥秘的全部的比和比例。"这就表现了人文主义的软弱性，它常常向神学让步。到了文艺复兴晚期，人文主义大衰退，理论家们就不大提起人的形象了。

和维特鲁威一样，在文艺复兴时期的理论家们看来，数的和谐，或者人体的比例，在建筑中的最完善的体现者是古典柱式。他们无例外地把推敲柱式当作建筑艺术构思的最重要课题。

承认美是客观的，可以感知；承认美有规律，可以认识；承认美的规律的普遍性，这就调动了人们钻研这种规律的能动性，促进了建筑构图原理的科学化，这是文艺复兴时期这些理论家们的基本观点的积极意义。

但是，有些人对这种美的规律的本源的解释，或是先验的，或是神学的，或是客观唯心主义的，都妨碍着建筑艺术的现实主义的发展，以形式美的研究完全代替了对建筑艺术的研究，仿佛建筑艺术并不反映现实。因此，这些理论很容易在一定的历史条件下发展成学院派教条主义或者走向手法主义。最热衷于制定教条的维尼奥拉本人就是手法主义和学院派教条主义两种对立倾向的始作俑者。

8.6 施工设备和技术

瓦萨里在伊尔·采卡（Il Cecca，1447～1488年）的传记里说，要盖房子，房子盖起来之后，还要做装饰，要布置陈设，要雕像、花园、浴室和其他人人想要而只有极少数人才能得到的昂贵的设备，技师们为此勤苦研究运输方法、军用机械、水力工具以及其他使世界美好和奢华的东西。

文艺复兴时期，自然科学和技术有很大的发展。产生了哥白尼、伽俐略、牛顿、虎克、波义尔这样的科学家，还有天才的达·芬奇，他甚至设想过飞行器。建筑的施工技术和相应的机械设备也大大提高。没有一定程度发达的施工机械，文艺复兴时代的大型建筑物的建造几乎是不可能的。像佛罗伦萨主教堂穹顶那样的工程，如果只凭原始的人力，垂直运输就是一个难以克服的困难。

当时在建筑工程上使用的机械，主要是打桩机和各式起重机。阿尔伯蒂在他的书里详细介绍了桅式起重架的结构和使用方法，介绍了剪式夹具和吊石块用的楔形吊具。

建筑师桑迦洛（Gioliano da Sangallo，1445～1516年）在1465年的笔记里画着12种建筑用的起重机械，都使用了复杂的齿轮、齿条、丝杠和杠杆等等。动力大都是用人力推磨。也有的垂直地装一个大轮子，人在里面走，一步一踏，轮子因而转动起来，带动简单的卷扬机。有些机械构思更巧，更复杂。例如，转动两根丝杠来升降一副杠杆的一头，它的另一头带动另一副杠杆，这样可以把整棵石柱吊起来。又例如，转动齿轮，带动丝杠，丝杠又推进一根粗大的齿条，可以移动很大的重物。

1488年，米兰人拉美里（Agostion Ramelli）在巴黎出版了一本书，名为《论各种巧妙的机器》，里面画着一座"塔式起重机"。地面上一盘绞磨可以转动起重机中央的一根轴，从而转动它的臂。起重机高处有一个操作台，在那里推动辘轳，经一个滑轮组吊起大块的石头。

1586年，在罗马圣彼得大教堂前竖立方尖碑的工程，曾经轰动一时。它不仅标志着当时起重运输的技术水平，而且标志着大规模协作的组织能力。

方尖碑高23m（或说25.5m），重327t，是古罗马时期公元41年从埃及运来的。原来放在旧圣彼得教堂的后面，在新的大教堂将近完工时，1585年，决定把它竖立在大教堂前面。委托建筑师封丹纳（Domenico Fontana，1543～1607年）主持这项工作。他经过周密的计算和设计，建造了运输的平车，搭起了复杂的脚手架，制订了审慎的施工程序。从 1586 年 4 月至 9 月，经过几百人的努力，终于把它移到了指定的地点。最后的一道关键性的重大作业：把方尖碑竖立到 11m 高的基座上去，用了 40 盘绞磨，140 匹马和 800 个人，组织了严密的指挥系统。罗马全城的人关心着这项工程，每当有了比较重大的进展，便礼炮齐鸣，所有教堂的钟都撞响，号手、鼓手蜂拥上街，满城一片欢腾，像过节一样。

这时候的园林里使用了水力机械和水泵，喷泉因而普遍起来。

施工技术是直接的生产力，没有一定的施工技术，不仅一些宏伟的设计不可能实现，甚至不可能产生。人们只有在生产力提供了实现的可能性的时候，才提出任务，提出设想，施工技术是一切建筑成就的前提和基础。

8.7　圣彼得大教堂和它的建造过程

意大利文艺复兴最伟大的纪念碑是罗马教廷的圣彼得大教堂。它集中了 16 世纪意大利建筑、结构和施工的最高成就。100 多年间，罗马最优秀的建筑师大都曾经主持过圣彼得大教堂的设计和施工。

优秀的建筑师们经过人文主义思想的陶冶，他们力求在圣彼得大教堂的建筑中表现进步的文化思想。但是，圣彼得大教堂是整个天主教世界最高的教堂，时时渴望着扼杀一切新文化和新思想的教会反动势力，始终把它的阴影笼罩在圣彼得大教堂的建设上。因此，在圣彼得大教堂的建设过程中，新的、进步的人文主义思想同天主教会的反动进行了尖锐的斗争。人文主义者和教会都要求按照自己的世界观来塑造这座大教堂，这场争夺的过程生动地反映了意大利文艺复兴的曲折，反映了全欧洲重大的历史事件，反映了文艺复兴运动的许多特点。

人文主义者的理想　斗争的焦点在于教堂采用什么形制。

维特鲁威说过，人体四肢伸开后，它们的端点和头顶可以连接成正方形和圆形，所以，正方形和圆形是最完美的几何形式（《建筑十书》卷 Ⅲ，第一节）。文艺复兴时期具有人文主义思想的建筑师们，自然喜爱这个观点，并且更进一步去论证它。阿尔伯蒂说，自然本身喜爱圆形，它创造的地球、星辰、树干等等都是圆的。赛利奥和乔其奥都把圆形说成是最完美的几何形。

当时极为流行的客观唯心主义的新柏拉图学说，也赞美圆形。因为柏拉图曾经说，宇宙是球形的，"从它的中心到边缘，无论哪个方向都是等距的，因此它最完美，最统一"（见 Timaeus 篇）。

追求理想的、普遍性的美，是意大利文艺复兴时期进步的美学思想的一个基本特点。因此，建筑师们倾向于按照他们认为最完美的圆形和正方形来建造教堂。帕拉第奥在说到圆形教堂的优点时，列举了"简洁、统一、一致、有力、宽敞"（《建筑四书》卷 Ⅳ，第二节）几点，而绝口不谈它在宗教仪式时并不适合于使用，仅仅借口说上帝喜爱圆形。所以，虽然连集中式教堂里祭坛应该放在什么地方这个重大问题都没有解决，建筑师们却仍然醉心于设计集中式的教堂。

意大利文艺复兴建筑史就是以佛罗伦萨主教堂的大穹顶为开篇第一页的。以后，伯鲁乃列斯基在佛罗伦萨和伯拉孟特在米兰设计的几个教堂，继续了这个倾向。意大利文艺复兴时代最伟大的巨人，达·芬奇，在 1488 ~ 1497 年间的手稿上，画了许多集中式教堂：以大穹顶为中心的希腊十字式，四角再有较小的希腊十字，也以穹顶为中心。它们的外形是，4 个小穹顶簇拥着中央统率全局的大穹顶，布局和结构显然有拜占庭建筑的影响。达·芬奇也作过分析穹顶荷载的初步尝试。

1502 年，伯拉孟特设计的坦比哀多，是西欧第一个成熟了的集中式纪念性建筑物，第一个成熟了的穹顶的外形。它标志着盛期文艺复兴的开始。

伯拉孟特的方案　16 世纪初，教廷决定彻底改建旧的中世纪初年的圣彼得大教堂，那是一个拉丁十字的巴西利卡，位于耶稣基督第一门徒圣彼得被钉上十字架殉道的尼禄赛跑场（Circus of Nero）上。教廷要求新教堂超过最大的古代异教庙宇，万神庙。经过竞赛，1505 年，选中了伯拉孟特的方案。

伯拉孟特在文艺复兴盛期那种激于外敌侵略、渴望祖国统一强大、因而缅怀古罗马的伟大光荣的社会思潮的推动下，立志建造亘古未有的伟大建筑物。他说："我要把罗马的万神庙举起来，搁到和平庙的拱顶上去"。和平庙就是罗马城里的马克辛提乌斯巴西利卡（Maxintius Basilica，307 ~ 312 年），它的拱顶的高度和跨度是古罗马遗迹中最大的。而万神庙的穹顶也是最大的。

他设计的方案是希腊十字式的，四臂比较长。四角还有相似而较小的十字式空间。它们的外侧是 4 个方塔。4 个立面完全一样。鼓座有一圈柱廊，同穹顶一起，形式很像坦比哀多。形制十分新颖，整体显然来自达·芬奇的构思。伯拉孟特在米兰时曾经同达·芬奇结交，可能见过他的手稿。不过穹顶的做法比较保守，底部被几阶石墙挡住，显然对穹顶技术还不很有把握。

伯拉孟特设计的教堂极其宏大壮丽，但祭坛在哪里？举行仪式时，信徒和神职人员位置在哪里？唱诗班又在哪里？四角的空间怎样利用？这些问题一个都没有解决。伯拉孟特所着意的只不过是建造一座时代的纪念碑。

当时的教皇尤利亚二世（Julius Ⅱ，1503 ~ 1513 年在位）看到了欧洲建立民族国家的趋势，又看到当时能够统一意大利的力量似乎只有教廷。他神往于建立一个世俗的国家，长年累月率领军队作战，并且说："我是战士，不是学者。"他决定建造新的圣彼得大教堂时，为的是宣扬教皇国的统一雄图，为的是表彰他自己的功业。他打算把自己的墓放在这所教堂里，他说："我要用不朽的教堂来覆盖我的坟墓。"所以，他欣然同意了伯拉孟特的方案，他对教堂的宗教意义的兴趣并不比伯拉孟特更浓。

1506 年，圣彼得大教堂照新设计方案动工，拆去了旧大教堂。协助伯拉孟特的有帕鲁齐（Baldassare Peruzzi，1481 ~ 1536 年）和小桑迦洛（Antonio da San Gallo，the Younger，1485 ~ 1546 年）。1513 年，教皇尤利亚二世去世，1514 年，伯拉孟特去世。此后，造了不多的大教堂的建造经历了曲折的过程。

几次反复　新的教皇利奥十世（Leo X，1513 ~ 1521 在位）任命新的工程主持人，拉斐尔，并且要求他修改伯拉孟特的设计，新的方案必须利用旧拉丁十字式教堂的全部地段，尽可能多地容纳信徒。

拉斐尔是个驯从的宫廷供奉，觊觎着红衣主教的职位，他抛弃了伯拉孟特的集中式形制，依照教皇的意图设计了拉丁十字式的新方案。拉丁十字式形制象征着耶稣基督的受难，它最适合天主教的仪式，富有宗教气氛，同时，它代表着天主教黄金般极盛时期中世纪的传统。不过，大教堂的东部因为已经施工，保留了原方案。拉斐尔在西部所加的巴西利卡，长度在 120m 以上，以致穹顶在外形上退居次要地位，而西立面成了最主要的。它的西立面像是把三个巴齐礼拜堂的立面并立在一起，却没有像巴齐礼拜堂那样把立面同整个体积构图紧密联系起来。这也是拉斐尔作为画家的特点和局限。像当时所有艺术家一样，拉斐尔在设计中努力向古罗马遗产学习，他在 1514 年致加蒂利奥伯爵的信里写道："我还想再提高一步，总想从古代建筑中找到卓越的形式。我不知道这是否是一场徒劳无功的壮举，但即使为此要找遍这广大的世界，我也干；……这样干是值得的。"

工程没有做多少，发生了两件大事。第一件大事是 1517 年在德国爆发了宗教改革运动，蔓延很快，大大威胁着罗马教廷的势力。运动的导火线就是反对教会为聚敛建造圣彼得大教堂的钱而发售荒唐的"赎罪券"。为了扑灭这场改革运动，教会大肆镇压，包括竭力倡导恢复中世纪虔诚的信仰。第二件大事是 1527 年西班牙军队一度占领了罗马，此后，西班牙一直在意大利保持着很大的影响。西班牙的封建贵族在当时是最反动的，他们勾结天主教会，迫害一切新思想和新文化。因此，在罗马开始了天主教会的"反改革"时期，遍地燃起了宗教裁判所熊熊的火刑柱。

圣彼得大教堂的工程在混乱中停顿了二十几年，1534 年重新进行。负责人帕鲁齐虽然很想把它恢复为集中式的，但没有成功。1536 年，新的主持者小桑迦洛迫于教会的压力，不得不在整体上维持拉丁十字的形制。但他巧妙地使东部更接近伯拉孟特的方案，而在西部，又以一个比较小的希腊十字代替了拉斐尔设计的巴西利卡。这样，集中式的体形仍然可以占优势。他在鼓座上设上下两层券廊，尺度比较准确，也比较华丽。然而，小桑迦洛在西立面的两侧设计了一对钟塔，很像中世纪的哥特式教堂，显现出天主教会反改革运动的影响。但工程没有重大进展。1546 年小桑迦洛逝世。

米开朗琪罗的设计　16 世纪上半叶，虽然教会和贵族竭力煽起反改革的风云，但是波澜壮阔的文艺复兴运动，这时正汹涌澎湃，声势浩荡。于是，斗争更加尖锐地进行着。

1547 年，教皇委托米开朗琪罗主持圣彼得大教堂工程。米开朗琪罗抱着"要使古代希腊和罗马建筑黯然失色"的雄心壮志着手工作。凭着巨大的声望，他赢得教皇的尊重。教皇颁发了一件亲笔敕令，写明他有随意设计的权力，可以拆除已经建造的部分，也可以加以增补，既可以继承过去的方案，也可以改变它。敕令要求全体建筑人员必须听命于他。

作为文艺复兴运动的伟大代表，米开朗琪罗抛弃了拉丁十字形制，基本上恢复了伯拉孟特设计的平面。不过，大大加大了支承穹顶的 4 个墩子，简化了四角的布局。在正立面设计了 9 开间的柱廊。1555 年，米开朗琪罗在致阿孟纳蒂的信里说：伯拉孟特"所作的圣彼得大教堂的原始设计有条不紊，清晰爽利；它光照充足，并与周围建筑物分隔开来，这样就无论如何不致与宫殿混杂在一起。它已

被公认为是一个出色的设计,如今仍然足以
证明它是这样。"他继而批评了小桑迦洛对
伯拉孟特设计创作的改动。他说:"如果按
照桑迦洛的模型建造,后果将是极糟糕
的。"不过他大大修改了伯拉孟特的穹顶设
计,把它以饱满的轮廓高举出来。为了设计
这个穹顶,他派人到佛罗伦萨要来了主教堂
穹顶的详细资料。集中式的形制比拉丁十字
式的在外形上完整得多,雄伟得多,纪念性
强得多,体积构图的重要性远远超过立面构
图,这些都同时适合米开朗琪罗作为雕刻家
和爱国者的性格(图 8 – 41)。

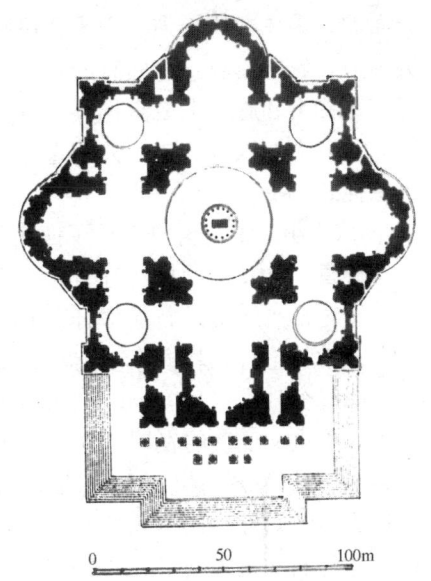

图 8 – 41　米开朗琪罗设计的圣彼得
大教堂平面

米开朗琪罗以极大的热情投入工作。
1557 年他在致西蒙尼的信里说:"我始终认
为,必须由我亲自把圣彼得大教堂的工程进
展到一定程度,使建筑的大轮廓不致被改动
或破坏。"工程进行比较顺利,1564 年米开
朗琪罗逝世时,已经造到了穹顶的鼓座。教
皇庇护四世(Pius Ⅳ)下令,"米开朗琪罗
所规定的一切,绝不可以稍加修改",后任
教皇庇护五世重申,并更强调了这个旨意。
后来,由泡达(Giacomo della Parta,1541 ~
1606 年)和封丹纳大体按照他设计的模型
完成了穹顶。

穹顶直径 41.9m,很接近万神庙。内部
顶点高 123.4m,几乎是万神庙的 3 倍。希
腊十字的两臂,内部宽 27.5m,高 46.2m,
同马克辛提乌斯巴西利卡相仿,而通长 140
多米,则远远超出。穹顶外部采光塔上十字
架尖端高达 137.8m,是罗马全城的最高点。
要创造一个比古罗马任何建筑物都更宏大的
建筑物的愿望实现了(图 8 – 42)。

穹顶的正下方是原旧拉丁十字式圣彼得
教堂的圣坛。圣坛之下是一个人墓室,里面

图 8 – 42　圣彼得大教堂正面

葬着六十几位早期教宗,居于正中的正是耶稣基督的大门徒圣彼得。

穹顶的肋是石砌的,其余部分用砖,分内外两层,内层厚度大约 3m。建成
之后,出现过几次裂缝,陆续在不同高度加了 3 道铁链。1740 年,裂缝严重,教
皇召集专家研究,物理学家波莱尼(Giovanni Poleni)认为垂直裂缝没有危险,
加了几道铁箍了事。这个穹顶比佛罗伦萨主教堂的有很大进步。第一,它是真正

球面的，整体性比较强，而佛罗伦萨的是分为8瓣的。第二，佛罗伦萨的为减小侧推力，轮廓比较长。而它的轮廓饱满，只略高于半球形，虽然侧推力大，但显得在结构上和施工上更有把握。这个穹顶在艺术上的成功也是无与伦比的。

这样大的高度，这样大的直径，穹顶和拱顶的施工是十分困难的，据说使用了悬挂式脚手架。

1564年，维尼奥拉设计了四角的小穹顶，引进了拜占庭建筑的因素。

损害　全欧洲的封建势力和天主教会联合起来对新兴资产阶级的宗教改革运动和文艺复兴运动进行了镇压。16世纪中叶，以重新燃起中世纪式信仰为目的的天主教特伦特宗教会议规定，天主教堂必须是拉丁十字式的，维尼奥拉设计的罗马耶稣会教堂（Il Gesu，1568～1575年）被当作推荐的榜样，同时，由于意大利资本主义经济的发展遭到了严重挫折，文艺复兴运动的基础大大削弱，人文主义思想已经像一抹残阳，对反动势力的复辟没有了抵抗能力。17世纪初年，在极其反动的耶稣会的压力之下，教皇命令建筑师玛丹纳（Carlo Maderno，1556～1629年）拆去已经动工的米开朗琪罗设计的圣彼得大教堂的正立面，在原来的集中式希腊十字之前又加了一段3跨的巴西利卡式的大厅（1606～1612年）。于是，圣彼得大教堂的内部空间和外部形体的完整性都受到严重的破坏。在教堂前面，一个相当长的距离内，都不能完整地看到穹顶，穹顶的统率作用没有了。新的立面用的是壁柱，构图比较杂乱。立面总高51.0m，壁柱高27.6m，由于尺度过大，没有充分发挥巨大高度的艺术效果（图8-43）。

圣彼得大教堂的遭到损害，标志着意大利文艺复兴建筑的结束。

纪念碑　尽管遭到损害，圣彼得大教堂还是空前的雄伟壮丽。走进它的大门，尤其是来到穹顶之下，文艺复兴时代的创造伟力表现得酣畅淋漓（图8-44）。

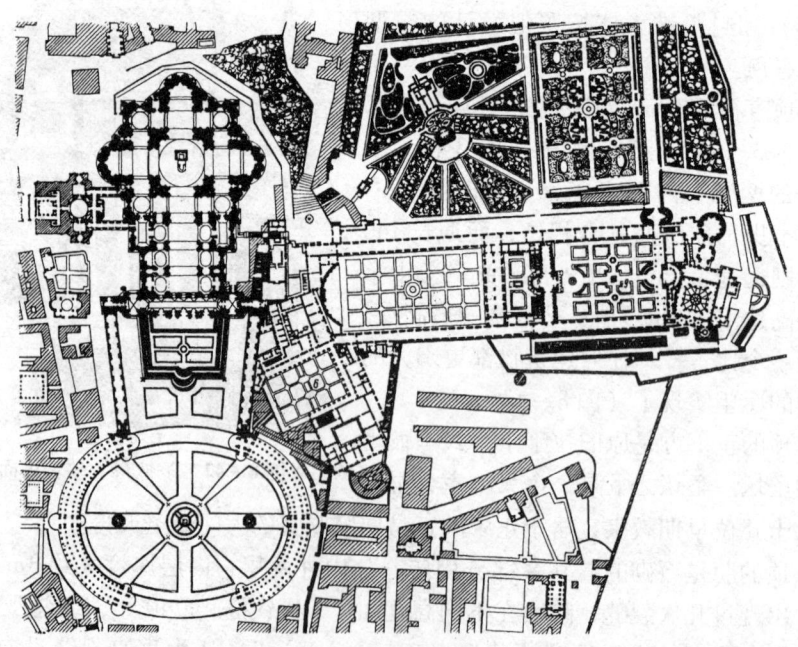

图8-43　圣彼得大教堂及梵蒂冈宫总平面

反动的势力毕竟没有能够完全战胜新的、进步的思想文化潮流。它可以顽固地加建一段巴西利卡，可是这已经不可能是中世纪的巴西利卡，在文艺复兴光辉的建筑成就前面，要完全恢复中世纪的巴西利卡是不可能的了。从伯拉孟特到米开朗琪罗，经过反复斗争而定型的集中式的东部，决定了这座伟大建筑物的规模和内部主要空间，新增的巴西利卡的拱顶的跨度、高度和每间的进深，都不得不服从高敞恢宏的东部，以致它实际上只有 3 间，跨度很大，并不能形成巴西利卡式形制以祭坛为中心的视线聚焦，也不能形成向上升腾的运动感。它倒是成了集中式的东部的必要前导部分。圣彼得大教堂终于是文艺复兴这个"人类从来没有经历过的最伟大的、进步的变革"的不朽的纪念碑。

图 8－44 圣彼得大教堂内景

15 世纪中叶以后，意大利文艺复兴盛期的一个重要事实是，代表着先进思想的、才华横溢的巨师大匠们，不得不为封建贵族和教皇的宫廷工作。在建筑业中，这一点尤其突出。于是，在建筑师和统治的权势者之间，经常发生着矛盾冲突，有思想原则上的，也有技术原则上的。这些冲突，考验着每个建筑师的品格，是唯唯诺诺、阿谀奉迎，还是铮铮谔谔、维护进步的原则。

生气蓬勃的文艺复兴运动，培育了它自己的"巨人"。正如恩格斯说的，"给现代资产阶级统治打下基础的人物，决不受资产阶级的局限"，有一些坚定的人，忠于信念，耻于巧言令色，他们在榛莽中前进，有曲折，有回环，但他们始终不屈不挠地朝着进步和发展的大方向，勇往直前。

伟大的"市民之子"，米开朗琪罗，一生为贵族和教廷工作，然而一生不甘于摧眉折腰事权贵、奉旨承欢看颜色。他总是要在各种题材的作品中，表现市民们的愿望和感情。当他接过主持圣彼得教堂工程的重任时，已经是漫天黑云翻滚，反动的逆流浊浪滔滔。但他不事迎合，毅然坚持了人文主义者的理想。他为进步的事业利用了他的声名。

文艺复兴的第一个纪念物，佛罗伦萨的主教堂的穹顶，带着前一个时期的色彩；它的最后一个纪念物，圣彼得大教堂，带着下一个时期的色彩，它们都不是完美无缺的，但它们却同样鲜明地反映着资本主义萌芽时期的历史性的社会变迁，反映着这时代的巨人们在思想原则和技术原则上的坚定性。

8.8 意大利的巴洛克建筑

17 世纪的意大利盛行巴洛克建筑，这现象十分复杂，聚讼纷纭，毁誉交加。

　　这时期，建筑活动主要在教廷首都罗马城一地，整个意大利处于进一步的衰退之中，独有罗马教廷因为从残酷地掠夺美洲殖民地的西班牙得到巨额的贡赋而继续兴旺。全国的艺术家、学者和建筑师又一次向罗马教廷集中。

　　为了对宗教改革运动发起反扑，1545 至 1563 年，基督教世界在特伦特（Trent）召开了旷日持久的主教大会（Trent Council），会上天主教获得大胜，决定恢复中世纪式的信仰。会后，各地的天主教更具有进攻性，竭力扩大对基督教世界的统治，压迫新教。在这个向宗教改革反攻倒算的浪潮中，天主教会大事兴建教堂，尤其以教宗所在的罗马城为最多。建筑师们依附教会和教会贵族，从 16 世纪末到 17 世纪，在罗马掀起了一个新的建筑高潮，大量兴建了中小型教堂、城市广场和花园别墅。它们有新的、鲜明的特征，开始了建筑史上的新时期，即巴洛克（Baroque）时期。随后，巴洛克建筑流布到了欧洲各地，主要是西班牙、德国和奥地利这样的天主教国家。它在天主教国家里，有权力和法令作后盾，有教会的威望和耶稣教团的金钱支持，宗教团体召请建筑师去建造教堂与公共设施，并召请艺术家们去装饰它们。但不久，得到巨额财富的天主教会，很快便物欲化了，它们不再像起初那样具有强烈的精神攻击性。巴洛克艺术随着也世俗化了，内涵变得十分复杂，它因此便渗透到抵制过它的新教国家中去了，并且又被新的文化因素渗透。

　　巴洛克建筑的主要特征是：第一，炫耀财富。大量使用贵重的材料，充满了装饰，色彩鲜丽，一身珠光宝气。第二，追求新奇。建筑师们标新立异，前所未见的建筑形象和手法层出不穷。而创新的主要路径是，首先，赋予建筑实体和空间以动态，或者波折流转，或者骚乱冲突；其次，打破建筑、雕刻和绘画的界限，使它们互相渗透；再次，则是不顾结构逻辑，采用非理性的组合，取得反常的幻觉效果。第三，趋向自然。在郊外兴建了许多别墅，园林艺术有所发展。在城里造了一些开敞的广场。建筑也渐渐开敞，并在装饰中增加了自然题材。第四，城市和建筑，常有一种庄严隆重、刚劲有力，然而又充满欢乐的兴致勃勃的气氛。这些特征是文艺复兴晚期手法主义的发展。

　　因为这时期的建筑突破了欧洲古典的、文艺复兴的和后来古典主义的"常规"，所以被称为"巴洛克"式建筑。"巴洛克"原意是畸形的珍珠，16 ~ 17 世纪时，衍义为拙劣、虚伪、矫揉做作或风格卑下、文理不通。18 世纪中叶，古典主义理论家带着轻蔑的意思称呼 17 世纪的意大利建筑为巴洛克。但这种轻蔑是片面的、不公正的，巴洛克建筑的内涵很复杂，有它特殊的开拓和成就，对欧洲建筑的发展有长远的影响。

　　教堂　罗马城里的一批天主教堂是巴洛克风格的代表性建筑物。

　　从 16 世纪末到 17 世纪初，是早期巴洛克。这时的教堂，形制严格遵守特伦特宗教会议的决定，以维尼奥拉设计的罗马的耶稣会祖堂为蓝本，一律用拉丁十字式，以利于中世纪式的天主教仪式，同时依耶稣会教堂的模式把侧廊改为几间小礼拜室。立面也大体依耶稣会祖堂的构图（图 8-45）。

　　但是，这些教堂却不遵守特伦特会议要求教堂简单朴素的规定，相反，大量装饰着壁画和雕刻，处处是大理石、铜和黄金，"富贵"之气流溢。

教堂的形式新异。第一，节奏不规则地跳跃，例如，爱用双柱，甚至以 3 棵柱子为一组，开间的宽窄变化也很大。第二，突出垂直分划，用的是叠柱式，却把基座、檐部甚至山花都做成断折式的，加强上下的联系，而破坏柱式固有的水平联系。第三，追求强烈的体积和光影变化，起初，3/4 柱取代了薄壁柱，后来，倚柱又取代了 3/4 柱。墙面上作深深的壁龛。第四，有意制造反常出奇的新形式。例如，山花缺去顶部，嵌入纹章、匾额或其他雕饰，把两个甚至 3 个不同的山花非理性地套叠在一起，等等。在追求这些新异形式的时候，不顾建筑的构造逻辑、构件的实际意义，不惜破坏局部的完整。第五，制造建筑的动态，不稳定，空间流动。随着视角的变化，所见的建筑也会发生很大的使人惊奇的变化。运用雕刻和绘画，消解建筑各部分固有的界限，甚至制造空间幻觉。因而，新的建筑形象确乎是畸形的（图 8－46）。当时的意大利诗人马里诺（Marino）说："引起惊讶，这是诗在世间的任务；谁要是不能使人吃惊，就只好去当马夫。"诗如此，建筑也如此。

这类教堂建筑中，比较有节制的是圣苏珊娜教堂的立面（S. Susanna, 1603 年；建筑师 Carlo Maderno, 1556～1629 年）。构图严谨，变化丰富而不失整体感，强调垂直体积，很紧凑，所以很有力量。

图 8－45　罗马，耶稣会祖堂

图 8－46　罗马，圣维桑和圣阿纳斯塔斯教堂
（1646～1650 年）

17 世纪 30 年代之后，大量建造小型的教区小教堂。这时候，罗马城的教堂已经足够容纳所有的信徒，新建的教堂已经不是为实际的宗教仪式需要，而仅仅是一种纪念物，甚至是一种城市装饰，用来炫耀教会的胜利和富有，就像古罗马的"异教徒"用凯旋门、纪功柱、雕像来装饰城市一样。教会不能用那些"异教"题材，就用小教堂当纪念品和装饰品。由于规模很小，拉丁十字式的形制就不合适了。因此采用集中式的，但特伦特会议又曾申明，天主教堂不能是正方形和圆形的，那是异教徒的建筑形式。因此，新的小教堂有圆形、椭圆形、六角星

形、圆瓣十字形、梅花形，等等。它们常常玩弄曲线、曲面，在空间中像波浪一样起伏流动，很难确切地把握它们的形象。除了也使用早期巴洛克教堂的一些手法之外，还有螺旋形的柱子和采光塔、圆形的雨罩和台阶等等，运动感更加强烈（图8-47）。这些纪念物和装饰品都是能"引起惊讶"的。

波洛米尼（Francesco Boromini，1599~1667年）设计的罗马四喷泉圣卡罗教堂（San Carlo alle Quattro Fontane，1638~1667年）是晚期巴洛克式教堂的代表作（图8-48），立面上的中央一间凸出，左右两面凹进，均用曲线，形成一个波浪形的曲面，似乎在流动，但构图稳妥，很见功力（图8-49）。内部空间是椭圆形的，不大，但有深深的装饰着圆柱的壁龛和凹间，以致空间形式很复杂，随人的位置变动而形象会发生意想不

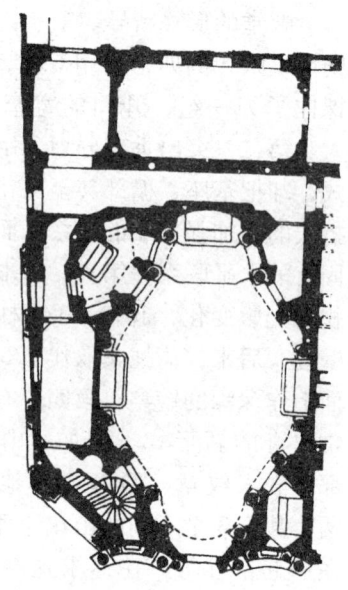

图8-47 圣卡罗教堂平面

到的大变化，难以捉摸。它的穹顶的分格十分巧妙，分格小而有多种形式，但总的几何形式倒很单纯明确。小教堂没有窗子，穹顶中央天窗透进来的一缕光线，给小小的教堂一种幽幽的神秘感。

另一个杰出的代表作是伯尼尼（Giovanni Lorenzo Bernini，1598~1680年）设计的圣安德烈教堂（S. Andrea del Quirinale，1678年），平面是一个不大的横向的椭圆，它的正立面简洁，但包含着多种几何形状以及虚实、明暗的对比和呼应，变化丰富而整体性很强。作为整个构图骨架的一对强有力的科林斯式壁柱与门前小廊的一对圆柱强烈的尺度对比，又使小小的立面很雄伟挺拔。它的内部比较简洁而又有大侧窗照明，宗教气息不强，穹顶上一些无拘无束自由飞翔的小天使，更使它显得亲切、活泼。

圣玛丽亚教堂（Santa Maria della Pace，建筑师Baccio Pontelli于1471~1484年间建造，约1611年由雕刻家P. B. da Cortona改建立面）和圣伊弗教堂（Sant'Ivo，约1623~1644年，波洛米尼设计）也都是重要作品。后者平面呈六角星形，穹顶的结构和造型十分新颖。

艺术综合 巴洛克式教堂喜欢大量使用壁画和雕刻，璀璨缤纷，富丽堂皇。

图8-48 圣卡罗教堂内部上望

壁画的第一个特点是喜欢玩弄透视法，制造空间幻觉。它经常用透视法延续建筑，扩大建筑空间。例如，在顶棚上接着四壁的透视线再画上一两层，然后在檐口之上画高远的天空，游云舒卷，飞翔着天使（图8－50）；在墙上画几层柱廊或楼梯厅，仕女悠然来往；也常常在顶棚上或墙上作有边框的壁画，画着辽阔的室外天地大景，仿佛是建筑物的窗子；甚至在歌坛上方天花上画出穹顶的内景，这种画需在教堂大厅内某个特定位置看去方才可以乱真。第二个特点是色彩鲜艳明亮，好用大面积的红色、金色、蓝色等，对比强烈。第三个特点是构图动态剧烈；画中的形象拥挤着，扭曲着，不安地骚动着；怒立的奔马似乎立刻要把前蹄踏进大厅。第四，绘画经常突破建筑的面和体的界限。绘画本身也经常突破幅面的界限。

雕刻的特点是：第一，渗透到建筑中去，人像柱、半身像的牛腿、人头的托架等很流行，甚至有一些壁炉和大门做成张着血盆大口的魔怪的脸。第二，有些雕刻的安置同建筑物没有确定的构图联系，天使们仿佛随时都在飞动，只是偶然地落在某个位置。第三，雕刻的动态很大，少数放在壁龛里的雕像，似乎要突破框框走出来的样子，从而似乎突破了空间界限，扩大了内部空间。第四，雕刻常常是自然主义的，例如，用大理石雕成帷幕、丝穗等，波折宛然，像被微风吹动，真假难辨。第五，雕刻渗透到绘画中去，壁画或天顶画中有些人物形象用浮雕制作，有些界限模糊。

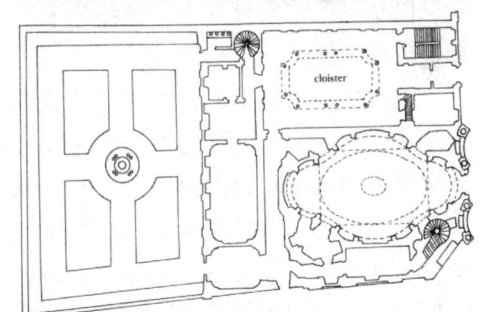

图8－49 圣卡罗教堂，正面及平面

这样的绘画和雕刻造成了教堂空间的变幻，难以确定捉摸，同巴洛克建筑完全合拍。在古典建筑中，在以后的古典主义建筑中，纪念性、装饰性的绘画和雕刻，在构图和处理手法上都从属于建筑的空间和形体，不仅保持空间和形体的明确的几何性，而且保持它们的结构逻辑。壁画一般是平面的，不强调空间；雕刻同建筑之间有安定的、确切相应的构图联系。这就是所谓壁画和雕刻的建筑性。文艺复兴盛期以来，雕刻和壁画的建筑性渐渐失去，到巴洛克建筑登峰造极。这

图 8－50　罗马，圣伊尼齐欧（Ignazio）教堂天顶画（1685～94），作者：波卓（Pozzo）

也同绘画和雕刻本身的进步有关：摆脱了建筑，它们的真实性和生动性提高了，成了独立的艺术品，而不是附属于建筑的装饰品。巴洛克建筑本身不要空间和形体的明确单纯的几何性，不要结构逻辑。它的壁画和雕刻完全适应这个设计意图，而且是实现这个意图的有效手段。壁画、雕刻又同建筑达到了新的统一。

但是，巴洛克教堂中，各种艺术手段的焦点在圣坛和祭坛，所追求的主要效果是荣耀上帝。

城市广场　教皇们，尤其是席斯都五世（Sixtus，V，1585～1590 年在位），为使从全欧各地来朝圣的人们惊叹罗马的壮丽，信服天主教的正统，所以进行了规模很大的城市建设。封丹纳（Domenico Fontana，1543～1607 年）曾经受教皇席斯都五世委托做过改建罗马城的规划。他修直了几条街道，建造了几个广场和 25 座以上的喷泉，如保拉喷泉（Fontana Paola，1612 年，设计人 G. G. Fontana 与 F. Panzio）这样的建设工作在 17 世纪继续下去。

广场的一侧往往有教堂，来统率整个建筑群，这个广场便因此被认为是献给某个圣徒的。广场里有用雕刻装饰起来的水池，它们大多本是古罗马输水道的终点，供居民们汲水，因此分布在全城各处，总计大大小小有一千多个。巴洛克时期，其中有四百多个经过雕刻家或建筑师精心装饰。清泉四射，波光潋滟，有艺术史家说，巴洛克教堂就像是水纹上的倒影，闪烁而且颤抖（图 8－51）。这和巴洛克艺术喜欢形体的光影的变幻、形体的动感是完全一致的。

封丹纳开辟了 3 条笔直的道路通向波波洛城门（Port del Popolo），它们的中轴线在城门之里相交，在交点上安置了一个方尖碑，同时作为 3 条放射式道路的对景。后来，以方尖碑为中心形成了长圆形的广场，波波洛广场。它的两侧是开

敞的，连着山坡，把绿地引进了城市广
场。3 条道路的夹角处，有一对集中式的
巴洛克式教堂，是 17 世纪上半叶造的。
波波洛广场的形制曾经起过很大的影响，
欧洲不少城市有它的仿制品，以致以广场
为交点的三叉式道路成为巴洛克式城市的
标志。

最重要的广场是圣彼得大教堂前的广
场，由教廷总建筑师、也曾主管圣彼得大
教堂建筑的伯尼尼设计。广场以 1586 年
竖立的方尖碑为中心，是横向长圆形的，
长 198m，面积 3.5hm²。它和教堂之间再
用一个梯形广场相接。梯形广场的地面向
教堂逐渐升高，当教皇在教堂前为信徒们
祝福时，全场都能看到他。两个广场都被
柱廊包围，为了同宽阔的广场相称，同高
大的教堂相称，并显示它的尺度，柱廊有
4 排粗重的塔斯干式柱子，一共 284 棵。

图 8 - 51　罗马，保拉喷泉（1612 年）

而且间距小，内圈的柱子，中线距 4.27m，外圈的，5.03m。檐头上立着 87 尊圣
徒雕像。柱子密密层层，光影变化剧烈，所以虽然柱式严谨，布局简练，但构思
仍然是巴洛克式的。在长圆形广场的长轴上，方尖碑的两侧，各有一个喷泉，它
们显示出广场的几何形状。在广场中央，可以比较好地看到大教堂的穹顶，它向
人们指示了一个观赏大教堂的最佳位置，多少弥补了一点因大教堂前半增加了一
段巴西利卡、人们在一定距离内看不到完整的大穹顶的缺憾。伯尼尼说，"柱廊
像欢迎和拥抱朝觐者的双臂"（图 8 - 52）。但德国的伟大诗人歌德写道："你们
（按指意大利人）还想建造成排的圆柱，在圣彼得大教堂前面的广场上沿周边造
起通向这里、通向那里、实际上哪儿也不通的大理石通道。对这种巧而不当、华
而不实的做法，自然之母将投之以鄙夷和厌弃的眼光。"这些批评或许过于严厉。

大多数广场还是封闭的。最
有代表性的是纳沃那广场（Piazza
de Navona），造在古罗马的杜米
善赛车场（Stadium of Domitian,
建于公元 86 年）遗址上，所以呈
长圆形。一个长边上立着圣阿涅
斯教堂（S. Agnnese, 1653 ~ 1657
年），是波洛米尼设计的。虽是集
中式的，但左右有钟塔，使立面
展开，弯曲而进退剧烈，同广场
的配合很好。一对钟塔夹着高举

图 8 - 52　圣彼得大广场

的穹顶，轮廓十分生动有力。广场中央的一座喷泉，是伯尼尼设计制作的，它名叫"四河喷泉"，中央立着杜米善皇帝从埃及掠夺来的方尖碑，碑下有四尊人像，分别代表多瑙河、恒河、尼罗河和普拉特河，它们又是欧洲、亚洲、非洲和美洲的代表。四尊像动态强、轮廓复杂，稍稍变化观赏角度，就会有很大的不同，体现着巴洛克式雕塑的基本特点。雕刻、喷泉和波动的教堂的正面，一起构成了富于幻想的，快快活活的境界（图8-53）。这个广场完全避开了城市交通，是人们散步休息的场所，生活气息很浓。

其他如西班牙大台阶（Spanish Steps，1723~1725年，图8-54），连接高差很大的两条相邻的干道，平面像只大花瓶。137 步台阶上端有一座双塔高耸的圣三一教堂（Ss. Trinità dei Monti，1493 初建，1816 重建），下端有一个船形大喷泉（设计人 Pietro Bernini，1562~1629 年），也是城市建设中独一无二的奇品。

图8-53　纳沃那广场　　　　　图8-54　罗马，西班牙大台阶

府邸和别墅　府邸的平面设计也有新的手法。例如，罗马的巴波利尼府邸（Palazzo Barberini，1626 年，建筑师先后为 Maderno，Bernini，Boromini 等），底层有一间进深 3 开间的大厅，朝花园全部敞开，面阔 7 间，第二进 5 间，第三进 3 间，所以平面近似一个三角形。它进一步发展了文艺复兴晚期使室内外空间流转贯通的手法。这府邸的主要大厅排成一列，门开在一条直线上，造成多层次的、深远的透视效果。这种"连列厅"（enfilade），以后在欧洲宫殿和大府邸中广泛流行。

斯巴达府邸（Palazzo Spada，1540 年，可能为 Giulio Mazzoni 设计）花园里

的一段廊道（Boromini 设计）和梵蒂冈宫的入口大楼梯（Scala Regia，1663～1666 年，P. Bernini 设计），一头宽，一头窄，造成虚假的透视深远之感。

都灵城在这时候建造了一些水平比较高的府邸。其中最重要的是迦里尼设计的卡里尼阿诺府邸（Palazzo Carignano，1680 年，建筑师 Guarino Guarini，1624～1683 年），它以门厅为整个府邸的水平交通和垂直交通的枢纽，是建筑平面处理上很有意义的进步。门厅是椭圆的，有一对完全敞开的弧形楼梯靠着外墙，立面中段随着出现了波浪式的曲面。楼梯造成门厅里上下层空间复杂的交融变化，它本身很富于装饰性，标志着室内设计水平的提高（图 8–55）。

图 8–55　卡里尼阿诺府邸

以园林为主的花园别墅在这时大为流行。布局是传统的，多层台地式。有明确的轴线，花圃、林木、台阶、房屋都对称布置，大厅在轴线的一端，主要路径是直的，构成几何图形，交叉点往往有小广场，点缀着柱廊、喷泉之类。花园有清清的渠水流过，闪耀着太阳的光斑。在台地的边缘，形成不大的悬瀑，淙淙铮铮，细声地响着。

罗马近郊的阿尔多布兰地尼别墅（Villa Aldobrandini，Frasticati，1598～1603 年，设计人 Giacomo della Porta）是其中比较重要的。它从前门、前院、主要建筑物、后院到大花园，贯串着一条轴线。又有艾斯塔别墅（Villa d'Este，16 世纪下半叶初建），位于罗马郊区蒂伏里（Tivoli）一个很陡的山坡上，满园布置着许多各色各样的喷泉。乔木参天，荫蔽全园，点缀些小建筑。平面布局也是几何形的。

影响　巴洛克建筑发端于罗马城，由于耶稣会的大力提倡，迅速传遍意大利，传遍西班牙，越过大西洋，传到美洲殖民地。早期巴洛克式教堂，于天主教国家最为流行，而西班牙由于在 17 世纪经历了深深的社会危机，新兴的资产阶级渐渐衰落，君主荒淫无能，失去了权威，耶稣教会乘虚掌握了强大的实力，成为建筑的主要业主和潮流领导者，它强烈地倾向反宗教改革的夸张扬厉的巴洛克风格，它的天主教堂的非理性倾向，往往更甚于罗马本城的。这种倾向又随着西班牙侵略者传播到中南美洲。

巴洛克建筑极富有想像力，创造了许多出奇入幻的新形式，开拓了建筑造型的领域，活跃了形象构思能力，开拓了室内空间布局崭新的观念，积累了大量独创性的手法。因此，即使在古典主义建筑势力强大，拒斥巴洛克式建筑的新教国家，如法国，巴洛克式建筑的影响还是突破政治和宗教的屏障，渗透了过去。

17 世纪罗马的巴洛克式城市设计，它的街道、广场、园林等等也对欧洲各国有很广泛的影响。在造园艺术领域，所谓意大利式园林，就以意大利的巴洛克园林为主要代表。

直到 19、20 世纪，欧洲和美洲的建筑不论风行着什么样的潮流，其中多多少少都有巴洛克的形式和手法，证明它们具有强大的生命力。

巴洛克建筑的历史背景　以天主教堂为代表的巴洛克建筑是十分复杂的，它包含着尖锐地矛盾着的倾向。它勇于破旧立新，创造独特的形象和手法，但是，它过于奇诞诡谲，违反了建筑艺术的一些基本法则；它欢乐豪华，追求感官的享受和卖弄财富，但是，它过于堆砌，而且它的非理性更使它易于失控；它的立面经常是雄健有力的，但是，往往形体破碎，似乎有一种力量在里面冲突挣扎。在天主教堂里，这一切又造成了强烈的神秘感。

建筑风格的复杂反映着时代的复杂。这时候，法国、英国和尼德兰的资本主义经济蒸蒸日上，自然科学、唯物主义哲学都有新的高涨，而西班牙则成了封建反动势力的堡垒，它支持耶稣教会，长期控制了罗马教廷，掀起了反宗教改革运动，竭力煽起中世纪式的信仰，压制和扼杀新文化。1600 年，耶稣教会在罗马烧死了布鲁诺（Giordano Bruno，1548～1600 年）。这场进步和反动的斗争，是全欧洲性的。相应地，在整个欧洲，产生两个强大的建筑潮流，同时发展。一个是新兴资产阶级唯理主义影响下的古典主义建筑，在意大利孕育，在法国诞生，流向尼德兰和英国这些先进的新教国家；一个是巴洛克建筑，在教廷的罗马诞生，流向封建势力强大的天主教的西班牙和德国。两种潮流互相冲突，在冲突中互相渗透。

为了掀起宗教的狂热，教廷和耶稣教会竭力倡导拉丁十字式的教堂形制，在里面，集中各种艺术手段突出圣坛，并且造成非现实的、充满了幻觉的神秘境界。1620 年，伦敦出版过一本《介绍罗马》（Dicourse of Rome）的小册子，其中说耶稣会的教堂利用"一切可能的发明来捕捉人的虔信心和摧毁他们的理解力"。这是早期巴洛克教堂的真实写照。

但是，巴洛克建筑又决不可能这样简单。因为教会和宗教内部始终存在着的固有矛盾，彼岸世界和现实生活的矛盾，在这时期随着封建主义在全欧洲的没落和资本主义的萌芽而越来越尖锐了。巴洛克建筑反映着这个矛盾尖锐化的趋势。

第一，虽然教会倾力反扑，企图恢复中世纪的信仰，但是在文艺复兴运动和宗教改革运动之后，这已经不可能了，连教士和教皇本人也被世俗的世界观和文化浸透了。他们决不肯像耶稣基督所教导的那样"安于贫穷"，以求得灵魂的解脱。他们也是人间荣华富贵的追求者。教皇席克斯丁五世说："罗马不仅需要神佑，不仅需要神圣的和精神的力量，而且也需要美，美保证安逸和世俗的装饰。"耶稣教会不惜用各种手段巧取豪夺，大发横财。在教皇和教士的眼里，连上帝都和世间的专制君主一样，爱好财富和享乐，可以用金银珠宝来荣耀他、取悦他。巴洛克式教堂是炫耀财富的，大量使用昂贵的材料，充满了富丽堂皇的各种赏心悦目的东西。它们的豪华气派甚至时时压倒神秘气氛。

第二，为了装饰教廷的统治，17 世纪的教皇仿效他们 15、16 世纪的前辈和当时世俗的君主，以文艺保护者自居，罗致全意大利的文学、艺术和建筑人才。教皇乌尔班八世（Urban Ⅷ. 1623～1629 年在位）于 1625 年任命伯尼尼为教廷总建筑师，并封骑士爵位。教皇对他说："如今我更大的幸福是骑士伯尼尼将在我在位期间住在教廷里。"1655 年，教皇亚历山大七世（Alexander Ⅶ，1655～1667年在位）加封伯尼尼为"教皇建筑师"。他创造力饱满，在建筑和雕刻上成就辉煌，被时人称为又一个米开朗琪罗。人们说："伯尼尼为罗马而从事建筑，罗马因伯尼尼而扬名。"他在临终前给人们留下的箴言是："艺术家要成功必须具备三个条件：一，及早地看到美，并抓住它；二，勤奋工作；三，经常得到正确的指教。"在这些人身上，文艺复兴富有创造力的、勇于进取的传统不可能泯灭，并且由于人才集中互相激荡而又活跃起来，同时，科学上的新发现，技术上的新创造，大大开阔了一些建筑师的眼界，解放了他们的思想，使他们不甘心于墨守陈规。伯尼尼说，"一个不偶尔破坏规则的人，就永远不能超越它"；建筑师迦里尼说，"建筑应该修正古代的规则并且创造新的规则"。这样勇敢的精神状态，在晚期文艺复兴时都已经少有了。因此，巴洛克建筑里闪耀着许多新构思、新手法和新形式的夺目光彩。

可惜，时代不同了。文艺复兴时期，破旧立新的历史任务主要是击破教会的精神专制。而 17 世纪的意大利和西班牙，新兴的资产阶级的力量已经跌落得微不足道，反动势力却把它的密探撒到每个角落，一切"异端"思想都要受到残酷的镇压。因此，建筑形式上的革新，有不少沦为单纯的求奇。当时的意大利诗人马利诺（Giovanni Battista Marino，1569～1625 年）说："引起惊讶，这是诗在世间的任务；谁不能使人吃惊，就只好去当马伕"。建筑师们纵使有巨大的才能，他们的破坏旧规则、创造新规则，也往往陷入反宗教改革运动掀起的文化艺术潮流，常常追求摧毁信徒们的现实理性。例如破坏结构逻辑，制造变幻不拘的空间感和令人眼花缭乱的光影等等。罗马红衣主教、耶稣会历史学家巴拉维奇诺（Sforza Pallavicino，1607～1667 年）在他 1644 年出版的著作 Del Buono 中写道："艺术与真实或不真实都不相关，而只和建立在幻想之上的特殊认识有关。"

第三，尽管天主教的神秘主义甚嚣尘上，但信仰毕竟已经动摇。文艺复兴的余波遗响，特别是当时自然科学蓬勃的新发展，在先进人们心里引起了对宗教的怀疑情绪。面对着教会的压迫，建筑师和艺术家们的心情郁结躁动，寻求抒发，于是就在作品中爱好不安的动势、冲突的力量和奇幻的变化。

这时期从蒂伏里的阿德良离宫和罗马城里尼禄的"金屋"以及其他古罗马遗址里发掘出来的大量使用曲线、曲面的建筑物，以及米开朗琪罗开创的、文艺

195

复兴晚期流行的追求新颖奇特的手法主义，对巴洛克风格的兴起也有推波助澜的作用。巴洛克建筑的大师波洛米尼就说过，它只效法三位老师，这就是自然、古代和米开朗琪罗。

因此，巴洛克建筑充满了相互矛盾着的倾向，几百年来，对它的评价或圣或贼，差别之大，胜过于对任何其他一种建筑潮流。要正确理解它，首先要承认它内部存在着复杂的矛盾。就像"巴洛克"这个词的原意那样，它是"畸形的珍珠"，虽是畸形的，但却是真正的珍珠。

总之，全欧洲早期资本主义的发展所带来的新世界观，对现实生活的爱好，世俗美的追求，崇尚自然以及敢于独辟蹊径创造新事物的精神，在巴洛克建筑中有相当程度的表现，因此，它包含着不少富有生命力的新思想、新手法、新样式，不仅被广泛使用在宗教建筑物中，也使用在世俗建筑物中，长期流传下来。而它的非理性的、反常的、形式主义的倾向，则受到古典主义者的批判和抵制。

第9章 法国古典主义建筑

与意大利巴洛克建筑大致同时而略晚，17世纪，法国的古典主义建筑成了欧洲建筑发展的又一个主流。古典主义建筑是法国绝对君权时期的宫廷建筑潮流。

早在12世纪，法国的城市经济就迅速发展，市民为反对大封建主的统治而斗争，这时候产生了伟大的哥特式建筑。但是，1337～1453年，在法国领土上进行了100多年的英法战争，破坏惨重。直到15世纪下半叶，城市才重新发展，并产生了新兴的资产阶级。

法国资本主义萌芽时期的最重要历史特点是，国王在15世纪之末就在城市资产阶级支持之下抑制了贵族，统一了全国，建成了中央集权的民族国家。王权逐渐在各方面加强了影响，资产阶级建立新的思想文化上层建筑的运动被利用来建立宫廷文化，宫廷文化占了主导地位，因此，思想文化领域里的斗争没有意大利那样激烈，文艺复兴运动也远没有意大利那样波澜壮阔。

在建筑中也是这样，新建筑潮流的倡导者是国王，发展慢，范围窄，中世纪的传统保留多。到17世纪，随着绝对君权的形成，形成了古典主义文化，也包括古典主义的建筑，这才使法国建筑达到了崭新的阶段，获得重大的成就，产生了深远的影响。古典主义讲求理性，讲求清晰和稳定，所以削弱了意大利巴洛克艺术的传入。但一来是君王们毕竟像教皇和大主教们一样，喜好奢华、喜好炫耀，二来是巴洛克艺术中本来也掺入了世俗的因素，第三，宫廷文化很快减弱了对宗教精神的批判性，所以，17世纪后半叶，鼎盛时期的古典主义建筑，也汲取了许多巴洛克艺术的理念和手法。

9.1 初期的变化

从15世纪下半叶起，法国建筑开始变化。随着资本主义因素的萌芽，起初是一些获得自治的城市里的世俗建筑占主导地位，它们一方面保持着浓厚的市民文化色彩，一方面趋向整饬和明快，房子不对称或不严格对称，组合比较随意。窗子比较大，往往占满一个开间，绝大多数是方额的，少量的用尖券或四圆心券。窗框外缘用线脚、贴脸或雕塑装饰起来。建筑物的四角和中央，常常有挑出的凸窗，上面竖立着高高的尖顶。屋顶高而陡，里面有阁楼，采光的老虎窗装饰得很华丽。檐口和屋脊大多有小巧的花栏杆银边。老虎窗、凸窗等经常冲破檐口。一些哥特教堂中的局部，如小尖塔、华盖、壁龛或其他装饰细节，也被用了上去，造成活泼的体形，渲染出兴奋热烈的气氛。也自由地使用一些从意大利传来的柱式因素和构图手法，建筑比中世纪的整齐、匀称。

这些美丽的建筑物证明，从法国传统的市民建筑中，完全可以发展出适合新的需要的大型公共建筑物的艺术风格，如贡比埃涅市政厅（Hôtel de Ville Compiègne，16 世纪初）（图 9 – 1）。

但是，到 16 世纪，随着民族国家逐渐形成，王权逐渐加强，城市的自治权完全被国王取消。16 世纪中叶，宫廷建筑就渐渐占了主导地位，它倾向意大利庄严的柱式建筑，疏离了民族的传统。

转向意大利

16 世纪初，国王的宫廷在风景秀丽的罗亚尔河（Loire）的河谷地带，在这里兴建了大量宫廷的以及宫廷贵族的府邸、猎庄和别墅。

由于法国在 15 世纪末和 16 世纪初几次侵入意大利北部的仑巴底地区，国王弗

图 9 – 1　贡比埃涅市政厅

朗索瓦一世（François Ⅰ，1515 ~ 1547 年在位）十分倾心于那里的文艺复兴文化，带回来了大批艺术品，也带回来了工匠、建筑师和艺术家。意大利文艺复兴文化成了法国宫廷文化的催生剂，它的出世，就以意大利色彩为标志。

在国王和贵族们的府邸上，开始使用了柱式的壁柱、小山花、线脚、涡卷等等，也使用了意大利式的双跑对折楼梯。不过，当时仑巴底地区的建筑本来就不是严谨的柱式建筑，加上法国的工匠们按自己的习惯手法处理它们，把这些柱式因素融合在法国的建筑传统中，双方取长补短，使这时期罗亚尔河谷的府邸建筑大放异彩。

这些府邸同中世纪的寨堡大不一样，它们不再需要防御性，从山冈迁到平地，因而内部关系改善，并且渐趋规整。碉楼退化为墙角上装饰性的圆形角楼，窗子也大得多了。但它们的体形仍然比较复杂，各部分有自己高耸的屋顶，老虎窗不断突破檐口，角楼上的和凸出来的楼梯间上的圆锥形顶子造成活泼的轮廓线。水平分划已经加强，但仍喜欢把上下几层的窗子联系起来，作垂直的构图因素，顶上以老虎窗上的小山花结束。楼梯仍沿用中世纪的螺旋式，在内部无所表现，而在外部却成为垂直的凸出体，屋顶高耸，成为府邸外观上的重要因素。

商堡　罗亚尔河谷最大的府邸商堡（Château de Chambord，1526 ~ 1544 年，设计人 Pierre Nepveu）是国王的猎庄，它的规模足够容纳整个朝廷。它是国王统一全法国之后第一座真正的宫廷建筑，民族国家的第一座建筑纪念物，它同时代表着建筑史上一个新时期的开始。

一圈建筑物围成一个长方形的院子，三面是单层的（或说因为没有建成），北面的主楼高 3 层。院子四角都有圆形的塔楼。主楼平面正方形，包括四角凸出的圆形塔楼在内，每边长度 67.1m。主楼的北立面同外圈建筑物北立面在一条线

上，三面突进在院子里。

主楼每层有 4 个同样的大厅，用稍稍扁平的拱顶覆盖，形成一个十字形的空间。在这十字形的正中，是一对大螺旋形楼梯。它的两股踏步各从相对的一面起步，互不干扰，适合于十字形空间的特殊需要，很见匠心。

四角的塔楼里也有大厅。其他的房间比较局促，但外圈建筑物里的随从人员宿舍采用了单元式的平面，很有进步意义。每个单元有一大间、一两个小间和一个卫生间（图 9-2）。

商堡府邸的外形具有新时期初期特有的矛盾。它抛弃了中世纪法国府邸自由的体形，为了寻求统一的民族国家的建筑形象和宫殿气派，采取了完全对称的庄严形式，它使用意大利柱式来装饰墙面，水平分划比较强，构图比较整齐。但四角上由碉堡退化而成的圆形塔楼，高高的四坡顶和塔楼上的圆锥形屋顶，正中楼梯上的采光亭，以及许多老虎窗、烟囱、楼梯亭等等，使它的体形富有变化，轮廓线极其复杂，散发着中世纪寨堡的气息。柱式的理性和法国贵族府邸的传统矛盾着（图 9-2，图 9-3），又如贡比涅市政厅（Hôtel de Ville, Compiègne, 15 世纪）。

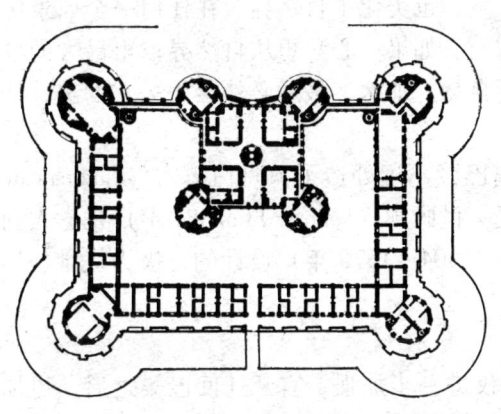

图 9-2　商堡平面

图 9-3　商堡北面

在这对矛盾中，法国中世纪的传统暂时还占着主导地位。但是，在王权之下形成统一的民族国家是当时进步的历史现象，因此，反映着这个历史潮流的新的建筑因素，将要迅速生长起来，战胜旧传统，从而形成崭新的建筑，把法国建筑史推进到新的时期。

阿赛—勒—李杜府邸和谢农松府邸　阿赛—勒—李杜府邸（Chăteau d'Azay-le-Rideau, 1518～1524 年）是罗亚尔河谷最美的府邸之一。它在罗亚尔河一条支流中的小岛上，曲尺形的平面，三面临水。

它整体的几何形很明确，对称，稍稍突出中轴线，与中世纪府邸很不相同。临水的立面简洁，分层线脚和出挑很大的檐口所造成的水平分划使它同恬静的河流十分协调。突破檐口的老虎窗、圆形的角楼和它们的尖顶，又以垂直的形体同主体造成俏丽的对比，使府邸显得活泼，也使周围景色显得有生气。碧水如镜，更增加了府邸的妩媚（图 9-4）。

它入口的一面，垂直划分比较突出。上下几层窗子竖向组织起来，突破檐口，戴着小小的山花。中世纪色彩还显而易见，因而和临水立面不很统一。

图9-4 阿赛—勒—李杜府邸

罗亚尔河畔的谢农松府邸（Château de Chenon-ceaux，1515～1556年），造在河里，有小桥连接过去，主体的构图与阿赛—勒—李杜府邸相似，但旁边多一座圆塔。1556～1559年，府邸另一侧跨河造了一座5跨拱桥，1576～1577年又在桥上造了一座两层的图书室。它们静静横卧在波平如镜的河上，极为高雅，却又亲切。

阿赛—勒—李杜府邸和谢农松府邸都是同一位资产者兴造的，后来被国王征用。

罗亚尔河谷的府邸享受了自然界的美，也美化了自然界。在任何一个风景优美的地方建造房屋，都应当兼顾这两方面。如果一心只想从自然界取得最大的享受，却不肯回报，甚至不惜蛮横地破坏自然，那么，最后必然会失去它的美，什么都享受不到。

除了罗亚尔河的商堡，国王还在离巴黎不远处造了枫丹白露宫（Château de Fontain-bleau）。那里最出色的法朗索瓦一世画廊（Galerie François Ⅰ）是意大利画家普利马提乔（Francesco Primaticcio，1504～1570年）设计的，极为优雅、华美而生气勃勃。

意大利影响的加强

16世纪20年代之末，法国中央王权进一步加强。宫廷迁回巴黎之后，更加倾心于罗马的盛期文艺复兴建筑，它的雄伟庄严更符合中央集权的君主的政治需要。

大批意大利的建筑师被聘约到法国来，也派了大批法国建筑师到意大利去学习，引进了意大利文艺复兴的建筑理论。学院派古典主义的先行者之一赛利奥（Sebastiano Serlio，1475～1553年）的建筑论文就有一部分是1504年在法国里昂发表的。赛利奥追求的是提供一些规范给实际工程运用，而不是建立理论。叠柱式的规则就是他第一个制定的。他对法国古典主义建筑的兴起，无疑起过重要作用。法国建筑师劳尔麦（Philibert de l'Orme，1515～1570年）说："他用书籍和图画把古典建筑的知识教给法国。"不过，劳尔麦在长期研究古典柱式之后，提出一个观点，即：一棵柱子应该反映出一种特殊的地方性，一种民族特色，一种个人色彩。他相信每个伟大的民族都应有它们独特的建筑形式。他警觉到了古典柱式的抽象的教条，设计了五种"法国柱式"，都根据实际的理由：例如，法国的石材只宜于生产比较小的柱身鼓段，所以柱身就有环形的雕饰带，强调水平线，掩饰水平缝。

有一些宫殿和王室府邸由意大利建筑师设计，采用意大利四合院形制和严谨的柱式构图，对后来法国宫殿和大型城市府邸都有很大的影响。

斗争　但这时意大利古典主义的影响还远远没有能完全排斥法国中世纪建筑的传统特点。逐渐成熟起来的法国建筑师，一方面恭谨地向意大利学习，一方面不能忘情于曾经在中世纪获得辉煌成就的法国传统。他们在宫廷里同意大利建筑师进行了斗争，占了上风。因此，16 世纪的法国王室建筑还没有完全抛弃自己民族的特色。

意大利建筑师同法国建筑师之间的对立，实质上反映着早期宫廷文化同传统市民文化之间的对立。法国建筑师的胜利，说明新兴宫廷文化当时还仅仅处于软弱的初生状态。

在封建的中世纪，由于自然经济的闭关自守，文化中的民族特色和地方特色格外强烈。一旦市场经济突破了自然经济的狭隘性，各民族和各地区的文化交流越来越频繁，每个民族和地区，向别的民族和地区贡献出自己的文化财富，也需要汲取有利于自己发展的别的民族的文化，来丰富、充实和进一步提高自己的文化。

只要这种文化接触是经常的而不是偶然的，一般总是比较先进的文化压倒比较落后的文化。于是，比较落后而又正向先进民族迅速接近的民族，就会接受先进民族的文化。它的传统文化，也会作为一种因素，或者甚至很重要的因素渗透到外来文化里去，使它带有民族色彩，但传统文化却不可能平等地存在下去。

16 世纪初，法国文化同意大利文化的接触大大密切起来的时候，法国的生产关系落后于意大利的，却又正朝着意大利已经发生的、资本主义制度萌芽的历史阶段发展着，因此，它的文化将要被意大利文化压倒，在建筑中正是这样。虽然，15 世纪法国世俗建筑已经确凿地表明，法国完全可以从自己的市民建筑中发展出独特的、适应新的历史时期需要的建筑来，但是，它却在还没有来得及发展到比较高的程度前，就被从意大利传来的柱式建筑压倒了。

当时，代表着法国进步历史潮流的，是代表着国家统一的王权。因此，先进的意大利文化就首先由宫廷文化媒介进入法国。正是这个民族国家迅速地发展和壮大，法国不久就超过意大利而成为欧洲最先进的国家，于是，法国文化终于没有完全意大利化，却产生了自己的古典主义文化。在建筑中，柱式建筑，以及意大利 16~17 世纪的学院派建筑理论，就在法国人手里发展成了古典主义建筑，反过来影响到意大利。

城市府邸　城市府邸虽然采用了意大利四合院式，但有法国自己的特点：明确区分正房、两厢和门楼倒座，轴线很明确。正房有两层是主要的，下有地下室，上有阁楼。

法国的气候比意大利冷，内院四周不设柱廊，而设内走廊。因此，套间少了，这是建筑平面布局的一个进步。

因为冷，层高就小，所以开间一般不能保持柱式的规范化比例。并且，窗子大，上缘往往突破檐壁，直至檐口，甚至有的连檐口也被突破。

楼板不用拱而用木结构，所以上下层窗子之间的墙面比较窄。

柱式加强了立面的水平划分，但是，经常在房屋两端和中央作通高几层的凸出体，增加垂直划分，可以看出中世纪贵族碉楼的痕迹（图9-5）。

图9-5　诺曼第，封丹-亨利府邸（Fontaine-Henry，1533~1544年）

高屋顶仍然突出，烟囱和老虎窗在上面跳跃着。许多装饰细部，如华丽的小山花、花栏杆等等，集中在高屋顶上。屋顶的结构不断改进，轻多了，墙垣因而减薄。

宫廷建筑　宫廷建筑中，柱式构图比较严谨。最重要的是枫丹白露宫（Château de Fontainbleau，1528~）的续建（图9-6），卢佛尔宫（Palais du Louvre，1543~，设计人 Pierre Lescot，1510~1570年）和丢勒里宫（Palais des Tuileries，1564~，设计人 Philibert de l'Orme，1515~1577年）。

卢佛尔宫在现在的巴黎市中心，一个四合院（图9-7），主体两层，上有阁楼。柱式已经很严谨，水平分划占主导地位，几何性很强。中央和两端向前凸出。拟建的丢勒里宫在它的西侧，南北长267m，东西宽165m，横分为3个院落。中央院落长113m，宽89m。左右两个稍窄一点，各在中央有一个椭圆形的大会议厅。纵横两条轴线都比较明确。

图9-6　枫丹白露宫·法兰西斯一世（Francis Ⅰ）大厅

图9-7　卢佛尔宫内院

设计中的丢勒里宫大部分是一层的，有阁楼。南北立面作5段划分，东西立面作9段划分。凸出部分是个竖长方形，而它们之间是横长方形。装饰集中在凸出部分。这些凸出部分，由中世纪的碉堡塔楼逐渐演变而来，而为意大利府邸所没有，后来成为法国古典主义建筑的重要特点之一。

丢勒里宫除了居住部分外，还包括了整个宫廷的行政部分，它是第一个同大型贵族府邸表现了真正的差别的王宫。但它只造成过东边的一条，而且在19世纪被巴黎公社的起义者毁掉了。

早期的古典主义

随着王权的不断加强，宫殿建筑越来越突出，它迫切需要自己的纪念性艺术形象。探索新形式的努力，主要在 17 世纪，探索的结果是形成了古典主义。

16 世纪末，宗教战争阻滞了法国建筑的发展。17 世纪初，混战结束，国王采取了保证稳定和发展经济的措施。第一，进一步肃清封建领主的割据势力，建成了绝对君权制度；第二，促进工商业，以改善国家财政，争取资产阶级来支持反对封建割据的斗争；第三，宣布宗教和解，使大多为新教徒的手工业者能安定地从事生产。

这种情况反映在建筑活动上，相应的是，王室建筑更加活跃，它的艺术风格逐渐形成；为改善资产者的生活条件和便利工商业而建设完整的城市广场和街道；信奉新教的资产阶级从同样信奉新教并且已经建立了资产阶级共和国的荷兰借鉴建筑技术和样式，而天主教会则照罗马的巴洛克式样建造教堂。

新的主题 在建筑创作中，颂扬至高无上的君主成了越来越突出的主题。不仅建造宫殿，连建造城市广场也这样。

采用定型设计，完整地建造城市广场和街道是重要的进步现象。广场是封闭的，严正的几何形，周边是一色的房屋。例如巴黎的沃士什广场（Place des Vosges，1604～1612 年，建筑师可能是 Baptiste du Cerceau），正方形的，边长 139m。四面的房屋，一共 39 幢，底层设商店，前面有通长的券廊作人行道，以利招徕。上面两层和阁楼是住宅。这样的广场，比起同时期意大利的总是以教堂为主的广场来，显然进步多了。房屋是荷兰式的，由新教徒工匠们从荷兰带回来。红砖的墙，白石的墙角、线脚、壁柱和门窗框等等。屋顶高耸、深色。风格质朴明快。这种荷兰式砖建筑因为廉价，17 世纪初年在法国广泛流行。

这些广场的政治思想主题是要为刚刚建立了绝对君权的国王树立纪念碑。沃士什广场的原名就叫君主广场（Place Royale），国王亨利四世曾经在这里居住。但是，荷兰式砖建筑不适合这个艺术主题，它们太平易了，太平民化了，而王室则要求建筑能形象地反映绝对君权的政治理想。

所以，在宫廷建筑中荷兰建筑的影响不大，而意大利柱式建筑的影响则继续增长。例如，在卢森堡宫（Palais du Luxembourg，1615～1624 年），柱式就比过去的严谨多了。柱式造成庄严宏伟的建筑形象，适合君主的需要。它的建筑师德·勃荷斯（Salomon de Bross，1578～1626 年）被认为是法国早期古典主义的开创者。

新的风格 17 世纪中叶，法国文化中普遍形成了古典主义的潮流。在文学中，要求明晰性、精确性和逻辑性，要求"尊贵"和"雅洁"，既反对贵族文学矫揉造作的巴洛克潮流，也反对市民文学的"鄙陋"和"俚俗"。

在建筑中，这个潮流自然同 16 世纪下半叶意人利刻意追求柱式的严谨和纯正的学院派合拍，利用了它的成就和权威，于是，首先在宫廷和宫廷贵族的建筑里，然后到城市府邸里，一种风格清明的柱式建筑决定性地战胜了法国市民建筑的传统。代表这个转折的，是王室的布鲁阿府邸中奥尔良大公新建的一翼（l'aile de Gaston d'Orléans à Blois，1635～1640 年）和麦松府邸（Le Château de Maisons，1642～1650 年），都是德·勃荷斯的学生弗·孟莎（Francois Mansart，1598～

1666 年）设计的。这两幢建筑物的构图由柱式全面控制，用叠柱式作水平划分。但它们保留了法国 16 世纪以来的 5 段式立面，左右对称，屋顶也还是高高的坡顶（图 9－8）。麦松府邸的内部特别雅致精洁（图 9－9）。虽然弗·孟莎从来没有到过意大利，却被称为"意大利—法国建筑师"，与路易·勒伏（Louis Le Vau，1612～1670 年）一起作为"第一代"古典主义者的代表。

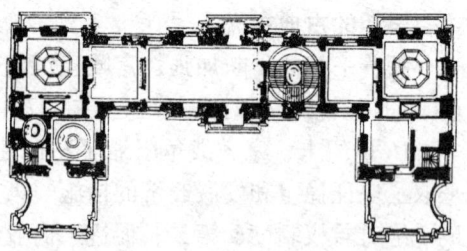

图 9－8　麦松府邸平面

这些建筑物中表现出来的注重理性、讲究节制、结构清晰、脉络严谨的精神，是古典主义的初潮，徘徊于青萍之末的微风。在这时期，它还没有完全成为宫廷文化，还没有同宫廷文化的政治理想结合，所以，它还是早期的古典主义。

9.2　古典主义的根据和理论

古典主义是 17 世纪下半叶法国文化艺术的总潮流。它的哲学基础是反映自然科学初期的重大成就的唯理论；它的政治任务是颂扬古罗马帝国之后最强大的专制政体、路易十四（Louis XⅣ，1643～1715 年在位）的统治。

图 9－9　麦松府邸内景

哲学基础　16～17 世纪全欧洲自然科学的进展，孕育了以培根（Francis Bacon，1561～1662 年）和霍布士（Thomas Hobbes，1588～1679 年）为代表的唯物主义经验论和以笛卡儿（René Descartes，1596～1650 年）为代表的唯理论。笛卡儿的唯理论在当时产生了最广泛的影响。

培根、霍布士和笛卡儿都认为客观世界是可以认识的，都强调理性在认识世界中的作用。笛卡儿不承认感觉经验的真实性，以"绝对可靠"的理性作为方法论的唯一依据。这理性是先验的"天赋观念"。他认为几何学和数学就是无所不包的、一成不变的、适用于一切知识领域的理性方法。霍布士也一样认为，理性方法的实质就是计算，几何学是主要的科学。这些观点反映着自然科学在发展初期所固有的机械论和形而上学，但它们有力地打击了玄秘的神学和经院哲学，为自然科学的进步开辟着道路。

相应地，在美学方面，笛卡儿认为，应当制定一些牢靠的、系统的、能够严格地确定的艺术规则和标准。它们是理性的，完全不依赖于经验、感觉、习惯和口味。艺术中重要的是：结构要像数学一样清晰和明确，要合乎逻辑。笛卡儿也反对艺术创作中的想像力，不承认自然是艺术创作的对象。

这些哲学和美学观点在法国的文化艺术领域里从 17 世纪初年就已经酝酿着了，笛卡儿的思想给这种文化艺术潮流以有力的哲学基础，促进了它的发展，使它形成了自己的系统的理论。

政治任务　17 世纪下半叶，路易十四的绝对君权如中天之日，整顿了严格的封建等级制度，一切人都必须俯首帖耳，听命于国王。在全国所有的社会活动方面都建立了严密的国家统治，并且运用科学、文学、艺术、建筑等等一切可以运用的东西，灌输忠君即爱国、爱国须忠君的思想。

为了控制各种文学艺术家和培养驯服的文艺侍从，使艺术家的个性屈从君主的权力意志，路易十四在位期间，权臣马萨琳（Jules Mazarin，1602～1661 年）于 1648 年设立了皇家绘画与雕刻学院，后来，权臣高尔拜（Jean Colbert，1619～1683 年）又分别设立了科学院（1666 年）、音乐学院（1669 年）和建筑学院（1671 年）。各类学院的主要任务之一，就是在各个领域里制定严格的规范。宫廷建筑师和建筑学院院士只许为国王工作，不得接受宫廷之外的委托。

在绝对君权时期，封建贵族和资产阶级在斗争中暂时势均力敌，斗争的任何一方都没有压倒另一方。君主用官爵、封号、包税业务、保护工商业和鼓励殖民事业笼络了资产阶级，赢得了资产阶级对绝对君权的支持。当时，代表进步潮流的思想家培根、霍布士、笛卡儿等人都是君主主义者。笛卡儿把君主看作普遍理性的最高体现者，笛卡儿认为，君主专政的封建等级制体现了社会理性，君主政体是最有秩序的，因而是最理性的。

在文化艺术的各个领域里建立规范，这是专制主义的一种表现，它要在一切方面树立最高的权威，要便于控制。这些规范，应当反映绝对君权制度的政治理想。于是，御用的学院就把笛卡儿的理性主义同 17 世纪初年的早期古典主义结合起来，进一步加以条理化，严格区分尊卑雅俗，用来颂扬君王的"伟大与光荣"。于是，形成了宫廷文化。宫廷的唯理主义的文化艺术潮流，这就是古典主义。

但是，唯理主义同绝对君权的政治观念之间当然是有矛盾的。人欲横流的宫廷，决不是理性王国的宫廷。因此，反映为古典主义建筑理论中的矛盾，特别是它的理论同创作实践之间的矛盾。

古典主义的理论　法国古典主义者师承 16 世纪意大利学院派的理论，17 世纪的一些意大利理论家，曾经对法国古典主义建筑理论的成熟作出过贡献。早在16 世纪上半叶，一批从罗马学成归国的法国建筑师就带来了学院派的理论。古妯（Jean Goujou，约 1515～约 1568 年）批评说："我们现代的匠师们不懂得比例，也从来不明白匀称。"他认为，这是因为他们不懂得几何学、透视学和维特鲁威的教导的缘故。劳尔麦也说，当时许多府邸不经久耐用，是因为没有遵守古典的比例和匀称以及维特鲁威的原理。不过，劳尔麦很有现实感，他说："我认为，一个建筑师宁可在柱子的装饰、立面的比例和处理上失败，也不可忽略了自然的规律。自然的规律是关于居住者的舒适、方便和利益的，不是关于房屋的装饰、美观和丰富的。后面这些只取悦于眼睛，而对人们的健康和生活没有任何好处。"这主张不免片面，但比以后的古典主义者清醒得多。

建筑理论是在 16 世纪 60 和 70 年代同绘画、文学等方面的理论同时成熟的。

建筑学院的第一位主任教授弗·勃隆台（Francois Blondel，1617～1686 年）是法国古典主义建筑理论的主要代表。他的理论系统地阐述在他在学院讲授的教材中（Cours d'Architecture，1675～1683 年间出版）。高尔拜指出，学院要寻找"通用的规则"，"普遍的美"，要把这些用"标准的形式"表现出来。勃隆台在教材里写道："学院的任务是给建筑学说建立一个规范，然后把这规范教给人。"

勃隆台们致力于推求先验的、普遍的、永恒不变的、可以用语言说得明白的建筑艺术规则。他们认为，这种绝对的规则就是纯粹的几何结构和数学关系。他们把比例尊为建筑造型中决定性的、甚至唯一的因素。勃隆台说："我们在任何一种艺术美中所能感受到的一切满足，都取决于我们对规则和比例的认识"，"建筑中的美和雅致决定于比例，而比例的恒定不变的原则要用数学来确定"，"美产生于度量和比例"，只要比例恰当，连垃圾堆都会是美的。他们用以几何和数学为基础的理性判断完全代替直接的感性的审美经验，不信任眼睛的审美能力，而依靠两脚规来度量美，用数字来计算美。

古典主义者认为，古罗马的建筑就包含着这种超乎时代、民族和其他一切具体条件之上的绝对规则。路易十四相信"古代建筑中处处饱含着魅力"，训示建筑学院"阐明古代大师的教导和从古迹中导引出来的原则"。勃隆台说，维特鲁威和其他意大利理论家们从对古建筑的直接测绘中得到了美的金科玉律，已经把古建筑的真谛讲完了：建筑的美在于局部和整体间以及局部相互间的简单的整数比例关系，以及它们有一个共同的量度单位。他认为，只要稍微偏离这个关系，建筑物就会混乱。他对巴洛克建筑的批评，也是说它们违背了古典的规则。

这种对古罗马建筑的崇拜，同古典主义的政治任务相一致。绝对君权的法国，自比为声势赫赫的古罗马帝国，国王被比作古罗马最有威名的皇帝。因此，在建筑中就自然希望用古罗马建筑那样庄严宏伟的形象来为专制君王建造纪念碑。

勃隆台说："学院将使建筑重放古时的光彩，将为国王的荣誉而工作。"不过，勃隆台并不认为古代建筑已经尽善尽美，他把超越古代建筑作为学院的任务之一。

由于崇拜古罗马建筑，古典主义者对柱式推戴备至。勃隆台说："柱式给予其他一切以度量和规则。"柱式构图自古以来就有一定的法度，在意大利文艺复兴晚期又进一步制定了严格的规范，这正符合专制政体要在一切方面建立有组织的社会秩序的理想。古典主义者把柱式建筑尊奉为"高贵的"，而鄙薄一切非柱式建筑为"卑俗的"。区分尊卑贵贱，正是封建等级制时代宫廷文化的典型特点。但勃隆台也继承了古典的人文主义思想，他说，柱式的规则是从人体的比例得来的，因而具有"真实的自然基础"。他把塔斯干柱式比作巨人，多立克柱式比作大力神，爱奥尼柱式比作妇女，混合式比作英雄，而科林斯式则比作少女。

崇奉柱式，又标榜"合理性"、"逻辑性"，古典主义者就主张柱式只能有梁柱结构的形式，反对柱式同拱券结合，不学习古罗马帝国的券柱式构图。这一点，他们从维特鲁威那里得到了支持，或者甚至得到了启发。

古典主义者根据帕拉第奥的理论，强调构图中的主从关系，突出轴线、讲求配称。这个原则，完全反映了国王正在竭力强化的封建等级制的政治观念。在创作中，古典主义建筑师经常用中央大厅统率内部空间，用穹顶来统率外部形体，使它成为全局的中心。这时，他们却又不顾那种反对柱式同拱券结合的理论了。为君主创作纪念性形象的政治需要同唯理主义哲学发生矛盾的时候，政治需要总是优先的。

古典主义者倡导理性，主张建筑的真实，反对表现感情和情绪，因而也就反对了意大利文艺复兴时代建筑师的创作个性以及他们在建筑中鲜明地表现出来的热情和理想。勃隆台说："一个真实的建筑由于它合于建筑物的类型的义理（idée de genre）而能取悦于所有的眼睛，义理不沾民族的偏见，不沾艺术家个人的见解，而在艺术的本质中显现出来，因此，它不容忍建筑师耽溺于装饰，沉湎于个人的习惯趣味，陶醉于繁冗的细节；总之，抛弃一切暧昧的东西，于条理整饬（Ordonnance）中见美，于布局中见方便，于结构中见坚固。"美、方便、坚固，还是维特鲁威的基本原则。这表现出勃隆台不乏现实感，他又说过："建筑学是关于如何建造得更好的艺术，一幢坚固、适用、有益于健康并令人愉悦的建筑就是好的建筑。"

但是，这种超乎一切的"纯粹的"美只不过是抽象的存在。只要一具体化，一形象化，比例、整饬、几何结构都要沾上民族的、阶级的、时代的和个人的审美趣味。古典主义的历史使命，是为了表现绝对君权的政治理想，不是那么超脱地去体现唯理主义的哲学原则。勃隆台按照自己的理论设计了巴黎的圣德尼门（Porte Saint Denis，1672 年），立面是正方形的，基座的檐部的高度各占总高度的 1/5，中央券洞的宽度是总宽度的 1/3，券脚的位置在檐壁下皮高度的一半、约为总高度的 2/5 的地方。数的比例关系不可谓不简洁，但是，它却是一个简化了的古罗马的凯旋门，借用来作为穷兵黩武的法国君主政体的历史纪念物，而且，它也并没有完全排斥装饰。

古典主义的建筑理论要排斥的装饰，其实指的主要是当时正在意大利风行的巴洛克式装饰。路易十四给建筑学院的训示里说"要使建筑摆脱邪恶的装饰"。古典主义者们批判从中世纪到巴洛克的建筑过于繁冗的装饰，甚至批判米开朗琪罗，说他过于"自由不羁"。但宫廷建筑要排斥装饰是不可能的。整日里纵情恣欲的国王和他的廷臣们，爱的是珠光宝气，哪里耐得了唯理主义的清冷。所以，宫殿建筑里充满了装饰，甚至自相矛盾地大量采用了豪华夸张的巴洛克式的题材和手法，抛弃了麦松府邸里早期古典主义的明净。

这时候，古典主义艺术家和巴洛克艺术家之间发生过一场素描和绘画哪一个更接近真实的争论，也就是形体和色彩哪一个更真实。古典主义者认为形体是最真实的，而色彩是变动不拘的。巴洛克艺术家则认为一切存在着的视觉对象无非都是由色彩组成的。争论并没有结果，在建筑实践中，由于都为专制宫廷所需要，也是并存的。

早在建筑学院成立之前，高尔拜就派了建筑师直接研究和测绘古罗马建筑遗迹。17 世纪下半叶，法兰西学院在罗马设立了分院，选派优秀学员去直接研究罗马的文化、艺术和建筑。许多建筑师到罗马游历学习，回来出版了不少测绘古迹的著作。

意义和局限　古典主义建筑理论的进步意义主要是：第一，相信存在着客观的、可以认识的美的规律，并对它的某些方面，特别是比例，作了深入探讨，促进了对建筑的形式美的研究；第二，提出了真实性、逻辑性、易明性等一些理性原则，用简洁、和谐、合理等对抗当时声势很大的意大利巴洛克建筑的任意和堆砌。

古典主义建筑理论的局限性主要是：第一，它只从中央集权的宫廷建筑立论，它的研究对象只是古罗马帝国的纪念性建筑，因而十分片面，并且傲慢地否定了一切民间的和民族的建筑传统，忽视中世纪哥特建筑的伟大成就。第二，它对形式美的认识是形而上学的，一方面，没有看到形式内部包含着的固有的矛盾性，它的无穷的变化；一方面，脱离了功能、技术和其他的具体条件，没有看到审美的社会性和历史性，把抽象的教条看作超时代、超地域、超民族的。第三，它反对创作中的个性、热情和表现，只着意于冷冰冰的数的和谐，认为比例是僵化的，一成不变的，先验的法则。

挑战　虽然被奉为圭臬，古典主义建筑理论同当时的实践还有相当大的距离。首先，宫廷建筑物既然被用来歌颂君王，它们是追求气氛和性格的，并非如理论家所要求的那样，"纯洁"到只有比例的美，那是不可能的。第二，宫廷中放荡奢靡的生活趣味使巴洛克式的浓重装饰始终在建筑物内部占重要地位，在外部也有所表现；第三，古典主义理论发展到成为成熟的体系时，绝对君权却已经衰退，政治的和经济的危机接踵而来，宫廷的和社会上层的文化跟着发生了变化。因此，17 世纪末，它就遭到了挑战，引起了一场大辩论，叫做"古今之争"，就是争论古代文艺与当代文艺孰优孰劣。

辩论的发难者是学院院士克·彼洛（Claude Perrault，1613～1688 年）。他认为，比例不过是相互抄袭的建筑师们的约定俗成，建筑物的比例不经详细测绘是看不出来的；他认为除了由理性判断的美之外，还有由习惯和口味判断的美，后者产生"令人愉快的比例的变态"，主张"完善的、卓越的美可以在不严格地遵守比例的情况下获得"；他认为不必硬搬古代建筑的比例，古人并不胶柱鼓瑟，他们的作品千变万化，不可能从其中得出放之四海而皆准的规则来。他要求创造。

多数理论家肯定古罗马建筑的优越性，如弗瑞阿（Freart de Chambry，1606～1676 年）认为古代建筑是理想的建筑。争论以崇古的一方占了上风。但是，这场挑战，反映了古典主义权威的动摇，也就是绝对君权的没落。当时，封建贵族的势力有所回潮，相应的是巴洛克式建筑的活跃和 18 世纪上半叶"洛可可"（Rococo）建筑的应运而生。到 18 世纪中叶，资产阶级启蒙思想盛行时，古典主义又遭到更大的挑战。

9.3　绝对君权的纪念碑

古典主义建筑的极盛时期在 17 世纪下半叶，这时，法国的绝对君权在路易十四统治下达到了最高峰。法国 18 世纪哲学家、作家伏尔泰（F. M. A. de Voltaire，1694～1778 年）写道："路易十四统治之下出生的巴黎人，绝大多数把国王看作一位神。"

17 世纪初年，君主权力还有待巩固，国王全家都住在沃士什广场（Place des Vosges）的标准住宅里。当时进行了比较多的城市建设。但是，路易十四已经是至高无上的统治者，号称"太阳王"。伏尔泰把路易十四统治下的时代叫做"伟大的时代"，把这时期的艺术风格叫做"伟大的风格"。宫廷在全国一切方面都建立了严密的统治，一切的存在，首要的任务都是荣耀君主，建筑当然更不例外。路易十四的权臣高尔拜在一封上路易十四书里说："如陛下明鉴，除赫赫武功而外，唯建筑物最足表现君王之伟大与浩气。"于是，进行了大规模的宫殿建设。为了集中人工和材料建造空前宏伟的宫殿，把全国的城市建设停了下来。

宫廷的纪念性建筑物是古典主义建筑最主要的代表，集中在巴黎。古典主义建筑的一时胜利是经过同意大利的巴洛克建筑反复交锋后才获得的。卢佛尔宫东立面的设计竞赛，是这场交锋的战场。

卢佛尔宫东面的设计竞赛　1660 年代初，卢佛尔宫的四合院完成了。但它的文艺复兴风格已经不能适应当时新的思想文化潮流。它的东立面对着一所重要的王家教堂，它们之间的广场又联系着塞纳河上通向巴黎圣母院和王家礼拜堂的桥梁，同时，权臣高尔拜（J. -B. Colbert）不希望国王长期住在郊区，而希望路易十四回到巴黎市中心居住，认为这里才是国王应该住的地方，于是，他决定重建这个东立面，使它更加雄伟壮观，适应当时的政治要求。

1663 年，法国建筑师路易·勒伏（Louis le Vau，1642～1670 年）等按照古典主义原则作了一批设计，送到意大利征求意见，被几个红极一时的巴洛克建筑师否定了。但他们提出来的设计，也由于不了解法国的传统，不理解路易十四的政治要求和建筑艺术要求之间的关系，也由于开罪了法国建筑师，而没有被法国宫廷选中。1664 年，宫廷用隆重的接待国王的礼仪把伯尼尼迎到巴黎来，他按照意大利当时的巴洛克府邸的样式作出了设计。法国建筑师们一致抵制，利用宫廷的再三审查，使它逐渐"净化"，取消了一些巴洛克式的做法，然后才施工。待到 1665 年伯尼尼一回国，法国建筑师终于说服宫廷，放弃了他的设计。1667 年，批准了由弗·勒伏（François le Vau，路易的兄弟），勒勃亨（Charles le Brun，1619～1690 年）和克·彼洛设计的方案，3 年之后建成。这是·个典型的古典主义建筑作品，完整地体现了古典主义的各项原则（图 9-10）。它标志着法国古典主义建筑的成熟，被称为路易十四古典主义。这三位设计人和路易·勒伏、查尔斯·彼洛等被认为第二代古典主义建筑师的代表。

卢佛尔宫东立面全长约 172m（或说 170.6m），高 28m（或说 27.7m），上下按照一个完整的柱式分作三部分：底层是基座，高 9.9m，中段是两层高的巨柱式柱子，高 13.3m（或说 12.3m），再上面是檐部和女儿墙。主体是由巨柱式的双柱形成的空柱廊，简洁洗练，层次丰富。中央和两端各有凸出部分，将立面分为 5 段。两端的凸出部分用壁柱装饰，而中央部分用倚柱，有山花，因而主轴线很明确。立面前原来有一道护壕保卫着，在大门前架着桥。

图 9-10　卢佛尔宫东立面

左右分 5 段，上下分 3 段，都以中央一段为主的立面构图，在卢佛尔宫东立面得到了第一个最明确、最和谐的成果。这种构图反映着以君主为中心的等级制的社会秩序。它同时也是对立统一法则在构图中的成功运用。

有起有讫，有主有从，也就是各部分间有了对立，构图才能完整。否则，即使完全相同的单元，简单重复，也并不统一，因为它们可增可减，单调松散，不能成为有机的完整的个体。横向展开的立面，左右分 5 段，上下分 3 段，就有了起讫，区分了占主导地位的和从属的部分。构图完整了、统一了。

卢佛尔宫东立面的构图运用了一些简洁的几何结构。例如，中央部分宽 28m，是一个正方形；两端凸出体宽 24m，是柱廊宽度的一半；双柱与双柱间的中线距 6.69m，是柱子高度的一半；基座层的高度约略是总高的 1/3，等等。

它的柱廊开间净空 3.79m，进深在 4m 左右，相当开朗。又因为用双柱，所以开间虽大而仍然强壮有力，并且造成了节奏的变化，使构图丰富。

它的总体是单纯简洁的，法国传统的高坡屋顶被意大利式的平屋顶代替了，加强了几何性，从此成了惯例。

但是，照古典主义严格的规则来说，倚柱、双柱和巨柱式都是"非理性"的。古典主义的理论即使在它的极盛时期也不能无所不在地控制着一切建筑创作，卢佛尔宫设计者之一克·彼洛就说过，应该根据自己的感觉去改变比例的规则。

卢佛尔宫东立面在高高的基座上开小小的门洞供人出入，徒有开敞的柱廊而仍然凛然不可亲，充分体现了宫廷建筑的性格。

凡尔赛宫　法国绝对君权最重要的纪念碑是巴黎西南 23km 的凡尔赛宫（Versailles），它不仅是君主的宫殿，而且是国家的中心。它巨大而傲视一切，用石头表现了绝对君权的政治制度。为建造它而动用了当时法国最杰出的艺术和技术力量。因此，它成了 17～18 世纪法国艺术和技术成就的集中体现者。例如，它的花园本来是一片干枯的荒地，草木不生，人们改进了当时最先进的矿井抽水机械，建造了三级扬水站，经过几十里把水送来，才使这片土地有了生机。

在建造凡尔赛宫之前，意大利式的花园别墅在法国已经有不少的摹本。不过，由于多造在平原上，所以没有意大利花园的台阶式布局。路易十四的财政大臣福凯（Nicolas Fouquet，1615～1680 年）在巴黎郊外的孚—勒—维贡府邸（Château de

Vaux-le-Vicomte，1656～1660 年），第
一个把古典主义的原则灌注到园林艺术
中去，获得了很大的成功。

图 9 – 11　孚—勒—维贡府邸

　　孚—勒—维贡府邸对称布局，轴
线很突出，平面以椭圆形的客厅为中
心，它的穹顶也是外部形体的中心。
府邸的轴线延长而为花园的轴线，花
园在府邸的统率之下。它们的尊卑主
从关系十分明确（图 9 – 11）。

　　花园是几何形的，中轴长达 1km，笔直而宽阔。沿轴线有几个水池，设置着
喷泉和飞瀑，点缀着雕像、台阶和假山洞，还有草坪和花畦。用一道横向的水渠
来丰富构图。轴线两侧是茂密的树林，林间小径也是笔直的，组成几何图案。大
道和小径都有雕像、柱廊、喷泉之类作对景。草地、花畦、水池等等都是对称的
几何形，各色花草排成大幅的图案，连树木都修剪成几何形的。无论从规模上
看，还是从艺术特点上看，这类花园都被恰当地称为"骑马者的花园"。

　　古典主义者不能欣赏自然的美。笛卡儿和后来的理论家们都认为艺术高于自
然。17 世纪上半叶的造园家布阿依索（Boyceau de la Barauderie，? ～1630/5 年）
说："人们所能找到的最完美的东西都是有缺陷的，必需加以调整和安排，使它
整齐匀称。"

　　国王路易十四看了孚—勒—维贡府邸之后，十分妒羡，立即下令把它的建筑
师路易·勒伏、室内装修家勒勃享和造园家勒诺特亥（André le Nôtre，1613～
1700 年）调去，为国王建筑凡尔赛宫和它的花园，并且把福凯拘禁了起来。

　　凡尔赛原来有一座国王路易十三的猎庄，是 17 世纪上半叶的砖建筑，三合院，
向东敞开。路易十四决定以猎庄为中心建造大型宫殿，布局格式照孚—勒—维贡府
邸，而宫殿的规模则要超过西班牙的埃斯库里阿尔宫（Escurial，1563～1584 年）。

　　17 世纪 60 年代初，由勒诺特亥负责，开始在府邸西面兴建大园林。范围很
大，中轴东西长达 3km（图 9 – 12），是府邸中轴的延长。有一条横轴和几条次
轴，紧靠宫殿西面的是几何形花坛和水池，它们的西边是由树木包围起来的一些
独立的景点，叫小林园，再西面是大林园，有一个十字形的大水渠。中轴贯穿这
三部分（图 9 – 13）。园里布满雕像和喷泉。

　　1668 年，经勒伏设计，在旧府邸的南、北、西三面贴了一圈新建筑物，保
留原来的三合院不动。新建部分以第二层为主，北翼是一串连列厅，作为宫廷主
要的公共活动场所，南翼也是一串连列厅，是王妃卧室和命妇们活动的场所。它
向四有 25 个开间，中央 11 间是凹阳台。凹阳台之后，正中，是国王的卧室，位
置在旧府邸里，窗子面东开向三合院。

　　后来，先后由勒伏和他的学生道亥贝（d'Orbay，1634～1697 年）负责，把
三合院的南北两翼向东延长，形成比三合院宽一点的御院（Cour Royale）。在它
们之东，又接建了两座服役房屋，形成更宽的前院（Avant Cour）。原来的三合院
的立面改成大理石的，得名为大理石院（Cour de Marbre）。

图9－12　凡尔赛宫花园北横轴

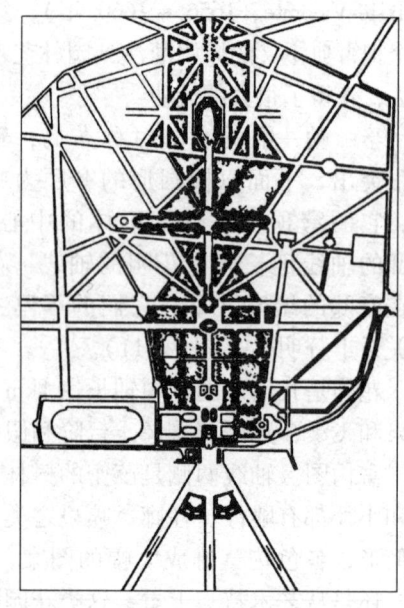

图9－13　凡尔赛宫总平面

1678年，于·阿·孟莎（Jules Hardouin-Mansart，1646～1708年）担任凡尔赛的主要建筑师。他把西立面中央11开间的凹阳台补上，并从两端再各取来4个开间，造了一个长达19间的大厅。厅长76m（或说73m），高13.1m，宽9.7m，是凡尔赛最主要的大厅，举行重大的仪式。它的内部装修全由勒勃亨负责。同西面的窗子相对，在东墙上安装17面大镜子，大厅因此被称为镜廊（Galerie des glaces）。镜廊用白色和淡紫色大理石贴墙面。科林斯式的壁柱，柱身用绿色大理石，柱头和柱础是铜铸的，镀金。柱头上的主要装饰母题是展开双翅的太阳，因为路易十四当时被尊称为"太阳王"，展开双翅的太阳是他的徽章。檐壁上塑着花环，檐口上坐着天使，都是包金的。拱顶上画着9幅国王的史迹画。镜廊的装修金碧辉煌，采用了大量意大利巴洛克式的手法（图9－14）。在这之前，勒勃亨还负责过卢佛尔宫的阿波罗廊（Galerie d'Apollon，1662年）的装修，它长61m，宽9.4m，高11.3m，装饰也是巴洛克式的，比镜廊稍稍简洁一点。

　　1682年，宫廷和整个中央政府搬到凡尔赛后，于·阿·孟莎又负责设计了向南、向北伸展的两翼。建成之后，凡尔赛宫的总长度达到580m（375个窗子），同花园的规

图9－14　凡尔赛宫大镜廊

模协调多了。南翼是王子们住的，北
翼是宫廷贵族和官吏们居住和办事用
的，还有一所教堂和 1756 年造的剧
场。剧场和教堂的设计者是雅—昂·
迦贝里爱尔（Jacques-Ange Gabriel，
1698～1782 年），他也设计了前院两
侧服役房屋东端的柱廊。它们都是古
典主义的代表作，表现结构的逻辑
性，清晰明确，风格庄重，精细地追
求形体的和谐。

图 9-15　凡尔赛宫西面中段

南北两翼的西立面同中央部分的西立面是一样的，但比后者向东退了 90m
左右，大大削弱了西立面的宏伟性。同时，在两翼也就看不到大花园的全景
（图 9-15）。

大林园的横轴的北端有一所小型的宫殿，叫大特里阿农（Grand Trianon，
1687 年），是于·阿·孟莎设计的，用于国王比较宁静的非礼仪性生活，单层，
正面是长长的空柱廊，比较精致、亲切。

宫殿之东，以大理石院为中心，有三条林荫大道笔直地辐射出去。中央一条
通向巴黎市区，其他两条通向另外两座离宫，很短。三条大道分歧点夹着一对御
马厩。这种格局借鉴了罗马的波波洛广场。

宫殿的中轴线，向东循中央林荫道穿过凡尔赛镇，成为镇的中轴，象征王权
对城市的统治；向西成为园林的中轴，象征对农村的统治。

由于在宫殿的核心部位保留了旧的建筑物，由于在长时期内陆陆续续地建
造，凡尔赛宫建筑的整体性比较差。但它毕竟是欧洲最宏大、最辉煌的宫殿，代
表着当时欧洲最强大的国家，最权威的国王，最先进的文化。因此，在欧洲影响
很大，各国君主或者大贵族常常在比较小的规模上仿效它和它的园林。

凡尔赛宫的总布局对欧洲的城市规划很有影响。

法国人民为建造凡尔赛宫付出了沉重的代价。工程最繁忙的时候，有 36000
工人整个冬天在泥淖里工作，随时冒着死亡的危险。1684 年，每天有 22000 工
人，6000 匹马在工地劳动。不少工人因热病而死亡。为了把建筑材料供给凡尔
赛宫，全国有 6 年之久不得使用石材。据说，凡尔赛宫的建设费用是 4 亿利弗
（一说建设费用大约为 6 千万利弗，可能是指每年的平均耗费），几乎穷竭了国
库。曾经奉命为凡尔赛宫和花园建设供水系统的军事工程师沃班元帅（Vauban
de Sébastien Le Prestre，1633～1707 年）写道："十分之六的法国居民过着乞丐生
活，其余十分之四中又有十分之三生活十分恶劣，疫病流行，皆由贫穷引起。灾
荒连年，1662 年大饥，许多村子都死绝了，灾民争食死尸。"1693～1694 年和
1709～1710 年的灾荒也很凶险。

威尼斯当时驻法国的大使写回本国的报告里说："在凡尔赛宫的长廊里燃烧
着几千支蜡烛。它们照耀在满布壁上的镜子里，照耀在贵妇和骑士们的钻石上，
照得比白天还亮。简直像是在梦里，简直像是在魔法的王国里。美和庄严的气氛

在闪烁发光。"然而，同时的法国作家拉·布吕依埃（La Bruyère，1645～1696年）描写法国的农村道："到处您都可以遇到野兽……，完全给太阳烤焦了的。他们把自己弯曲的背低低地俯向大地，……当他们站立起来时便显出人的面孔。而实际上这也正是人。夜里他们就藏身在自己的巢穴里，在那里他们吃黑面包、凉水和根类来活命。"

宫殿建筑追求的是富丽堂皇，因而很不利于生活使用。国王、王后的卧室和大镜厅，高敞宏大，晚上点1千支蜡烛都不够亮，冬天进餐时，菜肴都会结冰。没有卫生间，举行舞会时，盛妆艳服的贵夫人们不得不在华美的大理石楼梯下就地方便。这些都是豪华的古典主义建筑内部固有的矛盾。

恩瓦立德新教堂　16世纪中叶以来，巴黎造过几个拉丁十字式平面和大穹顶相结合的教堂，立面都以罗马的耶稣会教堂为蓝本。17世纪中叶，也造过几座拉丁十字式的，在西面有一对钟塔，是模仿哥特式教堂的。于·阿·孟莎设计的恩瓦立德新教堂（Dôme des Invalides，1680～1706年），则是第一个完全的古典主义教堂建筑，也是17世纪最完整的古典主义纪念物之一。

教堂是给残废军人收容院造的，目的是纪念"为君主流血牺牲"的人。因此，于·阿·孟莎作了一个大胆的设计，不顾教堂的使用问题，使它背对着收容院，以圣坛和旧有的巴西利卡式教堂相接，使新教堂的整个形体完全摆脱旧收容院建筑群，向南呈现在宽阔的操练场和林荫道之前。他采用了正方形的希腊十字式平面和集中式体形，鼓座高举，穹顶饱满，全高达105m，成为一个地区的构图中心（图9－16）。

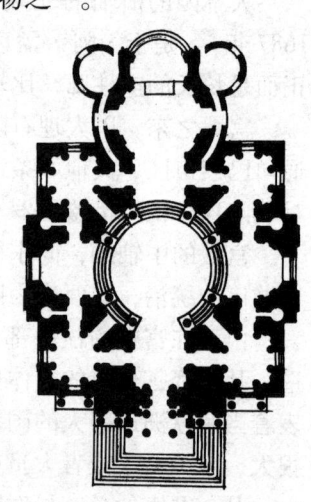

图9－16　恩瓦立德教堂平面

穹顶分3层，外层用木屋架支搭，覆着铅皮。中间一层用砖砌，最里面一层是石头砌的，直径27.7m，当时在巴黎是最大的穹顶。穹顶分轮廓相差很大的里外两层，为的是使内部空间和外部形体都有良好的比例。这种做法在波斯的清真寺和东欧的正教教堂里早已使用，在西欧则于这时才有。它与佛罗伦萨主教堂和罗马圣彼得大教堂的穹顶不同，那两个穹顶的内外两层几乎是完全平行的。

内层穹顶的正中有一个直径大约16m的圆洞，从圆洞可以望到外层穹顶内表面上画着的耶稣基督。在外层穹顶的底部开窗，把画面照得比内层穹顶亮，造成寥廓的天宇的幻像。这是古罗马万神庙穹顶的圆洞同意大利巴洛克教堂的天顶画的结合，构思很巧妙，以后流行很广。

教堂内部明亮，装饰很有节制，全是土黄色的石头构件，没有外加的色彩，单纯素约的柱式组合表现出严谨的逻辑性，脉络分明，宗教的神秘和献身感情没有容身之地。这是古典主义的"素描"式形体美的实践。

外貌简洁，几何性明确，庄严而和谐。中央两层门廊的垂直构图使穹顶、鼓座同方形的主体联系起来。门廊中央开间用双柱，虽然不合古典主义的法度，但它们因此而与鼓座呼应，鼓座的倚柱又和穹顶的肋呼应，造成向上的动势，集中到采光亭尖尖的顶端。外形的处理有巴洛克的手法，例如鼓座的断折檐部和倚柱（图 9 - 17），采光亭的方位扭转 90°，以角柱居中朝前等。

穹顶表面，12 根肋之间，有铅做的"战利品"做装饰，全部贴金，十分华丽。这是巴洛克的"绘画"式色彩美的实践。通常古典主义在建筑外观上占优势，而巴洛克在内部占优势，这座教堂却正相反。

旺道姆广场　完成了凡尔赛宫的建设之后，巴黎的城市建设逐渐恢复。主要的是继续 17 世纪初年建造城市广场的工作，而且广场的形制也继承了下来：正几何形的、封闭的、周围一色的，不过形状稍多一点变化。

图 9 - 17　恩瓦立德教堂正面

重要的例子是旺道姆广场（Place Vendôme，1699 ~ 1701 年），也是于·阿·孟莎设计的。平面长方形（141m×126m，一说 213m×124m），四角抹去，短边的正中开一条短街（图 9 - 18）。

广场上的建筑是 3 层的，底层有券廊，廊里设店铺。这种做法开始于 17 世纪初的广场，一直沿用下来，成为法国商业广场和街道的传统。上两层是住宅，

图 9 - 18　旺道姆广场

外墙面作科林斯式的壁柱，一通两层，立在底层重块石的券廊上，是古典主义建筑的典型构图。不过，屋顶是坡顶，有老虎窗，留下法国中世纪传统建筑的残迹。广场两侧的正中和四角，檐口上作山花，使广场轮廓略略有起伏，标出了广场的横轴线。

就在纵横两个轴线的交点上，立着路易十四的骑马铜像。这个广场是为路易十四建造的，原来叫做路易大帝广场（Place Louis le Grand）。19 世纪初，骑马铜像被一棵模仿古罗马的图拉真纪功柱的纪功柱代替了，纪念拿破仑 1805～1807 年间对俄国和奥地利的胜利。它高 43.5m，柱子顶上立拿破仑的像。柱身上缠着一圈铜铸的浮雕，就是用那次战争缴获的 250 门大炮做的，题材是战争的场面。

旺道姆广场这样的被交通从当中穿过的纪念性广场，不适合于后来交通繁忙的时代。但在当时，星星点点布满巴黎的广场，方的、圆的、三角的、八边的，确实起到了美化城市的作用，也有利于商业。

看厌了封闭的广场，特别是在意大利流行了开放式的广场之后，巴黎人当时嘲讽地把旺道姆广场叫做"院子"，甚至叫做"坟墓"。

成就和影响　法国的古典主义建筑，它的理论和创作，影响十分深远。当时，法国不仅是欧洲最强大的国家，而且是绝对君权制度的典范。陆续建立起来的欧洲各民族国家，纷纷学习法国的典章制度，宫廷仪节，文学艺术，生活习尚，直到走路的姿式和言语的风度。它们或者敦聘法国建筑师去，或者派遣留学生来，一时古典主义建筑成了全欧洲的潮流，连意大利都不例外。17 世纪往后，欧洲各国先后都有建造宫殿和大型公共建筑的高潮，法国的古典主义建筑对它们的成就作出了贡献。

古典主义建筑，用柱式控制整个构图。经过千百年的锤炼，柱式的比例和细节是很精审完美的，所以古典主义建筑得以利用世世代代人们的劳动成果。

古典主义建筑的构图简洁，它们的体形几何性很强，轴线明确，主次有序，以致完整而统一。它多用巨柱式，比起叠柱式来，减少了分划和重复，既能简化构图，又使构图能有变化，并且统一完整。巨柱式也有利于区分主次。以整个底层为基座层的巨柱式，尺度很大。所以，古典主义建筑确实创造了不少大型纪念性建筑物的壮丽形象，在这方面积累了经验，探讨了规律。巨柱式起源于古罗马，在意大利文艺复兴时期比较经常地使用，但只有到法国的古典主义建筑，才突出地当作构图的主要手段，而且形成了一套程式。

古典主义建筑主要是依附于宫廷的，在宫廷建筑中发展，因此，它的作品大多过于冷肃，傲气凌人，甚至夸张造作。但它也不完全排斥豪华、色彩斑斓和夸张的炫耀，特别在室内装饰和陈设上，因此，它也接纳了大量的巴洛克因素。在一些杰出建筑师的作品中，古典主义和巴洛克甚至结合得很成功。

古典主义理论的教条主义和形而上学，起过消极的作用。古典主义产生于一定的时间、地点、条件，是一种历史现象，并非无所不适的。

欧洲最早的法国建筑学院是在古典主义时期设立的，在这些学院里形成了欧洲建筑教育的传统，长时期里统治着欧洲各级的建筑学校，因此，古典主义的教条主义的影响就更加有力。

9.4　君权衰退和洛可可

就像意大利在文艺复兴之后出现了巴洛克一样，法国在古典主义之后出现了洛可可。光辉的时代培养了巨大的才华和创造的热情，当一些迟熟的蓓蕾舒萼吐蕊的时候，季节已过，秋风含霜，于是它们的花瓣扭曲了，纵然还有色有香。

17 世纪末，18 世纪初，法国的专制政体出现了危机。对外作战失利，经济面临破产，宫廷生活糜烂。另一方面，英国资产阶级早已革命，法国资产阶级也开始要求政治权利了。宫廷的鼎盛时代一去不返，于是，贵族和资产阶级上层不再挖空心思挤进凡尔赛去，而宁愿在巴黎营造私邸，安享逸乐了。

从此，悠闲而懒散的贵族生活中，一些有较高文化教养的聪敏机智的贵族夫人，对统治阶级的文化艺术发生了主导作用。代替前一时期的尊严气派和"爱国"热情的，是卖弄风情、妖媚柔靡、逍遥自在的生活趣味，蕴育出充满脂粉气的新的文学艺术潮流，称为"洛可可"（rococo）。洛可可艺术的原则是逸乐。

在建筑领域，巴黎的精致的私邸代替宫殿和教堂成为潮流的领导者，充满了阳刚之气的严肃的古典主义建筑风格被厌弃了，在这些府邸中形成了洛可可建筑风格。在艺术形式上看，17 世纪从意大利引进并在法国发展的后期巴洛克建筑对洛可可建筑有先导的作用，但在历史背景上和风格、手法上，两者有明显的区别。

洛可可风格主要表现在府邸的室内装饰上，但府邸的形制和外形也有相应的特征。城市广场的格局和风貌跟着发生了变化。造园艺术趋向自然化而摒弃几何化。洛可可风格的广谱性和各个艺术领域中文化精神的一致性，说明它是一种时代风格。

府邸形制　城市府邸的基本形制还是和 16 世纪中叶的相似。不过因为巴黎的建筑密度越来越大，用地紧蹙，所以门楼倒座有改为 3 层楼的了。

这些府邸不求无谓的排场而求实惠，关心的是方便和舒适，追求一种温馨的气息。从 17 世纪初年以来，平面上功能分区明确。有些府邸就把前院分成左右两个，一个是车马院，一个是漂亮整齐的前院。大门也相应分为两个。这种布局在 18 世纪成为通例。正房和两厢加大进深，都有前后房间，比较紧凑。普遍使用小楼梯和内走廊，穿堂因而减少。厨房和餐厅相邻，卧室附设着卫生间和储藏间。有了可以用水冲刷的恭桶和冷热水浴缸，专门为采光和通风设了小天井。

精致的客厅和亲切的起居室代替了 17 世纪中叶豪华的沙龙，以适应言辞乖巧、举止风流的慵懒生活。路易十五时期（1713～1774 年在位），连凡尔赛宫里的一些大厅也被分隔成小间。没落贵族的娇柔气质，要求房间里没有方形的墙角。矩形房间抹大圆角，更喜爱圆的、椭圆的、长圆的或圆角多边形的等等形状的房间，连院落也这样，这种倾向在 17 世纪中叶已经出现，到 18 世纪流行（图9－19）。

随着城市府邸之成为主导性的建筑物，在建筑学院里，古罗马帝国辉煌的建筑褪色了，人们把曾经设计过大量中小型府邸的帕拉第奥当成了崇拜的偶像。同时，前一个时期很少被理论家认真提到的功能问题受到了重视。这时期的古典主义代表人物小勃隆台（Jacques François Blondel，1705～1756年）说，建筑的主要矛盾是功能布局（la distribution）同形式的条理整饬（l'ordonnance）之间的矛盾。他觉得这矛盾很不好解决，因此建议公共建筑物着重条理整饬而私人的着重功能；在建筑物的外表着重条理整饬而内部着重功能。小勃隆台的观点，承认了古典主义建筑的一个重大的弱点：它的气派很盛的轴线布局、空间序列等等，十分僵硬，不能适应稍稍深入的功能要求，不能适应日常的生活。因此，在实际问题前面，对古典主义的教条不得不作必要的修正。小勃隆台甚至挖苦老勃隆台（François Blondel），说他"假冒渊博，……卖弄理论"。另一个重要建筑师勃夫杭（Gabriel Germain Boffrand，1667～1754年）也持同样的主张。

这种使建筑物内部与外部脱节的做法，早在17世纪中叶的府邸里就已经有了。随着前院的分为车马院和正院两部分，府邸的正房的前立面也分为两部分，对着正院的部分自有轴线，对称构图。正房朝花园的立面按通长设轴线，对称构图。前后两条轴线可以错开，不一定重合。而内部房间又按照功能安排，往往与立面的轴线无关，如1732年始建的玛蒂尼翁（Matignon）府邸（图9-20）。小勃隆台从理论上肯定了这一类的做法。

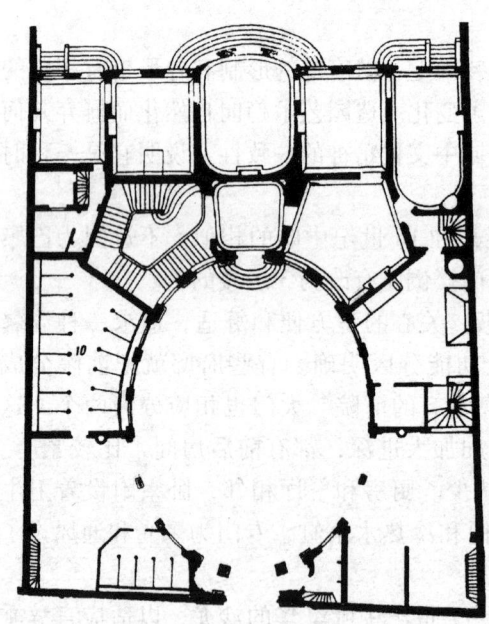

图9-19 巴黎，阿默劳（Amelot）
府邸平面（1712年）

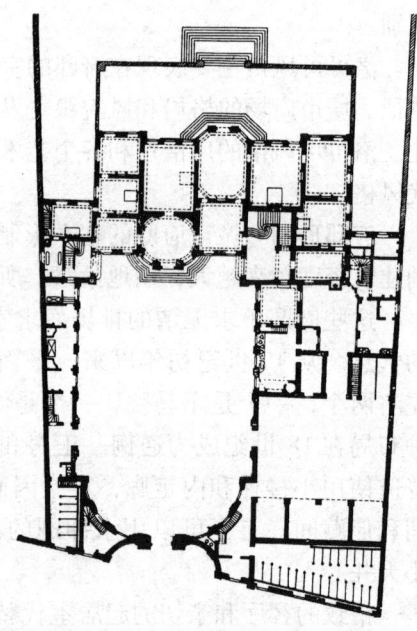

图9-20 玛蒂尼翁府邸平面

洛可可装饰 在建筑上，洛可可风格主要表现在室内装饰上。它反映着贵族们苍白无聊的生活和娇弱敏感的心情。他们受不了古典主义的严肃的理性和巴洛克的喧嚣的放肆。他们要的是更柔媚温软、更细腻纤巧的风格。

和巴洛克风格不同，洛可可风格在室内排斥一切建筑母题。过去用壁柱的地方，改用镶板或者镜子，四周用细巧复杂的边框围起来。凹圆线脚和柔软的涡卷代替了过去的檐口和小山花。圆雕和高浮雕换成了色彩艳丽的小幅绘画和薄浮雕。浮雕的边缘融进底子的平面之中。丰满的花环不用了，用纤细的缨络。线脚和雕饰都是细细的，薄薄的，没有体积感。前一时期爱用的大理石，又硬又冷，不合小巧的客厅的情趣，除了用于壁炉上以外，淘汰掉了。墙面大多用木板，漆白色，后来又多用本色木材，打蜡。室内追求优雅、别致、轻松的格调。

装饰题材有自然主义的倾向。最爱用的是千变万化的舒卷着、纠缠着的草叶。此外还有蚌壳、蔷薇和棕榈。它们还构成撑托、壁炉架、镜框、门窗框和家具腿等等。为了彻底模仿植物的自然形态，后来，它们的构图竟完全不对称。连建筑部件都不对称。例如镜框，四条边和四个角都不一样，每条边、每个角本身也不对称，流转变幻，穷状极态。并且趋向繁冗堆砌。

爱用娇艳的颜色，如嫩绿、粉红、猩红等。线脚大多是金色的。顶棚常常涂成蓝天，画着白云。

喜爱闪烁的光泽。墙上大量嵌镜子，张绸缎的幔帐，挂晶体玻璃的吊灯，陈设着瓷器，家具上镶螺钿，壁炉用磨光的大理石，大量使用金漆，等等。特别喜好在大镜子前面安装烛台，欣赏反照的摇曳和迷离。

门窗的上槛，镜子和框边线脚等等的上下沿尽量避免用水平的直线，而用多变的曲线，并且常常被装饰打断。也尽量避免方角，在各种转角上总是用涡卷、花草或者缨络等来软化和掩盖。

洛可可装饰的代表作是巴黎苏俾士府邸的客厅（Hotel de Soubise，1735 年），它的设计者是勃夫杭，洛可可装饰的名手之一。

盛期的装饰名手是麦松尼埃（J A Meissonier，1693 ~ 1750 年）。

洛可可风格很快风靡全欧洲。连建筑学院的"正统"理论家们也推荐洛可可的作品。古典主义者小勃隆台在时尚之下也宣称，建筑师不必拘泥于规则。主张建筑物应该有性格、有表情，应该影响甚至震动人的心灵。但他也告诫："装饰实际上无益于舒适和坚固。"

洛可可的装饰，总体上说是格调不高的，这是行将没落的贵族社会孱弱萎靡的反映。寄生的阶级要在一个充满脂粉气的环境中排遣他们最后的日月。它同时也是对古典主义的过于威严排场和巴洛克风格的过于夸张恣肆的逆反。它转向自然化和生活化。

但是，这时的建筑师和装饰家，是用意大利文艺复兴、巴洛克和法国古典主义的伟大成就哺育出来的，他们并不缺乏创造的才能。因此，他们虽然只能在时代的总的潮流之中从事洛可可的装饰，却为它创造了许多新颖别致的、精细工巧的作品，它扩大了装饰题材，更富于生活气息，更加自然化。一些洛可可风格的客厅和卧室，非常亲切温雅，比起古典主义的和巴洛克式的来，更宜于日常起居。所以，洛可可装饰的影响是相当久远的。虽然作为一种时代风格，它存在的时期非常短，到 18 世纪中叶便过去了。

洛可可风格在建筑物外部表现比较少。府邸的外表还比较朴素。小勃隆台说过："不要把自己的全部货色都摆在柜台上。"不过，也有一些建筑物，立面有纤细的壁柱、只留水平缝的小巧的重块石、柔弱的窗框装饰，柱子之间或者檐壁上也使用缨络作装饰题材。

南锡广场群　18世纪上半叶和中叶，法国城市广场发生了变化，像室内装饰追求突破方框框的局限一样，广场也要突破空间的局限。它们不再是封闭的了，不再简单地用一色的建筑物包围一个空间。它们常常局部甚至三面敞开，和外面自然的树林、河流呼应联系，少了呆板严肃，多了活泼轻松。这是洛可可艺术所追求的。广场的设计手法丰富了。

一个重要的代表是洛林州（Lorraine）首府南锡（Nancy）的中心广场群。它的设计人是勃夫杭和埃瑞·德·高尼（Emmanuel Héré de Corny，1705~1763年）。

中心广场群是由三个广场串联组成的，北头是横向的长圆形的王室广场，南头是长方形的路易十五广场，中间由一个狭长的跑马广场连接。南北总长大约450m，建筑物按纵轴线对称排列（图9-21）。

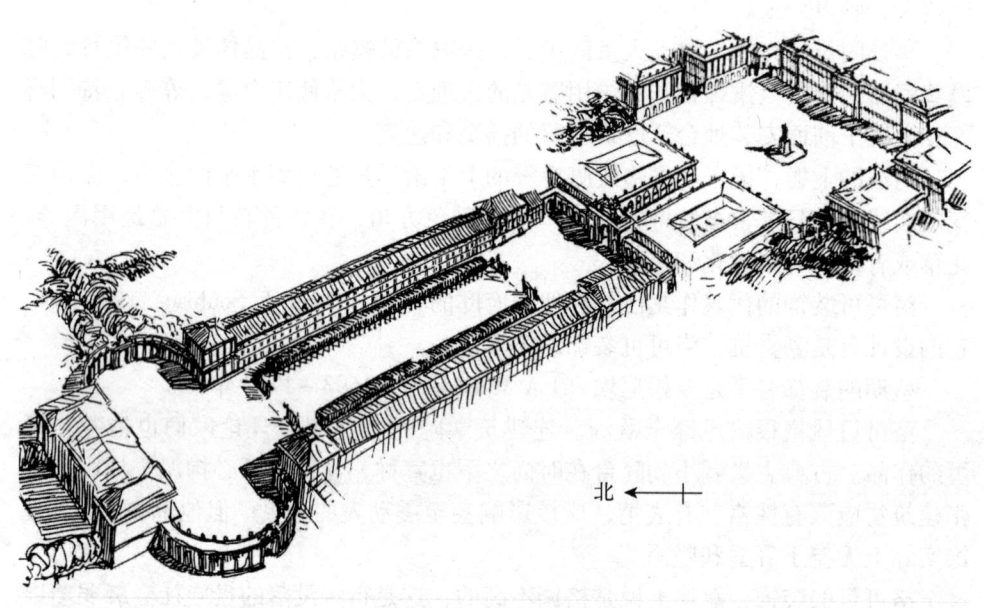

北 ←

图9-21　南锡中心广场群

王室广场的北边是长官府，它两侧伸出券廊，半圆形的，南端连接跑马广场两侧的房屋。跑马广场中央大约30多米宽为下沉式部分，沿纵轴线伸展，两侧堤边有树木，再后建房屋。广场南端耸立着一座凯旋门。门外，与路易十五广场之间隔一道大约40~65m宽的河。

路易十五广场的南沿是市政厅，其他三面也有公共建筑物。有一条东西向的大道横穿过广场，形成它的横轴线。在纵横轴线的交点上，安着路易十五的立像，面向北。

南锡市中心广场群是半开半闭的。透过王室广场两侧的券廊，可以望见外面不远处的大片绿地。路易十五广场的四个角是敞开的，北面的两个角用喷泉作装饰，紧靠着河流。南面两个角联系着城市街道。

广场群的建筑景色很丰富。三个广场的形状不一样；四周的建筑处理差别很大；路易十五广场中央有雕像，跑马广场有四排树木。三个广场的联系使用了不同的开阔变化。王室广场和跑马广场之间有一个喷泉隔开；跑马广场则要经过凯旋门的两道券洞，再经过一段狭窄的坝上路，才进入路易十五广场。而喷泉和凯旋门又引导人们从一个广场走向另一个广场。它们之间的统一和联系，又因轴线和轴线两端的大厦而加强。

路易十五广场南面的两角，它的入口处，装设着铁栅门。这一对铁栅门是18世纪金属工艺的杰出作品，代表着洛可可的装饰手法在这类建筑部件上可以产生的独特效果，可以获得的很高成就。它们的轻盈玲珑，经沉重的石建筑对比，更加优美（图9-22）。

调和广场 18世纪中叶以往，法国各个重要城市都做了些改建的工作，建造了一些中心广场和王室大道。其中比较重要的，是巴黎市中心的调和广场（Place de la Concorde，1755～1763年）。

调和广场原名路易十五广场。从1748年起，由法兰西建筑学院组织了两次设计竞赛，吸引了当时最优秀的建筑师参加。大多数的设计方案都是封闭的正几何形的广场，最后，选中了雅—昂·迦贝里爱尔的方案（图9-23）。

图9-22 南锡，路易十五广场铁门

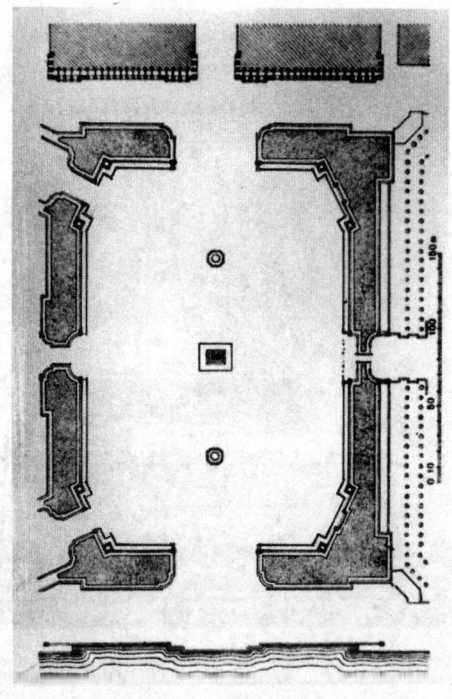
图9-23 调和广场平面

迦贝里爱尔设计的广场在赛纳河北岸，它东邻丢勒里花园，西接爱丽舍大道（Champs Elysées），都是宽阔的绿地。南面沿河，同样是浓荫密布。在这样的环境中，迦贝里爱尔设计了一个完全开敞的广场，别开生面，使人耳目一新。

广场南北长 245m，东西宽 175m（或说 247m×172m），四角微微抹去。它的界线，完全由一周圈 24m 宽的堑壕标出。壕深 4.5m，靠广场的内侧，有 1.65m 高的栏杆，栏杆的 8 个角上，各有一尊雕像，象征着法国 8 个主要的城市。

广场的主要标志是路易十五的骑马铜像，像高 13m，在广场正中，面对着东面的丢勒里花园。在它的南北，各有一个喷泉。

调和广场出色地起了从丢勒里花园过渡到爱丽舍大道的作用，成了从丢勒里宫到星形广场的巴黎主轴线上的重要枢纽。

为了同城市街道联系，在广场的北面，堑壕之外，建造了一对严谨的古典主义的政府建筑物，高 3 层，长度各自将近 100m。它们之间夹着一条笔直的王室大道，在大约 500m 外的尽端，预备建造一所有穹顶的抹大拉教堂（La Madeleine）。这样，广场的北面也同样没有被建筑物封闭（图 9-24）。

图 9-24　调和广场鸟瞰

在设计广场北面一对建筑物的时候，考虑到了路易十五骑马像的观赏条件，使远在广场南端的人看过去，铜像仍然高于后面建筑物女儿墙。因此，从广场上任何一个位置，能看到铜像在广阔的天空中驰骋。

法国资产阶级革命之后，1792 年，骑马像被拆除。1836 年，在这位置上树立了从埃及掠夺来的方尖碑，连碑座高 22.8m。

19 世纪初年，沿丢勒里花园北面造了一条东西走的商业街道，又在广场的南北轴线的塞纳河上造了一条桥，堑壕被迫填平。王室大道北端的教堂（不过没有造成预想的中央穹顶式）和桥南岸代表会议大厦的柱廊也在 19 世纪初年建成，南北轴线完成了，从此调和广场就成了巴黎市的交通中心，观赏性大大削弱。

小特里阿农　18 世纪下半叶，甜腻的洛可可风格略有收敛。从当时由于资产阶级革命成功而在经济和政治上更先进的英国，吹来了模仿帕拉第奥的风。凡尔赛花园里的小特里阿农（Petit Trianon，1762～1768 年）是新风气的代表。

小特里阿农是路易十五的别墅，形制是帕拉第奥式的。平面近于正方形（24.1m×22.3m）。两层，上层是主要的，朝北两间沙龙，朝西一间餐厅，卧室和梳妆室朝东。平面布置比较方便合用（图 9-25）。

南立面和北立面用壁柱，西立面用独立柱，而东立面二者都没有。南立面是正面，底层用重块石砌成基座层。东、西两面地形高，底层只露出一部分。因为西立面对着大特里阿农，所以处理得特别精工：4 棵科林斯柱子前面，一对八字台阶，构图很严谨完整。但西面并没有门，台阶仅仅用来遮挡它同南北两个立面的高差。

它的比例应用了几何规则。在西面，基座层以上的高度为整个立面宽度的一半，又等于 4 棵柱子的宽度（图 9-26）。

小特里阿农的体形很单纯，比例和谐，构图完美，风格很典雅，是一个卓越的作品。他的设计人也是雅—昂·迦贝里爱尔。

但是，小特里阿农从精神上说，仍然是洛可可的。它小小的，远离豪华壮丽的凡尔赛宫和大特里阿农，静静地隐在偏僻的密林中，与大自然亲近，只求安逸、典雅而不求气派。在它身边，建造了"中国式"的园林和农舍（Le Hameau，设计人 Richard Mique，1728～1794 年），路易十六的夫人在这里扮成农家女学挤羊奶。

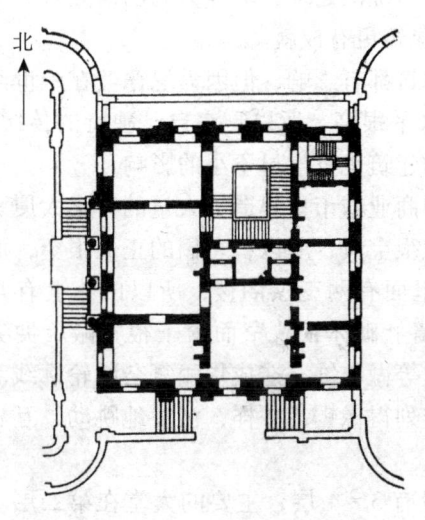
图 9-25　小特里阿农平面

图 9-26　小特里阿农西面

第10章　欧洲其他国家16～18世纪建筑

16～18世纪，由于资本主义制度的萌芽，欧洲的经济、政治发生重大转折，同时，封建势力和天主教会又阻挠着时代的前进，所以各国的历史极其复杂。有的经济发达得早些，如尼德兰；有的因战争破坏而落后，如德国；有的则封建势力强大，新的经济、政治因素发展缓慢，如西班牙和俄罗斯。它们的建筑都反映了历史的特点。但是，不论有多少差异，进步和发展毕竟是主流，各国的建筑都适应资本主义因素萌芽和发展而变化着，因此，多多少少都在追随意大利文艺复兴建筑、巴洛克建筑以及法国的古典主义建筑。

有些国家，这时期的建筑成就虽然很高，但是历史意义远远不及意大利和法国。

10.1　尼德兰的建筑

16世纪，尼德兰的资本主义经济发展很快。1597年，北部的荷兰发生了民主革命，推翻了西班牙的反动统治，建立了世界上第一个资产阶级的共和国，荷兰联省共和国。从此，荷兰的经济以更快的速度发展，到17世纪成了欧洲资产阶级的思想中心之一。

革命前后，这里都没有建造大教堂，也没有建造大宫殿。而是适应资本主义的发展和它的民主制度，忙着建造市政厅、交易所、钱庄、行会大楼等等。

但在尼德兰南部，由于仍然在西班牙统治之下，耶稣会的巴洛克式天主教堂还是17世纪重要的建筑物，虽然世俗建筑更有成就。

意大利的和法国的建筑对尼德兰建筑都有影响，但因为尼德兰在中世纪时市民文化就很发达，相应的世俗建筑的水平很高，所以，它自己独特的传统很强。反过来，荷兰的砖建筑对法国和英国的建筑也发生过不小的影响。

行会大厦　中世纪以来。尼德兰的商业城市里建造了大量的行会大厦。它们密集在繁华的街道上，由于沿街的地段很宝贵，所以，它们的正面很窄，而进深很大，以山墙作为正面。屋顶很陡，里面有两三层阁楼，所以山花上有几层窗子。屋顶是木构的，比较轻，因而山墙上砌体很狭窄而窗子很宽敞。尖尖的山花，正适宜于用哥特式的小尖塔和雕像等做装饰，造成华丽复杂的轮廓线。这样的行会大厦鳞次栉比，街道上小山花排列得像锯齿一样，活泼地跳动，互相竞赛着美丽。

除了屋顶阁楼之外，行会大厦一般有3～4层，主要的大堂在第二层。由于街道十分狭窄，为了争取有效面积，第二层以上往往向外挑出。

这些行会大厦外观很明朗愉快。

　　到了 16 世纪，尼德兰的建筑依旧保持着中世纪的传统，不过有了一些柱式细部，水平分划加强了，山花上形成几个台阶式的水平层，每一层在两头用涡卷和下层联系，哥特式的小尖塔被方尖碑代替。在安特卫普和布鲁日等城市，都有不少这类建筑物（图 10 – 1）。

　　市政厅　尼德兰的一些市政厅，大体同行会大厦相似，也是以山墙为正面，从中央的券门进去，一道走廊直穿整个建筑物。

　　山花上，沿着屋面斜坡，做一层层台阶式的处理，每一级都用小尖塔装饰起来。还有一些冠戴着高高尖顶的转角凸窗。最美丽的例子之一是荷兰的古达城的市政厅（Hotel de Ville，Gouda，1499 ~ 1459 年），它的小尖塔还是哥特式的（图 10 – 2）。

图 10 – 1　安特卫普市场上的行会大楼　　　　图 10 – 2　古达，市政厅

　　16 世纪之后，市民建筑除了增加一些柱式细节和手法之外，以红砖为墙，以白石砌角隅、门窗框、分层线脚和雕饰等的做法广泛流行。

　　16 世纪下半叶，有些海港城市进一步发展，市政厅规模大了，多以长边为正面，向街道或者广场展开。最杰出的作品是比利时安特卫普的市政厅（Hotel de Ville，Antwerp，1561 ~ 1565 年，建筑师 Cornelius Floris de Vriendt，1514/20 ~ 1575 年）。它有 4 层，底层用重块石做成基座层，以上 3 层用叠柱式，作水平分划，层高不大而窗子占满开间。顶层比较矮，作外廊，所以尺度宜人，亲切而开朗。但是它中央三开间向前凸出，上面作台阶式的山花，装饰着方尖碑和雕像，俨然是一个传统的以山墙为正面的立面构图，它的垂直形体同两侧水平展开的部分相对比，很生动。而中央部分显著地占着主导地位，统率着整个立面。共同的水平分划又把中央部分同两个侧翼联系在一起，所以立面是统一完整的。

大凡垂直的形体同水平的形体组织在一起时，只要不是太小，垂直部分总要占据主导地位的。所以它的体形必须上下联系而且完整，而不是从水平部分之上再叠加，否则，两部分轻重之间失去了主次，构图便会凌乱。

图 10－3　安特卫普，市政厅

同时，安特卫普市政厅的中央部分用 3/4 柱的双柱，两侧的是薄壁柱；中央部分的窗子是发券的，两侧的是方额的；中央部分的开间比两侧的大得多，窗下墙用花栏杆做装饰，山花非常华丽，这些更加加强了中央部分的统率作用（图 10－3）。

安特卫普的市政厅外观舒展，比例和谐，细部丰富，地方的传统特色很强，是尼德兰最卓越的纪念物之一。

在荷兰，也有一些类似的市政厅。

荷兰古典主义　17 世纪中叶，在法国建筑文化影响下，在 16 世纪以来的市民建筑基础上，荷兰形成了它自己的古典主义建筑。这种建筑物横向展开，以柱式的叠柱式控制立面构图，水平分划为主，形体简洁，不再有传统的台阶形的山花，而代之以古典的三角形山花。装饰很少。但它的传统特点仍然很明显，以红砖为墙，而壁柱、檐部、线脚、门窗框、墙角等用白色石头，色彩很明快。这样的建筑物比较廉价，却又并不简陋，很适合城市资产者的需要。

这时，荷兰在经济上是欧洲航海业的中心，政治上是欧洲第一个资产阶级共和国，宗教上是新教徒的自由乐土，所以，对英国、法国的资产阶级和信奉新教的手工业者有很大的吸引力。趁那里对新教徒还没有宗教迫害，有不少荷兰的建筑工匠迁居过去，荷兰的古典主义建筑传播到了英国和法国，特别在城市中上层的居住建筑中。

10.2　西班牙的建筑

15 世纪末，西班牙人完全驱逐了几百年的伊斯兰侵略者，建立了统一的天主教国家。16 世纪前半叶，版图扩大到南意大利、西西里和尼德兰，并在美洲建立了广大的殖民地。但西班牙本土并没有发展资本主义经济，所以，16 世纪后半叶，殖民事业受挫，尼德兰爆发了革命之后，西班牙的封建贵族和天主教的耶稣会疯狂地镇压一切进步因素。长期内，西班牙的国王又是德意志神圣罗马帝国的皇帝，西班牙的反动势力影响到全欧洲。

这些历史情况明显地影响着西班牙的建筑。首先，宫廷建筑的规模很大。其次，继续建造天主教堂，填补摩尔人占领时期几世纪的空白。教堂采用哥特式的，虽然在别的国家，哥特式已经失去了生命力。第三，15 世纪下半叶和 16 世纪，主要在世俗建筑中，阿拉伯的伊斯兰建筑装饰手法遗风还很盛，和意大利文艺复兴的柱式细部相结合，形成西班牙独特的建筑装饰风格，名为"银匠式"，因为它们像金银细工那样精巧繁密。第四，西班牙是耶稣教团的老巢，天主教堂建筑中流行巴洛克式，而且怪诞堆砌，称为"超级巴洛克"（Superbaroque）。

城市住宅和其他世俗建筑 住宅大多有伊斯兰人的遗风，是封闭的四合院式的，通常有两层，多用砖石建造，以墙承重，也有在二楼用木构架的。坡屋顶，以四坡的为多。

院子四周多有轻快的廊子，正面大都用连续券，柱子纤细。华丽一些的，爱用绞绳式的柱子，或者用浮雕箍装饰柱子，手法、题材和风格常有阿拉伯式的余韵。上层的廊子有用木构架的，以木或铸铁作栏杆，样式很轻巧。比较不富裕的人家，上层没有廊子而作轻质的墙，抹白灰，露出木构架。

廊内墙面多用白色粉刷，南方比较富裕的住宅里，用阿拉伯式的瓷砖或陶片贴面。

封闭的四合院很宽敞，花木扶疏，有水池或喷泉，气氛宁静安谧，轻松和易，适合于温馨的家庭生活（图10－4）。

外墙是砖石的，窗子小而不多，形状和大小不一，排列也不很规则，但构图妥帖。墙面简朴，石墙大多裸露着，砖墙则抹白灰。在这封闭而沉重的大片墙面上，经常有细巧的木质的阳台或凹廊，围着空灵的栏杆，刷着鲜亮的颜色，构图随宜应心而不拘一格。当地多暴雨烈日，屋檐深远。屋顶用红色的筒瓦，瓦垅宽而且高。

富裕的住宅也颇有装饰。装饰有两个特点：第一，利用素朴和繁密的对比。纤细的、构图变化很大的灰塑的装饰，大量集积在门窗周围，特别是大门周围。局部看来，堆砌太过分了，但大片墙面十分素净，总体看来，装饰又有节制。第二，利用轻灵和厚重的对比。墙垣是质重的，甚至有点粗糙，但小栅栏门、窗口的格罩、墙角的灯架、窗台下的花盆架、阳台的栏杆等等，用铸铁制作，图案和工艺都很细巧精美而千变万化。这两种对比，造成了西班牙城市建筑的极大特色，它们的性格是于沉着中见奔放的热情，于浑朴中见细密的巧思。

一些世俗的公共建筑物，例如旅馆、收容所、学校等等，风格都同住宅相仿。

这种风格就叫银匠式（Plateresque），因为装饰细工和银匠一样精致。早期叫哥特银匠式，后期的叫伊萨培拉（Isabella）银匠式，柱式的因素多了起来。哥特银匠式的出色例子是萨拉曼迦的贝壳府邸（Casa de las Conchos，Salamanca，1475～1483年），它的石质墙面上均匀地雕着一个个的贝壳，底层的窗罩等铸铁细工非常优美，大门上一对狮子扶持着贵族主人的纹章（图10－5）。伊萨培

图10－4 住宅内院

拉银匠式的出色例子是阿尔卡拉·德·海纳瑞大学（Alcarà de Henares，1540～1553年，设计人 Alonso de Covarrubia，1488～1564年），立面构图很严谨，水平分划明确，但中央部分的垂直构图很强。二层的一对窗子非常华丽（图10-6）。

图10-5　贝壳大厦立面

图10-6　阿尔卡拉·德·海纳瑞大学立面

埃斯库里阿尔　在民间建筑发展西班牙建筑的独特传统时，宫廷建筑却背离了民族的传统，搬用意大利文艺复兴建筑，甚至请意大利的建筑师来主持。

神圣罗马帝国皇帝西班牙人查理五世（1519～1556年在位）的第一个宫殿造在格兰纳达城阿尔罕布拉宫的围墙里（Palace of Charles V，1526年。建筑师 Pedro Machuca，盛年在1516～1550年）。它仿意大利内院式府邸，内院是圆的，一圈柱廊，外形是方的，边长大约63m。完全是罗马盛期文艺复兴式的，雄伟，但和阿尔罕布拉格格不入，徒然破坏了它。没有完工就废弃了。

1563～1584年，在首都马德里西北48km的旷野中，西班牙国王斐立普二世（Philip Ⅱ，1556～1598年在位）兴建了名为埃斯库里阿尔（El Escurial）的大宫殿。建造的目的，第一是应父亲查理五世的嘱咐，为皇族建立陵墓，并为神圣罗马帝国树立西班牙哈布斯堡王朝的正统。第二是纪念1557年对法国的圣关丹（St Quentin）战役的胜利。那天正逢圣徒劳仑塞（St Lowrence）的值日（8月10日），所以也纪念这位圣徒。第三，斐立普二世与封建贵族一起疯狂镇压宗教改革，以这座宫殿维护天主教的权威。

埃斯库里阿尔南北长204.3m，东西宽161.6m，划分为六个主要部分：西面正中进门是一个大大的前院，它东面是一座希腊十字式的教堂，既是内部的中心，也是外部体形的中心。维尼奥拉参加过它的设计。皇族陵墓就在教堂圣坛的地下室里。前院之南是修道院，之北是神学院和大学。教堂之南是一个绿化的庭园，四周有供宗教之用的大厅，之北是中央政府机关之类。皇帝的居住部分在教堂圣坛的东面，凸出一小块。每个部分再划分为更小的院落，比较大的有17个，其中有大厅、教室、会议室、办事室、图书馆、食堂、厨房等等各种房间，走廊的总长度达到16km，有1200个门，2673个窗子，其中1100个是外窗，有86个楼梯，有900m长的壁画（图10-7）。这是欧洲第一座大型的宫殿。

埃斯库里阿尔的平面布局是一个重大的成就，它很有条理。大的功能分区明确；用大小不同的院子组织各种不同用途的房间，自成一体。跨度比较大的厅堂，如食堂、图书馆等等放在两个院子之间，双面采光。一些功能有联系的房间安排在一起，如餐厅和厨房，而厨房自有对外的侧门。

传说埃斯库里阿尔的总布局象征炉箅。因为修道院和教堂是献给圣徒劳仑塞的，而劳仑塞是被放在炉箅子上烧死殉道的。它四角上的尖塔是箅子的支脚，皇帝的居住院落是把柄。

这座建筑物全用大块花岗石造成，青瓦，绝少装饰，墙面俭素，窗子没有线脚装饰。窗子不大，在立面上稍

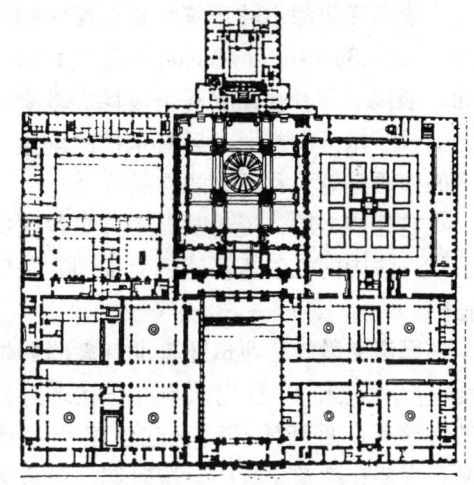

图10-7 埃斯库里阿尔平面

嫌小了一点，但室内采光正好。斐立普二世对他的建筑师之一埃瑞拉（Juan de Herrera，1530~1597年）说："最最重要的是不要忘记我告诉你的话：形式要简单，气氛要庄严，高尚而不傲慢，尊贵而不虚夸。"但它毕竟是傲慢而虚夸的（图10-8、图10-9）。菲立普二世是个狂热的宗教徒，埃斯库里阿尔建成之后，他在修道院里静修，半为国王，半为僧侣，如此14年之久，他对埃斯库里阿尔的风格的要求，其实是对一座修道院的要求。

埃斯库里阿尔的轮廓却生动活泼。四角的塔和教堂前面的一对塔都挺起中世纪传统的尖顶。教堂的穹顶直径17m，顶尖上的十字架标高95m。穹顶和塔顶簇拥在一起向上升腾，在荒野中造成蓬蓬勃勃的景象。追求活泼的轮廓，正是西班牙民间建筑的传统。

图10-8 埃斯库里阿尔宫鸟瞰

埃斯库里阿尔的建筑师是茹昂·鲍蒂斯达（Juan Bautista de Toledo，死于 1567 年）和埃瑞拉。前者曾在罗马圣彼德大教堂工地上受教于米开朗琪罗，后者是他的学生。大量的壁画是意大利画家的作品。

它建成之后，轰动欧洲中央集权国家的宫廷，法国的凡尔赛宫就是为了同它争胜而造的。

巴洛克教堂　西班牙是耶稣教团的根据地。17 世纪和 18 世纪前半叶，在耶稣教团的倡导下，西班牙又流行起巴洛克式建筑来，主要在教堂建筑中。这时期，西班牙入侵者在美洲大肆掠夺，无数金银财宝滚滚流到西班牙，教堂建筑穷奢极侈，堆砌无度，正是西班牙入侵者贪婪心态的表现。

图 10-9　埃斯库里阿尔宫侧面

教堂的形制还是拉丁十字式的，西面一对钟塔，保持着哥特式的构图。但是，钟塔又完全用巴洛克式手法，堆砌着倚柱、壁龛、断折的檐口和山花、涡券等等。体积的起伏和光影的变化都很浮夸。这种教堂的代表是圣地亚哥·德·贡波斯代拉教堂（Santiago de Compostela，1738 年）（图 10-10）。

18 世纪上半叶的超级巴洛克简直是狂乱的。一棵柱子可以有几个柱头，柱身痉挛地扭曲着，断折的檐部和山花像碎片一样埋没在乱七八糟的花环、涡卷、蚌壳等等之中。形式和构图变化突兀，不遵从理性的逻辑，一切都不稳定，混杂而毫无头绪。典型的例子是格兰纳达的拉·卡都牙圣器室（Sacristy de la Cartuja，1727～1764 年）的内部。

图 10-10　圣地亚哥·德·贡波斯代拉教堂

这种超级巴洛克也影响到世俗建筑。

马德里的皇宫　就在超级巴洛克方兴未艾的时候，强大起来的法国领导了欧洲的文化潮流。凡尔赛宫建成后，从法国吹来了古典主义的风。不仅吹到宫殿建筑上，也吹到了教堂建筑中。古典主义的最重要代表，是马德里的西班牙皇宫（1738～1764 年），建筑师是意大利人沙盖蒂（Giovanni Battista Sachetti，1700～1764 年）。

皇宫是个方方的四合院，长宽都有 120 多米。有内走廊，也有连列厅，平面相当紧凑。纵轴线显著，但被院落打断，没有形成内部空间的序列。

立面是法国古典主义的式样，很像凡尔赛宫。每面都是左右分 5 段，上下分
3 段，而以中央一段为主。

它位于四面空旷的高地上，所以体形明确、完整、很壮观。

虽然宫廷提倡古典主义建筑，但毕竟缺乏社会历史基础，流行不很广。西班
牙的民间建筑，始终保持着它们传统的特色。

10.3 德意志的建筑

16～18 世纪，是德意志多灾多难的时期。16 世纪上半叶以宗教改革为导火
线的平民革命失败了。17 世纪上半叶，欧洲许多国家的军队开到德国来混战了
30 年。战争的结果是承认 296 个诸侯国和 1000 个以上的骑士领地完全独立。法
国和瑞典获得了干预德国内部事务的权力。城市经济大大衰落，资产阶级向贵族
卑躬屈节，连新教教会也参加了对进步思想文化的残酷迫害。这样，德国的封建
势力就顽固地维持下来了。

因此，这时期德国建筑的地方性很强，迟迟不能形成有比较大的影响的新风
格，形制和形式长期都有中世纪的流风遗韵，虽然浓郁的乡土气息沁人心脾，但
闭塞停滞，毕竟是不利于进步的。

18 世纪，有一些诸侯国脱颖而出，如普鲁士和奥地利，渐成大国，在它们
的领地里，建筑有了明显的变化，获得比较大的成就。

16 世纪初年的市民建筑 16 世纪之初，德意志的资本主义因素在短期内曾
有所发展，城市建设比较活跃。

中产阶级的住宅同中世纪的还差不多。没有内院，平面布置不整齐，体形很
自由。常常底层用砖石，楼层用木构架，构件外露，安排得疏密有致，装饰效果
很强。屋顶特别陡而高，里面往往有阁楼，开着老虎窗。圆形或八角形的楼梯间
凸出在外，上面戴着高高的尖顶。也有些楼层房间的局部悬挑在外而冠以尖顶。
这些住宅的风格很亲切，活泼美丽，散发着乐生的气息。房子的主人，亲身参加
它的设计和施工，他们怀着对当前生活的热爱和对未来更美好生活的向往，在他
们的简朴的家宅上造起尖顶。

正是这种强烈的感情，流露在像图案一样的木构架上、精致的花架上、俏皮
的凸窗上，触动人们的心弦。

有一些市政厅，形制和形式同这类中产者的住宅相似，稍稍整齐一些。它们
的尖顶格外锋利，像出鞘的剑，高高刺向天空。有时候，几个成簇，参参差差，
尤其活跃。它们在城市小小的广场上，体积不大，同市民们日常生活保持着密切
的联系，市民们把对未来的憧憬兴致勃勃地表现在它们身上了。

临街的市房，下层为商号、作坊，楼层是住宅。经常以山墙为正面，彼此紧
靠，形成锯齿式的街立面。它们各以山花的装饰争胜，很有生气。屋顶上往往有
好几层阁楼，因此山墙上有几层窗子。山墙的斜边形成台阶，安上尖塔或者
花饰。

16 世纪末叶的变化 16 世纪下半叶，有一段比较和平的时期，各地都有一

231

些建设。建筑中，意大利的影响渐渐明显，柱式被采用了。虽然，市民们按自己的口味使用它们，并不很守规矩，但它们毕竟使构图趋向整齐，风格趋向一致。涡卷和小山花成了重要的装饰题材。这种建筑物的例子是勃朗许魏格市的成衣业行会大厦（Gewand Haus, Brawnschweig, 1595 年）。它们的功能质量一般有所提高，虽然抛弃了传统的市民建筑的风格，减弱了民族的特色，毕竟换得了进步。

南部的一些城市，同意大利来往密切，中产阶级的房屋多有北意大利的式样。西北部城市的，比较近于尼德兰的式样。北部的城市则保留了比较多的中世纪建筑传统（图 10－11）。

诸侯的宫殿规模比较大一些，例如海德堡宫（Heidelberg Schloss, 1531～1612 年），建造在高冈上，周围挖了护河，架着吊桥。好几个独立的、先后分别建造的房屋，围绕着不规则的院落，一个钟塔高高矗立着。还有更加壮丽的阿夏芬堡宫（Aschaffenburg, 图 10－12）。

18 世纪　18 世纪，有一些封建诸侯强大起来，特别是普鲁士。这些诸侯建立了宫廷，移植了法国的宫廷文化。普鲁士的君主腓特烈大帝（1740～1780 年在位）建立了一

图 10－11　不来梅（Bremen），埃西大厦（1618 年）

图 10－12　德国，阿夏芬堡宫

个强大的军事和官僚国家，贵族们垄断了政权，但致力发展农业、商业和手工业，开辟国内的水陆交通。腓特烈大帝自称为国家的第一号公仆，实行宽容的宗教政策，标榜"开明专制"，吸引了大批法国受迫害的新教徒工匠，促进了普鲁士经济的发展，也促进了建筑的发展。在柏林，建造了法国式的宫殿、军械馆和一些公共建筑物。德意志神圣罗马帝国的皇室领地奥地利，这时也兴建了一些比较重要的建筑物，如维也纳的皇宫。

德意志诸侯国的建筑室内设计达到很高水平，例如巴伐利亚的乌兹堡寝宫（Residenz, Würzburg, 1720～1744 年，建筑师 Balthasar Neumann, 1687～1753 年）和波莫斯菲顿宫（Pommersfelden Schloss）的楼梯厅，充分利用大楼梯的形体变化和空间穿插，配合绘画、雕刻和精致的栏杆，造成富丽堂皇的气派。它们都用了一些世俗化了的巴洛克式装饰手法，更加富有活跃的动态（图 10－13）。

萨克森的德累斯顿的尊阁宫（Zwinger，Dresden，1711 年，建筑师 M. D. Pöpplmann，1662～1736 年）和普鲁士的波茨坦的珊苏西宫（Sanssousi Schlosse，Potsdam，1745～1747 年）都是很有独创性的建筑物，具有强烈的德意志的特色（图 10－14）。但后者洛可可风格的媚态可掬，格调不高。

图 10－13　乌兹堡寝宫楼梯厅

图 10－14　德累斯顿尊阁宫大门

洛可可风格最娇艳地表现在柏林—夏洛登堡的"金廊"中（Goldene Galerie，Berlin-Charlottenburg。1740～1743 年）和波茨坦新宫的阿波罗大厅中（Apollosaal，Neuen Palais，1763～1769 年）。就像巴洛克风格在西班牙变成超级巴洛克一样，洛可可风格到了德国，就变得不够节制，放纵了（图 10－15）。

一些教堂里，巴洛克和洛可可的题材、手法和样式混合在一起，尤其恣纵无度，虽然有很好的局部设计。

从 17 世纪起，另有一种极简洁、平易而清新的建筑在城市中流行，18 世纪继续发展着。它的代表是波茨坦的市立学校（1735 年），柏林的高等法院（1734～1735 年）等。它们素约洗练，不踵事增华，合于身份，很有生命力。

图 10－15　波茨坦新宫寝室（1744～1751 年）

10.4 英国的建筑

从 15 世纪起，英国的资本主义因素迅速发展，到 15 世纪末，建立了中央集权的民族国家。国王进行了宗教改革，成立国教会，不隶属于罗马教皇。封闭了修道院，把他们的土地卖给新贵族和资产阶级。于是，大型教堂停止兴建了，新造的小礼拜堂大多附属于大学等公共建筑物。

由于手工业工场和海外贸易的发展，城市公共建筑物的类型增加了。行会大楼、市场、旅馆、收容院等更广泛地建造起来。为发展资本主义经济而兴建了学校和学院。

英国也在新的历史条件下经历了人文主义的勃兴。莎士比亚借哈姆雷特的口说："人是一个什么样的杰作呀！人的理性多么高贵！人的能力无穷无尽！人的仪态和举止多么恰到好处，令人惊叹！人的活动多么像一个天使！人的洞察力多么宛若神明！人是世界的美！"（《哈姆雷特》二幕二场）。英国的文化，包括建筑，也走出中世纪，进入了文艺复兴时期。尽管英国的哥特式建筑曾经有过辉煌的成就，也在新的意识形态影响下退潮了。英国建筑开始接受意大利、法国和尼德兰的崭新的潮流。

英国资本主义经济发展的重要特点之一，是它在早期就深入农业。一些土地贵族从事资本主义经营，一些资产阶级购买土地，建设农庄。于是，庄园府邸一时大盛，数量多，规模大，带动了建筑潮流的变化。

大贵族们从中世纪的寨堡中推窗外望，发现同当时新兴的府邸相比，他们的塔楼过于封闭阴暗。于是，他们也急急忙忙按照时新的样式建造府邸，而规模更大，水平更高。

庄园府邸成了英国 16 世纪的代表性建筑物，当时国王没有正经的宫殿。17世纪，建成了绝对君权之后，王室的宫殿代替庄园府邸而领导了建筑潮流。

16 世纪上半叶府邸形制 中央集权的民族国家建立之后，国内比较和平，府邸从险要的冈阜搬到庄园的平地上，渐渐失去了防御性，平面趋向整齐。吊桥、碉楼之类没有了，或者仅仅为了表现一种样式而留下痕迹。

到 16 世纪，大型府邸都是四合院式的，前面是大门和次要房间，正屋是大厅和工作办事用房，起居室和卧室在两厢。后来，大门这一面没有房间了，只留下一道围墙或栏杆。再后来，两厢也渐渐退化而成为集中式大厦两端的凸出体。

府邸中有了一些新的房间，如书斋、休息室、儿童室、洗衣间、备餐间等，客厅还分冬季用的和夏季用的。到 16 世纪后半，甚至有图书室、舆图室、画廊、杂志室、瓷器室等等。这些新内容的增加，显示出新贵族和资产阶级的生活领域扩大了，文化水平提高了，兴趣广泛了，事业活动积极了，不像旧贵族那样饱食终日，无所用心。

直到 16 世纪，英国国王还没有自己的宫殿，而是轮流在大贵族的庄园府邸里居住，所以，这些府邸的规模很大。例如，亨格雷芙大厦（Hengrave Hall,

Suffolk，1538 年），卧室就有 40 间。连大陆上的国王们都羡慕英国贵族的庄园府邸。

16 世纪初，府邸的第一层，像中世纪的一样，有一间豪华的大厅，专为接待国王。例如罕普敦府邸（Hampton Court，1515～1530 年），大厅长 49m，宽 14.2m，高达 21m（或说 18.3m，图 10－16）。16 世纪中叶之后，长廊代替了大厅，作为国王起居之所，如哈迪威克府邸（Hardwick Hall，Derbyshire，1576～1597 年）和奥德雷府邸（Audley End，Essex，1603～1616 年），长廊长达 69m，宽 9.8m，高 7.3m。它们可能对法国 17 世纪宫殿中建造长廊起过启发的作用（图 10－17）。

长廊多设在二层，所以楼梯和楼梯厅又成了府邸中富丽华贵的部分，建筑艺术的重点，而大厅则退而为一个穿堂。

平面设计有进步，增加了一些内走廊和小楼梯，减少套间，比较注意房间之间的联系组合。

都铎风格　16 世纪上半叶，庄园府邸的轮廓上还跳动着塔楼、雉堞、烟囱，体形还多凹凸起伏，窗子的排列也还很随便。结构、门、壁炉、装饰等常用平平的四圆心券，窗口则大多是方额的。在尼德兰影响之下，爱用红砖建造，砌体的灰缝很厚，腰线、券脚、过梁、压顶、窗台等等则用灰白色的石头，很简洁。柱式的因素还不多，而且处理得自由随意。

图 10－16　罕普敦府邸大厅（锤式屋架）

图 10－17　哈迪威克府邸长廊

室内爱用深色木材做护墙板，板上做浅浮雕。顶棚则用浅色抹灰，做曲线和直线结合的格子，格心中央垂一个钟乳状的装饰。一些重要的大厅用华丽的锤式屋架（Hammer beam）。这是一种很富有装饰性的木屋架，由两侧向中央逐级挑出，逐级升高，每级下有一个弧形的撑托和一个雕镂精致的吊篮状装饰物，就是锤。

这种建筑风格，是中世纪向文艺复兴过渡时期的风格，得名为"都铎风格"（Tudor Style），因为当时正是英国的都铎王朝。

16 世纪下半叶府邸　16 世纪后半叶，英国开始了文艺复兴时期，建筑又发生了相当显著的变化，意大利建筑的影响大大加强。

　　府邸的外形追求对称，即使平面不完全对称，立面仍然是对称的，连烟囱都一个对着一个。柱式逐渐取得控制地位，水平分划加强，外形变得简洁。虽然有些府邸的女儿墙上还有雉堞和碉楼的依稀的痕迹，但总体已经很整齐，如沃莱顿府邸（Wollaton Hall, Notts, 1580～1588年，图10-18、图10-19）。窗子很宽大，窗间墙很窄，在有些府邸里，几乎只剩下一个壁柱的宽度，如哈德威克府邸。

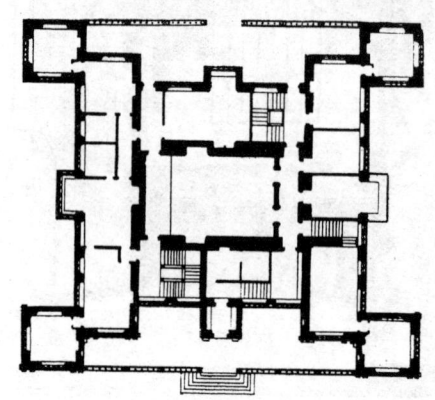

图10-18　沃莱顿府邸平面

图10-19　沃莱顿府邸

　　室内装饰更加富丽。爱在大厅和长廊的墙上绘壁画和悬挂肖像。兽头、鹿角、剑戟盔甲也多用作重要的装饰物，显扬祖先的好勇尚武。顶棚抹灰，大多作蓝色，点缀着金色的玫瑰花。

　　16世纪的府邸，渐渐减退中世纪的沉重封闭，转向开朗明快；渐渐减退中世纪的杂乱无章，转向整齐合宜；渐渐减退中世纪的粗糙笨拙，转向精细华美。这个转变，反映着粗野蛮勇、目不识丁、贪图口腹之欲的封建贵族，正让位给标榜"开明、温雅"，见多识广，在政治上和经济上野心勃勃的新贵族和资产阶级。

　　在这些庄园府邸里，同时也引进了意大利的园林艺术。

　　17世纪初年的宫廷建筑　17世纪初，英国绝对君权渐趋成熟。同时，资产阶级革命的风暴也已经在酝酿着了。为了抵抗资产阶级鼓吹的议会制，封建贵族力求加强国王的权威。在这种情况下开始了宫殿的建设。

　　宫殿建筑占了主导地位之后，建筑潮流的变化加速了。

　　这时候，全欧洲的古典主义思潮已经发生。在意大利和法国，早期的古典主义者都崇拜着帕拉第奥。两度游学意大利的英国宫廷建筑师琼斯（Inigo Jones，1573～1652年），力图从帕拉第奥的范例中汲取"尊严"、"高贵"这些品质，赋予王室的建筑物，从而把对帕拉第奥的崇拜引进了英国。

　　第一个重要的宫廷建筑物是琼斯设计的在格林尼治的女王宫（Queen's House, Greenwich, 1618～1635年，图10-20）。它很像帕拉第奥设计的一些小型庄园府邸，平面是方的，在南北向的主轴上纵深排列着几个大厅，通向北端的沙龙。其余房间按纵横两个轴线对称地布置，有两个小天井采光。内部联系勉强从属于外部形体，比16世纪的府邸反而退步了。这本来是帕拉第奥的庄园府邸的通病。

外形是一个简单的六面体，方方正正。完全没有中世纪建筑的痕迹，而是纯粹的柱式建筑。四个立面的中央都略略向前凸出。正立面和背立面在第二层的正中做柱廊。为了保持帕拉第奥的风格，窗子不大，间距却很大，远不如 16 世纪贵族府邸那样明朗。但它的形式很单纯精练，比例和谐。白色的建筑在碧绿的草地缓坡中，非常典雅。

女王宫后来被包括在大格林尼治宫的范围中（1661～1667 年）。

琼斯和他的学生魏伯（John Webb，1611～1672 年）一起设计了规模巨大的白厅（White Hall，1619～1621 年）。

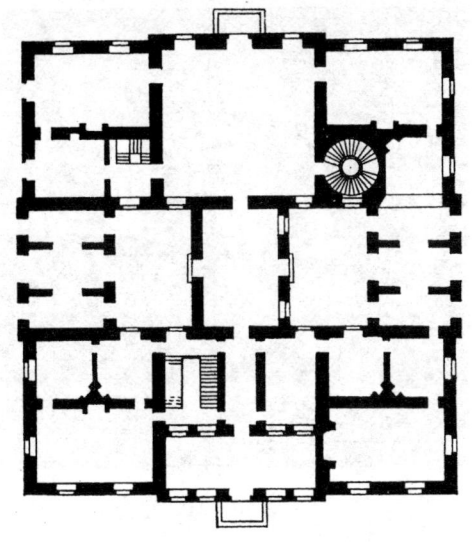

图 10-20　伦敦，格林尼治，女王宫

设计中的白厅所占地段面积是西班牙的埃斯库里阿尔的两倍，东西长 390m，南北长 290m，正中一个大院子（244m×122m），两侧各有三个院子。西侧正中的院子是圆形的，直径 84.5m；一圈柱廊的柱子都是身穿长袍的波斯人的雕像，院子因而被称为波斯人院。白厅的东面濒临泰晤士河，有一个科林斯式柱廊。廊上有阳台，在它前沿的花栏杆上立着一排雕像。这个设计无疑借鉴过巴黎的丢勒里宫。

白厅的设计意图，是给中央王权一个建筑的纪念碑。它可以容纳下整个朝廷而有余，气势相当于凡尔赛，或者还要大。

但是，由于宫廷经济困难，白厅拖延未建，不久，就爆发了资产阶级革命。它和巴黎丢勒里宫一样，只造起了极小一部分。它的这一部分，是中央大院子东南角上的宴会厅（Banqueting House，1619～1621 年）。宴会厅是一层的，高 17.6m，有一圈夹层廊子，下面有一层 3m 多高的服役房间。立面处理为两层，也是帕拉第奥风格的，不过窗子略大，更明朗些（图 10-21）。

民间木构架建筑　同德国市民的木构架建筑一样，英国这时期的木构架建筑，也是最富有魅力的一份遗产。

因为经济水平的提高，木构架建筑在技术质量上和艺术上都比中世纪的有所进步。工艺比较精致，木构件的装饰效果更受重视。外墙的做法，除了传统的在木构件之间填土坯、抹白灰之外，因为砖的生产发展起来，也有在木构件之间砌红砖而不再抹灰的，色彩不像抹白灰那样明丽，但很沉着温暖。这种木构架房屋，散发着家庭生活暖洋洋的甜蜜气息，使人们觉得亲切。

有一些富裕人家和城镇公共建筑，也用木构架，它们更趋向华丽，往往增加一些纯装饰性的木构件，做成十字花形、"古老钱"形等等。在个别构件上还施雕饰。虽然也有很工巧的，但多少损失了一些木构架建筑原有的自然、淳厚的风格，不免造作（图 10-22）。

图 10 - 21　宴会厅

图 10 - 22　切夏尔，小莫莱顿厅
（Small Moreton Hall，1559 年）

到 17 世纪，因为资本主义农业的发展，英国的森林资源大大减少，所以木构架建筑物也就渐渐地少了。新的建筑先是用石头，后来又用砖。

10.5　俄罗斯的建筑

15~18 世纪，俄罗斯的历史很复杂，它的建筑的发展过程也很曲折。而且由于长期闭塞，它的建筑直到 17 世纪末还保持着拜占庭建筑的强烈影响，一旦社会发生了大变动，向西方打开了门户，它的建筑就突然变化，从西欧移植了柱式建筑，曾经有过很高的成就的建筑传统中断了，只有一些个别因素渗入柱式建筑，使它具有新的俄罗斯特色罢了。

民族独立与国家统一

13 世纪，蒙古人的征服破坏了俄罗斯文化，阻碍了它的进步，俄罗斯建筑在两个世纪里没有重要的发展和成就。15 世纪之末，拜占庭帝国灭亡，民族解放斗争促使俄罗斯在莫斯科大公领导之下形成了统一国家的雏形。为了加强国家统一的进步趋势，在莫斯科的克里姆林里建造了乌斯平斯基主教堂（Успенский Соъор，1475~1479 年）和多棱宫（Грановитая Палата，1487~1496 年）。

乌斯平斯基教堂是莫斯科大公加冕的地方，这时候，拜占庭帝国刚刚被土耳其灭亡，曾经长期臣服于拜占庭帝国的莫斯科大公企图继承帝国的地位，为了标榜民族的"正统"，它基本上照 12 世纪一度强大的符拉基米尔的符拉基米尔－苏士达尔（Владимир-Суздаль）王公加冕的乌斯平斯基主教堂的式样建造。拜占庭的希腊十字式形制，5 个穹顶，都有高高的鼓座。不过，结构比较轻，空间比较开阔。这座教堂的设计者是意大利人费拉旺蒂（Aristote Fioravanti，约 1420~1486 年）。

多棱宫是举行国事仪式和宴会用的，请了意大利的匠师来建造（Marco Fria-zine 和 Pietro Antonio Solari），有意大利文艺复兴的手法和细部，是最早引进西欧建筑的作品。但在大厅中央立了一棵粗壮的大柱子，这做法显然来自俄罗斯传统的木建筑。

16 世纪，俄罗斯并没有进一步引进意大利的建筑。在这个世纪里，俄罗斯人民终于在全境内推翻了蒙古人的统治，建成了统一的民族国家。这是一个伟大的胜利，是整个民族经过几世纪前赴后继的英勇斗争取得的。在这个民族复兴时期，人民的民族意识十分强烈，匠师们一不到外国去搬运建筑形式，二不因袭宫廷建筑的陈旧形式，他们面向民间，到民间传统的木建筑中去寻找民族独立和国家统一的纪念碑的艺术构思。16 世纪，俄罗斯产生了既不同于拜占庭的，又不同于西欧的，最富有民族特色的纪念性建筑，达到了很高的水平。

社会的分化，必定会导致文化的分化。在阶级社会中，一个民族的文化包含着统治阶级的文化和劳动人民的文化，但从更高层次看，统一的民族文化是客观存在着的。不同阶级文化的矛盾，一般地是在统一的民族文化中发生的。没有共同的文化，根本就不能形成为一个民族。

同样，建筑文化尽管也有统治阶级的和人民大众的区别，但高一个层次的统一的民族建筑文化也还是存在着的，它反映着民族的共同的历史社会背景和共同的物质生活条件。因此，在两种建筑文化之间，仍然有许多基本的价值标准是一样的。例如，认知判断和审美判断并不总是相反的，实际上，有许多还是相同的。

既然存在着民族的统一的建筑文化，所以不同阶级的建筑文化在大多场合下主要是差异，而不是互相背反，像在古希腊柱式发展过程中和欧洲中世纪教堂发展中所见到的。

但背反也是有的，主要是表现在少数统治阶级充满了腐朽趣味的建筑物里。而在一个民族处于上升进步时期，或者进行全民族的生死斗争时期，由于需要全民族的团结，需要人民大众的支持，统治阶级的文化中就能比较多地汲取民间的营养。16 世纪的俄罗斯建筑，正是这种情况。

民间木建筑　俄罗斯民间长久以来流行木建筑，同西欧、北欧的木构架建筑不同（图 10–23），它的构造方法是，用圆木水平地叠成承重墙，在墙角，圆木相互咬榫。为便于清除积雪，屋顶坡度很陡。这种原木房屋虽是粗糙的，但保暖性能良好。由于结构技术和材料的限制，内部空间不发达，所以，比较大的建筑物需要用几幢小木屋组合起来，体形因此而复杂。两层的房屋，下层作为仓库、畜栏等，上层住人。为了少占室内空间，楼梯设在户外，通过曲折的平台，联系各个组成部分。

复杂的组合体形，轻巧的户外楼梯和平台，经过匠师们的精心安排，活泼而又亲切。窗扇、山花板、阳台栏杆等地方点缀着雕花，留着分明的斧痕，染上鲜亮的颜色。日子是艰辛的，技术是粗拙的，但房屋流露出农民淳厚朴实的性格和对生活的热烈的爱。

乡间小教堂是村庄里最重要的建筑物，这是村民们的骄傲。要突出它，要装扮它。由于结构技术差，跨度不大，所以就把它升高，因而形成了墩式的体形。再给它一个多边形的攒尖式的顶子，高高的，名为"帐篷顶"。帐篷顶和墩式主体，像一座集中式纪念碑，为 16 世纪俄罗斯大型纪念性建筑物提供了雏形（图 10 - 24）。

图 10 - 23　包根教堂(Borgund Church，1150 ~)，位于挪威北欧多纯木构建筑，俄罗斯亦多木构建筑

图 10 - 24　阿尔罕吉尔斯基，尼各里斯卡亚教堂 Архангелььский，Никольская Цериовв

沃士涅谢尼亚教堂　16 世纪中叶俄罗斯独立与统一的纪念碑之一，莫斯科郊区科洛敏斯基村的离宫里的沃士涅谢尼亚教堂（Церковь Вознесенния в. с. Коломенском. 1532 年），抛弃了几百年来正教教堂的拜占庭传统，采用了民间木构的帐篷顶墩式教堂的形制。它是最早的国家性墩式教堂，全用白色石头造成，全高大约 62m。它名为教堂，其实内部只有 60 多平方米，不宜于宗教仪式。它是一座真正的纪念碑。

墩式的主体分为两部分，下部十字形，上部八边形，它们之间用 3 层重叠的花瓣形（船底形）装饰物过渡。顶子是个八边形的瘦高的锥体。整个建筑物，上层比下层窄，比下层矮，窗子和壁柱越往上越小，竖向分划和竖线条显著，屋顶峭拔，再加上重重叠叠的花瓣形装饰，都造成向上冲天而起的动势。它在莫斯科河岸的高坡之上，纪念着全俄罗斯民族为推翻蒙古人的统治而进行的坚毅的斗争（图 10 - 25、图 10 - 26）。

宽阔的平台形成它的基座，使它稳稳站立在大地之上，与大地保持紧密的联系。因此它是不会动摇的。

华西里·伯拉仁内教堂　1552 年，俄罗斯人攻破了蒙古人的最后一个城堡。几世纪的侵略结束了，屈辱洗雪了，全国沸腾着胜利的欢乐。这种激动的、兴奋的喜庆情绪凝结成了华西里·伯拉仁内教堂（Храм Василия Блаженного，1555 ~ 1560 年）。

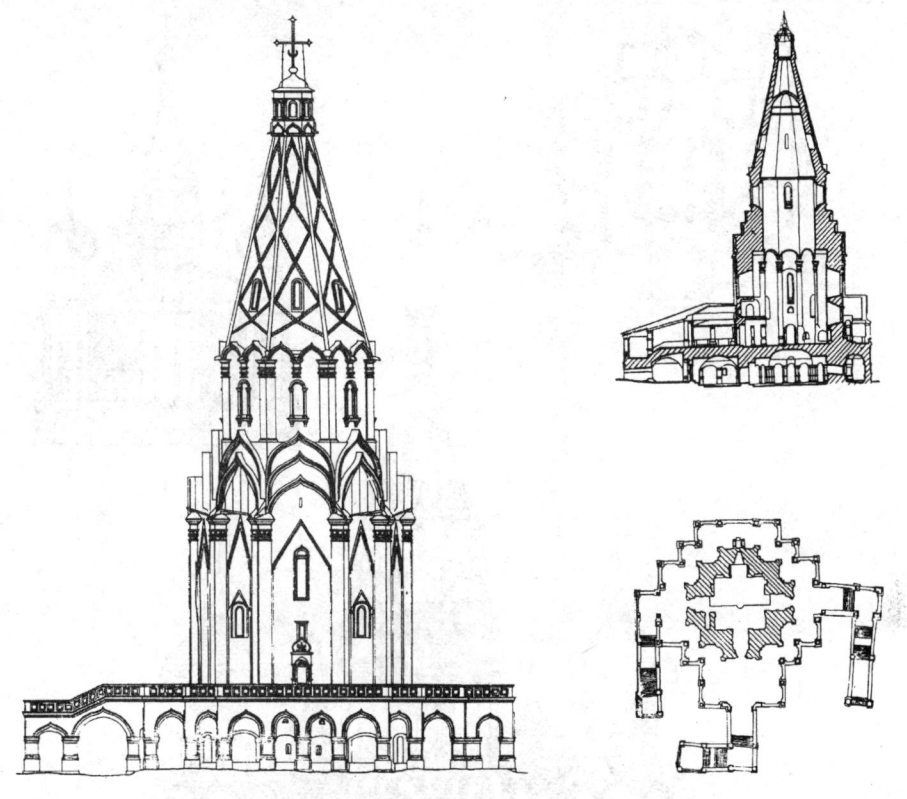

图 10－25　沃士涅谢尼亚教堂平、立面与剖面

　　按照传统，国家性的教堂都造在克里姆林里面，但这座教堂是全民族解放胜利的纪念物，所以破天荒造在莫斯科克里姆林墙外，红场和莫斯科河之间。它是由 9 个墩式教堂组成的，宽展的大平台把它们联合成整体（图 10－27），中央一个墩子，冠戴着帐篷顶，总高 46m，形成垂直轴线，统率着周围 8 座小一些的墩子。这 8 座小墩子排成方形，在角上的比在边上的大一些也高一些，都托举起葱头形的穹顶。穹顶的形式和颜色各各不同，轮廓十分饱满。为了协调一致，中央帐篷顶的尖端上也加了一个小穹顶（图 10－28）。

　　教堂斜对着红场，因而充分展现出它最复杂的形体。它像一团熊熊大火。高高低低的墩子，参参差差的穹顶，旋转着、跳跃着，此起彼落，像烈焰腾空，它烧掉了几百年民族压迫的耻辱和悲伤。

　　教堂用红砖砌造，细节用白色石

图 10－26　沃士涅谢尼亚教堂

241

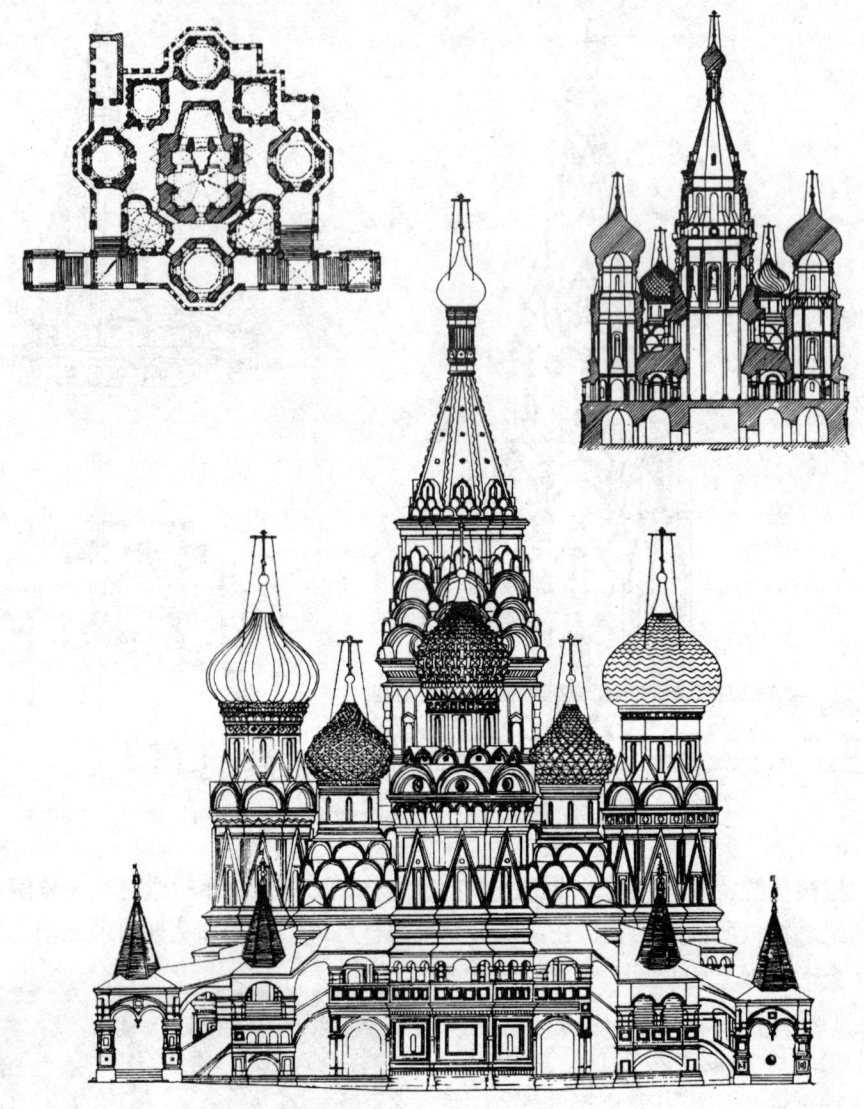

图 10-27　华西里·伯拉仁内教堂

头，穹顶则以金色和绿色为主，夹杂着黄色和红色。它富有装饰，主要的题材是鼓座上的花瓣形。华丽的装饰和鲜亮的色彩，使它更加欢乐得一刻也不能安静。

华西里·伯拉仁内教堂是世界建筑史中的不朽珍品之一。它独特的形象来源于民间的木建筑，俄罗斯淳朴的农民，披着毡篷，拖着桦木鞋，却孕育了这样光华灿烂的纪念物，他们有多么深的智慧。

这座教堂，以世界上独一无二的艺术形象鲜明地体现了俄罗斯历史上国家独立、民族解放、人民胜利这个伟大的主题。它成功地把极其复杂多变的局部统一成完美的整体：借助于中央帐篷顶的轴心作用、平台的衬托、总轮廓的紧凑和部分间的契合、风格的一致，等等。

教堂内部十分狭窄、幽暗，很不宜于宗教仪式，它就是一座纪念碑。

它的设计人是巴尔马（Барма）和波斯尼克（Посник）。

伊凡雷帝钟塔　大致和华西里·伯拉仁内教堂同时，在莫斯科克里姆林里建造了伊凡雷帝钟塔（Колокольня Ивана Великого，1505～1600 年），它高达 80m，非常雄伟，是克里姆林建筑群的垂直轴线，给了高高围墙里的建筑群一个外向的因素，使克里姆林成了莫斯科城景观中的重要组成部分，赋予克里姆林建筑群公共的性格。1505～1508 年间，伊凡雷帝委托意大利建筑师（Bon le Friazine）设计了这座塔。俄罗斯人民在伊凡雷帝领导下打败蒙古占领者，解放了全部领土之后 47 年，1599 年，由人民英雄鲍里斯·格都诺夫（Борис Годунов）下令加高，达到最终的高度。它是又一场伟大的人民胜利的纪念碑，它的最后构思和华西里·伯拉仁内教堂一样，突出围墙，走向人民。

图 10－28　华西里·伯拉仁内教堂

1812 年，又一个侵略者法国的拿破仑下令炸毁了这座建筑，人民后来又重新恢复了它。

钟塔全身用白石砌筑，八边形，分为 5 段，以金色的盔顶结束。在它的北侧又有两座比较矮的钟塔教堂（1532～1543 年），紧靠着它，形成一个小群体。

市民阶级的兴起

16 世纪末和 17 世纪初，连年战争，俄罗斯经济衰落，几乎没有建造大型的建筑物。少数几座教堂，形象猥琐，没有创造性。只有莫斯科克里姆林的大门——斯巴斯基钟塔（Спасская Башня，1625 年）的改建很成功，风格大体和华西里·伯拉仁内教堂相似，它的多层构图对以后很有影响（图 10－29）。

17 世纪中叶，经济恢复，新兴的市民阶级上层在城市里建造了一些工场和公共建筑物，形制都很简单，还没有独立的特点。

随着市民文化兴起，建筑风格发生了变化，变得纤巧而乐生，大量使用红砖，广泛用带釉的陶砖和白色石头制作装饰细部，在立面上也使用色彩艳丽的绘画。普遍采用西欧当时流行的建筑细部，如壁柱、山花、檐部、线脚等，但总体构图很少受西欧影响。

教堂　教堂的风格也同样发生了变化。17 世纪中叶，莫斯科近郊宫廷贵族的大庄园里，经常由农奴建筑师和农奴工匠建造一些小型的教堂。它们大都同府邸甚至仓库等连接成一体。规模虽小，却把大型教堂和世俗建筑物中常用的部件和装饰，如金盔顶、帐篷顶、花瓣形装饰、钟乳式下垂的券脚、花瓶式的柱子、小山花、壁柱等等，全堆在身上。经过农奴匠师们的精心处理，虽然色彩富丽，样式小巧，很像节日的玩具，却并不见烦琐堆砌，因为它有一种天真的稚气。这种教堂得名为"玩具式"教堂（图 10－30）。

243

图 10 - 29 斯巴斯基钟塔　　　　　　　图 10 - 30 莫斯科，圣处女分娩教堂
　　　　　　　　　　　　　　　　　　　　　　　（1649 ~ 1652 年）

　　17 世纪，俄罗斯流行起一种多层集中式的教堂。17 世纪末，这种多层集中式构图有很大的发展。莫斯科郊区的波克洛伐教堂（Церковь Покрова в Филях，1693 ~ 1694 年），是最大的一座多层集中式教堂。它外观 4 层，第二、三、四层的空间其实是一个。总高 40 多米。穹顶是金色的，红砖墙，白石的细节，非常华丽，恢宏端庄，很有气派。

　　这种多层集中式构图也起源于俄罗斯民间的木建筑。

　　波克洛伐教堂的白石的细节都是巴洛克式的，尤其是小山花，分成几段，像盛开的花朵，纯粹是花巧的装饰趣味。这样的细节当时很流行。

第 5 篇
欧美资产阶级革命时期建筑

Part 5
Architecture of Bourgeois Revolution Period in Europe and United States

决定欧洲从封建制度进入资本主义制度的，是英国和法国的两次资产阶级革命。

英国的资产阶级革命爆发于 1648 年，经历了反复的、曲折的斗争，在 18 世纪继续深入。资产阶级在扩大政治胜利的同时，推动了生产力的发展，导致 18 世纪下半叶的工业革命。

在这 100 多年内，欧洲其他各国依然在封建制度统治之下。法国、奥地利、俄罗斯的绝对君权方才进入鼎盛时期，德国和意大利照旧四分五裂，西班牙还笼罩着耶稣会的恐怖。

但是，资本主义的原始积累在各地进行着，到 18 世纪中叶基本完成，工场手工业到了末期。资产阶级同封建制度的矛盾渐渐激化，剑拔弩张，一触即发。英国资本主义的成就激励着各国的资产阶级，于是，整个欧洲的资产阶级革命的思想准备如火如荼地开展起来，形成了波澜壮阔的启蒙运动。这是一场政治大革命的舆论准备，是一场反封建、反神学的思想文化的解放运动，它汲取了正在蓬勃兴起的自然科学和唯物主义哲学的积极成果。启蒙运动的中心在资产阶级比较成熟的法国。

1774 年美国的资产阶级革命，独立运动，更加促进了欧洲资产阶级的革命化。1789 年，终于爆发了法国的资产阶级大革命，激烈的程度远远超过了英国的。

法国资产阶级为了保卫新生的政权，19 世纪初，和欧洲许多国家发生了战争，在战争中摧毁了或者削弱了那些国家的封建制度，加速了它们的资本主义化。但是，战争后来带有侵略性质，也遭到各国各阶级人民的反抗。各种势力联合起来，进行了拼死的斗争，打败了拿破仑统治下的法国。欧洲的封建势力得以喘息，在德国和俄国，封建制度还延续了数十年之久。

法国的大革命同整个欧洲息息相关。历史过程极其错综复杂，斗争尖锐，变化剧烈而迅速。法国以及其他各国的思想文化潮流，以各种方式，正面的或反面的，互相影响，反映在建筑上，也是思潮如涌，流派迭兴，头绪纷繁。

这时期的欧洲建筑，在万千变化之中，有两条主要的脉络。一条是，城市建筑的资本主义化，以英国表现得最突出；一条是，建筑的风格鲜明地反映着全欧洲的政治形势，以法国为主导。

到 19 世纪中叶，资产阶级革命的风暴过去了，热情冷却了，资产阶级埋头于发财致富，建筑风格乱成一团。但在这时起，由于生产发展的结果，新的生产性建筑和公共建筑的类型越来越多，越来越复杂。它们成了推动建筑发展的最活跃因素，同历史上遗留下来的建筑的观念、技术、样式、手法发生了尖锐的矛盾。同时，生产的发展使建筑结构和材料也有了重大的进展，为解决生产性建筑和公共建筑所提出的新问题提供了可能性。于是，在建筑中酝酿了历史上空前未有的根本性的大变化，使建筑走上了崭新的阶段。

第11章 英国资产阶级革命时期建筑

英国的资产阶级革命发生在工场手工业的早期，资产阶级的力量还不很强大，而且他们当中有许多是从封建贵族转化过来的，所以，革命是由资产阶级和新贵族结成联盟来进行的，这就决定了它的妥协性和不彻底性。

1649 年，大资产阶级和新贵族建立了共和国。1659 年，为了镇压人民运动，大资产阶级和新贵族对国王妥协，于是王朝复辟。1688 年，资产阶级又发动了政变，从荷兰请了奥仑治的威廉来做国王，建立了君主立宪制度，从此资产阶级的政权巩固了。

革命的妥协性和不彻底性，导致思想领域里没有高亢激越的思潮，没有壁垒分明的流派。知识分子的政治理想、宗教信仰和思想原则都不坚定，甚至还把专制宫廷倡导的古典主义文化当作榜样，而没有创造新文化的自觉性。

英国革命的曲折过程和相应的思想文化特点，都在它的建筑发展中留下鲜明的烙印。

11.1 方生未死之际

1649 年后的共和时期，由于经济拮据，政治动荡，没有什么国家性的建设事业。但城市里建造着公司大楼、行会大厦、海关税卡之类的房屋，各种为资本主义经济服务的建筑逐渐增长着重要性。建筑业也开始资本主义化。共和国信奉国教，实现宗教宽容，有大量信仰新教的荷兰工匠和法国工匠因逃避国内的宗教迫害而来到英国，带来了卓越的砌砖技术和荷兰古典主义风格，传统的木构架建筑迅速淘汰了，房屋质量显著提高。英国是个新教国家，又有清教的盛行，所以受巴洛克建筑的影响极少。

17 世纪中叶以后，有一些资本家租用城市土地，按照定型设计成片建造出租牟利的市房。这些建设虽然比较单调，但形成了一些整齐的街道和广场，城市面貌有所改善。

伦敦的重建 复辟时期，1666 年，伦敦大火，当时街道狭窄，市房都是木结构的，火灾几乎夷平了整个城市。火灾之后，国王查理二世邀请一些建筑师提出重建规划，那些规划大多在不同程度上体现了资产阶级的经济和政治力量的增长。其中王室建筑师克里斯道弗·仑（Christopher Wren，1632～1723 年）的规划，尤其欢呼着资本主义制度的胜利。在他的规划中，占据着伦敦的中心广场的是税务署、造币厂、五金匠保险公司和邮局等，而以交易所堂而皇之地居于正中。没有宫殿的地位，也没有教堂的地位。几条放射形的商业大街贯串了大半个城市，汇交到泰晤士河岸的海运码头，反映出海外贸易在英国经济中的地位。城市的街道网基本是方格形的。这个规划有划时代的意义，它在历史上第一次申明，新社会的主人是资产阶级而不是国王和教会了。城市的布局，要反映资产阶级的政治胜利，要服从他们的经济利益。和它同时，罗马和巴黎这时候也正在大量建造城市广场，它们的主要建筑物仍旧是教堂或者宫殿，广场中央矗立着国王的骑马铜像或者纪功柱。

可是，克里斯道弗·仑的规划没有实现。伦敦的重建，匆匆忙忙，依然一片混乱。不过街道根据国王的指令比较宽了一些，砖石结构的房子多了一些，更加适合于商业活动。1669 年兴建的海关和 1671 年建造的交易所，规模都很大，反映着新的社会经济情况。交易所是一所四合院，正面有宽敞的连续券廊，大门竟采用了罗马凯旋门的样式，上面还高耸起尖塔，富有的资产阶级志得意满的心情充分流露了出来。然而，大火烧掉的 13000 多所住宅的重建问题没有得到政府和建筑师的注意，只由行会工匠承担，引起了大规模的房地产投机。有些资本家整条街整条街地投资建设，促进了定型化住宅的设计。但街道面貌千篇一律，十分单调。

教区小教堂 复辟的国王对伦敦的重建另有打算，他置居民的实际需要于不顾，却下令赶紧重建 51 所教区小教堂。

克里斯道弗·仑设计了这些教堂。虽然是按国教仪式设计的，但他已经知道国王企图复辟天主教，所以采用巴西利卡式平面，使小教堂能很容易地改造得适合于天主教的仪式。这就暴露出革命的不彻底性赋予知识分子以骑墙投机的性格。不过，这些小教堂的形式还是照当时法国正在盛行的古典主义原则设计的，讲求理性，以致教会谴责它们不能培养献身精神。在这些小教堂的建筑上，也反映着资产阶级同封建贵族的矛盾。

教区小教堂的钟塔设计得很成功。它们的式样富于变化，但基本构图一致。大致是：下面有两层方形的体积，外观上第一层是素朴的平墙，第二层有壁柱。再上面是一层或几层圆柱形或八角形的体积，周围大多有柱廊，逐层缩小。最上面是尖顶。尖顶的根部有时有凌空的飞券支撑（图 11 -1）。

钟塔构图的主要经验是：第一，虽然塔和教堂的横向体积组合在一起，但它的垂直体形从地面到尖顶整个凸现出来，下部不被横向体积打断，更不从横向体积的屋顶上耸起。这样，垂直体形就显著处于主导地位而统率整个构图，并且形象地表现了结构的合理性。第二，塔的每一层的构图都是完整的，有基座和檐口，不因各层的重叠而略去一部分。第三，愈往上分划愈细，尺度愈小，装饰愈多，也愈玲珑，造成生机盎然的向上动势。

宫廷建筑 王朝复辟时期和立宪初期，虽然已

图 11 -1 伦敦教区小教堂

在资产阶级革命之后，却是英国宫廷建筑空前繁荣的时期，而且竟带有浓厚的君主专制色彩。复辟的国王从凡尔赛回来，为他扩建的索莫塞特大厦的长廊（The New Gallery at Somerset House, 1661～1662 年）和新建的温且斯特宫（Winchester Palace, 1683年）都是仿凡尔赛的，于 1894年焚毁。为第一任立宪的国王奥仑治的威廉改建的罕帕顿宫（Hampton Court, 1689 年），是荷

图 11 - 2　格林尼治建筑群

兰古典主义式的，因为他是被从荷兰请来的。英国没有自己的宫殿建筑风格。

宫廷建筑中比较有意义的是伦敦下游的格林尼治大建筑群（Greenwich Hospital, 1696～1715 年）。设计人是克里斯道弗·仑和他的学生。它的布局是两进大院子，第一进向泰晤士河敞开，比较宽，第二进地势稍微高一点。穿过第二进院子尽头的豁口，可以一直望到远处高地上 17 世纪前半叶的女王宫。因为女王宫不大，所以第二进院子做得窄一点，两侧长长的塔斯干式柱廊形成的深远的透视，把女王宫引进了建筑群。建筑群的体形变化很大，前面转角处的一对塔和它们的穹顶很刚健有力（图 11 -2）。

格林尼治建筑群本来是王宫，后来用作收养伤老病残的海军战士和水手。这时，欧洲一些国家正为争夺海外殖民地而不断作战，酬谢这些人，正是为了发展资产阶级的殖民事业。

11.2　纪念碑的争夺战——圣保罗大教堂

革命充满了妥协，使 17 世纪下半叶的英国没有产生鲜明地反映资产阶级政治理想的建筑艺术潮流。法国的、荷兰的、意大利的甚至哥特式的建筑，都在英国流行。比较进步的建筑师更多地倾向法国的古典主义，它的唯理主义哲学基础毕竟是资产阶级先进的世界观。

克里斯道弗·仑　古典主义的代表者是王室建筑师克里斯道弗·仑。他精通数学、天文学、力学和结构，任伦敦大学和牛津大学的天文学教授，是王家学会的创始会员。仑是英国 17 世纪下半叶的一代建筑宗师。他倾向唯理主义，他的美学观点是形而上学机械论的。他说，"美是客体的和谐，由眼睛引起的喜悦"，"美有两种来源——自然的和习惯的。自然的美来自几何性，包括统一（即一致）和比例。……几何形象当然比不规则的形象更美；在几何形象中一切都符合于自然的法则。在几何形象中正方形和圆形是最美的；其次是平行四边形和椭圆。直线比曲线美……直线只有两个美丽的位置：铅直的和水平的；……"。从这种观点出发，他偏爱圆形平面的穹顶，认为穹顶是"最几何的"，圆形平面是"最完整的"。

他要求在建筑创作中"严格地追随"法国古典主义的"榜样"。但是，仑在创作中却不能贯彻他的主张。英国资产阶级的软弱性在他身上表现得很突出。他的思想充满了矛盾。他说："建筑有它的政治效用……公共建筑是国家的装饰品，它促进国家的繁荣，吸引游客和商业。它使人民热爱他们的祖国，这种感情是一个国家的一切伟大事业的动力。"他所理解的人民，显然就是从事旅游业和商业的人们。他又说："不论一个人已经怎样地把感情倾注于深思熟虑过的方案上，……他都应该使他的设计适合他生活着的那个时代的口味，虽然这对他来说是不合理的。"作为一个王室建筑师，受着宫廷趣味的压迫，仑的这些话表明他准备曲意迎合。在查理二世复辟的时候，他向国王立即献上一个月亮模型，刻着题词："谨献奉大不列颠、法兰西和苏格兰之王查理二世陛下，我王威权远播，寰宇不足以容我王之天威，克里斯道弗·仑谨献此明月以供御用。"他在政治上是毫无骨气的，他的设计也是无原则的。他设计过各色各样不同风格的建筑物，包括几座哥特式的教堂。哥特教堂在中世纪有过很光辉的成就，它的思想内容也很复杂，但在这时，古典主义者是把它同中世纪教会压迫下的愚昧一起蔑视的，因此，仑的设计就显得刺眼了。

一个好的建筑师，应该是有思想原则的人，对于当时的建筑潮流和它的发展，有深入的认识，而不能浑浑噩噩，与时俯仰。更要紧的是在实践中坚持和捍卫自己的正确观点，不可以趋炎附势，在原则问题上妥协，希求幸进。

但克里斯道弗·仑的主流毕竟是杰出的古典主义者，在英国最大的教堂，伦敦的圣保罗大教堂（St. Paul Cathedral，1675～1716 年）的设计和建造中，坚持了古典主义的原则。

集中式还是拉丁十字　圣保罗大教堂是英国国教的中心教堂，本来是中世纪的拉丁十字式的，由于年久，有倾圮的危险，决定重建。

1675 年，克里斯道弗·仑提出了设计，平面八角形，四个斜边作内凹的圆弧，中央是大穹顶，通体由简单的几何形组成。这是从意大利文艺复兴以来，具有进步思想的建筑师们一贯喜爱的集中式形制。

但是，复辟王朝的国王和教会，暗中企图恢复反动的天主教，硬要把圣保罗教堂造成拉丁十字式的。在仑设计的方案上，前面添加了巴西利卡式的大厅，后面添加了歌坛和圣坛，以便适合天主教的仪式。像当年罗马的圣彼得大教堂所遭遇的一样，圣保罗教堂的外形也遭到严重的窜改。"钦定方案"中，西立面参照罗马的耶稣会教堂，甚至竟在穹顶之上再加一个 6 层的哥特式尖塔，以加强天主教气息。

1688 年，推翻了复辟王朝，实行君主立宪之后，仑立即抛弃了穹顶上的尖塔，重新设计体形。因为工程已经做了很多，平面不能再修改了。圣保罗大教堂终于成了一个拉丁十字式的教堂。而且为了和穹顶取得构图上的均衡，不得不在西立面加了一对塔，以致形成了哥特式的立面格局（图 11 – 3）。

出色的结构　圣保罗大教堂的结构不但比圣彼得大教堂的轻，也比同时的法国恩瓦立德（Envalid）新教堂的轻。它的穹顶有里外 3 层，里面一层直径 30.8m，砖砌的，厚度只有 45.7cm，是古典穹顶中最轻的，厚度与直径的比为 1:37。最外一层是用木构而覆以铅皮的，轮廓略略向上拉长，显得饱满。比恩瓦立德新教堂更合理的是，它的顶端的 850t 重的采光亭子不由外层木构架负担，而是在内外两层穹顶之间用砖砌了一个圆锥形的筒来支承。砖筒的厚度也只有 45.7cm。这个穹顶的设计得到物理学家虎克（Robert Hooke，1635～1703 年）的合作。

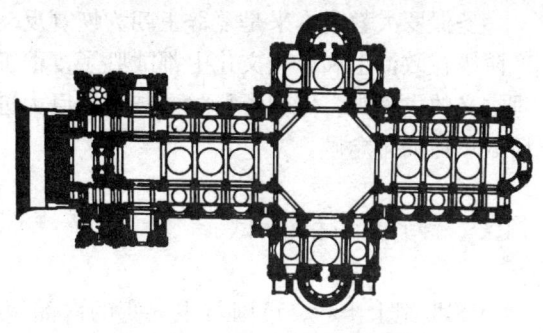

图 11-3 圣保罗大教堂平面

穹顶坐落在鼓座上，鼓座又通过帆拱坐落在 8 个墩子上。鼓座分里外两层，里层直接支承穹顶，下径 34.2m，上径 30.8m，略略的倾斜使它能更好地抵挡穹顶的水平推力。外层鼓座是个柱廊，以飞券跨过来分担穹顶的水平推力。这种结构汲取了哥特式教堂的经验。鼓座也比文艺复兴以来的教堂的都轻（图 11-4）。

由于上部结构比较轻，所以它的支柱很细。圣保罗大教堂的结构是非常出色的。

四翼的结构格局完全一样，模数严整，关系明确，逐间用扁平的穹顶覆盖，近似拜占庭教堂的做法。

教堂内部，总长 141.2m，四翼宽 30.8m，中央最高 27.5m，穹顶内皮最高 65.3m，十分宏大开阔。

纪念碑 教堂外观富有纪念性。克里斯道弗·仑为了保持古典主义的纯正，在两侧外墙上加了高高的一圈女儿墙，遮住了巴西利卡中厅高于侧廊的部分。教堂的外形因而成了 33.7m 高的长方形，水平分划强而且交圈，开间一致，很单纯简洁。

鼓座和穹顶完全采用罗马坦比哀多的构图，很雄伟，这也是一个创举。到十字架顶点，总高 112m。西面的钟塔有巴洛克式手法的痕迹（图 11-5）。

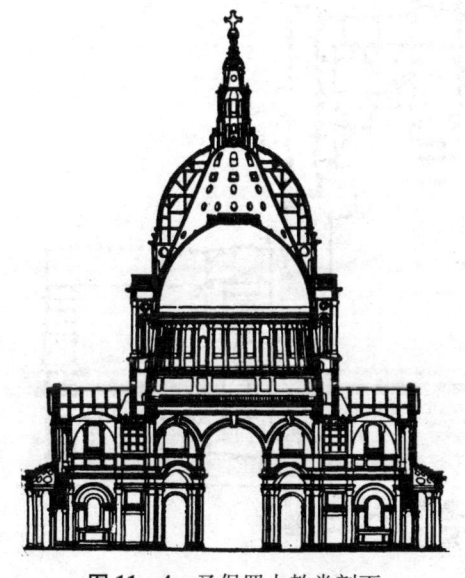

图 11-4 圣保罗大教堂剖面

图 11-5 圣保罗大教堂正面

圣保罗大教堂本来是复辟王朝为恢复反动的天主教而造的，但是，革命的资产阶级在政治上和思想文化上都战胜了复辟王朝。圣保罗大教堂鲜明地体现了唯理主义的世界观，体现了科学和技术的巨大进步，恢宏壮丽，终于成了英国资产阶级革命的纪念碑。

11.3　新贵们的府邸

18 世纪上半叶，英国君主立宪的内阁制确立，王权大大削弱，国王的大批土地落到了在议会中占上风的辉格党（Whig）新贵族和大资产阶级手里，兴起了资本主义性质的大农庄。大量新型的农庄府邸兴建起来。

城市建筑活动也随着工商业而蓬勃发展。有了职业的建筑师，出版了许多建筑书籍，有讲基本原理的，更多的是样本册，建筑设计商品化了。又建造了一批完整的街道和广场，但城市建筑大体上还是老样子，是法国式和荷兰式的混合物。

在建筑上占主导地位的是庄园府邸，它们大抵由王室建筑师设计。

大型府邸　18 世纪初年，少数显赫的大贵族执掌着内阁，他们征掠殖民地，飞扬跋扈。他们的庄园府邸不仅规模赶上了王宫，而且风格也力图宏伟。这类府邸中最著名的有霍华德府邸（Castle Howard，Yorkshire，1702～1714 年）和勃仑南姆府邸（Blenheim Palace，Oxfordshire，1705～1722 年，图 11–6）等。

这些府邸仍然受帕拉第奥的影响，一般形制是：正中为主楼，包括大厅、沙龙、卧室、书房、舆图室、餐厅、休息厅、起居室等等。主楼前是宽阔的三合院，它两侧又各有一个四合院，一个是厨房和其他杂用房屋及仆役们的住房，另一个是马厩。这些府邸的规模很大，有的马厩可容纳 200 匹马。厅堂功能内容的

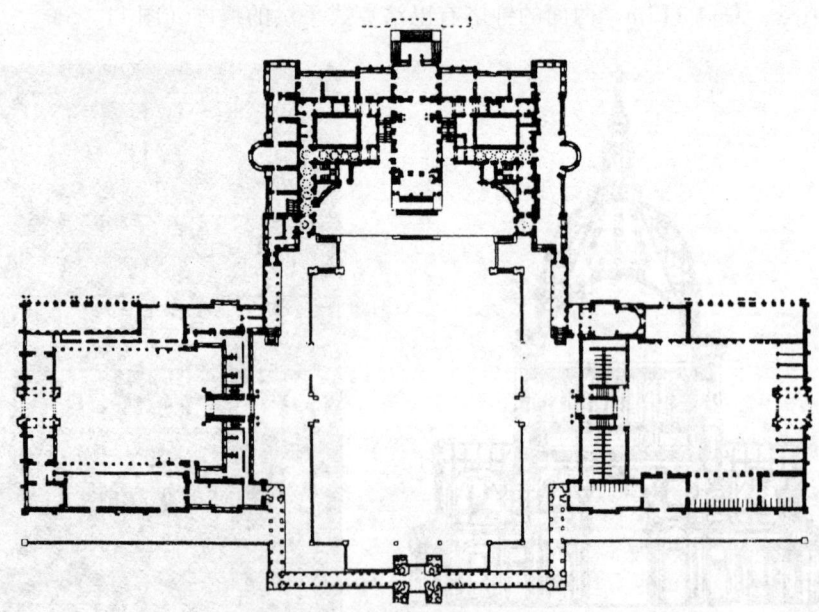

图 11–6　勃仑南姆府邸平面

复杂，反映出当时从事海外拓殖的英国新旧贵族们生活领域扩大，眼光宏阔、知识丰富。

布局很不方便，厨房远离餐厅，主楼里也没有几个明亮舒适的房间。只是一味追求豪华的气派，趾高气扬。这些府邸同 16 世纪府邸的差别很大，主要在于 16 世纪时，府邸的主人是庄园的经营者，而这时期，府邸的主人是执掌政权的人。他们的审美意识反映着他们的权势，非壮丽无以重威。

最大的勃仑南姆府邸左右全长 261m，其中主楼长 97.6m。主楼的第一层，进门就是宽敞富丽的大厅，装饰着科林斯式柱子、壁龛和雕像。大厅后面是沙龙，朝向一座美丽的意大利式水景花园。沙龙左右是主要的卧室和起居室。楼梯在大厅的两侧。

勃仑南姆府邸的主人马勃勒公爵约翰·丘吉尔（John Churchill, Duke of Marlborough, 1650～1722 年）曾任英军统帅，1705 年在勃仑南姆地方（在巴伐利亚）大败法国和巴伐利亚联军，这所府邸就是国王为此而赐给他的奖品。建筑师凡布娄（John Vanbrugh, 1666/4～1726 年）是英国扩张主义政策狂热的拥护者，所以，他在他所崇拜的"英雄"的府邸上力求表现凯旋的激情。重块石墙面、巨柱式的柱子和壁柱、起伏剧烈的轮廓、沉重的体积，造成十分刚强有力的形象。但这些"英雄"是殖民地的掠夺者，勃仑南姆府邸的风格铺张扬厉，盛气凌人（图 11-7）。

图 11-7　勃仑南姆府邸正面

府邸前面展开一片广阔的英国式自然园林，绿茵起伏，羊群如云，古树傍着池沼。

在勃仑南姆庄园里，凡布娄的合作者豪克斯摩尔（Nicholas Hawksmoor, 1661～1736 年）设计了一座主人家族的陵墓。它在园林的小高地上，构图是坦比哀多式的，下面有两层舒展的基座层，使它同高地紧紧联系在一起。它气魄恢宏，庄严肃穆，但基座高而沉重，柱间距狭小，显得孤傲。

凡布娄和豪克斯摩尔都曾在克里斯道弗·仑手下工作，受到他的培养。

帕拉第奥主义　18 世纪上半叶和中叶，大量兴建着的中小型庄园府邸中，流行着帕拉第奥主义（Palladianism）。

　　早在17世纪上半叶，英国的庄园府邸建筑就深深受到帕拉第奥的影响。18世纪对帕拉第奥的更进一步的崇拜，是由于年轻一代辉格党人中流行以法国为中心的资产阶级启蒙思想。同封建残余势力和罗马天主教会的斗争，使他们倾向唯理主义。但是，他们厌恶法国古典主义的宫廷性质，而且这时古典主义在法国也已经日薄西山了。因此，他们就重新回复到意大利文艺复兴晚期唯理主义建筑大师帕拉第奥那里去了。当然，这也同帕拉第奥曾经以很高的技巧设计过大量中小型庄园府邸有极大的关系。

　　热烈鼓吹帕拉第奥主义的是一些多少具有思想家气质的辉格党新贵族。他们组织业余爱好者协会，出版了帕拉第奥的许多遗稿，笼络建筑师展开研究。

　　最典型的帕拉第奥主义的作品有麦瑞渥斯府邸（Mereworth Castle, Kent, 1723年，设计人 Colen Campbell，1673～1729年），且斯威克府邸（Chiswick House，1729年，设计人 William Kent，1685～1748年），和坎德莱斯顿府邸（Kedleston Hall, Derbyshire，1761～1765年，设计人 James Paine，图11–8）。

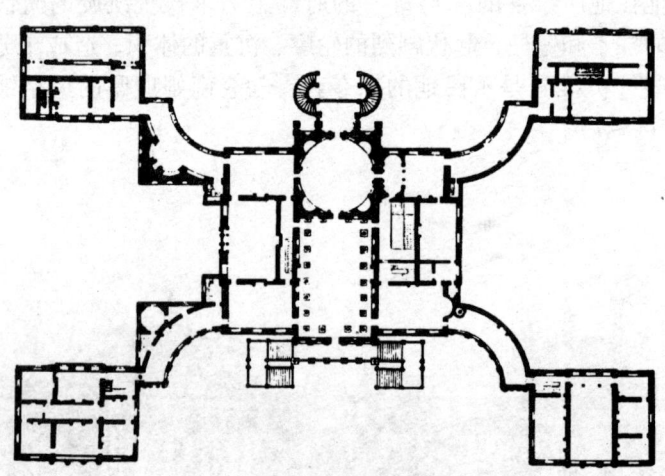

图11–8　坎德莱斯顿府邸平面

　　除了府邸之外，大型公共建筑物也有帕拉第奥主义的。著名的有牛津的雷得克里夫图书馆（Radcliffe Camera，1739～1749年；设计人 James Gibbes，1682～1754年）。这是一座圆柱形建筑物，严格遵守帕拉第奥的柱式规范和构图原则。

　　牛津和剑桥的建设也是英国资产阶级革命后很有意义的事件。

　　这时候英国流行崇尚自然的初期浪漫主义思想，在中国造园艺术影响下，形成了英中式园林。但这些园林中的桥、亭等小型建筑物大多采用帕拉第奥的简洁而严谨的样式。

　　帕拉第奥主义的建筑缺乏创造性，缺乏现实感。一些在温和的意大利适宜的空间处理，在北方寒冷的英国就很不合适了。当时英国著名的诗人蒲伯（Alexander Pope，1688～1744年）给帕拉第奥主义的保护人伯灵顿伯爵写了一首诗，辛辣地讽刺道：

"……

但是（我的天呵！）您的理法，您的高尚的规则，

将要用只会模仿的蠢货充满这世界，

他们将从您的图册里撷取信手得到的范例，

用一种美制造许多疏忽；

……

会招惹狂风在长长的柱廊里怒吼，

把在威尼斯式的门前伤风当作光荣——

意识到他们在做一件真正的帕拉第奥主义的工作，

而且意识到，如果他们冻死，他们是被艺术规则冻死的。"

　　帕拉第奥主义的最后一位代表是当时在欧洲影响最大的王家建筑师钱伯斯（William Chambers，1723～1796 年），他重建了伦敦泰晤士河岸上琼斯曾经设计过的骚莫赛特大厦（Somerset Palace）。钱伯斯曾到中国广州，写书向英国介绍了中国的园林和建筑，并且在王家园林丘园（Kew Garden）中建造了一座中国式的塔。

第 12 章 法国资产阶级革命时期建筑

　　法国的封建关系在欧洲是最成熟的，它的专制政体是最稳固的，需要特别大的冲击力才能摧毁它。法国的资产阶级革命因此比英国的迟了一百多年，在工场手工业的末期，而且资产阶级不得不同农民和城市贫民结成联盟，而不是英国那样，资产阶级和新贵族结成联盟。于是，法国的大革命比英国的激烈、彻底，具有更多的民主性质。

　　1789 年，法国资产阶级利用工人和农民的斗争，举行了革命。革命之后，大资产阶级坚持君主立宪政体，背弃了平民。1792 年，城乡贫民的最底层起来推翻了君主统治，迫使国民公会宣布成立共和国，并在 1793 年里，通过雅各宾派掌握了政权。1794 年，大资产阶级又发动政变，颠覆了雅各宾派的专政。从此，资产阶级同平民群众的对立超过了同保王党的对立。1804 年，大资产阶级的代表拿破仑（Bonaparte Napoleon Ⅰ，1769～1821 年）称帝，为了击破封建势力的包围，创造一个有利的环境，拿破仑对全欧洲进行了战争。1815 年，拿破仑帝国覆灭，旧王朝复辟，法国建立了在资本主义生产关系之上的君主立宪制。

　　这场风云变幻的激烈斗争，席卷了整个民族，所有的阶级，在军事、经济、政治、哲学、文学和艺术一切领域都摆开了战场。建筑的理论与创作也追随着整个曲折的过程，鲜明而迅速地变化着。

12.1　思想的大解放

　　18 世纪中叶，随着资产阶级的日益革命化，欧洲先进的知识分子对封建制度和它的意识形态猛烈开火。这个运动得名为"启蒙运动"，以法国为中心。启蒙运动的文化艺术潮流，思想尖锐，旗帜鲜明，相应的建筑理论和创作也空前激进。

　　启蒙思想　启蒙运动的主要武器是批判的理性。德国哲学家康德（Immanuel Kant，1724～1804 年）说："勇敢地去获取知识！大胆地运用你的理解力！这便是启蒙主义的座右铭。"恩格斯评论这段历史说："他们不承认任何外界的权威，不管这种权威是什么样的。宗教、自然观、社会、国家制度，一切都受到了最无情的批判；一切都必须在理性的法庭面前为自己的存在作辩护或者放弃存在的权利。思维着的悟性成了衡量一切的唯一尺度，……"（《马克思恩格斯选集》第三卷，137～138 页，人民出版社，1966 年）。

　　启蒙主义的"理性"不同于 17 世纪唯理主义的"理性"。后者认为君主是社会理性的体现者，拥护专制制度，倾向于古罗马帝国的文化；前者认为最合乎理性的社会是"人人在法律前一律平等"的社会，是公民有权自由地处理私有财产和自由地思想的社会，于是，启蒙主义者向共和时代的罗马公民借用政治理想和英雄主义，倾向他们的文化。

17 世纪的唯理主义是二元论的，有浓重的玄学色彩；启蒙主义者则宣扬唯物主义和科学，既反对神学的统治，也反对"天赋观念"和"先验理性"，他们的认识论以经验和感觉为基础，坚信它们是认识的来源，而 17 世纪的唯理主义者却否认感性经验的可靠性。

作为启蒙思想主要支柱之一的自然科学，这时和工业革命一起突飞猛进。它冲击着神学和各色各样的玄学，倡导穷究客观事物精蕴的求知精神，促使人们破除对传统观念的迷信，把知识建立在直接的观察和数学的逻辑上。

反映着自然科学当时的历史特点，启蒙思想是机械论和形而上学的，有些简单化和片面性。

启蒙运动主要有两个方面。一个以伏尔泰和狄德罗为代表，高倡理性，鼓吹和发扬科学精神，一个以卢梭和孟德斯鸠为代表，高倡人性，鼓吹民主。卢梭在政治平等之外又提倡"返回自然"和"个性解放"，主张"人类只因感情而伟大"，赞美"心灵的想像"等等，也产生了广泛的影响。

美术考古　自从文艺复兴运动以来，欧洲始终存在着对古典文化即古希腊和古罗马文化的爱好，文艺复兴时期的意大利建筑大师如伯鲁乃列斯基和伯拉孟特都曾经直接研究古罗马建筑遗迹。17 世纪中叶，法国古典主义者也着手实地测绘古罗马建筑遗迹，英国的革命又使这爱好掀起了新的高潮。

到 18 世纪中叶，在启蒙思想和科学精神推动下，欧洲的考古工作大大发达起来。意大利和其他地中海沿岸的罗马古城一个一个被发掘，建筑师们纷纷去考察古代遗址，在英国、法国、德国和意大利，出版了一本又一本的测绘图集。

这些遗址在建筑师眼前展现了动人的图景，他们发现，古典主义的教条原来同真正的古典作品大不相同，盲从那些教条有多么可笑。向罗马公民借用共和理想的建筑师们，被古罗马建筑的庄严宏伟深深地感动了。

稍晚一些，以英国人为主，开展了对古希腊遗迹的考古研究，也陆续出版了许多著作。对古希腊建筑的知识大大丰富了。古希腊建筑同古罗马建筑之间的巨大差异，使欧洲的建筑师们大为惊讶。他们的眼界更开阔了，有一些人在希腊建筑中见到了体现民主共和理想的更完美的形式。因此在美术和建筑界引发了一场古希腊和古罗马建筑孰优孰劣的激烈争论。争论不可能有结论，但影响很大，在不同国家，不同时期，不同的人从中作出不同的选择。

建筑理论　启蒙思想产生了朝气勃勃的建筑思潮，它同时也受到自然科学和美术考古的灌溉。新思潮同样也是全欧洲的现象，而以法国为中心。

启蒙主义建筑理论的核心，也是批判的理性。但这理性已经不是古典主义者标榜的先验的几何学的比例以及清晰性、明确性等等。建筑的理性是功能、是真实、是自然。建筑物上的一切都要辩明它存在的理由，不管它是希腊人还是罗马人用过的。这是勇敢的挑战，是只有在历史的大变动时代才能有的思想大解放。

威尼斯人洛铎利（Carlo Lodoli，1690～1761 年）主张，"在建筑中，只有那些产生于严格的需要而有确定的功能的东西才可以表现出来"，没有用处的装饰品一概不要。他又说，"建筑必须适合于材料的本性"，指责古希腊石柱子在伯里克利时代以后模仿木柱子的比例，柱身变细、开间变宽是个大错误。他认为，只要符合功能和材料本性，建筑物就可能真实而合乎理性，就可能超过古代。

意大利人辟兰乃西（Giambattista Piranesi，1720～1778年）说："使用创造规则。"认为装饰品是"建筑物不适当的累赘"，除非它根据于结构的"本性"。辟兰乃西标榜建筑物的"真实"，真实的美存在于简单的、合乎功能的结构，存在于"自然"。他反对螺旋式和绞绳式的线脚和柱子，反对曲折的檐口，甚至反对曲线。他只赞成平面、直线、没有凹槽也没有柱头和柱础的柱子。

法国的陆吉埃长老（Pere Marc Antoine Laugier，1713～1770年）的理论比较完备，影响最大。他认为，建筑物应该像远古的石屋，一切从需要出发。他相信，只有严格地服从需要和合理，才能保证建筑物完善和自然，避免建筑艺术的堕落。严格的需要会产生美，简单和自然会产生美。陆吉埃长老说："决不应该把任何没有确实理由的东西放在建筑物上。"他认为壁柱、倚柱、基座、断折的檐部、拱券上的平屋顶、不表现屋面的假山花、壁龛等等都不符合建筑的结构逻辑，都是要不得的矫揉造作。同样，重块石的柱子和螺旋形的柱子也应该完全抛弃。在室内采用檐部、山花、壁柱等做装饰，不仅违反结构逻辑，而且使室内局促，简直是愚蠢。他只承认梁柱结构体系的坦率表现，柱子只应该是几何的圆柱，挑檐只应该是一块平板。总之，建筑物只应该由最单纯的几何形构件组成，平面也只应该是几何形的。陆吉埃说："圆形的柱子是建筑中最基本的、最优美的成分。看呀！它们的形式是多么庄严典雅，如果将它们排成行列，又是多么千姿百态而且伟大！"

启蒙主义理论家们以理性为矩度，有的人，例如克·彼洛（Claude Perrault，1613～1688年），不避忌讳，实事求是地赞赏哥特教堂的结构和形式的统一，但谴责它的装饰。

这些理论突破了教条主义100年的统治，把真正科学的理性精神带进了建筑领域。可以责备它们片面而偏激，责备它们没有正确认识功能和艺术、需要和装饰之间在不同条件下的复杂关系。但是，当时正值繁冗绮靡的洛可可建筑流行于幽密的客厅，装腔作势的古典主义建筑流行于豪奢的宫廷，在学院里统治着的还是慎小谨微、沉溺于琐细的数学规则的官僚，对古代建筑的崇拜禁锢着人们的头脑，启蒙主义的理论家们发出这样的金鼓之声，是要有很大的勇气、很高的挑战意识的。对那样强大的、根深蒂固的传统力量挑战，不能不有一些过于激烈的言词。

另一些启蒙主义的建筑理论家，从经验论出发，反对古典主义先验的几何学的比例教条。意大利人密利席亚（Francesco. Milizia，1725～1798年）认为，比例不是由数学量度决定的，而是由视觉印象测定的，它不能计算，只能观察，只有眼睛才能判断美。但他在后来堕入了主观唯心主义。克·彼洛则说：比例是由建筑师的习惯和传统所决定的经验概念，并非自然法则，不必当作不变的准则来接受。法国启蒙主义哲学家狄德罗（Denis Diderot，1713～1784年）也怀疑几何比例的绝对意义，指出有些使人感到崇高的东西未必是合乎比例规则的。

比例是建筑形式美中最难阐明的问题之一。自古希腊以来，研究得最多，而成果却很少。密利席亚和狄德罗反对古典主义者那样撇开一切具体条件，企图建立纯粹抽象的、立足在数学和几何学之上的比例原则，无疑是正确的。他们认为，对形式美的判断不能离开直接的感觉印象，也无疑是正确的。但完全否定客观的比例规则却是不可以的。

被一些古典主义者轻视的感情、性格等在启蒙主义"个性解放"、"感情觉醒"的口号下获得了新的意义。连严峻的陆吉埃长老也要求建筑物有性格、有气氛，通人心灵，能引起激动的情绪。他因此赞美哥特建筑的成就，虽然，作为一名长老，他可能更着眼于宗教情绪。法国建筑师苏夫洛（Jacques-Germain Souflot，1713～1780 年）再三称道哥特式教堂能"使人心潮澎湃"。法国建筑师勃夫杭（Gabriel-Germain Boffrand，1667～1754 年）主张，建筑物除了形式的统一之外，性格还必须统一。一个确定的性格要自始至终贯彻在一个建筑物中。辟兰乃西和法国人勒什埃（J.-L. Le Geay，C.1710～1786 年）画的古罗马遗迹，驰骋想像，着力夸张，痛快淋漓地抒发了奔放的热情，造成了震撼人心的强烈印象，影响很大。解放性灵，解放感情，从来是反封建的一个重要课题，启蒙主义者并不把它同倡导理性，倡导纯洁的道德生活对立起来。在建筑中也一样。陆吉埃长老认为，完全可以利用简单的几何体创造动人心弦的建筑物。

古典主义者蔑视自然的态度也遭到了抨击。密利席亚认为，几何式的园林是违反自然的，自然并不知道韵律和节奏，不知道花坛和方方正正的水池。狄德罗说："凡是自然所造出来的东西没有不正确的。"他非难古典主义者为了摹仿古代而轻视大自然，因此就变得冷漠无情，毫无生气，不能理解大自然奥秘的规律。中国的文化这时受到欧洲启蒙学者的重视，中国的造园艺术开始对欧洲发生很大的影响。

不仅批判古典主义，这些启蒙主义者的批判锋芒，也敢于指向几百年来顶礼膜拜的古代权威。

陆吉埃和洛铎利都认为，维特鲁威把艺术作为建筑的基础是不正确的。洛铎利说，维特鲁威的教条不可能既适合于古代又适合于当代，当代的建筑因为屈从于维特鲁威的教条而从根本上就错了。陆吉埃长老也说："希腊的柱式是为那些和我们有不同需要的国家创造的。"他承认古典柱式中的"普遍的美"，但是他却在著作中专辟一章来谈论几百年来奉为圣训宝典的柱式的缺点。他认为在一切建筑物上，不顾它的性格和用途，都采用武断的柱式教条是最可笑的。在他看来，完全可能改进柱式和创造新的柱式。陆吉埃长老鼓吹创造性的建筑，号召创新，为此而热烈赞扬哥特教堂的勇敢和独创。

建筑理论的活跃，它的激进性，作为资产阶级革命的启蒙思想的一部分，预示着即将来临的大革命的急风暴雨。同英国资产阶级革命时期的建筑界相比，可以清楚地看到，这时政治斗争的形势对建筑思潮的影响直接而且强烈。

当然，这些启蒙主义的建筑思想远远没有占统治地位，学院派的古典主义依然保持着强大的势力。而且，在实践中，这种激进的理论是不得不磨钝它的棱角的。

希腊罗马优劣之争　17 世纪中叶以来，古希腊的建筑遗迹也渐渐受到重视。有些人特别被它们的"阳刚之美"倾倒。有一些理论家以古希腊建筑为典范，论证建筑的理性。陆吉埃长老说："罗马人只对建筑作了些平庸的事，……唯有希腊人给建筑以高贵和不朽。"克·彼洛说，他自己所追求的是"通过恢复古希腊庙宇的纯真来振兴建筑艺术"。德国美术史家温克尔曼（Johann Joachin Winckelmann，1717～1768 年）1755 年在《论摹仿希腊绘画和雕刻》中把希腊艺术的优点概括为"高贵的纯朴和壮穆的宏伟"。他说"古希腊艺术的卓越成就的最主要原因在于自由"，在于希腊的民主制度。温克尔曼并没有见过古希腊最精美的建筑物和艺术品，他不过是借题发挥，鼓吹"民主政体"以抨击封建专制。他说，对"公民美德"和"共和制美德"的描绘是希腊艺术中主要的东西，政治制度越民主，艺术的水平就越高。他把关于建筑的美学思想，直接同当时的政治斗争联系在一起了。因此，他的理论就不免会走向偏激。他说："现代人只有一个方法可以变得伟大，甚至变得空前绝后，那就是模仿古人。"这古人就是古希腊人。对古希腊建筑做过深入研究的勒鲁瓦（J.-D. Le Roy，1724～1803 年）判断：罗马建筑源于希腊。

一些意大利人不肯接受这些观点和主张，出来应战。辟兰乃西认为，古罗马建筑的根源在意大利土地上的伊达拉里亚人而不在希腊。他说，古希腊人是螺旋形、绞绳形线脚以及柱头、柱础这些非理性东西的始作俑者。古希腊建筑在工程上远没有古罗马建筑辉煌，罗马建筑比希腊建筑更富有变化。辟兰乃西和"战友"勒什埃出版的关于古罗马遗迹的写生，极其夸张，极其富有感染力，就是为这场争论而画的，他还写了大量的文章和专著来批驳"希腊优于罗马"的观点。

这一场争论，始于建筑而后波及到文化的许多方面，就叫"希腊罗马优劣之争"。这种争论不可能有什么结果，但推动了理论的深入。建筑学院的新权威小勃隆台说：不同的民族和文化会产生不同的建筑风格，"埃及建筑令人吃惊甚于审美，希腊建筑整饬甚于精致，罗马建筑深思甚于智巧，哥特建筑坚固甚于悦目"。这样就把争论实际上消解了。

12.2　创作的大革新

18 世纪下半叶，法国建筑发生了明显的变化。贵族和宫廷敏感到风暴的来临，在资产阶级标榜的"简朴的家长美德"的压力下，18 世纪 60 年代，抛弃了洛可可的冗脂余粉，转回到古典主义去。但是，这时启蒙主义的文学家的沙龙和哲学家的书斋，是思想、风尚、时式的引领者。启蒙主义的建筑理论渐渐在实践中表现出来：首先，古罗马共和时代建筑的影响显著增强了，跟着是古希腊；其次，建筑普遍地趋向简洁严峻，排除华丽和纤秀。雷声已近的法国大革命风暴要的是大气、真气和阳刚之气。后来，有一些建筑师索性抛弃了一切细节，把建筑简化为最基本的几何形体。

法国资产阶级大革命前夕，有一些建筑师，在创作中追求体现"自由·平等·博爱"的精神，有一些建筑师以高昂的热情用建筑去表现革命的资产阶级的英雄主义。

建筑师们纷纷直接向古罗马和古希腊建筑学习，学院式古典主义的教条被扬弃，连同它的竖向分 3 段，横向分 5 段的立面构图。

建筑的科学性提高了，技术有进步。

共和的外衣

资产阶级革命需要从罗马共和国借用战斗的口号，于是，掀起了学习它的文化的热潮，包括建筑在内。18 世纪下半叶，喜欢直接使用塔斯干（Tuscany）地区古罗马早期建筑的片断样式，因为它们比较简洁。古罗马庙宇正面带山花的柱廊常常被拿来贴在建筑物的大门前，它们从平地起来，不再用古典主义建筑最爱用的基座层。室内喜欢陈设庞贝城遗址中常见的花盆、三脚架，采用花卉、水果等装饰题材。其实，这时还不会准确区分罗马共和时期和帝国时期建筑，所谓借用罗马共和时期的外衣，有很大的假定性，只是把拱券作为帝国时期建筑的典型特征，予以拒绝。

有一些城市住宅直接模仿刚刚发掘出来的古罗马的庞贝城里大型住宅的形制，单层，内院式。例如巴黎的莎尔姆大厦（Hôtel de Salm，1782～1786 年，设计人 Pierre Rouseeau，1750～1791 年）。

稍晚一步，古希腊建筑的影响渐渐增长。这时，建筑师对古希腊的建筑还了解不多，只是把"高贵的纯朴和壮穆的宏伟"、简洁、典雅、节制等品质称为"希腊风"。凡尔赛园林里路易十五的别墅小特里阿农（Petit Trianon，1751～1768 年，设计人 J. A. Gabriel，1698～1782 年）就曾被当作"希腊风"的典范，虽然它其实并没有什么希腊特色。

"希腊风"渗透到罗马式建筑中去，追求建筑物体形的单纯、独立和完整，细节的朴实，形式的合乎结构逻辑，并且减少纯装饰性构件。这种建筑物的代表是波尔多剧院（Le Grand Théâtre，Bordeaux，1775～1780 年，设计人 V. Louis，1731～1800 年）和巴黎的万神庙（Pantheon，1764～1790 年，设计人 J. G. Soufflot，1713～1780 年）。

波尔多剧院　18 世纪下半叶，法国公共建筑中最有成就的是剧院。其中最突出的是波尔多剧院。它说明，在这类功能比较复杂的大型公共建筑物中，建筑设计的科学性已经达到相当的高度。它和意大利米兰城的拉斯卡拉剧院（La Scala，1776 年）一起，标志着马蹄形多层包厢式观众厅的成熟。

它在广场的一侧，正面宽 46.5m，长 85m。观众厅在它的中央而稍稍偏后，前面有一个宽敞的门厅和一个正方形的楼梯厅。门厅上面是椭圆形的音乐厅。观众厅两侧有休息厅和交谊厅。马蹄形的观众厅连包厢在内宽 19m，深 20m。前端稍稍张开，台口大，台唇突出，侧面包厢里的观众能看清台唇上的表演。舞台宽 24.5m，深 22m，两侧是几层的演员休息室和化妆室，以及布景贮藏室。联系便捷而且各有天然照明。垂直和水平交通组织得很合理。4 层包厢都有环形走廊。第一、二层从中央大楼梯上去，以上的两层由一对两跑对折楼梯上去。靠近舞台口的两侧还有圆形楼梯贯穿 4 层，舞台由背面出入，演员化妆室有自己的小楼梯, 舞台和化妆室可以同各层包厢直接交通, 门厅上面的音乐厅有单独的出入口、楼梯和休息室, 不同主要观众厅混杂。

柱网全是规格化的, 大约 4m 见方, 能够同复杂的功能相适应, 在设计上是很大的成功。

波尔多剧院的门厅、楼梯厅和观众厅构成的堂皇的空间序列也是很有独创性的。把大楼梯放在正中, 纵深序列同上层空间联系起来, 虚实的穿插和变化丰富多了, 而且路线清晰, 导向性很强, 人流舒缓而有秩序 (图 12 – 1)。

它的外形十分简练, 一个长方形的六面体, 没有凹凸进退, 也没有附加的次要体积。正面 12 根科林斯式柱子的大柱廊, 没有基座层。两侧的第一层是敞廊, 以上是沙龙之类, 外表十分单纯。这种体形是"希腊风"的特征之一。

图 12 – 1　波尔多剧院楼梯厅

万神庙　万神庙本来是献给巴黎的守护者圣什内维埃芙 (St . Geneviève) 的教堂, 1791 年用作国家重要人物的公墓, 改名为万神庙。它是法国资产阶级革命前夜最大的建筑物, 启蒙主义的重要体现者。

它位于不高的圣什内维埃芙山上, 平面是希腊十字式的, 宽 84m, 连深深的柱廊一起长 110m (图 12 – 2)。

万神庙的重要成就之一是结构空前地轻, 墙薄、柱子细。建筑结构的科学性明显有了进步。原来中央大穹顶下面也由细细的柱子支承, 后来因为地基沉陷, 引起基础裂缝, 才把柱子改成 4 个墩子。又因施工不精、选材不严引起裂缝, 于是加大墩子, 但它们仍比同类教堂的都要小得多。

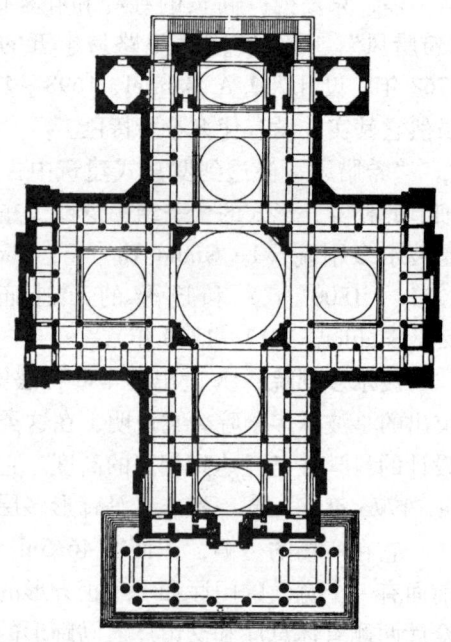

图 12 – 2　巴黎万神庙平面

穹顶是 3 层的。内层直径 20m, 中央有圆洞, 可以见到第二层上面的粉彩画。外层穹顶也用石砌, 下缘厚 70cm, 上面只有 40cm。鼓座的结构仿伦敦的圣保罗大教堂。穹顶和鼓座的外形也仿它的, 采用坦比哀多式。穹顶尖端采光亭的最高点高 83m（图 12-3）。

　　它内部因为支柱细，跨距大，所以比较开朗。结构逻辑清晰，条理分明。鼓座立在帆拱之上。四臂是扁穹顶。

　　万神庙正立面直接采用古罗马庙宇正面的构图，柱廊有 6 根 19m 高的柱子，上面顶戴着山花，下面没有基座层，只有 11 步台阶。它的形体很简洁，几何性明确。下部是方形的，上部是圆柱形的，对比很强，但是构图没有必要的呼应，加以四臂太长，所以整体性比较差（图 12-4）。

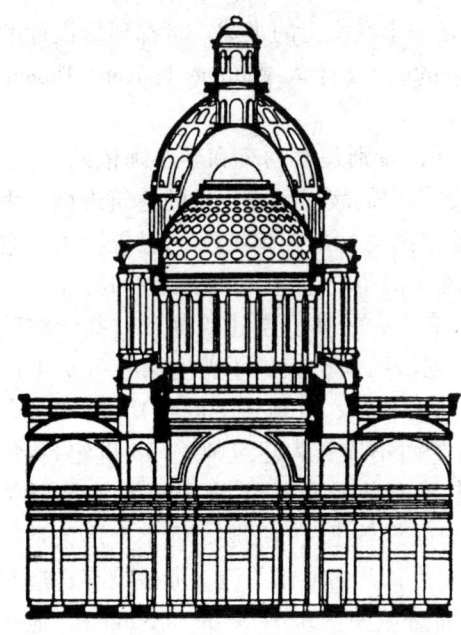

图 12-3　巴黎万神庙剖面

图 12-4　巴黎万神庙正立面

　　陵墓在宽阔的地下室里。

　　改为万神庙之后，教堂原有的窗子被堵死了，显得过于沉闷，并且使鼓座以上部分同下部的风格不协调，尺度也不统一。

　　即使在作为教堂而设计和建造时，有一些人也不把它当作宗教建筑物。建筑师德魏莱（Charles de Wailly，1729～1798 年）说它不应该有穹顶，因为穹顶是教堂的标志，而它是国家的纪念碑，要求它更彻底地回到罗马共和时代的建筑样式上去。

　　设计人苏夫洛的学生说，苏夫洛在设计时立意"把哥特式建筑结构的轻快同希腊建筑的明净和庄严结合起来"，这个愿望大体实现了。这种想法也明显是启蒙主义的。

革命的激情

　　同陆吉埃长老等的理论相应，18 世纪下半叶，建筑力求单纯简朴的潮流越加有力。

立面上、平面上都尽量避免曲线；大轮廓总是方棱方角的；山花和檐部不再断折，也不再被雕刻之类打断；柱身通常没有凹槽，壁柱没有卷杀，有时候连柱头和柱础都没有。额枋常常不做线脚；墙面不加装饰；托石简化成一块长方形的石头；不做涡卷，等等。此外，还有意表现石材的特性。

破格创新　在普遍的简化之中，有一些更激进的建筑师，不敬权威，不重传统，力图标新立异。他们的设计中，圆柱体、方锥体、圆锥体、平行六面体、球和半球，都以精确而单纯的几何形袒露着。这些极端理性主义的建筑设计是空想的，他们海阔天空地去构思，几乎荒诞不经。索勃亥设计的英灵庙（Temple d'Immortalité，设计人 Jean Nicolas Sobre）是一个在水上的半球；孚都阿依设计的"四海为家者住宅"（Maison d'un Cosmopolite，设计人 Antoine Lauvent Thomas Vaudoyer）是一个圆球，架在一圈柱子上。

这一类纯几何体的设计当然不可能实现，特别是索勃亥和孚都阿依的一些。设计者其实也并不打算它们造起来，只不过用它们表现启蒙主义的建筑理性，表现"归真返璞"和"一切建筑物都应当像公民美德那样单纯"的思想罢了。它们也反映着这时一些建筑师敢于蔑视旧观念，渴望创造新事物的觉醒和勇气。

自由·平等·博爱　在启蒙思想的影响下，一些上层建筑师，一些学院院士，突破了"尊卑雅俗"的陈腐观念，把创作活动扩大到了普通第三等级下层使用的房屋。王家建筑师，院士列杜（C. N. Ledoux，1736～1806年）说："一个真正的建筑师决不会因为给砍柴人造了房子而不成其为建筑师。"18世纪80年代，列杜设计过45座巴黎的税关，其中只有4座留了下来，如维莱特城关（Barrière de Villette），虽然隐约保留着一些古罗马建筑的痕迹，但整个形象是前所未见的，极其简洁，几乎没有线脚、贴面等，几何形体单纯。那些没有建造起来的，纯粹是最基本的几何形的组合，如商丹城关（Barrière de la Santé）。他还设计过养鸡场、水文观测站、农村公安队宿舍等等，这些也都是最基本的几何体。农村公安队宿舍是一个光溜溜的圆球，放在一个长方形的池子里，四面有桥通向池岸（图12－5）。

列杜还曾经给王室盐场设计过一个理想的规划（Ville Idéale de Chaux，1774～，图12－6）。150人的盐场城，核心是椭圆形的广场。场长的房子在广场中央，它两翼的厂房把广场分为前后两半。厂房后面是车库。广场前沿是大门，它的一侧是职员住宅，另一侧是雇工住宅，都沿圆周排列。广场长轴的后端立着市政厅，短轴两端是法院和神父住宅。在外围，还有木匠、艺术家、作家、伐木工人、工程师、商人、箍桶匠等等的住宅。它们的质量都是一样的。卧室朝南。有杂务院和果园。为了公共福利，还有浴室、学校、俱乐部、市场、体育馆、公墓等等。这些公共建筑物散置在广场之外，大体上仍然按环形排列。列杜说，在这个理想城里，"人们第一

图12－5　农村公安队宿舍

次看到乡村小屋和宫殿同样漂亮"，"在这个新生的城里要叫人人都安乐"。虽然，这个规划也只能是个空想，但它鲜明地反映了资产阶级大革命时的人道主义理想。

资产阶级的思想家当时真诚地相信共同的繁荣昌盛，他们没有能够看出他们理想的新社会制度中不可避免的各种矛盾。列杜就是怀着这种天真的

图 12-6 王室盐场，列杜规划

真诚做盐场城的理想规划的，他以为"自由·平等·博爱"的新社会真的会在革命中诞生。所以，他在创作中体味到了诗意。他说："建筑之于砌砖垒石就如诗之于文章，它是手工技艺戏剧性的热情迸发。"对于这时候的列杜来说，建筑设计不过是一种情感的宣泄，一种思想的呈现，并不是真要造一幢实用的房子。

英雄主义 资产阶级为了夺取政权，他们需要奋不顾身地战斗，需要英雄行为，在革命前夕，法国的第三等级中回响着高亢激越的英雄主义。在建筑中也是一样，陆吉埃长老和列杜等所倡导的建筑物要能引起激动的情绪，要能使人心潮汹涌等等，同英雄主义的表现结合起来了。辟兰尼西的古罗马遗迹写生，给这种主张以直观的刺激。

革命前夕，尤其是革命的高潮之中，王家建筑师、院士部雷（E. -L. Boulée，1723~1799 年）在一大批设计中最突出地表现了昂扬的英雄主义。1784 年，部雷设计的牛顿纪念堂（Cénotaphe de Newton）是一个光滑的、完整的直径 146m 的圆球，放在一个圆柱形的台基上，拦腰有两道绿化带。球体外壳开一些孔洞，白昼日光射进，从内部看宛如夜间天穹上运行着闪烁明亮的星辰。夜间，则有一盏大灯照耀，如同太阳。启蒙主义者崇拜牛顿，把他奉为宇宙的发现者。部雷在为牛顿纪念馆写的说明中道："庄严的精神！伟大而深邃的天才！神圣的生灵！牛顿。您确认了地球的形状，而我想到了把您包藏在您的发现之中。"1789 年，他设计了伟人像陈列馆（Musée destiné à contenir les statues des Grands Hommes），构思十分壮丽。它的主体的平面是田字形的，中央是圆形大厅，从四面都可以通过用筒形拱覆盖的大楼梯进入圆形大厅。外面，每边都有一个半圆形的 4 排柱子的柱廊，向外凸出（图 12-7）。1792 年，他设计了国民公会大厦（Palais d'Assemblée Nationale），这是一座方方正正的建筑物，正面除了一个大券门之外，全是实墙面，墙上刻着作为民主革命的圣经的《人权宣言》的全文。

部雷设计的这些建筑物，构思极其

图 12-7 伟人像陈列馆入口之一

新颖，见所未见，闻所未闻，可谓穷智竭虑。体形都很简洁，有一些纪念物，是纯净的方锥体或者圆锥台之类。它们异常高大，星辰挂在它们的顶上，云雾绕在它们的腰际。部雷说："我们喜爱巨大的形象，因为我们的灵魂……渴望着拥抱宇宙。"他认为，真正的建筑艺术产生于创造性的幻想，建筑的任务在于给人新鲜的、大吃一惊的印象。

部雷并不要求这些设计能够实现。革命动员了山乡的农民、海滨的渔夫、城市的无产者，他们起来用鲜血和生命进行慷慨悲壮的斗争，这些设计本身就是这个伟大历史运动的纪念碑。

雅各宾专政

为了使资产阶级获得彻底的胜利，革命必须越出它的界限。1793 年的雅各宾党的专政，正是下层人民的专政，也就是城市和农村最下层的贫苦人民的专政。这个专政只有短短的一年，面对着尖锐复杂的内外斗争，它在建筑上不可能有所建树。但它的一些有关的决定和措施，仍然鲜明地表现了下层劳动人民专政的彻底性。

国民公会下设的艺术家委员会打破少数人对文化艺术的垄断，力求吸引尽可能多的人参加到艺术文化事业中来。展览会给一切艺术家以机会，给优秀作品以奖励。在全国系统地建立博物馆，把卢佛尔宫向公众开放，让公众参观过去王室、贵族和修道院收藏的珍品。罗伯斯庇尔的拥护者，画家达维（J. L. David，1740～1852 年）在国民公会上斥责革命前的艺术，"一切种类的艺术所做的都不过是迎合那一小撮口袋里塞满了黄金的浪荡子的趣味而已"。他认为艺术应当为人民和共和国服务，应当是道德的。

1793 年，艺术家委员会做了一个改建巴黎城的规划。它把城市建设的重点从设备完善的宫廷贵族聚居区转移到住着第三等级和贫苦的手工业工人的市中心去。为了减轻市中心的交通负荷，预定开辟几条新干道，同爱丽舍大道相接。把封建专政的象征——巴士底狱夷为平地，修建成绿化的广场。拆除西丹岛（O. Cité）河岸上的房子，封闭一些市区内的墓地，增加水井，清除垃圾，添设街灯，广泛地绿化城市。所有这些措施，都将大有利于改善第三等级和劳动群众的生活条件。1794 年，雅各宾党的专政被颠覆之后，这个规划就被大资产阶级抛弃了。

在雅各宾党专政的一年内，不再建造教堂。巴黎圣母院在 1793 年被改成"理性殿"，供奉"理性之神"。有些教堂和修道院被当作革命法庭，圣坛上供起《人权宣言》，挂起古罗马的共和主义英雄、刺杀企图建立帝制的恺撒的布鲁特斯（Brutus）的像。

艺术上提倡革新，提倡简朴。在一次建筑设计评奖会上，建筑师杜孚尔尼（Léon Dufourny，1754～1818 年）说，"一切建筑物都应当像公民美德那样单纯"，不要多余的装饰。他在西西里岛工作了六年，排除了所谓"西西里巴洛克"。雅各宾党的领袖罗伯斯庇尔（de Robespierre，1758～1794 年）在给艺术家的公告里说："艺术家不应该把古代当作偶像来崇拜。艺术家可以赞美希腊，但不应该成为它的奴隶。"革命家的思想，无拘无束，总是渴望着创造。

但是，雅各宾专政实行的是恐怖主义，滥杀无辜，最终陷于孤立，很快就被大资产阶级推翻了。

12.3　大资产阶级的凯歌——帝国风格

法国的资产阶级革命终于在 19 世纪初年获得了一批凯歌式的纪念碑。大资产阶级的政权是在对内镇压了民众，对外进行了侵略之后巩固的，他们嘹亮的凯歌中回荡着一股肃杀之气。

1794 年，雅各宾党专政被推翻，大资产阶级在 1795 年建立了督政府。1799 年，他们的政治代表拿破仑独裁，并于 1804 年称帝。拿破仑政权在国内大力发展资本主义制度，在国外，用战争扫除有碍于资本主义发展的欧洲封建势力，为法国资本主义的发展创造适当的国际环境。

建筑活动的政治经济意义　拿破仑统治时期展开了大规模的建筑活动。同拿破仑政权的历史使命相应，这场建筑活动主要在两个方面：

第一方面，直接为发展资本主义经济服务。城市里，出租牟利的多层公寓逐渐成为居住建筑的主要类型，决定了城市许多地区的面貌。它们沿街比肩而立，高约 5~6 层，底层通常是商店。1811 年，巴黎着手改建丢勒里宫北侧的李沃利大街（Rue de Rivoli），沿街是一色的房屋，连阁楼一共 5 层，底层是商店，前面有连绵的券廊，形成人行道。这条大街在 19 世纪中叶完成后成为商业街道的范本，影响很大。

在巴黎建造了宏大的交易所（La Bourse，1808~1827 年，设计人 A. T. Brongniart，1739~1813 年），这是一座围廊式建筑物，方方正正，形体极其单纯，周围一色的科林斯式柱子。供资本主义经济活动之用的建筑物采用这样庄严的纪念性形制，宣告着它们代替庙宇、教堂、宫殿而左右建筑潮流的时代就要开始了。

第二方面，颂扬对外战争的胜利。拿破仑的全部事业是和军队分不开的，拿破仑帝国的主要的纪念性建筑物都以表彰军队为名。这些建筑物占据着巴黎市中心最重要的位置，为它们开辟了广场和干道，彼此呼应，控制着巴黎主要部分的面貌。帝国末期所作的巴黎市规划，就是着眼于突出这些纪念军事业绩的建筑物。启蒙主义的建筑思潮和雅各宾党专政时期的建筑活动中的进步性被一扫而光。但是，这一批宏大壮观的建筑物毕竟是资产阶级大革命的纪念碑，它的主题上和风格上的局限，正反映了这场革命本身的局限。

帝国风格　在这些纪念性建筑物上形成的风格，叫"帝国风格"（le style empire），是拿破仑帝国的代表性建筑风格。

大资产阶级撇开了平民群众，独占了革命的果实之后，启蒙主义的和革命时期的思想文化消失了。文学艺术的新任务是给拿破仑戴上灿烂的圆光。

拿破仑的帝国披上了古罗马帝国的外套，宫廷用罗马帝国的文化装扮起来。统治阶级上层的住宅、家具、装修、陈设、衣着、谈吐都讲究古色古香。城市街头建立了一批古罗马式的颂扬皇帝的骑马铜像。因为当时资产阶级的斗士们需要召唤历史的亡灵来掩盖他们的斗争内容的狭隘性，来保持他们的战斗热情。

　　这些大型建筑物常常照搬罗马帝国建筑的片断，甚至整体。例如：演兵场凯旋门（L'Arc de Triomphe du Carrousel，1807 年）完全模仿赛维鲁斯凯旋门，雄师柱（Colonne de la Grande Armée，1805 年）是图拉真纪功柱的复制品，而军功庙（Temple de la Gloire de l'Armée，1807～1842 年）则俨然是一座罗马围廊式庙宇。

　　为了追求雄伟的纪念性，它们体积高大，外形简单，一个巨柱式贯串上下，没有基座层，所以尺度很大。因而柱间距相对显得很狭小，使人感到压抑。它们的外墙通常很少线脚，很少曲线的细节，大面积的墙，砖的、粗石的、拉毛的、抹灰的，没有装饰、没有门窗、没有分划、甚至没有砌缝，只偶尔有几个壁龛盛着古气盎然的雕像，所以十分矜夸僵冷，由此生出肃杀之气。

　　拿破仑的御用建筑师拜西埃（Charles Percier，1764～1838 年）和封丹（Pierre-Francois-Léonard Fontaine，1762～1853 年）写道："无论在纯美术方面还是在装饰和工艺方面，人们都不可能找到比古代留下来的更美好的形式。"又说："我们努力模仿古代，仿它的精神、它的原则和它的格言，它们是永恒的。"同启蒙时期和革命时期那些敢于突破一切金科玉律、驰骋创造幻想的建筑师相比，这时的代表性建筑师的精神状态就低得多了。

　　虽然崇拜古代，但建设的实践中开始了折中主义的趋势。拜西埃和封丹设计的装饰，把古罗马的军事标志、埃及的狮身人面像、伊特拉里亚的花盆、文艺复兴的粉画等等全都糅杂在一起。城市的一般建筑中袭用欧洲各国各个历史时期的建筑样式。因为拿破仑曾经远征埃及，远征时随军带去了一批学者和美术家，研究古埃及文化，所以古埃及建筑样式和装饰题材在法国也时兴一时。一些商业建筑上出现了趣味庸俗的尖巧花式。一方面，折中主义的初起反映着社会眼界的扩大，一方面，则表现出帝国风格的社会基础是很狭小的。

　　军功庙　1799 年，拿破仑决定把在革命前已经造完基础的巴黎的抹大拉教堂（l'Église Ste-Marie-Madeleine）废掉，在原地造一座陈列战利品的军功庙，他指定它"应该是庙（temple）而不应该是教堂"，应该是"可以在雅典见到的那种纪念物，而不是在巴黎可以见到的那种"。于是，设计人维尼翁（Barthelemy Vignon，1762～1829 年）采用了围廊式庙宇的形制（图 12－8）。

图 12－8　军功庙

军功庙正面 8 棵柱子，侧面 18 棵，罗马科林斯式。庙宇很大，从柱础外侧量度，宽 44.9m，长 101.5m。柱子高 19m，基座高 7m。柱间距只有两个柱径，柱高不及底径的 10 倍，很沉重。柱间距完全相等，柱廊后面的墙上原设计有窗，也因为要模仿古希腊庙宇而被砌塞了。一切线条都是僵直的，没有生气。

它位于调和广场之北，前面一段不长的大道笔直地在调和广场北边一对古典主义的大厦之间进入广场，形成广场的主轴线。军功庙因此同广场联系成一个建筑群，并且居于主位。

军功庙的大厅由 3 个扁平的球面顶覆盖，球面顶是用铸铁做骨架的，并不是真正的穹顶。这是最早的铸铁结构之一，是工业革命的积极成果。和它同时的粮食交易所（l' Exchange de blé，1802 年）也用铸铁做球面顶。这两座建筑物没有因此而探讨新的形式，和它们同时，伦敦的英格兰银行却在铁构架上创造了新形式。一个重要的原因，是巴黎的这批建筑师立意要在形式上模仿古罗马，没有创造新事物的自觉。

拿破仑帝国覆灭之后，军功庙改称旧名抹大拉教堂。抹大拉是保护巴黎的圣徒，巴黎的象征。

雄师凯旋门　雄师凯旋门（设计人 Jean-Francois Chalgrin，1739～1811 年）非常大，高 49.4m，宽 44.8m，厚 22.3m；正面券门高 36.6m，宽 14.6m（图 12－9）。

这样大的建筑物却采取了最简单的构图，方方的，除了檐部、墙身和基座，此外没有别的分划。没有柱子或壁柱，也没有线脚。墙上的浮雕，同样也是尺度异常大，一个人像就有 5～6m 高。但它周围的楼房都比它矮小，尺度更小得多，反衬之下，它显得格外阔大，咄咄逼人。它距调和广场 2700m，绿树成荫的爱丽舍大道从调和广场向西直奔而来，在中途有一个凹地，而凯旋门却在凹地之西的高地上，因此造成了格外庄严、格外雄伟的艺术力量。它的浑厚的重量感更加加强了这力量。

图 12－9　雄师凯旋门

雄师凯旋门建成后，堵塞了交通，于是，在它周围开拓了圆形的广场，12
条 40～80m 宽的大道辐辏而来，使它成了一个广大地区的艺术中心（图 12-
10）。这个广场因为放射形的街道而得名为明星广场，拿破仑帝国垮台后，雄师
凯旋门被称作明星广场凯旋门（l'Arc de l'Etoile）。

图 12-10　明星广场平面

巴黎市中心　同雄师凯旋门相对，调和广场以东 300m 外是丢勒里宫。19 世
纪中叶丢勒里宫焚毁之后，就露出拿破仑的演兵场凯旋门，模仿古罗马的式样。
两个凯旋门定下了巴黎市中心的大轴线。调和广场南边，隔着塞纳河，是下议院
的柱廊，12 棵科林斯柱子戴着山花，也是拿破仑时代造的（1807 年，设计人
Bernard Poyet，1742～1824 年）。它和北面的军功庙形成广场的纵轴线。广场中
央，搬走了旧的路易十五的雕像，代之以拿破仑远征埃及时劫掠来的一个方尖
碑。于是，以调和广场为枢纽，拿破仑的军功纪念物互相呼应，控制了巴黎的市
中心。巴黎的市中心，由广场、绿地、林荫道和大型纪念性建筑物组成，富有变
化，在世界各国的首都建设中，占着突出的地位。

第13章 欧洲其他各国 18 世纪下半叶和 19 世纪上半叶的建筑

18 世纪下半叶和 19 世纪初，欧洲各主要国家的建筑事业很活跃，普遍建造了一批大型公共建筑物。柏林、维也纳、布达佩斯、彼得堡等等城市的中心，都是这时期形成的，质量很高。

城市住宅和商业建筑物大量兴建，大城市的面貌迅速改观。同时，豪华的中心区同破败的贫民区之间的差别也愈来愈大。

19 世纪上半叶，欧洲各主要国家都经历着资本主义性质的改革，资产阶级的影响日益增长。法国的革命提高了各国资产阶级的政治觉悟，一些封建君主们在形势的压力下不得不改变策略，标榜 "开明专制"。拿破仑的战争又激发了各国民族主义意识的高涨。民主运动和民族解放运动在欧洲交织成当时先进的思想文化潮流。

另一方面，面对着必不可免的灭亡，封建贵族们或者用低沉的调子缅怀往昔，或者利用宗教，对先进的思想文化进行抵制。他们在思想文化中掀起一小股逆流，主要在英国。

各国的思想文化和相应的建筑交互影响，而都以各种方式同法国发生密切的联系，跟着政治形势的变化，或者相随，或者相违。

13.1 英国的建筑

18 世纪下半叶，英国发生了工业革命。在工业革命推动下，工业资产阶级迅速壮大，城市猛烈发展。城市的建筑活动，包括住宅和各种公共建筑物，从此成了左右建筑潮流的主要力量，成了时代建筑的代表。不仅宫殿建设基本停止了，由于贵族的没落和农业资产阶级地位的相对降低，庄园府邸也失去了对建筑发展的领导作用。

从 18 世纪下半叶到 19 世纪中叶，英国主要的建筑潮流是古典复兴，在城市建筑中流行，反映着工业资产阶级的政治理想。从 18 世纪 70 年代到 19 世纪 30 年代，在庄园府邸中流行先浪漫主义，排遣着封建贵族凄凉的黄昏情绪。19 世纪 30 年代到 70 年代，以 "复兴" 中世纪哥特式建筑为特征的浪漫主义成了一支重要的建筑潮流，它包含封建势力的反动、小资产阶级对资本主义的批判以及人性觉醒和向往自由等多种不同因素复杂的反映。同时，建筑中折中主义越来越突出。折中主义就是一种无原则主义，建筑师可以抄袭欧洲各个时代的风格样式，也包括伊斯兰、印度、中国、埃及等建筑的风格样式，到后来，甚至把各种建筑手法和局部杂糅在一起。到 19 世纪，终于把古典复兴、浪漫主义一起混合到各种历史风格以及"异国情调"的东拼西凑中去了。

罗马复兴　18世纪下半叶，工业资产阶级为了争取选举权，在议会内外展开了激烈的斗争，他们把法国当时高涨的启蒙思想引了进来，仰慕古罗马的共和政制，连同它的文化。于是，在城市建筑中兴起了罗马复兴的建筑潮流，同法国的很相像。意大利中部的古罗马庞贝城（Pompeii）和厄尔古兰诺城（Erculano）遗址的发掘提供了许多关于古罗马早期建筑的知识。但这两座城本是希腊人的居住地，所以建筑也有浓厚的希腊特色。

罗马复兴最早表现在巴斯（Bath）城的建设。巴斯本是古罗马帝国时代的一座休闲城，还存有古罗马浴场的遗址等，18世纪中叶成为避暑胜地，进行建设。当时的社会思潮，希望恢复它的原貌。建筑师大伍德（John Wood Ⅰ，1704～1754年）为它设计了广场、宫廷运动场和"马戏场"（The Circus）。大伍德很有现实感，并非泥古不化。40年代建造起来的"马戏场"其实是一个圆形广场，周围一圈36所连排住宅，立面是3层叠柱式，恰像一个向里翻转的古罗马马戏场（图13-1）。门窗洞都不用发券，而用过梁，因为当时认为拱券是罗马帝国时期才有的结构技术，而这时追慕的是共和时代的罗马，那时还不流行拱券结构。

大伍德的儿子小伍德（John Wood Ⅱ，1727～1782年）在离"马戏场"不远处造了一个半圆形广场，几十户连排住宅形成半个圆周，名为"王家新月"（Royal Crescent，1767～1775年）。也是3层，底层是基座层，上两层用爱奥尼巨柱式。这是古典主义手法，不是罗马复兴。"王家新月"同"马戏场"之间有一条笔直的

图13-1　巴斯的马戏场广场住宅

大路相连，两侧也都是连排住宅。城市的连排住宅穿上纪念性的外衣，说明资产阶级革命时期昂奋的心情还没有过去。

18世纪60年代，有一些大型府邸撷取了更纯粹的古罗马建筑片断。例如，建筑师亚当兄弟（Robert Adam，1728～1792年，James Adam，1730～1774年）经常把罗马凯旋门或庙宇正面贴到府邸上。他们设计的开德莱斯登（Kedleston）府邸里的阿拉拜斯特大厅（Alabaster Hall，1761～1765年）和西昂府邸南侧的前室（Syon House，Middlesex，1762年），一个是古罗马巴西利卡式的，一个则像古罗马的浴场。此外有霍尔干府邸的门厅（Holkham Hall，Norfolk，1734年，图13-2），仿罗马的维纳斯和罗马庙（Temple of Venus and Rome）等等。他们也在内部做庞贝式纤细的花饰。

18世纪80年代，在法国启蒙主义建筑潮流影响下，建筑趋向简洁而古朴。城市住宅模仿正在发掘的古庞贝城，盛行在大门前设素约的塔斯干式柱廊，有些戴山花，人行道从柱廊里穿过。

图 13-2　霍尔干府邸门厅

　　伦敦摄政花园附近的"花园新月"（Park Crescent，1812 年~）和"四分圆"（The Quadrant，1819~1820 年）也由连排住宅组成，前面长长的柱廊覆盖着人行道，构思显然受刚刚发掘出来的位于叙利亚的古罗马的巴尔米拉城（Palmyra）的启发。它们的设计人是纳许（John Nash，1752~1835 年）。

　　英国罗马复兴建筑最后一个代表是英格兰银行（Bank of England，1788~1835 年，设计人 John Soane，1753~1837 年）。它的外面和内院都是罗马复兴式的，但已经有了希腊复兴的因素，旧利息大厅（Old Dividened Office，1818~1823 年）的天窗下，16 个少女雕像，完全是雅典卫城上伊瑞克提翁的女郎柱的仿制品。这所银行建筑物的重要意义在于使用了铸铁和大量玻璃，利用它们创造了多种天窗和采光亭的新式样。利息大厅的天窗就是一个采用铁构架的玻璃穹顶，基本上排除了传统的形式，充分利用了新结构的轻盈和崭新的光线效果。它是冬末的花朵，骄傲地开放了，虽然寂寞，却预报了新春的来临（图 13-3）。

　　希腊复兴　18 世纪中叶，欧洲人对古希腊建筑的知识逐渐丰富，认识逐渐加深。到 19 世纪初，在英国兴起了希腊复兴建筑。原因大致是：第一，当时英国正对拿破仑进

图 13-3　英格兰银行旧利息厅

行着生死攸关的战争，为了同拿破仑提倡的古罗马帝国建筑风格对抗，有一些建筑师转向古希腊。第二，到了 19 世纪 20 年代，希腊人民的独立解放斗争引起了欧洲资产阶级先进阶层的同情，尤其引起了正在为完全的政治权利而斗争的英国资产阶级激进分子的同情。英国杰出的诗人拜伦（G. G. Byron，1788～1824 年）参加了希腊独立战争，献出了生命。他写道："美丽的希腊，一度灿烂之凄凉的遗迹！你消失了，然而不朽；倾圮了，然而伟大！"（《恰尔德·哈罗德》，第二章）。第三，英国人在希腊的美术考古工作成绩卓著，向全世界展现了古希腊建筑惊人的美。因此，希腊复兴在英国成了一支有力的潮流。它的主要特点是使用希腊式的多立克和爱奥尼柱式，并且追求体形的单纯。

伦敦摄政花园附近的肯勃兰连排住宅（Camberland Terrace，19 世纪 20 年代）和卡尔顿联排住宅（Carlton House Terrace，1827 年）是希腊复兴的重要作品，都由纳许设计。前者用爱奥尼柱式作二、三层立面的主要装饰，后者底层用希腊多立克柱式，上面则是罗马的科林斯柱式。它们看上去虽然很壮观，但功能很差，粗重的柱子严重损害了住户的采光。

伦敦的不列颠博物馆（The Biritish Museum，1825～1847 年）的立面是单层的爱奥尼柱廊、端丽典雅，比较适合它的用途（图 13－4）。它的设计人斯默克（Robert Smirke，1780～1867 年）很推崇古希腊建筑，说它"无疑是最高贵的，具有纯净的简洁"。

但是纳许和斯默克都是 19 世纪上半叶典型的折中主义者，他们曾经在创作中仿造多种多样的历史风格，而并没有自己一定的风格追求。

希腊复兴的代表作很多在苏格兰的爱丁堡。爱丁堡被称为"新雅典"，它的卡尔顿山（Carlton Hill）号称新雅典的卫城。卡尔顿山脚下的广场叫滑铁卢广场（Waterloo Square），纪念对拿破仑的决定性胜利，这也便是希腊复兴建筑的政治意义。山上曾经建造过一座仿帕提农的国家纪念堂。山南坡是爱丁堡大学的校舍（1825 年，设计人 Thomas Hamilton，1784～1858 年）。它的正面展开很宽，正中一幢围廊式建筑物高踞在台阶上，以山花向前，像雅典卫城的山门（图 13－5）。

图 13－4　不列颠博物馆正面

图 13－5　爱丁堡大学

19 世纪中叶，希腊复兴潮流在英国衰退。只有格拉斯哥，希腊复兴建筑才刚刚兴起，直到世纪之末。

先浪漫主义　封建贵族一天一天地没落，他们抚今追昔，唱起了美化中世纪的生活和文化的哀歌。他们在文学艺术中造成了一小股逃避现实、渲染宗法制农村田园情趣的潮流，抒发他们"且恋恋，且恹恹"的低沉的幽思。这就是先浪漫主义。

先浪漫主义在建筑上的表现，主要是在庄园府邸中复活中世纪的建筑。一种模仿寨堡，例如伦敦近郊草莓山上哥特式小说首创者渥尔伯尔的府邸（Castle of Horace Walpole, Strawberry Hill, 1753～1776 年）；另一种模仿哥特教堂，流行在 18 世纪之末，例如封蒂尔修道院（Fonthill Abbey, 1796～1814 年）和伊登大厦（Eaton Hall, 1803～1814 年）。封蒂尔修道院其实是一所府邸，

图 13-6　封蒂尔修道院

它的名称就反映出封建土地贵族的末世情绪，平面是十字形的，中央有一个 61m 高的塔，用木材搭起来，1807 年就被风吹塌了（图 13-6）。

虽然在艺术思想上是消极的，但寨堡式府邸在住宅的发展上起过进步作用。它摆脱了 18 世纪上半叶以来英国建筑中的帕拉第奥主义，不强求轴线对称，不划定外形呆板的框框，不设置大而无当的室内空间，不死守任何一种格式。先浪漫主义者在创作中追求性灵的解放，府邸的平面很自由，房间的大小、形状、朝向和相互联系灵活地根据实际功能需要适当安排。它的这个积极方面在 19 世纪被继承下来。20 世纪初年有一些新建筑的先驱自称为先浪漫主义建筑的继承者。

先浪漫主义的又一种表现就是向往"东方情调"。18 世纪下半叶，英国人大量到东方贸易和殖民，增加了对东方文化的知识。遥远的异国，传说中的奇境，正利于充满幻想的先浪漫主义者寄托幽情。于是，中国的、印度的、土耳其的和阿拉伯的建筑被介绍到英国。纳许改造的在布赖登的 1780 年代造的摄政王府邸的王室大厅（Royal Pavilion, Brighton, 1818～1821 年）就是模仿印度莫卧儿王朝的清真寺的。

大约在 1750 年前不久，出过一本书，叫做《中国风的农家建筑》（Rural Architecture in the Chinese Taste, 作者 William Halfpenny, ?～1755 年），1750～1752 年间出了再版。同时，在洛克斯顿（Wroxton）造过一座中国式的建筑物。18 世纪下半叶的英国最重要建筑师之一，曾任王家建筑师的钱伯斯（Sir Wiliam Chambers, 1723～1796 年），年轻时曾两次经商到过广州（1742～1744 年）。回国之后又到罗马学习建筑。1757 年，他出版了一本《中国式建筑设计》（Designs for Chinese Buildings）。此后，在其他著作中，钱伯斯继续介绍中国建筑。他特别推崇中国的造园艺术，在 1770 年出版的《泛论》（Dissertation）中，他说："在中国，不像在意大利和法国那样，每一个不学无术的建筑师都是一个造园家；……在中国，造

园是一种专门的职业，需要广博的知识；只有很少的人能达到化境。"在钱伯斯的影响下，陆续有一些英国人研习中国园林。饶有自然情趣的中国园林，很快征服了英国先浪漫主义者的心。它所表现的遁迹山林的生活哲学，正合于徘徊在暮鸦声中、夕阳影下的贵族们的心绪。钱伯斯为王家设计了中国式的丘园（Kew Gardens），其中造了一些中国式的小建筑物和一座塔（大约 1757～1763 年间）。塔 8 角，10 层，高 49.7m（图 13－7）。

图 13－7　丘园中国式塔

欧洲的园林有两大类。一类起源于意大利，发展于法国，以几何构图为基础。意大利的，多依地形作多层台地，有中轴而不突出；法国的，多在平地展开，中轴极强，成为艺术中心。另一类名为英国式，选择天然的草地、树林、池沼，一派牧歌式的田园风光，同原野没有界线。

中国式园林以其追迹自然，受到当时英国人的欢迎并一度在英国流行之后，18 世纪 60 年代，又在卢梭的"返回自然"的思想影响下，从英国传到法国，凡尔赛宫小特里阿农新建的花园就号称中国式的。传教士和使节们关于北京圆明园和其他皇家园林的生动描述，更引起了欧洲人对中国园林的爱慕。德国和俄国的宫廷也曾仿造中国的园林和茶亭之类的小建筑。但模仿得不伦不类，建筑物太多而且古怪，园林矫揉造作，斧凿毕现，卢梭就批评过这些英国的所谓中国式园林并不自然。模仿不成，18 世纪 80 年代，法国又重新回到几何式的园林去了。

浪漫主义　从 19 世纪 30 年代到 70 年代，是英国浪漫主义建筑的极盛时期。浪漫主义建筑又名"哥特复兴"（Gothic Revinal）。

浪漫主义思潮十分复杂，甚至包含着相反的思想倾向。

在反拿破仑的战争中，欧洲各国的民族意识高涨，知识分子热衷于发扬本民族的文化传统。中世纪闭关自守状态下的文化，最富有民族的特色。和它相比，古典主义建筑就被斥为世界主义的了。这是英国和欧洲其他各国哥特复兴建筑的第一个思想基础。

其次，是封建势力的反动。拿破仑失败之后，欧洲反动势力高涨，一些教派鼓吹恢复中世纪的宗教，主张照哥特式样建造教堂。有一些思想家，例如英国的散文家、美术理论家、社会活动家拉斯金（John Ruskin，1819～1900 年）推崇中世纪的建筑富有宗教感情，出于虔诚的基督徒之手，而古典建筑则出于异教徒之手，是不道德的。因此，连世俗建筑也应该用中世纪的式样。

另一个思想基础是小资产阶级对资本主义制度和工业革命的批判。他们出身于中世纪的市民和小农，社会地位和生活不断恶化，因而痛恨"机器的奴役"，怀恋中世纪的"自由工匠"的"愉快的"创作。所以，他们不仅提倡中世纪手工产品的艺术风格，甚至提倡照中世纪作坊的方式进行生产。

浪漫主义建筑也反映着资本主义社会早期一些人的人性的觉醒，渴望个性的自由。摆脱学院派古典主义的清规戒律和因循守旧的作风，努力创造有感情、有性灵的建筑物，因而倾向于中世纪比较随意自如的建筑，特别是市民的世俗建筑。

因此对中世纪建筑的研究一时大盛，出版了不少著作。

哥特复兴受到官方的支持。例如，1834年失火焚毁的英国国会大厦（Houses of Parliament）于1840~1865年重建，巴雷爵士（Sir Charles Barry，1795~1860年）竞赛获胜的原设计是古典主义的，在建造过程中，英国女王维多利亚（Queen Victoria，1837~1901年在位）为了对抗勃兴着的社会主义运动，像17世纪末年的复辟王朝一样，提倡强化基督教，因而要求它必须采用英国历史上最强盛时期，那就是伊丽莎白女王（Elizabeth，1558~1603年在位）或詹姆斯国王（James，1685~1688年在位）时期的哥特式，下令由小普金（A·W·N. Pugin，1812~1852年）协助，把它修改了。小普金是一个虔诚的教徒，他说，"只有道德高尚的人才能设计出好的艺术品来"，所谓道德高尚，便是笃信宗教。他把他竭力倡导的哥特复兴式叫做"基督徒风格"，并亲自在英国本土和殖民地设计建造过65座大小教堂。国会大厦由11个院落组成，大致对称，西北角有一座102.4m高的维多利亚塔，东北角有一座大钟塔（big bang），高100.3m，挂着13t重的"大笨钟"。两座塔造成哥特式的跳动的形体，但它沿泰晤士河的立面还是平稳的。

有一些建筑师和建筑理论家，虽然怀着强烈的宗教感情，对中世纪抱着不切实际的看法，但对建筑有些比较清醒的认识。其中比较突出的是拉斯金。他懂得，最好的建筑物必须有某种"真实"，这就是形式、外貌与促使这个建筑物产生的"力量"（生活、结构）之间的适应。他在理论著作《建筑七灯》（Seven Lamps of Architecture，1849年）中说："我们对任何建筑物都要求它有三种良好的品质：一是它服务得好，能够用最好的方式做它应该做的事；二是它说得好，能够用最恰当的字眼说它应该说的话；三是它很好看，不论它该做什么，该说什么，它都应该叫我们看起来喜欢。"拉斯金认为，哥特建筑的价值就在于它具有这种品质。哥特建筑是善变的，随功能要求而变。"哥特建筑的主要优点之一就在于它从来不允许外在的匀称、统一等等观念妨碍它的真实用途"。要开窗便开一个，要扶壁就造一个，要房间就添一个，"完全不顾任何一种关于外观的传统惯例"，"这种大胆的对形式的突破，不会破坏外形的匀称，只会增添趣味"。拉斯金在《威尼斯之石》第一卷中说，哥特建筑的形式灵活多变，既有利于功能，也更富有画意。他明白，一座建筑物，不可能既是真实的，又是仿古的。他寻求新风格。不过，他认为，新风格必须建立在哥特建筑的基础上。意思是说，结构应该像哥特建筑那样"忠实"，平面和体形应该像中世纪世俗建筑那样活泼自由，装饰应该采用自然的物像。他特别推崇意大利的、尤其是威尼斯的哥特建筑。推崇它们的水平分划和彩色饰面等等。

在拉斯金的影响下，19世纪60年代流行起一种以意大利哥特式建筑为蓝本的

"哥特复兴"，得名为"维多利亚哥特"。它在住宅建筑中成就特别大。因为拉斯金倡导的节制、忠实、简单和直率以及平面和构图的合目的性，无疑最适合于住宅。19 世纪下半叶，英国最优秀的住宅建筑家，魏伯（Philip Webb，1831～1915 年）、肖（Richard Norman Shaw，1831～1912 年）和沃赛（C. F. A. Voysey，1857～1941 年）就是在拉斯金影响之下的浪漫主义者，他们对现代建筑的诞生作出过重要贡献。

13.2　德国及奥地利的建筑

18 世纪下半叶，德国的经济恢复，逐渐强大的资产阶级，为了建立统一的国内市场，反对祖国的四分五裂状态。在拿破仑战争的冲击下，诸侯国经过兼并，数量大大减少。比较重要的诸侯国里，实行了资产阶级的改革。

勾心斗角、互争雄长的诸侯们纷纷在自己的首都兴建纪念堂、博物馆、凯旋门、剧院等等，炫耀邦国的兴隆，以便在政治斗争中胜过对手。所以，这时期，大型的公共建筑物在诸侯国的范围内都是国家性的。德国的一些大城市，柏林、德累斯登、维也纳、慕尼黑等，都在这时期造成了一批宏伟的纪念性建筑物，水平很高，决定了城市中心的面貌。

诸侯们在高涨的资产阶级反对情绪的压力下，忙着标榜"开明专制"，罗致人才，谈论哲学，甚至谈论启蒙思想。所以，在德国也兴起了古典复兴的建筑潮流。由于温克尔曼和莱辛（Gotthold Ephraim Lessing，1729～1781 年）等人的提倡，后来因为有意同拿破仑区别，德国的古典复兴主要的是希腊复兴。

在为建立统一的国家而斗争时，一些人借用哥特建筑宣扬日耳曼的民族精神。他们认为欧洲中世纪的文化是日耳曼人创立的。因此，19 世纪上半叶，哥特复兴建筑在德国也很流行。

柏林　普鲁士首都柏林是古典复兴建筑集中地之一。

德国古典复兴的第一个比较成熟的作品是柏林的勃兰登堡大门（Brandenburger Tor，1788～1791 年，建筑师 Karl Gottfried Langhans，1733～1808 年，图 13-8）。它的主体仿雅典卫城的山门，用 6 棵希腊多立克式柱子，但上部却用罗马式的女儿墙代替了希腊式的山花，为的是在上面安置四驾马车的群雕。它没有卫城山门的深度，也没有凯旋门的厚重，所以不很雄伟。左右隐隐模仿山门的两翼，但因为用了山花，构图的独立性过于大了，同大门主体不够协调。

1818～1821 年间建造了宫廷剧院。设计人、柏林古典复兴建筑最杰出的代表辛克尔（Karl Friedrich Schinkel，1781～1814 年）竭力主张按照古希腊的露天半圆剧场的形制来建这个剧场，但是，严格地维护着封建等级制的宫廷不能容忍简朴的半圆形观众席，他们对豪华场面和机关布景的爱好也不能满足

图 13-8　勃兰登堡大门

于那一小块表演区。因此，观众厅仍然只能是5层包厢式的，一共1821座，舞台也是箱形的。辛克尔把化妆室和其他后台附属房间放到剧院的一侧，在另一侧设了一个院子，所以剧院的立面展开得比较宽，同前面的广场比较配称。中央是突起的观众厅的上部和前厅的柱廊，它们的立面上都有山花，造成轮廓的变化，构图很有层次，主次分明。建筑处理新颖，细节简洁。窗子多而密，墙面很少，比较亲切平易。因此，前面6根柱子的爱奥尼式的柱廊，只加强了入口，突出了公共演出建筑的性格，而并不显得庙宇般的庄严（图13-9）。

辛克尔设计的旧博物馆大厦（1824~1828年，当时叫新博物馆）和伦敦的不列颠博物馆是同时建造的，构图更单纯，风格严峻得多。正面是简简单单的一长列希腊爱奥尼式柱廊，19间。廊子里墙上作华丽的壁画，鲜艳明亮，一方面把柱廊衬托得格外明确端庄，一方面使长长的柱廊免于单调枯燥。它的中央大厅是仿罗马万神庙的（图13-10）。

图13-9 柏林，宫廷剧院

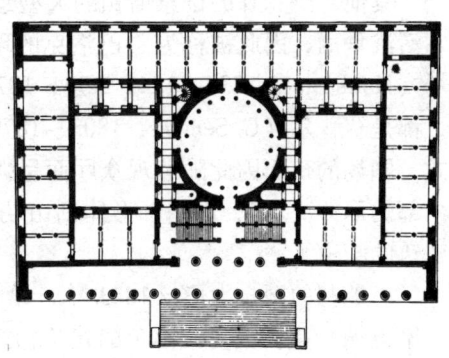

图13-10 新博物馆平面

古典复兴建筑在普鲁士一直延续到19世纪后半，柏林的国家美术馆（1866~1876年）是晚期的代表。

巴伐里亚 当希腊进行独立斗争时，巴伐里亚的选帝侯路德维希一世（Ludwig I，1825~1848年在位）觊觎着希腊的王位，拉拢正在为独立而斗争的希腊。1832年希腊终于独立，他的儿子当上了希腊的第一任国王。因此，路德维希一世命令宫廷建筑师建造了一批希腊式的纪念物。主要的是：慕尼黑城门（Propylaea，1846~）、雷艮斯堡伟人纪念堂（Walhalla in Regensburg，1830~1841年）、巴伐里亚光荣纪念堂（Bavaria mit Ruhmeshalle，1843年）和雕刻陈列馆（Glyptothek，1816~1830年）。

慕尼黑城门的中央部分模仿雅典卫城山门，但左右加了一对碉楼式的墩子，构图不很协调（图13-11）。

雷艮斯堡伟人纪念堂完全抄袭帕提农，也是正面8棵多立克柱，侧面17

图13-11 慕尼黑城门雕刻馆和绘画馆

棵。但屋架是铁的，有玻璃天窗，是新的建筑因素，可惜完全埋没在旧形式里。它在多瑙河边的小山上，山高90m，上山的道路曲曲折折，重重叠叠，很雄伟。路德维希一世说："伟人纪念堂一造起来，日耳曼人离开它的时候会更像日耳曼人，比他来的时候更好。"建筑的国家性政治意义很明确。

巴伐里亚光荣纪念堂模仿帕迦玛的宙斯祭坛，但没有高高的基座，用的是多立克柱式。它立在高处，前面有笔直的大台阶，台阶顶端，纪念堂前院正中，立着高大的女像，全身希腊装束，双手高举着象征荣誉的桂叶。她是构图的垂直中心，纪念堂的柱廊仅仅起烘托她的作用，给她做背景，反比她的巨大尺度。这组纪念物比较完整。

雕刻陈列馆在慕尼黑城门里边一侧，中央部分完全用神庙式的构图。它对面是绘画陈列馆（Pinacothek），仿文艺复兴式的。它们同城门构成一个建筑群。

这些建筑物的设计人都是克仑兹（Leo von Klenze，1784～1864年）。

其他 萨克森的德累斯顿的大型建筑仍然有鲜明的巴洛克风味，城市风貌非常活泼华丽，因此被称为"巴洛克的珍珠"，但它的宫廷剧场（1869年）和老剧场（Hoftheater，1838～1841年建，1871～1879年重建）是古典复兴式的，设计人都是赛普尔（G. Semper，1803～1879年）。老剧场的观众厅是马蹄形5层包厢式，剧场的正面因此随着观众厅而呈弧形。赛普尔主张："建筑的外部形体应由内部的形体决定"，而内部形体则由功能决定。这个主张就很有后来的现代主义建筑的味道了。

奥地利的国会大厦（1843年，设计人Theophil von Hansen，1813～1891年，在维也纳）是古典复兴出色的建筑物之一，很清秀典雅，构图富有变化。

哥特复兴 德国和奥地利的哥特复兴比较活跃。诗人歌德（J·W·Van Goethe，1749～1832年）在1773年为斯特拉斯堡主教堂写下了颂词。他说："它像一棵崇高的、浓荫广覆的上帝之树腾空而起，它有成千枝干，百万细梢，叶片像海洋中的砂。它把上帝——它的主人——的光荣向周围的人们诉说。……直到细枝末节，都经过剪裁，一切与整体适合。看呀，这建筑物坚实地屹立在大地上，却遨游太空。它们雕镂得多纤细呀，却又结实不坏。……弟兄们，站住！细细地观看强有力的、豪迈的日耳曼精神所产生的最深刻的真理的意识吧！……亲爱的年轻人，不要被现代软弱的口齿不清的美学教条弄得在豪迈的伟大之前像姑娘家一样扭扭捏捏。"他对鄙薄哥特式教堂的意大利人反唇相讥："你们这些拉丁人，从坟墓中竦然而起的昔日天才，不仍在奴役着你们？你们匍匐在那些壮观的遗迹上来乞得某些比例，……又因为能讲述那些庞大建筑的细微尺寸和线脚，便自以为是艺术秘诀的保护者。可是，如果你们更多去感受而不是去测量，那么，你们所凝视的那堆壮观的遗迹的灵魂就会使你们震慑，你们就不会仅仅去模仿它们，因为天才要创造美。"他把哥特建筑当作日耳曼精神的体现来歌颂，因为日耳曼人和哥特人源出一系，代表了当时竭力强化日耳曼精神以求德国统一的思潮。

在这种思潮作用下，展开了大规模的修复工作。完成了早在中世纪开始建造的科隆主教堂（Cologne Cathedral，1248～19世纪）和乌尔姆主教堂（Ulm Cathedral，1377 ~ 1477 年）。乌尔姆主教堂是单塔式的，塔高 160m，科隆主教堂的一对钟塔高 152m，它们的塔是哥特式教堂中最高的。科隆主教堂总长 140m，中厅宽 12.6m，高 45.7m，是最大的哥特主教堂之一。同时重建了一些中世纪的寨堡。

奥地利重要的哥特复兴建筑物是维也纳的虔信教堂（Votivkirche，1853 ~ 1870 年，设计人为 Von Ferstel，图 13 -12）和维也纳的市政厅（设计人 Ferdinand von Schmidt），后者的折中主义色彩很浓，但形式仍不乏新颖的创造，清秀典雅。匈牙利的布达佩斯的议会大厦（1855 ~ 1870 年，设计人 Steindl）也是哥特复兴式的。

图 13 -12　维也纳虔信教堂

13.3　俄国的建筑

17 世纪末，18 世纪初，彼得大帝（Петер Ⅰ，1682 ~ 1725 年在位）建成了专制政体。为了发展资本主义经济，克服俄罗斯的落后状态，彼得大帝采取了激烈的改革措施，大力提倡向当时先进的西欧学习。

俄罗斯的建筑从此发生了急剧的变化。16、17 世纪的建筑，虽然有特殊的艺术成就，但是，同当时西欧的建筑比较，它们在技术上落后，类型上也贫乏，不能适应彼得的历史性大改革的需要。彼得急切地推行全盘西化的政策，西方的建筑也就被当作文明的标志，移植到了俄罗斯。在泥泞的海滩上新建起来的彼得堡，大型的建筑物大体上都是西欧式的。

彼得堡　俄罗斯要发展，必须打破偏远闭塞的状态，与先进的西欧直接发生接触。在陆地上，俄罗斯与西欧之间阻隔着不友好的波兰，而且交通极其困难。彼得大帝决心建立海上交通。经过长期艰苦的斗争，在 1721 年终于打败瑞典，获得了从芬兰湾到北海的出海口，完成了伊凡雷帝以来一个半世纪的宿愿。这是俄罗斯历史上的一个极其重大的事件。彼得大帝决心在涅瓦河注入芬兰湾的口上建设新首都彼得堡（Петерьург）。工程从 1703 年开始，1714 年下令各地不得再用石料造房了，而把石料和石匠集中到彼得堡。同时，鼓励建设水泥、玻璃等建筑材料工业。1716 年，做彼得堡的城市规划。1725 年，设立彼得堡建设委员会。

彼得堡的建设面向发展资本主义经济的需要，工厂、船埠、税卡、商店、医院、剧场、药房和书店等建筑占了很大部分。为迅速地建设彼得堡，做了城市住宅的三种标准设计。第一种给手工业者和商人，是双家式的；第二种给富人，独院式的；第三种是两层的，很像法国的城市府邸，给名门望族。彼得本人的住宅，所谓夏宫（Летний Дворец，1708～1711年），大体上照第三种建造。就宫殿来说，它很小，很简单朴素，这便是彼得大帝的精神。

为了给彼得堡一个堂皇的面貌，决定在华西里岛（O. Василвевский）前端，涅瓦河（P. Нева）分叉的地方，建造城市的建筑中心，给海上来客以强烈的印象。1704年，先在河南岸建造了造船厂的尖塔，是木构的。1712～1733年间，在涅瓦河北岸，造船厂上游，旧彼得保罗堡垒（Петропавловская крепость）里，建造了一所拉丁十字式的教堂，它正面的钟塔高130m（或说117m），仅仅一个金色的尖顶就有34m高。高耸的钟塔同广阔的水面以及紧贴着水面的围墙、房屋等相对比，动势强烈，造成了壮阔而蓬勃的景象，从海上进来的船舶，远远地就能望见它。彼得大帝曾经下令，先造钟塔，后造教堂，就是为了它是彼得堡水上的标志——标志着一个帝国的兴起（图13－13）。虽然这座教堂和它的塔有西方的印记，但这种锋利的尖顶，却是空前大胆的创作。同这两幢建筑物鼎足而立，相互呼应的，是1718～1734年造的美术陈列馆（Кунстамера），在华西里岛上。它立面的正中有一个17世纪式的多层集中式的塔。1727～1738年，拆去了造船厂，改建为海军部，建造了72m高（或说60m）的石质尖塔。斜对这座塔，开辟了彼得堡的主要干道，涅瓦河大街。彼得堡的市中心就这样规定下来了，围绕水面为中心，在世界大城市中绝无仅有，可见在彼得大帝心中，海口对俄罗斯历史命运的重要性。这个中心在19世纪上半叶又进行了彻底的改建。

宫殿　18世纪的俄罗斯，为了加强和西欧的关系，并且发展海上力量，把首都从莫斯科搬迁到彼得堡，新建的沙皇的宫殿集中在彼得堡和它的郊区。起初彼得的住屋是法国古典主义式样的，不大，在涅瓦河边，离城中心不远。后来，在芬兰湾口建造了彼得各夫（Петер-гоф，1714～1728年），它追摩法国的凡尔赛宫，在海岸的陡坡上，面向海岸展开。彼得大帝时只造了中央一段，18世纪中叶，由意大利建筑师拉斯特列里（C. B. Rastrelli，1700～1771年）把它完成。3层，以第二层为主，里面展开长溜的连列厅。在宫殿和海岸之间展开了法国勒·琉特禾式的园林，它的中轴线是一条明渠，一端起自宫殿阳台前的陡坡，这里渠水像瀑布一样泻下，急流中的岩石上站着各种姿态的海神们的镀金铜像，吹着胜利的号角。明渠笔直通向芬兰湾，注入海中，原来明渠竟是个象征性的船坞，表示船队将从这里出发，驶向西方。就像凡尔赛园林的中轴线隐喻着路易十四的君主专制一样，彼得各夫园林的中轴线隐喻着俄罗斯奔向西方文

图13－13　彼得保罗教堂

明的决心。

彼得大帝死后，18 世纪中叶，贵族弄权，破坏了彼得大帝改革的制度，忽略迅速增长着的城市和市民的公用建筑，又把兴趣转向宫殿和教堂。沙皇和贵族偏爱西欧矫揉造作和豪奢无度的巴洛克建筑。这时期，宫殿的规模宏大多了，追求壮丽的气魄。平面是简洁的，轮廓也很单纯，但有很多巴洛克式的题材和手法。

一座重要的宫殿是为沙皇叶凯撒玲二世（Екатерина Ⅱ，1729～1796 年）造的皇家村的叶凯撒玲宫（Екатеринский Дворец，Царское село，1752～1756 年）。除了东端一个小小的教堂外，其余就是长条形的，长达 300m，它主体三层，底层是重块石砌，部分用力士像装饰。二三层用巨柱式。东端的小教堂类似 17 世纪俄罗斯的"玩具式"教堂，一簇五个金色盔顶高高举起，和长长的体形对比十分强烈而生动。窗子很宽大，柱列的节奏跳跃变化很大，柱子刚健有力。外面的色彩很美：墙是蓝的，柱子是白的，雕塑细部是金色的。它位于皇家村大园林的东北角上，皇家村的入口在宫殿的东边，而宫殿的大门却在西端，因此来人必须经过它长长的立面，欣赏它。宫殿进深大，前后各一串连列厅，主要大厅有 1000m²，室内装饰非常华丽，都是洛可可风格。其中有两个厅是中国式的，用中国式的墙纸、陈设和家具。广阔的园林全是英国式的。

另一所重要宫殿是冬宫（Зимний Дворец，1755～1762 年）。它在涅瓦河南岸，原造船厂东边。这里原来有一座小小的皇家别墅，改建的目的是使宫殿成为首都彼得堡的中心。所以原设计在它对面是个半环形的廊子，广场当中立彼得大帝的像。但没有完成。冬宫的平面是"口"字形的。它的主要连列厅朝涅瓦河和海军部，正面对着广场的却是些服务房间。它的立面全长大约 220m，柱子组织很乱，节奏复杂，倚柱、断折檐部等，都是巴洛克手法。装饰也是（图 13－14）。

这两座宫殿的设计人都是意大利人拉斯特列里。

拉斯特列里也设计了彼得堡的斯摩尔尼修道院（Смолъный Монастърь，1746～1761 年），只造起了它中央的教堂。教堂是希腊十字的，形制大体像中世纪的俄罗斯教堂，但是，全部采用巴洛克的风格。有 5 个鼓座，4 个小一点的鼓座变成了钟塔的样子，各举一个传统的盔顶。中央的鼓座用两层叠柱式，上面一个意大利文艺复兴式的大穹顶，穹顶尖上仍然是俄罗斯盔顶。盔顶上十字架尖端高 85m。

18 世纪下半叶，俄罗斯的资本主义生产关系形成并且巩固了。一批新旧城市迅速振兴成为经济中心，城市建设大大活跃起来，按照标准设计建造大量住宅。银行、交易所、商场、剧院、学校等资本主义经济带来的公共建筑物，造在通衢大道上，成了新的社会关系兴起的堂皇的见证。全国展开了城市规划工作。

先进的资产阶级知识分子对封建主义展开了激烈的批评。女沙皇叶凯撒玲

图 13－14　冬宫

二世在欧洲革命形势的压力下，不得不表示要进行改革。她实行"开明专制"，与伏尔泰、狄德罗等人交好，被称为"启蒙思想家的朋友"。法国资产阶级革命时期的文化对俄国发生了巨大的影响。

18 世纪下半叶，在一些重大的建设中，民主主义的思想鲜明地表现了出来。建筑的风格主要是古典主义的，有当时法国的那种追求简化、追求几何的单纯性的影响。

继彼得大帝打开北方海口之后，叶凯撒玲二世成功地打开了南方通达地中海的海口，到 19 世纪初，俄罗斯成了欧洲强国。1812 年，经过艰苦卓绝的战斗，打败了拿破仑的侵略之后，爱国主义热情空前高涨，凯旋的激情成了大型公共建筑物的主要思想内容。表示胜利的母题，如凯旋门、光荣的马车、纪功柱和各种主题性雕刻，装饰着建筑物和城市。彼得堡在这时形成了它光辉的市中心建筑群。这些建筑群反映着俄国社会深刻的变化，这就是资本主义关系的日益发展。

18 世纪下半叶的莫斯科建筑

18 世纪下半叶，女沙皇常常住在莫斯科，所以莫斯科的建设很活跃。

建筑师巴仁诺夫（В. И. Баженов，1737～1799 年）拟议的克里姆林改建设计（1767～1775 年），强烈地体现了资产阶级的民主主义思想，是俄罗斯启蒙运动的纪念碑。设计的中心意图是，打破克里姆林建筑群的壁垒森严的旧形制，使宫殿进入城市中心广场和干道，那里是市民公共活动的场所。巴仁诺夫建议在克里姆林沿莫斯科河的一面，建造一幢长达 600m 的 4 层宫殿，把原有的大大小小的功能部分都包在它里面。新宫殿展现在河岸上，几乎在全城都可以见到它。宫殿的主要入口在东面，前面有一个长圆形的广场，有 3 条主要的城市干道在这里相交。这个长圆形广场预定供群众集会之用，正中有纪功柱，宫殿跟前有高高的看台。为这个设计，巴仁诺夫镂了一块青铜牌，刻着"为荣耀现代，为永远地纪念未来，为装饰首都，为我的人民的欢乐和满足"。

这样的设计却是沙皇不能接受的，尽管施工准备工作已经做了不少，还是被抛弃了。但是，它同列杜的王室盐场城规划、仑的伦敦改建规划一道，都是建筑发展史中有重要意义的作品。它们说明，在历史的转折关头，新的经济需要和新的社会思想对建筑群和城市的改造，不是经过一个漫长的自然过程不知不觉地完成的，它需要先进人物的自觉的创造。这些人对社会的发展有敏锐的认识，对未来有热情，有进步的政治理想。在个别建筑物的创作中，勃鲁乃列斯基、伯拉孟特、米开朗琪罗和克里斯道夫·仑的斗争已经说明了这一点。在新旧交替的历史时刻，掌握着实权的保守或反动势力是很容易扼杀这些反映着先进思想的设计的。但它们依然能对历史和建筑的发展有所贡献。

代替巴仁诺夫的设计的，是在克里姆林里造了参议院大厦（Дом Сената，1776～1787 年，就是现在的部长会议大厦。设计人 М. Ф. Казаков，1738～1812 年）。由于地段的限制，它的平面是个等腰三角形，以底边为正面。内部划分为 3 个院落，中央一个是 5 边形的。这个大厦的一个重要特点，是朝向克里姆林内部的长长的正面平平淡淡，不加处理，而把最主要的圆形大厅放在三角形的顶点，紧靠着克里姆林的围墙，正好在红场的纵轴线上。它的穹顶直径 22.5m，高

43m，跳出宫墙，进入红场，部分地实现了巴仁诺夫的思想（图 13-15）。

巴仁诺夫设计的巴什可夫大厦（Дом Пашкова，1784~1786 年），也用了类似的手法。按照当时城市建设法规，大厦必须以辅助房屋作为倒座临街，一进大门便是车马院和迎宾院。巴仁诺夫因此把巴什可夫大厦掉转朝向，使大门对着偏僻的小街，而使主楼位于朝向克里姆林的高坡上。他以背立面为主要立面，用华丽的柱式装饰起来。因此，府邸实际上就沿城市干道，在艺术上具有公共建筑物的性质（图 13-16）。

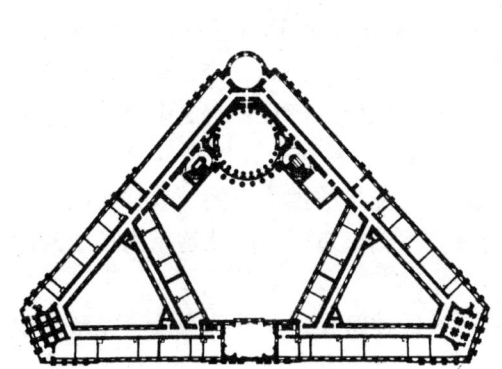

图 13-15 参议院大厦平面

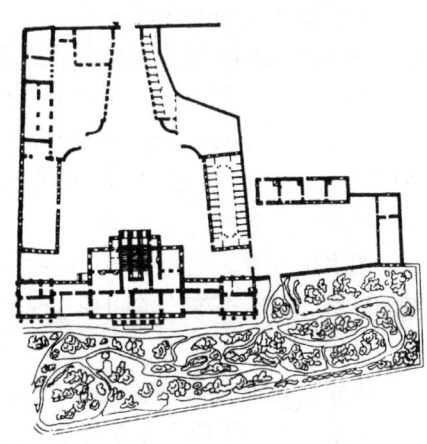

图 13-16 巴什可夫大厦平面

巴什可夫大厦的正中主楼是正立方形的，上面一个圆鼓形的阁楼，很像中世纪初年的俄罗斯小教堂，所以，它虽然是古典主义的，却有鲜明的俄罗斯特色。在背立面，主楼的底层做成基座层，上两层的中央有科林斯式的巨柱式柱廊。配楼是两层的，没有基座层，用落地的爱奥尼式的柱廊，把中央部分衬托得格外雄伟。它主次分明，错落有致，比例也很匀称（图 13-17）。

图 13-17 巴什可夫大厦的"背面"

莫斯科重建 1812 年，拿破仑的侵略战争使以木屋为主的首都莫斯科遭到火灾的极大破坏。19 世纪上半叶，不得不重建故都。1813 年，莫斯科成立了城市建设委员会，负责拟定重建规划，管理城市建设。

重建规划保留了以克里姆林宫为城市中心的原有格局，城市的其他广场和重要的公共建筑布置在它周围，并以轴线朝向它。新建的大剧场（Большой Театр，1821~1824 年）、御马厩（Манеж）等，和 18 世纪的巴什柯夫大厦、莫斯科大学和贵族议院等在克里姆林宫周围形成了市中心的建筑据点。

更重要的是大量建造住宅。城市建设委员会制定的规范是凡住宅建筑一定要沿红线，规定了居住面积和服务面积的比例，根据街道性质规定住宅的层数。对房屋的平面、组成部分和装饰细部都有规定。立面是简洁的，以横向构图为主，第一层是重块石的基座层，各层之间有线脚分开。窗口上是平券，有突出的龙门石。房屋正中往往有柱廊或者凹廊。只有少量的塑造装饰。墙面一般为双色，白和灰，或浅玫瑰和米黄。广场和街道的面貌很完整。

拿破仑烧掉的是木屋的莫斯科，俄罗斯人重建的是砖石的莫斯科，凤凰涅槃，它再生了。

彼得堡市中心的建设

19世纪初的一批大型纪念性建筑物完成了彼得堡新的市中心。

在18世纪30年代建造的造船厂的原址上，建造了新的海军部大厦（Адмиралтейство，1806～1823年），设计人扎哈洛夫（А. Д. Захаров，1761～1811年）。它的平面是"⌐"形的，有一条14m宽的水槽穿过它的全身，把它分为里外两部。它的外半，面向城市，布置着门厅、首脑会议厅和办事厅、博物馆、图书馆等等。它的里半，面向涅瓦河，是造船厂的生产车间、放样车间、船舰设计室、仓库等等。车间和仓库的运输通过水槽。造好的船从这条水槽送到涅瓦河里去。

正立面长407m，侧立面长163m，这样长的建筑物，要处理得统一完整是很不容易的，但海军部大厦获得了极大的成功。设计人扎哈洛夫不仅完善地解决了海军部本身的构图问题，而且完善地解决了它作为城市建筑群中心的构图问题。

海军部的东面是冬宫（Змний Дворец），西面是元老院广场（Площадь Сената）。彼得堡最重要的大街，涅瓦大街（Невский Проспект），笔直地正对着它的中心。另一面，涅瓦河上，隔岸是华西里岛（Василвевский Остров）上正在施工的交易所（Биржа），东北是彼得保罗寨堡（Петропавловская Крепость）教堂的尖塔。海军部既是水上建筑群的中心，又是陆上建筑群的中心，扎哈洛夫在海军部大厦正面的中央造了一座72m高的塔，使它无论在水上还是陆上都构成建筑群的垂直轴线。这是继承了旧造船厂原来的构思的。

这座塔的构图很有独创性。第一层是高大的立方体，正中一个宽阔的券洞。第二层小得多，方方的一圈爱奥尼式柱廊，每面8棵柱子。再上面是方形抹角的墩式体积和它的穹顶。穹顶上是8角形的亭子，亭子的顶子是高达23m的8角尖锥，顶端托着一艘扬帆的战舰，象征俄罗斯海军的威力。这座塔，自下而上，体积逐层缩小，由稳重而轻盈，由阔大而细密，由浑厚而至于锋利的穿天一击，节奏愈上愈快，动势迅捷。柱廊以上，宛然有伦敦教区小教堂构图的痕迹，但底层的处理，别开生面，面阔大约29m，只略高于两翼一点，使塔能够同407m长的两翼紧密地结合在一起，而且比例协调（图13-18）。

扎哈洛夫出色地利用了雕刻，不但表现了胜利地走向海洋、走向世界的主题，而且丰富了构图、完善了构图。券门两侧的一对立雕，女神背负着地球，点明了俄罗斯建设海军的战略眼光，它们为底层增加了垂直形体，使它同整体相协调。复杂的群雕和它浑圆的地球同平洁厚重的墙面强烈对比，一个活跃了，一个突出了，建筑物华丽生动，洋溢着庆祝胜利的喜悦。底层女儿墙角上的战士像立雕，凸起的轮廓同第二层以上的塔的上部相呼应，加强了它同底层在构图上的联系。第二层的柱廊的女儿墙上，立着一排人像，柱廊轮廓空透活泼，更加轻巧。此外，在大门洞的券面上，门洞之上以及第一层的女儿墙上，都有主题性的浮雕，位置很得体。

高塔统率着整个正立面。为了克服这个长长立面的单调，在它的两端都做了古典主义典型的5段分划，中央是12根柱子的柱廊，两侧是6根柱子，形成了两个次轴。这些柱廊同塔上第二层的柱廊相应和，加强了构图的统一。侧立面的构图重复正面两端的5段划分。朝向涅瓦河的两个尽端，隐约重复中央主塔的下部。由于这些基本母题的重复和中央主塔的统率作用，海军部大厦虽然很长，却是紧凑的整体，构思十分缜密（图13－19）。

图13－18　海军部尖塔

图13－19　海军部大厦

后来，在海军部大厦前又修建了两条不长的大道，同涅瓦大街一起向海军部大厦聚焦，形成对称的、放射形的3条。三条辐射大道是巴洛克式和古典主义的城市中心的典型做法。

彼得堡的海军部大厦，新颖独特，在世界建筑史的万花丛中是鲜妍明艳的奇花。

同海军部隔涅瓦河相对，华西里岛的尖端上造了海外交易所（Биржа，1804～1810年，设计人法国人Thomas de Thomon，1754～1813年）。它同海军部和彼得保罗教堂鼎足而三。为了避免重复，交易所采取了简洁、厚实、水平展开的体形，同彼得保罗教堂和旧海军部的尖塔对比。它的三面都是重要的航道，因此，把它设计成围廊式的建筑物（10×14柱，内部大厅23m×41m）。柱廊低于主体，前

后没有山花,把圆柱形的坦比哀多
式构图应用到长方形的建筑物上来
了,体形有了层次,也很新颖。主
体的山墙开一个宽大的半圆窗,衬
着前柱廊檐上的雕像群,使山墙和
柱廊紧紧联系在一起,构思很成功。
它的细节洗练,柱身不做凹槽,适
合于它所在的广阔的环境,和远距
离的观赏条件。它前面有严整的广
场,广场前侧装饰着一对古罗马式
的船首柱,这是海上胜利的象征。

图 13－20　交易所

它们垂直的形体反衬着交易所的宽展宏壮（图 13－20）。

　　交易所,海军部大厦和早年的彼得保罗教堂构成了彼得堡的海上建筑艺术
中心。

　　在冬宫对面造了一所弧形的总司令部大厦（Главный Щтаб, 1819～1829
年）,建筑师为意大利人罗西（K. E. Rossi, 1775～1849 年）。它设计在全民族艰
苦卓绝地打败拿破仑之后,因而使用了纪念性的题材。它的立面简素,不作变
化,却在中央作凯旋门式的构图,门上有象征胜利的六驾马车。这凯旋门是冬宫
广场的南面入口,从涅瓦大街特意引了一条岔路过来。

　　冬宫广场中央,矗立着 47.4m 高的沙皇亚历山大的纪功柱（Алексанцровская
Колонна, 1829～1834 年,）建筑师为法国人蒙特孚杭（A. R. Montferrand, 1786～
1858 年）,是模仿古罗马的图拉真柱的,但更高。它是广场的垂直轴心,同水平
展开的冬宫和总司令部大厦对比,大大丰富了广场建筑群的构图,生动多了,也
把广场建筑群统一了。它是广场的标志,从海军部前广场和更往西的十二月党人
广场（即原元老院广场）都可以清晰地看到它,从而把三个广场联系起来。

　　十二月党人广场在海军部西侧,一边是海军部的侧翼,另一边是元老院及
宗教会议大厦（Злание Сената и Синоца, 1829～1834 年,设计人罗西）。在
两座建筑之间有一条街,街口造了一个凯旋门,把两座建筑的东立面联系成一
个构图,以凯旋门为中心。它仿佛是这座大建筑的正门,因而使广场更整齐。
广场北面临涅瓦河,原来有一座桥,迎着桥头是著名的彼得大帝的青铜骑士
像。青铜骑士高高地跃马向西北急驰,西北是涅瓦河的出海口。出海,这是俄
罗斯为求进步而必须完成的历史任务,彼得大帝是这个历史性追求的象征性人
物。广场南边是伊萨基甫斯基主教堂（Исаакиевский Собор, 1818～1858 年,
设计人蒙特孚杭）。

　　伊萨基甫斯基主教堂是集中式的,穹顶直径 21.83m,外观最高点高 102m。
鼓座和穹顶的结构和外形都模仿伦敦的圣保罗大教堂,不过外层用铁构架,是金
属结构的最早作品之一。它构图完整,体形高大,很宏伟,是广场的主建筑,登
上它鼓座的柱廊,景界极其宏大（图 13－21）。

　　十二月党人广场、海军部广场和冬宫广场联系成一体,是彼得堡的陆上建筑

艺术中心，这是世界上最壮丽的市中心之一（图 13 – 22、图 13 – 23）。

作为帝国的首都，彼得堡市中心建筑群继承并发展了彼得大帝立国的理想。它不以沙皇的冬宫为主体。经过 19 世纪初年的建设，海军部、总司令部、主教堂、元老院，海外交易所，参加到这中心里来了。交易所的参加，显示出社会结构发生的变化，资产阶级已经在城市面貌上表现它的存在和力量了。冬宫的东侧，靠着涅瓦河，是艾尔弥达什小美术馆（Petit Эрмитаж，1764 ~ 1775 年，设计人 B. -M. Vallin de la Mothe，1729 ~ 1800 年），交易所的西侧，面对涅瓦河，是美术学院（1765 年，设计人 B. -M. Vallin de la

图 13 – 21　伊萨基甫斯基主教堂

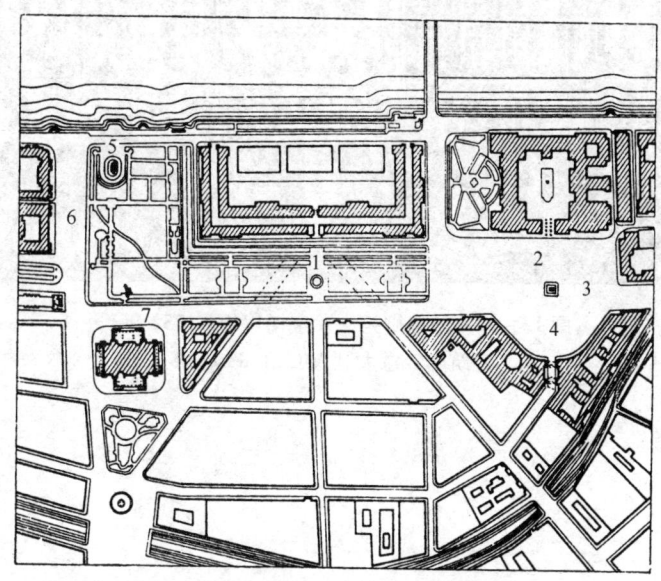

图 13 – 22　圣彼得堡中心广场群总平面
1—海军部；2—冬宫；3—亚历山大纪功柱；
4—总司令部；5—彼得大帝像；6—元老院；
7—伊萨基甫斯基主教堂

Mothe）。它们以文化补足了帝国中心建筑群的内涵。

在涅瓦大街上，还有亚历山大剧院（Александринский Театр，1828 ~ 1832 年，设计人 K. E. Rossi）和卡桑教堂（Казанский Собор，1801 ~ 1811 年，设计人 A. H. Воронихин，1759 ~ 1814 年）等一些建筑物。剧院是马蹄形 5 层包厢式的。建设者很重视它在城市建筑群中的意义，正面和两侧立面都有柱廊。前面是广场，后面是一条以剧场建筑师罗西为名的大约 215m 长的街，两侧各一幢 3 层的楼房，完全一样，立面的起讫同于街的头尾。这条街的另一端是小河边上半圆形的车尔尼雪夫广场（Площадь Чернышева，1828～1834 年），一幢半圆形大厦抱住了这个广场。前后两个广场，一条短街，广场和街边的房子，都是和剧院同时由一位建筑师设计，同期建造的。它们把剧场引上城市的主干道，也引进到小河的景观里。卡桑教堂是拉丁十字式的，按宗教规定，正面朝西，因此轴线同大街基本平行，于是以侧面对大街。建筑师在侧面做了一个宽展的半圆形柱廊，歌坛上做穹顶，使教堂同城市干道很好地联系起来，而不惜使正面反而显得局促。力求大型建筑具有开放的公共性格，进入城市建筑群，成为城市景观的构成因素，这是俄罗斯古典主义建筑很重要的特点，具有很大的进步意义。

图 13-23　沙皇御苑，大宫（1749～1752 年），
建筑师：意大利人 C. B. Rastrelli

第14章 美洲殖民地和美国独立前后的建筑

从16世纪起，欧洲殖民主义者侵入美洲，土著部落受到残酷的戕杀和奴役，有的甚至举族而亡，他们的文化也被摧残殆尽。16世纪之后的美洲建筑基本上是欧洲移民的建筑。

西班牙人在16世纪初占领了中美和南美的大部分以及北美的南部。葡萄牙人占领了巴西。17世纪，英国人来到北美的东海岸，主要居住在东北部的新英格兰。在新英格兰之南，荷兰人建立了新尼德兰，瑞典人建立了德莱瓦。同时，法国人占领了加拿大，后来又来到俄亥俄和路易易安那。"七年战争"（1756～1763年）之后，法国和西班牙在北美的殖民地让给了英国。

殖民地的命运同宗主国息息相关。移民们仍然觉得自己是西班牙人、英国人或者法国人，他们眷恋故土，在各个殖民地里，流行着宗主国的文化和宗教。建筑也是这样。但是，由于材料和气候与欧洲不同，美洲的建筑渐渐有了自己的特色。

18世纪中叶，北美独立运动兴起之后，产生了相应的建筑潮流，不过仍然渊源于欧洲。

穷困的移民在远乡客地稍稍富裕起来之后，怀着淳厚朴实的喜悦心情，悬念故国风物，执着地揣摩追寻，以慰乡心于万一，这种真挚深沉的感情流露在建筑上，很足以动人心弦。

14.1 西班牙殖民地的建筑

在西班牙殖民地里，比较讲究一点的建筑物都在西班牙设计，专门从西班牙雇来工匠建造。银匠式、巴洛克等等建筑风格，都在墨西哥、古巴、秘鲁、智利等地西班牙殖民地里流行。

墨西哥盛产白银，是殖民地中最富庶的，建设的规模比较大，质量比较高。建设的重点还是从西班牙带来的天主教堂，在18世纪里，竟建造了8000所之多。其中有一些规模比较大，如墨西哥城的萨格莱利奥主教堂（The Sagrario Metropolitano，Mexico City，1749年）和泰克斯柯城的圣普立斯卡和圣赛巴斯提安教堂（SS. Prisca y Sebastian，Taxco，1751～1758年）。西班牙的耶稣会统治着殖民地，因此教堂都是拉丁十字式的，正面完全照哥特式教堂的形制，有一对塔。不过，在十字交叉点上，往往有一个穹顶，这在西班牙不多见。在这个哥特式的骨架上，竟穿上巴洛克的外衣，不再有哥特式教堂的特色。由于思乡情切，大量堆砌在西班牙流行的超级巴洛克式装饰，臃肿而且零乱，不留丝毫喘息的空隙。

当地的玛雅族和阿兹台克族的工匠，也在这些教堂建筑上留下他们民族文化的印记，包括大面积的雕刻装饰手法、纹样和粗犷的力量。教堂用粉色、橙色、赫红色的土砖砌成。用白灰塑成装饰细部，色彩很明丽。有些教堂的外面刷一层鲜艳的颜色，有些地方用大面积的彩釉面砖。这些土著民族的特点使墨西哥的建筑同西班牙的大不相同，形成新的传统。一个民族，不论怎样地受压迫、遭欺凌，只要它坚持创造，它的文化总会对人类有所贡献的。

住宅比较简陋。移民们用手头可以得到的各种材料建造它们，主要是木材和黏土。原木的梁柱，泥土的墙垣，平屋顶。檩子伸出在檐外，向略有收分的墙面投下长长的影子。就在这种最浑朴的住宅上，加一个铸铁的盘花窗罩，一个木阳台，一个盛饰的门，立刻散发出浓郁的西班牙乡土气息。在墨西哥，富裕的住宅也用彩色釉面砖作装饰，有时在门窗口周围贴一些巴洛克式的细节。

大量的传道所和修道院采用民居的式样，规模比较大，体形变化比较丰富，施工质量比较高（图 14–1）。也有少量采用柱式的建筑物。

图 14–1　新墨西哥，西班牙天主教堂

18 世纪末和 19 世纪初，西班牙本土流行的古典主义建筑传到拉丁美洲，但没有形成压倒性的潮流，只在经济水平比较高的城市里造了一些古典主义教堂。19 世纪后半叶，才比较普遍地建造大型的砖石建筑物。

14.2　北美殖民地的建筑

北美各地移民成分复杂，教派林立，政治上各有归属，因此建筑也五花八门。

新英格兰　英国的移民大多是农民、小手工业者和小业主。他们熟悉的是中世纪以来老家民间的木构架房屋和简单的砖石建筑。在遍地密林的北美，他们起初也造木构架房屋，但当地冬季气候凛冽，为防风，渐渐流行在整个房屋外面钉上一层长条木板。木板在阳光下闪着银白色的光辉，温暖而愉快。于是，欧洲木构架房屋的风格失去了，形成了新的风格，木板条风格（Shingling Style）（图 14–2）。

18 世纪，美洲的经济进一步发展，移民大大增加，并且发生了剧烈的阶级分化。当一些富裕的移民建造阔绰的府邸时，采用当时英国流行的古典主义和帕拉第奥主义式样，当时英国的工匠带着流行的建筑图来到新英格兰。但是，这些房屋绝大多数还是用木材建造。起初，用木材一丝不苟地做古典的檐口、柱子、线脚、隅石和重块石，甚至用木板做成发券模样。但是木结构同古典外衣之间发生了尖锐的矛盾。后来，建筑样式终于发生了适合于木材特点的变化：柱子细了、小了，开间宽了，檐口和线脚薄了、简化了，用一条贴边木板就代替了隅石，墙面也有钉条板的了。于是，这类府邸又有了相当稳定、一贯而且特色鲜明的风格，得名为殖民地风格（Colonial Style）。它的极盛时期在 18 世纪中叶（图 14－3）。

图 14－2　马萨诸塞州，索格斯（Saugus），　　　　**图 14－3**　南加罗林纳，查尔斯顿
铁匠住宅（1636 年）　　　　　　　　　　　　（Charleston），迈尔斯·布鲁顿住宅
　　　　　　　　　　　　　　　　　　　　　　　（Miles Brawton house，1769 年）

　　任何一种建筑风格都是具体可感的、形象稳定的。形成一种风格的原因是多方面的、综合的；有美学上的原因，意识形态上的原因，也有物质上的原因，主要是建筑物赖以构成的材料、结构、施工方法等的原因。此外，还有地理的原因、气候的原因、传统的原因、创作者个人的原因和外来的影响等等。

　　加拿大　加拿大的法国移民大多来自法国的诺曼地（Normandy）和布列塔尼（Bretagne），他们照故乡的样子，用石头建造房屋。屋顶高高的，有阁楼，上面耸立着烟囱和尖塔，教区的小教堂，风格平易近人，剑一样的尖顶是教区的标志、小小建筑群的中心。

　　法国本土种种新的建筑潮流，也都不断传到加拿大来，但只在教堂、行政建筑和阔人府邸里有所表现。18 世纪末，英国人统治了加拿大，新英格兰的殖民地风格就在加拿大流行开来了。

　　其他地区　在维琴尼亚（Virginia），气候比新英格兰暖和，所以房屋平面比较开敞，英国的帕拉第奥主义的府邸，在这里广泛建造。

　　在荷兰的殖民地里，流行着荷兰式的红砖建筑。纽约城的前身，新阿姆斯特丹（New Amsterdam）就是一个用红砖造起来的城市。18 世纪末，一批英国商人和业主在华尔街（Wall Street）和百老汇（Broadway）造了大量英国式的城市房屋。英国本土城市的房屋这时本来就在荷兰建筑的强烈影响下，也用红砖建造。

　　费城（Philadelphia）也是一个充满了英国荷兰式红砖房屋的城市。

14.3　美国独立前后的建筑

18 世纪中叶以后，北美各地经济发展的结果，形成了当地的资产阶级，他们领导了反对英国统治的独立战争（1775～1783 年）。北美的独立战争，实质上是资产阶级革命，它引进了法国的启蒙主义思想，连同它的文化艺术潮流，于是，在建筑中兴起了罗马复兴风格。

另一方面，奴隶主兼种植园主、封建地主、依靠同英国贸易而致富的资本家，站在宗主国一边反对革命。在这些人势力强大的新英格兰、费城、纽卡斯尔（New Castle）和弗吉尼亚的若干地方，流行着当时英国的建筑样式。它们汲收殖民地式建筑的一些特点，形成了"后期殖民地式"（Late-Colonial or Post-Colonial style）。代表作品是费城的市政厅，就是 1774 年通过《独立宣言》的独立厅。

罗马复兴　资产阶级民主派倾向于罗马复兴建筑。独立之后，联邦政府自然支持这种建筑，在华盛顿、费城和维琴尼亚的一些城市造了一些公共建筑物和行政建筑物，其中包括第一个美国国会大厦（1793～1827 年，主要设计人为 W. Thornton, 1759～1828 年；接着有几个人先后主持，作用较大的是 B. Latrobe, 1764～1820 年）和白宫（1792 年，设计人 James Hoban, 1762～1831 年）。

罗马复兴的主要建筑师是杰弗逊（Thomas Jefferson, 1743～1826 年）。他是独立战争的领袖之一，革命的思想家，《独立宣言》的起草人，第三任美国总统（1801～1809 年）。美国独立战争一结束，1784 年杰弗逊被任命为驻法国大使。在欧洲期间，他旅行了意大利、荷兰、英国，并在巴黎结识了著名的新古典主义建筑师。回到美国之后，他设计了不少建筑。他要求消灭一切殖民制度的遗迹，渴望创造一种不同于英国的、适合于自由独立的美国的建筑风格。他注意到了殖民地式建筑是美国特有的，但是，同当时的政治理想相联系，他更倾向于罗马共和国的建筑。

杰弗逊设计的建筑物最有代表性的是在里士满（Richmond）的弗吉尼亚州议会大厦（1785 年，图 14-4）和在夏洛特维尔（Charlottesville）的弗吉尼亚大学校舍（1817～1826 年）。形制仿古罗马的围廊式庙宇，但有显著的殖民地式的特点：檐部薄、柱身没有凹槽、开间宽、线脚简单、山墙上开窗子，等等。作为学校创立人，杰弗逊把弗吉尼亚大学规划成一个"学术村"，建筑布局很整齐，中央是草地，左右各有五排教室，用廊子连接。草地的一端，按照他自己的设计，造了一个图书馆。图书馆是圆形的，穹顶，前面有 6 根科林斯柱子的门廊，总体说来很像古罗马的万神庙。教室后面有十位教授的住宅，

图 14-4　弗吉尼亚州议会大厦

每个住宅都附有菜园子。他主张学生与教授亲密接触，教授可以从事农业活动。

19 世纪中叶，修建 1814 年于英美战争（1812～1814 年）中遭到破坏的当时当未完工的国会大厦，由渥尔特设计（Thomas U. Walter，1804～1887 年）。主要是增加了两翼和中央大厅的穹顶。大穹顶和它的鼓座，仿照巴黎的万神庙而更加丰满雄伟，大厦形体变化有致，但比例不精。雪白的大厦坐落在广阔的绿地中，很典雅、壮丽。大穹顶的结构采用铁构架，直径 28.7m，是较早的铁构穹顶之一（图 14－5）。工程于 1827 年完成。

1888 年，在国会大厦轴线上又造了华盛顿纪念碑，采用古埃及方尖碑的式样，高达 170m（设计于 1833 年，设计人 Robert Mills，1781～1855 年）。

希腊复兴　19 世纪上半叶，美国经济突飞猛进，北方的大工商业城市一天更比一天繁荣。从此，资产阶级同阻碍资本主义发展的南方奴隶主展开了斗争，举起了"自由"和"人权"的旗帜。正在这时候，被认为古代民主制度典范的希腊进行着艰苦的民族解放斗争，激起了进步人民深切的同情和共鸣，于是，美国北方的资产阶级倾向复兴古希腊的文化，建造了大量希腊复兴式的建筑。

希腊复兴式建筑主要在华盛顿、费城、纽约和波士顿。作品大体有两类，一类考古式地抄袭古希腊的庙宇，如费城的联邦银行分行（后来作为海关大厦，设计人 William Strickland，1788～1854 年）和纽约的海关大厦（图 14－6），刻意模仿帕提农神庙。另一类比较多一点，并不追求逼肖古希腊建筑，只以雅致、和谐、明净等作为古希腊建筑的典型特征，加以追求，例如波士顿的马萨诸塞州政府大厦（设计人 Charles Bulfinch，1763～1844 年）。这一类建筑中有一些作品的水平很高。

图 14－5　华盛顿，国会大厦

图 14－6　纽约，海关大厦

南北战争之后，资产阶级已经不再是勇敢的开拓者，不再是为自由而斗争的战士，他们的心现在只为黄金而跳动，连文化也成了商品，于是，以抄袭、拼凑、堆砌为能事的折中主义创作方法占了统治地位。

第 15 章　19 世纪中叶的欧洲与北美建筑

19 世纪下半叶，欧洲和北美的建筑史连成了一片，国界的意义已经很小。这时候，在正面的舞台上，从古埃及的、古希腊的到印度的、伊斯兰的，再到巴洛克和古典主义，甚至希腊复兴和哥特复兴，各种建筑全都同时登台，好像一场几千年的联欢演出，到了最后，所有表演过的节目里的角色，一齐出场，合演一出谢幕的压轴戏。他们穿着自己的服装，画着自己的脸谱，唱着自己的腔调，上得台来，携手翩翩起舞，台上锣鼓喧天，空前热闹，但是，这是一出没有剧本、没有导演的戏。经验丰富的角色十分卖力，却眼看着好景不长。

另一方面，一个新的生命已经孕育着了。它躺在资本主义制度的温床里，吸着产业革命的奶汁，迅速地成长起来。

19 世纪中叶，欧洲和北美主要国家的资本主义制度巩固了，发展迅猛。工业革命已经实现，现代大工业代替了工场手工业。世界市场建立起来了。在这种情况下，不仅抒发对中世纪缱绻怀念之忱的哥特复兴已经失去意义，甚至，资产阶级为了演出夺取和巩固政权的历史新场景而向古罗马与古希腊借取服装的古典复兴，也已经失去意义。

比起奴隶制社会和封建社会来，资本主义制度下，各方面的发展可谓日新月异，建筑也不能停滞不前。哥特复兴和古典复兴既然已经失去意义，就需要有新的建筑来代替它们。可是，当时，从绝大多数建筑来说，材料、结构和施工方法还没有新发展；绝大多数的建筑，在功能上也还没有很多发展。因此，产生新建筑的根据还不足。

从审美意识上看，从文化思想上看，这时候的资产阶级还很软弱。他们还暗暗惭愧自己出身卑微，羡慕贵族的门第。就像他们乐于高价买得贵族的纹章徽记一样，资产阶级也乐于买得贵族们曾经使用过的建筑式样。"佛靠金装，人靠衣裳"，建筑物的式样就更加是为了提高身分地位所不可少的了。

这时候可供选择的建筑式样是很多的。资本主义经济的发展早就突破了国家的界线。不仅欧洲各国的文化交流频繁，连亚洲的文化也渐渐被欧洲人熟悉了。于是，在建筑的样本册上，除了欧洲各国、各时期的建筑——详列之外，还有古埃及的、伊斯兰的、印度的，五花八门，琳琅满目。

在商品经济统治的社会里，资产阶级也把文化、教养和地位当作可以买到手的东西。他们购买历史的建筑式样。同时，建筑师的劳务也是商品，他们熟知各种历史建筑式样，随时准备为资产阶级选购。

于是，资产阶级所需要的新建筑，在 19 世纪，占统治地位的，就是从世界各地、各个历史时期选来的旧角色。就这样，几千年来的名角同时粉墨登场，演一出谢幕戏。

建筑师和他们的教养　这时候，大多数建筑师贩卖着历史的建筑式样。图集和样本册是他们的创作源泉。工作室里堆着这些应时的书籍，建筑师从中撷取立面和细部放到自己的设计中去。他们想，既然这些东西过去曾经是好的，在别处曾经是好的，那么，现在仍然是好的，用在此处也一定是好的。他们辩解说，既然我们是创造这一切文化的人的子孙，我们自然有权继承这些文化；既然历史上每一个时代都从前辈承受一些东西，为什么我们不能承受这一切？

同这种形势相适应，以法国艺术学院为首的各级建筑学校，把各种历史样式教给学生，使他们能够惟妙惟肖地复制，以适应市场的需要。它们从培养宫廷供奉，改为培养市侩。不论是宫廷供奉还是市侩，一个共同之点就是善于揣摩口味、奉迎颜色，而没有思想理论的深刻性和原则性。这种学院派的教育一直维持到 20 世纪 30 年代，有些地方还要更长一些。

风云际会，建筑史研究这时候兴盛起来。许多人测绘、写生，新发明的照相术给建筑史的研究以很大的帮助。这时的建筑史纯粹服务于模仿历史样式，于是，着重于建筑的外表特征、手法、细部等等的记录描写，给各种历史风格总结出一整套标准的特点。并且，也给这些历史风格一个简单的评语，以便于业主选购。例如：古典主义代表公正，哥特式代表虔信，文艺复兴式代表高雅，巴洛克式代表富贵，等等。因此，建筑史的著作里泛滥着形而上学的教条主义。而这种"设计方法"就叫"折中主义"。

但是，由于广泛收集了资料，并且采用了将各种历史风格进行比较的方法，所以，这时期对各种历史风格的典型特点的认识是比较准确的。这时一些模仿历史风格的作品，风格的纯正甚至超过这些风格流行的当时的建筑物，因为当时的建筑物，个别地说，难免有些芜杂的东西。例如，19 世纪大量建造起来的高等学校，一般采用英国都铎式建筑，从总体到细部，都保持着风格的一贯性，虽然它们并不是考古式地复制 16 世纪的都铎式建筑。

在这场历史样式大会演中，渐渐地，各种样式都有它自己的阵地。例如，以哥特式建教堂，古典主义式建政府大厦或银行，文艺复兴式建俱乐部，而住宅则是西班牙式的，剧场是巴洛克式的，等等。这时候，在建筑学校里产生了对各种建筑物的性格的认识，这显然得力于人们对各种历史风格的熟悉和比较研究。

折中主义的另一种表现是，有一些建筑师，刻意求新，但没有成熟的客观条件，于是，他们把各种不同风格混用到一幢建筑物里去。但要成功，必须加以改造，才能和谐。以后，这样的作品渐渐增多，纯正的历史风格的作品少了。德国式的屋顶、法国式的壁柱、意大利巴洛克式的山花，混合在一起，没有了一脉相承的谱系。

在平面设计上则是另一种情况。不论外表采用什么形式，平面大多是讲究轴线、对称、空间序列等等这一套。在法国美术学院举办的"罗马奖金"设计竞赛中，往往规定了作为模拟对象的历史风格，而得奖的设计，在平面上往往只玩弄轴线、对称和空间序列。功能、经济等等实际问题，在这些方案里是不予考虑的。不过。在 19 世纪后半叶，确实把这一套本领发展到了新的高度。

革新也好、仿造也好、混合也好，都是在因袭旧样式的框框里进行的，并没有真正的创造。1836 年，法国诗人、剧作家、小说家德·缪赛（Alfred de Musset，1810～1857 年）写道："我们这世纪没有自己的形式。我们既没有把我们这时代的印记留在我们的住宅上，也没有留在我们的花园里，什么地方也没有留下……我们拥有除我们自己的世纪以外的一切世纪的东西……"在建筑中，这种现象一直延续到 20 世纪 20 年代。

但是，新探索还是有的，一个强有力的新的建筑潮流，真正属于资本主义时代的潮流，在 19 世纪中叶发源了，不过，它暂时还是山涧谷底的淙淙细流。新建筑的诞生，是由于工业经济发展产生了新的功能、建筑类型，为满足它们新的建筑空间要求而使用了新材料、新结构和新工艺，从而突破了一切旧的建筑观念和形式。

几件作品　19 世纪中叶之后，资本主义社会正是"春风得意马蹄疾"，发展很快。一个世纪里，欧洲和北美建造的城市建筑物，超过以往全部总和。一些大城市的面貌，基本上是这时期定下来的。继续着 19 世纪前半叶的工作，欧洲和北美的一些首都的市中心在这时期里形成，其中巴黎市中心的建设规模最大，包括延长李沃利大街，扩建卢佛尔宫向西伸出的北翼，完成明星广场等等。

维也纳的市中心和城墙环路，包括它的市政厅、议会等建筑群，也是 19 世纪中叶以后比较大的城市中心建设（图 15－1）。

个别的建筑物以杂糅历史样式建造，比较重要的是迦尼埃设计的巴黎歌剧院（L'Opéra，1861～1874 年，建筑师 Charles Garnier，1825～1898 年）。它的立面的构图骨架是卢佛尔宫东廊的样式，但加上了巴洛克式装饰。观众厅的顶子像一顶皇冠，表现了它作为皇家歌剧院的身份。门厅和休息厅尤其富丽，花一团，锦一簇，满是巴洛克式的雕塑、挂灯、绘画等等，豪华得像是一个首饰盒，装满了珠宝钻翠。它主要的楼梯厅，设着三折楼梯，构图非常饱满，是歌剧院建筑艺术的中心，也是交通的枢纽（图 15－2）。

图 15－1　维也纳，议会大厦　　　　　图 15－2　巴黎歌剧院

巴黎歌剧院是马蹄形多层包厢剧院中最成熟的一个。它有 2150 个座位，分布在池座和周边 4 层包厢里。池座宽 20m，深 28.5m，后半部每排升起一阶。包厢大多进深比较大，分前后两间，后间是小休息室。观众厅的外圈，有马蹄形的休息廊。它的舞台比较完善，宽 32m，深 27m，上空高 33m。台囊很大，后舞台

上还有车台。后台有一个车道，运送布景的车子可以一直拉到里面。小化妆室多半有专用的浴室和厕所。观众的出入口有好几个，正门和左右旁门都有车道，坐车的贵客不必在露天上下车。左边的车道通底层，右边的车道是皇帝拿破仑三世（1852～1870 在位）御用的入口，直通包厢。观众厅的视线和音响效果都很好。

巴黎歌剧院的结构全用钢铁框架，很轻巧，但迦尼埃小心翼翼把它们包裹在陈旧的外壳里，不暴露一点新技术。新技术还没有找到表现的形式。

和巴黎歌剧院差不多同时的，有维也纳的歌剧院和德累斯顿的宫廷剧院。

柏林的国会大厦（Reichstagsgeb aude，1882～1894 年；设计人 Paul Wallot），是一个古典柱廊和巴洛克装饰相结合的建筑物。

在罗马，造了一座国王爱麦虞限二世（Emmanuel Ⅱ）的纪念碑（Magnum opus，1885～1911 年，设计人 Count Giuseppe Sacconi，1853～1905 年），是为纪念意大利的统一和独立而造的。它在卡比多山东部的北坡，与卡比多广场为邻。规模很大，面宽 135.1m，深 129.9m，通高 70.2m，全由白大理石贴面，而用青铜做雕像，有些镀金。碑的形制模仿古希腊晚期帕迦玛的宙斯祭坛，不过大大复杂化了。主体也是高高台基上长长的一列柱廊，柱子高 15m，有女儿墙。柱廊台基之前，中央大台阶的高头是祖国祭坛和无名战士墓。在它们上方，高高的基座上立着爱麦虞限二世的骑马铜像，高 11.9m，由柱廊衬托。这是世界上最宏伟的纪念碑之一，它前面是威尼斯广场，罗马城的中心。在罗马城的许多地方都能看到它。总体效果很壮观（图 15-3）。可惜为了占用这个重要地段，毁掉了一些极重要的古罗马时代的古迹，而且风格与色彩同罗马城不协调。

19 世纪下半叶，在布鲁塞尔、布达佩斯、米兰、伦敦和维也纳等城市都有大型的公共建筑物，特别是政府建筑物，按照历史风格造起来（图 15-4～图 15-6）。

图 15-3   爱麦虞限二世纪念碑

图 15-4   布鲁塞尔，法院

新生命   不论是抄袭某一种历史风格还是揉合各种历史风格，尽管在风格的纯正、空间序列的变化、构图的严整、细节的精致等各方面可以有成绩，但它们毕竟和两千年来的建筑没有很大的不同。而产业革命所引起的生产上的和科学技术上的重大变革，却要求一种同两千年来的建筑有很大不同的另一种新建筑。资本主义生产的每一个环节都要求新型的建筑物：矿场、车间、仓库、火车站、船埠、商场、博览会等等。这些建筑物，由于生产日新月异的发展，功能越来越复杂，同陈旧的建筑观念、创作方法、艺术形式等等发生了越来越尖锐的矛盾。

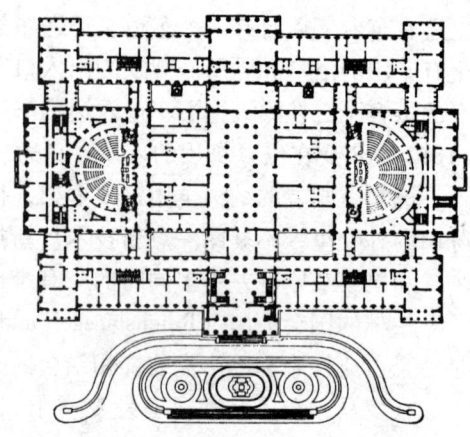

在 19 世纪中叶和下半叶，这矛盾主要表现为：需要大跨度的室内空间，需要很快的施工方法，需要经济实惠，而这些，都不是旧的建筑学所能解决的。但是，社会需要是建筑发展的最基本的、最活跃的、最强大的动力，它要突破一切阻碍它发展的旧传统，包括要彻底改造旧的建筑观念、创作

图 15 - 5　维也纳国会大厦平面
(1873 ~ 1883 年)

方法和艺术形式。同时，19 世纪中叶社会生产也提供了改造旧建筑学的手段；钢铁、玻璃、钢筋混凝土和相应的结构科学。因此，最需要摆脱旧传统、寻求新形制的大空间类型的建筑成了创造新建筑的尖兵，火车站、展览馆等等一次又一次突破旧建筑的传统。而破旧立新，在 19 世纪下半叶，最突出的是使用钢铁和玻璃、使用新的结构方式、新的构造和新的施工法，在短期内获得了旷古未有的大跨度的内部空间，同时也获得了旷古未有的艺术样式。

其次就是高层建筑突出地在美国的芝加哥诞生发展。

新的建筑有强大的生命力，它先在新类型建筑中站稳脚跟，积累经验，然后利用 20 世纪初年文化领域全面发生大变革的机会，在大量性、商品化的住宅建筑中击败了旧建筑传统，然后扩展到所有的建筑，使欧洲和美洲，以及以后在亚洲，翻开了建筑史的全新的篇章。

图 15 - 6　巴黎·圣日内维埃图书馆主阅览厅

第 6 篇
亚洲封建社会的建筑

Part 6
Architecture of Feudalism Society in Asia

亚洲的封建社会，同欧洲的很有不同。其中对建筑的发展最有影响的大致是：第一，欧洲在中世纪完全处于封建分裂状态，而在亚洲，虽然也普遍存在封建分裂的现象，但在各地，先后都建立过中央集权的统一的大帝国；第二，欧洲在中世纪有集中统一的天主教和正教的教会统治，而在亚洲，除了7～8世纪的阿拉伯哈里发国家实行政教合一体制和后来的阿拉伯国家的伊斯兰教统治之外，没有这种教会统治；第三，西欧许多城市利用封建分裂状态所产生的空隙，发展了独立的政权，市民文化高涨，并且孕育了资本主义关系，而在亚洲，城市从来是中央集权政府下官僚统治的据点，没有成为独立的政治力量，因此，市民文化的思想水平就很低。

　　由于这些差异，亚洲的宫廷文化的影响比欧洲的大得多，在许多地方，宫廷建筑左右着建筑的发展，而且，宗教建筑也往往成为世俗政权的纪念碑，像中亚、伊朗、土耳其等伊斯兰国家所见到的那样。另一方面，市民意识却在重要的建筑中几乎无所表现，偶然有淡薄的一抹，显出来的竟是消极的庸俗色彩。

　　亚洲各国和各地区的历史、文化差异很大，变化复杂，发展很不平衡。亚洲的封建时代的建筑主要分三大片。一片是伊斯兰世界，包括阿拉伯、西亚、中亚、北非和有一半在欧洲的土耳其，直到西班牙；一片是印度和东南亚；一片是中国、朝鲜和日本。它们的建筑相互之间差异很大。

第16章 伊斯兰国家的建筑

在中世纪，阿拉伯国家和其他伊斯兰教国家的人民创造了独特的建筑体系，达到很高的水平，是世界建筑史中一朵绚丽夺目的奇花。

7世纪中叶，信奉伊斯兰教的阿拉伯人从阿拉伯半岛腹地出发，先后占领了叙利亚、巴勒斯坦、两河流域、伊朗、中亚、阿塞拜疆和埃及，然后，经过北非，到8世纪初又占领了几乎整个欧洲西南部的比利牛斯半岛。从660年到1258年，阿拉伯世界有统一的宗教王朝，虽然9世纪后各地的政权实际上陆续分立。

在这个广大的幅员内，居民普遍皈依了伊斯兰教。伊斯兰教的教规很严，涉及生活的各个方面，加之整个地区当时都同样处于封建化的早期，地理环境又有许多共同点，所以，各地的文化和风尚习俗渐渐有了很多的一致性。共同的伊斯兰文化的形成过程中，广大地区里叙利亚、两河流域、伊朗、土耳其、拜占庭、埃及等的古老文明都作出了重要的贡献。伊斯兰文化甚至大量汲取基督教和犹太教的因素。但是，它并没有消灭地方文化。

这个地区里的政治关系非常复杂，直到15世纪中叶，信奉东正教的拜占庭始终和西亚的伊斯兰国家对峙着，从9世纪起，伊朗、埃及、中亚和阿塞拜疆先后脱离了阿拉伯人的统治。土耳其人从11世纪起在西亚、小亚和伊朗建立了强大的国家。1258年，蒙古人又在中亚、伊朗和西亚先后建立了伊儿汗国和帖木儿帝国。统一的阿拉伯帝国瓦解了，蒙古人大大破坏了阿拉伯人的文化成就。后来，土耳其人和蒙古人都信仰了伊斯兰教。15世纪，土耳其人又重新统一了小亚和西亚，占领了巴尔干和北非。16世纪之后，在伊朗的蒙古人的统治被推翻，建立了阿塞拜疆人的王朝，但仍然信仰伊斯兰教。在比利牛斯，信仰天主教的西班牙人从10世纪起一步一步从北向南赶出了信仰伊斯兰教的摩尔人，到15世纪末，最后统一了西班牙。

伊斯兰世界里，文化和经济交流频繁，手工业和商业很兴盛，建筑物的类型比较多。商馆、旅驿、市场、商业街道和公共浴室等是这地区特有的世俗建筑物。当然，同封建时期大多数国家一样，宗教建筑物和宫殿代表着当时最优秀的成就。

共同的文化之下，伊斯兰教世界的建筑有一般的共同点。例如，清真寺和住宅的形制大致相似；喜欢满铺的表面装饰，题材和手法也都相似；普遍使用拱券结构，拱券的样式富有装饰性，即使用梁柱结构的木建筑，也往往模仿拱券的外形等等。但由于民族成分复杂，地方传统差别很大，所以伊斯兰国家的建筑也因地而异。主要可分西班牙的、北非的、西亚的、中亚和伊朗的、印度的。其中伊朗和中亚的，以及稍后在它们影响之下的印度伊斯兰建筑，结构水平高、风格成熟、艺术完美，具有极强的独特性，是建筑史上奇丽的篇章。

16.1　西亚早期清真寺（附埃及）

从两河流域经北非到比利牛斯，清真寺的主要形制是巴西利卡式。

阿拉伯人本来是游牧民族，没有自己的建筑传统。他们向外扩张时，宽容地汲取各地的文化，迅速地铸成了灿烂的伊斯兰文明。他们首先占领的是叙利亚，第一个统一的倭马亚王朝（Umayyads，661～750年）建都在大马士革，叙利亚文化因此占了主导地位。王朝的最高统治者渴望建设自己的首都，使它堪与君士坦丁堡媲美。他们任用了拜占庭的和叙利亚的建筑师来建造清真寺作为他们的"圣索菲亚"。但初期财力有限，他们只能利用当地原有的基督教堂做清真寺，而它们是巴西利卡式的。

清真寺的形制　西欧的基督教堂，圣坛在东端，为的是做礼拜时信徒面向耶稣基督受难之处耶路撒冷。这个传统保持在叙利亚的基督教堂里，虽然耶路撒冷并不在叙利亚的东方。阿拉伯人继承了西欧基督教堂的观念，要求穆斯林礼拜时面向圣地麦加，麦加位于叙利亚之南，因此，现成的叙利亚巴西利卡就被横向使用。长期沿袭，成了定式，以致后来新建的清真寺都采用横向的巴西利卡的形制。尽管各地的清真寺结构方式不同，平面也有变化，但大殿的进深小而面阔大，柱列横向，则是基本一致的。

大殿之前有宽阔的院子，三面围着进深两三间的廊子。当地气候干热，大殿和廊子都向院子敞开。院子中央是洗礼用的水池，有时建成洗礼堂，大多是用穹顶覆盖的集中式建筑物，不大。这种形制也是叙利亚一带的基督教堂里早就流行着的。

大殿里的柱列，东西向用发券连接，每两个柱列之间南北向架着木屋架。两坡的屋顶成东西向的长条，几个跨度的大殿就有相并的几条屋顶。8世纪后，也有架筒形拱顶的，平行的几条。结构和空间分划都是东西走向的，圣龛（Mirab）却在南墙正中，建筑同宗教仪式有矛盾。

早期兴建的最大的清真寺大马士革的大清真寺（The Great Mosque，706～715年）是在古罗马晚期的基督教堂基址上建造的。这是一个大建筑群，围墙范围东西385m，南北305m。墙里附一圈柱廊。清真寺在院子的正中，东西长157.5m，南北宽100m，还是一个四合院，四角有方塔。大殿靠南，面积136m×37m，进深3间，有两排柱子。这两排柱子在圣龛前柱距加大，开辟成一个独立的空间，形成了纵向的轴线，显然在尝试着克服大殿内部空间分划和仪式的矛盾。11世纪时，又在这纵轴线的正中加了一个拜占庭式的穹顶。这所清真寺后来成了各地清真寺的范本。

750年，阿拔斯王朝（Abbas Dynasty，750～1258年）取代了倭马亚王朝，定都巴格达（750～761年一度建都于巴比伦），这时波斯人在宫廷里起了重大作用，波斯文化大量渗入伊斯兰文化，古波斯的建筑经验也渗入到清真寺的形制中。到9世纪中叶，有一些清真寺的柱列是顺向的了，例如北非突尼斯的盖拉温大清真寺（The Great Mosque of 1airawan，836年）和伊朗西部苏萨的大清真寺

（The Great Mosque of Sūsa，850~851年）。前者大殿面积 120m×70m，每跨用小木屋架；后者大殿面积 57m×50m，每跨用筒形拱。

但是，伊斯兰教仪式不很强调圣龛，它只不过是个象征，而不是仪式的焦点，所以横向的柱列仍在流行。埃及第一个脱离最高哈里法统治的总督伊本·土伦在开罗建造了伊本·土伦清真寺（Ibn Tulun Mosque，826~879 年），大殿里有 5 列柱墩，墩子像一段短墙，柱墩之间用尖券连接，因而特别强调了横行的走向。柱墩四角用小柱子装饰，尺度比较亲切。柱墩全用红砖砌筑，抹一层白灰。券面和券底都有灰塑的花边和几何纹样（图 16-1）。

西亚和小亚，包括巴勒斯坦和叙利亚，自古罗马以来就有集中式的穹顶建筑物，拜占庭帝国时有所发展，常常用作纪念性建筑物。阿拉伯人在耶路撒冷为纪念穆罕默德升天而造的圣石寺（Dome of the Rock，688 年），采用了这种形制。寺内供奉的圣石传说是穆罕默德于公元 621 年"升天"畅游得到"天启"时站立过的。这座寺只为供奉圣石，并不是信众作礼拜的。8 边形的平面，每边长 20m，中央有一个直径 20.60m 的穹顶，是木构的，下有鼓座。支承它的是 4 个大墩子和每两个墩子之间的 3 根小柱子。这一圈支承体的外面又有一圈 8 个墩子和每两个墩子之间的

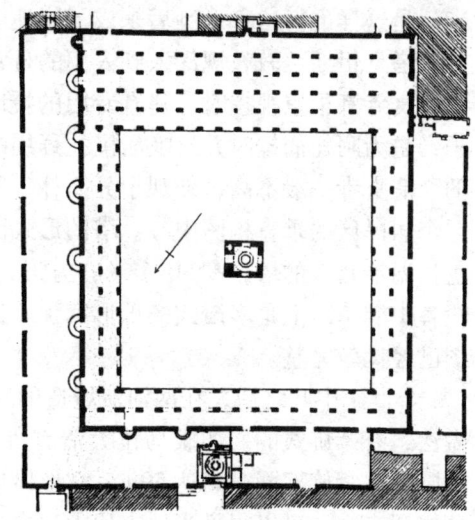

图 16-1　伊本·土伦清真寺

图 16-2　圣石庙

两根小柱子，它们和外墙都不负担穹顶的重量和它的侧推力，顶上用木屋架（图 16-2）。它外观稳重、大方。形式简洁，但包括着方和圆多种形体，并不单调。穹顶外表贴金，熠熠生辉，所以圣石寺又称"金顶寺"。

7 世纪中叶，阿拉伯人征服伊朗的时候，正值萨珊朝波斯文化的鼎盛期，阿拔斯王朝建立之后，波斯贵族在统治集团内的影响增大，到 9 世纪，两河流域有些清真寺汲取了古波斯方形柱厅的特点，柱子纵横等距，彼此不用发券或过梁连接，而把木质屋架直接架设在柱头上。结构和内部空间没有了走向。巴格达和它北面的撒马拉（Samarra，836~889 年曾一度作为阿拔斯王朝的首都）的大清真

寺就是这样的。这种形制后来成了这地区寺院的传统。

塔　伊斯兰教教规深入到人们的日常生活，尤其是一天五次统一的礼拜，所以清真寺都很重视授时，建有专用的授时塔（Minaret），授时塔顶上有小小的亭子，是为阿訇们授时并召唤居民礼拜用的。初时在大殿前院落的一侧，大多是方的。清真寺一般不高，外观十分简朴，所以塔就成了它的外部构图重点，甚至是一个居民区的垂直构图中心。塔的形式因此受到了重视，并且逐渐高大。突尼斯盖拉温清真寺的塔，高 30 多米，方形，外表分 3 大段，第一段包括 3 层，上两段各 1 层，最上是多瓣式的瓜形穹顶。比例还不很和谐，形象还比较粗糙，但构图已经比较完整。

8 世纪中叶之后，在两河流域造的一些清真寺的塔，继承当地古代山岳台的做法，有螺旋式的。如撒马拉大清真寺（Great Mosque，Samarra，848～852 年）的圆塔，盘旋五圈，高达 50m。它形体单纯而有变化，稳重而有向上的动势，十分雄浑有力，可以想见当地古代山岳台的庄严肃穆。开罗的伊本·土伦清真寺的塔也是这种螺旋式的。

装饰　装饰有两大类，一类是券和穹顶的多种多样的花式，一类是大面积的表面图案，这两类都是伊斯兰建筑的重要特点。

券的形式有双圆心的尖券、马蹄形券、火焰式券、海扇形券、花瓣形券和叠层花瓣形券等等。相应的，也大致有这许多样式的穹顶。它们的装饰效果很强。花瓣形和海扇形的券十分华丽，尤其是叠层的，很有蓬勃的热烈气势，不过搞乱了结构逻辑，未免伤于造作。

早期的清真寺，从叙利亚到比利牛斯，还不作大面积的装饰，比较朴素。内部墙面照拜占庭的传统，贴大理石板，在局部的抹灰面上作彩画或者薄薄的灰塑。偶或也有彩色玻璃马赛克。题材也还自由。起初保留着拜占庭文化的不少遗迹，有古希腊和古罗马的题材，如动植物的写实形象。后来随着伊斯兰教反偶像崇拜的教义的泛化，动物形象最先被禁绝，植物也渐渐图案化了。8 世纪中叶以后，两河流域的清真寺里的装饰，几何纹样几乎完全排斥了写实的形象，只有少量的形式化的植物形象点缀着。这种图案，被欧洲人称为阿拉伯图案（Arabesque）。极富装饰性的阿拉伯文字被编进了图案，内容多是"古兰经"的摘录。例如圣石庙里内圈支柱上方就有 240m 长的"古兰经"引文，申明只有伊斯兰教才是真实的信仰。

最常见的装饰是在抹灰面上作粉画。灰粉画的风格纤细柔弱，色彩鲜艳。还有一种在比较厚的灰浆层上趁湿软模印图案的装饰方法。少量使用当地古已有之的琉璃砖作贴面。到 8 世纪末，开始使用简单的图案式砌筑法做表面装饰，代表作品是拉卡城的巴格达门（Baghdad Gate，Raqqa，796 年）。雕花的木板和大理石板广泛使用，有时作透雕，用在门窗上。

16.2　中亚和伊朗的纪念性建筑（附埃及）

中亚、伊朗和阿赛尔拜疆的建筑在中世纪独树一帜，它们的代表性建筑是集中式形制的纪念性建筑。

中亚和伊朗有几条沟通亚洲和欧洲的商道，从中国来的丝绸之路就通过这里。由于手工业和队商贸易发达，9 世纪就有一些工商业城市。在这地区先后建立的塞尔柱土耳其帝国、花剌子模帝国、伊儿汗国、帖木儿帝国和以后的苏菲王朝，都是中央集权制的世界强国。所以，这地区的重要建筑活动的特点是：为集权帝国创造宏伟的纪念性建筑形象，包括宫殿、清真寺和陵墓，还有伊斯兰经学院；大型建筑物往往和整个城市建设有联系；城市公共建筑物的类型比较多，由于农业、商业、手工业的繁荣，除了住宅之外，交易所、旅舍、市场、公共浴场、学校等都纷纷建造起来，质量也高。

在这个地区里，波斯的影响最大，成就最高。9 世纪时，虽然在阿拔斯王朝统治之下，事实上波斯在很大程度上是独立的。11 世纪，土耳其人又统治了伊朗，但很快便被波斯化了。这地区的中世纪建筑主要继承了萨珊波斯的遗产，但有很大的前进创造，在 14 世纪初年基本成熟，在蒙古人建立的帖木儿帝国时期（14 世纪下半~16 世纪初）达到第一个高潮，中心在乌兹别克的撒马尔罕（Sa-markand）和布哈拉（Bukhara）。16 世纪末和 17 世纪初，苏菲王朝时，又以伊朗的伊斯发罕（Isfahan）为中心形成了新的高潮，但比帖木儿帝国没有大的发展。

穹顶结构 伊朗和中亚的伊斯兰建筑同西亚和北非的区别之一，乃是它普遍采用砖筑的拱券结构。它的纪念性建筑的艺术形象就是以穹顶技术为基础的。

早在萨珊波斯时期（Sasanid Persia，226~651 年），就流行在方形的空间上砌筑穹顶。初时因为是用叠涩法砌的，曲线缓和，所以穹顶呈长轴垂直的椭圆形，而且轮廓不精确。从 8 世纪起，渐渐有了两个圆心的尖券、尖拱和尖的穹顶。它们在砌筑时比较容易精确，形式也简洁明晰，所以，到 11 世纪之后就完全替代了椭圆的。同时，真正的拱和穹顶也渐渐发展，到 14 世纪之后，普遍淘汰了叠涩。这时候，四圆心的券、拱和穹顶又替代了两个圆心的，它们的形式更柔和浑厚，更能和敦实的砖建筑的风格协调。它们比半圆形的显得更复杂丰富一些，轮廓平缓，易于同其他部分方的、直的形体取得和谐的关系。尤其因为有一个尖子，示心性强，特别宜于作主要大门的券或者作中央穹顶。

集中式的纪念性建筑物中央用穹顶覆盖，它在外形上占着重要的地位。当轮廓逐渐精致获得更美的形式之后，便更加力求高耸起来。为了同时保持内部空间的和谐，所以在里面另砌一个半球形的穹顶。于是，外层穹顶不再担任屋顶的作用，而专任纪念性形象的造型手段，因而越发精心推敲。当外层穹顶演化到 4 个圆心之后，十分饱满壮观，因此，在 14 世纪末，帖木儿帝国极盛之时，在穹顶之下使用了高高的鼓座。这时，力求最大限度地把穹顶显示出来。穹顶不但是统率纪念性建筑物的主要造形因素，而且是城市的主要装饰。内层的穹顶就在鼓座的底部，以保持内部空间的完整。

方圆之间 穹顶之下从方形四壁到圆形鼓座的过渡，初时照萨珊波斯的办法，在四角砌喇叭形拱，后来则砌抹角的发券或者小小的半圆形龛，先从方形过渡到 8 角再到 16 角再到圆形。从 11 世纪起，抛弃了这些做法，而在四角用砖逐层叠涩挑出，渐成平面为圆形的穹顶基座。后来由若干皮叠涩的砖重叠为 1 层，斜向砌筑，形成锯齿形的牙子，上下交错。又在每一个牙子尖上凿一个凹坑，柔和多了，并产生了华丽的装饰效果。这种构件名为钟乳体（Stalactite），14 世纪之后广泛用在穹顶下、檐口下、阳台下、凹龛顶内、柱头上等等几乎一切向外挑出的部位上，成为中亚、伊朗和阿塞拜疆建筑的重要特征性细节之一，并且传播到整个伊斯兰世界。帖木儿帝国衰落之后，建筑失去了创造纪念性宏伟形象的思想动力，从此，转向追求繁缛的装饰。钟乳体的变体愈来愈多，形式复杂纤巧，以致后来完全脱离了结构任务，变成纯粹的装饰品，终致失去了它存在的依据。

于是，16 世纪之后，两种新的结构方法出现：用肋架券的组合来解决从方墙到圆穹的过渡；或者发 8 个互相交叉的大券，它们的交点组成一个八角形，上面座落穹顶。技术更加困难复杂，但形式简练多了，自然多了，也大大在外观上加强了穹顶与墙体的逻辑联系，这是一项重要的进步。伊斯发罕的几个纪念建筑物就采用了这种结构。

到 17 世纪，才引用拜占庭的帆拱，解决在方形平面上加圆形穹顶的过渡问题。

穹顶平衡　平衡中央大穹顶的侧推力的方法主要有两种：一种只依靠沉重的厚墙，另一种通过它四周房间上的拱顶或者小穹顶抵消一部分侧推力，墙就能稍微薄一点。

最常见的是在穹顶四边造 4 个轴线向它垂直的拱顶。拱顶下的空间同中央的连接起来，形成了十字形的大厅，但平面的外轮廓是方的，四角完全是实体砌筑，拱顶就由它们荷载。结构技术显然比较落后。17 世纪，一些大穹顶照拜占庭的办法，通过帆拱立在 4 个支柱上，那以后，结构轻了，内部空间也自由多了。中亚和伊朗的大穹顶长期没有能够摆脱承重墙，这就在它的内部空间和外部形象上都留下了鲜明的特点。

不过，伊朗和中亚的拱券本身的砌筑水平还是很高的。例如，14 世纪初年大不里失的阿里沙清真寺（Masjid—i—Jāmi of Ali Shah, Tabriz, 1310 ~ 1320 年），圣龛前敞厅上的拱顶，长 65m，跨度 30.15m，拱脚高 25m，超过了古罗马最大的拱顶。为了承担它，墙垣竟厚达 10.40m。

伊朗境内苏丹尼叶的蒙古人的伊儿汗国皇帝奥尔杰都墓（the Mausoleum of Oljeitu, Sultaniyeh, 1309 ~ 1313 年），穹顶的直径是 24.5m（或说 26m），鼓座外有一圈券廊，券廊的拱顶抵住穹顶的起脚，八边形的外墙厚达 7m。结构的整体性很强（图 16 - 3）。在中亚还有一些直径 17 ~ 18m 的穹顶，不过技术都是陈旧的。

集中式的纪念性形象　中世纪的集权帝国继承了在正方形的间上覆盖穹顶的技术，利用它的集中、挺拔和高耸塑造宏伟的纪念性形象。

集中式的形制首先用于陵墓。陵墓是伊斯兰的重要纪念物。帝王们的陵墓在大清真寺里，贵族们的在郊外形成墓区。有一些宗教领袖的墓成了朝拜的圣地。

早期的墓比较简单，方形的体积上戴着穹顶，四个立面大致相同，它们的代表是布哈拉的萨马尼墓（Mausoleum Ismail Samani, Bukhara, 9 ~ 10 世纪）。这座墓同时也是花式砌筑的代表。中亚和波斯的建筑几乎全都是砖筑的，长期使用砖块，发展了多种多样的砌砖方法，利用不同的砌法，形成墙面上的多变的图案，很富有装饰性。

11世纪之后，渐渐强调一个正面，并且形成了中亚和伊朗纪念性建筑最重要的特征之一：正面中段檐口升高，正中设一个通高的大凹龛，上面是半个拱顶，凹龛底上深处是门洞。这个龛就叫伊旺（Iwan）。再后，穹顶下有了鼓座。撒马尔罕城外沙赫—辛德陵园（Shah‐i‐Zinda, Samarkand, 14~15世纪）里大多数陵墓属于这一类（图16‐4）。伊旺后来广泛流传，直到印度。

图16‐3　奥尔杰都墓　　　　　图16‐4　沙赫—辛德墓群中的两座墓

此外，有些大型的墓在正立面的两端还有圆形或八角形的细塔，下部附在墙角上，上部耸出在檐口之上。这种陵墓的例子是土耳克斯坦城的阿赫默德·雅谢夫的墓（Mausoleum of Ahmed Joseph, Turkestan, 14世纪）。它后来成了清真寺。

这个集中式的构图，强调垂直的轴线，体形简洁稳定、厚重朴实，因而端庄浑穆，纪念性很强。它包含着丰富的变化：方形的主体、圆柱形的鼓座、饱满的穹顶、瘦高的塔，彼此强烈地对比着。正立面上，长方形的外轮廓又同用尖券覆盖的凹龛对比。凹龛形成的进深层次和阴影也对比着通体的厚实封闭和明亮。这些对比使构图富有生气，使各部分的特色更加突出。同时，所有对比着的部分又统一在一个完整的构图中：穹顶的统率作用突出，垂直轴线明确，各部分以它为指归，主次分明；因为各部分都是简洁浑厚的几何体，各包含着曲和直，风格一贯；因为各部分之间有妥善的构图联系，例如鼓座和方形主体之间有一小段8角柱或者8角锥台过渡，又如凹龛上尖券的示心性使矩形正面同穹顶呼应，因为它在上下左右都有所结束，等等。

这种陵墓的最杰出作品之一，是撒马尔罕的帖木儿墓（Mausoleum of Gor‐Emir, 1404~1405年）。1402年，帖木儿的孙子在对土耳其的战争中伤重而死，身在前线的帖木儿下令给他建造一座陵墓，同时建造一座清真寺和一座经学院。1405年，帖木儿去世，也葬在这座陵墓里，后来，他家族的男子大多入葬这里。这座陵墓造在清真寺的圣龛后面，以圣龛作为墓门，今寺已毁。墓室中央 10m 见方，四边又各有一个小空间凸出，以致墓室像是十字形的，外廊作八角形。正面正中作高大的凹龛，抹角斜面上作上下两层凹龛。鼓座底部的内层穹顶顶点高 20 多米，外层的高在 35m 以上。外层穹顶近似葱头形，外表最大直径略大于鼓座，由两层薄薄的钟乳体同鼓座显著分开，因此显得格外饱满。穹顶表面由密密的圆形棱线组成，更加充分地表现了穹顶的饱满和鼓足着的张力。圆棱也大大丰富了琉璃面砖耀眼的光泽。鼓座大约 8～9m

图 16－5　帖木儿墓

高，把穹顶举起在八角形体积之上，陵墓是一座构图完整而单纯的纪念碑，宏伟庄严。通体灿烂的琉璃砖贴面又赋予它华丽的外衣，性格十分热烈（图 16－5）。

帖木儿墓把穹顶同鼓座明确分开。在 14 世纪末叶之前，一般做法是二者不显著划分，因此穹顶不很饱满。帖木儿墓的创新很有意义。

帖木儿陵园设计在一个宽阔的花园里。这座墓和它的花园以后是这地区陵墓的蓝本。

帖木儿从全国征集建筑师和工匠，征集各种材料，建设首都撒马尔罕。人才的集中和巨大的物质财富，造成了中亚建筑的大高涨，纪念性建筑的形制终于在几百年不懈的探求的基础上成熟，帖木儿的陵墓是这时期的代表作之一（图 16－6）。

阿塞拜疆的重要陵墓，主体大多是柱形的，或正多边柱，或正多瓣柱，而以锥形顶子冠戴。也贴琉璃，多作编织图案，因而使粗重的柱形体积显得不很沉

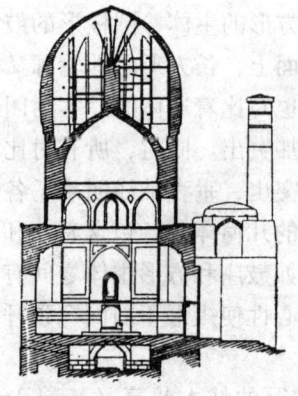
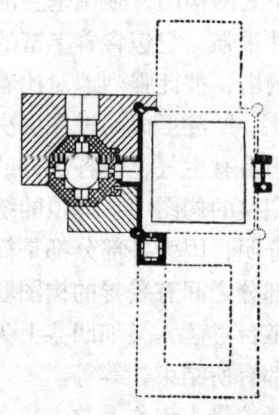

图 16－6　帖木儿墓平面及剖面

重，同样庄严肃穆（图16-7）。

清真寺 伊朗和中亚中世纪时最重要的纪念性建筑物是清真寺。起初，清真寺的形制和结构方式来自叙利亚，但至迟从10世纪起，照波斯的传统把柱网划分为正方形的间，后来又逐间用小穹顶覆盖，经过长期的演变，11世纪之后，新的、适应当地特点的清真寺形制大体确定了。

第一，围绕着宽敞的中央院落，四周都是殿堂，以正面的为主，进深多几间。保持横向巴西利卡的传统，面阔远大于进深。第二，柱网成正方形的间，每间覆一个小穹顶，从而消除了内部空间的方向性。第三，为了追求纪念性的壮丽形象，把集中式形制引进了清真寺：在大殿的正中辟一间正方形的大厅，上面架着大穹顶，鼓座高举，饱满的穹顶成为外部形象的中心。有时为了平衡大穹顶的侧推力，四面砌拱，大厅的平面就是十字形的了。这一部分

图16-7 阿塞尔拜疆，卡拉巴格拉尔（Carabaglar），贵族墓（14世纪30年代）

的立面，也是正中突出一片竖长方形的墙，当中嵌一个深度很大的凹龛伊旺（Iwan），于前面完全敞开。长方形墙面的两端，附一个瘦削的塔，冠以小亭子，戴着穹顶。于是，大殿恰像是在类似陵墓那样的集中式建筑物左右接建两翼而成。清真寺的正门也是这样，不过它朝里朝外都有凹龛伊旺，门洞在凹龛伊旺底里。

这样的清真寺，以前院的景色最壮观。四面都有类似的一副构图，穹顶和塔簇聚在一起，竞赛着冲天升腾的力。塔身峭拔，高高超出；穹顶雍容，错错杂杂，仿佛充满着生命。加上全面满贴色彩鲜艳、光泽明亮的琉璃面砖，更是一派庄严辉煌而又热烈的气氛（图16-8）。

清真寺的外墙是连续的，封闭的。在四个角上，各有一座凸出的圆形或者八角形的高塔，收分显著，上面也以戴穹顶的小亭子结束。在正面，两角的塔和正门组成完整的构图，其他三面则比较单调沉闷。

由于立面中央的竖长方形墙高于一般的檐口，由于正中方厅之前的凹龛伊旺很深，或者甚至成为一间敞厅，所以，穹顶常常受正面中央竖长方形墙的遮挡，虽然有鼓座，仍然不能充分显示出来，这是常见的缺点。

12世纪波斯塞尔柱王朝

图16-8 比比—哈内清真寺内院

（Seljuk，11~12世纪）首都伊斯发罕的大清真寺，礼拜五清真寺，（The Friday Mosque，约1100年），已经大体具备了这些特点。更有代表性的是撒马尔罕的比比—哈内清真寺（Mosque Bibi-Khan，1399~1404年）。这是帖木儿为纪念他的妻子建造的，是帖木儿时代最杰出的建筑物之一，代表着中亚伊斯兰建筑的最高成就。

图16-9　比比—哈内清真寺

比比—哈内清真寺（图16-9）正殿进深9间，侧殿进深4间，除了几个中央的大穹顶之外，一共有398个小穹顶覆盖着大殿。中央院落76m×63m。正门的凹龛伊旺深18m。所有的塔都是8边形的。

17世纪初，波斯苏菲王朝（Safavid Dynasty，16世纪末~18世纪初）在新首都伊斯发罕大事建筑，最重要的是皇家广场建筑群。广场上的皇家清真寺（Masjjid-i-Shah，1612~1637年，建筑师Ustad Abul Kasim）也是这样的格局。规模很大，主要穹顶高达54m。大门凹龛伊旺覆半个四圆心的穹顶，方圆之间的过渡极其简洁（图16-10）。这座清真寺也是伊朗中世纪建筑的最高代表之一。但是，两百年来，清真寺建筑模式的进展很小，同帖木儿时代的相去不远，反映着社会进步的迟缓。

图16-10　伊斯发罕，皇家清真寺

经文学院　清真寺常常和经文学院造在一起，形成城市的建筑中心。经文学院的形制同清真寺的基本一致。在清真寺为大殿的地方，在经文学院里被划分为小间的宿舍。因为进深大，一般分为前后间，没有外廊，没有内廊。有时有楼层。大殿正面中央的凹龛伊旺用作夏季教室。冬季教室和礼拜堂在正门的左右，平面是方的或十字形的，上面的穹顶也举起在鼓座上，往往使正门的构图显得过于拥挤。这种经文学院的代表是撒马尔罕帖木儿敕建的以天文学家乌鲁别格（Ulubek）命名的经文学院（即神学院，1417~1420年）它的正门和穹顶都用彩色琉璃砖贴面，地震中破坏后重建，新穹顶高13m，直径13m。乌鲁别格经文学院在市中心列吉斯坦（Rejestan）广场的西缘，广场的东缘是什尔—多尔神学院（Shir-Dor，1619~1631年）正面和乌鲁别格经文学院完全相同。广场的北缘是蒂利—卡尔神学院（Tillia-Cari，1646年），它立面的中央部分和前两个神学院相似，但左右两侧是双层的券廊，强烈的光影显示出它是广场的正面。列吉斯坦建筑群是帖木儿时代撒马尔罕作为乌兹别克的文化中心、丝绸之路上著名的城市的标志。

装饰　中亚、伊朗和阿赛尔拜疆的建筑装饰，始终密切结合着它的材料、构造和施工方法。

房屋以砖墙承重，形体简单，外墙无窗，装饰就从大面积的墙面着手。13世纪之前，墙面主要用花式砌筑来装饰。早期花式砌筑大体有两种：一种是在墙面上利用砖的横竖、斜直、凹凸等变化砌出各种编织纹样；另一种是在墙上砌龛、半圆柱凸出体等等，而在它们面上仍然可以砌编织纹样。花式砌筑的一个突出的例子是布哈拉的萨马尼墓（Mausoleum Ismail Samani，Buhara，图16–11）。

图16－11　布哈拉，萨马尼墓

砖的颜色从淡黄到赭红都有，局部的重要位置，用石膏作平浮雕图案，贴在墙上，色彩的对比很明快。室内则用石膏作大面积的装饰，以深蓝和浅蓝两种颜色为主。当地风尚，以蓝色代表天空和光明。平浮雕，就是两层的浅浮雕，一层是图案，一层是图底。适应着石膏饰块的生产特点，有些图案是趁石膏凝固之前用模子压印上去的。室外也用少量的雕砖。

13～14世纪，石膏的平浮雕在室外用得更多，而墙上砌龛或半圆柱凸出体因为施工不便，渐渐少见了。这时，石膏上的着色比以前富丽，除了深蓝和浅蓝之外，有黄、红、绿、橙、棕、赭、黑等颜色，少数贴金。石膏用于户外墙面，和当地干燥少雨有关。

中亚和伊朗高原，自然景色比较荒芜枯燥。因此，居民喜欢浓烈的色彩，室内多用华丽的壁毯和地毯，反映在建筑上，也就爱好大面积的彩色装饰。古代波斯曾经使用过从两河流域传来的琉璃面砖，但是萨珊王朝以来，几乎长期废弃。到12世纪，才又重新采用，以浅蓝色的为多。14世纪，又陆续出现了有平浮雕或彩绘的琉璃砖，还出现了用不同形状的琉璃块作镶嵌的工艺。

普通琉璃砖的装饰方法，是用各种不同颜色的琉璃砖或者掺用普通砖砌成图案、编织纹样或阿拉伯文字。平雕的和彩绘的琉璃砖则常用来组成条条或框框，通常是同样图案的组成一条或一副框子，框子里再作别的图案。镶嵌的构图比较自由，幅面便于变化，常用在券面外侧的三角形位置上和地面上。

14世纪之末，帖木儿帝国时代，建筑力求豪华，盛行用琉璃砖满满覆盖穹顶、鼓座、塔身、墙面等等一切内外表面，不留一点空白。此后，中亚和伊朗的封建时代的重要纪念性建筑物就一直保持这种特色，璀璨闪耀，堂皇绚烂。后来，甚至把晶莹明亮的镜片镶在图案里。

色彩和光泽成了主要的装饰因素之后，凹凸起伏因为不适于琉璃砖贴面的工艺，被废弃了。于是，墙、鼓座、穹顶、塔等等都更加趋向简洁平滑的几何形，建筑物更加重视整体的和谐。

由于伊朗建筑异乎寻常的宏伟灿烂，流风远播，整个伊斯兰世界的纪念性建筑都披上了大面积的彩饰。虽然从叙利亚到比利尼斯也有了琉璃砖，但大面积的彩饰却仍然是石膏块和粉画，而粉画这时则竭力模仿琉璃砖，包括它的图案、颜色、大面积构图，甚至着意模仿它的光泽。长时期以来，尽管伊斯兰教的戒律严禁写实的形象，阿拉伯图案里仍有一些写实的植物形象，而完全排斥了写实形象的却是光华缤纷的琉璃饰面。因为写实的形象不适合琉璃砖的生产和施工工艺，才在琉璃砖所做的外饰面中完全消失了。在建筑物内部，则壁画始终有一定地位，题材大多是生机蓬勃的花卉、树木或者生活场景。总之，最有生命力的，还是人民世俗的审美要求和建筑材料，物质生产的规律性而不是宗教戒律。

门窗扇和栏杆是重点的装饰部位。有些栏板和固定窗扇是用薄薄的石膏石板透雕的，图案玲珑细巧。启闭的门窗扇或者用木棂、铁棂做花格，或者在木板上满刻花纹。

埃及的集中式清真寺　14～15世纪，埃及的伊斯兰建筑受到中亚和伊朗的强烈影响，以穹顶覆盖的集中式形制在陵墓和清真寺中流行起来。艺术处理的重点从内院转向外部，穹顶和渐渐变得瘦高的塔相映成趣。立面中央的出入口也在高大的凹龛伊旺深处。钟乳体普遍应用在一切挑出的部位，整个建筑物布满装饰。

但埃及建筑有它的特色：集中式建筑物周围附建许多其他的厅堂，因而体形比较乱，没有对称轴线；特别爱用花式的券，如马蹄形的、海扇式的等等；塔很华丽，被环形的阳台分成几段，下面一段是方的，中央一段是8角的，最上面是圆的；它们用石头为主要材料，因此很少用琉璃贴面，而多用浅浮雕图案在重要部位作大面积装饰，也爱用白色石头和红砖交替砌成水平带。

埃及独特的装饰法是在石头上刻出凹槽，然后填入彩色灰浆，或者用不同颜色的石片镶嵌，以白色为主。还有一种装饰是用石膏石板做透雕，透空处镶彩色玻璃，可能是受欧洲哥特式花玻璃窗的影响。

开罗的汉撒苏丹清真寺（Sultan Hassan Mosque，1356～1362年）和开特—贝清真寺（Cait-Bei Mosque，1483年）是集中式清真寺的代表。前者的中央穹顶没有建成，原定的穹顶下的空间留作为一个院落（图16－12）。

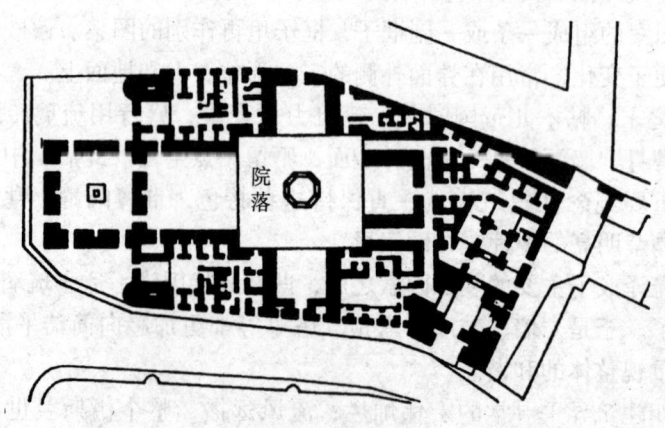

图16－12　开罗，汉撒苏丹清真寺平面

16.3 土耳其的清真寺

土耳其的建筑在伊斯兰世界中别具一格，因为它继承了拜占庭帝国的丰盛遗产。

1453 年，土耳其人攻灭拜占庭帝国，到 16 世纪，建立了包括北非、巴尔干、中欧一部分、高加索、西亚、阿拉伯的北部和西部等广大领域的帝国，以君士坦丁堡为首都，易名为伊斯坦布尔。这帝国叫奥斯曼帝国。

小亚细亚的传统 土耳其人长期以小亚细亚为根据地。小亚细亚因为地理位置关系，外来文化影响很多，建筑也比较杂乱。11 ~ 13 世纪时，小亚细亚的清真寺大体是叙利亚式的，由于当地冬天比较冷，礼拜大殿大多不向院落敞开。当地产木石，按古代喜特人（Hitti）的传统，一般房屋用木框架、木梁柱、乱石墙等，用石板或大理石板贴墙面。重要的建筑物则全用石材。

受高加索的影响，常用圆锥形或角锥形的顶子，是用叠涩法砌成的。这种顶子后来成为土耳其清真寺光塔的典型特征。

墙面使用石板，以致浮雕成了重要的装饰因素，由于当地伊斯兰教什叶派的特殊教义，雕饰题材往往有人物和动物。雕饰集中在大门上，也是大面积满铺的，构图不很严整。又加上拜占庭等地和中亚等地手法混用，时时显得不协调，失于堆砌。高尼亚的印迪·米纳清真寺（Indij Minare Mosque，Konya，1252 ~ 1285 年）的大门是一个代表。在室内，也有用琉璃砖贴面的。

集中式清真寺 建立了奥斯曼帝国之后，由于中央集权的大帝国的政治需要，纪念性建筑中淘汰了小亚细亚的传统，更多地继承中亚、伊朗和拜占庭等大帝国的建筑成就。

初期，清真寺是广厅式的，长宽约略相等，没有院落。划分为正方形的间，逐间覆以穹顶。这是伊朗的做法。

14 世纪中叶，发展了集中式的清真寺。同伊朗和中亚的相仿，在中央穹顶方厅的两侧和后方各辟一间稍小一点的大厅，完全向中央方厅敞开，它们上面也用穹顶。后来，由于仪典的需要，后方一间渐渐加宽加深，直至和中央方厅连成一个空间，但它的穹顶还是独立的，因此这个空间有前后两个穹顶。两侧的大厅仍然比较小。中央厅的前面是一排柱廊，它们之间有时隔一个小小的门厅。

结构技术比中亚和伊朗的进步，墙垣比较薄一点，没有中亚和伊朗集中式建筑物四个角上那种巨大的砌体。

代表性的作品是勃鲁莎的叶赛尔（绿色）清真寺（Yesil Mosque，Brussa，1423 年）。

由于这种清真寺在建筑上同拜占庭正教教堂同属一个起源，因此，当土耳其人灭亡了拜占庭之后，宗教的对立并没有妨碍他们搬用正教教堂的形制和结构。16 世纪后半叶，奥斯曼帝国最繁荣强盛的时候，在伊斯坦布尔和其他一些城市造了几个大型的清真寺，其中最重要的是伊斯坦布尔的赛沙德清真寺（Sehzade Mosque，建筑师 Sinan，1489 ~ 1578/1588 年），苏里曼耶清真寺（Suleimaiye

Mosque, 1550 ~ 1556 年，建筑师 Sinan）和阿赫默德苏丹清真寺（Sultan Ahmed Mosque, 1609 ~ 1616 年，建筑师 Ahmed Aga），它们的形制都模仿圣索菲亚大教堂。它们的建造和意大利圣彼得大教堂同时。

苏里曼耶清真寺的平面很像圣索菲亚大教堂的，中央穹顶的前后各有一个半穹顶，但它们的高度远低于中央穹顶的起脚，不起抵抗侧推力的作用，侧推力全由 4 个粗大的墩子的重力来承担。中央穹顶左右各有 3 个小穹顶，远低于中央穹顶，相互间也没有结构关系。结构的有机性不如圣索菲亚大教堂，但外形明晰，4 座瘦高而有尖顶的光塔给它强烈的对比，不像索菲亚大教堂那样臃肿（图 16 – 13）。苏里曼耶清真寺穹顶直径 24.6m，室内最高点标高 53.1m，穹顶底部像圣索菲亚大教堂一样有一圈窗子，但因为侧面窗子多，内部光亮，所以没有产生圣索菲亚大教堂穹顶那种缥缈的幻象。苏里曼耶清真寺的平面面积大约为 3249m²。它位于临近海岸的高地上，景观十分壮伟。

赛沙德清真寺和阿赫默德苏丹清真寺在中央穹顶的四面都用半个穹顶抵挡侧推力，它们的侧推力又各用更小的 3 个半穹顶抵挡，再传到外墙的柱墩上，结构成为整体系统，内部空间也很完整而集中。阿赫默德苏丹清真寺的内部比圣索菲亚大教堂的简洁明快（图 16 – 14）。它面积为 72m × 64m，穹顶直径 22m，顶点高 43m。因为穹顶层层支承，内部景观很丰富，大大小小的穹顶和拱券在不同观赏位置会呈现出很华丽的半圆弧的不同组合。外形比较臃肿，但层次明确，结构逻辑有条不紊。6 个细高的塔很有效地活泼了轮廓，使外形舒展一些。赛沙德清真寺稍小一点，面积只有 156.2m²，穹顶直径 18.9m，顶高为 36.9m，但它的内部非常和谐。

图 16 – 13　苏里曼耶清真寺　　　　图 16 – 14　苏里曼耶清真寺内景

这类清真寺，大穹顶直径在20m以上的有好几个，亚德里亚堡的赛里米叶清真寺（Selimiye Mosque，1569年~，Adrianopole，即Edirne，建筑师Sinan）的达31.5m，很接近圣索菲亚大教堂的了。伊斯坦布尔的苏里曼耶清真寺、赛沙德清真寺和亚德里亚堡的赛里米叶清真寺，都是皇家清真寺，皇权的纪念物。它们的设计人锡南（Sinan）可能出生于希腊的非穆斯林家庭，作为优秀青年，被帝国征召入伍，皈依伊斯兰教之后，进入国家机关服务。这是奥斯曼帝国一个很有成效的政策的一例。建造这些纪念物，有不少亚美尼亚工匠参加。广泛地利用和汲取各方的成就，使得帝国的建筑达到很高水平。

土耳其清真寺的重要特征之一是那些细而高的、没有收分的、分节的、以圆锥体结束的光塔。从1个到4个不等，6个是个别的例外。这样的塔从中亚和伊朗的清真寺4个外角上的塔演化而来，因为清真寺不采用四合院的大殿式形制，而改成为集中式的体形，所以，塔就变成独立的了。也有阿塞拜疆的影响，如圆锥形的顶子，有时使用的多瓣形塔身等。土耳其人也给君士坦丁堡的圣索菲亚大教堂加了这样的高塔，它当时被当作清真寺。

这些清真寺，除了小亚细亚传统的平雕石刻图案装饰外，大量使用琉璃砖，以蓝色或绿色为主，此外有深棕色、朱红色等。也使用了西欧天主教堂的彩色玻璃窗镶嵌画，但颜色浅，画面疏朗，比较明亮。

16.4　世俗建筑物

在广阔的伊斯兰世界里，中世纪时，有许多地区曾经在经济和文化方面领先于世界，城市生活发达，世俗建筑的类型很多，宫殿、驿馆、商业街道、公共浴室等的水平都很高。

住宅　住宅，尤其是平民住宅，与地方气候、物产、风俗习尚等等的关系十分密切，因此各地住宅的差异比较大，但也有不少共同点。

由于伊斯兰教戒律的约束，较大的住宅明显地划分为妇女活动的部分和男子活动的部分。后者包括客厅和作坊等，一般在楼下；前者包括家务工作室等，一般在楼上，而且很封闭，为了不让外人看到妇女，对外的窗子和阳台都用密密的格栅遮挡起来，这些格栅渐渐发展成住宅重要的装饰品。

这些地区夏季炎热，大型的住宅区分夏天用的房间和冬天用的，二者的朝向不同。为了防避骄阳直射，院落多不大，而且在主要房间前面有一间完全向院落敞开的大厅，作为活动区，高度往往包括两层楼房，有利于通风和遮阴。这大厅是纪念性建筑中正面普遍使用的凹龛伊旺的原型。

底层大抵用砖石墙，上层用木框架，以土坯填充，厚度大约40~60cm。在中亚、伊朗和埃及等地，屋顶是平的，一部分用作凉台。

室内墙上贴石膏板，做一些龛，大的放被褥箱笼，小的放日常用具。龛的形式精致，大多发四圆心券，镶着细巧的透空花边。龛在墙上的位置、形状和大小都很注意构图的匀称。

门窗扇和柱子作纤细的雕饰，墙上和窗上也有石膏石的透雕，都用阿拉伯图案。在中亚和阿塞拜疆，纤细花巧的木雕柱子是住宅大厅里最重要的装饰物，也曾流传到土耳其等地。

早期的宫殿 7世纪时，伊斯兰教还保持着原始的单纯和朴实，提倡仁爱、恤穷、众生平等、宽容等等美德。前四代首领哈里发没有宫室，不事奢华，和普通人一样刻苦，和扈从、亲兵们一起住在沙漠中的帐篷里。自从660年建立以大马士革为首都的统一王朝——倭马亚王朝之后，最高统治者哈里发们便被被征服者的文化征服了，他们成了中央集权式大帝国的君主，和一切专制者一样，生活完全叙利亚化了，高踞生民之上，锦衣玉食、美姬鲜婢，于是便着意于营造大规模的宫殿。

宫殿占地大多是正方形的，范围很大。厚重的墙向外间隔地凸出半圆的或半个8边形的垛子。平面布局大致有两种，一种是四合院式的，院子周边一圈柱廊，如米尼亚的宫殿（The Palace at Minya on Lake Tiberias）。另一种则横向分为3等份，一份是哈里发（政教合一的最高统治者）的居处，一份是后妃的居处，中央是朝政用的。然后将中央一份又纵分为3份，前面一份包括门厅之类，后面一份包括大殿等等，中央是院子。前后两份再横向分为更小的3等份，门厅分为3个门道，大殿分正殿和侧殿。例子有姆夏达的宫殿（The Palace at Mshattā，今约旦境内，约建于744～750年，图16－15）。它的平面占地大约2362m²，门厅和正殿都采用巴西利卡式。

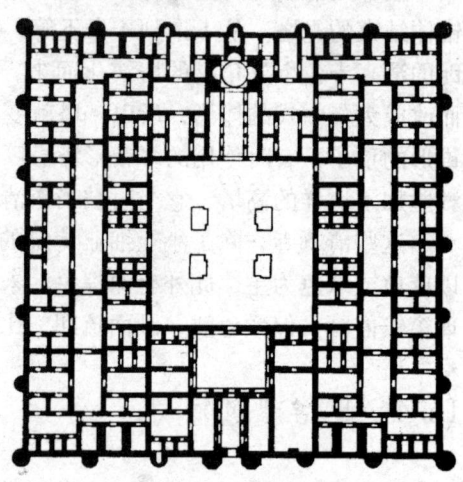

图16－15 姆夏达的宫殿

8世纪中叶，阿拔斯王朝首都迁到巴格达后，经济比较繁荣，统治者们摆脱了游牧习惯，在重要的商道上建造整个城市，宫殿就造在城市里。由于波斯的影响，宫廷采用了繁缛的仪礼，宫殿的规模大了，布局也更复杂，突出了正殿的重要性。在巴格达北面的撒马拉（Samarra）、巴尔古瓦拉（Balkuwārā）等地造了巨大的宫殿建筑群。

撒马拉的宫殿（Jausaq al-kharqani，833～842年）南边和西边临底格里斯河（Tigris），占地175km²，有71km²的面积是临河的花园，布置着亭阁和池塘。主要的宫殿建筑物200m见方，偏于西部，主轴线是东西向的，大门向西。平面也是按反复3等份规划的。它的大门之前有一个127m见方的前院，登上60m长的台阶，升高17m，便是大门。大门有并列3个拱门，17.50m深。进入中央门道，穿过一串6个横长方厅，是一个中央有喷泉的方院子。它北边有门通向哈里发的居处，南边通向后妃居处。从方院向东，进入一个长方院子，它的东边就是大殿。大殿是正方的，中央正殿是十字形的，上面用穹顶和拱顶，有如一种集中式的清真寺。大殿之后是一个横向长厅，南北38m，东西10.40m，向东对一个

350m×180m的宽阔场地敞开。场地东缘是不大的地窖凉殿，深入地下8m。它的地上部分是一个方厅，中央有喷泉，两侧建着马厩。再后面是一个南北530m，东西65m的大跑马场。它的东边中央有一座看台，这个轴线总长度达到1400m，规模十分宏大。

这个地区的建筑物，包括清真寺在内，一般不依轴线作多层的纵深布置，而独于宫殿例外。因此宫殿的形制同其他建筑的差别很大，这在世界建筑史中是少见的。

撒马拉宫殿主要建筑物的东北，紧挨着它，是180m见方的大地窖凉殿。它当中115m见方的院落是挖地而成的，有几米深，向四周再开挖房间。院落中央又有一个直径为70m的圆形水池，由人工渠道供水。凉殿房间的上面，地面上有一圈建筑物。

大凉殿之北，有一个由两层厚重的防御性墙垣围起来的仓库建筑群。在主要建筑物之南，有许多仓库，大约贮存武器。

宫殿西北部是骑兵营地，有600间宿舍。

中亚、伊朗和阿塞拜疆 这一带的封建君主按季节而在各处居住，宫殿的规模不大，一般由若干个建筑物组成，布局零乱，如巴库的什尔文沙霍夫宫（Palace of Shivanshah，15世纪）。只有像帖木儿这样的大帝国的君主，才能调集全国的工匠和资材建造大型的宫殿。他在开石城（Kes）的一所宫殿，大门凹龛伊旺的拱顶的跨度竟达22m，现存残剩的半截圆塔高度还有45m。

奥托曼土耳其 宫殿很像阿塞拜疆的，伊斯坦布尔的托帕卡比宫（Topkapi Palace）是它的主要宫殿，在几百年的长时间里陆续建成。这个建筑群总平面很松散，有许多大小院落和花园。进了向西的大宫门，是一个并不很规整，大致为矩形的院落，有150m深，很空旷。西边第二个院落大致为正方形，也并不规整。再向西是花园。在第一、第二两个院落的北侧是一个占地近于方形的"后宫"（Heram）。后宫的建筑物很精巧，内部装修的工艺极高，满墙螺钿、宝石，工巧绝伦，像一个首饰盒。但装饰风格稍嫌繁琐，而且柔弱，散发着穷奢极欲的宫廷生活中难以避免的慵懒无聊的迷惘气息（图16-16）。花园里的亭、轩、阁之类，形式比较完整，出檐大，玲珑透剔。但相互间的配合很乱。

装饰丰富华丽不一定繁琐，纤细精巧不一定柔弱，关键在于气质格调。而气质格调则是人们的社会地位、文化教养、思想趣味、生活条件等等的综合的反映。

驿馆、商场、商业街道 由于手工

图16-16 托帕卡比宫卧室

业和队商贸易发达，中亚、伊朗和土耳其等地，重要的城市里都有规模很大的市场。如布哈拉、撒马尔罕和伊斯发罕等地的市场，由商业街道、商场和驿馆等组成。

商业街道曲曲折折，却常常上有屋顶，顶子划分为连绵的正方形的间，由小穹顶逐间覆盖。在每个穹顶中央开一个采光孔给街道采光。街道两侧密排着小店和作坊。

十字路口往往扩展成一个大商场。在交叉点正中央盖一个大穹顶，周围一圈方的或 8 角形的环廊，也划为方间，用小穹顶逐间覆盖。沿外墙有比较大的凹龛，供摆设商摊之用。道路从门洞穿过这样的商场。商场也有在道路一侧的，不设中央大穹顶，而是整齐地划成一律的方间，逐间用小穹顶覆盖。

由这样的街道和商场组成的市场，是中亚、伊朗和土耳其等地独有的。

驿馆，形制类似经文学院，不过院落宽大得多，以便安顿队商的驮畜。一些在大路中途旷野里的驿馆，有防御性的围墙和碉楼。在布哈拉到撒马尔罕的大路中，有一座罗巴特·马里克驿站（Robat-i-Malik，1078～1079 年）——一个 30m见方的院子，四周整齐排列着房间。大门在东北角，南侧正中有一个穹顶下的礼拜寺。这是城堡庄园的模式。大门上的铭文把这座驿站比作天堂，很夸张。有些驿站有前院，区分了主人和仆从。大约是雨量比伊朗和中亚多的缘故，土耳其的驿馆，中央院落比较小，经常在中央院落上架起大穹顶，作为交易所。没有大穹顶的，也在院落四周作一圈券廊，廊子后面是有壁炉的客房、浴室、管理室及工作人员的宿舍，其中配备有医生、乐师和舞蹈演员。驿馆或者商场周圈也有朝外临街开店的。

土耳其的驿站通常是官办的慈善机构，所有的旅客都可以免费住宿 3 天，享受其他服务，包括医疗。

公共浴室　因为气候炎热和伊斯兰教戒律的关系，清真寺都附设浴室，既为宗教仪式所需，也可为日常生活所用。城市里也普遍有许多公共浴室。

中亚和伊朗的公共浴室，大多由几个集中式大厅串连而成。大厅有 8 角的、方的或者圆的，上面用穹顶。它们分别作为衣帽厅、按摩厅、搓澡厅和热水浴室、温水浴室等。

卡善（Kashan）的一个公共浴室，更衣大厅大约 15m 见方，中央 8 棵柱子支承着直径将近 8m 的穹顶。浴室是大约 8m×12.5m 的大厅，中央有直径 5m 多的穹顶，支在 4 棵柱子上，穹顶正中有孔洞采光。这两个穹顶的侧推力都由四周更矮的拱顶或者半穹顶抵住，所以墙恒不厚，柱子不粗。用柱子支承穹顶是 17世纪以后结构的一个重大进步，使内部空间流畅而且宽敞。这是因为穹顶大大减轻了的缘故，有些穹顶采用拜占庭的技术，用空罐子砌成。

布哈拉的萨拉封（Saraphon）浴室是半地下室，便于保持稳定的温度。由地板下埋藏的管道供热，功能的考虑比较周到。

第 17 章　印度次大陆和东南亚的建筑

印度次大陆和东南亚人民有光辉的文明和建筑成就，他们以非常出色也非常独特的建筑成就贡献给了世界。印度次大陆东、南、西三面临海，但漫长的海岸线没有优良的港湾，也没有便于海上交往的文明发达的邻国。北面则被喜马拉雅山阻断了和中国的交通。印度的地理环境很封闭，这造成了印度文化，包括建筑，极大的独特性。但西北部，印度河上游，可以通过犍陀罗（Gandhara）与中亚细亚的古国接触，这里成了印度对外联系的要津。通过中亚细亚，进一步接触到西亚和欧洲。中亚、西亚和欧洲的文明，屡屡从印度河流域传播到印度北部，然后再到恒河流域。恒河上游朱木拿河（R. Jumnar），接近印度河上游，是几条大道的交点，在那里生成了被后人称为"印度的罗马"的德里城。恒河两岸成了印度文明最发达的地区。

印度河和恒河流域，早在公元前 3000 多年就有了发达的文明，这里有人类历史上最早的城市建设。

大约在公元前 2000 年左右，外来的征服者在印度北部建立了许多奴隶制的小国家，制定了种姓制度，把人分为贵贱四等。为维护这种压迫而产生了婆罗门教（Brahmanism），它把种姓制度说成是神的意志。

公元前 5 世纪之末，产生了佛教（Buddhisin），大盛于公元前 3～4 世纪。佛教主张慈悲仁爱，普济众生，并且认为只有否定人生，才能解脱痛苦。

6～9 世纪，在印度形成了封建制度。婆罗门教又重新排斥了佛教，后来转化为印度教。同时还存在着专修苦行的耆那教。

人民深陷在宗教信仰之中，用砖和石材建造了大量的佛教和婆罗门教建筑，而世俗建筑物却只使用不耐久的材料，如竹、木、土坯等。宗教建筑成了当时建筑水平的主要代表。

印度在古代比较闭塞，佛教和婆罗门教建筑，土生土长，非常独特。但是，封建的后半期，印度建筑却因外来的影响而发生了重大的变化。11～12 世纪，中亚和阿富汗来的伊斯兰教徒在印度北部建立了几个王国。15 世纪末，又一支从中亚来的伊斯兰教徒统一了印度的大部地区。从此，印度文化在各方面都穆斯林化了，建筑也是远远脱离了古来的传统，而基本上与中亚和伊朗的相同。但印度盛产优质石料，宗教建筑多用白造，因此与用砖和琉璃的中亚、西亚伊斯兰建筑有明显的不同。

在南方一隅还存在着独立的婆罗门教国家，继续建造着宏大的婆罗门教庙宇。西北部的拉吉斯坦（Rajasthan）没有完全归属于伊斯兰教王国，它的建筑比较多地保持着古代的传统，自成一格，还建造了一些宫殿之类的世俗建筑物。

印度伊斯兰教王国的建筑创作领域比较广阔，质量也比较高，在世界建筑史中占着光辉的篇章。

东南亚大多数国家受印度文化的影响很深，印度的佛教建筑和印度教建筑流传过来，但都经过各地人民自己的创造，有各国的特色，它们各自产生过一些很杰出的建筑物。

17.1　谟亨约·达罗城

古代印度的城市很发达，巴弗连邑、华氏城、王舍城等都很壮丽。最早的城市遗迹是公元前三千纪的谟亨约·达罗城（Mohejo-daro），它位于印度河下游，现今巴基斯坦境内。

谟亨约·达罗城经过规划，平面略呈长方形，面积大约 7.77km²。主要干道顺主导风向而南北走，宽达 10m，由东西向的次要街道把它们连接起来，形成方格形的街道网（图 17–1）。每个街区长约 336m，宽约 275m。城市分两部分，下城住市民、手工业者和商人，上城建造在大约 10m 高的人工筑起的平台上，住着祭司和贵族。上城里有一座高塔；一个可能是祭祀或节日用的大厅，方形，每边长约 28m，里面 4 排圆柱，每排 5 棵，柱子用砖砌，屋顶是平的；另外还有一座庙宇，四周有柱廊，柱廊里有走道和各种房间，院子中央有一个大水池，长 11.3m，宽 7m，深 2.4m。池壁厚 2~2.5m，用砖精工砌成，为抵抗水的侧压力，稍微向后倾斜一点。池底铺几层精制的砖，砖上涂树脂防漏水。池底还有方格形的基础墙，两端压在四周柱廊的基础之下。下城有巨大的粮仓，也用砖砌，有通风管道的设备。

比较大的住宅用红砖砌筑，有很多间居室和大厅。屋顶是平的。分隔房间的墙低于顶棚，使各房间都可有穿堂风。有些住宅是两层的，底层有厨房、盥洗室、水井和储藏室，居室在楼上。城市的下水道系统很完整，通到家家户户，是砖砌的。盥洗室近旁有砖砌的深井，废脏水排进井里，通过地下管道流入城市的总下水道里去。楼上浴室的排水用陶质的管子，砌在砖墙里。

城市的道路在转角处作圆弧形，显然是为便利车辆的通行。

谟亨约·达罗城的各种建筑物都初步形成了自己的形制，这是建筑达到了相当高水平的标志。

伴随着经济、文化的进步，各种类型的建筑物各依自己的功能而发生形制上的分化，由于设计的不断深入，又逐步特化，这是建筑发展的一个过程。不过，特化到一定程度，建筑物就降低了适应性，失去了灵活性，于是，就有一些类型的建筑又要向反面

图 17–1　谟亨约·达罗城街道

转化，特别是建筑物内部空间，希望有比较大的灵活性。这就必须在结构上付出代价，或者增加设备，在新的、更高的水平上削弱某些建筑物的特化。但是，为了适应新的功能要求，设计又会更深入，设备又会更复杂，于是又有一些建筑发展新的特化。特化和灵活性，这也是建筑重要的内在矛盾之一，它们的反复转化，是建筑前进运动的一个重要内容。

17.2　佛教建筑

创立佛教的释迦牟尼（大约公元前 563～483 年）一生在恒河流域的东部活动。佛教的大盛在孔雀王朝的阿育王（Asoka，公元前 274～237 年）时期，阿育王在公元前 3 世纪中叶几乎统一整个印度，国力强大，经济繁荣，城市和宫殿建设都比较发达，但遗留下来的却只有一些佛教建筑。阿育王并不全面笃信和宣扬佛教教义，他的崇佛是出于对一次征战中杀了 25 万人的暴行的忏悔，他重视的是佛教的道德精神。他命人在全国做摩崖石刻或在石柱上镌刻铭文。有一篇铭文说："每个人都是我的儿子，正如我愿我的子女在今世及来世得享各种荣华，我愿一切人都这样。我于路边遍植榕树来荫蔽人和兽，我培植芒果树、广辟水池，并开设旅店，以利人和畜。"他的这些思想和作为并不是来自佛教教义。

佛教原来不拜偶像，不信灵魂，主张以寂灭无为达到自我否定，从而"摆脱苦海"。所以，这时期的佛教建筑物主要是瘗埋佛陀或圣徒骸骨的窣堵波（Stupa）和供信徒们苦修的僧院。

窣堵波　窣堵波是半球形（覆钵）的建筑物。和世界各地许多早期的坟墓形制一样，它脱胎于住宅。印度北方古代的住宅是竹编而抹泥的，外形近于半球。

最大的一个窣堵波在桑契（Sǎnchi），建于阿育王时期，大约公元前 250 年。它的半球体直径 32m，高 12.8m，立在 4.3m 高的圆形台基上。台基的直径是 36.6m。半球体是用砖砌成的，表面贴一层红色砂石。顶上有正方的一圈石栏杆，以四角朝正方位，它围着一座托名佛邸的亭子，冠戴着 3 层华盖，圣骸如发、牙、骨之类就珍藏在这个佛邸里（图 17-2）。

桑契大窣堵波四周有一圈小径，僧侣们围绕着窣堵波边走边

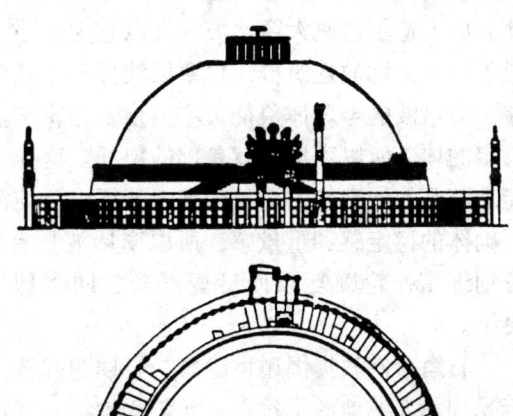

图 17-2　桑契大窣堵波

诵经。小径外侧造石栏杆（玉垣），建于公元前 2 世纪，每面正中设一个门（公元前 1 世纪），各自朝向正方位。栏杆本是木构的，后来改造为石的，仍仿木结构，在立柱之间用插榫的方法横排着 3 根石料，断面呈橄榄形。立柱顶上用条石连成一个环。这样的栏杆是印度建筑中特有的。祭祀仪式的终了部分是僧侣和信众绕覆钵诵经。

门是牌坊式的，高 10m，也是原为木构，改用石材后仍仿木结构，比例匀称，形式轻快而独特（图 17 - 3）。门的所有构件上都覆满了深浮雕，轮廓上装饰着圆雕，题材大多是佛祖的本生故事。南门表现佛的降生，西门表现佛的悟道，北门表现佛陀渡世，东门则表现佛陀圆寂，分别用圆雕三叉戟、树木、莲花和车轮代表。

图 17 - 3　桑契大窣堵波栏杆门

桑契在印度中部一个不到 100m 的高地上，阿育王亲自选定桑契为隐修地，并从波斯聘来匠人，在最高处造了一根帕赛玻里斯式的纪念柱，桑契便成了圣地。后人造了这座大窣堵波，又以它为中心，造了些庙宇、僧舍、经堂之类，形成了一个大佛教建筑群，仅窣堵波便有十几个。其中 8 座是阿育王造的。

窣堵波的半球体象征天宇，顶上相轮华盖的轴便是天宇的轴。佛教认为佛是天宇的体，所以窣堵波就是佛的象征。这样的构思比较原始，但它概括了人们可能观察到的最宏伟的形象的基本特征，单纯浑朴，完整统一，尺度很大，加上砖石砌体的稳定感和重量感，所以窣堵波具有壮穆的纪念性。四周栏杆和它的门，分划细密，轮廓复杂而玲珑纤巧，同半球体对比，把它的庄严隆重更烘托得突出。

石窟　佛教提倡遁世隐修。早期的佛教，要求僧侣们过游方的生活，以免修行受到熟人熟地的干扰。公元前 3 世纪大造窣堵波的时候，僧侣们便聚集到窣堵波周围造经堂静修，同时，在火山岩地带，僧徒们依山凿窟，建造了许多石窟僧院，名为毗诃罗（Vihara）。它们大抵以一间方厅为核心，周围一圈柱子，三面凿几间方方的小禅室，显然模仿民居的三合院布局。

毗诃罗的旁边通常有专为举行宗教仪式的石窟，名为支提（Chaitya）。支提多为瘦长的马蹄形，也有一圈柱子。在里端，半圆部分的中央是一个就地凿出来的窣堵波。礼佛的时候，僧侣们便鱼贯绕窣堵波颂经。

为了增加采光量，在石窟大门口的上面再凿开一个火焰形的券洞。

石窟内外都模仿竹、木结构的建筑物，惟妙惟肖地雕凿出各种竹、木构件和立柱。大约当时也造过不少竹、木结构的毗诃罗和支提。在远离山岳的地方，有用石块砌筑的支提，它们更像用竹竿编造、抹泥而成的民居。石块叠涩而成的屋顶，外形浑圆光滑，称为"象背式"屋顶。

但苦行僧们得到很多施舍，以致石窟渐渐趋向华丽，支提窟周边形成柱列的柱子大多采用帕赛玻里斯式，柱头雕饰复杂。

从公元前 2 世纪到公元 9 世纪，印度北部开凿了大约 1200 个以上的石窟。其中最完整、精致的是卡尔里（Karli）的支提（公元前 1 世纪），它深 37.8m，宽 14.2m，高 13.7m（图 17-4、图 17-5）。

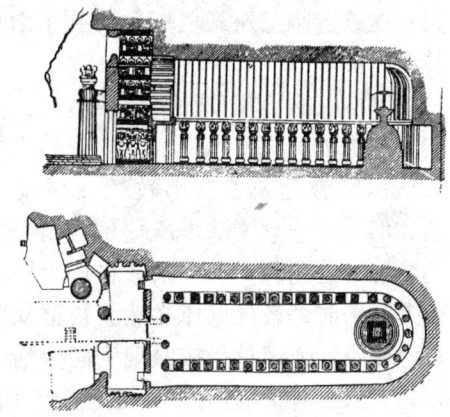

图 17-4　卡尔里支提窟平面及剖面

石窟用很大的功夫雕成竹、木结构样式，再一次说明一种习见习闻的建筑形式的惰性。因为窣堵波和石窟起一种宗教礼仪的象征性作用，并不是有强大生命力的建筑物，而是善男信女们的"功德"，所以不可能成为新结构和新形式的荷载物，因而旧形式就能相当长期地存在下去。

石窟富有雕刻和壁画。最著名的壁画在阿旃陀（Ajanta）石窟群。这是个石窟僧院，在一个马蹄铁形的山谷里，缘边开凿了 25 个毗诃罗，4 个支提。这时候，僧侣已经从个人苦修转为聚众讲经传道，所以有了石窟僧院。

图 17-5　卡尔里支提窟内景

佛祖塔　在相传佛祖悟道的地方，菩提迦耶（Budh-Gaya），阿育王造了一座纪念物，后人又陆续增建，公元 2 世纪造了一个庙和一座塔，之后屡次颓圮，今存者为 14 世纪重建。

塔是金刚宝座式的，在高高的台基上耸立 5 座挺拔的方锥体，中央一座独高 55m，4 角的 4 座小得多。它们布置得比较密集（图 17-6）。佛经里说，佛祖（如来佛）悟道时所坐的地方是宇宙的中心，下与地极相连，叫金刚界，又叫须弥山或妙高山。它有一个王峰，4 个小峰，代表金刚界的五部，各有一佛；中央是如来佛，东部东胜神洲，是阿閦佛，南部南赡部洲，是宝生佛，西部西牛贺洲，是阿弥陀佛，北部北俱芦洲，则是释迦佛。金刚宝座塔便是须弥山的模型。

塔表面虽然覆满了雕刻，但仍旧保持着整体轮廓的几何明确性，有水平分划而不很显著。塔的形象单纯挺拔，庄重有力。4 个小塔同中央主塔对比，不仅反衬了主塔的高大，而且加强了它的动势，使它仿佛从小塔中冲突而出，腾空而去。这种金刚宝座式塔以后传到东南亚，也传到中国。

窣堵波、石窟和佛祖塔的造形，以及它们的装饰雕刻说明，决不能仅仅从宗教教义去认识宗教建筑物。佛教教义强调否定一切，但它的纪念物却推敲比例、精心做华丽的装饰。这是因为，当宗教在广大的群众中传播开来时，教规戒律必然会被群众的世俗观念突破。人们总是按照现实的生活去理解宗教。人们决不是为了否定生活而信仰佛教，相反，恰恰是为了祈求一个美好的生活才向佛和菩萨叩头的。因此，宣扬"四大皆空"的佛教的建筑物，也必然会按照人民的爱好，追求现实的感性的美。这现象在基督教堂和清真寺里也都见到。所以，宗教建筑物里总是或多或少地体现着人民的审美意识，体现着人民从实践中认识了的建筑艺术的客观规律。

图 17－6　佛祖塔

17.3　婆罗门教建筑

封建关系在印度形成之后，一度衰退但仍在民间广泛流传的婆罗门教排斥了佛教而重新大盛，后来汲取了一些佛教和其他宗教的教义，得名为印度教。早期的婆罗门教没有庙宇，只在露天举行宗教仪式，再兴之后，汲取佛教的经验，也建造起永久性的庙宇，聚众讲经传道。早期的婆罗门教还有自然崇拜的泛神论遗迹，古树、怪石、巨大的蚁冢都可能成为礼拜的对象，再兴之后，以梵天（Brahmâ，即最高的创造神）、毗湿奴（Vishnu，即保护神）和湿婆（Siva，即毁灭之神）为三位一体的主神。10 世纪起，印度各地普遍建造了大量的婆罗门庙宇（有的学者把它们叫印度教庙宇）。它们的形制参照了农社公社的公共集会建筑物和佛教的支提。

庙宇用石材建造，结构技术不高，常用梁柱和叠涩，内部空间不发达。形式上保留着许多木结构的手法，在埃洛拉（Ellora）等地，有一些婆罗门教庙宇整个地是从山岩上凿出来的，如凯拉莎庙（Kalasa Temple，750～950 年），凿掉了200 万 t 岩石才成形。

婆罗门教庙宇的造型观念很特殊，它们几乎完全被当作雕刻品，不反映建筑物各部分的实际功能和结构逻辑。不仅屋顶和墙垣没有明显的区别，甚至把屋顶造成有独立意义的纪念碑。从台基到塔顶，整个庙宇布满了雕刻，仿佛庙宇是由雕刻堆砌而成的。一些性力派的庙宇，几乎全用性爱场面做雕刻题材。婆罗门教庙宇的形象在很大程度上决定于它的宗教象征意义，尤其在北方：庙宇既是神的居所，又是神的本体。

在封建主义时期，印度四分五裂，建筑有强烈的地方特色。婆罗门教的庙宇主要分为北部的、南部的和中部的三种。

北部的　北部的婆罗门教庙宇发展最早，但因为 11 世纪就有伊斯兰教势力侵入，所以，很早就停止了发展。

北方庙宇的典型特点是：没有院子，独立在旷地中。一般包括三个主要部分：门厅、神堂和神堂上由屋顶演化而成的塔。它们前后按轴线立在高高的台基上。门厅是方的，顶子作方锥形，是毁灭之神湿婆的本体，他是初升的和将没的太阳，用水平线代表，所以顶子是密檐式的。神堂也是方的，它顶上的塔是护持神毗湿奴的本体，他是正午的太阳，用垂直线代表，因此塔身密布棱线。神堂里有一间圣坛，向四个正方位开门，是创造神梵天的本体。整个庙宇便是婆罗门教的三位一体神的本身。

神堂上的塔，轮廓作柔和的、富有弹性的曲线，可能起源于民间编竹抹泥的屋顶。当地雨量大，所以屋顶陡而高，由于以用柔而有弹性的竹为构架，在抹泥之后便产生了弧形的轮廓。塔顶的扁球体，象征法轮，显然脱胎于总缩竹竿的结。

这些庙经常簇集在圣地里。部伐乃斯伐（Bhuvaneisvar）有一个圣河汇流的湖，相传湖边曾有过 7000 座庙宇，其中林迦拉吉庙（Lingaraja temple，约 1000 年）的塔高约 55m。一个小王国的首都卡朱拉荷（Khajuraho）有 85 座庙，最著名的是康达立耶—玛哈迪瓦庙（Kandāriya-Mahadeva temple，约 1000 年）。它的塔高 35.5m，收分强烈，塔顶比较尖，塔身上层层叠叠的凸出体，连缀成很显著的垂直棱。在它的神堂和门厅之间加了祈祷厅，轮廓接应了门厅和塔，因而造成了庙宇体形很强的动势，恰如后浪催前浪，最后把力量集中到了塔尖上。它又被称为"庙山"。在塔和台基之间有几个敞廊，使庙山稍稍轻松一点。宽阔的台基作密密的水平线，反衬着垂直的形体，把它稳稳地安放在大地上（图 17－7）。

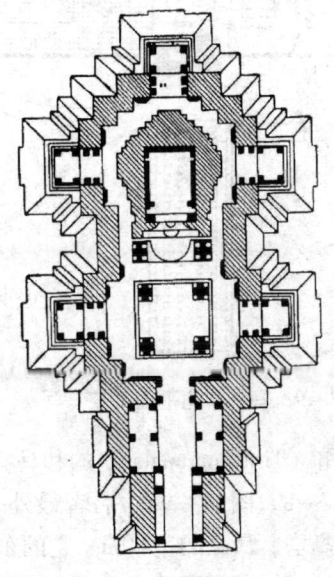

图 17－7　康达立耶—玛哈迪瓦庙

图 17 - 8　提路凡纳马雷庙

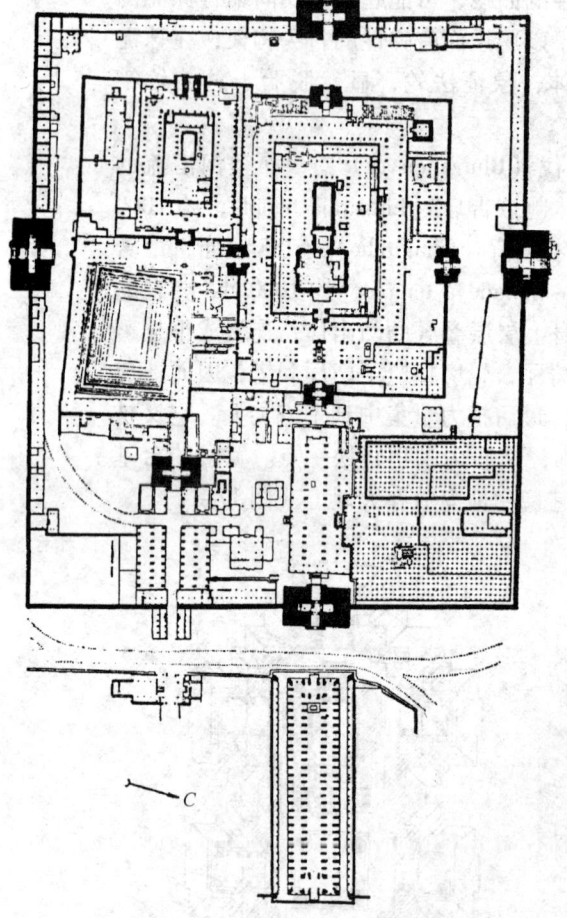

图 17 - 9　马都拉庙平面

这座庙是性力派的，覆满了大量表现性爱的雕刻。

南部的　印度南部从 7 世纪起有石造的庙宇。初期形制和北方的相似，不过塔的轮廓不呈曲线，而是方锥形的，并且显然由木构的多层楼阁演变而成。多层的塔被说成是神降临世间时的梯子，各层檐口挑出较多。顶上却以"象背"脊结束，这大概是当地民居惯用平顶的回响。玛玛拉普兰的海滨庙（Shore Temple，Mamallapuram，约 700 年）是著名的例子。

11 ~ 17 世纪，南部先后建立过几个强大的王朝，它们抵抗了已经进入了北方的伊斯兰教王国的侵略，手工业和航海贸易很发达，甚至向东南亚移民。在这期间，南方一些城市里建造了许多规模十分宏大的婆罗门教寺院，气势壮盛，体现了邦国的富强。

庙宇的主体也是门厅、神堂和它顶上的塔。因为厅上用平顶，所以堂上的塔更加突出。从 11 世纪起，庙宇和僧舍等被长方形的围墙围起来，形成范围很大的寺院。围墙每边在中央有大门，门顶上也有塔。因为寺院兼作城堡，门上的塔不但是寺院的标志，更是有军事意义的瞭望哨，所以门塔渐渐增高，而神堂上的塔却渐渐退缩。到 13 世纪，门上塔的高度就超过了神堂上的。寺院往往经过多次扩建，每次都要增建一圈围墙，每次都力争新门上的塔比旧的更高，因此，有些庙宇有好几个 60m 上下的塔，寺院建筑群外高内低，景象很特别。这样的建筑群在南方不下 30 个，其中比较完整的有提路凡纳马雷（Tiruvannāmalai）的和马都拉（Madura）的两座，都是 17 世纪最后建成的（图 17 - 8、图 17 - 9）。后者最外一层围墙是 222m × 260m，占地 6.5hm²，一共有 12 座高塔，最高的达 49m。它的东面正门前有一道柱廊引导，纵向 6 排石柱，每排 30 根柱子，刻着狮身象首的柱头。进庙的路穿过这个柱廊，给人极强烈的印象。

斯里兰干的拉玛庙（Temple of Rama, Srirangam, 16 世纪）在一个面积 600km² 的河中岛上，有四道围墙，最外一道 920m×758m。南北向的主轴上有 7 座塔，东墙上还有一座。东北角上一座千柱厅，柱网整齐，940 根柱子，都是整块花岗石做的。拉姆斯伐兰的一座庙（Temple of Ramesvaram, 17～18 世纪），有两圈柱廊，长 4km。每棵柱子都是复杂的雕刻品，各不相同。

在这些寺院里，除了神堂和僧舍之外，还有旅驿、浴场、马厩和一些供讲经和经学辩论用的柱廊，柱廊也用作朝圣者的宿舍。所有的建筑物都用红砂石建造，充满了雕刻，工程之浩大，在世界上是少见的。

它们的塔作高高的平顶方锥形，轮廓挺直，棱角鲜明，虽然覆满了动态强烈的小型的圆雕，但保持着总体的单纯几何性，形象还是简洁的，因而庄严雄伟，很有纪念性。坦朱尔的一座湿婆庙（Temple of Brihadiswara, Tanjore, 1000～1012 年）的神堂上的塔，30.5m 高，14 层，顶端覆一个半球，比例很匀称。

中部的　中部的婆罗门教庙宇具有南北双方的特点，但它是独特的。庙宇四周有一圈柱廊，里面是僧舍或圣物库。院子中央铺展开宽大的台基，台基上正中是一间举行宗教仪式的柱厅。柱厅后连接一个神堂，顶上有塔。和北方的婆罗门教一样，这个柱厅、神堂和它顶上的塔是三位一体神的本体。在它的两侧，对称地簇拥着几个神堂，和中央的形成 3 个或 5 个塔一组。神堂顶上的塔不高，彼此独立，没有明显的主次之分。神堂的平面是放射多角形的，在外表形成几道尖棱，从地平一直升到相轮宝顶。塔的轮廓也呈柔和的曲线。一圈挑出的檐口和台基一起形成很强的水平线，把几座神堂和柱厅联系成一个整体。中部庙宇的规模同北部的差不多，都远远小于南部的。

雕饰很多，不留余地。由于使用一种初开掘出来时比较软、后来在空气中逐渐变硬的石材，所以雕饰很锋利，并且往往用精致的镂空花的石板作窗子。

最完整的例子是桑纳特浦尔的卡撒瓦庙（Kesava temple, Somnāthpur, 1268 年，图 17 – 10）。

图 17 – 10　南部的卡撒瓦庙

婆罗门教庙宇各部分本身有宗教的象征意义，所以成为礼拜的对象。礼拜者绕庙而行，边行走边念诵经文。

耆那教庙宇　1000～1300 年间，主要在印度北部，造了大量耆那教的庙宇。耆那教是印度很古老的宗教，汲取了部分佛教教义，提倡苦修、禁欲，甚至提倡残酷地折磨肉体来祈求福祉。但耆那教的庙宇却十分豪华。它们的庙宇形制同婆罗门教的很相似，不过比较开敞一些，柱厅的外墙不完全封闭。柱厅的平面通常是十字形的，正中有 8 角形或圆形的藻井，叠涩而成，用柱子和柱头上长长的斜撑支承着。建筑物内外一切部位都精雕细琢，满铺满盖。雕刻一般很深，甚至作透雕和圆雕。虽然在总体上看，雕饰过于繁琐、累赘，但它们有许多极其精彩的局部和片断，而且工艺精巧，像可以随心所欲地摆弄石材。

这种华丽的雕饰同耆那教严苛的戒律尖锐地矛盾着。但是，1000～1300 年间，正是北方城市经济活跃时期，市民文化有所萌发，他们的审美趣味深深地渗入到了宗教建筑中去。他们把精巧的手工技艺当作炫耀的对象，当作赞赏的对象，这就是对劳动本身的热烈颂扬和喜爱，因而这些建筑物就有它的动人之处。劳动者怀着他们对技艺的爱和自豪辛勤地工作着，这是美的。

北印度西部 1220m 高的阿部山（Mt. Abu）是耆那教的圣地，上有许多耆那教庙宇，其中最著名的有迪尔瓦拉庙（Dilwarra Temple，1032 年）和泰加巴拉庙（Tejahpāla Temple，1232 年），都是用大理石造的（图 17－11）。

1440～1448 年间，在契托造了一座荣誉塔（Tower of Fame，Chitor），9 层，高 36.6m，全用微黄的大理石筑成，完全模仿多层的木构楼阁式塔（图 17－12）。玄奘的《大唐西域记》记载，佛教圣地那烂陀（Nalanda）在 7 世纪之前有多层木构的塔，并且有一座仿木构的石塔遗留下来。它们同中国的塔可能有渊源关系。中国早在西汉初年有高层的木构建筑，至少东汉末年了木塔，它大约会在佛教东传时反而向西影响到印度。

图 17－11　阿部山　泰加巴拉庙藻井

图 17－12　契托　荣誉塔

17.4　东南亚国家和尼泊尔的宗教建筑

东南亚大多数国家和尼泊尔的中世纪文化受到印度的强烈影响。随着佛教和印度教的传播，建造起大量庙宇，起初，它们大致和印度的相似，后来有所创造，逐渐形成了民族的特色。

尼泊尔　尼泊尔在喜马拉雅山脉的南麓，面积不到 15 万 km^2，倒有 1/4 海拔在 3000m 以上。尼泊尔有多种民族和多种文化，深受印度文化影响，并与西藏有密切的文化交流。尼泊尔是佛陀的故乡，阿育王曾亲自把佛教传入尼泊尔，但尼泊尔却以掺杂了婆罗门教和佛教的印度教为国教，不过佛教和婆罗门教仍在流行，并且杂揉进印度教中。尼泊尔是宗教极为发达的国家，处处可见宗教建筑，人们说："寺庙和住宅一样多，僧侣和俗人一样多。"它的宗教建筑主要有三种形式：两种是佛教或印度教的楼阁式（Pagoda Style）和窣堵波式（Stupa Style）；一种是婆罗门教的，叫什喀拉式（Shikhara Style），即北印度外廓柔和的高塔式婆罗门教庙宇。楼阁式庙是木构的，多为方形，上有重檐，2 至 4 层，每层檐子出挑深远，用雕花斜撑支承。顶上是四坡攒尖顶，中央高举精巧的鎏金覆钟和相轮。庙下有几层台基，加德满都（Kathmandu）的湿婆庙有台基 9 层。这种庙又叫尼瓦（Newar）式，最著名的例子在加德满都附近，叫卡斯特曼达普庙（Kasthamandap）。印度教最神圣的庙宇巴舒派蒂·纳特（Pashupati Nath）庙也是楼阁式的。窣堵波与印度的不同，它在半球体之上的部分很发达，有一个方形基座，四面画着佛的"无所不见"的眼。双眉之间的第三只小眼，代表佛陀至高无上的智慧。上面"十三天"高高耸起，方锥形或圆锥形，砖砌，抹白灰。顶上的华盖用铜铸，镂空，极其华丽。十三天成了窣堵波的主体。十三天，便是登天的十三站，喻意登天路途的遥远。或说它们代表十三种知识。华盖象征"涅槃"的至高境界。从半球体往下大小一共五层，由下而上分别代表"地、气、水、火和生命精华"。半球体的四面有重檐的神龛。加德满都附近巴坦的一座沙拉多拉窣堵波（Saladhola Stupa, Patan），大约是孔雀王朝的遗物。（图 17-13）。13世纪晚期，建筑师、雕刻家、画家阿尼哥把窣堵波式佛教建筑带到西藏，又带到北京（元大都）。

在巴特冈的达巴广场（Durbar Square, Bhadgaon）上有一座婆罗门教庙宇，高耸

图 17-13　加德满都·巴坦，沙拉多拉窣堵波

的石塔很像印度北部的，不过比较简单。它没有门厅，方方的神堂四面设门，平面成十字形，四面一致。它可能建于17世纪（图17-14）。

加德满都、巴坦和巴特冈三城都是马拉王朝（Mala Dynasty，约1200~1768年）时建设起来的，都在尼泊尔境内通往印度的大道上。城市都有一个或两个达巴广场（Darbhar Square），是全城主要街道的聚焦点，广场边有皇宫和行政建筑，有庙宇和塔。加德

图17-14 巴特冈的达巴广场

满都和巴坦的达巴广场还有窣堵波。巴坦和巴特冈的达巴广场还有什喀拉式庙（图17-15、图17-16）。加德满都的宫旁广场有50座以上的庙宇和官方建筑，重重叠叠许多幢房屋，建筑群丰富、壮丽。广场又是市场，连着商业街，十分热闹。从广场辐射出去的街道把城市划分为几个区域，每个区域居住着一定的社会阶层。

图17-15 巴克塔布的达巴广场

图17-16 巴坦的达巴广场

尼泊尔建筑也受西藏建筑的影响，木构架的，以砖石为外墙的藏碉式房屋随处可见。

缅甸 缅甸只流行佛教。7~8世纪时，庙宇和印度婆罗门教的相仿，方形的主体，方锥形的顶子分为许多水平层。墙面比较简洁、平整。也有僧院和宫殿。

11世纪，缅甸境内大部分统一了，建都在蒲甘（Pugān），开始了缅甸光辉的建设时期，直到1287年忽必烈率领蒙古军队占领了缅甸。沉寂了两个世纪之后，重建了缅甸人的王朝，建设才重新兴起。蒲甘曾有13000座窣堵波和寺庙，现存的遗址里至少还有5000幢房屋的废墟。在这里建造了大量佛寺。其中保存得比较好的，有纳迦戎庙（Nagayon，1056年）和明迦拉赛底塔（Mingalazedi，

1274 年）。这两座建筑物的构图基本是一致的。它们显然受到锡兰（Cylon，即今斯里兰卡）和印度教建筑的影响。

明迦拉赛底塔有 4 层台基，上 3 层作显著的水平分划。台基周围女儿墙上有葫芦形的装饰物。塔身分 3 层：基座、钟形的塔身和圆锥形的顶子，近似一座窣堵波。但细高的锥形顶子、钟形的塔身以及可以逐层登临的基座层把它和印度窣堵波明显区分

图 17 – 17　蒲甘，明迦拉赛底塔

开来。塔和台基一起构成稳定的锥形，主次分明，比例和谐，从底到顶一气呵成，起迄完整。圆的塔身和方的台基的对比使构图丰富，而台基角上的四座小塔把圆塔和方台基在构图上联系起来。小塔反衬着中央大塔，使它更显得庄严（图 17 – 17）。

纳迦戎庙的塔在神堂顶上，也是圆的。它前面有一间穿堂和一个小门厅，造成了朝前的两层山墙。山墙尖上也作圆锥形的小尖塔，同主塔呼应。

1768 ~ 1773 年间，在缅甸人王朝的新都仰光重建了已有 2500 年历史的大金塔（Shwe Dagon），高达 107m（或说 113m），砖砌，表面抹一层坚硬的灰浆，贴上金箔，极其灿烂，脚下有 64 个式样和它一样的小塔围着，更显得它高大。它的轮廓很柔和，段落间的过渡圆滑而隐去界线，各部分都没有明确肯定的几何形状。塔周的院子里墁着各种颜色的花岗石板。

另一种缅甸佛塔是金刚宝座塔。中央的大塔和四角的小塔分段明显，束腰很深，体形修长，十分玲珑，向上动态很强，形象既清秀又生气勃勃。这种塔流传到中国的云南省。

缅甸还有一种方形的、有多层分划的方锥形顶子的窣堵波，体形像一座"山"，只有很小的内部空间，得名为洞窟建筑。洞窟建筑最大也最辉煌的作品是蒲甘的阿难陀寺（Temple of Ananda，1091 年）。它的主体的平面是等臂十字形的，正中有个很大的实心子支持着上面窣堵波形的顶子。实心体四面各有一座 9m 高的大佛像，内部空间因而不大。但外形非常丰富而多变化，比例也很和谐。

泰国　泰国于 14 世纪才打败高棉（今柬埔寨）的统治统一为一个国家，1350 年至 1767 年建都阿瑜陀耶（Ayudhya）。这是一个王权国家，王族控制着重大的文化活动和社会活动，国王笃信佛教，是艺术的庇护者和赞助者，大量建造佛寺，雕塑佛像，自然接受了印度佛教艺术的影响。阿瑜陀耶是一个海港，为欧亚贸易的中介地之一，非常繁荣，也成为佛教艺术圣地之一。它的建筑除印度影响外，还有高棉（柬埔寨）的影响，南部的寺庙是高棉式的，有层层山墙、向前的门廊和外廊柔和的塔。但塔形显然又来自北印度的一种婆罗门塔。北部则在 14 世纪后有缅甸式的覆钟形窣堵波。泰国的窣堵波比较陡峭挺拔，台基、塔体、圣骸堂、锥形顶子等各个组成部分和缅甸的塔相同，但各部分形体完整，区别清

楚，交接明确，几何性很强，显得更多变化，更丰富。

在阿瑜陀耶的故宫南侧，有王室宗庙，规模很大，东西长400m，南北宽120m，有许多殿堂、佛塔和佛像，依东西的轴线对称布局。轴线上排列着3座建于16世纪的窣堵波，是国王的陵墓。塔体如覆钟，表面光洁，不作任何分划，而上面的圆锥体很尖削，密箍着水平

图17-18　阿瑜陀耶，窣堵波

的环。塔体四面朝正方位有门廊，门廊上的小圆锥体同中央的呼应，使构图更活泼，也更统一。塔体和锥顶之间有一段不大的圆柱体，是圣骸（舍利）堂，外面一圈柱廊。它在尺度上，体积上和构图上都是塔体和锥顶之间的过渡环节。柱廊的垂直线条很突出，光影对比强烈，形体空灵，使整个塔都大为活跃。塔的台基很高，以致门廊前的台阶很长，它们使整个塔的形体显得更加稳定。这些窣堵波是砖砌的，刷成白色，同色彩浓重的木构建筑相映照，非常明艳。当时在阿瑜陀耶有这样的窣堵波500座以上（图17-18）。

曼谷城内也有几座窣堵波，有一些通体贴着金色马赛克或金箔。但往往基座重叠多层，而塔体不大，致使构图失去主次。其中最大的巴特·钦塔（Bat Cheng）高达100m。曼谷的宫廷庙宇玉佛寺内，殿堂之间有些金刚宝座塔，中央的大塔和4角的小塔都作多层束腰，非常华丽而略伤于纤巧。这种金刚宝座塔是缅甸式样。

庙宇的殿堂虽然多用石柱，却模仿木构。屋顶显然受高棉（柬埔寨）建筑的影响，两坡的，好用山墙朝前。檐口重复几层，博缝板和山花板用华丽的木雕刻装饰。有一些石质的庙宇，单体很像吴哥的建筑。

爪哇　7~8世纪，爪哇流行着佛教和印度教（婆罗门教），上层社会信仰佛教而下层社会信仰印度教。上层社会领导着大型宗教建筑，庙宇大多只有一个方形的神堂，外观是立方体。下面有高台基。台基面上作垂直或水平分划。神堂的屋顶也是一个立方体，连细节都和神堂的立方体一模一样，不过略小一点点。神堂正面有一个很突出的门廊，大一点的还有个门厅。其他三面则由壁柱和壁龛装饰，边框厚重，作浮雕。顶端以扁球体结束。有一些庙的顶子是方锥式的，轮廓微呈弧线。这种小型庙多在丁格高原（Dieng Plateau）。这高原上只有僧侣，没有俗人。

爪哇宗教建筑物中最独特的是波罗浮屠窣堵波（Boro-Buddar Stupa，8世纪，图17-19）。它造在一座火山脚下的岩石小冈上，婆罗浮屠就是"山丘上的佛塔"的意思。它是全印度尼西亚的佛教中心，香火盛了几百年。它凭借山冈，用石块修筑成9层，由下而上逐层缩小，在边缘留出走道。下面6层是正方形的，台基底面积111m×111m，每边中央稍稍向前凸出。台基之上是5层塔身，也是

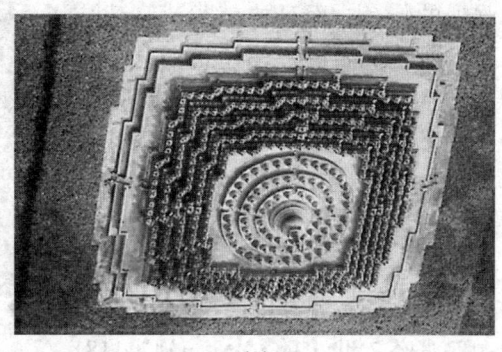

(a)　　　　　　　　　　　　　　(b)

图 17－19　爪哇，波罗－浮屠窣堵波

方的。再上面 3 层又是圆形的台基，台基正中有一个较大的高约 9m 的窣堵波，里面坐着一尊佛像。连台基总高本是 42m 左右，现在残存 35m。3 层圆形台基上密排着 3 圈小小的窣堵波，一共 72 个，用石块砌，都是透空的，里面也都坐着和真人差不多大小的佛像，按东、西、南、北、中五个方位做"指地""禅定"、"施予"、"无畏"和"转法轮"五种手式。波罗浮屠塔充分利用雕刻来演绎主题，方形台基侧壁刻着地狱中的场景。5 层方塔身的侧壁上筑着佛龛，一共 432 个。每个龛里有佛像一尊，坐在莲花座上。方形塔身和栏杆上还有 2500 幅浮雕，其中 1400 幅是佛本生故事，其余刻的是现实生活中的场景和山川风光、动植物等。要参拜全部佛龛和浮雕，需走 4km 多路。关于波罗浮屠的象征意义有多种推测，大多说它是宇宙的模式，说它是须弥山，或是"天圆地方"的形象图解等。又说：波罗浮屠塔是按照佛教"三界"说建造的。下面方形的台基代表"欲界"，5 层方塔身代表"色界"，上面的圆形部分代表"无欲界"。由下而上，象征由尘世走进极乐世界大悟得道的过程。

　　1006 年，火山喷发，居民外逃，圣地荒废了。14 世纪之后，岛民大多改宗伊斯兰教，佛塔几乎近于被遗忘。

　　爪哇的佛教和婆罗教庙宇，体量不大，常常成群建造。例如在普兰班南（Prambanan），有一个佛教和婆罗门教的庙宇群，包含 240 多座庙宇，它们大多又是国王和王室成员的陵墓。庙宇形制和形式很接近柬埔寨的吴哥寺，大庙宇群中又有小庙宇群，其中最著名的是"塞务"（Sewu）寺。它大约建于公元 850 年左右，庞大的主庙塔平面约略近十字形，有 6 座大塔庙簇拥着它。在主庙塔和 6 座大塔庙之间以及大塔庙之外又有 232 座小塔分圈排列。（图 17－20）。

　　罗洛·章格朗（Loro Jongrang）则是一组婆罗门教庙宇，是毗湿奴、湿婆和梵天的庙，建于 9 世纪后半叶。小庙其实都没有内部空间，不过是个象征。普兰班南寺庙群的整体是仿造神话中众神居住的马哈穆罗山。

　　波罗浮屠是这种庙群的整齐化、统一化的作品。

　　柬埔寨　柬埔寨位于中国到印度的海上航线的要冲，但与印度的贸易往来大大多于和中国的贸易，而且早在公元一世纪时，印度的宗教就已传到柬埔寨，因此，受印度文化的影响很深，建筑也基本上属印度一脉。但柬埔寨建筑仍有自己强烈的特色，而且成就很高，建成了可以列为世界最宏伟建筑群之一的不朽作品。

公元 9 世纪初，真腊王国建立了吴哥王朝（9～15 世纪），在柬埔寨西北境新建国都吴哥，统一了全境，国势强盛。国王苏利耶跋摩二世（Surayavarman Ⅱ，1112～1150 年）和迦耶跋摩 7 世（Jayavarman Ⅶ，1181～1219 年）时期，柬埔寨大兴土木，前者花 30 余年时间兴建了吴哥窟（Angkor Wat，12 世纪上半叶），后者重建了被占婆人毁了的吴哥城（Angkor Thom，12 世纪末～13 世纪初）。这时期，国王们竭力提倡印度教，但也掺

图 17-20　爪哇，普兰班南庙宇群

进了许多佛教和婆罗门教信仰。印度教有"众神轮回"之说，认为神在轮回过程中有一个阶段到凡间为人。为巩固王权，每位国王都以神在轮回过程中的"神王"自居，实行政教合一的统治。他们生前造自己的神殿（庙宇），死后便以这神殿为陵墓，享受后人的祭祀。因此，国都吴哥城内外，200km² 范围里，在几百年间建造了大小神殿和大型雕像 600 余座之多。15 世纪上半叶，遭到暹罗人（泰族）的侵略，吴哥严重破坏，柬埔寨于 1431 年被迫迁都金边，从此吴哥荒废在热带雨林之中。

在神、王合一的观念作用之下，根据佛教和印度教共有的信仰，吴哥王朝的都城和规模较大的神殿，都按照须弥山的模式布局。须弥山是宇宙的中心，下通地轴，四角分别为"四大部洲"，就是东胜神州、西牛贺洲、南赡部洲和北俱芦洲。每洲有一位佛。四大部洲之外是咸海。

庙宇因此多是金刚宝座式的。在 3 层或 5 层台基上建造 5 座塔，中央一座大的是须弥山，四角各一座小的，是四大部洲。它们形成"庙山"。庙山外围挖壕成水面，象征咸海。主要神堂在中央大塔里。纵横两个轴线都完全对称。每层台基周边都有一圈廊子，用石材建造，借用木结构的形式，有陡峭的两坡起脊屋顶，但其实里面结构是一条筒形拱，所以屋面稍稍呈外凸的弧形。

庙宇中最重要的作品是吴哥窟，即吴哥寺，又称小吴哥。它中央金刚宝座塔的台基 75m 见方，正中的主塔高 25m，四角的略低一点，但低得不多，而且相距比较远，所以构图疏朗而匀称。塔的轮廓像印度的印度教庙宇，也作柔和的曲线，饱满而有生气。有廊子和过厅把 5 座塔连接起来，形成一个"田字形"的布局，纵横两条轴线锁定了中央大塔的位置。建造吴哥窟的国王苏利耶跋摩二世与印度教的保护神毗湿奴"神王合一"的像供奉在中央大塔里。这里便是国王的陵墓。

这个金刚宝座塔下有两层宽阔的平台，上面一层南北宽 100m，东西深

115m，沿边有廊子，四角有小塔，和金刚宝座塔呼应，不但构图更多层次，而且也更舒展。下面一层平台南北宽 184m，东西长 211m，同样沿边有一圈廊子，四角都有亭子。主要入口在西侧，两层平台在西侧各有 3 座门、3 道台阶，它们之间也由两条廊子联缀成一个"田字形"（图 17－21）。

加上台基和两层平台，中央大塔总高为 65m。

吴哥窟坐东朝西，它最外一圈围墙南北宽 1280m，东西长 1480m，东墙外有 190m 宽的护城河，深达 8m。河水倒映金刚宝座塔和它层层叠叠的廊子，简直像仙山楼阁，这条河便是"咸海"。

吴哥窟的装饰浮雕丰富多彩，艺术水平很高，主要刻在回廊内壁，也布满廊柱、窗楣、栏杆、基座等处。第一层回廊内壁上有 200m 长，2m 高的浮雕带，刻着印度史诗《摩诃婆罗多》和《罗摩衍那》的故事，东墙刻毗湿奴现身乌龟取长生不老药的情节，北墙刻毗湿奴与妖魔鬼怪作战的情节，西墙上则刻神猴助战的场面。浮雕中

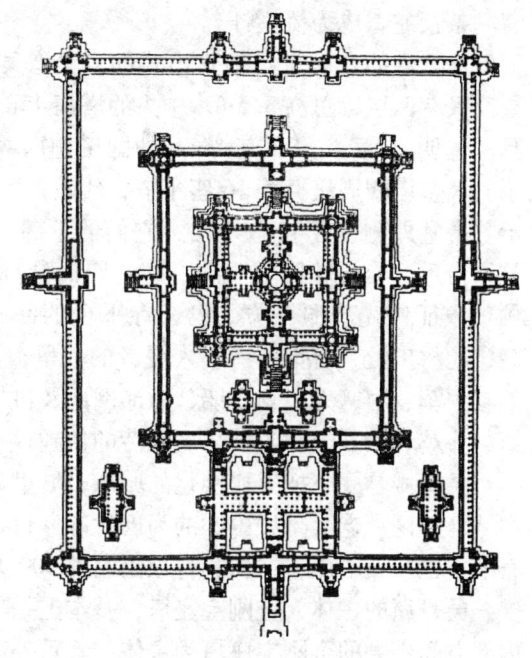

图 17－21　吴哥窟平面

图 17－22　吴哥窟

也有苏利耶跋摩二世亲自上阵，率领军民前仆后继打败侵略者的战争场面。也刻些苦行僧修行的事迹。吴哥窟不但是杰出的纪念性建筑，也是雕刻艺术的宝库（图 17－22）。

吴哥窟往北不远，是新吴哥城，也叫吴哥通王城或大吴哥，由迦耶跋摩七世建造。旧吴哥城已经由于占婆人的入侵而毁得荡然无存了。新吴哥城也是按须弥山的模式布局的，平面为正方形，每边长 3km。汲取占婆人毁城的教训，大大加强了防御，墙高约 7m，厚达 3.5m。四角设石塔一座，整个城形同"庙山"。城内辟十字街，正中是巴戎寺（Bayon，初建于 9 世纪，11 世纪由苏利耶跋摩一世重建，迦耶跋摩七世续成）。南、北、西三面各有一个城门，东面则有两个，其中一个叫"胜利门"，是迦耶跋摩七世出征或出巡时候通过的专用门。城门外有 100m 宽的一周遭护城河，也是"咸海"。跨河的桥宽 15m，两侧有成行的善神和恶神的坐姿雕像，每侧 27 尊，约 2m 高，一律面向前，前后排成行，手上共同握

着一条长蛇，成为桥栏杆。

巴云寺的布局又是须弥山式的，很像吴哥窟，不过略小一点，平台也少一层。只有两层，总高3.5m。中央的塔高45m，周身贴金，又叫"大金塔"，意思是"光明之巅"。里面有4m高的国王迦耶跋摩七世的雕像，这庙便是他的陵墓了。大金塔四周簇拥着16座小塔，代表王国的16个省，显示出国王对全国的统治。台基外侧另有48座小塔，它们的下部，四面各有一个浮雕的佛面，面带微笑。借重"众神轮回"观念，这些四面佛都雕刻迦耶跋摩七世的面容。"四面佛"象征佛光普照四方。巴云寺平台的回廊内壁，也满刻浮雕，幅面有5.9m高，题材广泛，有抵抗占婆入侵者的战争，有神话故事，还有庶民的日常生活，如赶牛车、磨镰刀、划小船、撒渔网以及耕作、狩猎和营造等，甚至有婚宴、集市、斗鸡和杂技，洋溢着乐生勤劳的情趣。

吴哥城是一座把王权神化的城市，城里只有王宫、官衙和庙宇。平民只能住在城外郊区。老吴哥城中心的为巴肯寺（Phnom Bacheng 889年），有101座大小石塔，也叫石塔山，在新吴哥城南门外500余米（图17-23）。

吴哥窟的主体，金刚宝座塔，基本上是集中式垂直构图的。整个建筑群，以内部空间不大的金刚宝座塔为主体，着重外部形体，但是，几层平台和它们的廊子太强了，多少削弱了预期的效果；垂直主体没有占足够的主导地位，外部的形体不够完整。一个纪念性建筑物，必须有明确的基本艺术构思，有了之后，就必须调动各种手段突出地表现出来。含糊其辞，欲说还休，就会损害形象的肯定性。

吴哥窟的纪念性建筑形制是有独创性的，水平的从属部分承托着高耸的主体部分，纪念物崇高而稳重。它的规模之大，也是很少有的。它包含着一些重要的构图经验，例如，把展开很长的立面分划为5部分，以中央为主，两端为辅，其间用廊庑连接。在主要的西立面，又把中央部分用类似的方法再分为5部分。这样，立面有变化，有主次，显得统一。又例如，垂直的主体有水平分划，水平的从属部分有垂直分划，这样，两部分既有鲜明的对比，又有相互的渗透和转化，能够和谐协调。

从空间艺术造型来说，从纪念性的营造来说，吴哥窟取得了很大的成功。但是，从建筑的全面来说，这时候的柬埔寨建筑，包括吴哥窟，还是很原始的，它的结构技术水平很低，没有能力获得比较发达的内部空间；它的体量，只靠大量石材的堆积，浪费人力和资源，就像古埃及的金字塔那样。这个现象说明，艺术上的成就，并不一定和技术的成就同步平行。不过，建筑的进步却必然朝着艺术和技术和谐统一的方向。

柬埔寨的宗教建筑艺术对泰国和印度支那各国都有影响。

图17-23 "庙山"之一

高棉人民在一千多年前的农耕时代进行了这样巨大的工程，创造了这样壮丽而独特的建筑群，而这些建筑物的建造，无疑又靠对人民的榨取。人民就是在这种矛盾中创造着人类全部的文明。恩格斯说："宗教是窃取人和自然的一切内涵，转赋予一个彼岸的神的幻影，而神又从他这丰富的内涵中恩赐若干给人和自然，因此，对这个彼岸幻影的信仰只要是强烈而生动的，那么，人至少经过这条弯路总可取回若干内涵。中世纪的强烈信仰就这样赋予整个时代以显著的精力，不过这精力并不是外来的，而是存在于人性中的，尽管还是人所意识不到的，还是不发展的。"（《马克思恩格斯论宗教》3 ~ 4 页，人民出版社，1962 年）。吴哥窟以及封建时代的一切宗教建筑物，虽然都是为了宣扬宗教而建造的，但在它们庄严宏伟的形象中，在它们出神入化的技艺中，在它们浩大的工程中，鲜明地体现着人的内涵，时代的精力，在那个时代，它们几乎是人的内涵和时代的精力的唯一可能的纪念碑，它们因此而成为文化史中的珍宝，激动着后世人的心。

17.5　印度的伊斯兰建筑

伊斯兰教徒在印度建立了王国之后，印度的建筑发生了根本的变化，这固然和伊斯兰教王国的宗教和政治统治有关，更和印度传统的建筑的特点有关：它们的结构很原始，没有比较宽敞的内部空间；因此它们的大型宗教建筑过于雕刻化，而且同婆罗门教教义的联系过于密切，它们完全不能适应建筑类型和形制的新发展，而这时伊斯兰世界的建筑却已经远比印度固有的要先进得多。于是，印度人民就引进了中亚的建筑来适应新的发展形势。

从外形的模仿开始　11 世纪，一些土耳其、波斯和阿富汗人渡过印度河，来到印度北部定居，12 世纪末，又从伊朗和阿富汗迁来了伊斯兰教徒，他们在印度北方陆续建立了几个王国，带来了新的建筑类型：清真寺、经文学院、塔、陵墓等，也带来了相应的建筑形制和装饰题材。

但是，这时候在伊朗和阿富汗，纪念性建筑也还没有成熟，所以，在印度早期伊斯兰建筑中，印度的建筑传统还很稳固。1192 年，一位土耳其—阿富汗国王侵入印度，向东征服了恒河流域，他的一个释放奴隶库特勃将军（Qutb-ud-din Aibak）留了下来，在 1206 年建立了印度第一个正式的伊斯兰国家，以德里为首都，统治印度北部的大部分，历时 300 年，这就是"奴隶王朝"。库特勃拆来 27 棵印度教庙宇的柱子和其他部件，建造了一所库瓦特清真寺（Kuwat ul Islam，1193 ~ ）。这所清真寺的形制是波斯式的，周遭房子都分划成正方形，每个正方形上覆一个穹顶，虽然穹顶和发券都是用叠涩法仿做的。

伊斯兰教禁止刻画与实的动植物形象，它所到之处，传统的装饰雕刻大多被改造，几乎绝迹了，代替它们的是几何图案、阿拉伯文的《古兰经》撷句和程式化的植物。但印度的大型宗教建筑物是用红砂石造的，因此，装饰采用传统雕刻工艺，从而由匠人之手保留了一些旧的题材。这些雕刻装饰同伊朗的用砖花或琉璃贴面做出来的大异其趣。

伊斯兰教徒从伊朗和中亚带来了比较简洁明快的建筑形式，不顾实际意义和结构逻辑的婆罗门庙宇的建筑造型观念被淘汰了，但传统的伟岸凝重的风格仍然保持着。

这是一个新旧交替的时期。这场重大的变化不是印度建筑本身发展的结果，而是从外部带来的，所以，它在不少方面从形式的模仿开始。

早期伊斯兰教建筑最重要的遗物是德里的库特勃塔（Qutb Minar, 1199～1230 年），就造在库瓦特清真寺的东南角。它是纪功塔，纪念奴隶将军库特勃统一北方的功绩。塔身是一个圆柱体，高达 72.6m，底径 14m。由 4 个环形阳台分为 5 层，阳台由中亚和伊朗特有的钟乳体承托。原来全用赭红色砂石建造，现有顶上大理石和红砂石混造的两层，是原物被雷击毁后于 14～15 世纪时重建的。由下而上，各层高度缩小，节奏逐层急促，加上塔身收分大，遍体密排着 24 条垂直棱线，所以这座塔向上升腾的动势很强烈。它第一层的棱线是三角形和半圆形交替的，第二层棱线全是半圆形，第三层全是三角形的棱线。它没有基座或台基，拔地而出，破空而去，干净利落，把动势表现得很彻底。它体形巨大，单纯简洁，有挺拔的态势，十分雄浑壮观（图 17 - 24）。

学会拱券结构 14～15 世纪，政权分裂，经济衰落，印度北部没有重大的建筑活动，但这期间印度工匠却渐渐学会了砌筑真正的券拱和穹顶。从此，券拱和穹顶也成了印度伊斯兰建筑的重要形式因素，接着，刚刚在中亚和伊朗成熟的以大穹顶为中心的集中式形制流行起来，印度建筑从此发生了根本的变化。但在柱子样式、线脚、墙面分划、装饰手法和材料的运用上有显著的传统特点。这时期的建筑还是雄浑、重拙而略带粗糙的。

印度河中游，自古以来以砖为主要建筑材料，正和中亚相同，因此，这里更快地汲取了中亚建筑的结构和形制。在现今巴基斯坦的默尔丹的鲁肯—伊—阿兰的墓（Tomb of Rukn-i-Alam, Multan，约 1320 年）是这时期的代表作。它是砖造的，下面是两层 8 角形的体积，底层的直径 27.5m，第二层比较小。中央穹顶的轮廓低平，顶点高 35m。它通体贴琉璃砖，8 角形体积的转角处有圆塔，冠以小小的穹顶。

沙沙兰的谢尔沙陵（Mausoleum of Sher Shah at Sasaram, Bihar, 1540 年）位于一个 427m × 427m 的人工湖的中央，用石材建造，台基 76.3m 见方，从水中砌出。上面也是两层 8 角体戴着穹顶，台基 4 角有小穹顶呼应。中央穹顶直径 21.7m，顶点高于水面 45.6m，砌筑技术已经很高了（图 17 - 25）。

图 17 - 24 库特勃塔

就在引进中亚和伊朗的建筑形
制和结构技术的同时，印度匠师们
在传统的基础上发展着自己新的建
筑特点。主要的有：第一，他们的
建筑材料是红砂石而不是砖，因此，
他们自然不用琉璃砖来制造多彩的
表面装饰，但继承了伊斯兰建筑表
面多彩的特点，在红砂石上镶嵌白
大理石，起初集中于门窗贴脸，后
来扩大到墙面。阿拉伯式的图案，

图 17－25　谢尔沙陵

精工巧作，技艺极其细致，色彩的对比很明亮；第二，他们把窣堵波顶上的相轮
华盖安在穹顶之上，很好地丰富了轮廓线，更突出了垂直轴线，加强了穹顶在整
体造型中的统率作用；第三，在集中式建筑物的台基或主体的转角设小圆塔或小
亭子，戴着小穹顶，同中央穹顶相呼应，形式更丰富、构图更紧凑、轮廓更
活泼。

光辉的成就

印度伊斯兰建筑的极盛时期在 16 世纪中叶到 17 世纪中叶。这时印度的大部
分地区由莫卧儿王朝（Empire of the Moguls）统一，国力强盛，经济和文化都很
发达。1398 年，蒙古人入侵，帖木儿摧毁了德里，印度的经济文化繁荣转到了
南部。1526 年，帖木儿的后裔巴布尔（Babur，1483～1530 年）又占领了整个印
度北部，他的儿子胡马雍（Humayun，1530～1556 年在位）正式建立了伊斯兰教
的莫卧儿帝国，先后以德里和阿格拉（Agra）为首都。胡马雍的儿子阿克巴
（Akbar，1556～1605 年在位）自命为"世界的主宰"，偃武修文，经济、文化蒸
蒸日上，提倡印度教和伊斯兰教的并存融合。日汉杰（Jahangir，1605～1627 年
在位）和沙杰罕（Shah Jahan，1628～1657 年在位）统治时期是莫卧儿帝国的黄
金时期，边境安靖，文化达到一个高峰，直到 18 世纪英国殖民者的侵入。

莫卧儿王朝的统治者来自撒马尔罕，和中亚、伊朗一直保持着相当密切的关
系。他们从那儿招募工匠，聘请建筑师，而这时正是中亚和伊朗建筑的鼎盛时
期，在伊朗建筑的强烈影响下，印度的伊斯兰建筑迅速发展成熟，获得了光辉的
成就。

这 100 年间，世俗建筑的地位提高了，如城堡、宫殿、园林等等，它们对建
筑的发展产生了更大的影响。它们服务于宫廷的日常生活，风格趋向精致、华
丽、优雅。工艺水平很高，广泛使用各色石头镶嵌的装饰，用大块的镂雕得纤细
空灵的薄大理石板作窗扇、屏风、栏板等等。这些特色的流风所及，宗教建筑物
也渐渐摆脱了重拙和粗犷，同样趋向华丽和精致。

哥尔—艮巴士墓的穹顶　印度的穹顶技术这时有很大的进步，最杰出的代表
是卑迦浦尔的哥尔—艮巴士墓（Gol Gunbaz，Bijapur，1626？～1656？年）的穹
顶，它的内径达 38m（或说 44m，所指不详，但此数大于方形平面的边长，似不
确），是世界建筑史中少数几个大穹顶之一。穹顶顶端高达 60.4m（或说 66m，

所指不详）。平面是方形的，边长 41.2m（不包括 4 角的塔）。这个墓室的平面面积和容积都超过了古罗马的万神庙（图 17－26），成就伟大。

这座墓从方形大厅到它的穹顶的过渡十分新颖，十分巧妙。它采用 8 个互相交叉的大券，每 4 个组成一个正方形，同平面的 4 道墙斜交，两个正方形互相对称，他们的 8 个交点形成一个正 8 边形，穹顶就座落在这 8 边形之上。空间关系很复杂，施工难度很高，但内部的形象却比用帆拱的更简洁，比用钟乳体的更统一。这种结构方式起源于波斯，而在哥尔—艮巴土墓获得最高的成就。

它的外形也很有独创性，在方形体积的 4 角造了 8 角形的塔，7 层，冠以穹顶。它们在结构上也有平衡穹顶侧推力的作用（图 17－27）。它们也准确地标记了整个建筑物的尺度，充分展示了它的宏大。

布兰—达瓦扎　16 世纪末年，阿克巴在宫廷所在地阿格拉堡（Agra Fort）以西 41.6km 处为庆祝皇子（即后来的日汉杰皇帝）的诞生而建造了一所庞大的包含宫殿、接见厅、清真寺、花园、水池等建筑群的离宫封达浦尔·西克利（Fatepur Sikri,），建筑多有宽大的出檐，有些有外敞廊。它的清真寺的正门叫布兰—达瓦扎（Bulan Darwaza，约 1575？～1602 年），是这时期最杰出的建筑物之一。它全高 51.7m 立在开阔的大台阶之上。立面同中亚习见的相似，在一个竖长方形里镶着高大的凹龛伊旺，于龛底开门洞。凹龛伊旺两侧作 45°抹角。而在转角处作细长的 8 角柱，檐头有小空廊和戴小穹顶的亭子，在红砂石上镶白大理石花纹等，则全是印度式的（图 17－28）。

布兰—达瓦扎形体简洁，从整体到

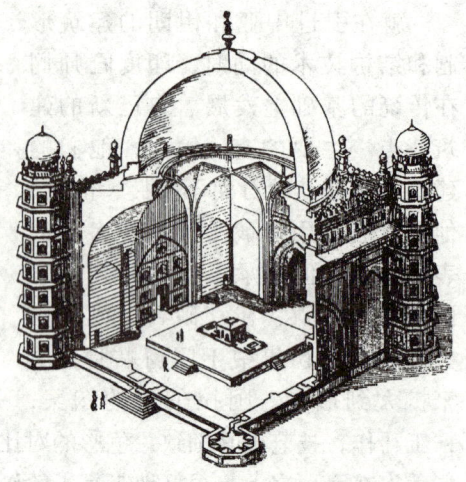

图 17－26　哥尔—艮巴士墓轴测图示结构

图 17－27　哥尔—艮巴士墓

图 17－28　布兰—达瓦扎

局部都是单纯的几何形，而四圆心券和小穹顶又使形象大为柔和饱满又富于变化；它构图严谨，两侧作 45°后掠把中央大凹龛伊旺更加突出，主从十分明确，同时，凹龛伊旺内墙也作 8 角形，同主立面的 8 角形象呼应，使虚实两部分在强烈的对比中相统一；正面、斜面、凹龛伊旺内墙，题材一致，处理手法一致，变化虽大而不乱；它的尺度准确，从大凹龛伊旺到小凹龛伊旺再到壁龛，层次井然，大其所当大，小其所当小；斜面和凹龛伊旺内墙面分划多，而正面分划少，节奏舒缓，更显出一种雍容恢宏的气度；它比例和谐，挺拔有力；色彩也很明快。

但布兰—达瓦扎的檐头之上失之于杂乱，小亭子的风格同整体不很协调。

泰姬—玛哈尔

莫卧儿王朝最杰出的建筑物是泰姬—玛哈尔（Tâj Mahal，1632～1647 年）。它是世界建筑史中最美丽的作品之一。

早在 14～15 世纪，以中亚和伊朗的集中式陵墓为蓝本，印度发展了自己的纪念性陵墓建筑的形制，比起它的先型来，要复杂得多了。增加了高大宽阔的台基，这台基有时是整整一层建筑物；四方抹角的主体，每个立面完全一样，分 3 段，中央一段高起，设主要的凹龛伊旺；台基或 8 角形主体的角上有小亭子，以穹顶覆盖，和中央大穹顶呼应。16 世纪中叶莫卧儿帝国皇帝胡玛雍的陵墓（Mausoleum of Humayun，1565 年），坐落在一个每边长约 500m 的绿化大院落的中央，台基舒展，大理石和红色砂岩建造的主体宏伟庄严，已经是成熟的建筑物了。但是，主体过宽；4 角向四面不适当地凸出，加以分划琐碎，以致主体略显臃肿；叠涩而成的穹顶同主体在立面上缺乏呼应（图 17-29），显见得还不够完善。

类似的形制在许多陵墓建筑中经过反复的融铸陶冶，终于在泰姬—玛哈尔达到了这个发展的顶点。

泰姬—玛哈尔是沙杰罕皇帝为爱妃蒙泰姬（Mumtaji）建造的陵墓。为了设计和建造它，除了调集全印度最好的建筑师和工匠外，还聘请了土耳其、伊朗、中亚（撒马尔罕和布哈拉）、阿富汗和巴格达等地的建筑师和工匠。主要的建筑师是小亚细亚的乌斯达德·穆哈默德·伊萨·埃森迪（Ustad Muhammed Isa Ethendi）。这座陵墓，可以说是整个伊斯兰世界建筑经验的结晶。

泰姬—玛哈尔离阿格拉堡不远，是一组建筑群。最外面的围墙宽 293m，长 576m。正面第一道门不大，进门是宽 161m，深 123m 的大院子，两侧各有两个比较小的院落。第二道门很高大，平面是矩形的，中央有穹顶，4 角还有塔和小穹顶。立面正中是大凹龛伊旺。穿过凹龛伊旺底里的门洞，是一片宽 293m，深 297m 的大草地。一个十字形的水渠把它分为 4 份，中央开辟成方形

图 17-29　胡玛雍陵

的水池。绿地正中辟十字形的水渠，它
们相交处有水池，这种布局是典型的伊
斯兰式园林的布局，十字形水渠的四臂
分别代表《古兰经》里所说"天园"里
的水、乳、酒、蜜四条河，它们象征着
生活资料的丰富，生活的美好。水渠和
水池里都有喷水口。草地之后，正中是
白大理石的陵墓，一侧是清真寺，另一
侧是供休息和接待之用的建筑物，用赭
红色砂石建造，有白石的装饰。它们和
陵墓之间又各有一个水池。陵墓的后面，
围墙之外，是朱木拿河（Jumna river，
图 17–30）。

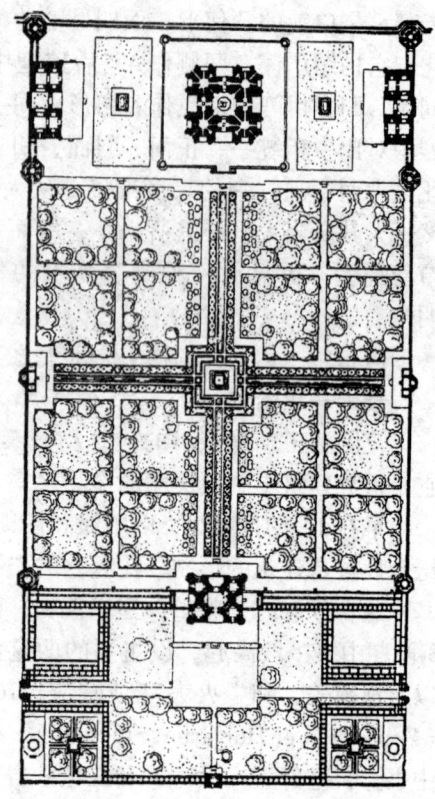

图 17–30　泰姬—玛哈尔总平面

陵墓托在 96m 见方，5.5m 高的白
大理石台基上，台基 4 角耸立着 40.6m
高的圆塔。陵墓本体是每边 56.7m 的正
方形而抹去 4 角。中央穹顶的内径
17.7m，在这个穹顶之上，一段不高的
鼓座举起一个轮廓饱满的葱头形外壳穹
顶，它的顶端高于台基面大约 61m（一
说 69.5m，所指不详）。4 个立面完全一
样，每面正中略高，嵌着一个大凹龛伊旺，凹龛伊旺左右和抹角斜面上都有两层
比较小的凹龛伊旺。

泰姬—玛哈尔的艺术成就首先在于建筑群总体布局的完美。布局很单纯，陵
墓是惟一的构图中心，它不像胡玛雍陵那样固守传统，位居方形院落十字形水渠
的中心，而是破例居于中轴线的末端，让方形的草地和十字形的水渠在前面展
开，因之，一进第二道门，有足够的观赏距离，视角良好，仰角大约是 1:4.5。

建筑群的色彩沉静明丽，湛蓝的天空下，草色青青托着晶莹洁白的陵墓和高
塔，两侧赭红色的建筑物把它映照得格外如冰如雪。倒影清亮，荡漾在澄澈的水
渠中，当喷泉飞溅，水雾迷濛时，它闪烁颤动，飘忽变幻，景象尤其魅人。为死
者而建的陵墓，竟洋溢着乐生的欢愉气息。

泰姬—玛哈尔的第二个成就是创造了陵墓本身肃穆而又明朗的形象。它的构
图稳重而又舒展：台基宽阔，和主体约略构成一个直角方锥形，但 4 座塔又使它
轮廓空灵，与青空互相穿插渗透。它的体形洗练：各部分的几何形状明确，互相
关系清楚，虚实变化肯定，没有过于琐碎的东西，也没有含糊不清的东西，诚朴
坦率。它的比例和谐：主要部分之间有大体相近的几何关系，例如，塔高（连台
基）近于两塔间距离的一半，主体的立面的中央部分的高近于立面总宽度的一
半，立面两侧部分的高近于立面不计抹角部分的宽度的一半，其余的大小、高
低、粗细也各得其宜。它的主次分明：穹顶统率全局，尺度最大；正中凹龛伊旺

是立面的中心，尺度其次；两侧和抹角斜面上的凹龛伊旺反衬中央凹龛伊旺，尺度第三；四角的塔尺度最小，它们反过来衬托出中央的阔大宏伟。此外，大小凹龛伊旺造成的层次进退、光影变化、虚实对照，大小穹顶和高塔造成的活泼的天际轮廓，穹顶和发券的柔和的曲线，等等，使陵墓于肃穆的纪念性之外，又具有开朗亲切的性格。

泰姬—玛哈尔的第三个成就是，熟练地运用了构图的对立统一规律，使这座很单纯的建筑物丰富多姿。陵墓方形的主体和浑圆的穹顶在形体上对比很强，但它们却是统一的：它们都有一致的几何精确性，主体正面发券的轮廓同穹顶的相呼应，立面中央部分的宽度和穹顶的直径相当。同时，主体和大穹顶之间的过渡联系很有匠心：主体抹角，向圆接近；在大穹顶的 4 角布置了小穹顶，它们形成了方形的布局；小穹顶是圆的，而它们下面的亭子却是 8 角形的，同主体应和。

4 个小穹顶同大穹顶在相似之外也包含着对比：一是体积和尺度的对比，反衬出大穹顶的宏伟；二是虚实的对比，反衬出大穹顶的庄重。

细高的塔同陵墓本身形成最强的对比，它们把陵墓映照得分外端庄宏大。同时，它们之间也是统一的：它们都有相同的穹顶、它们都是简练单纯的，包含着圆和直的形式因素；而且它们在构图上联系密切，一起被高高的台基稳稳托着，两座塔形成的矩形，同陵墓主体正立面的矩形的比例是相似的，等等（图 17 - 31）。

凹龛伊旺与平直的墙面之间同样也有明确的对比与统一的关系。

除了对比着的各部分有适当的联系、呼应、相似和彼此渗透之外，它们之间十分明确的主从关系保证了陵墓的统一完整。

对立统一的规律是宇宙间万事万物的基本规律，也是形式美的基本规律。凡建筑物，同样富有变化的，则越统一者越美；同样统一的，则越多变化者越美。对立与统一，对立是主导的，绝对的。这至少有两方面的意义：第一，简单的重复并不统一，例如，一长列两端没有处理的柱廊，可长可短，不成其为一个完整的建筑物，只有分清了主从，明确了起讫，也就是有了互相对立的部分，构图才可能完整统一。其次，由于任何差异都是对立，所以建筑物各组成部分总是对立着的。但并非任何对立都可能统一。统一是有条件的，它要通过精心的设计，使各部分互相依赖，互相渗透，互相联系。像泰姬—玛哈尔那样。否则，建筑物就七零八落，不成整体。

泰姬—玛哈尔的细部装饰很精致，大都是各色大理石镶嵌成的，重点地方镶宝石。窗棂和大厅里的屏风用大片透雕的薄大理石板，玲珑透剔，技艺之精巧真可以说是夺造化之工了（图 17 - 32）。

可惜，泰姬—玛哈尔的装饰微嫌过多，图案略伤于柔弱。

泰姬—玛哈尔号称"印度的珍珠"，印度人民为它自豪。但是，他们为它付出了沉重的代价。建造这座墓时，18 年间每天都使役两万人。它和当时其他建筑物一起，耗竭了国库，以致莫卧儿王朝从此一蹶不振，政治混乱不堪，建筑也就衰落下去了。

图 17-31　泰姬—玛哈尔

图 17-32　泰姬—玛哈尔内部透雕
大理石屏风

　　沙杰罕本来要在朱木拿河对岸再用黑色大理石为自己造一座陵墓，与泰姬—玛哈尔相对，河上架桥，把两座陵墓连接起来。但是，泰姬—玛哈尔建成之后 5 年，1658 年，沙杰罕的第三个儿子奥朗才布（Aurangzeb，1658～1707 年在位）夺了帝位，把朝廷迁回德里，而把沙杰罕软禁在阿格拉堡。沙杰罕天天在卧室的阳台上遥望爱妃的陵墓，直到 1666 年去世。他的灵柩放在妻子的旁边。

　　历史上一切文化珍品，都是人们不断推陈出新、有所前进的创造成果。希腊的雅典卫城、罗马的万神庙、中世纪欧洲的天主教堂，都是因为勇于创新、善于创新，才达到光辉灿烂的高峰的。从来没有一件无论什么作品是因为泥古不化而获得不朽的价值的。宝贵历史上的珍品，一以借鉴，一以自励，用过去的创造成果，促进更新、更美、更好的成果。

　　只有研究建筑本身的特点和规律，研究这些建筑珍品的意义，研究文化发展的具体过程，才能正确而深入地理解泰姬—玛哈尔这类建筑的无与伦比的价值。它是整个伊斯兰世界建筑经过几百年的发展的结晶。它产生在土耳其、伊朗和印度的建筑都达到最成熟、最辉煌的时期。当时，真是硕果累累，琳琅满目，而它是其中最美的一个。

17.6　拉吉斯坦的建筑

　　印度大陆中西部偏北，拉吉普坦（Rajputana）地区，始终没有被伊斯兰教国家征服，一些封建小王国崇奉着印度教，保存着比较多的古印度建筑传统，但也汲取了很多伊斯兰建筑的做法和样式。这地区里，世俗的建筑物，特别是宫殿，占着重要的地位。

　　曼辛宫　大约在 15 世纪末，16 世纪初，在瓜利阿为曼辛造了一所宫殿（Man Singh Palace，Gwalior）。这是一个方形的四合院，周围有两层房屋，完全朝向院落，外墙无窗。有两层地下室，是夏天阴凉之处。它的墙垣沿着陡峭的悬崖蜿蜒伸展，被圆形的碉楼分为段落。碉楼的穹顶上覆盖着镀金的铜板。墙是砂石砌的，用绿、蓝、黄诸色琉璃镶出装饰图案。图案成水平带，一如花边，大都是阿拉伯式的。题材有呈式化的树木、花草、人物、动物等等（图 17-33），也

有一条由浮雕的柱、梁、牛腿组成
的装饰带。

达迪亚的宫殿 17 世纪初年在
达迪亚（Datiyā）建造的一所宫殿，
形制近似中国西藏的都纲殿。它是
正方形的，每边长大约 91.5m，下
面两层是接待厅，全用拱券结构，
在它们的顶上则是封闭的四合院，
周围一色两层的房屋，其中有王公
的接见厅、办事厅和扈从们的住所。
在这个四合院的中央，有一座 43m
高的 4 层方楼，是王公私用的部分。
方楼上冠戴着大穹顶。四周房屋的
角上和每面的正中都有碉楼，也戴
着穹顶。

乌丹浦尔 在乌丹浦尔（Udaip-
ur）城里的宫殿和湖中的离宫，也都
是重要的建筑物。前者造于 17 世纪，
傍依小山，从山脚造到山上，一共
有 5～6 层。外面，由于防御需要，
下面几层朝前没有窗子，平平的墙
面上只有分层檐口和垂直的凹凸。
但是，上面两层由于生活的需要，
密集着敞廊、亭子、阳台、凸窗等
等，十分轻巧开朗，总体看去，有
一种植物蓬勃生长的迹象（图 17－
34）。

它面对着浩淼的湖水，湖中央
造着两所离宫。造于 19 世纪的一所
（Bari Mahal），几乎全由用白大理石
砌成的亭阁台榭组成，很活泼。

图 17－33 曼辛宫

图 17－34 乌丹浦尔宫殿

第18章　朝鲜和日本的建筑

朝鲜和日本自古就同中国有亲密的文化交流关系。他们古代的建筑和建筑群，无论在平面布局、结构、造形或装饰细节方面，都同中国有共同的或相近的特点。由于交流的关系始终不断，所以中国建筑在各个历史时期的变化，在朝鲜和日本的建筑里都有所反映。不过，他们最全面和最大量地汲收中国文化的时期，正当中国的唐朝，此后的汲收，在规模上和组织性上都远远不及，所以，朝鲜和日本的建筑中保存着比较浓厚的中国唐代建筑的特色。

朝鲜人民和日本人民都是很有创造性的人民，在漫长的中世纪里，他们都创造了自己的建筑特色，在有些方面，例如住宅和园林，形成了别具一格的传统，达到很高的水平，丰富了世界的建筑文化。

18.1　朝鲜的建筑

朝鲜建筑接受中国建筑的影响比较早。平壤西南龙冈郡的双楹冢和平壤以北顺川郡的天王地神冢都是高句丽时代遗物（约6世纪），都用石材构筑而仿木结构，斗栱、叉手等等做得都很逼真。双楹冢里，补间绘人字栱，角柱上绘重栱。柱子上端没有阑额和普拍枋，角柱上的栌斗直接画在柱头上（图18－1）。中国汉代的明器上或墓葬里也有这种做法，大概是仿木构而做了简化。天王地神冢的前室，在平梁上设叉手承托脊榑，近似简单的三角形桁架。正室里，四角上抹角安置人字栱，上承石板，过渡到8角形的藻井。藻井的角上各出一跳华栱。斗栱出跳，在中国于北魏时刚刚有，可见朝鲜建筑同中国建筑的关系是十分密切的。

新罗与高丽时期的佛教建筑　公元7世纪，新罗国统一整个朝鲜半岛，建都于庆州。封建化的过程加速了，佛教也就兴盛起来，在各地建造了许多佛寺。

庆州附近土含山有一座佛国寺，始建于530年，751年扩建，完成于774年。它坐落在高高的台地上，有两个并列的院落，都是周围廊式的。东边的一

图18－1　双楹冢

座，院落正中是金堂，堂前左右有一对塔。后廊正中是讲堂，山门在前廊正中，它的左右，转角处分别有经楼和钟楼。这种平面布局，同中国唐代的佛寺基本一致。

1592 年，日本侵略者纵火烧去了它的 90% 左右，金堂、讲堂、经楼和廊庑都已毁坏。金堂基址上于 1765 年改建了大雄殿。山门叫紫霞门，立在高台的边缘。高台分两层，用大块毛石砌筑坝墙，山门的台基向前突出于上层坝墙，做木结构形状，从下面望去，形体完整，很有气势。山门前有两跑踏垛，下面都有券洞以宣泄山洪，分别得名为青云桥和白云桥。它们的两侧，石壁砌作临水木桩式样，同坝墙的大块毛石相对比，显得很轻快精致。山门面阔 3 间，进深 2 间，歇山顶。斗栱材栔很大，单抄双下昂，出檐宽阔。角柱生起，四面檐口呈完整的曲线，正脊也微微弯曲，形式风格同中国唐代建筑极其相似。显然，尽管经过多次修缮，它还基本保持着当年原来的面貌。

钟楼又叫涵影楼，也是歇山顶，以山面朝前，前面一对柱子探出于坝墙之外，分别由石碌支承，构思同山门类似。钟楼同山门一样，雄健而飘洒，奕奕有精神。它前面两跑踏垛叫七宝桥和莲花桥。

紫霞门、涵影楼这一组建筑物，善于利用地形，富有独创性，造形达到很高的水平（图 18 - 2）。

图 18 - 2　佛国寺山门及涵影楼

还有一些新罗时期的石塔遗留至今，形式也同唐塔相似，方形，有叠层的，也有密檐的，大多不高。佛国寺金堂前东侧的多宝塔（751 年）比较特殊，全用花岗石砌，高约 10.4m，逼真地模仿木构。底层是方的，有中心柱，二层平座也是方的，以上变为 8 角形。虽然上下两部分的尺度和形式略嫌不够协调，但栏楯宛然，檐角翻飞，十分轻快俊逸，想见当时木塔的精巧华美（图 18 - 3）。金堂前西侧是释迦塔，高 8.2m，也很精致。

佛国寺后面，土含山的斜坡上还有一座石窟庵（742 ~ 764 年）。它有两进厅堂，前面一进是横向长方形的，后面一进是圆的。圆形厅堂用石筑的穹顶覆盖，直径大约 6.8m。但以后穹顶在朝鲜没有重大的发展。

公元 10 世纪上半叶，高丽国重新统一朝鲜半岛，首都在松岳（今开城）。国家大力提倡佛教，给僧侣以种种特权，一时间萧寺梵塔遍布全国，尤以金刚山地区为多。

这时期的建筑，在中国晚唐、五代至北宋建筑演变的影响下，渐趋端丽而略减豪放。比较典型的例子是荣州的浮石寺无量寿殿。它面阔 5 间，进深 3 间。歇山顶。斗栱只有柱头铺作，五铺作出两抄，偷心造，材栔比佛国寺山门的小。全部柱子都是梭柱，四椽栿和乳栿都用月梁，角柱显著生起，做法很精致，形式柔和。脊槫下有叉手，没有普拍方，是老样式。浮石寺的祖师殿（1377 年），面阔 3 间，进深 1 间，也用梭柱。悬山顶。虽然不大，但浑朴刚劲，气势豪壮。

原州法泉寺的智光国师玄妙塔（1085 年，今迁至汉城），石质，显著地表现了新的风格，比新罗时代的石塔华丽多了。塔高 7m，方形，分两层。顶上有宝珠、露盘，底下有须弥座，座下又有薄薄 3 层台基。塔的造型精美，自下而上，节奏由舒缓而渐趋急促，比例由宽平而渐趋竖直，造成既稳重又峻拔的形象。雕饰极其富赡，除了各面的莲瓣、壸门、菩萨、花草等等之外，两层檐子下有帷帐、缨络，须弥座四角上有狮子，台基四角又有卷草。但纤巧繁密的雕饰布置得宜，并不损害整体轮廓的明确性（图 18-4）。

图 18-3　佛国寺多宝塔

图 18-4　智光国师玄妙塔

平昌郡五台山月精寺有一座 8 角 9 层石塔，造型圆熟谐和，通体瘦削，出檐舒展，秀美而不减庄重。各层檐角、铜铎和顶上的铜相轮，以其金属工艺的细巧同石建筑的浑朴相对比，更显得生动。

宁边郡妙香山普贤寺大雄宝殿前的 8 角 13 层石塔，式样同月精寺的相似，但比例略觉过于细长。

朝鲜时期的城郭和宫殿

13 世纪，高丽遭到蒙古人的侵略。1392 年，国家重新独立统一，国号朝鲜，定都汉城。

朝鲜国王崇儒灭佛，佛教建筑从此大衰，甚至旧有伽蓝也有不少被破坏。这时期遗留下来的最重要的建筑物是城郭和宫殿。

朝鲜建国初年，就在首尔、平壤、开城等地建造坚固的城墙。城门上建造壮丽的城楼，其中比较重要的遗物有开城的南大门（1394年）、首尔的南大门（1448 年）、平壤的普通门（1473 年）和大同门（1576 年）。开城的南大门城楼是歇山顶的，3 开间。平壤的普通门（图 18 - 5）和大同门城楼也都是 3 开间，用重檐歇山顶。首尔的南大门（崇礼门）5 开间，庑殿重檐屋顶，斗栱七跴，是最隆重的。

图 18 - 5　平壤普通门

首尔之南的水原城，是行宫所在地，于 1796 年建成了城郭。这是朝鲜最完备的城郭。除了东、南、西、北四个城楼之外，还有暗门、水门、敌台、弩台、安心墩、烽墩、雉城、炮楼、铺楼、将台、角楼、铺舍等等。水门上造了一座华虹门，旁边有访花随柳亭，形式很奇巧，把防御性建筑和游览性建筑结合在一起了。

早在朝鲜的三国时代，高句丽、百济和新罗都有壮丽的宫殿，格局大体仿照中国的。百济的王宫，更富有园池之美。但都只剩残迹。新罗统一时期和高丽统一时期的王宫也已毁坏。由遗址和记载看来，王宫建筑群很大，而且殿宇宏壮。如开城的高丽故宫，正门为升平门，门楼两层。门内有一道小河。其次是神凤门、阊阖门、会庆门。会庆门在高台之上，面阔 5 间，台前并列三道踏垛。会庆门里是一个周围廊式的大院子，院子中央立着王宫的正殿，会庆殿。会庆殿面阔九间，进深 3 间，据《高丽图经》记述，"规模甚庄，基址高五丈余，东西两阶，丹漆栏槛，饰以铜花，文彩雄丽，冠于诸殿"。会庆殿之后，地势渐高。还有长和、元德、乾德、万龄、长龄等殿和延英阁，有些分布在山上，如《高丽图经》所述："圆栌方顶，飞翚连甍，丹碧藻饰，望之潭潭然。依松山之脊，蹬道突兀，古木交阴，殆若岳祠山寺而已。"

朝鲜多山，开城的宫殿也有一部分在山上。同自然环境的融合，利用自然条件在宫殿里布置苑囿林池，是朝鲜宫殿的一个大优点。庆州的新罗时代的王宫，也有规模很大的园林，包括假山、水池、河流、森林和一些亭台楼阁。《高丽图经》的作者不习惯这种布局，把它称为"岳祠山寺"式的。

各种类型的建筑物有它自己独有的性格。这种性格，就是它的物质上的和观念上的功能在形式和风格上的反映。一种建筑物的性格有它的客观依据，但是，这依据是历史的、具体的，既不是永远不变，也不是到处一样。不仅封建小国的宫殿的性格不同于大专制国家的宫殿的性格，而且处在都城中央的宫殿也不同于山麓水滨的。建筑物性格取决于多方面的综合，时代的思想文化潮流和建筑的物质技术条件也都会鲜明地在建筑物性格上体现出来，人的认识不可泥于一端。

景福宫　在首尔的北部，有几处朝鲜时代的宫殿，以景福宫为最重要。景福宫初建于 1394 年，1593 年被日本侵略者烧毁，1870 年在旧址重建，保存了原来的布局。

景福宫的总布局同北京的元、明故宫相似，体现着"天覆地载，帝道唯一"的封建专制思想。它也分左、中、右三路，中路也是前朝后寝的格式，最后面是御苑。宫殿正门叫光化门，3 个券洞，门楼 2 层，庑殿顶，形式很庄重。进门后穿过两个大约 70~80m 深的院子，便是勤政门。勤政门内是一个大约 140 余米深，100 余米宽的大院子。主要的仪典性大殿——勤政殿，就在院子的后部，被两层白大理石的台基高高托起。勤政殿之后是思政门，进门一个比较浅的院子，中央是思政殿，是国王常朝的地方。它左右各有万春殿和千秋殿，三殿并列，很像北京元代宫殿的形制。再后面的院子里，前后是国王住的康宁殿和王后住的交泰殿。它们同朝鲜习俗的生活用房联系在一起，格局比较随便。交泰殿的平面作工字形，也是元代宫殿里常见的。

景福宫的北门叫神武门，东门叫建春门，西门叫迎秋门。四角有角楼。迎秋门门楼是单层的，3 开间。门洞之上的墙头比宫墙高了将近一倍，二者之间作台阶式的过渡，错错落落地五六层，有檐有脊，同门楼的庑殿式顶子相呼应，在构图上形成整体，舒展而活泼。

勤政殿的面阔和进深都是 5 间，重檐歇山顶，因为前后金柱之间有夹楼，所以两层檐子间开小窗。内部 16 棵柱子，直径大约 1m，高约 12m。斗栱 9 踩，斗口比较小，而构件做成云头之类，华丽失当，其他装饰也过于繁缛。采用檐里装修，没有前廊，显得浅陋，加以面阔不大，不够庄严。已不作角柱生起，但正脊仍呈曲线，不很协调。这些都显示出晚期建筑的衰落（图 18-6、图 18-7）。

图 18-6　景福宫勤政殿

图 18-7　首尔勤政殿细部

景福宫的西路北端，有一座庆会楼，也是 1870 年间重建的。它在荷池的中央，东面有 3 座桥。底层有 90cm 见方、5m 高的大石柱 48 棵（6×8）。上层是广阔的大厅，百官宴集之所。屋顶为歇山式。规模很壮大，但比例不很精致。

　　住宅　朝鲜的住宅很有特色。一般是单层的，也采用平行梁架结构系统。稍大一点的，大多为内院式。不同于中国北方的四合院，没有轴线，不一定对称，而且四面建筑也不连续。除了向内院的门窗外，也有向外的门窗。门窗大多是推拉式的，木棂方格，糊纸，很轻。内部隔断也是轻质的。因为传统的风尚是席地坐卧，所以室内高度大约在 2.5m 左右。地面夯平，糊上油纸隔潮，再铺以厚实的草垫。好一点的住宅用木地板，架得比较高。并且往往在前檐下设一个木构平台，很适合于家务。也有的住宅把一两间房间前檐完全敞开，供家务起居之用。这些平台和敞间形成朝鲜住宅很重要的特点。

　　也有少量社会地位高的人家，住宅形制比较庄严。有轴线，前后几进院子，正房厢房分开，很像中国北方的四合院。开城的嵩阳书院（1572 年）是一所旧宅，造在山坡上，两进院子，正房 5 开间，有前廊，用歇山顶。形式古朴苍劲，绿化也好，可惜居住建筑的亲切温和气氛弱了一点。

　　朝鲜半岛气候比较冷，住宅注意抗寒。一般都有集中式供暖：在厨房里烧灶，热气经地板下的陶质管道送到居室的炕内或空斗墙内。居室内不再生火，很干净。

18.2　日本的建筑

　　日本建筑没有中国建筑那样的雄伟壮丽，气象阔大；也没有朝鲜建筑那样的豪壮粗犷、刚强奔放。它以洗练简约，优雅洒脱见长。

　　日本匠师是使用各种天然材料的能手，他们对自然材料潜在美的认识能力，在世界上是出类拔萃的。竹、木、草、树皮、泥土和毛石，不仅合理地使用于结构和构造，发挥物理上的特性，而且充分展现它们质料和色泽的美。竹节、木纹、石理，经过匠师们精心的安排，都以纯素的形式交汇成日本建筑特有的魅力。世界各国的民间建筑大都重视利用自然材料的美，但比之日本建筑都有所不及。日本匠师们在重要的宗教建筑和宫殿建筑中也不忘他们的这个特色，在世界建筑史中是更其少见的。

　　日本和中国是近邻，从 6 世纪起便和中国交往密切，在以后的各个历史时期，都大量汲收中国文化，包括中国的建筑。日本的宗教建筑、从用材、结构方式、造型、空间安排等等，都基本上是中国式的，但是，它的居住建筑，从宫殿到民宅，结构和空间布局上本国的特色非常鲜明。

神社建筑

　　神社建筑很典型地表现了日本建筑的特点。

　　早在 6 世纪以前，奴隶制时代，日本开始流行自然神教，是一种泛神崇拜，称为神道教，它的主流是神社神道。神社神道以天照大神（即太阳女神）为主神，奉行政教合一，认为从第一代神武天皇起，历代天皇都是天照大神的后裔，他们的统治权不可争辩。日本人住宅里也有天照大神和其他保护神的神龛。春天有祈年祭，秋季有新尝祭，还有过年时的年祭。专门的祭祀建筑便是神社。神道教是日本文化的根，在整个封建制时代，尽管佛教流行，神道教仍然不衰，神社之设从未中辍，它们遍布全国，至今仍有 11 万所以上。日本是一个岛国，山川秀丽，作为一种自然神教，神道教认为在每一个景色优美的山麓、水滨或密林之中都有神灵，因此也都有神社。几乎每座神社都在旖旎的自然环境之中，富有亲切的诗意，唱着生活的赞歌。神道教也肯定人的价值，人的劳动能力，洋溢着人文精神。

古代的神社，同世界各地早期的大多数宗教建筑物一样，模仿当时比较讲究的居住建筑。因为在观念上，神社是神灵的住宅，而神灵的起居，人们只能按照自己的生活去揣摩比拟；在建筑上，当时也还远远没有达到为神社别创一种特殊的形制的水平。但一经定型，惰性就很大，为尊敬神灵和绵远久长的渊源，这些神社虽然千百年来屡经翻修重建，仍然基本保持古老的原状，和中国式的庙宇相近。

这些古代神社的形制大同小异。正殿叫"本宫"，是长方的或正方的，有一些分里外两间。木梁架，有近似抬梁式的，也有近似川斗式的。两坡顶，悬山造。正脊上横向安置着一排圆木，叫做"坚鱼木"。前后坡屋面的两端各有一对方木，顺屋面两侧在上端高高挑起，前后形成交叉，叫做"千木"。坚鱼木和千木显然是原始的屋顶结构构件的遗迹，是古式神社建筑的重要特征性构件。地板大多架起 1m 以上，有一些神社还在四周将地板延伸展出为平台，叫"高床"。入口在长边或在山墙。门前设木梯。木梯小而陡，朝圣者需用足尖小心翼翼往上走，增加了崇敬庄严的气氛。这种本宫形制叫"神明造"。本宫里供奉神的象征物，一般是神镜、木偶像、"丛云剑"等，它们代表神体，叫做"御灵代"，放在本宫最里面，参拜者见不到。本宫前有"净盆"，参拜者需洗手漱口之后才能走向本宫。净盆前为"正道"，入口处有一座牌坊，一对柱子上架一根横木，也有的在横木下再加一根枋子。这种牌坊叫"鸟居"。

伊势神宫　最重要的神社是三重县的伊势神宫。它在本州东海滨密林中的一方圣地里。神宫分内外两宫，相距不远，内宫称"皇大神宫'，祭祀天照大神，始建于公元前不久。外宫称"丰受大神宫"，祭祀专司天照大神食物的丰受大神。外宫晚于内宫，大约公元 500 年始建。内、外宫形式大体相同，按照公元 7 世纪天武天皇的规定，内外宫的全部建筑物轮流每 20 年彻底重建一次，因此经常保持很好的状态，但是不免渐渐有新因素渗透进去。例如，正殿平台的栏杆基本上已是中国式的，但大体上不失古来的面貌。

伊势神宫内外宫的"本宫"都是"神明造"，面阔 3 间，进深 2 间。很简洁明净，柱子、板壁、栏杆等一切木构件都是素面的，纹理清晰，色泽柔和温暖。屋面全用草葺，剪切整齐，厚度大约 30cm，松软而富弹性。它也不施雕饰，所有的木构件和它们的结合点都简简单单，而其实于形状、权衡、交接等琢磨得很精细，所谓寓巧于朴。通体是明确的几何形，线条平直，棱角鲜明，加上千木高挑，正殿是很刚挺的。但脊上的坚鱼木如梭形，柱身顶端卷杀，每边博风板上端的 8 根挑出的细木条叫"鞭挂"，虽是方的，却于前端渐渐转变为圆的，这些细致的处理，又使正殿显得柔和丰润。柱、梁、檩、椽，结构关系十分清楚，它们的粗细疏密，层次井然，准确地反映出力的均衡。

本宫虽小，但形体很丰富。草顶和板壁所形成的主体是浑厚的，封闭的，但上面有坚鱼木和千木，下面有架空的平台—高床，它们的空灵同主体形成活泼的对比。平台本身，立柱的疏朗的垂直线条同栏杆密集的水平线条之间，同样也有良好的构图上的对立统一关系。坚鱼

图18-8 伊势神宫内宫正殿

木、千木、鞭挂、覆薨等以不同的方向和角度挑出，同平台一道，不仅造成轮廓错落的变化，而且投下奇幻的影子。这也是华丽，一种朴素的华丽（图18-8）。

更其值得赞赏的是，内外宫的本宫（正殿）的坚鱼木的两端、千木上、栏杆、地板和门扉的节点上，包裹了一些金叶子。它们闪烁发光，给白木和茅草的温雅色调增添了高贵的精神，使重要的宗教纪念物不致失于寒陋。而白木和茅草反过来又不使金叶子过于炫耀。黄金与茅草相辉映，足见日本匠师美感的敏锐和思想的通脱。

本宫的后面有东、西一对宝殿，是库房，形式与正殿相似而略小，没有平台。

本宫和库房周围，长方形的地段，围着木栅。木栅之内，地面全部平铺松散的卵石，它们粗糙的质感把建筑物衬托得更精美。因为这块不大的地段被包围在遮天蔽日的松柏林里，所以卵石地面并不显得枯寂，反而在对比中使神宫得到更充分的表现。

伊势神宫的鸟居也是比较杰出的。它的形式十分简单：一对立柱，上面架一根横梁，两端挑出；稍低，有一根枋子，两端插入柱身，也有在外侧伸出的。它们的美，完全在于整体以及构件本身的比例的和谐。

北野神社 7世纪后，中国的佛教建筑经朝鲜而传入日本，渐渐影响到神社建筑，使它的形制和式样都起了大变化。正殿汲取了佛寺的特点，连鸟居的柱子也有了侧脚，横梁两端起翘，甚至使用斗栱。

京都的北野神社大殿是新形制的最早体现者之一。它初建于947年，经过几度重建，现有的建筑物是1607年的，但基本格局仍然保持初建时的面目。

它的主要部分是前进的拜殿和后进的本殿。拜殿里举行仪式，本殿内供奉。它们的平面和结构都是中国式的。拜殿面阔7间，进深3间（18.8m×7.32m），为仪式的需要，前金柱全部取消。左右各有3间乐间。本殿在拜殿后面，面阔5间，进深4间（13.0m×10.3m），右侧凸出一个侧殿。拜殿和本殿之间由进深3间的币殿（石之间）连接，成为一栋建筑物，因此屋顶的结构和形式很复杂。本殿里沿前后金柱设板壁，前方辟门，外面形成了一圈回廊，是"寝殿造"的形制。

北野神社的外观是17世纪初年的，很华丽。拜殿正面屋顶斜坡上装饰着歇山式山墙，叫"唐破风"，而檐口又向上弯起成弓形，叫"千鸟破风"，体形很有变化。用斗栱，雕饰很多。但屋面用桧皮葺，檐下有木架平台，外檐墙用板壁，依然是日本建筑传统的特色。

这种拜殿和本殿的形制以后成为神社的典型形制之一。

严岛神社　严岛神社是日本最优美的建筑群之一。它创建于12世纪，13世纪重建，16世纪下半叶曾经改建本殿和拜殿，并且增建了一些游廊（图18-9）。

严岛在广岛县宫岛町。宫岛是一个圣地，随处可见古老的神社和佛寺，风光极其明丽，是日本三景之一。神社造在一个朝向西北的袋形海湾里，背后是松林茂密的御山。本殿（24.3m×12.0m）位于湾底岸边，供奉着神道教的暴风雨神的三位女儿。它前面的拜殿（30.3m×12.4m）、再前面的祓殿和祓殿之前的平舞台，涨潮时就好像浮在海面上。平舞台左右有乐房。正对着这条轴线，在海湾的口上，水中央有一个大鸟居，高16m，上梁长24m，建于1875年。

在拜殿的东北方，海面上另有一个客人神社，也有本殿、币殿和祓殿，轴线大体同本社的成60°角。

海面上还零星散布着一些舞台、乐房和其他的小型建筑物（图18-10）。

图18-9　严岛神社

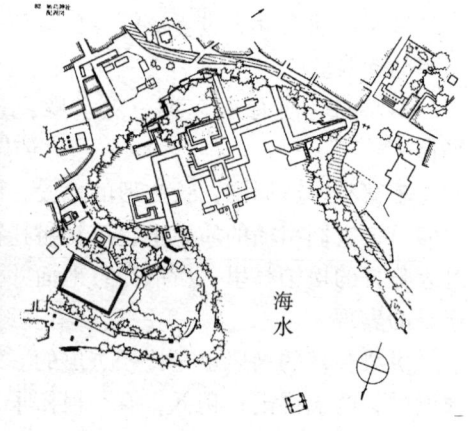

图18-10　严岛神社平面

所有17幢大大小小的建筑物都用萦回曲折的游廊、扬水桥、长桥、虹桥等等连接起来。游廊总长达273m。主要建筑物用歇山顶，桧皮葺，曲面舒展优美。它们形式简练，开敞轻快，但参差错落，疏密开阖，层次极其丰富。每逢涨潮，白壁丹楹弄影于碧波之上，同四周明丽的风光相映发，华采照人。

佛寺建筑

佛教在6世纪中叶传到日本，当时正值日本社会从奴隶制向封建制过渡。6世纪末和7~8两个世纪，为巩固封建制度、建立统一的国家和中央集权的帝制，日本大量吸收中国的典章制度和文化。公元592年大臣苏我马子拥立推古女皇（592~628在位），以女皇之侄圣德太子（574~622年）为储君，担任摄政。苏我氏主张引进佛教，圣德太子宣布佛教为国教，并着手按照朝鲜半岛上百济国的模式建造佛寺，比较重要的，有587年建于内海岸上的四天王寺（593年迁至大阪）和593～607年建于奈良的法隆寺。法隆寺是由朝鲜工匠帮助建造的。中国的建筑术随着佛寺建筑而在日本广泛流传，从此对日本的建筑发生了深刻的影响，在日本建筑史中打下了鲜明的印记。

早期的佛寺　588年，朝鲜的百济国王送了几个寺工、瓦工到日本，帮助建造佛寺。7世纪初年，继续有朝鲜工匠来到日本，以后更有直接来自中国的工匠，奠定了日本早期佛教建筑的主要特征。最根本的第一是梁架系统，包括斗栱和相应的空间特点；第二是总平面的布局形制，内向的院落和对称轴线；第三是主要的建筑类型，如大殿和塔等等。这些都来自中国，在日本被称为百济式和唐式。

奈良的法隆寺和难波的四天王寺，主体部分都是进了南大门之后的一个回廊围成的方形院子。南面回廊正中是中门。进了中门，院子里有金堂和塔。四天王寺的塔和金堂前后排列在中轴线上，北面回廊正中还有一座大讲堂。讲堂之后，东、西为钟楼和经藏。法隆寺的金堂和塔分别在中轴线的东西两侧，讲堂原来在北回廊之外，钟楼和经藏在它的前侧。这两种布局都叫"百济式"。8世纪前半建造的奈良的旧药师寺（730年），也面南，金堂在院落的中央，前面东西侧有一对塔，讲堂在北回廊正中，这种布局后来叫"唐式"。难波四天王寺后迁大阪。

法隆寺　初建部分后来叫西院，主要建筑有南大门、中门、回堂、金堂、五重塔、经藏、钟楼、大讲堂等，它们或历经毁损后重建，或系增建，年代不一。其中金堂和塔虽于670年被火焚毁，708～715年间重建，仍然属日本现存最古老的木构建筑。1949年金堂再度失火，壁画等尽失，幸而建筑尚未全毁。另有东院一区，建于739年，以梦殿和传法堂为主。梦殿是八角形的，供奉救世观音像。金堂两层，底层面阔5间，进深4间（18.36m×15.18m），二层各减一间。歇山顶。用梭柱而不用虹梁。出檐宽阔（下层出5.6m，而柱高4.5m），因为二层檐柱在底层金柱之上，收缩很大，出檐更显得深远飘洒，但稍觉束腰太细。金堂内供奉铜铸三世佛，是日本最古老的佛像。

法隆寺塔5层，底层至四层平面3间见方，第五层两间。塔内有中心柱，由地平直贯宝顶。塔总高32.45m，其中相轮等约高9m。各层面阔不大（底层总面阔10.84m），层高小（底层柱子高只有3m多，二层柱高约1.4m），而出檐很大（底层出4.2m），所以这座塔仿佛就是几层屋檐的重叠，非常轻快俊逸。它像一只雄鹰，横绝大海，从中国飞来，趾爪初落，健翮未收，羽翼间还响着呼呼的风声（图18－11）。

图18－11　法隆寺五重塔

　　金堂和塔的斗栱在外檐用云栱、云斗，形式还不很严格。用单栱而不用重栱，用偷心造而不用计心造，这在以后成了日本斗栱的重要特点。角椽不作扇形排列，依然平行，而把后尾固定在角梁上，像中国北齐的义慈惠石柱上的做法。这做法在日本也沿用很久。

　　以后奈良的室生寺五重塔（8～9世纪）和京都府的醍醐寺五重塔（952年，总高36m，其中相轮高12.4m），形制大体同法隆寺的相似，不过斗栱的式样更严谨了一些。

　　也有一些3层的塔。奈良的药师寺东塔（730年）比较特殊，它每层都用重檐，所以一共有6层屋檐，大小交替，形体不够单纯。

　　8世纪的重要庙宇集中在奈良，因为奈良当时是日本的首都（710～794年），叫做平城京，而这时的佛教，虽然是为中央皇权服务的国教，却只在皇族和大贵族中流行。

　　平城京里一所很有意义的佛寺叫唐招提寺（759年），它由中国高僧鉴真和尚（687～763年，754年到达日本）主持建造，有一些工匠是他从中国带去的。今存的唐招提寺金堂是初建的原物，只屋顶曾经改建。面阔7间，进深4间（大约28.18m×16.81m），前檐有廊。正面开间由中央向两侧递减，略略表示一点主次。柱头斗栱为六铺作，双抄单下昂。仍然是单栱，偷心造。补间只有一个斗子蜀柱。栱眼壁、垫板全部粉白，结构特别显得条理清晰。乳栿和四椽栿都用虹梁，但不用梭柱，也不见生起和侧脚，大约是多次修缮的缘故。屋顶用四注式，（构架经过改建，坡度比原来的陡）梁枋斗栱都有彩画（图18-12）。

　　唐招提寺金堂代表着中国唐代纪念性建筑的风格，雍容大方，端庄平和。

　　8世纪天平时期（710～794年）造的庙宇，如东大寺（741～747年）、唐招提寺（759年）、法隆寺梦殿（759年）和新药师寺（747年），都不仅仅是庙宇，同时是政治和文化中心，附设各级学校和药局。建筑少一些光线朦胧的神秘性而多一些理性主义的色彩和人间的温情。

图18-12　唐招提寺金堂

9 世纪之后，由于封建关系的进一步发展，地方的割据势力强大，天皇的中央政权衰落，佛教不再是国教。从中国传习过去的天台宗、真言宗等以祈福禳灾为旨的神秘主义教派流行，和尚成了方外术士，避世修行，把庙宇造在深山里。因为地形复杂，庙宇布局自由，不遵一定格式，例如两派的开山寺院，比睿山的延历寺和高野山的金刚峰寺。有一些殿堂采用吊脚楼的做法，在悬崖绝壁上建成高架，然后起房屋。这两派的庙宇构造比较简单，只用鲜明的单色油漆。

民族化和世俗化　日本的佛教建筑到 10 世纪中叶之后发生了重要的变化：第一，形成了民族的建筑特色；第二，世俗化了。

初期的日本寺院大多由朝鲜和中国的工匠建造，建筑水平远远超出于当时日本本土工匠造的，后来日本工匠建造的寺院，基本模仿它们。9 世纪起，在封建经济发展的基础上，日本全面发展了本民族的文化，也就提高了本民族的建筑水平，于是，佛寺建筑中日本独创的因素增多了，渐渐形成了显著的民族特色。

这时天皇制衰落，天皇成了有名无实的宗主，而封建割据势力崛起，军事领主飞扬跋扈，造成了一个凶杀暴乱的时代，同时也是英雄主义和骑士式的武士道时代。王公贵族、豪门强宗们纷纷用巨大的石块建造坚固的堡垒，守望辽阔的领地。城墙前挖掘壕堑和水渠。在分割而封闭的领地里，在誓死效忠于主家的武士道精神作用之下，文化的地方性大大加强了。

佛教建筑的地方化是它的民族化的主要内容。同时，在武士道几乎成了宗教的情况下，佛教建筑世俗化了，军事豪强和封建领主们在他们的城堡里、邸宅里和别业里，兴建自己家族使用的佛堂。一个民族的建筑特点总是最典型地表现在居住建筑上，所以，寺院一旦同邸宅、别业相结合，引进的中国式样也就不能维持了。除了形制不同、装饰不同之外，寺院的许多建筑手法都不同了，例如：地板架空，四周出平台；板障和门都是轻质的，从顶棚到地面一扇一扇左右推拉的等等，这些本来都是日本居住建筑的典型手法。所以，世俗化又导致了佛教建筑的民族化。

在铁血和火光中生活，军阀领主们渴望安慰，一方面是追求眼前纵欲享乐，一方面是妄想来世更加快活。于是在他们中间兴起了一种认为只要聚众念经，就可以超脱现世的"秽土"，到达西方极乐"净土"的信仰，崇奉的是阿弥陀佛，也就是"无量光"，又叫"弥勒佛"。他无限慈悲，是一位神圣的救世主，信徒只要念诵他的名字一次，便可得救，所有罪过都一笔勾销，进入他主管的极乐世界。7 世纪末，这种叫做"净土宗"的阿弥陀佛信仰在中国流行，传到日本，僧侣、贵族、武士、穷苦人，饱受战争折磨的这些人们，立即投向阿弥陀佛的怀抱。贵族们、大臣显宦们、高层武士们把宗教的极乐世界同他们骄奢淫逸的生活结合起来，混为一体。在邸宅和别业里，建筑阿弥陀堂，召集和尚们燃起香火，敲响钟磬木鱼，像节庆的演出一样诵读经文。这些阿弥陀堂，采用邸宅的形制，一正两厢，厢房和正寝之间距离较远，用廊子连接，称为"寝殿造"。它们充满了贵重材料做的装饰，光彩夺目，板障上和门扇上画着西方净土的旖旎风光，四周是园池林木。这些阿弥陀堂代表着当时日本建筑和工艺的最高成就。

这些阿弥陀堂，在贵胄世裔趣味影响之下，往往过于花巧繁缛。所以，佛教建筑在民族化的同时又贵族化了，同崇尚质朴自然的民间建筑传统尖锐地对立起来。

凤凰堂　1053 年建造的京都府平等院凤凰堂，是阿弥陀堂中最杰出的，它也是日本建筑史中最杰出的建筑物之一。

平等院原是太政大臣藤原道长的庄园，舍宅为寺之后建大殿、钟楼、塔等等，后经战火，只余下凤凰堂，它的形制是"寝殿造"的，朝东，一正两厢，以廊相连，三面环水。正殿面阔 3 间，进深 2 间（10.3m×7.9m），歇山顶。四周加一圈廊子，正面 5 间，侧面 4 间，因此形成了腰檐。腰檐的中央一间升高，突出了正门，造成了形体的变化。正殿内部空间向后扩大，把半进后廊包括进来，中央供奉阿弥陀佛像，顶上有藻井。斗栱六铺作，单栱，偷心造。补间只有斗子蜀柱。两翼廊子是两层的，展开 4 间，然后折而向前伸出两间，前端是悬山式的。在转角的一间之上造楼，有平坐，攒尖顶。正殿之后，向西迤逦 7 间廊子。整个平面像一只展翅的鸟，因而得名为凤凰堂，并在正脊两端立铜铸的金凤凰（图 18 - 13）。

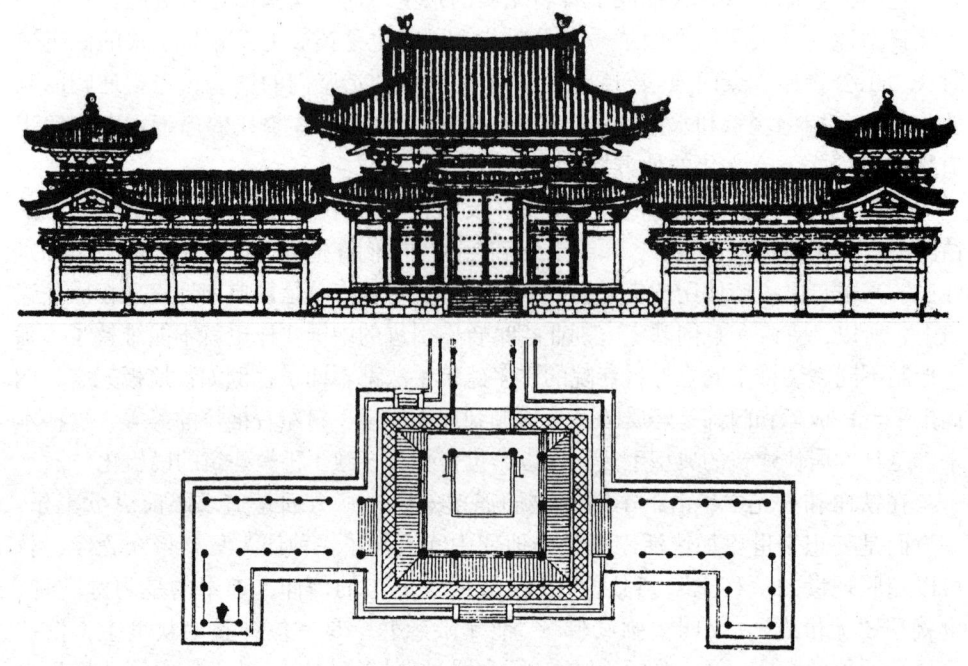

图 18 - 13　凤凰堂平面和立面

凤凰堂的设计构思是要在现实世界中仿造极乐的净土，所以形式和色彩都力求辉煌欢快。以端庄的歇山顶居中，左右轻快的悬山顶和攒尖顶陪衬，轮廓错错杂杂，跌宕起伏，对各个不同的观赏角度呈现出千姿百态的变化，而层次不乱。青瓦、粉壁、大红的梁柱构架和蓝绿的棂子窗，点缀着闪闪的金饰，艳丽明快。构架空灵，翘曲的飞檐宽展远飏，凤凰堂正是一只出自烈火的瑞鸟朱雀，新鲜、净朗、华美、芬芳。静静的一泓池水反照着它，光影迷离，缤纷斑驳，自是一番大欢喜的境界（图 18 - 14）。

内部装饰尤其富丽，集中了当时工艺的精华。正中，阿弥陀佛身后的板障上画着极乐净土图，楼阁之中端坐着佛和菩萨。其余墙面和门扉上也画着有关净土的图画。梁、枋、斗栱等木构件上满画中国式呈式化的宝相花、唐草、连珠、绦环等等，斗彩叠晕，鲜明浑厚，姿态优雅的佛和菩萨倘佯在繁花密叶丛中。方形的藻井四周悬挂透雕的木板，花纹饱满流动，遍涂金漆，形成华盖。藻井正中，一朵大团花，全由透雕花叶组成，也漆成金色，接引着阿弥陀佛升腾的背光。藻井的地子漆深褐色，嵌螺

图18-14　凤凰堂

钿，闪七色光斑。佛像的须弥座也嵌螺钿。木构架和门窗扉的节点上以及须弥座和华盖上等等，都有玲珑透剔的镀金铜具。门铺首和梁底的镜面之类的铜饰都镀金。

12世纪之后，随着皇室贵族和大封建贵族的没落，净土信仰消退，世俗化的阿弥陀堂的建设也就停止了。

和式、唐式、天竺式　由于封建分裂状态的进一步发展，武士阶层掌握了各级政权，割据争霸，屡屡酿成战争。12世纪之末，建立了上层武将控制政权的幕府制，天皇已形同虚设。

相应，在佛教建筑中也不再有占主导地位的风格，地方风格兴盛起来。13~14世纪，这种地方风格的兴起，冲破了12世纪以来陈陈相因的沉闷空气，使得佛教建筑一度呈现出新的生机。但长期的战乱，导致文化水平的普遍下降，加以佛教一贯局限于皇室和大贵族的狭窄圈子里，这时随着他们的衰败而没落，所以，14世纪末到16世纪，佛教建筑终于变得粗陋、呆板，失去了此前曾有的在日本建筑发展中的主导作用。

13~14世纪，佛教建筑中主要的流派有"和式"（或称"日本式"）、"唐式"（或称"禅宗式"）、"天竺式"（或称"大佛式"）和"折中式"。这些流派都一反11世纪阿弥陀堂的华丽，趋向质素刚健，既反映武士阶层的粗豪性格，也反映人民群众生活的艰辛。

和式建筑主要继承7~10世纪的中国唐代的佛教建筑，加入日本传统的神社建筑的因素。例如，用架空的地板，在壁外檐下展出平台；外墙多用板壁，木板作顺向排列；屋顶常用桧树皮葺；柱子比较粗；补间没有斗栱，只作斗子蜀柱，等等。代表性的作品有奈良唐招提寺的鼓楼（1240年）和京都莲花王院的本堂（1266年）等。

唐招提寺的鼓楼是两层的，面阔3间，进深2间，歇山顶。平坐宽展，出檐深远，轻快而洒脱。但一层没有腰檐，显得有点单薄。

莲花王院本堂面阔35间，进深5间（118.2m×17.6m），是日本最长的古建筑。单层，歇山顶。全用桧里装修，外墙用横板，双扇板门，破子棂窗，显得很古朴。由于特别长，出檐大于柱高，它又显得很奔放。

唐式建筑是随佛教禅宗从中国传入的宋代江浙一带的建筑样式。寺院的主

要特点是平面布局依轴线作纵深排列，追求严整的对称，前后顺次是山门、佛殿、法堂等，左右有钟楼、经藏、禅堂、方丈等。斗栱与和式的不同，补间铺作整齐，有下昂，用重栱，大多为计心造。常用花头窗，槅扇门，也有用花头门的。柱子、梁架等用材比和式的细，斗栱的材栔也小一些。从明间到梢间，开间的宽度递减。板壁的木板竖立。翼角起翘比较大，角椽作扇形排列。典型的例子有神奈川县的圆觉寺舍利殿（1285 年）和岐阜县永保寺的几座殿堂（14 世纪初）。

天竺式是从中国福建传去的闽浙一带地方建筑做法。突出代表是重建的奈良市东大寺的一批建筑物。它的特点主要表现在结构上，构架近似川斗式，柱子高大，爱用偷心的插栱（丁头栱），重叠多层。例如东大寺雄伟的南大门（1199 年），歇山式重檐屋顶，檐柱直接支承四椽栿（大虹梁），高达 19m 左右。两层檐口全用柱子身上的插栱挑出，远达 6m。每层用 6 跳插栱，全部偷心，只在最外端置一个令栱。在第三、五跳各设素枋，连系各组插栱，防止左右变位，加强整体刚度。内檐只在枋子或梁的两端作一两跳插栱。天竺式的其他特点有采用彻上露明造、没有飞檐椽、壁板横排等等（图 18－15）。

另一个重要的例子是兵库县净土寺的净土堂（1192～年）。

天竺式的结构比和式的、唐式的构架整体性更强，更稳定，但是使用大木料太多，以致不能长期广泛流行。

这几种主要式样同时存在，必然会互相渗透混杂，于是又有一种所谓折中式，其实并不是一定的样式。例如京都府的东福寺山门（1385 年），就是唐式和天竺式的混合。唐式与和式的混合就更多了。

因为唐式用材比较小，所以影响大一些。

统一后的新高涨　14 世纪末至 16 世纪中叶，内战频繁，佛教建筑规模很小。比较重要的有京都西北的金阁寺和银阁寺（图 18－16）。金阁寺原名鹿苑寺，是"幕府"首领足利义满于 1397 年建造的，上下 3 层，第一层为法水院，第二层为潮音洞，第三层为究竟顶。上两层满贴金箔，十分奢华，因此得名为金阁。它位于一个小湖边，临水照影，别有一种妩媚风情。足利义满逊位出家为僧。但仍操纵朝政，在金阁寺里被一帮美术家簇拥着。他的孙子足利义政于 1473 年在京都以东造了一座银阁寺，即慈照寺。它两层，并未贴银箔，很朴素，它第一层为空心殿，供参禅之用，第二层为潮音阁，供奉观音。金阁寺和银阁寺都是方形的，各层有腰檐，顶层为四注顶。

15 世纪，在一些地方曾经有过和式复古的潮流，但没有什么重要成就。

16 世纪末，由于城市市场经济发展，经过织田信长、丰臣秀吉和德川家康三代重

图 18－15　东大寺南大门内部构架

臣的努力，国家重新统一。建筑活动恢复，建筑文化再度高涨，以宏壮华丽为特征。于是，佛教建筑在一个短时期里又繁荣起来，建造了日本最大的木构建筑物之一，京都的方广寺大佛殿（89.4m × 55.8m，高 49.4m）。但是，建筑的新高涨以世俗建筑物为主导，佛教建筑失去了建筑文化代表者的地位，它本身也常常接受世俗建筑的影响，从形制到风格都世俗化了，例如京都和西本愿寺（17 世纪中叶）。

图 18－16　金阁寺

京都府的清水寺本堂（798 年由中国僧人慈恩大师创建，1633 年重建），平面依稀有寝殿造的痕迹，在方形大殿（11 × 5 间）的两端向前伸出长宽各两间的侧翼。它造在悬崖峭壁的边沿，前院和侧翼架在由 139 根整木支撑的 6 层高的木构平台上，因此叫做"舞台造"，在平台上可以眺望京都全景。最特殊的是它的中央屋顶，四注式的，桧皮茸，而作向上凸起的曲面，一反常式，显得很饱满。这所本堂只在后面有一排禅室和小佛坛，主要部分是开敞的大厅，供公众活动，自由阔达，很少宗教气氛（图 18－17）。清水寺因为一股山泉而得名，传说这股"欢喜水"可以预防疾病和灾厄，因此多有信徒为用它净手和漱口而朝山进香。寺里又有求子息的和保佑婚姻美满的神灵，所以清水寺很世俗化。

长野的善光寺本堂（1707 年）也是形体活泼多变，脱出常套，很少宗教建筑的庄严，而多世俗建筑的优雅。

日本最后的一幢大型佛教建筑物是奈良的东大寺大佛殿（金堂）。它在 751 年初建时，面阔 11 间，进深 7 间（87.87m × 51.51m），2 层，高 42.27m，有 84 根大柱子，是日本最大的木构建筑物之一。但是不幸焚毁。1696～1708 年重建的大佛殿面阔减为 7 间（56.81m × 52.27m，高 44.24m），仍然是日本现存的最大的木构建筑物。结构全用天竺式，壮健简洁。有些细节是唐式的。重檐庑殿顶，下层檐口在明间断开，另罩一个弓形的千鸟破风。

此外，17 世纪中叶，又从中国传来了佛教的黄檗宗，随着传来了中国南方的建筑样式。翼角起翘很大；屋脊正中饰宝珠，两端饰螭吻；稍间常用圆洞窗，等

图 18－17　清水寺本堂

等。典型的例子是京都的万福寺和长畸的崇福寺。

在前后一千几百年中，日本的佛寺建筑受中国的影响很大，民族的特色比较弱。最能代表日本人民在建筑上的独创精神的，除了神社之外，是他们的世俗建筑物，包括宫殿、住宅、茶室、园林等等。

都城与宫殿

日本古代的都城和宫殿都已经毁灭无余，只剩一些记载和考古发掘的遗迹，不足以了解当时的面貌。据中国的《魏志·倭人传》记载，3 世纪时日本的一个小国，邪马台国，已经"宫室、楼观、城栅严设"。4 世纪后半，有些宫殿已经是一个包括多种"高殿"和"室"的建筑群了，而都城则有"大道"。7 世纪初年，日本在封建制度基础上统一，兴建了斑鸠宫，它的遗迹表明当时宫殿建筑群的配置很严谨。有一座建筑物进深 3 开间，宽度 8m 左右，梁柱结构。7 世纪中叶，飞鸟板盖宫已经有了"大极殿"、"十二通门"等名称，中国的影响显然可见。日本的中央政权巩固之后，于 7 世纪中叶建造了新都城，难波京（今大阪）。难波京的平面是方格形的，宫城正门叫朱雀门，无疑是仿中国的长安城。宫城东西宽约 180m，规模还不大。方格形的布局，以后成了定式，称为"条坊制"。

7 世纪末，建设藤原京，也是方格式的。宫殿（建于 691 ~ 694 年）的主要部分是朝堂院，它的最北端是一个方形的院子，中央有大极殿，是举行最重要仪典的场所。院子的左右有苍龙楼和白虎楼，前面是重阁门。门前又有一个长方形的院子，东西各有 6 栋仪典用的房屋，所以叫 12 堂院。在它之前，出中门，是一个进深比较小的院落，左右各有一栋朝集殿，是大臣们上朝前休息用的。几进院落都有廊庑环绕。朝堂院南北总长大约 615m，东西总宽大约 233m。藤原宫朝堂院的布局，以后由平城宫、平安宫沿用。

早期的日本，传统的习惯是每换一个新天皇就迁一次都城，所以都城很多。封建制度确立和国家统一之后，日本的经济、文化在 7 ~ 8 世纪有一个高潮。在这个高潮中，为了模仿中国中央集权的朝廷，把首都稳定下来，先后建造了平城京（708 ~ 710 年）和平安京（793 ~ 805 年）。

平城京　平城京在 710 ~ 784 年间为日本首都，即今奈良，全仿隋唐的长安城。南北约 4.8km，东西约 4.3km，东北部还有一方"外京"。布局采用条坊制，正中一条朱雀大路把城市分为"左京"和"右京"两半，各有 4 条南北大路。东西大路一共 9 条。大路之间是居住区，正方形的，被纵横各 3 条小路分为相等的 16 个町，每町大约 120m 见方，其中划分宅基地。

左京和右京各有一处市场，叫东市和西市。还有几座庙宇突破町的界限，其中有一些是 7 世纪的旧建筑物，从别处迁来，可见平城京的建设是很匆忙的。

朱雀大路的北端是宫城，称为大内里，南北、东西各占 8 个町，东北部又向东扩展出 2 ~ 4 个町。宫城正门对着朱雀大路，叫朱雀门。进门，正中轴线上是朝堂院，东西 180m 强，南北 490m，布局和藤原宫的完全一样。朝堂院之北，中轴线上是皇宫，称为内里，东西 180m，南北 190m，周围有复廊。朝堂院和皇宫一度焚毁，重建时向东偏移 100 多米，离开了朱雀大路的轴线。朝堂院和皇宫的四周，宫城里满布着朝廷各部门所建的建筑物。

平城京唐招提寺的讲堂是 760 年从藤原京朝堂院迁移过来的东朝集殿，面阔 9 间，进深 4 间，原来是悬山式的，改成了歇山式。这是平城宫唯一留下来的建筑物，式样完全是中国唐代的，有斗栱，中央 5 间是双扇大门，边上两间是破子棂窗，粉墙丹柱，很素朴，也很庄重。

继平城京之后，各地州府也建造方格形的城市，府厅也采用朝堂院的形制而略加简化。例如九州的太宰府。

平安京　平城京的僧侣势力日益强大，飞扬跋扈，比睿山延历寺竟有一支不小的军队。于是，784 年，桓武天皇不得不放弃平城京，另建新京，在现在的长冈，没有完成。793 年，又在现在的京都造平安京，794 年迁都，805 年才全部告成，作为都城，直到 1868 年。平安京距平城京只有 42km。

平安京南北 5.3km，东西 4.5km，也采用条坊制，格局同平城京相仿。因为不需要防御，城墙的高、厚都只有 2m 多。西部地势卑湿，不宜居住，后来主要在东部发展。

东西向的大路宽 8～10 丈（每丈约 3.03m），宫城前的宽 17 丈。朱雀大路宽 28 丈，其余的南北大路宽 12 丈。每个町也是 120m 见方，里面区划为东西 30m、南北 15m 的宅基地。

宫城南北占 10 町（1400m），东西占 8 町（1100m）。中轴上，南半是朝堂院（名为八省院），形制同藤原宫的一样。它西面是丰乐院，供宴会、礼射、舞乐等用，正殿叫丰乐殿（52m×20m）。朝堂院和丰乐院的建筑物都是唐代式样的，很华丽。太极殿面阔 11 间，进深 4 间（52m×16m），用金色鸱尾，绿釉瓦，朱漆的木构。台基很高，重威仪，同华衮冕旒相应。

皇宫叫平安宫，在朝堂院的东北，有一圈围墙，里面又有一圈复廊。复廊之内，布局十分严整。中轴线上，前部依次排列紫宸殿、仁寿殿和承香殿，这"前三殿"是仪典性的，以紫宸殿为正殿。它面阔 11 间，前面的大院落满铺白砂。左右有配殿。10 世纪后半叶起，紫宸殿渐渐取代朝堂院的大极殿，一些最重要的仪式，如登基、贺新正等常在这里举行。仁寿殿面阔 9 间，用作内宴、相扑、蹴鞠等，还供着观音。它西侧的清凉殿，是天皇日常起居理政的场所。前三殿的后面，中轴线上又有常宁殿和贞观殿，前者面阔 9 间，是皇后的居室，后者是她理政之所，御服也在这里裁制。在中轴线的两侧，对称地安排着各种用途的殿和舍，连正殿等在内，一共 17 殿 7 舍，都有廊庑连络。

皇宫之西，有奉祀社稷的中和院，正殿叫神嘉殿，大致位于朝堂院的轴线上。中和院之北是采女们的住所和内膳司。

除了朝堂院、丰乐院和皇宫（平安宫），宫城里集中了中央政府各部门，大体和宫城外的町相应排列。对着外面的纵横道路，宫城南面 3 座门，东西各 4 座门，北面也有 3 座门。

皇宫里的建筑物表现出日本建筑的典型特色，俭约素净。屋面用桧树皮葺，梁枋斗栱等全用白木，地板也是本色的。宫殿建筑不求华美而崇尚雅洁，在世界建筑中是少见的。

平安宫多次遭火灾，多次修复。公元 1000 年宫城大火之后，向北方和东方扩大范围，使皇宫居中。12 世纪下半叶，内里火灾，13 世纪，大内里又遭焚毁，正值全国战乱，皇权极度衰落之际，所以没有修复。

除了平安宫之外，天皇在平安京里和近郊还有一些离宫别馆。

有一千多年建都历史的平安京，即后来的京都市，成了日本的文化中心和宗教中心之一。它拥有 1631 座佛寺，267 座神社，还有幕府时代 1603 年建造的德川家康府邸和大量庭园。

京都御所　平安宫焚毁之后，1371 年（一说 1331 年），选中了京都上京区土御门东洞院离宫作为新的皇宫。经过几度火灾和扩建，终于把原来不过 1250m² 的离宫建成了东西 250m，南北 447m 的一所宫殿。17 世纪，这里是朝廷上朝、集会、理政的场所。现在的主要建筑物大多数是 1855 年以后建造的。少数是 17～18 世纪的遗物，如常御殿、飞香舍；或 16 世纪的，如御学问所。紫宸殿、清凉殿这两座最重要的仪典性大殿以及紫宸殿前院落四周的建筑物承明门、日华门、月华门等模仿 8～11 世纪间平安宫里的建筑样式，叫"寝殿造"，用廊子连接一幢又一幢的建筑物。其余都是当时流行的新样式，叫"书院造"，风格更加平易简素（图 18－18）。

只有作为京都御所的正殿的紫宸殿一组院落基本是对称的，其余的极其错落。主要建筑物向北偏东曲折延伸，依次是小御所、御学问所、常御殿、迎春殿、御凉所、御花御殿等次要仪典性的或日常起居、读书、宴乐等建筑物。它们朝东，东面是花园，夏季可以得到主导的东风。西部大都是次要的或者服务性的建筑物。皇后用的一组殿堂在北端。

紫宸殿和清凉殿的形制虽然比较庄重，仍然很质朴。前者面阔 9 间，东西两端各加一间披厦，是御所中唯一用斗栱的，7 踩。后者面阔 11 间。它们外檐的柱子暗红色，同铺满院子的白砂相辉映，十分明丽。屋面葺桧树皮。内檐全用白木，只在紫宸殿的御座背后金柱之间的障壁上，画着中国从周初到唐代的 32 个名臣的立像，叫做圣贤障子（图 18－19）。其他小型的起居用房，如清凉殿的侍女室（台盘所）和餐室（朝饷间），也有华丽的障壁画或屏风，金底彩色，是 16 世纪后半叶兴起的风格。

图 18－18　京都御所清凉殿

图 18－19　京都御所紫宸殿内部

　　京都御所虽然在几个世纪里是日本的正式皇宫，但始终保持着离宫的特色，气氛是闲适的，潇洒的。这和幕府专政，皇权名存实亡相关。天皇不过是一个无所事事，优游终日的寓公，于是，16世纪下半叶兴起的日本文化中倾慕大自然的潮流就渗入到了皇宫的建筑中来。这个潮流在美术、诗歌、园林中都有强烈的表现，在建筑中则表现为流行田舍风的府邸、草庵风的茶室等等。它大大发扬了日本匠师传统的对各种材料素质和它们的配合的精鉴能力，发扬了他们对最简洁的构件的比例权衡、方圆曲直等的形式美的细致入微的推敲能力。京都御所的建筑物，没有华贵的材料，没有鲜艳的色彩，没有精巧的雕饰，淡泊明洁而典雅和谐，又富有层次、节奏的变化；空间开阖、构图奇正、姿态百出。而这一切却仿佛出于自然，很难能可贵。

府邸和住宅

　　日本的佛教建筑基本上是中国式的，宫殿建筑也多中国特色，但日本的居住建筑却与中国的大不相同，最具日本风味。它的居住建筑不用内向院落（天井）式，房间双向布置，所以住宅四面开窗；结构也不再全是平行梁架式的，而大多以轻型结构灵活架搭，内部空间因而自由得多；除大贵族们的大府邸之外，居住建筑也不死守轴线对称的布局。居住建筑与宗教建筑的这种重大差别，表现出日本人民的灵活求实精神。宗教建筑形制保守，历久而变化不大，居住建筑却颇多变化，越变越富有平素居家的温馨气息。宗教礼仪与日常生活区别得很清楚。

　　古代和中世的日本府邸主要有两类，一类是8～11世纪上层贵族的"寝殿造"，一类是16～17世纪武士豪绅的"书院造"。在这两类之间，有一个过渡的形制，有人称之为"主殿造"。在17世纪之后，又有一种"数寄屋风"的书院造。然后便是现代的和风住宅了。

　　寝殿造　　寝殿造有比较多的中国影响，通过皇宫、庙宇的建设而流行于日本的大贵族府邸中。紫宸殿就是最典型的寝殿造。

　　它的总体的基本形制是：正屋（寝殿）居中，前有池沼，两侧有配屋（东对、西对），其间连以开敞的游廊（渡殿、透渡殿）。更复杂一些的，在配屋外侧又向前伸出廊庑（中廊），到池沼边沿以亭阁（钓殿、泉殿）结束。在中廊的中段有一个"四脚门"，即东中门和西中门。左右大致对称。位于平安宫墙外东南方的神泉院，是这种寝殿造的先驱之一。

　　由于前面池沼的形式是自由的，大门又在东西两边，平素通过两个中门进入，因此寝殿造的府邸，轴线对称关系一开始就不严谨。而且实际的使用又不能限制在对称的格局之中，所以，大贵族的府邸往往加以变通。例如9世纪的平安京里的东三条殿，就没有西配屋，东门和东中门之间加了卫士、杂役和车轿用的南北两厢，形成了 个朝东的二合院。而西中门则正对寝殿的西山墙。并且在北面又增加了几栋配屋（北对），也用廊子连接起来。

　　寝殿本身有一定的形制。因为日本风习是席地坐卧，所以地板架空比较高，并且在檐下展出一圈宽阔的平座。沿檐柱和金柱都有装修，金柱之内的空间是主要的（母屋），檐柱和金柱之间的一圈空间是辅助的（厢、庇）。南面的装修是轻质的，活动的，多为帘子或推拉槅扇，可以全部敞开。其他三面大多用板壁。

后来，为了满足多种使用要求，寝殿的平面有所分化。北厢封闭，向外再增加一间（北孙庇、北又庇），并且分隔成小间，供生活起居用，而母屋和东、南、西厢则用作礼仪场所。

主殿造　11 世纪，上层贵族因皇权式微而财用拮据，采用简化了的寝殿造，非对称的格式渐渐占了上风。下层贵族的府邸离程式更远一些，通常只有一个配屋，另一个以廊子代替，或者造一个小寝殿。

12 世纪之末，建立了幕府制，武士阶层当权。他们不像皇室贵族那样保守、囿于礼仪。他们的生活内容也比大贵族更多样化，于是，他们的府邸的形制发生了更大的变化。

第一个变化是，不仅放弃了寝殿造的总格局，而且寝殿本身也不对称了。经常没有配屋，在寝殿的西南角直接向前伸出西中廊，不长，前端以西中门结束。

第二个变化是，寝殿本身大大复杂化了。进深增加，完全放弃了母屋和厢的程式，而用薄障壁或推拉槅扇划分为大小不同的空间，分别为卧室、起居室、会客室、书房、餐厅、储藏间等等。各房间并不一定都有直接照明，卧室、储藏间、佛堂等经常在寝殿的中央，被其他房间包围。没有内走廊，各房间相互穿通。并不对称，甚至连寝殿的外形也可以突破，不必是简单的矩形。厢没有了，有时保留 4、5 间长的一段，对外敞开，称为"广缘"。15 世纪末，在广缘的一端设门厅（玄关）。檐下的平台还是有的。

这种府邸叫主殿造，平面比寝殿造的紧凑多了。大型的府邸，由若干幢这样的房屋组成，各自在功能上有所侧重，例如，分别为寝殿、起居所、书房、客舍等等。典型的例子是北山殿（14 世纪）和东山殿（15 世纪），都在京都，是幕府将军的府邸。它们都有广阔的园林，里面点缀着一些建筑物，最著名的是北山殿的舍利殿（1397 年左右，今鹿苑寺金阁）和东山殿的观音殿（1489 年，今慈照寺银阁），都是宴乐的场所。

主殿造上承寝殿造，下启书院造，是一种过渡形制，因为主要是武士阶层的上层的府邸，所以又叫"武家造"。

书院造　书院造是在主殿造基础上形成的，14 世纪有个别因素出现，16 世纪成为定式。

它的基本特点是，一幢房子的若干个房间里，有一间是最主要的（上段或一之间），这间房间的正面墙壁划分为两个龛，左侧的宽一点，叫床（押板），右面的是一个博古架，叫棚（违棚）。左侧墙上，紧靠着床，有一个龛，叫副书院。右侧墙上是卧室的门（帐台构），分四大扇，中央两扇可以推拉，外侧是死扇，床、棚、副书院和卧室的地面都垫高一点，以床为最高，顶棚则大大降低（图 18－20）。

称为床的龛，正面墙上挂着中国式的卷轴画或书法，地上陈设着香炉、一对烛台和一对花瓶，后来只陈设一只花瓶。副书院一般是向外凸出的，开着窗子，本来是读书的地方，后来缩小，陈设着精美的文房用具，也变成装饰性的了。

床、棚、副书院和帐台构，首先在禅宗寺院里形成，然后流传开来。它带着佛教徒清静无为、力求摆脱物欲羁绊的情怀，风格质朴平素，天趣自然。

凡具备这样一间"上段"或"一之间"的房子，就叫书院造。因为它只涉及一幢房子的局部，所以同主殿造在总体上没有区别。有些次要房间也可以设床。在没有卧室的房子里，帐台构是储藏室（纳户）的门。大型府邸由几幢房子组成，每幢都有这样一间房间，但不一定都把床、棚、副书院和帐台构组合得很典型。

书院造在 16 世纪下半叶定型，当时正逢日本经过 200 多年的封建混战之后由织田信长、丰臣秀吉和德川家康的努力而重新统一。混战削弱了封建制度，手工业和商业乘机发展，城市繁荣，日本向现代国家过渡。市民文化滋生成长起来。这种乐生的但是含有拜金意识的市民文化同国家统一、政治经济蒸蒸上

图 18-20 桂离宫新御殿上段违棚

升的历史条件相结合，以致 16 世纪末和 17 世纪初，造成了建筑中追求豪华壮丽的潮流。这时期称为"桃山时期"。书院造的府邸里，脱离了原初返璞归真的追求，顶棚上画着呈式化的彩画，障壁上，包括床、棚以及帐台构在内，画着风景或者树木、花草、翎毛，称为金碧障壁画。卧室的帐台构型门把手，挂着长及地面的金红流苏，槅扇的上方，镶嵌着透雕的华板，彩色绚烂。不过外檐一般仍然很简洁。

书院造府邸的代表是京都的二条城二之丸殿（1603 年），名古屋的本丸御殿（1615 年）和京都的西本愿寺白书院（1633 年）等。京都御所的常御殿和御学问殿等也是书院造的。

二条城是德川家康的官邸之一，建成于 1611 年，南北长约 400m，东西约 500m，建筑是华丽、典雅、雄伟兼而有之。现存的二条城二之丸殿的主体由 5 栋书院造的房子组成，由东南向西北曲折排列。每栋本身是南北正向的。主入口在东南角。前 3 栋是接待各种身份的宾客的，彼此对角相接，以第三栋（大广间）为主。第四、五栋是起居用的，用廊子连接。它们以南厢和西厢互相贯通，形成走廊，室内比较安静，但光线幽暗。

西南是大片花园，从房子的平台上或者厢内可以亲切地观赏林木池亭之美。反过来，从园里看建筑物，错错落落，很有韵致。3 栋房子都用歇山顶，朝向互成直角，更造成参差多变的轮廓。房屋外观简朴，粉墙素木，同自然风致的园林十分协调（图 18-21）。

二条城二之丸殿和名古屋城御殿这一类大型府邸，突破了单栋建筑物组合的简单格式，平面曲折复杂，似乎没有规则，杂乱无章。但总是由大小不同的几组书院造的单元为主体组成的。这种平面后来成了日本居住建筑的一大特色。

　　茶室　从 15 世纪中叶到 16
世纪末，与书院造府邸同时，日
本形成了茶道。这是有闲阶级寄
生生活的一种表现，以品茶、斗
茶为题而制定了一套烦琐的礼仪
规则。为这个目的而专门兴起了
一种建筑物，就是茶室。

图 18 - 21　二条城二之丸殿，黑书院

　　茶道由禅僧倡导起来。佛教
的禅宗起自"禅定"，便是不诵经
文而沉思默想，以求达到灵魂的
纯净。禅僧不讲理性的思维，追
求从常人的思维中解脱出来，他
们避免明确地阐述他们的教义，认为教义一落言诠便会使人麻痹，心灵呆滞。禅
僧追求的是直觉的"天然顿悟"，纳天地于自身。这种教义和神道教的自然崇拜
结合，寻求人和自然的和谐。武士豪绅附庸高雅，竞相仿效，一时大盛。武士们
曾经依照书院造府邸的上段的样式，建造独立的小小的茶室，但没有流行。广泛
流行的是草庵风的茶室。以后形成传统，成为日本最有特色的建筑类型之一。因
为禅僧们在茶道里深深注入了他们寂灭无为的生活哲理和不分贵胄黎庶一律平等
的说教，所以，茶室就以萧索淡雅相标榜，追求自然天成。

　　草庵风茶室一般很小，以当时刚刚流行的地席（叠，塌塌密）来说，以四
席半的居多，还有更小的，甚至只有两席。

　　茶室多与野趣庭园结合。内外都避免对称，小而求变。除了一般的木柱、草
顶、泥壁、纸门之外，还常用不加斧凿的毛石做踏步或架茶炉，用圆竹做窗棂或
悬挂搁板，用粗糙的苇席做障壁等等。柱、梁、檩、椽往往是带皮的树干，不求
修直。茶室也有床和棚，它们之间的柱子（床柱、中柱），是茶室最考究的构
件，要有刚柔兼具的弯曲，要有苍劲的纹理，以古拙夭矫为上品（图 18 - 22）。

　　草庵风茶室在宫殿和大府邸中也纷纷建造起来，在花园的一角，小小的，流
露着沉潜隐默的情趣。

　　16 世纪末叶之后，豪华之风
没有吹进茶室，这种茶室和金碧
障壁同时流行，是建筑史上很特
殊的现象。从民族文化的大处看，
这原因大概是：第一，日本建筑
和工艺中始终有一种强有力的爱
好质素天然的传统，即使是大量
使用金碧障壁的书院造府邸，外
观也是很淳朴俭约的，而且金碧
障壁的流行时期也不长。第二，
日本文化中始终有一种对大自然

图 18 - 22　如庵茶室内部

的亲切感，这时在佛教禅宗激发之下又掀起新的热潮，同时从中国（明代）输入了水墨山水画、山水诗和园林艺术。田家农舍被经常描画和吟咏。草庵风茶室是这种文化潮流的宠儿。而且金碧障壁的题材也不外乎工笔重彩的山水、花鸟之类。从武将们的特殊条件看，大概又有一些原因：第一，在金碧辉煌的起居室里过放纵恣肆的生活，毕竟过于刺激，需要调剂；第二，他们的地位浮沉升降，变化很大，需要在精神上有弃世舍人的准备，所以他们也谈谈禅学，把世事俗务看得淡一些，这和中国的士大夫相仿。

茶室把日本建筑的典型性格发挥到极致，有一些很美的作品。但是，走到极端，就会向反面转化。有一些茶室，手法过于刻露，从追求自然变得很不自然。例如，选用的木材过于弯曲多疤节，甚至欣赏虫子蛀蚀过的木材；编圆竹为地板，不易清扫而且打滑；为了打破对称整齐，四壁力求变化，窗子的大小高低零乱错杂；拼凑过多的天然材料，等等。其结果是既损害了实用，又失去了简朴。

任何一种堆砌都是烦琐的，不论是堆砌珠玉还是堆砌草木，堆砌精工的雕饰还是堆砌一种手法、一种趣味、一种构思。恰如其分，是创作的一个重要原则。不顾分寸，刻意玩弄，乖谬情理，何自然之有？茶室之所以造作，是由于豪绅富商们把庸俗气质带进了茶室。一棵稀有的中柱是同商鼎周彝一样昂贵的珍品，往往多方购求，偶得一本，炫耀一时。一种尖巧的新花样也足以争胜一时。于是茶室建筑终于在上层社会手中失去了几分本真。这是金碧障壁趣味渗透进去的一种特殊表现方式。

数寄屋风府邸 草庵风的茶室盛行之后，出现了一种田舍风的住宅，模仿茶室，称为数寄屋。一般说来，数寄屋比茶室整齐一些，多讲求一些实用，少一些造作的野趣，因此更显得自然平易。木材常常涂成黝黑色，障壁上画水墨画，是数寄屋的一个特点。

大型的书院造府邸，也吹到了数寄屋风。突出的例子是17世纪上半叶京都府的桂离宫（桂宫）书院、修学院离宫书院和神奈川县的三溪园临春阁。

桂离宫是一所山庄园林，中央有一片湖水。书院在湖的西岸，平面很像二条城二之丸殿，3栋书院造的房子曲折连缀在一起，依次是古书院、中书院和新御殿。在中书院和新御殿之间还有不大的一栋乐器间。所有的木构件，从结构的到装修的，都很细。地板架空特别高。屋面是草葺的。散水、柱础、小径都用天然毛石。外檐装修用白纸糊的推拉槅扇，衬托着轻盈的木构架，更加明快洗练。古书院东南侧的广缘和乐器间西南侧的广缘，铺着长条木板，勾画出清晰的纹理，虽然力争轻舒漫卷，但出自人工描画，不免刻板造作，有失自然天趣（图18-23）。

三溪园临春阁也在湖边，素装照影，别有一种明艳。

数寄屋风的书院造住宅，是现代和风住宅的前身。

地席与模数 日本人惯于席地坐卧，所以房屋多用架空木地板。后来，在局部常坐的地方铺上用蔺草编的席子。15世纪，同书院造府邸的形成过程平行，逐渐产生了在室内满铺地席的做法。16世纪，随着市场经济的发展，地席商品化了，因此就要求它有统一的规格，从而带动建筑趋向模数化，地席的大小便是统一的模数单元。经过政府的规定和长期演进，在几个地区形成了略有差别的体

系。使用范围最广的京间系，以
6.5 尺为模数，地席的幅面是 6.30
尺 × 3.15 尺（每尺约 30.3cm）。
柱子、槅扇、板壁、门窗等等都
有相应的详细规定，而且也商品
化了。因此，它们成了装配化的
标准构件，边缘、转角、接茬等
都有一定的做法。房屋的平面布
局和柱网安排必须适合于这个模
数制。

图 18 - 23　桂离宫古书院广缘地面

　　房间的面积以地席的数量表
示，如四叠（帖）半茶室。大于四叠半的，叫广间；小的，叫小间。地席的排
列也有定式。

　　这种构件规格化，房屋模数化，预制装配的做法，很有进步意义。

城郭

　　16 世纪中叶，日本因市场经济的发展而统一之后，建筑达到新的水平。城
郭是一个十分突出的新的创作领域。它突破日本建筑千年的传统，构想天外，产
生了前所未见的崭新的高层建筑物，天守阁。

　　还在封建内战时期，领主们在卫城里自己府邸的屋顶上造一个小小的望楼，
这是天守阁的前身。后来，各个封建领国，依托城里的小高丘，建造卫城。卫城
中央一座高楼，原本是府邸，叫天守阁。在它的周围，筑起一道道的壕沟和石
垣。从内圈到外圈，第一郭的中心是"本丸"，外面是环形带"二之丸"、"三之
丸"，分布着藩主的府邸、书院等等；第二郭是上层家臣的邸宅；第三郭是商业
区；第四郭住中层家臣；工商业者（町民）住在第五郭。中央的天守阁不仅是
军事堡垒，而且是领国的政治中心，藩主权力的象征。

　　国家统一之初，以安土城为新的政治经济中心，第一个大型的多层天守阁就
造在安土城（1576 年），它是国家由分裂走向统一的历史纪念碑。这时，经济蒸
蒸日上，民族的信心高涨，在建筑上敢于破格创新，也敢于吸收外国的经验。

　　安土城的天守阁在小山丘上，内部 7 层，高达 30m。基部全用大石砌墙，东
西 70 间，南北 20 间，都是仓库。底层是主殿造的府邸，由名家作金碧障壁画。
除了顶层作望楼外，军事设施很少，甚至底层的外墙还用木板。

　　16 世纪末和 17 世纪初，是日本城郭建设的高潮时期，各领国纷纷建造天守
阁，互相争胜，竟至于有一年造了 25 所之多。这些天守阁已经不再兼做藩主的
府邸，府邸造在天守阁之外，在本丸、二之丸和三之丸里。天守阁纯粹是军事堡
垒了，有武器库、粮库，还有投石洞、箭矢孔和铁炮孔等等，后两者是狭窄而细
长的孔洞。另外还有大厨房，给士兵供餐。

　　这批天守阁中，最杰出的是姬路城的，它的武备十分严密，中央是大天守，
高 33m，底层东西长 22 ~ 23m，南北宽 17m。它外观 5 层，内部实为 6 层，还有
地下室 1 层。墙垣是石砌的，外面粉刷纯白色，所以姬路城天守阁又称白鹭城。

除大天守之外，还有三个小天守监护着大天守的门，互成犄角之势，防御侧面的攻击。小天守和大天守之间用武器库连接。天守前的路径十分曲折，进了城门，大天守就在眼前，但必须走过130多米长迂回又迂回的上坡路才能到达。路两侧夹着石墙，有一道道的关门。进攻的敌人一路暴露在守军的射击之下，几乎不可能攻进去。姬路城共有38座塔楼，31座门，32处关卡，土墙总长达984m。

名古屋的天守阁（1610年）也是武备森严。小天守与大天守之间以天桥连接。除了贮存武器的地下室和各种仓库之外，内部还有水井，设想更加周到。

姬路城的天守阁和名古屋城的天守阁都是5层的，仍然是木质梁柱结构。早期一些城的天守，上下层柱子不对准，名古屋的则上下对接准确。姬路城的天守阁，有一部分柱子用两根大木材上下相接，一直贯串5层，结构的整体性强得多了。它外面全涂白垩，防火性强一些，看上去也鲜亮得多。它水平分划弱而山花丛起，动态比较强。山丘上，绿荫之中散布着单层的、歇山顶的、雪白的藩主府邸和附属房层，更反衬得天守阁宏伟壮丽。

名古屋城的天守阁同姬路城的很像。

天守阁在艺术上也很出色。每层都有腰檐，最上用歇山顶。腰檐多而且出挑宽阔，为的是防敌人攀登。为了扩大视野，便于射击，墙面上常设几个凸碉，它们被装饰成歇山式的山花（唐破风）。凸碉经常成对，形成"比翼山花"。这些山花同大天守的腰檐相穿插（"轩甍交错"），重重叠叠，错错落落，造成了非常丰富多变的景观。因此，虽然墙面上只有一些狭长的箭矢孔和铁炮孔，却并不沉闷。后来，世事长期平和，武备松弛，山花成了纯粹的装饰品，于是，使用了一些弓形的山花（"千鸟破风"）。弧线与直线相结合，加上悬鱼、华板之类的雕饰，天守阁变得十分华丽（图18-24）。

松本城的天守阁（1596年），形体比较单纯，出檐很深，墙面下半段全用木板，局部有挑台，水平分划明确，显得很沉静舒展。它的大天守和小天守构成富有对比的均衡画面（图18-25）。

天守阁大都立在大块毛石砌筑的高台上，高台各面的收分角度很大，加上天守阁的面阔逐层收缩，所以形象威武稳重。它的各个立面不同，再同小天守、武器库等组合在一起，轮廓参差起伏，每个角度都明显地变化着构图。

1615年，幕府将军下令，一个领国只许有一个卫城，除了领主居住的城之外，不许兴建，已有

图18-24　姬路城天守阁

图18-25　松本城天守阁

的要拆除。从此城郭建设衰落下去，最后的天守阁，是1624～1643年间建造的大阪、江户（今东京）两城的天守阁。它们没有军事意义，只不过是一种象征，一种装饰。

天守阁是日本建筑中唯一以庄严宏伟、气魄雄大取胜的。作为一种特殊的类型，形制又是旷古未有的，在16世纪末年突然出现，到17世纪上半叶迅速衰落，倏来倏去，像彗星一样掠过日本的建筑史。日本诗人仿照中国唐代的一首雁塔诗赞美京都二条城的5层高的天守阁："危楼高百尺，手可摘星辰，不敢高声语，恐惊天上人。"可见这种建筑物给他们的强烈印象。

园林艺术

日本是个岛国，人民熟悉大自然，在日本的文化中，处处洋溢着对大自然的亲切感情，这种感情最强烈地表现在园林艺术之中。

同中国的园林一样，日本园林的基本特征也是典型地再现大自然的美。创作中的主要难题，也是解决园林有限的范围同自然山水的广阔无垠之间的矛盾。在这方面，日本园林无疑借鉴过中国唐、宋时代的园林，也学习过中国山水画的理论和作品。但日本园林同现存的中国明、清时代的园林有不小的差别。

历史的演变　据《日本书记》记载，很早之前，日本已经建造了以自然风致为特色的园林。皇家的大型园林里"穿池起苑，以盛禽兽"，是供田猎用的，还不是纯粹观赏性的园林。

7世纪起，大规模地输入中国文化，同时引进了中国的园林艺术。不仅凿池引水，而且构筑假山，造园成了一项独立的专门技艺。作为一个岛国，海洋对日本人民的生活影响很大，因此，园林中常常以海洋为主要题材，再加上中国汉唐以来皇家园林里常见的海上蓬莱三岛。

8世纪，在建设平城京时，宫城内外造了几处皇家园林，如南苑、西池宫、松林苑、鸟池塘等等。京城内外的显贵邸宅多有庭园，还造了一些山斋离馆之类。皇室在山川湖海风景优美的地方兴建不少离宫，园林以多方借景为主。除了继续以海洋为重要题材之外，又加入了飞瀑细流、岩石和植物。园林成了纯观赏性的了。

平安京富有泉池木石，造园之风更盛。皇家的有神泉苑、嵯峨院、朱雀院、云林院等等。显贵们的园林大多附在邸宅里。

神泉苑在平安宫东南角宫墙外，是寝殿造邸宅的先驱。寝殿之前是广庭，广庭之南是一泓池水，曲岸参差，仿佛不假人工。两侧的中廊直抵池边，造了临水的钓殿。以后的寝殿造府邸都这样布局。小溪从东北角蜿蜒而来，穿过寝殿与东配屋之间的廊子，在广庭南面汇潴成湖。湖中有岛，以中岛为最大，斜架着虹桥。土御门殿、东三条殿等等都是这样的。这类园林还比较大，可以舟，可以游。平安京盛暑炎热，所以沿池边除了钓殿外，还有廊、亭之类。

大约在11世纪，写成了专门的造园著作《作庭记》，或名《前栽秘抄》，以后这类著作络绎不断。

在禅宗的寺院里，一些僧侣借鉴了中国的园林和山水画，特别是北宗山水画，发展了一种"写意庭园"，用"一木一石写天下之大景"。其实就是倚靠象征的手法，禅僧们认为人与自然亲密无间，但一切思想都是不能言说的，所以在文艺创作中他们只能用象征的方法，在造园艺术中就叫写意大法。写意是日本园林艺术的最大特色。从14世纪下半叶到17世纪，是这种写意庭园的极盛时期，风格臻于成熟，新意匠和新手法层出不穷，产生了许多精彩的作品。这时期，正是书院造的府邸、草庵风的茶室、田舍风的数寄屋以及山水诗、山水画的形成发展时期，写意庭园就在这个文化潮流之中。

写意园林的最纯净形态是所谓"枯山水"（也叫"涸山水"，"唐山水"），如龙安寺方丈南庭和大仙院方丈北、东庭，以及大量同茶室一道的茶庭。有一些规模比较大的园林，如西芳寺、临川寺、天龙寺、北山山庄（鹿苑寺）和东山殿（慈照寺），以及16世纪后半叶的聚乐第，虽然有足够的面积，或者有自然大景可借，仍然大量采用这种写意的造园手法。

17世纪，造了一些大型的皇家离宫园林，突出的代表是桂离宫和修学院离宫，号称17世纪日本园林的双璧。因为占地大，人在里面活动，所以叫做回游式园林。类似的还有赤坂离宫、芝离宫、滨离宫、小石川后乐园等等。

地方封建主和豪绅富商们的园林，范围比较狭窄，大多采用写意庭园。

枯山水　7世纪，中国隋文帝曾经赠送日本天皇一副盆景，在漆盘里放着几块石头。这副盆景对日本园林艺术未必有真正的历史意义，却凑巧成了一个象征，日本的写意庭园，在很大程度上就是盆景式园林，它的集中代表是枯山水。

最严格意义的枯山水是京都府龙安寺方丈南庭（传1450年）和大仙院方丈北庭和东庭（约1509年）。此外还有退藏院、灵云院书院等的庭园。它们都是些闲庭小院，面积不大，却要在"尺寸之地幻出千岩万壑"，办法就是写意，就是象征。象征就是挑动观赏者的想像力，也就是观赏者的哲学、文学、艺术修养，因此枯山水常和禅学联系在一起，运用隐喻与顿悟，对空与有、虚与实作出心灵的观照。

枯山水用石块象征山峦，用白沙象征湖海。只点缀少量的灌木或者苔藓、薇蕨。

　　枯山水选石，不同于中国的好尚湖石，不求瘦、漏、透，而求其雄浑深厚，气象壮大。精选形状纹理，或如峥岩削壁，或如连峰接岭，或如平冈远阜。也不同于中国的偏爱用石头堆叠成假山，而只利用每块石头本身的特点，单独地，或适当组合，使峰峦、沟壑、余脉等等合乎自然。两块陡峭的石头相傍，缝隙象征飞瀑（"枯泷"）；一块纹理盘曲的石，横置在沟壑之前，或者铺一层卵石，象征奔湍出峡（"枯流"）。又不同于中国叠石的务求奇巧，而是山形稳重，底广顶削；不作飞梁悬石，上阔下狭的奇构；不用不同种类的石，不用大小相近、形状相似的石，不作直线排列。

　　大面积的水用白沙象征。沙面耙成平行的曲线，犹如波浪万重。沿石根把沙面耙成环形，则是拍岸的惊涛。

　　为了保持恰当的尺度，不植高大的树木，只植少量夭矫多姿的。精心控制树形而又尽力保持它的自然。不种花而种蕨类或青苔。

　　龙安寺的石庭，东西长 30m，南北宽 10m，三面是 2m 来高的围墙。院里满铺白沙，有 15 块石头，分成 5・2・3・2・3 五组，疏密有致地散落在白沙之中。除了石根略有几簇苔藓外，全院了无花草树木。最高的石头不过 1m，最低的同沙面相平。席地坐在方丈院南檐下的平台上潜思默想，仿佛海风飒飒而来。"水何澹澹，山岛竦峙，……日月之行，若出其中，星汉灿烂，若出其里"，极其雄伟壮阔。

　　大仙院的庭园不足 $100m^2$，成曲尺形，十分狭窄。其中有 20 块名石。虽然最高的石块不过 2.35m，但配合得当，选植几株树木和薇蕨，景色很森郁，俨然是群峰壁立的深山大壑。枯泷、枯流从山上奔泻而下，过石桥注入白沙铺就的大川。川里有岛、有堰、有船，都是约略象形的石块。大仙院的气象不同于龙安寺，它不阔大，但更幽邃，体现了日本古诗集《怀风藻》里的诗句，"万丈崇岩削成秀，千寻素涛逆折流"。每年秋后，白沙上平铺一层松针（图 18 – 26）。

　　枯山水的大师多数是禅僧，他们不仅把淡泊弃世的情调带进了园林，而且据说他们用枯山水来表现摆脱了一切生老病死的永恒。没有树木花草，就没有了四季的荣谢和连年的生长，没有真实的流水就没有盈涸和运动。但他们同一切宗教徒一样陷入不可解脱的矛盾之中，既要否定现世，却又酷爱自然，并且要用它来美化生活。正是这种对自然的爱，使禅僧们的心同穿破各种诡谲和迷雾的人们相通。正是人们对养育了他们而又被他们一天一天征服着的大自然的爱，成就了日本园林最使人心醉的魅力。这爱，反映着人民在对大自然的斗争中从容的必胜信心。对大自然中最不可捉摸的、凶险莫测的

图 18 – 26　大仙院方丈北东庭

大海和崇山的斗争，最强烈地表现出人们的智慧和力量。把大海和深山再现在小小的庭园里，这是多么豪迈的英雄气概。自然风致的园林的美，就是这种从容的信心和豪迈的气概。那些索漠冷落的情趣，则是苍白的遗世出家生活和空虚的、矫情的禅意投在园林里的阴翳罢了。

广义的枯山水，并不排除真的泉池和比较高的乔木。例如西芳寺的园林，山麓下有一个不小的池塘，沿岸散落一些石块，跨池有石板桥和矴步，顺山坡展开一片树林。天龙寺的水池，荒矶野岛，点缀得很有气势。

即使大型的园林，有广阔的自然环境，也免不了用枯山水的写意手法处理一些风景点，或者专门辟出一角布置纯粹的枯山水。

茶庭 附于茶室的茶庭，面积一般很小，更倾向写意。但因为有人活动，所以用草地代替白沙。草坡上除零星点几块石头之外，还有石灯，是佛寺常用的陈设。茶室门前设一个石水钵，供茶客洗手之用，它和放水桶、水勺的石头以及茶客落脚的石头，构成很精致的一组，名为"蹲踞"。

回游式园林 供人在其中漫步游赏的园林叫回游式园林。西芳寺、天龙寺等的园林已经是回游式的了。桂离宫、修学院离宫则是回游式园林的代表。

这类园林范围比较大，人在里面活动，观赏条件和小院落大不相同。虽然也要解决有限的园林同阔大的自然景观之间的矛盾，手法却很不一样了。

第一个方法是巧于剪裁，裁取大自然中各种典型的美景，再现于园林之中，而舍去它的平淡部分。于是园林中风景点密集，"百尺百景"，园林的范围在印象中扩大了。

其次是曲折，借曲折以延长游览路径，变化景色。由于路径曲折，同一个景可以有多种面貌。桂离宫、修学院离宫、小石川后乐院等，都在中央辟一个大水池，岸线大进大退，则沿岸的山自然峰回壑转，穿行在山水之间的小径便纡回萦绕，园林仿佛大多了。

再次是增加层次。曲折就能增加层次，再加上岛、冈、桥、林的掩映，不使园林景色一览无余，却又山重水复，挑逗人去寻胜探幽。即使西本愿寺白书院东庭那样的小园林（大约 36m×24m），也在池心堆两座岛，架三道桥。池塘的上下水口，用一座桥稍稍遮挡一下，就显得它好像连接着江河湖海。

第四是缩小尺度。曲折多，层次多，尺度就小。建筑物也避免过大的体积。如三溪园临春阁，就迤逦错落。连水面也不让开阔，总要把它分为几片。局部利用写意手法，三尺五尺的瀑布，一步两步的石桥，反衬得水阔山高。日本匠师们经常提到中国王维写的《山水论》里的话，"丈山尺树寸马分人"，作为掌握园林尺度的指导。

第五是分区设景，各区之间性格的差异十分显著，以增加园林风景的丰富性。一般都有山景区，水景区。京都御所的园林，南部是澄湖如镜，隔一道墙，北部是回环九曲的小溪，北端的小院落里则是枯山水。湖的东岸松林茂密，而西岸却是一片卵石白沙。

虚拟扩大园林界限的另一个方法是借景，就是利用园林之外的自然景色，而把园林当作一个观赏点。早在古代，玉津岛离宫和高圆山离宫就分别以海景和山景取胜。修学院离宫范围并不很大，但造在比睿山云母坂的西麓，山城平野，一望可收，它的界限就在望断天涯处。

园林的丰富性还借助于四季的变化。例如，桂离宫里，春有赏花亭、夏有瓜畑茶屋、秋有月波楼、冬有松琴亭（图18-27），各按季节的典型特色设景。月波楼的题名根据白乐天的诗，"曹源不涸直臻今，一滴流通广且深，曲岸回塘休着眼，夜阑有月落波心"，则园林里除了画意之外，又有意识地引进了诗情。

日本回游式园林的这些手法同中国园林是一致的，但它们同明、清两代中国的皇家园林和私人园林又都有重要的差别。

图18-27　桂离宫松琴亭前

主要差别是日本园林中建筑物的比重弱。中国清代的大型皇家园林，有金碧辉煌的建筑群形成轴线；小型私家园林，廊庑馆阁同园林相穿插，彼此衬托，融合在一起。日本的则不然，除了点景的茶亭之类，很少有建筑物。京都御所和二条城二之丸殿，建筑物和园林平行展开，虽然关系密切，但并不穿插，园林还是自成一体。日本的桂离宫里，建筑物偏处池塘西岸，并没有控制园林构图的意思。而且建筑物体积小，不对称，色彩淡雅，风格简素，服从于园林的艺术。

其次是用石的不同。比起中国的假山，日本的更少斧凿痕迹，更富有想像力，更多真实的野趣。中国的假山多模仿一丘一壑，而日本的概括着更加阔大得多的自然景观，与汉、唐的中国园林或者近似。

两国园林的小建筑也很不一样。日本园林里的石灯、石水钵、路径等都很有特色，路径铺砌尤其精雅。

日本园林里花树比较少。树木经常修剪。17世纪之后，受欧洲影响，流行一种修剪法，使树木失去自然形态，或者使它们故弄姿势，或者把树冠剪成球形，从而损伤了日本园林最动人的自然之美。

同茶室建筑趋向过多地堆砌手法同时，日本园林也有这种趋向，小小的一角之地，玩弄着各种各样的手法，不免烦琐。

随着园林的普及化，一方面固然丰富了它的艺术手法，一方面也出现了水平降低的现象，常常有一些同日本园林艺术的基本意匠格格不入的东西，甚至趣味庸俗的东西，混迹到园林之中。

第 7 篇
美洲印第安人建筑

Part 7
Indian Architecture in America

本篇所指美洲，主要是中美和南美。时间规定在16世纪初西班牙人大规模入侵之前。印第安人，是西班牙人对美洲土著的称呼。1492年哥伦布到达美洲的时候，所谓印第安人有1000多个部族，每个部族人数不多，在500～3000人左右，最多的可达10000人，它们结合为部落或者更大的部落联盟。他们还处在农耕时代，土地是公有的，公配给氏族，再由氏族分配给家庭。工具还是以石器为主，只有少数青铜器。不过，阶级分化已经产生，君主、贵族和僧侣祭司统治着整个社会。不仅以战俘为奴隶，也有本民族的成员沦为奴隶。这时期，印第安人信仰非常复杂的以自然崇拜为基础的原始宗教，祭仪极其残酷。

　　已经出现了有数万人口的城市。最大的中心城市估计有20万人，规模可与当时欧洲的最大城市相当，甚至超过。这些城市经过大致的规划，有大量的宗教性建筑、宫殿、陵墓、府邸和广场。有些还造了一种特别的球场。它们体量巨大，装饰华丽，占据着城市中心的广阔范围。宗教性的金字塔高耸数十米。平民的住宅匍匐在它们的脚下，很简陋。

　　印第安文明有三大代表：墨西哥中南部的玛雅人（Maya）、阿兹特克人（Aztec）和秘鲁及其附近的印加人（Inca），他们都形成部落联盟，其中以印加的文明最为发达，已经使用了青铜器。他们互有交流或传承，都创造过很壮观的城市和雄伟的纪念性建筑。绘画、雕刻、工艺美术也都达到很高的水平，技术十分惊人。但是，16世纪初，西班牙人怀着天主教愚昧的偏见和殖民主义贪婪的疯狂，大肆杀戮掠夺和破坏，彻底毁灭了印第安文明。以致富庶繁荣的城市和辉煌的建筑竟在短短时期内就完全消失，甚至没有留下记忆，以致到现在考古学家还在一点点挖掘残存的遗址，全面地了解当年印第安的社会和文化还要待以时日。

第19章　玛雅的建筑

　　玛雅文化是世界重要的古代文化之一。

　　玛雅人生活在现在的墨西哥南部与尤卡坦半岛以及伯利兹、危地马拉、萨尔瓦多、尼加拉瓜、洪都拉斯一带，活动范围总面积大约 12.5 万 km^2，总人口大约 1000～2000 万。玛雅文化起始于公元前 1500 年左右，而盛期则在公元 292 年到 900 年之间，也称为它的古典时期。古典时期的文化中心主要在陶蒂瓦坎城（Teotihuacan），位于今墨西哥城东北约 53km。10 世纪初，陶蒂瓦坎可能被多尔台克人（Toltec）毁成废墟，玛雅文化中心北迁至尤卡坦半岛（Yacatan）一带，这以后直到 1527 年西班牙人入侵，叫后古典时期，与北面的阿兹特克文化并存。

　　玛雅人曾经建造过 800 多座城镇，有 200 多座比较大，大约有 20 座超过 5 万人口。其中最壮丽的是蒂卡尔（Tikal）、陶蒂瓦坎、帕伦克（Palenque）和科潘（Copan，图 19-1）等。所有的城市都分为两部分，一部分是平民区，一部分是庙宇、宫殿、府邸、浴场、球场等的统治阶级生活和礼神的地区。

　　早期的住宅或许没有台基，后来，渐渐习惯于先用石块砌一个台基，以防虫蛇，并利于通风排水，上面造面积大约为 25～30m² 的横条形房屋，都是木构的，以细木条和藤条编墙壁，棕榈叶盖顶。房屋内部地面夯实，用素土或掺白灰。常见的是 3 幢或 4 幢这样的房子成为一组，围成不规则的场院。大约每幢房屋为一个核心家庭的住宅，一个场院容纳一个三代人的大家庭。场院中央造一座小型的公共建筑，可能是宗祠，旁有始祖的坟墓。这些场院连续成片，就是家族的聚居地。

　　有些房屋的台基越来越高，甚至有高达 2m 的，可能是贵族府邸和政府性建筑。相应的，建筑群里的公共性和崇祀性建筑的台阶渐渐发展成多层的金字塔，顶上一个小平台，造两座或三座庙宇殿堂。起初殿堂仍是木构的，后来用石砌，顶部叠涩，跨度不大，所以内部空间呈横向的狭长形，大概只能容下一两个祭司，参加仪典的贵族和平民们都在外面，在塔下。塔的砌法是面层为石材，外涂灰泥，上色；里面为乱石和杂土。帕伦克的帕卡儿陵（Tomb of Pakal）所用的石块每块重达 12～15t；通常在正面有一道或两道台阶通上塔顶；台阶陡峭，攀登艰险。这样的设计，是为了使攀登者小心翼翼，以一种诚惶诚恐的心态走向庙宇殿堂。同时，便于在殿堂门前将活人做牺牲，砍头剖胸取心之后，把尸体一推，从台阶滚下。有些庙宇的金字塔兼做君主的陵墓。墓室在下部，从顶上有通道可以下到墓室里。通道宽敞，以致一些比较小的陵墓金字塔仿佛是空心的。

　　殿堂，有时连金字塔一起，富有雕饰。在水平的石板带上连排大致相同的人面具和图案之类。面具不但是高浮雕，且常常用成型的石块镶嵌上去，如鼻子、牙齿和舌头。乌斯马尔（Uxmal）的"总督府"，台基长 96m，宽 11m。华美的装

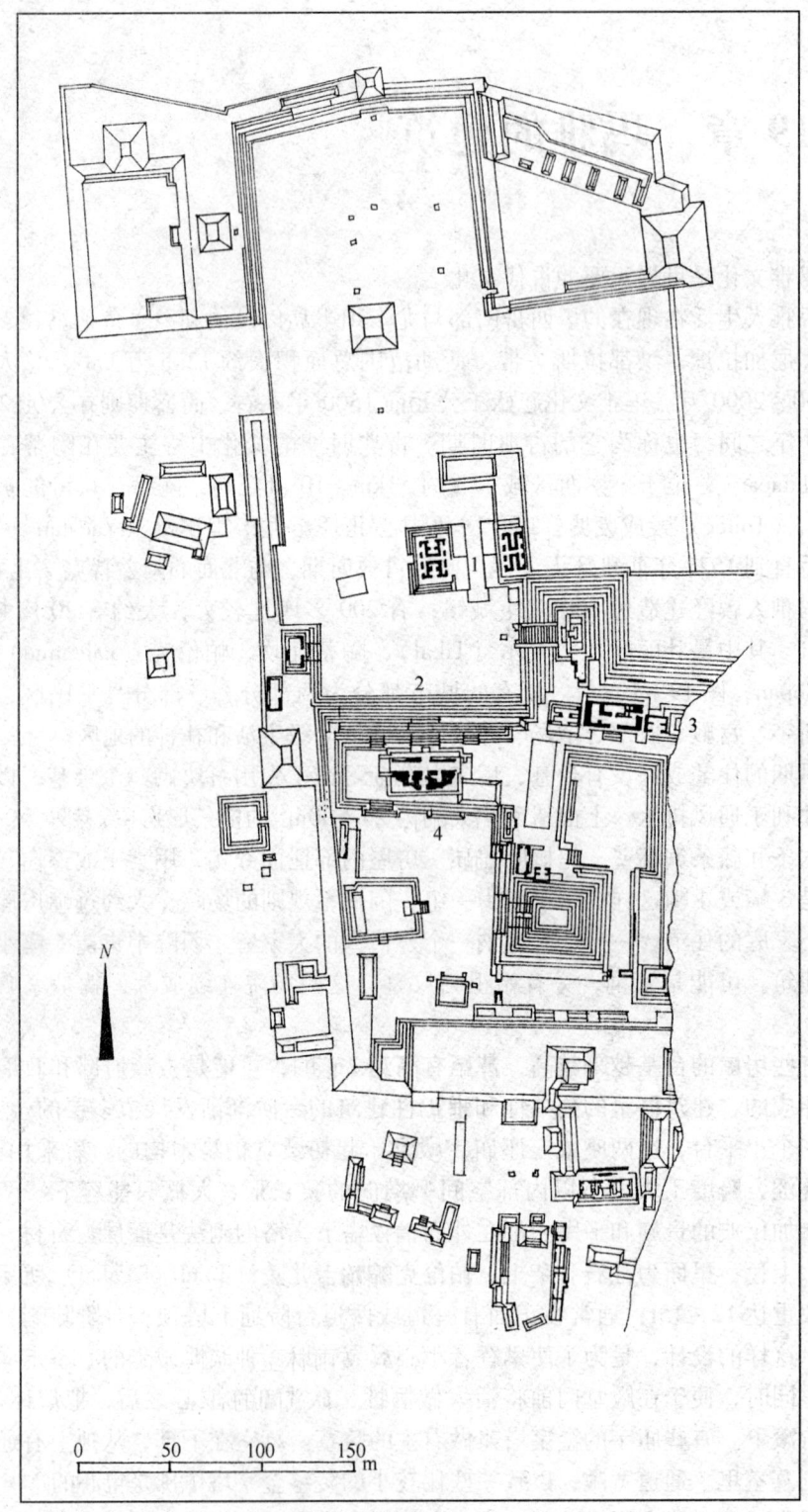

图 19-1　科潘城平面

1—球场，2—庙宇，3—庙宇，4—观众看台饰带长 97.6m，有 150 个雨神头像，一模一样，用了 2700 块石料。也有的用浮雕的象形文字做装饰。科潘有一座庙的金字塔，高高台阶每一步都雕象形文字，后人取名为象形文字塔（或铭文塔）。有小型的庙宇正面整个做成一个面具（图 19 – 2）。

图 19 – 2　帕伦克宫中建筑

蒂卡尔　蒂卡尔城位于现今危地马拉的热带雨林之中，曾是玛雅的政治经济中心之一，也是祭祀太阳神的圣城，玛雅最大的城市，面积大约 64km²，人口 4 万左右。

在蒂卡尔城的中心出土了 3000 多座建筑和 200 多座纪念碑，它们的中心又是一个长方形的大草地广场，称为"心脏"。广场和周围的建筑物都朝正方位（图 19 – 3、图 19 – 4）。广场东侧是考古家排名为"一号"的金字塔，因为雄伟挺拔，精神奕奕，像一匹蹲踞着的豹子，所以也被叫做"美洲豹"金字塔（The Giant Jaguar），建于公元 810 年（一说 6 世纪中至 700 年间）。它分 9 级，塔底面积 36m×32m，总高达 52m（一说 44m），顶端有座小庙。升顶的台阶狭小，只容一足，极难登临。顶上小庙有 2～3 间殿堂，每间大约 20m²（图 19 – 5）。和"美洲豹"金字塔相对，在草地广场的西侧，是 46m 高的"二号"金字塔，建成于 736 年。它顶部刻着一个巨大的脸面，可能是君主的形象。塔底有 3 个大厅，厅内墙上刻着玛雅人生活、劳动的大幅浮雕。广场的东南角立着"五号"金字塔，是太阳神金字塔，底部方 217m×217m，一共 6 层，57m 高。它的西面，广场的南侧，有一组房屋，是王公贵族的办事处和住处，叫"中卫城"。有 6 个院落，占地 1.62km²。宫殿台基 35m×10m。宫殿为单层，一列 9 间，面向北。后来加建第二层，却面向南，墙面覆满浮雕。"中卫城"之西有 7 座庙，墙上刻着骷髅和骨架。骷髅代表死神，死神是玛雅重要的神灵之一。广场北侧一组贵族住宅叫"北卫城"。"北卫城"里有金字塔群。草地广场里矗立着一些纪事的石柱，它们后面展开宽阔的大台阶，升到最高处设祭坛。

离"二号塔"大约 500m 处，耸立着 75m 高的"四号"金字塔，它是蒂卡尔最高的塔。塔顶殿堂为木构，梁柱和门楣均用硬木、雕刻精美。

这些高塔外表抹白灰、再涂上红、黄、蓝、绿各种颜色，鲜艳夺目。

蒂卡尔还有许多宏伟的建筑，现在密封在雨林里，例如建成于公元 771 年的一对孪生金字塔，共立在一个高台上，四面都有宽阔的石阶直通塔顶，塔顶是个正方形平台。

公元 900 年左右，蒂卡尔突然衰落了，玛雅的政治中心转移到尤加丹的奇清·伊乍（Chichen Itza）去了。

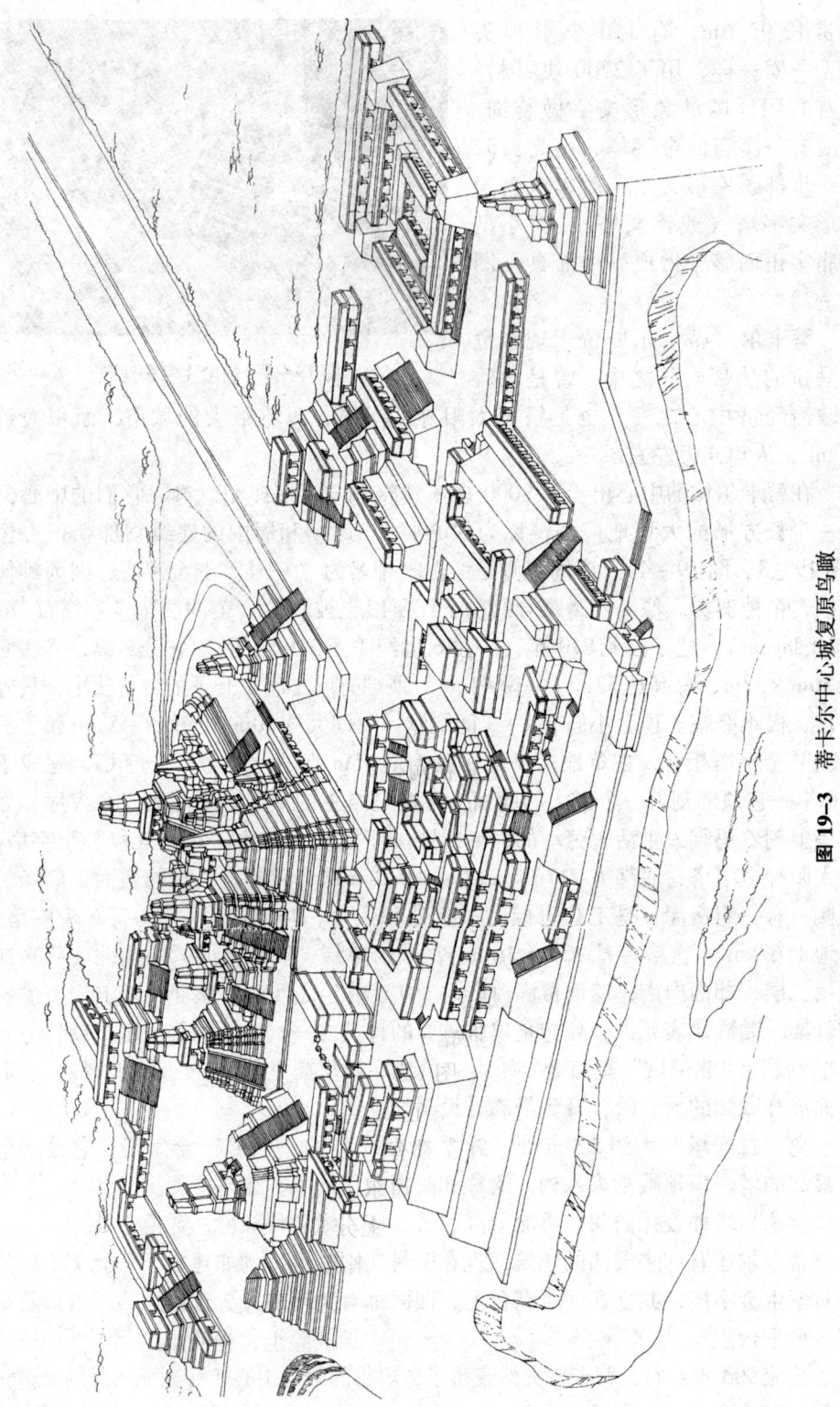

图 19-3　蒂卡尔中心城复原鸟瞰

图 19－4　蒂卡尔城中心　　　　　图 19－5　美洲豹金字塔

　　陶蒂瓦坎　陶蒂瓦坎曾是玛雅文化的中心之一，公元 500 年时几乎是整个中美洲的统治中心，但也有研究者把它归入阿兹特克文化或多尔台克文化。"陶蒂瓦坎"是 13 世纪才来到此地的阿兹特克人给它起的名字，意思是"众神之都"，他们相信它是太阳和月亮的诞生之地。在陶蒂瓦坎的废墟里发现了 2200 多幢建筑，估计在鼎盛时期曾有 20 万以上的居民。它占地大约 20.5km²，被一条宽约 40m，长约 2.4km 的笔直大路（或被叫做"死亡之路"）分为两半，这条大路走向为北偏东——南偏西。大路两侧神殿和祭坛林立，吸引中美洲各地的人来朝拜。而神殿中最恢宏壮观，最有标志性意义的，是太阳金字塔和月亮金字塔，尤其以太阳金字塔为最高大。太阳是众神之神，造物主的化身，是白昼和黑夜的主宰者，文字和书籍的创造者。它也是祭司的保护神。也有人考证它并不是太阳塔，其实是"时间塔"，标志着时间开始的地方，又可能是一位君主的陵墓。月亮既是太阳的妹妹，又是太阳的妻子（图 19－6）。

　　月亮金字塔在"死亡之路"的北端，正面向南，对着大道。塔下有一个广场，是祭祀仪式时群众聚集的地方，四面都有小小方锥台式的祭坛。广场是大道的起点。月亮金字塔向南大约 600 多米，大道东侧便是太阳金字塔。太阳金字塔底为正方形，边长 226m 左右（图 19－7）。向上分为五级，高近 62m。太阳金字塔塔身是土石筑成的，真像一座山。塔顶上原来有太阳神庙，金字塔连庙总高 75m。这是玛雅文明最重要的代表作之一。据初来的西班牙人记载，庙宇金碧辉煌，神像面向东，初升的太阳可以一直照射到神像的脸上，光明灿烂，使人肃然起敬而生崇拜之忱。

　　从太阳金字塔再向南 1000 余米，大道左右各有一个建筑群。东侧是羽蛇庙，庙前有个广场，"羽蛇"庙屹立在东端，正面朝西。金字塔式台基已经坍塌，从残存的部分可以看出，是土台而贴以石面的。石面上水平地排列着羽蛇的雕像，

图 19 - 6　从月亮金字塔俯视死亡之路　　　　图 19 - 7　太阳金字塔

蛇头而有长满鸟类羽毛的颈部，还有些则雕成玉米棒，这是雨神的象征。羽蛇神是玛雅、阿兹特克和印加文化都很崇拜的神，它的雕像在许多地方可能见到，也有专为它而造的金字塔庙宇。

大道西侧的建筑群是个贵族住宅区，范围很明确而且整齐。

这条"死亡之路"大道和它的崇祀性建筑外围，是大面积的住宅区。近一点的是上层社会的住宅，都是内向的院落式平房，外墙没有窗子，院内很安静。白昼和夜间都很凉爽，天冷时又可保温。天井里设祭坛，可能是崇祀祖先的。檐下、墙脚都有排水沟。居民大多为耕作的农户，也有许多手工业者，从事制陶、加工玉石、纺织、皮革和木材加工等等。小巷狭窄而曲折，白天有各地商人来贸易，熙熙攘攘，十分热闹。住宅里常有壁画，题材大多描写现实的世俗生活。

月亮金字塔前小广场的西南角上是一座最高统治者的宫殿。它也是内院式的，天井四周的房间和厅堂十分高爽。室内石柱从上到下装饰着精美的浮雕，色彩缤纷。墙面布满华丽的壁画。当地气候炎热，宫殿里清凉安静，宜于日常生活。

奇清—伊乍　大概的可能，是多尔台克人在 11 世纪初打败了玛雅人，毁灭了他们的城市，逼迫他们退缩到尤卡丹半岛去。多尔台克文化和玛雅文化从此交融在一起发展，流行在尤卡丹地区。它的代表性作品主要分布在这地区西部边缘的奇清—伊乍，建筑规模大而精致。

这时期的建筑，比之前一时期，更注重整体比例的和谐，繁简的搭配，雕刻与建筑的综合，也比较开朗。开朗的取得，在于有类似外廊式的做法，即在一个内外界面墙上开一系列的洞口，洞口之间是一段不大的实墙体。这种开了洞口的墙可以承重，所以也被用在庙宇内部，把并列的两条横向长方形空间连通起来，扩大了内部空间。这是建筑上的重要进步。这些洞口上的过梁用硬木，上面布满浮雕，多为英雄人物的事迹。纪念性建筑的外墙面上通常有几条水平的装饰带，都刻满了浮雕，多的甚至有 6 条水平带。奇查坎纳（Chichacanna）有一座庙，正面是一个兽面，大门是它的嘴，门洞边缘用石制的"毒牙"做装饰，进门就是被怪兽吞噬，进了它的胃（图 19 - 8）。

奇清—伊乍最著名的建筑之一是"螺旋塔"，塔是圆筒形的，台基是方的，所以被人戏称为一个"放在方盒子上的蛋糕"。它的比例和谐，塔身之上是个圆锥形的顶子，顶子底部在塔身上形成一圈挑檐，挑檐由五圈水平装饰带叠成（图19－9）。

　　奇清—伊乍另一座最重要的建筑是"战士庙"，造于公元 900 年之后（一说约 1000～1100 年）。它位于礼仪区以北，延伸了礼仪区。庙宇下部为 3 层长方形台基，底部 42m 见方，高 11m，顶上建一座殿堂，规模大于过去的庙堂，总高23m。台阶在正面，台阶前有石质的"羽蛇方柱"行列。庙的西面和南面现在遗存着几层长长的柱列，本来是广场的围廊，顶子已经没有了。

图 19－8　奇清—伊乍纪念性建筑外墙

图 19－9　奇清—伊乍"螺旋塔"

第 20 章　阿兹特克的建筑

　　阿兹特克人的文化发展比较晚，14 世纪才从墨西哥西北部南下，到墨西哥盆地。但很快就建成了军事强国，于 1440～1469 年达到极盛。15 世纪末，领土从太平洋岸到墨西哥湾，约有 8 千 km²，统治人口 600 万左右。它的首都在特诺奇蒂特兰城（Tenochtitlan），就是现在的墨西哥城所在地。它的社会处于氏族公社晚期的早期奴隶制时代。阶级分化已经确立，君主手下有 100 名贵族组成的机构管理国家大事。君主的宫殿有 3 个大院落，100 个房间，拥有姬妾 1000 人之多，生活穷奢极欲。它的文化汲取了玛雅人和多尔台克人的成果，一脉相承。已经会冶金，铸铜。1519 年被西班牙人征服，从此一蹶不振，文化也被有意野蛮地摧毁。

　　阿兹特克人奉行多神崇拜，主神为"羽蛇"，施仁慈于人。又有嗜血好战的雨神，是部落神，其上由总雨神统辖，它是部落联盟的象征。此外，普遍崇拜太阳神、战神和各种自然神，还有众多的农业神，如玉米神、土地神之类。玉米是阿兹特克人的主要粮食。

　　特诺奇蒂特兰　阿兹特克人兴盛的时期不长，他们的建筑技术、形制和风格大体与玛雅人、多尔台克人相同。他们的建筑成就主要集中在 15 世纪建造的首都特诺奇蒂特兰。特诺奇蒂特兰又是宗教中心，大小祭祀终年不断。城里有坛庙至少 40 处，祭司 5000 多人。祭祀仪式很残酷，用活人做牺牲。庙宇也是金字塔式的，在顶上造殿堂。特诺奇蒂特兰城的大金字塔落成时，被奉献做牺牲的人从塔顶排下来，排过中央街道，足有两万多人。祭司在塔顶挖作为牺牲的活人的心脏，挖了整整 4 天才挖完。塔下的头颅架上，在 16 世纪初，有颅骨 13.6 万个。

　　16 世纪 20 年代，特诺奇蒂特兰城有 10 万人口（一说 20 万），是世界上当时最大的城市之一。它造在一个咸水湖中两个紧挨着的岛上，两岛面积总和为13km²。岛上大小房屋 6000 多幢，多为白石建造，其中许多建在木桩上。城中水街水巷像棋盘一样纵横交错，20 万只独木舟来来往往，人们很少步行。又有 30条 10 多米宽的长堤通过吊桥跨水与湖岸相连。有些桥可容 10 匹马并行。居民生活用的淡水从 5km 外用石槽引来。湖面上，有木筏承土种植花卉，美化环境。阿兹特克人认为他们的首都是全世界的中心。

　　城廓大体呈圆形，十字形的大路把它分为四块，沿路是水渠。城的正中有一个近于正方形的大庙宇区，边长约 500m，有围墙。区里建造着庙宇、神龛和府邸，金字塔式的庙有数十座，"大庙"（The Great Temple，约 1325～1519 年）是其中的主要庙宇，位于这庙宇区的东边。它的金字塔的基底东西长 83.5m，南北长 76.0m，高 30.7m。金字塔有 4 级，正面，也就是西面，有两道宽阔的台阶，各有 113 步，直达塔顶。顶上与台阶相对有两座并列的庙，一座供城市之神，一座供水土之神（或说一为太阳神庙，一为雨神庙）。它们前有一个 44m² 的空地，在这里举行将活人剖膛挖心祭神的仪式（图 20－1）。

图 20－1 特诺奇蒂特兰市中心庙宇废墟之一

特诺奇蒂特兰城建在湖中岛屿上，地质松软，金字塔是实心的，重量很大，为避免沉陷，地基打了许多木桩，桩之间填浮石。为建这座塔，以确立君主和神的合一，阿兹特克人逼迫各地进贡木材、石材、石灰，还要提供劳工。它经过五次扩建。

图 20－2 特诺奇蒂特兰建筑上的羽蛇头雕刻

"大庙"前面，方形圣地中央，有一座圆形的塔庙，是奉祀羽蛇神的（图 20－2），它的南侧有一个巨大的架子，就是专门用来悬挂祭祀时砍下来的人头的。羽蛇庙的西侧是一座方形的不高的建筑，可能是贵族学校。"大庙"的北侧则有一个叫做"雄鹰骑士厅"的建筑物，是战士们拜神的地方，也有杀活人做牺牲的"设施"。

一个西班牙侵略军老兵博那尔·戴兹写道："我们步入阿兹特克人仙境一般的皇家园林，置身其中真是令人流连忘返，园中的小径在玫瑰和其他许多不知名的花儿的掩映下若隐若现；空气中弥漫着当地特有的奇花异果散发出来的种种芬芳气息；放眼望去处处是郁郁葱葱的果树，一池清澈的碧水点缀其间。园中的建筑都装饰着绘画和精心琢磨过的五彩的石器制品，看上去灿烂夺目，光艳照人。我想，全世界都找不出第二个这样美丽的地方了……可是后来这一切都遭到了灭顶之灾，所有这一切都被毁灭了，昔日的辉煌如今荡然无存！"（万锋译）

西班牙人毁灭了何止一座园林，整个阿兹特克文明都被毁灭了。

第 21 章　印加的建筑

印加，领土以安第斯山脉为脊梁，包括现今秘鲁，厄瓜多尔和玻利维亚三国全境以及哥伦比亚、阿根廷和智利的一部分，总面积 200 多万 km^2，（一说 80 万 km^2）南北长达 4000km。人口约 600 万。国家在 13 世纪崛起，15 世纪中叶统一，16 世纪初最发达，大约 100 年后，1533 年被西班牙侵略者灭掉。

印加文化是美洲印第安人文化中最发达的。印加文化、玛雅文化和阿兹台克文化等有传承或交流关系，但也各有自己鲜明的特色。印加人信仰多神教，以太阳为主神。太阳是造物主，月亮是太阳的妻子，宇宙之母。政教合一，王族是太阳的后裔。在首都库兹科（Guzco）有一座太阳贞女庙，除了王家和 1500 名贞女之外，还有太阳神、月亮神金星、和昴星等星宿神的殿堂。雷、电、霹雳是太阳的仆人，在庙里陪侍太阳神左右。

印加人擅长建筑工程，被西班牙人称为"印第安工程师"。印加全国遍布石板驿道，总长度达几千公里。早期的房屋大多用毛石建造，以黏土或沥青垫缝，后来石工技艺大进，纪念性建筑和宫殿用大石块垒墙，石块可重达几十至上百吨重。石块外形极不规则，为多边形，但轮廓明确肯定，相互间咬合紧密。有些用熔化的铅汁灌缝，甚至有用金箔或银箔做垫层的。作为军事强国，国土上遍布堡垒，建筑成就很高。首都库兹科附近的萨克沙瓦曼堡（Saqsaywaman，意为"帝国雄鹰"），在一座小山上，占地 $4km^2$，建于 1400～1508 年（图 21-1）。朝堡里的一面地形十分陡峭，易于防御，只建了一道 400m 长的城墙。堡外的地形宽阔平坦，易遭敌人攻击，所以造了 3 道城墙，每道高 18m，长达 540m 以上。一共突出 66 个尖角堡，更加易守难攻。所用的石块，有大到 8m×4.2m×3.6m 的，体积 $121m^3$，重达 200t。这样的工程是在没有铁器、没有吊车之类的情况下做的。围墙内有 3 座塔楼，布局互成三角形，近中央的一座是印加王的行宫，为圆形，台基呈放射式多角形，塔楼内有温泉，由地下管道从远处引来。另一座塔楼平面呈正方形，是驻防军用的。塔楼的地下有迷宫一般的暗道。这座坚固的堡垒是拱卫库兹科的堡垒群之一。

住宅通常为内院式，临街不开窗。因为墙体厚，所以多利用来做许多深深的壁龛，存放什物。屋顶不会用拱或叠涩而用硬山搁檩，都用草苫，为防雨水而坡度很陡，虽庙宇也不例外。平民住宅多用土坯墙。

库兹科　印加也是一个多建城市的国家，遍布全境。像玛雅和阿兹特克一样，每个城市都有一个中心广场建筑群，包括宫殿、太阳神庙、月亮神庙、粮仓等等。

印加人发迹于安第斯山脉南部的库兹科盆地，建库兹科城为首都，称为"世界的中心"，海拔 3416m，所以叫"离太阳最近的城市"。从 1200～1533 年，是

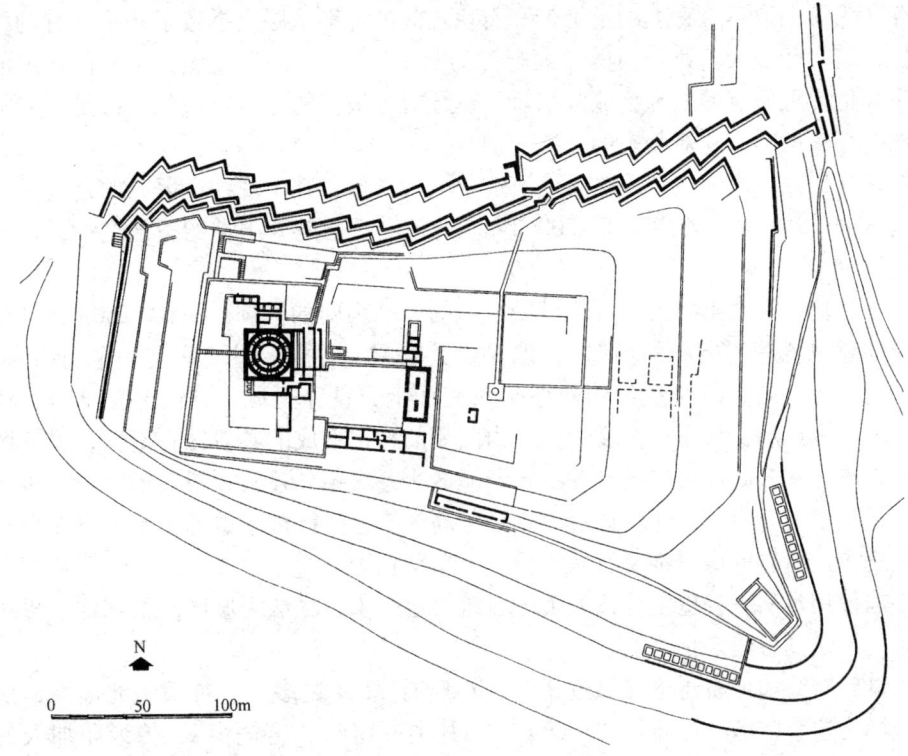

图 21 - 1　萨克沙瓦曼堡平面

印加的政治、经济、文化和教育中心。

城中心有一个大广场，可举行群众性的宗教仪式和狂欢节。

库兹科城布局整齐有序，街道一律直角相交，把全城划分为 12 个区。印加王宫、太阳神庙、贵族府邸等集中在一个区里。河流环绕，风景优美。

库兹科的太阳神庙是印加最大的太阳神庙，位置在城中心，周围有方形围墙。正中大殿占地 400m²，墙上满贴金箔，所以得名为"金宫"。据一个记载说，殿中祭台上有 3 尊神像，正中是造物主，他不但创造了大地，还创造了太阳和月亮。右边是太阳神，左边是月亮神，都用纯金铸成。另一种记载说，主殿供太阳神像，是一个向四面放射光芒的人脸，刻在一个巨大的金盘上，镶着绿宝石等珠玉宝物。金盘占了整个一面墙，前对东门，早晨阳光射来，一片璀璨。主殿之后又有四座配殿，其中之一祀月神，月神是印加民族的母亲，太阳神的妹妹兼妻子。她的脸形绘在一个大银盘上，也占一面墙。其余 3 座配殿一座供星辰，一座供雷、电。另一座专供彩虹，画在门洞一面的墙上，跨过门洞。

太阳庙范围里还有一幢半圆形的建筑物，全用方石块砌墙，装饰着 80cm 宽的金带，嵌在墙里。

库兹科的太阳神庙里还有一座"黄金花园"，地面覆金箔，铺着金质的草皮，花木也都是金的，其中散落着 20 多头金绵羊和金骆马，还用黄金做了牧人。

西班牙侵略者的这些记述或许有些夸张，但印加盛产黄金却是事实，而且喜欢用黄金装饰家具和建筑。西班牙侵略者 1533 年一到印加境内，立即大肆疯狂掠夺，为了剥取建筑物上的金饰带和石块之间的金箔垫层，拆毁了几乎所有的纪念性建筑。印加人把黄金叫做"太阳神的眼泪"，不想一语成谶，黄金使印加的建筑和世界上所有的人都会流眼泪。西班牙穷奢极侈的巴洛克教堂，都是依靠从美洲掠夺来的财富建造起来的。

马丘比丘　印加人在战略要地筑造了大量城堡，其中现在最著名的是马丘比丘（Machu Picchu，大约建于 1500 年）。马丘比丘也是太阳神的圣地之一，贞女在这里献身。

马丘比丘在安第斯山脉两个峭壁悬崖的山峰之间的鞍部。海拔 2280m，马丘比丘的意思就是"山巅的城堡"，地势极其险峻、复杂。堡墙只有一个门出入，进了门，有一条台阶小道沿山脊曲折盘旋而上，贯穿全城。城内分三部分，树林、城区和广场，另有一个农耕区。由陡峭的梯田形成的农耕区在南部，另三区在北，隔一片开阔地和广场。一百多条城区小巷交错如迷宫，最陡的有 150 级台阶，最狭窄的只容一人侧身通过。先顺等高线修建一排排平整的台基，再在台基上造房子。所有的房屋都是石墙承重，上覆草顶。

居民用水从一公里之外以人工的石筑渠道引来，尽端为城区的蓄水池，再用水管把水送到各建筑物之前。

贵族府邸和神庙建筑群靠近堡门，神庙有 12 座之多。主神殿坐北面南，前有广场，这个广场的一面是"三窗殿"，其中一窗叫"富饶窗"，传说印加人的祖先从这个窗下出发，建立了强大的帝国。稍远一点，一个洼地上开辟出一片空地，举行祭祀仪式。城里还有一座天文台。

昌昌　与印加帝国平行，稍早于印加，秘鲁和玻利维亚交界处有一个奇穆（Chimor）王国，极盛时期在公元 10 世纪，政治文化中心在昌昌城（Chan Chan，大约存在于 1200 ~ 1470 年间）。它占地约 21km²，城中心有一个"子城"，占地 6km²，内有 9 ~ 10 座建筑群，各有 9m 高的围墙保卫。各建筑群之间是农地，有水渠灌溉。最大的是宫殿建筑群，东西向长 400m，南北向长 500m。里面住君主，他的家属和侍从。它也是行政中心，有财库、墓地和至少 5 座庙宇。其他的建筑群为住宅区，面积大致在 480m×355m 左右，有几百幢单房间的住宅。除了住宅外，还有金字塔式庙宇、蓄水池、公园和墓地。小贵族的住宅用生砖建造，表面抹泥浆，作壁画和壁塑。也有些住宅以编藤为壁，大约是平民住的。墓地主体是一堵厚墙，墙上以龛为墓窟，形如蜂窝。墓窟内放着大量金银财宝和珍贵物品。

图 21-2　昌昌城公主院的残墙

莫且　秘鲁也有金字塔式的日神庙和月神庙，主要在莫且（Moche）。公元100～700年间，莫且人是秘鲁北部的强国。莫且城最盛时居民约万人。城中政治与庆典中心约300km²，其中有日塔和月塔。太阳塔于公元450年竣工，底方345m×160m（一说228m×136m），高40m，外涂红色。北面有一道斜坡，先登上一个十字形的5层台地，再经一串台阶登上7层塔尖。这座太阳塔兼作莫且城统治者的官邸和办公厅，设在十字形台子里。塔身用了14300万块土坯，都是模具制造的。因为没有可盗的珍物，这座塔侥幸没有被西班牙人拆毁，但是，1602年，西班牙人改了莫且河道，因而把这座土坯造的塔冲毁了。

图 21-3　昌昌城遗址

太阳塔对面是月亮塔，底部南北长290m，东西长210m，高32m，用了5000万块土坯。它脚下有3个平台，4个广场，由走廊和斜坡道连接。它的一些附属建筑物外涂成红、白或赭色。墙上绘些刽子手像，他们几乎被认为半神，长着翅膀，一手持月牙刀，一手提血淋淋的人头。月亮塔是杀活人献祭的地方。这种宗教风俗在整个中、南美印第安人里都流行。文明与野蛮并存，发展与杀戮同行，在中南美印第安人的建筑中留下了历史的实证。

图 21-4　昌昌城宫殿残垣

图 21-5　太阳门
门梁重达100t